高等学校专业教材

人造革/合成革材料及工艺学
（第二版）

范浩军　陈意　颜俊　等 编著

中国轻工业出版社

图书在版编目(CIP)数据

人造革/合成革材料及工艺学/范浩军,陈意,颜俊等编著.—2版.
—北京:中国轻工业出版社,2025.5
高等学校专业教材
ISBN 978-7-5184-1167-2

Ⅰ.①人… Ⅱ.①范… ②陈… ③颜… Ⅲ.①人造革—原料—高等学校—教材 ②人造革—生产工艺—高等学校—教材 Ⅳ.①TS565

中国版本图书馆CIP数据核字(2016)第268046号

内 容 提 要

本书大致可分为两大部分,第一部分由第一章至第三章组成,介绍了PU合成革/PVC人造革的主要原料、助剂及其功能,PU、PVC合成化学及其结构和性能等相关内容;第二部分由第四章至第十章组成,具体介绍了聚氯乙烯人造革制造工艺、聚氨酯干法合成革制造工艺、湿法合成革制造工艺、超纤合成革制造工艺、合成革/人造革的表面修饰和潮流效应、合成革/人造革制造过程中的三废处理、合成革/人造革发展趋势及清洁生产技术等相关内容。

本书理论与实践并重,内容覆盖全面,深入浅出,既可作为制革、制鞋专业本科、专科生教材,也可作为人造革、合成革及相关材料专业工程技术人员参考用书,也可作为相关专业研究生参考用书。

责任编辑:李建华 杜宇芳

策划编辑:李建华 责任终审:劳国强 封面设计:锋尚设计
版式设计:宋振全 责任校对:燕 杰 责任监印:张 可

出版发行:中国轻工业出版社(北京鲁谷东街5号,邮编:100040)
印　　刷:三河市万龙印装有限公司
经　　销:各地新华书店
版　　次:2025年5月第2版第3次印刷
开　　本:787×1092 1/16 印张:23.75
字　　数:540千字
书　　号:ISBN 978-7-5184-1167-2 定价:70.00元

邮购电话:010-85119873
发行电话:010-85119832 010-85119912
网　　址:http://www.chlip.com.cn
Email:club@chlip.com.cn
版权所有 侵权必究
如发现图书残缺请直接与我社邮购联系调换
251076J1C203ZBW

再版前言

我国已成为世界人造革、合成革生产和消费大国,全国共有人造革、合成革企业2600多家,规模以上企业380余家,年产量超过70亿 m^2,产量占世界产量70%以上。

为适应人造革、合成革行业的发展和相关人才培养的需要,2009年我们编写了第一本高等学校专业教材《人造革/合成革材料及工艺学》,第一版已4次印刷,随着新材料、新技术、新工艺的不断涌现,有必要对原著的相关内容进行删减和增补,因此本书第二版的编纂显得尤为重要。

第二版修订重点主要围绕近年来出现的新材料、新技术和新工艺展开。在新材料方面,增补了油性、水性、芳香族、脂肪族不同种类聚氨酯性能比较(第三章3.9节),增补了聚氨酯的功能化和高性能化方向(第三章3.10节),重点介绍了水性聚氨酯、无溶剂聚氨酯、热塑性聚氨酯(TPU)、UV固化聚氨酯等环保聚氨酯的制备技术;在新工艺方面,增补了第七章超细纤维合成革及其制造工艺,重点介绍了海岛纤维的制备、无纺布的制备、基布的制备、基布的后加工及超纤革发展趋势等相关内容;增补了人造革、合成革的潮流效应及其加工工艺,包括荧光、珠光、双色、疯马效应、Pull-up效应、抛光、擦焦和烫亮效应、水洗、雾洗亮和染色效应、牛巴和羊巴效应、绒面和磨砂效应、镜面、漆皮、水晶皮等效应革的加工技术(第八章8.5节,);在新的加工技术方面,增补了基于水性树脂的合成革制造技术,基于无溶剂聚氨酯的合成革制造技术,基于TPU树脂的合成革制造技术,基于水性树脂的超纤合成革制造技术等合成革清洁生产技术相关内容(第十章10.2节和10.3节),同时删除了第一版第八章的相关内容。新书的特点是与时俱进,理论与实践并重,内容覆盖全面,图文并茂,深入浅出。

目前国内已有10余所高校设立有制革或制鞋专业,这些大专院校包括:四川大学、陕西科技大学、温州大学、齐鲁工业大学、齐齐哈尔大学、嘉兴学院、烟台大学、丽水学院、邢台职业技术学院、扬州大学广陵学院、清华大学美术学院、山东烟台职业学院、温州职业技术学院、浙江工贸职业技术学院等。本书的再版对于培养相关行业所需人才具有重要的作用。

本书由四川大学范浩军教授统筹、策划,并负责全书审阅工作。具体编写工作如下:第三章、第八章由四川大学范浩军教授编写;第一章和第十章由四川大学陈意副教授编写;第二章和第四章由温州大学刘若望博士编写;第五章和第六章由付善森高级工程师编写；第七章由四川大学颜俊副教授编写；第九章由王春能高级工程师编写。本书内容的选材来自作者看到的各种国内外的专著、文献和会议资料以及编者们的学习、科研心得，为此特向这些专著、文献资料的作者表示真挚的谢意。由于新技术、新材料、新工艺的不断涌现，书中难免会出现以偏概全和错漏之处，尚祈读者不吝赐教，以便该书再版时更臻于完美。

范浩军
2016 年 7 月于四川大学

前言（第一版）

最早出现的人造革是 1921 年利用硝酸纤维素溶液涂覆织物所制成的硝化纤维漆布。1931 年贴合法生产的聚氯乙烯人造革成为人工皮革的第一代产品，其后又出现了 PVC 泡沫人造革（1954 年），涂刮法（1956 年）和转移涂刮法（即离型纸法）PVC 人造革。

1953 年德国首先推出聚氨酯人造革方面的专利，1962 年日本从德国引进该专利，同年日本兴国化学工业公司成功研制聚氨酯人造革，史称第二代人造革。20 世纪 70 年代，日本的可乐丽公司和东丽公司研制出了与真皮胶原纤维有着极相似结构的束状超细纤维合成革，简称超细纤维合成革，标准着第三代人工革问世。

在 20 世纪 70 年代以前，我国合成革工业还是空白。1981 年，广州人造革厂引进了日本 PU 合成革生产装置，标志着我国 PU 合成革生产历史的开始。1983 年，我国第一个聚氨酯合成革厂在山东烟台建成并投产，引进日本可乐丽公司的湿法生产技术。经过 20 多年的发展，我国已成为合成革生产和消费的大国，全国共有人造革、合成革企业 2600 多家，其产能和产量分别占世界的 67% 和 51%。

尽管合成革和人造革的制造技术已相对成熟，但合成革行业是一个高能耗、对环境有着一定污染的行业。因此，如何开发低能耗、环境友好的水性聚氨酯树脂替代传统的溶剂型聚氨酯树脂完成合成革/人造革的制造，确保合成革行业的可持续发展；如何研制、开发新的聚氨酯合成用单体、如何采用新的聚合技术来进一步提高聚氨酯的性能或获得功能性的聚氨酯树脂提升合成革的等级，如何开发系统的废气、废水回用技术发展合成革循环经济等，仍使得该领域的科研工作者任重而道远。

目前国内已有 10 余所高校设立有制革或制鞋专业，这些大专院校包括：四川大学、陕西科技大学、温州大学、山东轻工业学院、齐齐哈尔大学、邢台职业技术学院、扬州大学广陵学院、清华大学美术学院、山东烟台职业学院、温州职业技术学院、浙江工贸职业技术学院等。但由于合成革行业的发展始于 20 世纪 80 年代，因此相关人才的培养严重滞后，目前国内没有一所高校为行业培养专门人才设置有合成革专业，也没有为合成革人才培养所必需的相关教材，因此本书的编纂可以弥补相关教材缺失的空白。

该书由四川大学范浩军教授统筹、策划，并负责全书审阅工作。本书的具体编写工作如下：第一、二、四章由温州大学袁继新教授、刘若望博士编写；第三（除第三节）、七、十章由范浩军教授、陈意博士编写；第五、六章由付善森高级工程师编写；第八章由马贺伟博士编写；第九章由王春能高级工程师编写；第三章第三节由周虎博士编写；另外博士生张秀丽也编写了部分章节。罗朝阳、石欢欢、王珊珊等做了大量的文字校对工作，在此表示谢意。

  本书内容的选材来自作者看到的各种国内外的专著、文献资料和编者们的学习、科研心得，为此特向这些专著、文献资料的作者表示真挚的谢意。尽管每位编者在各自的研究领域有着相关的研究经历，但所从事的研究工作和收集的相关资料仍不能覆盖该学科的所有前沿领域，书中难免会出现以偏概全和错漏之处，尚祈读者不吝赐教，以便该书再版时更臻于完美。

范浩军

2009 年 12 月于四川大学

目 录

第一章 绪论 ······ 1
- 1.1 天然革 ······ 1
- 1.2 人工革 ······ 1
- 1.3 人工革的发展历史 ······ 9
- 1.4 中国人工革行业现状 ······ 10
- 1.5 人造革、合成革产品的发展趋势 ······ 19
- 复习思考题 ······ 21
- 参考文献 ······ 21

第二章 主要原辅材料 ······ 22
- 2.1 基布 ······ 22
- 2.2 离型纸 ······ 29
- 2.3 着色剂 ······ 35
- 2.4 填充剂 ······ 39
- 2.5 增塑剂 ······ 42
- 2.6 热稳定剂 ······ 49
- 2.7 润滑剂 ······ 53
- 2.8 发泡剂 ······ 55
- 2.9 溶剂 ······ 57
- 2.10 表面活性剂 ······ 61
- 2.11 阻燃剂 ······ 66
- 2.12 抗氧化剂 ······ 68
- 2.13 光稳定剂 ······ 70
- 2.14 抗静电剂 ······ 71
- 2.15 防霉剂 ······ 72
- 复习思考题 ······ 73
- 参考文献 ······ 74

第三章 聚氨酯和聚氯乙烯的制备方法、结构与性能 ······ 75
- 3.1 PVC 树脂 ······ 75

3.2 PVC 树脂的性能 79
3.3 PU 树脂的合成化学 81
3.4 PU 树脂结构与性能的关系 95
3.5 聚氨酯分子间作用力 98
3.6 PU 树脂的热、力学性能 100
3.7 PU 树脂的透水汽性（透湿性） 110
3.8 树脂的耐磨、耐刮和保型、定型性 112
3.9 不同种类聚氨酯物性比较 113
3.10 聚氨酯的功能化和高性能化 116
3.11 PU 树脂的生产工艺及设备 118
复习思考题 124
参考文献 125

第四章 聚氯乙烯人造革工艺 129
4.1 概述 129
4.2 直接涂刮法 PVC 普通人造革 129
4.3 直接涂刮法 PVC 泡沫人造革 144
4.4 离型纸法 PVC 人造革 149
阅读材料 158
4.5 压延法 161
4.6 PVC 人造革的发展前景 179
复习思考题 180
参考文献 180

第五章 干法聚氨酯合成革工艺 181
5.1 概述 181
5.2 直接涂层工艺 181
5.3 转移涂层工艺 182
5.4 干法涂层常见的问题及解决方法 188
5.5 干法涂层生产主要设备 190
5.6 实用举例 192
复习思考题 194

第六章 湿法聚氨酯合成工艺 195
6.1 湿法聚氨酯合成工艺概念 195
6.2 湿法工艺中聚氨酯的凝固和成孔机理 195
6.3 湿法聚氨酯合成工艺 197
复习思考题 214

第七章 超细纤维合成革制造工艺 216
7.1 海岛纤维的制备 217
7.2 无纺布的制备 242

7.3 浸渍、凝固、水洗 261
7.4 减量及干燥定型 265
7.5 减量物回收 271
7.6 后续加工 274
7.7 超细纤维合成革的发展趋势 279
复习思考题 280
参考文献 280

第八章 合成革的后整理及潮流效应 283
8.1 合成革的类型和后整理工艺 283
8.2 贝斯的改色工艺 283
8.3 合成革的表处、印花与压花工艺 287
8.4 合成革的磨革与揉纹工艺 290
8.5 合成革湿气固化技术 290
8.6 潮流效应革及加工技术 292
8.7 涂层的性质及缺陷 296
复习思考题 302
参考文献 302

第九章 合成革制造过程中的三废治理 303
9.1 合成革各生产工段污染源介绍 303
9.2 三废处理工艺及原理 308
9.3 合成革行业三废治理展望 327
复习思考题 328
参考文献 328

第十章 合成革发展趋势及清洁生产技术 329
10.1 合成革的发展趋势和新型产品 330
10.2 合成革清洁生产技术 331
10.3 水性树脂的超纤合成革制造技术 336
10.4 PVC人造革清洁生产技术 338
10.5 高物性和功能性合成革 341
复习思考题 365
参考文献 365

第一章 绪 论

1.1 天然革

天然革是指动物皮经过一系列物理机械和化学的处理后,变成耐化学作用(耐酸、碱、盐、溶剂等)、耐细菌作用、具有一定机械强度的物质,简称皮革。天然革由于胶原蛋白自身的化学性质和所形成的三股螺旋结构,具有柔软、耐磨、强度高、高吸湿和透水汽性(舒适性)等优点。

天然革在人类服饰品中的应用有着悠久的历史。早在远古时期,人类就开始穿着兽皮以御寒护体、彰显威严。时至今日,天然革凭借绚丽时尚的外观、柔软细腻的手感、优异的物理机械性能以及良好的穿着舒适性,依然是备受人们青睐的面料,被广泛应用于服装、制鞋、箱包、家具等行业,并且在日趋激烈的市场竞争中逐渐向精工高档化方向发展。

天然革按原料皮可分为猪皮革、牛皮革、羊皮革、马皮革、驴皮革和袋鼠皮革等。按鞣制方法可分为植物鞣革、铬鞣革、铝鞣革、锆鞣革、醛鞣革、油鞣革等。按用途可分为生活用革、国防用革、工农业用革、文化体育用品革等。

天然革的制作过程比较复杂,从原料皮到成革的加工过程,大体上可分为准备、鞣制、整理三大工段。其工艺流程大致如下:

准备工段:组批→去肉(脱脂)→浸灰→脱毛→分割、剖层→脱灰→软化→浸酸

鞣制工段:铬鞣→静置→挤水→削匀→复鞣→中和水洗→染色→加脂填充

整理工段:挤水→揩油→干燥→平展→修边→净面→拉软、摔软→磨革→熨平→涂饰压花

1.2 人工革

随着人类社会的发展,天然革的供应量与日益增长的需求量之间的不平衡现象越来越突出,已不能满足人们对皮革服饰面料广泛使用的需要。与此同时,天然皮革产业还面临着原料皮紧缺、生产效率低、利用率低、环保以及消费者动物保护意识增强等多重因素导致的下行压力,未来发展空间受限。自20世纪30年代起,人们开始使用各种不同的化学原料和方法来制造天然皮革的代替品,即人工革。时至今日,人工革的发展日新

月异,已完成了从早期简单仿形到后期高度仿真的历史转型,日益得到市场的肯定,其应用范围之广、产量之大、品种之多,传统的天然皮革难以望其项背。

人工革是将合成树脂以某种方式(如涂覆、贴合等)与基材结合在一起得到的天然皮革的代用品,有人造革、合成革及超细纤维合成革之分。在历史上,人工革的命名方案较为混乱,没有形成较为统一的称谓体系。按《中国大百科全书》轻工卷的定义,人造革与合成革的区别在于人造革主要以织物为基材,而合成革则以无纺布为基材,同时具有微孔结构的面层,但这种区分仅适用于天然革代用品发展的早期。目前,人们习惯按造面树脂的种类对人工革加以区分:将以聚氯乙烯(PVC)树脂作为涂层生产的人工革称为 PVC 人造革(简称人造革),将以聚氨酯(PU)树脂为涂层的人工革称作 PU 合成革(简称合成革),将以 PVC 树脂为底层、PU 树脂为面层的人工革称作半 PU,而超细纤维合成革则是在后期独立于前三种革种发展起来的一种天然皮革高仿品,具有较为复杂的生产方法和独特的物化结构。

1.2.1 第一代人工革——聚氯乙烯人造革(PVC 人造革)

PVC 人造革是将聚氯乙烯树脂(PVC)、增塑剂、稳定剂等组成的混合物,涂覆或贴合在基材上而得到的一种仿皮革塑料制品,史称第一代人工革。PVC 人造革的外观近似天然皮革,具有色泽鲜艳、质地较轻和强度高、耐磨、耐折、耐酸碱性等优良特性,并且成本低廉、加工方便。PVC 人造革可用于制造箱包、家具、手套、汽车/游艇/房车内饰、地板、壁纸、篷布等,广泛应用于工业、农业、交通运输业、国防工业及日常生活等方面。它的缺点是与基布黏结牢度差,易剥离;耐寒性差,易脆裂,手感僵硬,柔软性差;所添加的增塑剂会散发出令人不悦的气味以及透气性、吸湿性差等。PVC 人造革按是否发泡可分为 PVC 普通人造革(不发泡)和 PVC 泡沫人造革。

PVC 人造革的制造方法有直接涂刮法(现已基本淘汰)、离型纸法(转移涂层法)和压延法等,其工艺流程如图 1-1、图 1-2 和图 1-3 所示。

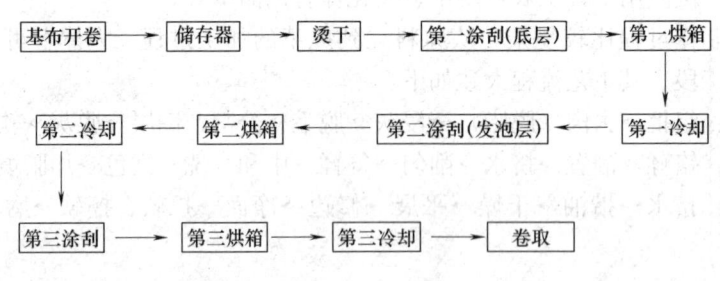

图 1-1　直接涂刮法 PVC 泡沫人造革工艺流程图

以上获得的复合物习惯上称为 PVC 贝斯(Base)。贝斯表面经整饰后,即得 PVC 人造革成品。

1.2.2 第二代人工革——聚氨酯合成革(PU 革)

第二代人工革——聚氨酯合成革是将聚氨酯树脂形成的涂层与基布结合获得的一种外观、性能与天然皮革更为接近的塑料制品。PU 合成革具有许多聚氯乙烯人造革所不能

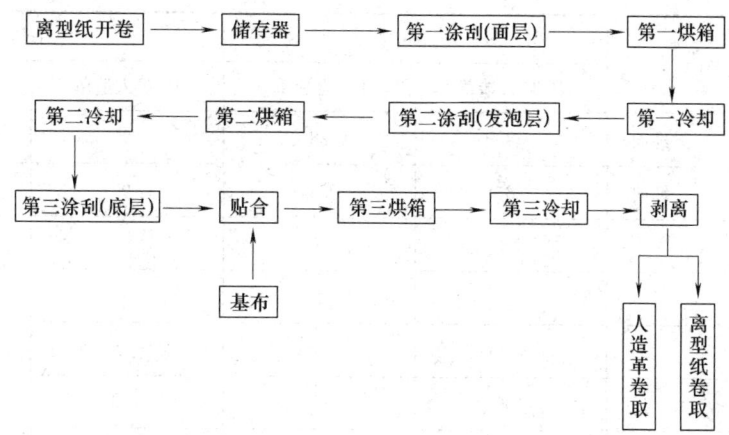

图 1-2 转移涂层法（离型纸法）PVC 泡沫人造革工艺流程图

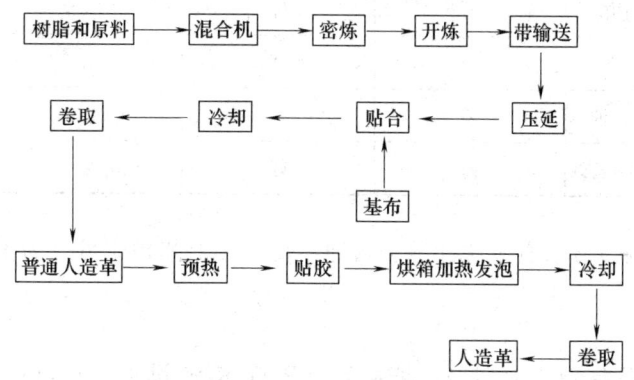

图 1-3 压延法 PVC 泡沫人造革工艺流程图

比拟的优点（表 1-1），包括手感柔软、光泽自然、颜色柔和、耐寒、耐老化、屈挠性能好、透气透湿性能优异、剥离强度高、真皮感强等，目前主要应用于各种鞋类、衣料、家具、箱包等领域。

表 1-1　　　　聚氯乙烯人造革与聚氨酯合成革的主要性能对比

项目		箱包		手套	
		PVC 人造革	PU 合成革	PVC 人造革	PU 合成革
厚度/mm		1.0	0.8	1.0	0.8
拉伸强度/(N/cm)	经向	200	200	100	170
	纬向	150	230	60	200
断裂伸长率/%	经向	4	10	20	7
	纬向	10	30	120	30

续表

项目		箱包		手套	
		PVC 人造革	PU 合成革	PVC 人造革	PU 合成革
断裂负荷/N	经向	8	28	9	25
	纬向	8	28	9	26
剥离负荷/N		15	20	12	20
表面色牢度/级		4	4	4	4
耐寒性能/℃		−20	−20	−20	−20
耐老化性能/℃		100	—	100	—
耐折牢度/万次		—	250	—	250
耐化学药品性	甲醇	差	好	差	好
	丙酮	差	好	差	好
	苯	差	好	差	好
	汽油	差	好	差	好
	三氯乙烯	差	好	差	好

PU 合成革的制造方法有干法和湿法两种，其生产工艺相应可分为干法生产工艺和湿法生产工艺。

(1) 干法

干法 PU 合成革是把溶剂型聚氨酯树脂（PU）溶液烘干后得到的多层薄膜与基布结合而构成的一种多层复合体。它于 20 世纪 60 年代初在意大利、西班牙、日本等国开始投产，从 70 年代开始以每年约 20% 的速度增长，目前已成为人工革市场上的主流产品。

早期的干法合成革主要采用直接涂刮法进行生产，其工艺流程如图 1-4 所示。然而，由于直接涂刮法对基布的强度/紧密性以及刮刀系统的精密度等提出了较高要求，同时由于聚氨酯浆料与基布直接接触，涂层的剥离强度与成革手感间矛盾无法调和，因此这种方法现已鲜有制革厂采用。

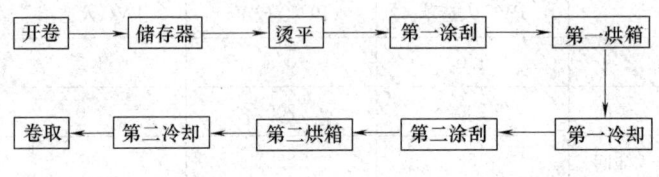

图 1-4　直接涂刮法干法 PU 革工艺流程图

目前合成革工业主要采用转移涂层法生产干法聚氨酯合成革。这种方法以离型纸为载体，将溶剂型聚氨酯树脂浆料涂刮在离型纸上（一般涂刮一至两次），放入烘箱加热除去树脂中的溶剂，以形成连续均匀的聚氨酯薄膜；然后将上述复合物与基布贴合，经烘干固化后，利用剥离装置将离型纸剥离，并将成革与离型纸分别成卷，其典型生产流程如图 1-5 所示。当然，以上获得的复合物只能被称为干法贝斯，贝斯还需改色、增光/消光等后整理处理才能获得成革。

采用这种方式生成的聚氨酯合成革膜层致密、产品强度优异、黏结牢固，过程所生产的废水较少，但由于涂层完全致密，这种产品的卫生性能依然较差，且生产过程产生的有机溶剂废气污染严重。

鉴于干法聚氨酯合成革的上述缺陷，自 21 世纪初，研究人员开始尝试以水性聚氨酯代替溶剂型聚氨酯用于合成革造面，同时已开发出与水性聚氨酯干法造面相配套的离型纸、干燥装置及发泡技术等。

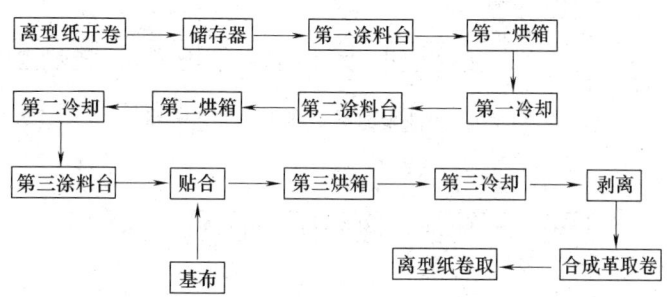

图 1-5　离型纸干法 PU 革工艺流程图

（2）湿法

湿法 PU 是将含有各种助剂的聚氨酯二甲基甲酰胺（DMF）溶液浸渍或涂覆于基布上，然后放入与溶剂（DMF）具有亲和性，而与聚氨酯树脂不亲和的液体（如水）中，DMF 被水置换，聚氨酯树脂逐渐凝固，从而形成连续的多孔型皮膜，即微孔聚氨酯粒面层，习惯上称为湿法贝斯。贝斯表面经整饰后，成为聚氨酯合成革成品。

湿法 PU 合成革最早于 1963 年在国外市场上出现。与干法致密涂层相比，湿法 PU 涂层具有大量微孔，因此具有良好的透湿、透气性能，手感柔软、丰满、轻盈，更富于天然皮革的风格和外观，曾经一度被认为是天然皮革的最佳替代产品。20 世纪 70 年代末期和 80 年代初期，国外市场出现了以普通织物为基布的湿法 PU 合成革，解决了无纺布湿法合成革工艺复杂、成本高、价格贵、品种单一等问题。这种生产方法工艺成熟、产品品种多、用途广泛、价格便宜，是目前合成革市场上极具生命力的产品。然而，湿法工艺一般须投资精馏塔以解决湿法废水的回用问题，精馏塔建设费用及其日常运行费用不可小觑；与此同时，湿法合成革配方中大量使用木质纤维素作为填料，因此合成革存在易霉变、寿命短等缺陷。

湿法聚氨酯合成革的生产工艺可分为单涂覆法、浸渍法和含浸涂覆法 3 种（图 1-6 至图 1-8），所用基布有纺织布和无纺布两类。

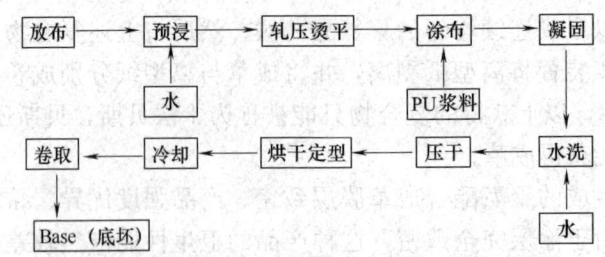

图 1-6　单涂覆法聚氨酯贝斯生产工艺流程

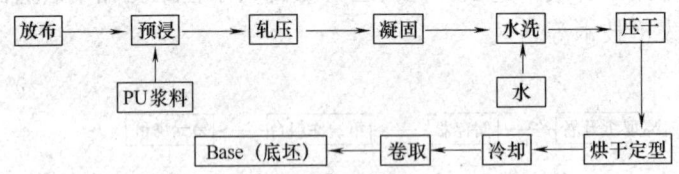

图 1-7　浸渍聚氨酯贝斯生产工艺流程

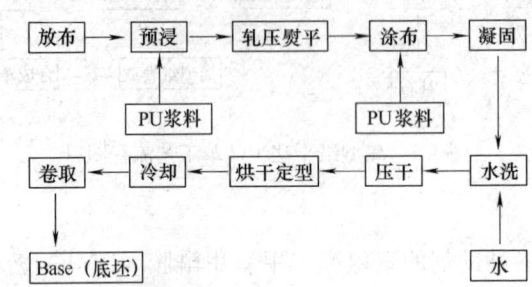

图 1-8　含浸涂覆聚氨酯贝斯生产工艺流程

1.2.3　第三代人工革——超细纤维合成革

超细纤维合成革简称超纤革,是超细纤维通过梳理、针刺或水刺制成具有三维网络结构的无纺布,再经聚氨酯湿法含浸、减量、磨皮、染整等工艺最终形成的仿革产品。超细纤维采用与天然皮革中束状胶原纤维结构和性能相似的超细纤维制革高密度无纺布,结合具有开式微孔结构的高性能聚氨酯为填充材料,在结构和外观质感上真正模拟天然皮革的特殊形态(图1-9)。超细纤维合成革是一种跨行业的产品,其研发及应用技术涉及纺织、塑料、化工等诸多领域。

20世纪70年代,日本可乐丽公司、东丽公司等先后成功开发出超细纤维合成革。此后,随着生产技术、应用技术的进步和完善,生产成本的逐渐下降以及人们消费观念的转变和环保意识的增强,超细纤维合成革的生产和消费快速增长,现已被广泛应用在高档鞋、服装、家具、球类和汽车内饰等领域中。据统计,目前有90%以上的高档运动鞋(包括NIKE等国际著名品牌)是用超细纤维合成革制成;高档汽车座椅中也已大量采用超细纤维合成革代替天然皮革。

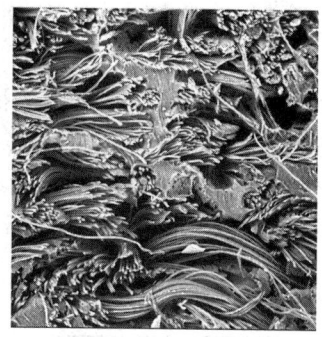

图 1-9　超细纤维合成革的剖面电镜图

超细纤维的细度已经超过纺织上最细的天然纤维——蚕丝，而目前国际上对超细纤维的界定尚无统一的规格和标准。日本将 0.55~1.1dtex 的纤维称为细旦丝，0.55dtex 以下的纤维称为超细丝；而欧洲的划分是：1.0~2.4dtex 的纤维称为细旦丝，0.3~1.0dtex 的纤维称为微细丝，0.3dtex 以下的纤维称为超细丝。我国目前还没有统一的国标，但更倾向日本的划分界限，将纤维单丝线密度小于 0.55dtex 的纤维称为超细纤维。

超细纤维在结构上的最大特点就是纤维的纤度极小，比表面积急剧增大，这种结构上的变化使纤维的诸多性能均发生了变化。如纤维直径的细化降低了纤维的刚度，大大提高了人工革的柔顺性和触感；纤维的细化还可以增加丝的层状结构，增大毛细效应，强化人工革的吸湿性和穿着舒适性；与此同时，纤维细化还可使纤维内部反射光泽，使成革具有细腻、柔和的视觉效果。由此可见，超细纤维合成革不论是内部微观结构、外观质感、穿着舒适性等均已达到天然皮革的标准，在耐化学性、质量均一性、大生产加工适应性以及防水、防霉变性等方面更超过了天然皮革，完全可以作为高档天然皮革的替代产品。因此，超细纤维合成革对于人工革行业具有革命性意义，它把人工革行业推向了更高的发展层次。

目前，超细纤维合成革的主流生产方法为海岛法。海岛纤维采用共混纺丝或复合纺丝的方式将一种聚合物分散于另一种聚合物中，在纤维截面中分散相呈"岛"状态，而母体则相当于"海"，从纤维的横截面看是一种成分以微细而分散的状态被另一种成分包围着，好像海中有许多岛屿（图 1-10）。一旦用溶剂（甲苯或碱）将海组分溶解掉，则可得到集束状的超细纤维束。海岛纤维的岛组分通常是聚酯（PET）、聚酰胺（PA6）以及聚丙烯腈（PAN）等；海组分可以是聚乙烯（PE）、聚丙烯（PP）、聚苯乙烯（PS）或改性聚酯（COPET）等。

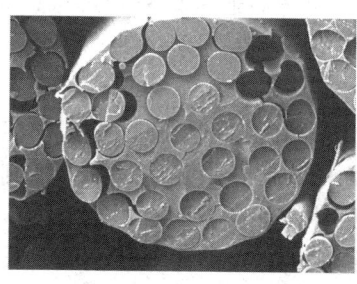
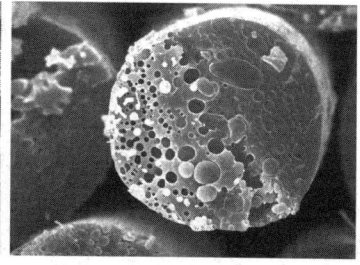

图 1-10　海岛纤维减量前截面形貌图

目前，国内外生产海岛纤维主要是通过不定岛法和定岛法。

(1) 不定岛法

采用双组分混溶纺丝技术，在纤维的横截面上能观察到岛组分（通常为 PA6）以细微而零散的形态包含于海组分（通常为 PE 或 PP）中，岛的数目、粗细、长短均不可控，其在纤维伸展方向上是非连续密集分布的，但总体比定岛纤维更纤细。通过后续加工加溶剂（一般为甲苯）操作使海组分溶解后（图 1-11），才可以获得真正意义上的超细纤维束。

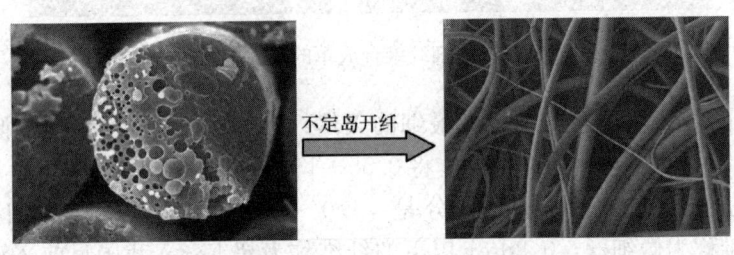

图 1-11　不定岛超纤甲苯减量示意图

不定岛超细纤维中岛数量、分布及其纤度都存在随机性，经溶剂抽取开纤后，超细纤维的线密度在 0.0011~0.11dtex，该技术由日本可乐丽公司最早发明。在国内，烟台万华公司首先拥有该技术并实现了产业化。到目前为止，国内大部分超纤革企业均是采用不定岛纺丝技术。但是，不定岛超纤的缺陷非常明显，这主要是由于不定岛超细纤维海岛结构及其岛形貌的不稳定性，增加了合成革后道工序中的不可预测因素。与此同时，由于岛形貌的不匀性，造成不定岛超细纤维纤度不匀，在染整过程中，这很容易影响成革的染色效果。另外，采用甲苯减量会产生成分复杂的有机溶剂废水，存在较为严重的环境污染问题和溶剂回收压力。当前这种方法还无法运用于生产长纤，只能用来生产短纤。

(2) 定岛法

定岛超细纤维生产技术是在非定岛超细纤维生产技术及复合纺丝组件制造技术发展的基础上形成的，是超细纤维未来发展趋势。这种方法采用双组分复合纺丝技术，在纺丝分配板前各组分以独立形式存在，各自有各自的通道。观察纤维的横截面会发现，其中一种组分（通常为 PET 或 PA6）以细微而分散的方式（犹如海水中的岛屿一般）包含于另一种组分（通常为 COPET）中，两种组分在纤维伸展方向上是连续密集均匀分布的，岛的数目是确定、均匀而且富有规律的。纺丝后通常该复合纤维以常规纤度存在，通过后续加工的加溶剂（一般为碱）操作使海组分溶解（图 1-12），才能得到真正意义上的束状超细纤维束。

这种方法目前主要用于生产高质量长纤。虽然纤维的纤度稍逊于非定岛纤维，但是由于克服了不定岛超纤在纤维形貌不可控方面的缺陷，由定岛超细纤维制作的合成革产品在手感、仿天然皮革风格、机械性能和染色性能等各方面有了更大的改善，对开发高端的合成革产品具有相当的吸引力。在合成革领域，定岛超纤技术的研发与应用主要集中在日本、韩国及中国的台湾地区，尤其是日本可乐丽公司、旭化成公司、东丽公司、三菱造丝等掌握着定岛纺丝的核心技术。在中国大陆，经过多年研发探索，也有少数几家公司拥有了定岛长纤的生产设备及相关技术。

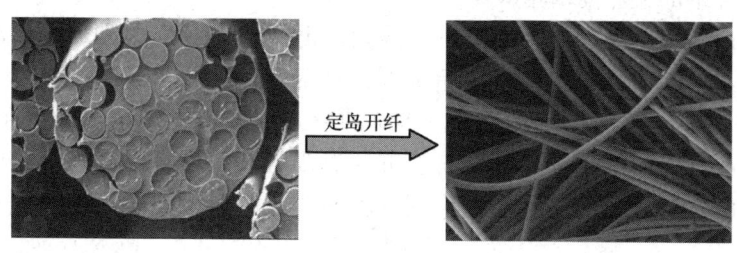

图 1-12　定岛超纤碱减量示意图

无论是定岛还是不定岛超纤，碱减量开纤后均需进行染色、磨皮及三防、抗菌、阻燃、防紫外线等多种后整理加工，才能获得外观、性能逼真的防革产品。

1.3　人工革的发展历史

最早的人工革是 1921 年利用硝酸纤维素溶液涂覆织物所制成的硝化纤维漆布。1931 年，PVC 树脂首次实现小规模工业化生产，人们生产出了贴合法 PVC 普通人造革，PVC 人造革是人工革的第一代产品。1954 年，PVC 泡沫人造革问世，硝化纤维素人造革逐渐被 PVC 人造革所取代。此后，随着乳液法聚氯乙烯树脂的出现，1956 年人们又开发出了涂刮法 PVC 人造革。后来，生产工艺也由最初的直接涂刮法发展到转移涂刮法（钢带法、离型纸法）。随后又出现了聚酰胺革和聚烯烃人造革，但直至现在，它们的产量都很小。

聚氨酯合成革是人工革的第二代产品，其开发与聚氨酯树脂的发展密切相关。1937 年德国以拜耳教授为首对聚氨酯树脂的研究成功，为聚氨酯合成革的开发打下了良好的基础。1953 年德国首先推出聚氨酯合成革方面的专利，作为天然革的理想替代品，获得了突破性的技术进步。日本于 1962 年从德国引进该专利，同年日本兴国化学工业公司也制成了聚氨酯合成革。1963 年左右美国杜邦公司以聚酯纤维为基材成功开发出新一代聚氨酯合成革，牌号为柯芬（Corfam），其外观、物性、构成、手感等更接近天然皮革。第二年，日本仓敷人造丝公司也相继制成商品名称为可乐丽娜（Clarino）的合成革，其基材是尼龙丝。紧接着，东洋橡胶工业公司也制成了帕持拉（Patora）聚氨酯合成革，帝人公司的哥得勒合成革也研究成功。在此基础上，人们在人工革基材和涂层树脂方面又进行了大胆改进。到 20 世纪 70 年代，针刺成网、黏结成网等工艺技术逐渐成熟，合成纤维无纺布开始崭露头角，使人工革基布具有了三维藕状、空心纤维状断面，在天然革胶原纤维束网状结构的模仿上更进一步；同时人工革表层开始使用具有微细孔结构聚氨酯层模拟天然革粒面，从而使人工革的外观和内在结构与天然皮革更加接近，其他物理特性都接近于天然皮革的指标，而色泽比天然皮革更为鲜艳，其常温耐折达到 100 万次以上，低温耐折也能达到天然皮革的水平。

超细纤维合成革是第三代人工革产品，它以超细纤维制成的具有三维网络结构的无纺布做基材，具有开孔结构的聚氨酯骨架和尼龙束状结构，真正模拟天然皮革的形态。超细纤维的巨大表面积赋予超纤革强烈的吸水作用，使得超细革的吸湿特性能够与具有束状超细胶原纤维的天然皮革相媲美。

日本是目前世界上最大的超细纤维生产国，也是超细纤维合成革技术水平最为先进的国家。在日本、欧美等发达地区，超细纤维产品已得到了市场的充分认可。在日本，鞋材中70%采用的是超细纤维合成革。传统的超细纤维合成革主要应用在制鞋、制球、箱包、劳保用品、工业用革等方面。随着市场消费需求的不断提高，新的超细纤维合成革向着精细方向发展，新的材料不断应用，新的功能不断增加，使超细纤维合成革应用领域不断拓宽。

在汽车内饰领域，汽车生产商对于汽车内饰用人工革的设计和质量要求越来越高，几乎达到和天然皮革同样的品质要求。汽车座椅面料使用超纤革，不仅性能超过天然皮革，而且能大幅度降低成本且环境友好，目前已经在奔驰、宝马、本田等125款高档车型得到很好应用；最近几年，在国产北京奔驰C200款、华晨宝马、领驭、华普远景改型、比亚迪等新车型中，超纤革的应用也引人瞩目。日本旭化成生产的超纤革"silfeed"现已广泛用于丰田汽车"Premio"型轿车的制造，不仅具备了与天然皮革相匹敌的真皮感和手感，同时还具有更高的耐久性。钟纺株式会社推出的锦纶超细纤维合成革"SERTSIONE Y134F"，具有一体感的柔软风格和手感，天然皮革的表面匠意，很好的加工性和整洁的产品外观等优势。日本企业其他超纤企业可乐丽、东丽、帝人等公司生产技术各异，产品种类繁多，品质优良，产品各有特色，除用于制作鞋、沙发外，还应用于高档汽车内饰、服装、各种正式比赛用球和训练用球等领域，甚至跳出一般的概念，研发DVD、数码照相机、移动电话等家用电器的硅片、碟片、玻璃盘等精密抛光的研磨片等。韩国大元化成株式会社的产品"MODELARTO"，使用的是聚碳酸酯型聚氨酯，高度耐磨，以每年几百万平方米的量出口欧美，独树一帜；东洋织物出品的"ALPHONE ROYAL3003"，具有豪华的毛绒外表、优良的悬垂感、适度的弹性、艳丽的色彩，已成为高档衣用革的新宠。

综上所述，人工革产业化生产已有几十年历史，随着各种新材料的不断应用，其产品定义也在不断更新。基布从机织布到今天的无纺布；所用树脂从聚氯乙烯、丙烯酸树脂到聚氨酯；纤维使用也从普通的涤纶、锦纶、黏胶纤维等化学纤维，发展到藕状纤维和超细纤维等功能性差别化纤维。在产品风格上，人工革经历了从低档到高档，从仿形到仿真的发展过程，其特性和发展方向越来越接近天然皮革。经过多年的不断研究开发，合成革无论在产品质量、品种，还是产量上都得到了快速增长，性能越来越接近天然皮革，某些性能甚至超过天然皮革，达到了与天然皮革真假难分的程度，在人类的日常生活中占据着十分重要的地位。

1.4 中国人工革行业现状

1.4.1 发展概况

20世纪50年代，人造革、合成革产业以欧美为主产地。随着经济的发展，产业重心开始向亚洲转移,并在日本、台湾、韩国等国家和地区快速发展。随着发达国家生产成本的提高,人造革、合成革的产业中心开始向发展中国家转移,首先是从日本转向韩国和中国台湾等地,继而开始向中国大陆地区过渡。

中国自1958年开始研制生产人造革,是中国塑料工业中发展较早的行业。但是中国的人造革、合成革行业迅速发展是在改革开放后实现的。自1979年以后,上海、北京、广州、徐州等地先后引进压延法PVC人造革生产设备,武汉、长沙、佛山、石家庄等地引进了成套的离型纸法生产设备。1981年又开始引进干法PU革生产技术,当时仅在广州人造革厂生产;随后,东莞人造革厂和武汉塑料一厂也相继引进投产。而湿法PU合成革的生产则是始于1983年,山东烟台合成革厂(现在的烟台万华公司)从日本可乐丽公司引进了湿法PU革的生产技术及设备。

表1-2　　　　2005~2013年我国人造革、合成革消费量情况　　　单位:亿 m²

类别	2005年	2006年	2007年	2008年	2009年	2010年	2011年	2012年	2013年
服装革	0.79	1.00	1.14	1.43	2.34	3.33	5.78	6.47	6.99
箱包革	3.36	3.64	3.86	4.09	3.90	4.37	4.63	4.91	5.37
家具革	4.72	5.03	5.35	5.78	5.63	6.31	6.69	7.09	7.79
鞋革	4.98	6.71	7.93	8.88	9.82	11.77	13.25	14.58	16.07
球革	0.37	0.43	0.46	0.51	0.57	0.53	0.56	0.58	0.63
汽车内饰革	0.86	1.00	1.18	1.25	1.80	2.05	2.26	2.44	2.83
装饰用革	1.04	1.12	1.35	1.48	1.58	1.98	2.38	2.80	3.25
合计	16.12	18.93	21.27	23.42	25.64	30.34	35.55	38.87	42.93

未来10年,人造革、合成革行业新增需求主要来源于国内市场,下游行业需求增速在15%左右,其中鞋革、家具革与汽车内饰革将是主要领域,还将涌现体育用品、军事装备与特殊材料等新兴领域。目前,中国已成为世界上人造革、合成革的生产大国、使用大国(表1-2)。截至2015年,我国人造革、合成革生产线和产量已占据世界总产量的2/3。全国共有人造革、合成革企业2600多家,上千条生产线,年生产能力已达70亿m²,是塑料行业重点发展的产业。其中规模以上企业385家,建有干法线700余条,湿法线650余条,压延线240余条,超纤纤维合成革61条。

2014年我国人造革、合成革、超纤革总产量达到375.08万t(385家规模以上企业产量共计302万t),如图1-13所示,同比增长2.58%,实现工业总产值502亿元,进出口贸易总额31.03亿美元,其中出口额为25.55亿美元,同比下降7.31%;出口量59.08万t(10.3亿m²),出口同比增长3.90%(图1-14),占生产制造的17%,其中聚氯乙烯人造革出口占43.82%,聚氨酯合成革出口占53.81%。2014年,我国人造革、合成革进口量为4.9万t,下降3.52%,进口额5.48亿美元,同比增长0.72%。

我国人造革、合成革的主要需求为制鞋、箱包、服装和家具制造行业,因此,人造革、合成革生产的地域分布与制鞋、箱包、服装和家具制造等生产企业的地域分布呈明显的集聚效应。据2014年统计数据显示,我国人造革、合成革企业主要集中在浙江(产

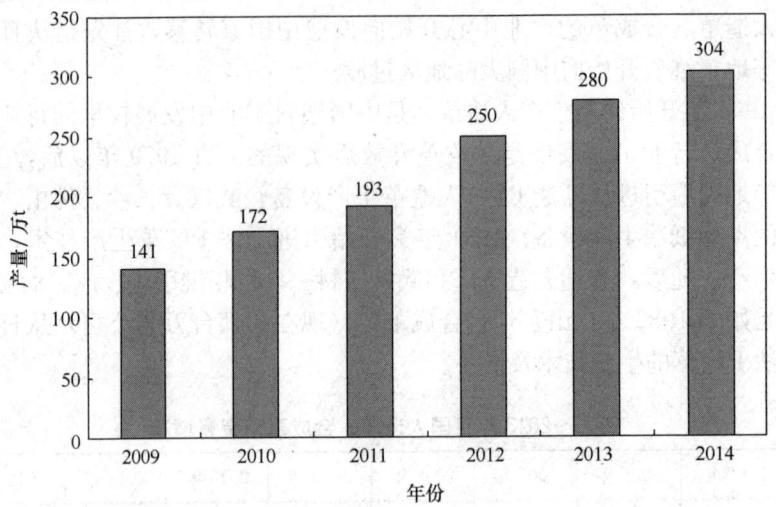

图 1-13　2009—2014 年 1—10 月全国 385 家规模以上企业人工革产量

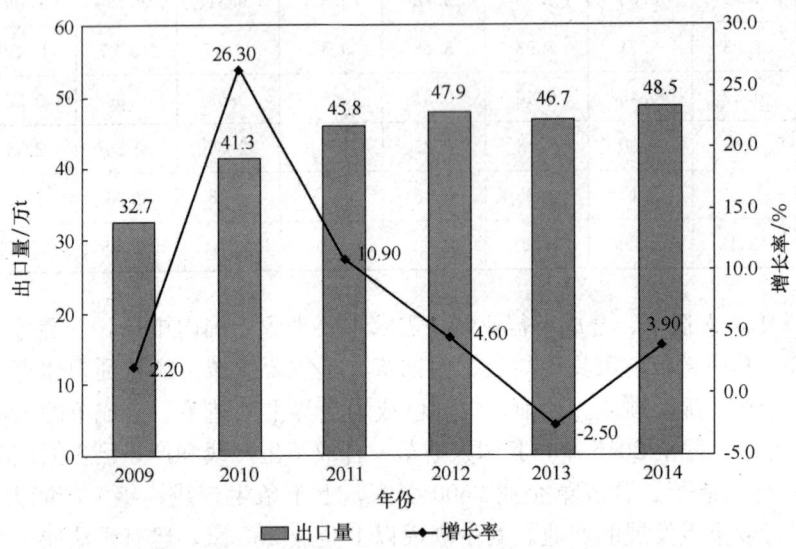

图 1-14　2009—2014 年 1—10 月我国人工革出口统计

量 131.4 万 t）、福建（产量 83.3 万 t）、江苏（产量 36.4 万 t）、广东（产量 25.7 万 t）以及河北（产量 22.3 万 t），产量分别占同期全国总产量的 37.9%（浙江）、24.0%（福建）、10.5%（江苏）、7.4%（广东）、6.4%（河北）。行业内企业基本按照市场原则，依靠技术、品牌、规模等进行充分市场竞争，行业市场化程度较高。

温州合成革行业发展十分迅猛，从 20 世纪 90 年代初就已成为全国合成革的主要生产基地，2002 年被中国轻工业联合会、中国塑料加工工业协会授予"中国合成革之都"称号。据统计，温州地区共有 122 家合成革企业，共 442 条生产线，固定资产超过 100 亿元，其中干法线 234 条，湿法线 191 条，压延线十多条，年产值达 120 亿元。从统计来看，温州地区的合成革企业占国内生产企业总数的 38.8%，生产线数量占 47% 左右，几乎控制了整个行业的半壁江山，在全国拥有固定销售点和用户 4000 多家，年销售额 100 多亿元，产品在国内市场占有率达 60% 以上，整个行业从业人员近 4 万人。产品远销美国、俄罗斯、非洲、中东等 70 多个国家和地区，已成为亚洲乃至全球最大的合成革生产基地。

浙江丽水是我国合成革产业的发达地区之一，其中仅丽水经济开发区水阁工业区就集中了 54 家合成革生产企业，有 100 多条生产线，合成革产业已成为当地的支柱产业之一。2003 年，丽水经济技术开发区水阁区引入了合成革产业及其配套产业，短短几年，就成为国内发展最快、产业链最完整、产业聚集度最高的合成革产业园区之一。目前，园区共有合成革相关企业 67 家，其中：合成革生产企业 41 家，占 61.2%；革基布、树脂企业与助剂、离型纸企业 26 家，占 38.8%。共建生产线 150 多条，其中，湿法生产线 75 条，干法生产线 55 条，半 PU 生产线 28 条，另有上千台（套）后整理加工设备。2014 年实现工业产值 122 亿元，占开发区全部工业总产值的 47%，占全国合成革总产值的 10.56%；缴纳税收 2.28 亿元，占开发区全部工业税收的 45.1%；从业人员约 12400 人，占开发区工业企业的 50.73%；亩均税收 7.5 万元，部分合成革龙头骨干企业亩均税收超过 15 万元。2007 年丽水经济开发区被中国塑料加工工业协会正式授予"中国合成革循环经济先进示范基地"称号，这一称号在我国合成革生产领域至今还是唯一。

福建省福鼎合成革产业始于 2005 年，是福鼎工业首个过百亿元产值的支柱产业，在全国合成革产业中举足轻重。十年间，福鼎市政府把合成革产业作为工业经济发展的支柱产业，坚持"布局集中、产业集群、土地集约"的思路持续重视、扶持，稳步推进产业发展。目前，福鼎已发展合成革及配套企业 52 家，拥有干法线 86 条、湿法线 94 条、植绒线 17 条，其产品广泛应用于制鞋、服装、箱包、家具、体育用品、汽车装饰等领域，远销美国、俄罗斯、欧洲、中东、东南亚等国家和地区，出口贸易值占总销售额的 30%，产品在国内市场占有率达 20% 以上。2014 年福鼎合成革产业完成产量 60.99 万 t，实现产值 321 亿元，创税 1.5 亿元，解决农村富余劳动力就业约 1 万人，已形成了革基布—聚氨酯树脂—合成革制造—皮具、运动鞋等制造"一条龙"的合成革产业链，产业规模、集聚效应突显。2011 年 1 月，福鼎被中塑协命名为"中国合成革名城""中国合成革产业示范基地"。据中国石油化工联合会最新公布数据显示，2015 年 1—6 月生产塑料人造革、合成革 160.87 万 t，同比下降 5.65%。其中，浙江下降 17.2% 成为总产量下降的主因。一直以来，浙江省人造革、合成革产量占据全国半壁江山，但随着温州等地生产线的大幅削减，产量也随着大幅下滑，2015 年上半年浙江规模以上企业总产量为 50.4 万 t，占全国 31.3%；而福建上半年总产量则同比增长 11.9%，已占到全国的 30%。

广东的人造革、合成革行业主要集中在佛山市的高明地区，合成革产量居广东省首位（占 75%），得益于优越的地理位置和有力的政府支持。该区的合成革业起步较早。早在 20 世纪 80 年代中期，高明地区便因本区合成革产业蓬勃发展的趋势，将合成革产业确立为支柱产业进行培育和发展。经过 20 多年的快速发展，特别是近几年的体制创新和技术创新，高明地区合成革产业呈现出加快发展的良好态势，每年总产量以 30% 左右的速度增长。目前，全区共有合成革生产企业 26 家，产量约占全国总产量的 11.6%。目前，该区合成革产品主要有箱包革、家具革、服装革、鞋革等。身处珠三角核心区域的高明，周边有顺德龙江、乐从的家具革市场，广州梓元岗、新豪的箱包革市场，惠州、东莞的鞋革市场，广州花都狮岭的人造革专业市场等，为该区的合成革企业开拓销售市场提供了良好的环境。在高明区政府的牵头下，凭借着发展环境优良、政府支持有力、产业配套齐全、集聚效应显著、运行机制灵活、发展后劲强劲、技术力量雄厚、发展目标明确等优势，该区于 2005 年 11 月荣获"中国合成革产业基地"称号，这是我国继温州之后的全国第二个同类产业基地，也是广东省唯一的同类产业基地，标志着高明合成革产业发展进入了一个新里程。

除普通人造革、合成革外，目前国内超纤革行业的发展也较为迅速，技术日趋成熟。从 20 世纪 80 年代第一条超细纤维合成革生产线建成后，近几年全国又陆续投资几十亿元建成了 30 多条生产线。截至 2014 年底，全国共有超纤厂家 26 家（不包括后段、专业纺丝段等厂家），其中不定岛超纤企业 16 家（生产线 51 条），定岛超纤企业 6 家（生产线 6 条），另有橘瓣超纤企业 4 家（生产线 4 条），总产量接近 2 亿 m²，形成了以上海华峰超纤材料股份有限公司、山东同大海岛新材料股份有限公司、浙江禾欣实业集团股份有限公司、无锡双象超纤材料股份有限公司为首的四大集团，其产能已占国内总产能的 60%左右，产品质量稳步提高，许多产品已经打入国际市场。高端产品的快速发展，带动了全行业向集约经济、规模经济、科技经济方向发展，提升了产业的核心竞争力。

根据历史统计数据，我国的超细纤维合成革使用量自 2005 年以来逐年递增，增长速度较快，远超过普通人造革、合成革的增长率。未来我国人造革、合成革市场需求总量仍会持续增加，但是不同种类、档次的产品会呈现不同的发展趋势，超细纤维合成革的市场需求量将会高速增长（图 1-15）。

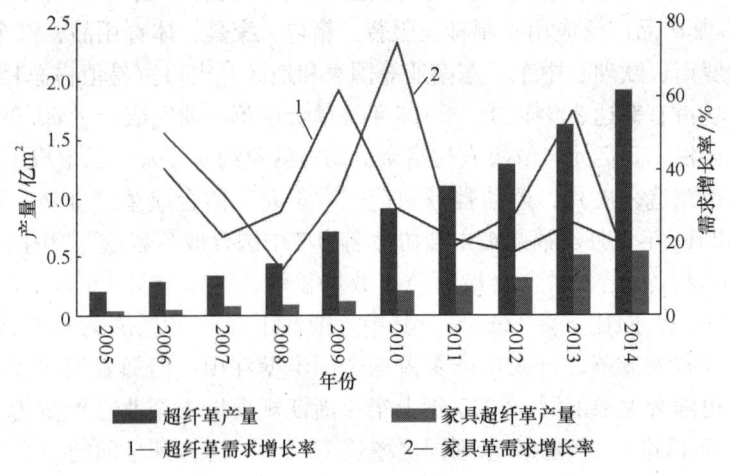

图 1-15　2005—2014 年我国超细纤维合成革产量及需求量

1.4.2　应用现状

目前，人造革、合成革制品在我国人民的日常生活中随处可见，如男女鞋、运动休闲鞋、童鞋、时装鞋、服装、手袋箱包、沙发家具、球和体育用品、文具证件、汽车内饰、首饰盒、工艺品包装等，人们往往认为这些产品是天然皮革制作的，实际上这些革制品50%以上的份额已被人造革、合成革所占据。并且随着技术的发展进步，人造革、合成革的应用领域还将不断拓展。

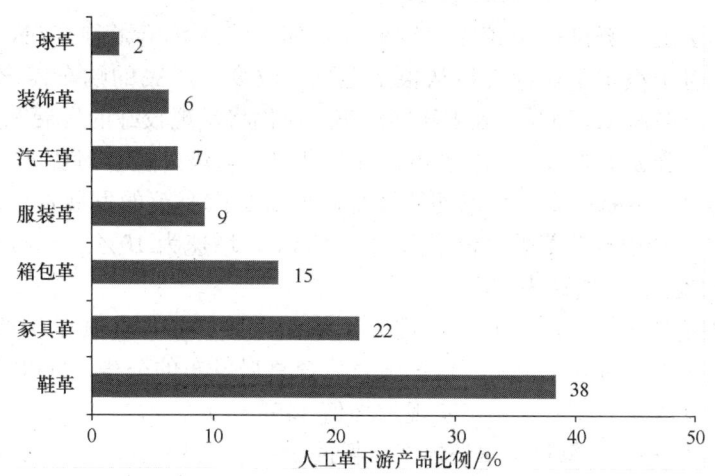

图1-16　2014年我国人工革行业下游产品分类

从我国人造革、合成革下游行业产品占比来看（图1-16），鞋革、家具革与箱包革三项占比之和超过75%。其中，鞋类市场是国内人造革、合成革最大的需求市场。2014年鞋革在人造革、合成革中占比达38%。应用人造革、合成革的鞋类主要有运动休闲鞋、时装鞋、劳保鞋、工作鞋、童鞋等。需要指出的是，中国运动休闲鞋市场在迅速发展。近年来，由于体育运动日益受到欢迎，且全民健康意识的不断提升，中国运动服饰市场（包括服装、鞋类及配饰）迅速发展，2014年市场规模超2万亿元，根据前锐（上海）商务咨询有限公司的调查，品牌运动服饰市场一直保持两位数的年增长率。

同时，我国作为世界上人口最多的国家，鞋类行业发展空间巨大。据亚洲鞋业协会提供的数据显示，2014年亚洲年人均鞋品消费量已超过2双，中国年人均鞋品消费量已突破2.5双，中国鞋类消费总量已超过30亿双。

随着皮鞋及运动休闲鞋的快速发展，鞋革市场也将保持同步增长。同时，人造革、合成革对天然皮革的替代趋势，以及欧盟对皮革制鞋的反倾销政策，将进一步提高鞋类市场对合成革的需求。2013年，我国鞋革的需求量已达到15.56亿 m^2，增速为15.23%；2014年鞋革的需求量达到17.98亿 m^2，增速为13.25%。

家具主要是指沙发，沙发市场是人造革、合成革另一需求较大的市场。我国已是全球最大的沙发家具生产基地之一，也是全球最大的沙发家具出口国，沙发家具的国内消费和出口一直增长迅速。我国2013年家具革的需求量已达到8.52亿 m^2，增速为8.05%；2014年家具革的需求量达到8.9亿 m^2，增速为6.52%。

汽车行业是我国的支柱产业之一，近几年来市场规模发展迅速，2009年我国汽车产量在世界排名上升到第1位。由于汽车行业的迅速发展，国内汽车内饰市场对人造革、合成革的需求增长较快。据中国汽车工业协会统计，2009年国内累计生产汽车1379万辆，同比增加48%；销售汽车1364万辆，同比增长46%，相较我国2002年汽车销售同比增长37%的历史记录高近10个百分点；产销增幅同比提高了43个百分点和40个百分点。

2010年全国累计生产汽车1826万辆，同比增加32%；销售汽车1806万辆，同比增加32%。与此对应，2009年，汽车革达到1.80亿 m^2，较2008年增长44%；2010年，汽车革达到2.1亿 m^2，较2009年增长17%。

由于我国宏观经济仍处于较为稳定的增长期，国际环境影响有限，作为支柱产业，未来几年国家对于汽车工业的支持从根本上不会改变，居民的购车需求依旧十分旺盛，近5年汽车平均增速22.39%，未来我国汽车工业仍将呈现较好的发展态势，而汽车内饰材料用人造革、合成革的市场需求也将保持旺盛增长态势。随着消费者对汽车内饰档次、功能、环保等要求不断提高，生态功能性合成革将是汽车革的发展重点，面临巨大的市场机遇。2012年全国汽车革需求量达到2.53亿 m^2，增速为10%；2013年全国汽车革需求量达到2.92亿 m^2，增速为15%。

现在越来越多的体育用品开始使用人工革作为原材料，尤其是足球、排球、篮球、手球等球类对合成革的需求较大。根据国家体育总局发布的公告，2008年全国体育及相关产业从业人员达到了317万人，实现增加值1555亿元，占当年GDP的0.52%，2006年至2008年，体育产业每年的增长幅度均超过16%。2010年3月24日国务院办公厅发布了《关于加快发展体育产业的指导意见》。这是中国首份在国家层面上对中国体育产业进行规划梳理并提出目标任务的政策性指导意见，它已唤醒体育产业2万亿元的市场。在未来10年乃至20年内，体育用品产业将是中国发展前景最好的产业之一。

球革作为橡胶的替代材料，目前还主要应用于礼品球、训练用球上，虽然比赛用篮球较少涉足，但聚氨酯合成革在足球、排球上已广泛应用。2009年全国球革销量0.57亿 m^2，2013年其需求量已达0.98亿 m^2。

随着现代化军事装备的发展，国外研发了大量的军用装备合成革，已经在外军的装备中看到了各种功能化合成革的身影。目前广泛采用天然皮革的军鞋、军靴、腰带、枪套等均已开始应用合成革，此外还有一些新兴的市场空间，如导电（屏蔽、隔热）合成革，应用在军车、装甲车辆的电磁屏蔽；消音阻尼减震合成革，广泛应用在舰艇和飞机中的驾驶舱和战斗舱；定宽、定长、定反射率和耐老化合成革适用于卫星导航定位；雷达隐身和红外线隐身的需求量更是巨大。海湾战争统计发现，没有隐身的装备被击毁率将提高12倍。这些新应用新市场都给我国人造革、合成革带来了巨大的发展契机。

1.4.3 我国人工革行业存在的问题

（1）环境污染和能耗问题

目前我国人工革产业的环境污染问题仍然较为突出。在传统的人造革、合成革和超纤革的制造工艺中均使用溶剂型树脂，用于干湿法造面、湿法填充、黏结、后整理涂饰等，浆料中有机溶剂的挥发是环境污染的主要染头。据统计，目前我国人工革制造对溶剂型树脂的年需求量约为260万t，这些树脂一般需用稀释料（各类有机溶剂）1∶1稀释，稀释剂年消耗量为260万t。浆料的使用可分为两部分，其中约170万t用于制造贝斯，约90万t用于贝斯的后整理。合成革行业按现有的湿法和干法生产工艺，其湿法贝斯制备过程中，由于溶剂组分单一（主要为DMF），大部分有机溶剂可通过精馏塔回收利用，回收率在90%左右，对环境的影响较小；但在干法贝斯制造和后整理过程中溶剂组分复杂（含DMF、甲苯、丙酮、甲缩醛、乙酸酯类），挥发性强，溶剂的回收相当困难。

尤其是后整理工序，对溶剂型浆料的年需求量为90万t左右，其中70%为有机溶剂，稀释剂90万t，即每年约有150万t溶剂直接排放，不仅造成了大量有机溶剂的浪费，而且严重污染环境，对生产工人身体造成巨大伤害，还会引发安全生产事故。

对于PVC人造革而言，除了黏结、涂饰等后整理过程存在有机溶剂污染外，生产线上还存在增塑剂邻苯二甲酸二辛酯、环氧脂肪酸甲酯、氯化石蜡废气等的排放。尤其是邻苯类增塑剂，目前是用量最大、使用范围最广的一类增塑剂，占全球增塑剂总用量的95%。然而越来越多的研究报告指出，邻苯二甲酸酯在生物体内发挥着类似雌性激素的作用，可干扰内分泌，使男子精液量和精子数量减少，精子运动能力降低，精子形态异常，是造成男子（尤其是男童）生殖问题的"罪魁祸首"。此外，美国国家癌症研究所对邻苯二甲酸酯的致癌性进行了生物鉴定，其结论是：这类增塑剂是大鼠和小鼠的致癌物，大量摄入能使啮齿类动物的肝脏致癌。鉴于邻苯二甲酸酯的生殖毒性和致癌性，欧盟、美、日等国家已明确规定这类增塑剂不能用于儿童玩具、食品包装、医疗器械等与人体密切接触的制品中，我国也相继出台了众多法规标准对邻苯二甲酸酯类增塑剂的使用进行限制。

超细纤维合成革生产线上的污染主要是减量工序产生的高浓度碱或甲苯废水。尤其是碱减量废水，其中含有大量涤纶水解生成的乙二醇有机物及在碱性条件下以钠盐形态存在的对苯二甲酸钠。这种废水的COD值高达20000mg/L以上，BOD/COD值小于0.2，理论上属于不可生物降解范畴。所以，当碱减量废水进入废水处理站时会对废水生化系统造成巨大冲击，破坏原本良好的处理运作系统。更为重要的是，这种废水对水中的鱼类将产生巨大的毒害作用，会阻碍水中微生物的可再生循环，同时还会诱导某些动物产生畸形和发生基因突变。当碱减量废水混入河流或者环境时，它的毒性缓慢，作用时间长久，因此在生物体内只有积累到一定的程度才会产生中毒现象，所以很难引起人们的重视，而一旦长期摄入大量的对苯二甲酸及其钠盐，则会导致生物体内神经和心脏功能受损，危害健康。

根据测算（适合有溶剂回收设备的企业），目前每条合成革生产线，排放二甲基甲酰胺10.2t/年，甲苯50.8t/年，丁酮50.80t/年；每条PVC生产线的邻苯类增塑剂排放量为1.32t/年，甲苯、丁酮、乙酸酯类溶剂排放量为24.5t/年；每条超纤生产线产生的碱减量废水为150m³/d。因此，无论是人造革、合成革还是超纤革行业，长期面临着环境治理成本高、资源浪费严重、环境污染的严峻挑战。

除环境污染外，人工革行业同时也属于高能耗行业。据统计，每生产10000m² 合成革需耗煤10t；有机溶剂DMF的回收采用精馏塔，回收温度高于170℃，采用负压蒸馏温度也需100~110℃；合成革的贝斯干燥温度高于160℃；贝斯改色、贴膜后干燥温度130~140℃；贝斯的压花成型温度（板压）均高于90℃，冷压温度高于190℃；高能耗严重地阻碍了人工革行业的发展。

人工革工业又是一个传统出口型产业，对国际市场依赖性很大。据调查数据显示：在我国人工革及相关企业中，有37.5%的企业出口额占据了其整体销售额的20%~50%，有8.3%的企业出口额占据了其整体销售额的50%~80%。随着人们消费水平的提升，对人造革、合成革、超纤革制品的品质、安全性、生态性的要求日益提高。如欧盟对汽车革生态性要求包括：低VOC含量［挥发性有机物含量，进口限令≤100mg/kg（革）］、低雾化值［进口限令≤1mg/kg（革）］、低 DOP 邻苯二甲酸二辛酯含量、零偶氮、零甲醛、零金属含量等。因此，生态人工革因其良好的功能性和生态环保性，形成了对天然皮革的大幅替代，增长非常迅速，2005 年全球生态革产量为 2.72 亿 m^2，2010 年增长到 5.98 亿 m^2，2014 达到 7.52 亿 m^2，年均增速超过 15%；生态人工革的价格也提高至每吨 7700.89 美元，是普通人工革的 2 倍。在我国，国家已制定新的制革及毛皮工业水污染物排放标准，并出台了新建制革企业准入标准。根据该准入标准对于新建制革企业，国家将从生产企业布局、工艺与装备是否具备清洁化生产技术、节水技术、是否达到所要求的生产规模以及水、大气、固废等污染治理水平等方面进行综合评估，以确定是否在土地供应、信贷融资、电力供给等方面提供保障。此外《皮革和毛皮有害物质限量标准》于 2007 年 12 月 1 日开始正式实施；《合成革清洁生产技术标准》也于 2009 年 2 月 1 日正式实施。新的标准中如 DMF 的环境空气质量标准为 $0.2mg/m^3$，DMF 的嗅觉阈值为 $0.16 mg/m^3$，二甲胺的嗅阈浓度为 $0.09 mg/m^3$，甲苯的排放标准为 $0.6 mg/m^3$，新标准的实施对人工革行业的影响是不言而喻的。因此，实现人工革材料生产和应用的绿色化，消除有机溶剂造成的环境污染是实现人工革行业可持续发展的关键。发展环境友好材料（如环保型黏合剂、环保增塑剂、环保 PVC 表处剂、环保型复合助剂等），支撑生态人造革、合成革的制造，提升我国人造革、合成革等级和国际市场竞争力至关重要。

（2）产品档次低，缺乏国际竞争力

我国是合成革制造大国，但非强国。日本的可乐丽、帝人、东丽、钟纺等几家公司代表着全球合成革产业的最高水平；韩国掌握着超细纤维合成革的生产技术和汽车革市场；中国台湾引领合成革机械制造；"意大利制造"标签的合成革制品蜚声世界。2014 年意大利合成革制品的出口量依然保持了 5.2% 的强劲增长势头，几乎垄断了全球的高端产品市场。

时至今日，我国的人工皮革产业已进入快速发展时期，生产规模持续扩大，产品质量稳步提升，花色品种也日渐丰富，基本能满足国内外对中低档合成革产品的需求。然而，行业自身的传统成分重、起点低，加上长期的劳动密集型发展已经严重束缚了我国大部分合成革企业的创新能力，这直接影响了我国合成革产业的产品结构朝着健康的方向发展。实际上，与国外先进国家的同类产品相比，我国的合成革制品目前仍然存在着技术含量低、产品综合性能不稳定的缺陷，国际竞争力不足。特别是近年来随着市场对高档合成革的需求不断增长，我国合成革产业的产品结构调整滞后，使得我国在该领域与日本、韩国、意大利等国外同行相比差距越来越大，影响了企业产品的市场竞争力。随着国内消费市场的持续扩大与提升，许多高档合成革产品的生产仍是空白，不能满足国内市场对高档产品的需求，不得不依赖进口。

（3）专业人才匮乏

一个行业的技术进步需要大批的人才支撑，由于人造革、合成革在我国发展较快，2010 年以前没有专门培养合成革技术人才的学校、机构，加上技术上的特殊性，合成革企业一方面技术人员普遍文化程度不高和凭经验解决问题，另一方面有悟性、能开发、善于解决具体问题的全方位人才匮乏。随着合成革行业的迅速崛起，加剧了各类专业人才的争夺，尤其是技术人员、营销人员和销售人员，一度人才严重缺乏。合成革企业到处以高薪挖人，出现了许多不正常的情况，工资奇高，跳槽频繁，而企业根本拿不出真正有效的办法予以解决，企业间人才的无序流动和竞争一方面严重影响了企业的生产和管理秩序，另一方面造成了整个行业工资价位的提高，直接导致生产成本的提高。同时也极大地挫伤了企业对培养人才的积极性，进一步加剧了人才的匮乏。

鉴于我国人工革产业的持续发展迫切需求科技支撑，而由于人工革制造的科学和科技内容的多学科性，我国至今尚无专门的合成革科研单位，这种状况制约了国家对行业共性关键技术组织科研攻关，与我国合成革产业大国地位极不相称。鉴于此，2011年4月，四川大学在充分发挥现有皮革（"211"和"985"重点建设学科）和高分子材料学科（"211"和"985"重点建设学科）优势的基础上，成立"四川大学合成革研究中心"，成为国内首家专业从事合成革研究的科研单位，为我国人造革、合成革产业的发展创造了必要的条件。

1.5 人造革、合成革产品的发展趋势

不可否认，国内合成革年产量已大大超过现阶段市场所能消化的能力。日本、韩国等合成革先进生产国家已基本放弃低档产品的生产，将注意力转移到高档/生态合成革产品上。中国要想实现从合成革生产大国向合成革生产强国的跨越，必须确定从量的扩大向重视收益性转移的"高附加值化"战略，提高产品档次及生态等级，以增强在国际市场上的竞争力。从技术发展的角度来看，生态合成革、高物性合成革代表了未来合成革产品的发展方向，其市场需求将保持稳定增长的态势。

1.5.1 生态合成革

随着科学技术进步和人们生活水平提高，世界各国对地球生态环境破坏及未来经济是否可持续发展深感担忧。在这一历史背景下，以发达国家为首提出了"绿色革命"的概念，并且开始采取措施促进生态型产品和环保型生产技术的发展和推广。如欧盟、美国、日本对产品的安全性、卫生性要求越来越高，为此纷纷颁布法规法令和强制性标准，明确规定各类产品必须符合生态标准才能进入市场，生态产品已代表当今全球消费和生产的新潮流。

通常合成革的生态环保性包括四个层面：一是原料资源的可再生，生产过程中不污染环境；二是加工过程中不会对工人的健康安全造成危害；三是使用过程中消费者的安全和健康以及环境不会受到损害；四是生产的产品废弃后能在自然条件下降解或不对环境造成新的污染。从国内外发展现状和趋势来看，全球制革的发展方向是从动物皮革向人工皮革方向转变；而人工革的发展方向又从传统的有机溶剂型合成革生产向绿色、生态、环保的水性、无溶剂合成革方向转变。在国内，中国塑料加工工业协会人造革、合成革专业委员会已制定了《生态合成革标志认证》并在全行业内推行，而在国家发改委公布的《产业结构调整指导目录》中，"水性和生态型合成革研发、生产及人造革、合成革后整饰材料技术"也被列为鼓励类发展项目。在"十三五"规划中包括"水性聚氨酯合成革制造技术""合成革用聚氨酯水分散液"（工信部《工业转型升级投资指南》，第283，第32）；"合成革环保路线"（工信部《重点行业VOC消减行动计划》）；"水性生态聚氨酯合成革制备工艺及技术"（中国工程院《工业强基战略研究》）均被国家列入鼓励

政策清单。

尤其是近年来,随着合成革应用领域不断拓宽,除传统的鞋面革、箱包革、服装革外,飞机、高铁、游艇、汽车及房屋内饰用革市场需求量巨大。市场强烈呼唤高品质生态合成革以满足这些高端领域对环保、安全性的苛刻要求。传统合成革制造技术无法制造高端生态合成革。其一,贝斯和表处层的制造通常均使用溶剂型树脂,生产过程溶剂挥发损害工人健康;其二,产品中残留的有机溶剂造成 VOC 及雾化值高,产品品质无法满足市场需求;其三,合成革行业排放的有毒溶剂如 DMF、甲苯、丁酮、乙酸酯等高达 150 万～300 万 t/年,造成严重的环境污染和资源浪费。因此,如何采用清洁生产技术开发生态合成革,是维系合成革产业可持续发展的关键。

国际国内行业政策的调整造成近年来市场对水性、无溶剂生态合成革需求大增,2005 年全球生态合成革需求量为 2.72 亿 m^2,2009 年增长到 4.99 亿 m^2,2014 年达到 5.98 亿 m^2,年均增速高达 16.4%,而其售价则由 2008 年的每吨 3784.26 美元提高至 2014 年的每吨 7700.89 美元。据估计,未来 5 年生态合成革的市场需求量可能将超过 15 亿 m^2。

1.5.2 高物性功能合成革

天然皮革虽然在外观、穿着舒适性方面具有明显的优势,但是在某些性能上仍存在较大局限,如强度低、易脆化、易变形等,同时受生态平衡、环境保护等因素影响,天然皮革的应用正日益受到限制。人工革近年来在市场上已形成了对天然皮革的重要补充,其生产规模持续扩大,产品质量稳步提升,花色品种也日渐丰富。然而普通的人工革制品物性较差,尤其是在透气透湿性、抑菌防霉性、耐黄变性三方面较之天然皮革相去甚远,难以满足新时期消费者追求品位、追求舒适的消费理念。市场呼唤高物性功能型合成革,尤其是在鞋里革、服装革、沙发革等领域应用前景广泛,其市场占有率正逐步提高。在发达国家,消费者已经将人工革产品的功能性作为消费的重要参考,并且为此往往愿意付出超过普通产品几倍的代价。这一市场需求正逐渐被日本、韩国等合成革先进生产国家所意识到,竞相加大力度研制新一代功能型合成革制品。有统计数据表明,到 2015 年我国功能型合成革年需求量已达到 10.32 亿 m^2,相比 2009 年的 5.02 亿 m^2,行业市场规模增长了近 1 倍。

除了最基本的透气透湿性、抑菌防霉性、耐黄变三大功能外,随着合成革技术的发展和生活水平的提高,人们还要求产品具有某种特殊的功能,如阻燃、抗静电、抗菌除臭、防水防污、抗紫外、红外保健、香味、负离子、调温/调湿、消音减震、电磁屏蔽、发光变色、隐身、生物可降解等。例如高透湿合成革,其透湿量可达到 $3500g/(m^2 \cdot 24h)$ 以上[一般传统合成革产品小于 $1000g/(m^2 \cdot 24h)$],这样人体散发的汗液能以水蒸气的形式传导到外界,不在人体表面与服装之间冷凝积聚,保持穿着者干爽、温暖,感觉不到发闷现象。更进一步,智能透湿合成革的透湿性能可随外界温度的变化而变化,在高温下透湿性高能保证良好的排热排汗性,而低温时透湿性大幅降低以保证保暖性。又如负离子聚氨酯合成革可在使用过程中持续释放空气负离子,对人体具有保健作用,可用于服装、家居装饰、汽车革等。

高物性合成革的一个重要方面是利用高新技术改造传统合成革行业,以实现合成革产业的技术升级,提高企业产品的档次和在国际市场上的竞争力。纳米技术是 21 世纪高新技术的典型代表,也是合成革行业所重点关注的高新技术之一,是改造传统合成革使之高性能化的一种简便而又行之有效的途径。普通聚氨酯革用树脂现在已经不能满足人们的需要,纳米复合聚氨酯树脂制成革后,由于 TiO_2、SiO_2、石墨烯等无机纳米粒子的特殊作用,合成革将具有高透湿、抗紫外、抑菌防霉等多种功能,同时在外观、物理机械性能(回弹性、耐磨性、低温抗折性、高温热稳定性等)、表面光滑性、耐水解性等方面,都优于传统聚氨酯合成革。这对加快合成革产品的更新换代、促进行业技术进步和快速发展、提高企业经济效益将具有积极的意义。

复习思考题

1. 人工皮革与天然皮革相比有哪些优势?
2. PVC 人造革、PU 合成革和超纤纤维合成革有哪些生产方法?分别简述。
3. 超细纤维合成革有什么特点?为什么说它是人工皮革未来的发展趋势?
4. 结合人造革、合成革和超纤革的生产工艺,指出现在的生产方法存在哪些环境问题。
5. 综述我国人工皮革行业目前面临的主要问题。

参 考 文 献

[1] 丁绍兰. 革制品材料学[M]. 北京:中国轻工业出版社,2008.
[2] 冯见艳,高富堂. 人工皮革的发展历程、现状及趋势[J]. 中国皮革,2005,34(15):10-13.
[3] 马占峰,廖正品. 蓬勃发展的中国合成革工业[J]. 中国皮革,2003,13(3):123-125.
[4] 丁双山,王凤然. 人造革与合成革[M]. 北京:中国石化出版社,1998.
[5] 姜燕,王懂. 束状超细纤维合成革微观结构研究[J]. 中国个体防护装备,2004,(1):20-21.
[6] 李梅. 超细纤维的发展概况[J]. 国外纺织技术,1999,(9):1-4.
[7] 日本合成皮革调查会. 合成革速报[J]. 2002,1-36,2003,1-15.
[8] 中国塑料加工工业协会人造革、合成革专业委员会. 中国人造革、合成革行业发展现状和展望[J]. 国外塑料,2008,26(2):36-42.
[9] 苏超英. 全球市场中的中国制革制鞋业及面临的新挑战[J]. 中国皮革,2007,(21):13-17.
[10] 姜楠,曹慧,周富春,等. 风暴 出路 彩虹——"2007 中国皮革业发展论坛"专题报道[J]. 中国皮革,2008,(11):55-61.
[11] 张淑华. 当代皮革化学工作者的神圣职责及义务[J]. 精细化工,2008,(2):105-108.
[12] 郭勇新. 轻功战略转型,行业标准先行[J]. 中国皮革,2007,(11):61-65.
[13] 全球人造革、合成革行业发展前景分析[EB/OL]. http://big5.askci.com/news/201312/11/1117243934843.shtml

第二章 主要原辅材料

2.1 基布

人造革、合成革是在基布上涂覆、浸渍树脂或贴合薄膜再经后整理而制成。基布作为人造革、合成革产品的基本组成之一，基布材料、基布结构、纤维密度等都会对人造革、合成革的手感、外观及物理性能等产生直接的影响。为保证人造革、合成革的产品质量，对基布一般有如下几方面的要求：

①基布表面必须平整，无线头、疙瘩，无孔洞和折扭等疵病，厚度均匀一致。
②基布接头处必须牢固，并保持平整。
③基布必须符合相应的标准要求。
④基布要能经受住人造革、合成革生产时较高的加工温度（最高须 220℃）。
⑤若是织物须保证经纬方向强度接近，若是无纺布，必须保证纵横方向强度一致。

2.1.1 基布分类

人造革、合成革基布可分为机织布、针织布、非织造布三大类。

（1）机织布

相互垂直排列的两个系统的纱线，在织机上按一定规律交织而成的制品，称为机织物，简称织物。平行于布边方向的纱线称为经纱，与布边垂直横向排列的纱线为纬纱，经纬纱线互相交织的点称为组织点。经线浮于纬线之上的交织点为经组织点，纬线浮于经线之上的交织点为纬组织点。经纬纱线的原料、粗细、密度配置和相互交错沉浮等情况都是影响织物结构的重要参数。

机织布主要以纯棉、涤棉混纺、涤粘混纺为主要原料，织物具有良好的尺寸稳定性，机械强度高，该类织物基布的人造革坚固、挺括，主要用于鞋革、装饰用革、服装革及箱包革等。

①平纹织物　平纹织物是由经纬纱一上一下相间交织而成的，每隔一根纱线即进行一次经纱、纬纱交织，由两根经纱和两根纬纱交织组成一个组织循环（图 2-1），平纹织物无正反面的区别。平纹织布的特点是布面平坦、耐磨、挺括、布身硬，但缺乏弹性和光泽，花纹较单调。

常见的平纹织物有平布（经密度与纬密度相等或接近）、府绸［经密度与纬密度之比为（1.8~2.2)：1]和帆布（经纬纱均用多股线）等。

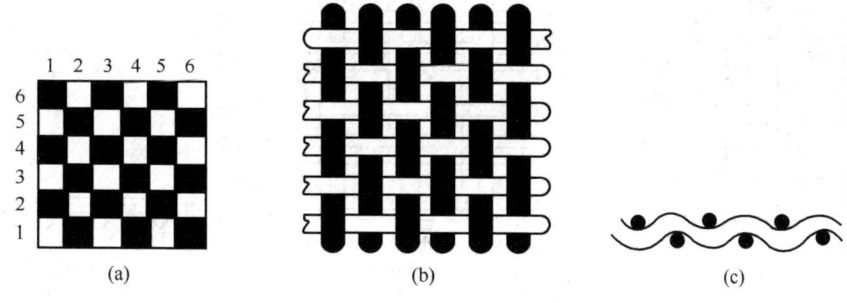

图 2-1　平纹织物
(a) 组织图　(b) 结构图　(c) 切面图

②斜纹织物　斜纹机织布在织造时，经线和纬线每隔两根或三根，甚至四根纱再进行一次交织，经（或纬）组织点连续而形成斜向的纹路，在织物表面呈现对角线状态（图 2-2）。相对于平纹织物，斜纹织物更加紧密、厚实，弹性好，布面富有光泽，手感比较柔软，但强度、耐磨不如平纹织物。常见的斜纹织物有斜纹布、卡其布、华达呢等。

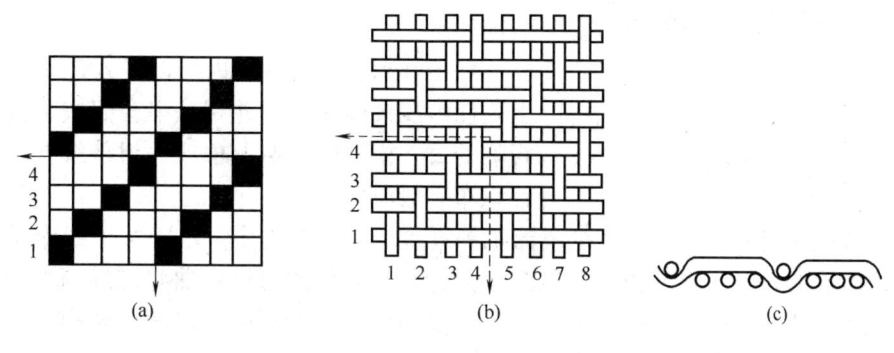

图 2-2　斜纹织物
(a) 组织图　(b) 结构图　(c) 切面图

③缎纹织物　缎纹织物是将数根经纱或纬纱与数根纬纱或经纱交织，形成一些独立而互不连续的经（纬）组织点（图 2-3）。缎纹织物光泽最强，手感最柔软，但强度最低。缎纹织物正反面区别明显，正面特别光滑富有光泽，反面则粗糙无光。常见的缎纹织物有直贡和横贡。

④起毛布　起毛是利用钢针或刺果钩刺与织物运行的相对速度不同，将织物表面均匀地拉出一层绒毛。起毛布多是将机织布的经纱起毛，具有松厚柔软、保暖性强、织纹隐蔽、花形柔和等特点。起毛布多用于聚氨酯合成革。

（2）针织布

针织是将纱线弯曲成线圈并相互串套而形成织物的一种方法，所形成的织物叫针织布，线圈是该类织物的最小单元。按编织工艺和机器特点的不同，针织物可分为经编针织物和纬编针织物（图 2-4）。

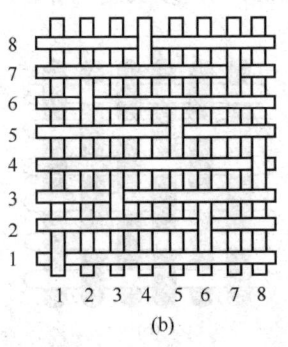
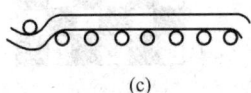

图 2-3 缎纹织物
(a) 组织图 (b) 结构图 (c) 切面图

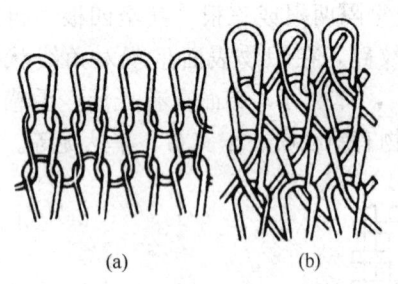

图 2-4 针织物
(a) 纬编 (b) 经编

经编针织布是在经向喂入针织机工作针上，使纱线按顺序弯曲成圈，相互串套而成。特点是每一横列由许多根纱线构成，每根纱线在一横列中只形成线圈。经编针织布主要应用在 PU 干法产品上，目前也有少量用于湿法涂层上，制作高档服装革和装饰革。

纬编针织布是将纱线内纬向喂入针织机工作针上，使纱线按顺序弯曲并相互串套而成。特点是在织物的每一横列中均由一根或一组纱线构成。纬编针织布一般应用在 PVC 产品上。

针织布多采用棉、黏胶、涤纶及锦纶等纤维。在针织物中，由于每个线圈是一根或一组纱线构成的，因此当织物受到纵向拉力伸长时，线圈可由弯曲状态逐渐伸长，使长度增加、宽度减小。在不同的拉力方向上，线圈的长度、宽度可以相互转换。因此，在平面的任何方向上，它都具有很大的延伸变形性。又因为该类织物是由线圈组成的，故它的孔隙较大，具有良好的透气性。除此之外，针织物还具有很好的弹性、柔软性和保持制品形状的能力，且抗多次弯曲变形能力好，因此常用在人造革、合成革基布中，主要用于柔软和有宽松感的服装革、手套革、鞋里革、汽车革和沙发革等。针织布由于变形量大，不适合直接涂层，多用于转移涂层法上。纬编针织布一般应用在 PVC 产品上，经编针织布不但应用在 PU 干法产品上，而且开始应用到湿法涂层上，制作高档服装革和装饰革。

(3) 非织造布（无纺布）

非织造布又称非织布、非织造织物、无纺织布、无纺织物或无纺布。按 GB/T 5709—1997 的定义，非织造布是定向或随机排列的纤维通过摩擦、抱合或黏合，或者这些方法的组合而相互结合制成片状物、纤网或絮垫（不包括纸、机织物、针织物、簇绒织物、带有缝编纱线的缝编织物以及湿法缩绒的毡织物），所用的纤维包括天然纤维或化学纤维，可以是短纤维、长丝或直接形成的纤维状物。非织造布的内部结构呈三维分布，与天然皮革的底层网状组织相符，使合成革的内部结构达到了逼真境界，与普通合成革相比，强力更高，弹性更好，更加耐折，服用更加舒适。

对于合成革用非织造基布应满足如下几方面的要求：

①在组织结构方面，要求非织造基布具有致密的三维立体结构，纤网中的纤维要呈无序排列，纤维间相互紧密缠绕，结构均匀。

②在性能方面，基布要具备透气、透湿、强度高的特点，具有优良的柔软性、悬垂性、耐磨性和吸湿性。

③在外观和手感方面，要求基布表面平滑，无纵横向或斜向的针迹和孔眼。

④密度均匀一致，无过密或过松现象。

合成革非织造基布所用纤维，最常用的是普通涤纶和锦纶，还混入一些黏胶纤维。对质量及性能要求较高的服装用合成革来讲，主要是应用高收缩涤纶。合成革用非织造布的物理机械性能要求见表2-1。

表2-1　　　　　　　合成革用非织造布的物理机械性能要求

项目		实际控制范围	通常实用范围
厚度/mm		1.41～1.95(±0.1)	0.9～6.0
密度/(g/m³)		0.20±0.02	0.13～0.30
拉伸强力/(N/2.5cm)	纵	≥206	—
	横	≥157	—
纵横向强力比		≤1∶2	≤1∶2.5
伸长率/%	纵	20～80	—
	横	40～100	—

非织造布生产的一般过程为：纤维准备→纤维成网→加固→烘燥→后整理→卷装。其中最重要的是成网和加固。成网是将纤维形成松散的网状结构材料（纤网）的工序，主要方法可见表2-2。加固是指采用一定的方法使蓬松而无强度的疏松纤维网形成具有一定强度、性能和符合使用要求的无纺布的过程，可分为机械加固、化学黏合和热黏合三类，对于合成革基布用非织造布，主要采用机械加固法中的针刺加固和水刺加固。

表2-2　　　　　　　非织造布的成网方法

类型	方法	过程
干法	机械成网	采用传统梳理机，使原料纤维由束纤维状变为单纤维状而形成薄纤网
	气流成网	让纤维在气流中运动，最后以一定的方式尽可能均匀地沉积在连续运动的多孔帘带或尘笼上，形成纤网
	离心动力成网	利用锡林滚筒高速回转形成的离心动力，将最后一只锡林上的单纤维高速抛向道夫（成网帘），形成纤维杂乱排列的纤网
湿法	—	以水为介质，使短纤维均匀地悬浮于水中，并借助水流作用，使纤维沉积在透水的帘带或多孔滚筒上，形成湿的纤网

续表

类型	方法	过程
聚合物挤压法	熔喷成网	将聚合物在熔融状态下高压喷出,以极细的短纤维沉积在凝网帘或滚筒上形成纤网,同时利用自身的黏合形成非织造布
	膜裂成网	在聚合物挤压成膜阶段,通过机械作用(如针裂、轧纹等),使薄膜形成网状结构或原纤化的极轻薄非织造布
	静电成网	聚合物粉末等材料在静电的作用下加热熔融并抽丝,形成长短、粗细不一的纤维,沉积在成网帘上形成纤网

①针刺法 针刺法是用带刺的刺针对纤网进行反复穿刺,使蓬松纤网中的部分纤维上下相互缠结而达到加固的目的,在加固的同时使纤网压缩,形成一定厚度的无纺布,如图2-5所示。针刺法不用纱线,全靠纤维与纤维间的相互抱合而得到强力。针刺法原理和工艺流程简单,适宜生产厚型产品,具有通透性好、机械性能优良等特点,但普通针刺产品有比较明显的针孔,手感差,纤维损伤严重。用于聚氨酯合成革时,多采用锦纶、涤纶纤维。单位面积质量一般为150~500g/m², 主要用于鞋面革产品。

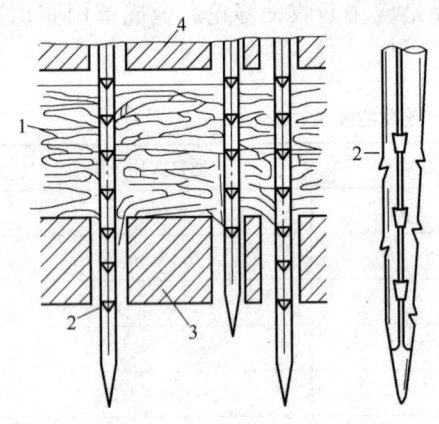

图 2-5 针刺加固原理
1—纤网 2—刺针 3—托网板 4—剥网板

密度是指单位体积的非织造布质量,密度高的基布手感柔韧、撕裂强度高。随着合成革生产的发展,普通针刺产品在手感和密度上不能满足高档人造革的要求,其主要原因是普通针刺基布的密度为 $0.18 \sim 0.23 \mathrm{g/cm^3}$,而要达到仿真的手感和弹性,基布的密度必须大于 $0.25 \mathrm{g/cm^3}$。虽然普通针刺产品通过增加针刺密度和轧光整理也可使密度达到 $0.25 \mathrm{g/cm^3}$ 以上,但存在纤维损伤、特性指标下降、手感变硬等严重缺陷。高密度针刺布在涂覆聚氨酯树脂时,会减少涂层剂的吸入量,节约大量成本,同时又保证最终产品优良的机械物理性能,广泛应用于高档鞋面革、运动鞋和球革。高密度针刺合成革基布主要是在原有纤维中加入部分高收缩涤纶,高收缩涤纶受热(蒸汽、热水)后会在长度方向上急剧收缩,加之在基布中呈三维立体结构,因此会显著增大基布的密度。

②水刺法 水刺加固技术是用极细的高压高速微细水流对纤网进行喷射,在水力的作用下使纤网中的纤维发生位移、穿插、缠结、抱合,达到加固的目的。水刺非织造布的优点是密度高、表面平整,手感、悬垂性好,外观与性能更能接近传统纺织品(克服了化学黏合非织造布的手感硬挺,而针刺法只能生产中厚型产品),而且弹性好、剥离强度高。但水刺非织造布如果不经过浸渍或不经过喷洒少量黏合剂的进一步加固,强力就不高,弹性回复性也较差。

水刺合成革基布在 PVC 人造革方面已较多地应用于压延法及转移涂层法 PVC 人造革中,其产品主要为鞋革及箱包革等。而在 PU 革中,则广泛应用于鞋里革、服装革(表

2-3) 等方面。高密度水刺合成革基布主要用于鞋革和球革（表 2-4）。

表 2-3　　　　　　　　　　　水刺服装革技术指标要求

项目	技术指标要求	项目	技术指标要求
定量/(g/m²)	40～60	断裂伸长率/%	49～55
厚度/mm	0.25～0.40	撕裂强度/(N/5cm)	≥10(定量为45g/m²)
幅宽/cm	148～152	纵横强力比	≤1∶1.6
断裂强度/(N/5cm)	≥60		

表 2-4　　　　　　　　　　　高密度水刺合成革基布

类别	基布定量/(g/m²)	原料种类	其他
PVC 合成革基布系列	40～80	涤纶	涂层整理
PU 鞋里革基布系列	80～100	黏胶	—
PU 鞋面革、球革基布系列	190～260	涤纶、黏胶、尼龙	密度 0.2～0.3g/cm³
超细纤维基布	130～260	涤/锦复合纤维	—

2.1.2　基布的选择

合成革基布的选择主要是依据基布特点、革的类型和用途来进行的，基布特点在上节已有详细论述，不再复赘。

（1）不同革的基布选择

①PVC 革　聚氯乙烯人造革的基布有针织布、机织布以及非织造布。针织布通常是圆筒平针织物，以棉纱为主，也有涤棉混纺纱的，单位面积质量为 60～300g/m²，使用最多的是 110～150g/m²，多用于服装革。机织布主要用作箱包和鞋面革，一般用斜纹棉布、缎纹棉布或帆布，单位面积质量为 270～400g/m²。

②干法 PU 革　干法 PU 人造革的基布中，起毛机织布的用量最大，其规格要求见表 2-5。除此之外，还有非织造布，以其为基布制成的人造革大都用于制作鞋面、鞋衬里、制球、制带等，而针织布应用很少。

表 2-5　　　　　　　　　　　干法 PU 革用起毛布要求

项目		鞋用	箱包用	衣料用
纤维品种		涤黏混纺	棉	棉
纱支规格/tex	经	29.5	19.7×3	29.5
	纬	29.5×4	59	29.5×2
织物密度/(根/cm)	经	70	43	44
	纬	40	94	46
织物厚度/mm		1.5	1.05	0.7
起毛布厚度/mm		0.8～1.5	0.6～1.2	0.3～0.7
起毛长度/mm		5～7	3～5	3
制成合成革的厚度/mm		0.9～1.6	0.7～1.3	0.4～0.8

③湿法 PU 革　湿法 PU 革主要使用非织造布和起毛布。

作为湿式合成革用的非织造基布有着特殊的要求。由于湿式合成革生产工艺流程长，一般在 130m 以上，基布在整条生产工艺流程中所承受的拉力很大，因此要求基布要有一定的强力并同时要求经纬向强力比不能太大，一般要小于 1∶2。

起毛布则应尽量做到绒毛密度大、分布匀、长度齐。此外，若起毛布脱脂差、亲水性差会引起贝斯表面的大量针孔甚至脱层。使用双面起毛布时，要求背面的毛要长而正面的毛要短。其规格可参见表 2-6。

表 2-6　　　　　　　　　　　湿法 PU 革用起毛布规格

产品用途	纤维	纱支/tex 经/纬	密度/(根/cm) 经/纬	组织
服装	纯棉、涤棉混纺	29.5/29.5	24/24	平纹
家具	涤棉混纺	37.0/49.2	24/25	四枚缎纹
鞋	涤棉混纺	37.0/49.2	26/29	五枚缎纹
	涤棉混纺	29.5/59.1	18/23	平纹

（2）用途

基布的用途主要有以下几种。

①鞋面革用基布　通常，鞋面革用基布在性能上要求最为严格，这是由于鞋面革在使用中必须承受较高的永久变形，才能适应制鞋工艺和人体脚部在穿着过程中的膨胀、收缩变形需要。例如鞋用革用基布的经、纬线的伸长率均应大于 10%，以满足鞋楦成形和穿着中的频繁弯曲变形，提高制品的使用寿命。

②鞋里革和鞋垫革用基布　作为鞋里革和鞋垫革用基布，由于它们直接与人体脚部皮肤接触，虽然对它的表面要求不十分严格，但却要求它必须具备优异的柔顺性和耐磨性。根据实验发现，在正常的情况下，鞋里革的损坏程度要比鞋面革高出约 30%。由于鞋里革处于封闭的穿着外境，故也要求它们必须具备优异的吸湿和透湿性能，应选用吸湿性能优良的纤维材料。吸湿性能较好的纤维品种是黏胶纤维、棉纤维、维纶、锦纶等。其中，黏胶纤维的吸湿性能最好，但它容易缩水，故主要用于水刺无纺布类的基布中。虽然涤纶的吸湿性很差，但它的强度高，价格低，在机织布和非织造布类的基布中，还是经常被选用的纤维。与鞋面革一样，一般选择较厚的基布以满足机械性能的要求。

③服装革用基布　对于服装革用基布，要求应具有一定的机械强度（低于鞋革），但伸长率要大并且质地柔软，手感要优良，并应具备足够大的吸湿性和透气性，同时还要求有防霉性。服装用合成革的基布主要使用针织布、非织造布类基布，要求较薄。

④包用革　介于鞋革和服装革之间。

2.1.3　前处理

用于人造革、合成革的基布，在使用前均须进行预处理。根据产品使用目的及基布的品种不同，其加工处理方法不同。基本预处理加工内容如下：

（1）清除杂质

基布纤维及其加工过程中，可能沾混杂质、污物；化学纤维经纱上浆时，附着某些油剂等，这些物质都将会影响涂层与基布之间的结合力。为此，在基布的预处理过程中，必须首先采用退浆、去油、精炼、漂洗等方式，将杂质、油污等清除干净。

（2）缩水处理

许多纤维性基布遇水后会出现缩水现象。为防止人造革、合成革在制备和使用中出现因基布收缩造成合成革折皱等现象，基布必须经过浸水、拉幅、定型等预处理。

（3）染色处理

有时为了适应合成革用途的需要，要对基布进行染色处理，以便使基布的颜色与面层涂料颜色协调一致，同时要求这种基布染色还应在受到光照和潮湿的作用下不产生掉色、变色现象。

（4）打磨、拉毛

聚氨酯合成革用基布使用前还需进行打磨、拉毛处理。拉毛长度对聚氨酯合成革产品的黏结强度和手感柔软度有着直接的影响。拉毛的目的是使黏结剂能渗透到深处，从而达到聚氨酯涂层均匀、黏合良好、手感柔软的目的。为保证聚氨酯涂层的表面均匀平滑，要求基布拉毛产生的绒毛具有相近的等长度，并应使用梳子将绒毛梳理成相同的倾斜角度。

2.2 离型纸

离型纸又称工程纸，主要应用于聚氯乙烯人造革、干法聚氨酯合成革的制造以及革的表面整理。离型纸表面具有一定的花纹且有良好的脱膜性能，在其表面涂覆一层（或多层）聚氯乙烯或聚氨酯树脂，再与基布贴合后生产出人造革，最后离型纸与人造革分离，这样得到的人造革表面就具有离型纸表面的花纹，若与贝斯贴合则可用于革的表面后整理。

利用离型纸法生产人造革，与早期的不锈钢带法相比，工艺更合理，设备简单，投资经济，无须压花即可在革表面获得各种花纹，同时离型纸特别有利于发泡，使制成的合成革密度小、手感好，能节约 1/3~1/2 的原料，并能制成密度更低的 PU 和 PVC 革，提高产品质量。

2.2.1 离型纸的分类

离型纸的分类方法有以下几种。

①按用途分类　可分为聚氯乙烯人造革用纸和聚氨酯革用纸。

②按有无花纹分类　可分为平面纸和压纹纸。压纹模仿的对象有小牛皮、山羊皮、小山羊皮、鹿皮、猪皮、蛇皮、鳄鱼皮、布纹等。

③按光泽度分类　可分为高光型、光亮型、半光亮型、半消光型、消光型、超消光型。不同光亮度的离型纸都是为了模仿不同涂饰处理的天然皮革。

④按涂层材质分类　可以分为硅系纸和非硅系纸。硅系纸是指其表面的离型层为有机硅树脂的离型纸；非硅系纸则是指不采用有机硅作离型层的离型纸。目前非硅系和硅系离型纸各有优缺点，非硅系离型纸在花纹清晰度方面不及 EB 法硅系离型纸，但它可以

克服 EB 法离型纸脆性的缺点，且其生产工艺简单，设备投资小，价格较低。

离型纸按不同花纹、不同光泽、不同用途排列组合，形成品种很多的产品系列，人造革、合成革生产厂家应根据市场的需求和工艺的特点进行选择。

2.2.2 离型纸的结构

离型纸的结构有两层和三层两种（表 2-7）。两层结构由原纸和离型层组成，三层则是在原纸和离型层中间多了隔离层，目的是为了防止离型层涂料渗入原纸内和节约硅酮。不同类型的离型涂层，各自具有不同的特点，硅酮树脂型涂层具有优良的剥离性能和耐热性能；铬络合物型涂层耐溶剂性较差；聚丙烯型涂层具有较高的光泽度，但耐热性能较差。

表 2-7　　　　　　　　　　离型纸的结构和制备

涂层材质	层数	基层	隔离层		离型层	
			材料	涂布方式	材料	涂布方式
硅系	两层	原纸	—	—	缩聚型硅酮	辊式或刮刀式
	三层	原纸	聚乙烯 聚乙烯醇 聚醋酸乙烯酯 丙烯酸树脂	挤压 辊式或刮刀式 辊式或刮刀式 辊式或刮刀式	加成型硅酮	辊式或刮刀式
非硅系	两层	原纸			聚丙烯 聚甲基戊烯 铬络合物	挤出 挤出 辊式或刮刀式
	三层	原纸	聚乙烯	挤出	聚丙烯 聚甲基戊烯	与隔离层共挤出
			聚乙烯 聚乙烯醇 聚醋酸乙烯酯	挤出 辊式或刮刀式 辊式或刮刀式	铬络合物	辊式或刮刀式

2.2.3 离型纸的性能要求

(1) 强度

离型纸应具有一定的强度，该性能对于生产过程的操作顺利与否和纸的使用次数有很大影响。当生产线在连续运行时，离型纸承受一定的张力，同时反复经受烘箱中的高温和冷却辊筒的冷却，仍需保持平整的状态，不断纸，不变形，因此离型纸在多次使用中必须有足够的强度。如果离型纸的强度不够，使用过程中突然断裂，将使生产中断，造成损失。离型纸对撕裂强度要求较高，当离型纸在使用中在宽度方向上有裂口时，必须能够承受一定的撕裂负荷。同时其表面强度要求也较高，要求在加热使用的情况下，一般使用 6 次以上不产生卷曲，表面不掉粉、不被破坏。

(2) 表面均匀性

表面均匀性包括以下几个方面：

①离型纸表面必须保持均匀的离型能力。

②离型纸表面的光泽要均匀一致。

③平面型的离型纸要保持一定的平滑度和厚度一致。

④压纹型的离型纸要保持一定的厚度和花纹均匀一致。

⑤经多次重复使用后，离型纸仍须保持均匀状态。

(3) 耐溶剂性

离型纸在生产过程中用到许多溶剂，离型纸必须不能因溶剂而受影响，要既不溶解又不溶胀。常用的溶剂有二甲基甲酰胺、甲乙酮、甲苯、二甲苯、乙酸乙酯以及聚氯乙烯人造革生产中的增塑剂（如邻苯二甲酸酯类等）等。

(4) 合适的剥离强度

离型纸要有适当的剥离强度。如果剥离太容易（对涂层的黏附力太小），加工过程中涂层膜可能自行离开纸基、脱落或卷曲，使下一步涂层加工无法进行，这种疵病称为预剥离。如果剥离太困难，会影响到纸的重复使用次数（黏附力太大），在加工完毕后，涂层膜不能顺利地从纸上剥离，造成剥离时把纸撕破，会影响纸的重复使用次数。合适的剥离强度一般为 $0.147 \sim 0.196 \mathrm{N/cm}$。

(5) 耐高温性能

离型纸要在较高温度下使用，此时离型纸已接近绝干状态，如果它的耐热性不好，经高温生产工艺过程后，将因强度降低而撕裂，也会导致生产中断，所以要求离型纸要具有较高的耐热性。一般聚氯乙烯人造革用的离型纸要求能耐最高温度 220℃，而聚氨酯人造革用的离型纸要求能耐最高温度 150℃，同时都需要经得住 $2 \sim 3 \mathrm{min}$ 的加热处理。

(6) 柔性

这是因为在涂覆过程中离型纸要经过小导辊，具有一定的柔性对保持离型纸的重复使用很重要。如果离型纸有花纹的话，制造时必须有一定的柔性，以免花纹在生产中损坏。

2.2.4 PVC 与 PU 用离型纸的区别

离型纸按用途可分为聚氯乙烯人造革用离型纸和聚氨酯合成革用离型纸两大类。其中有些离型纸既能用于聚氯乙烯人造革，也能用于聚氨酯合成革。离型纸分为两大类的主要原因之一是由于黏着机理、树脂/增塑剂以及树脂/溶剂体系的差别。

PVC 和 PU 在极性方面有着很大差别。PVC 存在一定极性，但 PVC 糊中使用大量的增塑剂，增塑剂的极性对其黏着/剥离性能影响是主要的。而 PU（尤其是芳香族 PU）在结构上存在着一个芳香环（苯环），它必须由极性很强的 DMF（二甲基甲酰胺）溶解。而且 PU 本身也存在着一个带极性的氨基甲酸酯基，所以 PU/DMF 体系的极性比 PVC/增塑剂体系的极性大得多。而黏结性同材料极性有很大关联，极性越强的材料，越易黏结，越难剥离。因此 PU 离型纸的极性应小于 PVC 离型纸，否则难以剥离 PU 层。但对脂肪族的 PU，不需要强极性的溶剂来溶解，如用极性较小的异丙醇、甲苯等就可以了，因此对纸面的黏着也小。正因为这样，有的 PVC 人造革用的离型纸就可以用于这种类型的 PU 合成革。

PVC 用离型纸有硅系和非硅系两种。专用于 PVC 的硅系离型纸不耐 DMF 的侵蚀，所以不能用于芳香族 PU。非硅系离型纸中有用聚乙烯醇，外加一种铬的络合物（或其他树脂）作为表面涂层，选择树脂的标准除了剥离力的大小、使用次数的多少之外，还要考虑 PVC 的加工温度，PVC 在 220℃ 左右发泡，离型纸必须能够耐受这样的温度。

PU 用离型纸也分成硅系和非硅系两种。硅系离型纸类似 PVC 用的硅系纸，但是能经受 DMF 的作用，这种纸价格较低，但使用时容易发生疵病（如预剥离、鱼眼等），一般用在双组分 PU 涂层剂。非硅系纸中，主要是热塑性塑料聚丙烯涂布的离型纸，可以通过轧纹制成压纹纸，由于轧纹辊的花纹精确地模仿了天然皮革的表面纹理和光泽，故用这种离型纸可以制成酷似天然皮革的人造革，这是硅系离型纸所无法比拟的，并且能经受 DMF 的作用，因此可广泛用于单组分聚氨酯涂层剂。它的缺点是不能经受较高温度，加工温度应该限制在 135~145℃。为克服这一缺点，还有一种耐高温的非硅系离型纸，能耐 210~220℃ 的高温，因此也可用于 PVC 人造革的制造。这种非硅系离型纸的离型层涂布聚甲基戊烯等热塑性塑料，性能好，但价格高。

2.2.5 离型纸的使用方法和注意事项

离型纸的价格约在每米几十元，在人造革、合成革的生产成本中占据比较大的分量。而且国内还不能生产离型纸，只能依赖进口，因此，合理地使用离型纸，延长离型纸使用寿命，提高离型纸的使用次数是非常重要的。

(1) 离型纸的存放

在装卸搬运离型纸时必须保护纸边，防止碰撞破损；装卸动作要小心，不能损坏包装，防止潮气渗入；搬运过程要防水防雨。

离型纸要存放在干燥、温度适宜的环境中，并要保持内外包装的完好无损，以防受潮起皱或尘灰污染；暂时不用的离型纸，应重新密封包装好。

离型纸存放时，纸卷应离开地面，以防地面潮湿使离型纸起皱，或地面上的灰尘和颗粒把纸损坏。存放时应横卧，不要直立，防止纸边受损。

离型纸使用前应先在生产车间存放几天，以平衡车间与纸卷内的温度。

(2) 离型纸在使用时应注意的问题

使用前必须先检验离型纸与所用树脂的适应性。

离型纸在收卷或放卷时，有可能有灰尘或其表面上有沉积物，在放卷处加一个清理纸表面的装置，把沉积物清除掉。吊装时，吊链不能接触离型纸的两边或碰破离型纸的两边。

配料时，应对配好的料进行过滤，防止灰尘或沙粒混入 PVC 糊或 PU 溶液中，否则在涂布时将会有划痕，损坏纸面。

在开车时必须擦清刮刀和托辊，防止刮刀及托辊上的杂物损坏纸面。

生产线上的导辊都应灵活转动，任何静止辊都会增加纸的张力，特别是静止辊是热的，引起纸的损坏的可能性很大。

离型纸上机后，调整张力和导辊平行度，防止产生折皱（张力太紧）或涂刀轧纸（张力太松）以及离型纸走偏而损伤纸边，而且离型纸的受热温度不能超过所允许的最高温度。

生产过程中，尽量避免停车。停车时，烘箱内的离型纸在高温区逗留时间过久，表面涂布的热塑性树脂会发生变形，影响花纹和光泽。如果纸必须在烘箱中停留一段时间，则应把烘箱的温度降下来。同时不能把未刷涂料的纸长时间暴露在高温下，否则会影响纸的强度。离型纸的接头必须平整牢固。

（3）剥离

剥离时，离型纸的走向与人造革走向成135°角最好（图2-6），此时剥离负荷最小，或者在两个压力很小的导辊之间剥离。

（4）消除静电

离型纸放卷或收卷时易产生静电，尤其是在剥离点上。过多的静电不仅会损坏离型纸的表面，也会损坏革面。在剥离点上，还易产生火花引起火灾，同时使剥离力加大。所以，有必要使用抗静电装置，将静电荷控制在±10kV以下。消除静电的方法是在放卷处、

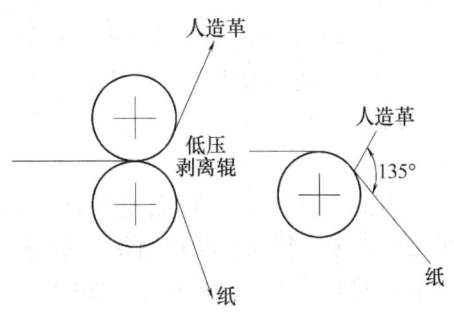

图 2-6 人造革与离型纸的剥离

收卷处、剥离点安放静电消除器，如图2-7所示。另外还可以在地面洒些水，保持车间有一定的湿度。

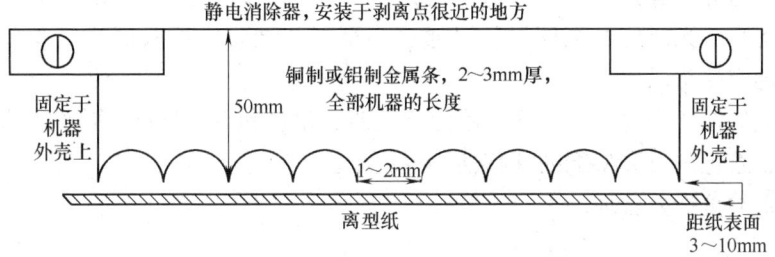

图 2-7 静电消除器

（5）离型纸的接头

离型纸的接头需要一定的强度和稳定性，否则接头在高温下断开会影响生产，而且接头所用的时间要短。

接头必须平直。离型纸法生产线一般配备有离型纸检查机，离型纸每使用一次，即上机检查一次，把脏污破损的去掉后，再把前后连接起来。这样使接头增多，接头引起的疵病也增多，因此，连接的平直度显得更为重要。

接头使用专用的胶带纸，胶带纸在高温下不能收缩、起皱，否则在涂刮刀下会刮断，或者断裂，而且胶带纸与树脂容易剥离。接头的胶带纸有两种，一种是聚酯胶带纸，另一种是牛皮纸胶带。离型纸采用对头接，当用聚酯胶带纸时，可用于离型纸的剥离面，但不能用于纸的反面。这是因为离型纸含有水分，夹在两个胶带纸之间，会引起胶带纸

的脱落或影响黏合特性。当用牛皮纸胶带时，能允许潮气通过，可用于离型纸的反面，即非剥离面。为保证接头的牢度，胶带纸的宽度需大于6cm。

(6) 离型纸的清理检查

离型纸的清理检查在离型纸检查机上进行，清理检查的目的有三个方面：一是检查，对不能重复使用的纸剪掉，去掉；二是接头；三是清理离型纸表面的料层、沉积物。目前各厂普遍采用人工清理。

①杂质清除　清理离型纸正反面的所有杂质。用胶带的胶面粘沉积物，但绝不能用刀刮纸面。

②边缘缺口修理　离型纸边缘的缺口、裂边，在不影响有效幅宽的情况下，均用刀子将缺口、裂边裁成弧形，防止主机生产时受张力而断裂。

③纸面疵点处理　一般说来，离型纸的接头越少越好，因此可对纸面疵点做如下处理：

面积在5cm^{2}以下，疵点均不予开剪，但疵点离纸接头不得短于5m；两疵点间距离必须在4m以上；纸面连续性损伤（划痕、皱纸、色道等）长度在0.5m以下者均不予剪，但离损伤处前后5m内不能有纸面疵点或纸接头，否则予以裁除。

④废纸的开剪　离型纸表面损坏较为严重（如花纹不清、纸面破洞较大、有不可去除的黏附物等）或有碍正常生产时，应在检验时予以开剪，但开剪掉的废纸中尽量少连有可使用的离型纸。

2.2.6　离型纸的选择

离型纸的选择，首先要根据涂覆树脂的品种。其次应根据消费市场的要求确定离型纸的种类、花纹、光泽度、宽度等，可通过小型工艺试验机检验后进行选择。此外，选择离型纸时还应注意以下几点：

①离型纸的性能合适　如强度、耐溶剂性能、耐温和剥离性能等应符合基本要求。

②颜料、着色剂对离型纸的迁移性要尽量小。

③离型纸的价格要合理。

2.2.7　离型纸的性能测试

有关离型纸的日本实验方法如下：

①拉伸强度实验按JIS-P-8113进行。

②伸长率实验亦按JIS-P-8113进行。

③撕裂强度实验按JIS-P-8116进行。

④光泽实验用60-60光泽计进行。

⑤剥离强度实验　将树脂以人工的方式均匀涂覆在离型纸上，在热风循环的烘箱中，在130℃干燥2min，然后冷却至室温，再在薄膜表面粘一块25μm厚的聚酯胶带纸，贴合后割成3cm宽的长条，然后在拉力机上以1m/min的剥离速度和180°剥离角测量每条试样的剥离强度。

2.3 着色剂

着色剂是指加入到塑料制品中使其具有各种颜色的物质。人造革、合成革经着色后可以得到各种颜色、品种的产品，提高产品的美感和档次。

2.3.1 着色剂的分类

着色剂可分为染料和颜料两大类，颜料又可分为无机颜料和有机颜料两类。

(1) 染料

染料都属于有机物，它可溶于水、油及有机溶剂。染料的分子内部一般含有发色基团及助色基团，具有强烈的染色能力。染料都是透明的，色泽艳丽，色谱齐全，用量少。但染料耐热、耐光、耐候及耐溶剂性差，迁移性大，在人造革及合成革的加工温度下，易分解，在制品的使用过程中容易从制品中渗出、迁移而造成串色和污染，因此在人造革、合成革中应用较少，只有在耐热要求不高时，可选用少量油溶性和醇溶性偶氮类和蒽醌类染料。

(2) 颜料

颜料是不溶于水和溶剂的一类着色剂。与染料不同，颜料为固体物质，在人造革及合成革中分散成细微颗粒，由其表面的遮盖作用而着色，不是化学作用。颜料的耐热、耐光、耐候、耐溶剂性都好，只是色泽及透明性不如染料。

颜料可以分为无机颜料和有机颜料两大类。无机颜料包括合成的有色化合物和一些带色的天然矿物，具有优良的耐热性、耐光性和耐溶剂性，而且原料易得，制造简便，价格低廉。但其透明度、鲜明性差，色泽暗淡，相对密度大。有机颜料包括不溶性染料和色淀染料〔大都是酸性染料的钙、钡盐的沉淀，或是将染料沉淀在无机载体如 Al(OH)$_3$ 上〕两类，具有介于无机颜料和染料之间的综合性能。有机颜料的耐热性、耐光性不及无机颜料，但分散性好，着色强度高，色泽较鲜艳（但不如染料）。

染料、有机颜料、无机颜料三种类型着色剂性能比较见表 2-8。

表 2-8　　三种类型着色剂的比较

着色剂类型	耐热性	耐光性	抗迁移性	耐酸性	耐碱性	着色力	亮度	透明度	来源	相对密度	溶解性
染料	差	差	差	差	差	好	好	好	天然或合成	1.3~2.0	可溶
有机颜料	中(200~260℃分解)	中	中	中	中	中	中	中	合成	1.3~2.0	难溶或不溶
无机颜料	好(500℃以上)	好	好	好	好	差	差	差	天然或合成	3.5~5.0	不溶

2.3.2 着色剂的要求

理想的着色剂在人造革及合成革中应具备如下条件:
①色泽鲜艳,着色力强,分散性好。
②耐热性好,能承受人造革、合成革生产时的温度。
③耐溶剂性好,与溶剂或增塑剂等接触时,不会因溶出而迁移、串色。
④耐迁移性好。
⑤耐化学稳定性好,有良好的耐酸性、耐碱性,与树脂中其他助剂不发生化学反应。
⑥无环境污染,有害物质含量符合相关标准(如生态纺织品标准100,Oeko-Tex Standard 100)。对于含重金属(铬、铅等)的颜料和某些含芳胺的偶氮染料要谨慎使用。
⑦着色剂不含有对树脂有影响的杂质。
⑧无毒,无臭,价格便宜。

2.3.3 常用的着色剂

合成革常用着色剂包括白色、黑色、红色、黄色、绿色、蓝色以及珠光颜料、染料等。

(1) 白色

钛白粉,无机颜料,分子式为 TiO_2,无臭无味的白色粉末。不溶于水、有机酸、稀无机酸、有机溶剂和油,微溶于碱。钛白粉是白色颜料中着色力最强的品种,具有良好的遮盖力和着色力,耐晒牢度好,耐热性能优良,适用于不透明的白色制品。钛白粉有金红石型和锐钛型两种,各有不同的晶体结构。金红石型折射率高,覆盖力强,可屏蔽紫外线,适于户外制品。锐钛型有轻微的蓝色调,因此显得较白些,但耐光性不如金红石型,可用于室内制品。

(2) 黑色

炭黑,无机颜料,人造革、合成革的主要黑色颜料。炭黑的遮盖力大,着色力强,具有极高的耐光性,并且耐酸碱、耐热。人造革、合成革中一般使用槽法炭黑,粒径15~30nm。炭黑既可以单独使用,也可拼色成咖啡色或灰色等。

(3) 红色

①氧化铁红　无机颜料,分子式为 Fe_2O_3,一般为红色粉末,不溶于水、油和各种有机溶剂。作为红色的着色剂,价格低廉,遮盖力强,着色力大,具有良好的耐光性、耐热性、耐溶剂性、耐水性和耐酸碱性,适合于不透明的制品。但是本品能与聚氯乙烯分解出来的 HCl 作用,生成铁的化合物,是使聚氯乙烯降解的强催化剂,因此使用时必须选择适当的稳定系统。

②钼铬红　无机颜料,分子式为 $PbMoO_4 \cdot PbCrO_4 \cdot PbSO_4$,是由钼酸铅、铬酸铅及少量硫酸铅组成的混合晶体,为红色粉末。特点是遮盖力大,着色力大,但耐光性较低,通过表面处理可以改善。

③立索尔宝红 BK(罗滨红)　有机颜料,系单偶氮类色淀,为深紫色粉末,溶于热水,不溶于乙醇。特点是着色力强,色泽鲜明,透明性好,是目前国内主要的塑料着色剂之一。但耐晒性差,带蓝光的红色,一般不宜作浅色或拼色。用于透明制品时的用量

通常为树脂的 0.08％。

(4) 黄色

铬黄，无机颜料，是铬酸铅或碱性铬酸铅与硫酸铅等不溶性盐的混合晶体。颜色随成分而不同，从淡黄色到橙色，通常分为 5 种，即柠檬黄、淡铬黄、中铬黄、深铬黄和橘铬黄。铬黄为不透明无机颜料，可作为黄色着色剂，着色力和遮盖力强，耐水性、耐溶剂性强，但耐碱性差，耐光性和耐热性中等。遇硫化物变黑，应避免与含硫着色剂及其他物质合用。

(5) 绿色

①氧化铬绿　无机颜料，主要成分是 Cr_2O_3，为橄榄绿色粉末，主要用于不透明制品。氧化铬绿有优良的耐热性、耐光性、耐酸碱性、耐水性和耐溶剂性，但着色力小，色彩不鲜艳，价格也较高。

②酞菁绿　一种广泛使用的有机绿色颜料，为深绿色粉末。特点是着色力强，色泽鲜艳，耐热性、耐光性优良，耐酸碱、耐溶剂，在树脂中易分散。与白色颜料拼用可得鲜绿色，与黄色颜料拼用可得到深绿色，一般用量为 0.005％。缺点是透明性较差，只能用于不透明制品。

(6) 蓝色

①群青（佛青、云青）　无机颜料，为蓝色粉末，半透明，由纯碱、高岭土、硫黄和木炭煅烧而成。群青不溶于水和溶剂，易受酸或空气的影响而变色。作为蓝色着色剂，色彩鲜艳美丽，有优良的耐热性、耐光性、耐水性、耐溶剂性和耐碱性，有增白作用，可以降低白料中的黄光。但耐酸性差，着色力也较低，并含有硫，与铅作用易污染制品。

②酞菁蓝　酞菁蓝是深蓝色粉末，溶于 95％的硫酸中，不溶于水、乙醇及烃类。本品是塑料行业中广泛使用的蓝色着色剂。遮盖力强，着色力大，为群青的 20～40 倍。具有优良的耐热性、耐光性、耐酸碱性和耐溶剂性。容易分散，不迁移。一般用量为 0.02％，主要用于蓝色透明制品。可单独使用，也可用于拼色。

(7) 荧光增白剂

荧光增白剂又简称为增白剂或荧光剂，能吸收日光的紫外线而产生极明亮的蓝紫色荧光，使黄光被抵消而呈现悦目的白色。白色人造革、合成革中加入荧光增白剂，不仅可消除其所带的微黄色，而且不降低亮度。普通颜料中加入荧光增白剂，有增加色彩鲜明的特点。用于人造革、合成革的荧光增白剂主要有香豆素型（如荧光增白剂 WS）和苯并噁唑型（如荧光增白剂 DT）。

(8) 金属颜料

金属颜料是通过把金属熔化后喷雾成小颗粒再加润滑剂碾压而成的，其颜色就是薄片表面的反射光。加入金属颜料能使制品产生金属的光泽。常用的金属颜料有银粉和金粉。

银粉即铝粉，铝粉表面可产生很亮的镜面反射光，也会出现灰色，当铝粉的颗粒很细时，尤为明显。铝粉的耐候性好，耐硫化氢，与染料或微量颜料并用，可获得金属光泽的色彩，如加入黄色油溶性染料可得金黄色。铝粉表面也可用染料染成不同的色彩。

金粉是铜、铝、锌合金制成的鳞片状粉末，合金的配比不同而呈现不同的金色。金粉中含铜，因此对聚氯乙烯的稳定性有不良影响。

（9）珠光颜料

珠光颜料均匀分散在塑料中后，能在一定角度上强烈反射光线，产生像珍珠一样的晶莹闪光。这种光泽是由光的干涉作用形成的。合成珠光颜料由薄片晶组成，颜料片晶嵌入塑料内部后，由于片晶与塑料的折射率不同，光线在塑料-片晶和片晶-塑料两个界面重复反射而产生干涉作用从而显现珠光，颜色随着照明光的角度和观察方向不同而变化，称之为闪光色彩效应。

目前使用的珠光剂有天然与合成两种。天然珠光剂的主要成分为小带鱼鱼鳞的提取物，目前应用较少。合成珠光剂的主要品种有结晶碱式碳酸铅、氯氧化铋（用于PVC）、云母钛、砷酸铅及磷酸铅等。

云母钛俗称珠光粉，由白云母湿式粉碎分级后制成的鳞片状微薄细粉作基材，以二氧化钛等金属或非金属氧化物（如 Fe_2O_3、SnO_2、SiO_2、Al_2O_3）包覆而形成的微粉颜料。云母钛性能稳定，不易破碎，耐挤压。当粒度较粗时，云母钛珠光颜料折射率高，光泽较强，遮盖力较弱，可呈现星光闪烁的金属视感。粒度较细时，珠光颜料遮盖力较强，可呈现珍珠光泽。云母钛珠光剂几乎适用于所有树脂，在透明性好的树脂中，珠光感最好。

珠光剂不能与不透明着色剂相混合（炭黑和群青除外），只能与透明性且遮盖力低的着色剂相混合，如酞菁系等。

2.3.4 配色

所谓配色就是用基本颜色红、黄、蓝及黑、白5种颜色以不同比例相互组合而得到千变万化的不同颜色。拼色的大致规律如下：

红/黄：红→大红→橙色→杏仁色（等比例）→橘黄→黄

黄/蓝：黄→湖绿→草绿→翠绿（等比例）→湖蓝→蓝

蓝/红：蓝→青→紫色（等比例）→玫瑰色→红

黑/白：黑→咖啡→灰（等比例）→米白

颜色的深浅可通过黑色（炭黑）和白色（钛白粉）进行调整。使用白色与着色剂相配，可使原颜色变浅变淡，如在红色着色剂中加入钛白粉可得淡红色和粉红色。黑色则使颜色变深，加入炭黑可以制成棕、深棕、墨绿等深色。

向带有色光的着色剂品种中加入该色光的互补色着色剂可消除色光，如白色中带有黄蓝色，可向其中加入适量蓝色，可得到纯正乳白色。对于色光，也可加入适量遮盖力强的白色着色剂进行遮盖，但不宜过多，否则会改变原颜色。另外，通过适当的配色，还可以改变着色剂原有的色光。例如，黄光蓝加入微量紫色，就会变成红光蓝；红光蓝加入微量绿色，可以变成黄光蓝。

2.3.5 着色剂的使用

在使用时，一般不会将着色剂粉末直接加入PVC增塑糊或PU浆料中使用。因为着色剂是由极细的、互相凝聚在一起的颗粒组成的粉末，如果将粉状的着色剂直接加入到配制的浆料中，着色剂会团聚而导致分散不均，而且粉状的着色剂易于飞散，对工人的工作环境不利。因此着色剂在使用时，往往先制成色母料、色膏或色浆，在使用时可直接加入浆料中，市场上有专门的生产厂家出售。

(1) PVC人造革用着色剂

PVC人造革用色浆是将颜料原粉和增塑剂、分散剂等搅拌均匀后，再经过高剪切力的机械研磨（可采用三辊研磨机、胶体研磨机）后制得的。若将颜料原粉、PVC树脂和分散剂等先用高速混合机混合均匀，再经炼塑机压延，最后切料则可得到色母料。

(2) PU革用着色剂

PU革用着色剂由颜料、联结料（聚氨酯树脂）、溶剂、分散剂等组成，先将各组分搅拌均匀，然后用三辊研磨机研磨后制得。若不加入溶剂，将各组分混合后再熔融混炼，然后拉成片状，冷却后粉碎则可得到色母料。

2.4 填充剂

填充剂又称填料，在人造革、合成革中的主要作用是增加容量，降低成本。有时还会有其他功能，如作为颜料（二氧化钛、炭黑等）；某些填充剂还可改进人造革、合成革的性能，如提高耐热性、耐磨性、刚性、阻燃性等。

填充剂的缺点是在降低成本的同时，会导致制品某些性能的下降甚至大幅度下降，其中下降最明显的有拉伸强度、伸长率、透明性及表面光泽度等。同时，填充剂还会增加浆料的黏度，增加增塑剂或溶剂的用量，因此，在使用填充剂时，不能一味追求降低成本而盲目添加。

2.4.1 填充剂的要求

在选择人造革、合成革用填充剂时需考虑如下要求：

①价格低廉，来源充足。
②细度适当，易分散。
③吸油量低，填充量大，相对密度小。
④填充剂不能影响其他助剂的效能，不与其他助剂发生反应。
⑤纯度高，不含对树脂有害的杂质。
⑥耐水性、耐热性、耐化学腐蚀性和耐光性优良，不溶于水和溶剂。

2.4.2 填充剂的特性

(1) 吸油性

吸油性指填充剂本身对配方组成中的液体助剂的吸收能力。吸油性大小可用吸油量来表示，吸油量定义为100g填充剂所吸收液体助剂的最大体积（mL），常用填充剂的吸油量见表2-9。

填充剂的吸油性主要影响配方中液体助剂的加入量。吸油性大的填充剂，应加大配方中液体助剂的加入量，以弥补被填充剂吸收而不能发挥作用的部分液体助剂。例如，在PVC人造革配方中，增塑剂的加入量应为实际需要量和被填充剂吸收部分之和。

表2-9　　　　　　　　　　　　　常用填充剂的吸油量

填料	吸油量(DOP)/mL	填料	吸油量(DOP)/mL
硫酸钡	16	白炭黑	42
石粉	30	黏土	46
硅石粉	31~32	高岭土	66
滑石粉	33	云母	79
白云石	33	轻质碳酸钙	125
重质碳酸钙	36	硅藻土	148

（2）填充剂形状

填充剂形状可分为球状、粒状、片状、纤维状、柱状、中空管状和中空微球状。填充剂形状对性能的影响见表2-10。

表2-10　　　　　　　　　　填充剂的形状对性能的影响

形状	代表物	对性能的影响
球状	玻璃微珠、硫酸钡	加工流动性好,制品表面光泽度高,有利于冲击强度的提高
粒状	碳酸钙、氢氧化铝、二氧化钛	—
片状	石墨、云母、滑石粉、蒙脱土	提高强度,降低透湿性
柱状	石膏、硅灰石	提高强度,对加工不利
纤维状	玻璃纤维、木粉	提高强度,对加工不利
中空管状	碳纳米管	增强、轻质、隔热
中空微球	中空玻璃微珠、中空石英	提高冲击强度

（3）填充剂的粒度和用量

填充剂的粒度越小，对制品的拉伸强度、伸长率及加工流动性都越有正面影响，尤其是拉伸强度和伸长率。当填充剂的粒度较大时，两者都会下降，随着填充量增加，其下降幅度越来越大。当填充剂的粒度小时，随填充量增加拉伸强度和伸长率逐渐上升，粒度达到最大值后，开始下降，如图2-8所示。

2.4.3　常用的填充剂

填充剂的分类如下：

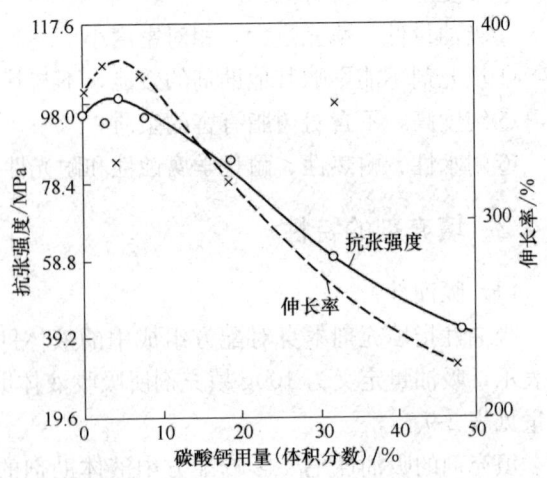

图2-8　碳酸钙的用量与力学性能的关系
（含35%DOP的PVC增塑糊）

填充剂 { 按化学结构：无机填充剂、有机填充剂
按形状：粉状、粒状、片状、纤维状等
按功能：增量填充剂（降低成本）、补强填充剂（兼有降低成本和改善性能）

(1) 碳酸钙

碳酸钙分子式为 $CaCO_3$，不溶于水和醇，有轻微的吸潮能力。碳酸钙是塑料制品中使用最广泛的填充剂之一，不仅具有增量的作用，还有改善加工性能和制品性质的功效。碳酸钙价格低廉，来源广泛，无毒无味，相对密度较小；色泽白且易着色，可与其他色料调配成各种颜色；质地较软，对混合设备、成型设备的磨损小；易干燥，化学稳定性高等。但吸油量大，分散均匀性较差，且用量大时会降低制品的表面光滑性，与二氧化硅并用可提高分散性。

碳酸钙依密度高低或来源不同，可分为重质和轻质两类。重质碳酸钙用天然方解石粉碎研磨而成，粒子形状不规则，相对密度 2.71，吸油量 5~25mL/100g。轻质碳酸钙以石灰石为原料经煅烧、消化、重新碳酸化等过程制成，呈纺锤形、棒状和针状，粒径范围 $1.0\sim16.0\mu m$，相对密度 2.65，吸油量 25~65mL/100g。人造革中除PVC地板革中使用重质碳酸钙外，一般使用轻质碳酸钙。

(2) 陶土

陶土又名瓷土、高岭土、膨润土、漂土等，主要成分是水合硅酸铝（$Al_2O_3 \cdot SiO_2 \cdot 2H_2O$）。作为填充剂的陶土需经 450~600℃ 煅烧后除去水分，又称煅烧陶土。陶土的相对密度为 2.60~2.63，对酸、碱、光、热都十分稳定。陶土由于原料中含杂质（如铁的氧化物），因而颜色变化很大，从无色透明、奶油色、粉红色、米色、黄色直到褐色。PVC树脂中加入陶土后，能改善产品的耐油、耐化学药品和耐燃的性能，并降低收缩率，用量一般为10%~20%。不过陶土在空气中极易吸附水，所以用作填充剂的陶土要特别注意水分的影响。

(3) 滑石粉

滑石粉的主要成分为水合硅酸镁，分子式为 $3MgO_4 \cdot SiO_2 \cdot H_2O$，由天然滑石粉精选而制得，相对密度 2.7~2.8，结构与云母类似，呈片状结构。滑石粉的外观为白色或淡黄色细粉，柔软而有滑腻感，硬度低，有一定润滑性，对设备磨损轻，但遮盖力、着色力较差。

(4) 硫酸钡

硫酸钡又称重晶石，其分子式为 $BaSO_4$，由天然矿石经磨碎、沉降、干燥而成，也可用氯化钡溶液与硫酸钠溶液反应得到。硫酸钡为白色或灰白色粉末，相对密度 4.3~4.6，粒径 $0.2\sim5.0\mu m$，不溶于水，既可做填充剂，又可做着色剂。硫酸钡对酸碱性物质非常稳定，能提高制品的耐化学腐蚀性和耐热性，延长产品的使用寿命；特别适用于做人造革制品，可保持制品的光泽和色调。

(5) 炭黑

炭黑是黑色粉末。由液体或气体碳氢化合物在空气不足的条件下经部分燃烧或热分解而得。添加导电炭黑、超导电炭黑和乙炔炭黑等，可降低制品的表面电阻，增加导电性，有抗静电的效果。炭黑还有较强的光屏蔽作用，对室外应用的制品能有效地提高耐气候性。但炭黑在人造革、合成革中主要用来做着色剂。

(6) 二氧化硅

二氧化硅又称白炭黑，分子式为 $SiO_2 \cdot nH_2O$，为白色粉末，不溶于水和酸。气相法白炭黑的密度为 $0.03 \sim 0.06 g/cm^3$，吸油量 $2.8 \sim 3.5 mL/100g$。在 PVC 中适量添加白炭黑，可提高制品的拉伸强度和硬度，改善耐热性，防止增塑剂迁移，并且有助于颜料的分散，提高着色效果。白炭黑还具有消光作用，可作为消光剂。

(7) 蒙脱土

蒙脱土主要成分为 $SiO_2(72\%)$、$Al_2O_3(14\%)$，其他成分有 Fe_2O_3、CaO、MgO、K_2O 等。蒙脱土最主要的特性为层状结构，层间结合力弱，易于剥离而具有优异的插层性能，而且其单层厚度在纳米尺寸范围，因此可制造纳米填充材料。

(8) 木粉

木粉又称微晶纤维素。实际使用的木质粉多数是由木材加工的废料（黄粉）或纸张（白粉）经研磨成细粉，再经后处理得到。木质粉的相对密度为 $1.00 \sim 1.35$，大量用于湿法聚氨酯合成革。其作用是改善皮膜吸湿性能，降低皮膜的弹性（为使产品更像天然皮革，要求有弹性和塑性，回弹速度不能太大，否则会有橡皮感），也降低了成本。

2.5 增塑剂

增塑剂是一种加入到聚合物中，以增加塑性、改善加工性、赋予制品柔韧性的物质。加入增塑剂可以降低熔体黏度、玻璃化转变温度和产品的弹性模量。

2.5.1 增塑剂的分类

(1) 按增塑剂的相容性分类

按增塑剂与树脂（主要是指 PVC）的相容性不同，分为主增塑剂和辅助增塑剂两类，它们的区别见表 2-11。

表 2-11　　主增塑剂和辅助增塑剂的比较

类别	主增塑剂	辅助增塑剂	增量剂
相容性	高度相容	较差	一种辅助增塑剂，相容比例低于 1:20，但价格低廉
相容比例（增塑剂:树脂）	1:1	1:3	
增塑区域	能进入树脂的无定形区和部分晶区	只能进入无定形区	
能否单独使用	能，不会出现喷霜	不能，若单独使用会渗出或喷霜，只能与主增塑剂混合使用	
典型增塑剂	DOP、DBP	DOS、ESO	氯化石蜡

(2) 按分子结构分类

按分子结构可将增塑剂分为单体型和聚合物型两类。邻苯二甲酸酯类是最典型的单体型增塑剂，增塑剂中绝大部分是单体增塑剂。而通过聚合反应获得的分子质量较高的一些聚合物称为聚合物增塑剂，如聚酯型增塑剂。与单体型增塑剂相比，聚合物型有较好的耐热性、耐挥发性和耐迁移性，但增塑效率较差。

(3) 按功能分类

有些增塑剂如邻苯二甲酸酯类具有广泛的适应性，但无特殊的功能，这些增塑剂称为通用增塑剂。有些增塑剂除具有一般的增塑剂作用外，尚具有其他的特殊功能，如脂肪族二元酸酯具有良好的低温柔曲性，磷酸酯类具有良好的阻燃性，环氧大豆油类具有良好的耐候性，聚酯类增塑剂有良好的耐迁移性，偏苯三酸酯有良好的耐热性。

(4) 按化学结构分类

按化学结构分类是最常用的普通分类方法，一般可以分为脂肪族二元酸酯、苯甲酸酯、柠檬酸酯、环氧化合物、氯化烃化合物、磷酸酯、邻苯二甲酸酯、苯多羧酸酯、石油酯、聚酯以及其他品种（芳香烃化合物、间或对苯二甲酸酯、硬脂酸酯、磺酰胺类以及多元醇的脂肪酸酯等）。

2.5.2 常用的增塑剂

常用的增塑剂有邻苯二甲酸酯类、磷酸酯类、石油磺酸苯酯类、脂肪族二元酯类、环氧化合物、聚酯等，下面将对其简单地介绍。

(1) 邻苯二甲酸酯类

邻苯二甲酸酯类增塑剂具有理想的工作特性，成本也低，因此使用量最大，约占整个增塑剂产量的 4/5。

①DOP　邻苯二甲酸二辛酯，为用量最大的增塑剂品种。其外观为无色或淡黄色油状透明液体，与 PVC 树脂的相容性好，增塑效率高，挥发性和迁移性小，耐水及耐低温性均佳，柔软性良好，可广泛应用于 PVC 各类制品中。

②DBP　邻苯二甲酸二丁酯，用量仅次于 DOP。外观为清澈的油状液体，耐寒性优于 DOP，价格低于 DOP，与颜料的相容性好；缺点为挥发大，耐水、耐油抽出和耐热性差。很少单独使用，一般与 DOP 协同加入。

③DIOP　邻苯二甲酸二异辛酯，外观为透明淡黄色油状液体。DIOP 的一般性能与 DOP 大体相同，但耐寒性、耐挥发性、耐热性和增塑效率略差于 DOP。DIOP 可作为 PVC 的主增塑剂，是 DOP 的有效代用品。

④DIBP　邻苯二甲酸二异丁酯，是 DBP 的代用品，性能基本同 DBP，但挥发性和水抽出性比 DBP 大。

⑤DIDP　邻苯二甲酸二异癸酯，其优点为挥发性小、耐迁移性、耐抽出性、耐热性好。与 DOP 相比，在同等用量下，制品硬度较高，加热减量小，但相容性和增塑效率不如 DOP。

(2) 磷酸酯类

磷酸酯类用量远远不及邻苯二甲酸酯类，但因其阻燃性和抑菌性优异，常常用于阻燃 PVC 制品中。磷酸酯类增塑剂最大的缺点为毒性大，除磷酸二苯辛酯无毒性外，其他磷酸酯类增塑剂都有毒。磷酸酯类增塑剂的主要品种有：

①TCP（TTP） 磷酸三甲苯酯，是磷酸酯类增塑剂的主要品种。与PVC的相容性好，有较好的阻燃性、防霉性和耐候性，挥发性较小，耐水和油抽出性好。但具有一定的毒性，耐寒性差。

②DPOP 磷酸二苯-2-乙基己酯，俗称磷酸二苯辛酯，为唯一无毒的磷酸酯类增塑剂品种，其光稳定效果好，与DOP并用可防光老化。

（3）石油磺酸苯酯类

石油磺酸苯酯类商业牌号为M-50或M-70，价格低廉，是PVC廉价的主增塑剂，同时具有耐候性好、挥发性低、低毒或无毒等优点，增塑效率高于DOP，可部分代替DOP用于PVC人造革中，加入量可达10~30份。

（4）脂肪族二元酯类

脂肪族二元酯类是常用的辅助增塑剂品种，其突出的优点为耐寒性好，常用于PVC耐寒制品中。但与PVC的相容性较差，故和邻苯二甲酸酯掺和使用。主要品种有DOA（己二酸二辛酯）、DOZ（壬二酸二-2-乙基己酯，俗称壬二酸二辛酯）及DOS，其中DOS的耐寒性最佳。

DOS，癸二酸二(2-乙基)己酯，俗称癸二酸二辛酯，耐寒性最好，增塑效率高，挥发性低，有较好的耐热性，耐光性。

（5）环氧化合物

环氧化合物类为常用的辅助增塑剂品种，一般用含不饱和键的天然植物油为原料加氧制成，包括环氧油类和环氧酯类。环氧化合物类增塑剂的耐热性、耐迁移性和耐光性好，并兼有增塑与润滑作用于一体，主要品种有ESO、ED3、ESBO和EPS。

①ESO 环氧大豆油，无毒，具有优良的耐光、耐热、耐抽出性，挥发性和迁移性低，但耐低温性差。ESO的加入量为2~5份，加入量太大易析出。

②ED3 环氧硬脂酸（2-乙基）己酯，俗称环氧硬脂酸辛酯。ED3的耐寒性好，可代替DOA和DOS使用，热稳定好。ED3的缺点为与树脂的相容性差，加入量应控制在2~5份。

③ESBO 环氧大豆油酸（2-乙基）己酯，无毒，耐高低温性都好，与Ba/Cd复合稳定剂有协同作用。

④EPS 4,5-环氧四氢邻苯二甲酸二（2-乙基）己酯，增塑效率与DOP相当，相容性优于DOP，可用于主增塑剂，无毒且具有光热稳定性。

（6）聚酯

聚酯增塑剂的突出优点为耐热性和耐久性好，主要用于高温及耐油场合，具体品种有PPA（己二酸-1,2-丙二醇系聚酯）和PPS（月桂酸封端的己二酸-1,2-丙二醇聚酯）。

增塑剂在PVC中的性能见表2-12。

2.5.3 增塑剂的作用机理

PVC由于分子链上有大量的氯原子，极性较大，因而分子间作用力较大，阻碍了分子链之间的相对移动。增塑剂的作用机理实质上削弱分子间作用力，使分子链容易运动，从而改善加工性，提高制品的柔性。其作用方式有两种：

表 2-12　增塑剂在 PVC 中的性能

增塑剂①	商品名⑥	树脂名称②	增塑剂挥发损失④/%		部氏硬度 A⑤		挥发1d后	低温柔曲温度⑦ T_f/℃	耐抽出③(在下列物质中抽出的质量分数)/%						弯圈相容性⑧		
			1d	6d	开始				水,24h,50℃		5% NaOH, 23℃,4d	1% 肥皂, 50℃,4d	汽油 23℃,4d	环己烷		4.8h	1d	7d
									损失/%	吸收/%				4h	24h			
己二酸二-2-乙基己酯(DOA)	—	1	13.5	—	65	68	−67.8	0.10	0.66	—	—	75	—	—	M	S	C
壬二酸二-2-乙基己酯(DOZ)	Plastolein9058	—	5.7	—	70	69	−67.2	0.06	0.44	—	—	73	—	—	—	—	C
	ParaplexG-62	1	0.6	1.7	75	—	−28.7	—	—	—	—	—	13.3	—	—	—	VS
	ParaplexG-62	2	0.5	0.8	77	77	−26.1	0.02	0.9	1.0	1.7	2.6	7.6	15.9	C	C	M
环氧大豆油	Admex710	1	0.9	—	78	—	−28.2	0.0	0.48	—	—	1.08	—	—	—	—	M
	Plastolein9232	2	—	0.6	76	77	−25.8	0.11	0.84	1.1	4.8	—	—	—	C	C	M
环氧硬脂酸辛酯	Drapex3.2	1	2.6	8.9	69	71	−58.3	0.03	0.42	0.5	4.1	82.9	6.9	14.4	C	—	H
4,5-环氧四氢邻苯二甲酸二-2-乙基己酯	Flexol107D	1	3.2	—	64	64	−30	0.13	0.32	—	—	4.9	—	—	VH	—	—
氯化石蜡(52%Cl)	CereclorS-52	2	4.5	—	89	—	−12.0	0.01	0.19	—	—	2.7	—	—	C	C	S
与 DOP 1:3		1	4.5	—	75	75	−34.6	0.02	0.27	—	—	37.5	—	—	—	M	H
与 DOP 1:3		2	3.9	—	79	—	−32.8	0.00	0.24	—	—	43	—	—	VS	—	M
磷酸 2-乙基二苯酯	SANTICI-ZER148	2	2.8	—	69	—	−34	0.06	0.41	—	—	6.4	—	—	C	—	C
磷酸三甲苯酯(TCP)		1	1.3	—	72	—	−14	0.03	0.26	—	—	2.4	—	—	—	M	C
邻苯二甲酸二正丁酯		1	45.4	—	62	86	−40.4	0.25	0.34	—	—	9.1	—	—	C	C	C
邻苯二甲酸二异丁酯	KodaflexDIBP	1	31.0	53.1	72	—	−24.0	0.29	0.43	—	—	9.4	—	—	—	—	C
邻苯二甲酸二异辛酯(DIOP)		1	4.5	—	69	69	−39	0.01	0.25	—	—	44	—	—	C	C	C
邻苯二甲酸二异癸酯(DIDP)		1	4.3	—	71	—	−37	0.03	0.25	—	—	42	—	—	—	—	C
		1	1.8	—	71	71	−37	0.03	0.02	—	—	74	—	—	—	—	C
癸二酸二-2-基己酯(DOS)		1	4.2	—	73	70	−69.1	0.02	0.37	—	—	70.5	—	—	C	—	C

注：① 一般是指 40%(67phr) 增塑剂时的性能，除特殊注明外，均采用压延级树脂。
② 树脂 1 系 Monsanto 公司生产的，比黏度为 0.48 的 Opalon650；树脂 2 系 B.F.Goodrich 化学分步生产的，比浓对数黏度为 1.13 的 Geon 102EP。
③ 有些增塑剂的商品名已为 Monsanto 公司习惯使用，有些则已经停止不用。有些增塑剂虽然在商业上的时间并不长，但是其结构与性能之间的相互关系是很重要的。
④ 为 87℃，经 24h 和 6d 的挥发（活性炭法）。
⑤ 按 ASTM D676 测定。
⑥ Clash—Berg 扭曲试验。(ASTM D1043)。
⑦ 在 1mm (40mil) 模塑片上的抽出。
⑧ 弯圈相容性实验按 ASTM D3291。VS——极微渗出；S——微渗出；M——中度渗出；VH——极高渗出；C——相容；不渗出；H——不相容。

1phr 硬脂酸二碱式铅稳定剂。辅助增塑剂除评价其本身性能外，也与主增塑剂 DOP 混合进行评价。配方中还加入

(1) 体积效应

增塑剂分子进入到分子链之间，增大了分子链之间的距离，削弱分子间的作用力，从而达到增塑的目的。增塑剂的加入量越多，其体积效应越大，而且长链形状结构增塑剂比环状结构增塑剂的体积效应大。

(2) 屏蔽效应

极性增塑剂能与PVC分子链上的极性部分作用，使原来PVC-PVC间的作用力，变成PVC-增塑剂之间的作用，从而降低分子间作用力，达到增塑的目的。

增塑过程大致可分为以下几步：

①湿润和表面吸附　增塑剂将树脂表面湿润，并填充树脂的孔隙。

②表面溶解　增塑剂溶解或溶胀聚合物表面的分子。

③吸收作用　树脂颗粒由外部慢慢向内部溶胀，增塑剂分子进入树脂内部，产生很大的内应力，聚合物分子不断被解缠和分开。

④极性基的游离　在增塑剂的作用下，极性基团之间的作用力被破坏。

⑤结构破坏　吸收作用结束后，成簇的增塑剂存在于成堆的聚合物分子链或链段之间，此时若升高温度（加热到160~180℃），聚合物的结构即被破坏而成弹性状态，增塑剂分子渗入到聚合物的分子束中，聚合物被溶解，达到熔融态，增塑作用基本完成。

⑥结构重建　冷却后，由于范德华力、聚合物链段间的缠结、结晶或者增塑剂的作用，聚合物重新建立新的结构，形成有强度的PVC材料。

并不是所有的增塑过程都遵循上述的步骤，有时某些步骤可能交叉发生。

增塑剂的用量对PVC的性能影响比较复杂。当增塑剂用量在10份（即总量的10%）以下时，对制品机械强度的影响不明显，当加入5份左右的增塑剂时，机械性能反而最好，即所谓的反增塑现象，此后随增塑剂用量的增大，强度降低柔软性提高（图2-9）。

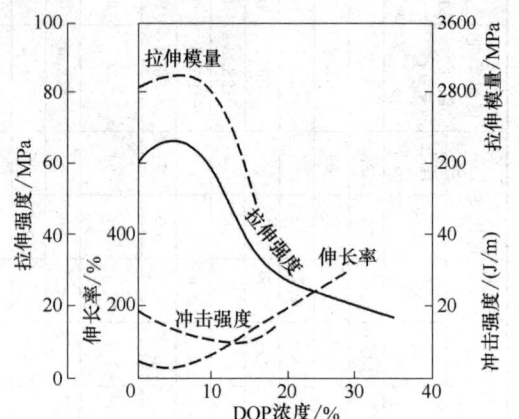

图2-9　增塑剂用量对机械性能的影响（PVC/DOP体系）

2.5.4　增塑剂的性能指标

(1) 相容性

相容性指树脂和增塑剂相互混合时的溶解能力。若两者的相容性好，增塑剂就不易从制品中析出，制品的柔性好，使用寿命长，因此相容性是增塑剂最基本、最重要的特性。

增塑剂与树脂的极性越相近，其相容性越好。增塑剂的聚合度越高，分子中的烷基链越长，相容性越差。此外，环氧化物、脂肪族二元羧酸酯、聚酯和氯化石蜡等增塑剂与PVC的相容性不好。常用增塑剂与PVC相容性的大小顺序为：DBS＞DBP＞DOP＞DIOP＞DNP＞ED3＞DOA＞DOS＞氯化石蜡。

(2) 增塑效率

增塑效率是评价增塑剂的增塑能力和增塑效果的指标,指增塑剂在塑料中达到一定性能(硬度、模量等)时,每 100 份树脂所需增塑剂的份数,加入越少,其增塑效率越高。为了便于比较,通常将 DOP 的增塑效率定为 100,其他增塑剂与其相比。一般低分子质量增塑剂比高分子质量增塑剂的增塑效率高,烷基支链化程度和芳环结构增多都使增塑效率下降。表 2-13 列出了一些增塑剂在 PVC 树脂中的增塑效率。

表 2-13　　　　　　　　　　常用增塑剂的增塑效率值

增塑剂	效率比值	增塑剂	效率比值
乙酰蓖麻酸丁酯(BAR)	94	癸二酸二(2-乙基)己酯(DOS)	101
邻苯二甲酸二正丁酯(DBP)	98	磷酸三乙基己酯(TOP)	101
己二酸二辛酯(DOA)	98	邻苯二甲酸二异辛酯(DIOP)	103
邻苯二甲酸二正辛酯(DNOP)	99	环氧大豆油酸(2-乙基)己酯(ESBO)	105
邻苯二甲酸二辛酯(DOP)	100	磷酸三甲苯酯(TCP)	105
壬二酸二(2-乙基)己酯(DOZ)	100	烷基磺酸苯酯	105
聚己二酸丙二醇酯(PPL)	102	氯化石蜡(含氯40%)(CP)	116

(3) 耐寒性

耐寒性是指增塑剂在低温下发挥增塑作用的能力。增塑剂的耐寒性与其结构有关,以亚甲基(—CH_2—)为主体的脂肪族二元酸酯类增塑剂的耐寒性最好,是最常用的一类耐寒增塑剂。而含有环状或支化结构的一类增塑剂在低温下在树脂中运动困难而耐寒性不好。常用增塑剂的耐寒性顺序为:DOS>DOZ>DOA>ED3>DBP>DOP>DIOP>DNP>M-50>TCP。

(4) 耐久性

耐久性是指增塑剂在树脂中存在并发挥增塑作用的时间长短,时间越长说明其耐久性越好。增塑剂的耐久性对人造革的持久性非常重要。增塑剂的耐久性差,人造革的持久性就差,会使人造革逐渐失去柔软性,制品收缩变硬,使用寿命降低。耐久性包括耐迁移性、耐抽出性和耐挥发性等。

①耐挥发性　指增塑剂从 PVC 制品内向空气中扩散的倾向。分子质量越大,耐挥发性越好,此外含直链烷基结构较含支链烷基结构增塑剂的耐挥发性好,含有环状等大体积基团结构增塑剂的耐挥发性好。一般情况下,聚酯类、环氧类、DIDP、TCP 及季戊四醇等增塑剂的耐挥发性好。

②耐迁移性　指增塑剂由制品内部向表层渗出再向与其接触的物质转移的现象。增塑剂的迁移会导致人造革变脆、变硬。增塑剂的迁移性与其相容性大小有关,相容性越好则耐迁移性越好;另外,分子质量大、含有支链或环状结构增塑剂的耐迁移性较好。

③耐抽出性　指增塑的制品浸入液体介质中(水、溶剂、洗涤剂等),增塑剂从制品内部向液体介质中迁移的倾向。就耐油、耐溶剂性而言,非极性烷基所占比例较大的增塑剂耐抽出性差,苯基、酯及支化程度高的增塑剂耐抽出性好;就耐水性而言,正好与

上述相反，聚酯类增塑剂是耐水性优良的品种。

（5）光热稳定性

光热稳定性指增塑剂在光、热条件下，增塑剂不会引起氧化分解、变质的性能。烷基支链多的增塑剂易氧化，故耐热性就较差。典型的例子如 DIOP、DIDP、DTDP，它们的耐热性就比正构醇酯差些。支链多的 DNP 由于含新的戊基结构，所以耐热性比 DOP 略好些。除结构影响外，增塑剂的纯度对耐热性影响也十分显著，一般增塑剂的纯度越高，热稳定性越好。

（6）毒性

大部分增塑剂都为无毒或低毒，如环氧类和柠檬酸酯类为无毒增塑剂，苯二甲酸酯类和二元羧酸类为低毒增塑剂。但 DOP 和 DOA 有致癌的可能性，磷酸酯类增塑剂有毒，只有磷酸二苯-2-乙基己酯例外，氯化石蜡也有毒。

（7）耐菌性

许多增塑剂都是霉菌生长的营养物质，它们会被霉菌分泌的酶分解和消化成糖、脂肪或氨基酸等可以吸收的物质。

增塑剂的耐菌性与增塑剂的结构有关，长链的脂肪酸酯和脂肪族二元酸的聚酯容易受到侵害；邻苯二甲酸酯类和磷酸酯类最不易被霉菌所侵蚀，特别是以抗菌性强的酚类为原料的磷酸酯类如 TCP、TPP 等。环氧大豆油特别容易成为菌类的营养源，也容易受到侵害。

2.5.5　增塑剂的要求

理想的增塑剂应具有如下的条件：
①相容性好，这是最基本的条件。
②增塑效率高，增塑速度快。
③耐热性好，在 PVC 人造革的生产条件下不能发生热分解。
④耐久性、耐寒性、耐光性、耐霉菌、耐化学腐蚀性好。
⑤无毒、无味，不污染环境。
⑥价格低廉，容易获得。

实际上没有一种增塑剂能同时满足上述要求，多数还是将两种或两种以上的增塑剂并用，以取长补短，获得最好的增塑效果，并达到全面的性能要求。

2.5.6　增塑剂的选用

增塑剂的选用原则如下：

（1）主、辅增塑剂协同选用

一般增塑剂不只加入一种，而是同时选用几种，以发挥各自的优势，这就是增塑剂的协同作用。在这些增塑剂中，主增塑剂是必不可少的。主增塑剂可以单独使用，但最好与辅增塑剂协同加入，增塑效果会更好。辅助增塑剂一般不单独使用，需与主增塑剂协同加入，才可达到增塑的目的。

（2）按制品的软、硬程度选用

不同软硬程度的 PVC 人造革，所需增塑剂的加入量大小也不同。制品要求越软，增塑剂的加入量越大。

(3) 按制品的性能要求选用

耐寒类 PVC 人造革,常选用脂肪族二元酸酯类增塑剂(如 DOS)与主增塑剂搭配。无毒类 PVC 制品,不选用磷酸酯类及氯化石蜡类增塑剂(DPOP 除外)。近年来发现 DOP 及 DOA 有致癌嫌疑,建议尽可能改用 DHP、DNP 及 DIDP。对无毒要求十分苛刻时,尽量选用环氧类和柠檬酸酯类增塑剂。阻燃类 PVC 制品,选用磷酸酯类、氯化石蜡类增塑剂,可兼有阻燃效果。

2.5.7 增塑剂的危害

增塑剂的环境污染和对人类的健康危害,是目前 PVC 人造革存在的一个主要问题。许多研究认为,增塑剂中用量最大的 DOP 有致癌的可能性,长期接触会引起皮肤过敏和产生刺激反应,也有可能损害肝脏、肾脏,甚至影响妇女的生育能力,因此研究和开发 DOP 的代用品成为增塑剂研究的一个主要目标。

随着环境保护意识的逐渐增强,今后对增塑剂的要求将会日益严格。低挥发性的增塑剂的应用将日益广泛,柠檬酸酯和聚酯增塑剂也将越来越多的被人们采用。为防止环境中增塑剂对生态平衡的破坏,许多国家都规定了环境中允许增塑剂存在量的最低值,并且对增塑剂的安全使用制定了严格的规定。

2.6 热稳定剂

纯 PVC 树脂的热稳定性很差,在 90℃时即发生轻微的热分解反应;当温度达到 120℃时,即发生明显的热分解反应,使 PVC 树脂颜色逐渐加深,物理力学性能恶化,热分解产生的 HCl 会腐蚀加工设备的金属。但 PVC 的加工温度在 160℃以上,高于 PVC 的分解温度,为解决这一问题,逐渐发展了一类专用助剂——热稳定剂。

2.6.1 PVC 的热降解机理

PVC 的热分解反应实质是由于脱 HCl 反应引起的一系列反应,最后导致大分子链断裂。

$$\sim\sim CH_2CHClCH_2CHCl\sim\sim \longrightarrow \sim\sim CH=CHCH=CH\sim\sim + 2HCl$$

具体过程如下:

①在氯乙烯的聚合和后处理过程中,难免在大分子中留有双键或支链,双键旁边的氯就是烯丙基氯,烯丙基氯分解产生氯自由基:

$$\sim\sim CH=CHCH_2CHCl\sim\sim \longrightarrow \sim\sim CH=CH\dot{C}HCH_2\sim\sim + \dot{C}l$$

②氯自由基从 PVC 分子中吸收氢原子,形成链自由基:

$$\dot{C}l + \sim\sim CH_2CHClCH_2CHCl\sim\sim \longrightarrow \sim\sim \dot{C}HCHClCH_2CHCl\sim\sim + HCl$$

③链自由基脱出氯自由基,在大分子中形成双键:

$$\sim\sim \dot{C}HCHClCH_2CHCl\sim\sim \longrightarrow \sim\sim CH=CHCH_2CHCl\sim\sim + \dot{C}l$$

新生成的烯丙基氢更容易被新生的氯自由基所夺取,于是按②、③两步反应重复进行,产生"拉链式"脱氯化氢反应,同时 HCl 又是降解反应的催化剂,使得 PVC 的降解速度很快,原来的 PVC 分子链很快变成多烯链段。由于形成共轭双键,使 PVC 的颜色逐渐加深,由无色透明变黄、变红、变成棕褐色。热降解除脱出 HCl 外,在氧的作用下,还会引起断链和交联等其他破坏反应。

2.6.2 热稳定剂的作用机理

PVC 热稳定剂的主要作用机理有以下几种:

① 捕捉 PVC 分解产生的 HCl,防止 HCl 催化降解反应。铅盐类、金属皂类、有机锡类及亚磷酸酯类和环氧类热稳定剂都按此机理发挥热稳定作用。

$$Me(RCOO)_2 + 2HCl \longrightarrow MeCl_2 + 2RCOOH$$
$$R_2Sn(SR')_2 + HCl \longrightarrow R_2SnClSR' + HSR'$$

② 置换活泼的烯丙基氯原子。金属皂类、有机锡类及亚磷酸酯类热稳定剂按此机理发挥热稳定作用。

$$Me(RCOO)_2 + 2\overline{PVC}\text{—}Cl \longrightarrow 2\overline{PVC}\text{—}OOCR + MeCl_2$$
$$R_2Sn(SR')_2 + \overline{PVC}\text{—}Cl \longrightarrow \overline{PVC}\text{—}SR' + R_2SnSR'Cl$$

③ 与共轭双键发生加成作用,抑制共轭链的增长。有机锡类和环氧类热稳定剂按此机理发挥热稳定作用。

$$\diagup\!\!\!\diagdown\!\!\!\diagup\!\!\!\diagdown\!\!\!\diagup\!\!\!\diagdown + RSH \longrightarrow \diagup\!\!\!\diagdown\!\!\!\diagup(SR)\diagdown\!\!\!\diagup\!\!\!\diagdown$$

④ 与自由基反应,中止自由基链的传递。有机锡类及亚磷酸酯类热稳定剂按此机理发挥热稳定作用。

⑤ 分解氢过氧化物,减少自由基的数目。有机锡类及亚磷酸酯类热稳定剂按此机理发挥热稳定作用。

⑥ 钝化有催化脱 HCl 作用的金属离子。

同一种热稳定剂可按上述几种不同的热稳定机理发挥热稳定作用。

2.6.3 热稳定剂的要求

理想的热稳定剂应具备如下要求:

① 热稳定效能高,且稳定剂自身具有良好的耐热性。

② 稳定剂与 PVC 树脂和其他助剂的相容性好,不喷霜,不出汗,更不能与其他助剂反应,不受硫的污染。

③ 良好的耐久性,包括耐迁移性、耐挥发性和耐抽出性;耐候性好,特别是光稳定性好。

④ 在有些情况下,稳定剂必须是无毒、无臭、不污染,可以制成透明制品。

⑤ 使用方便,价格便宜。

2.6.4 常用的热稳定剂

根据化学结构的不同,热稳定剂一般分为铅盐类热稳定剂、有机锡类热稳定剂、金属皂类热稳定剂、稀土类热稳定剂、有机锑类热稳定剂、有机类热稳定剂和复合热稳定剂。

(1) 铅盐类热稳定剂

铅盐类热稳定剂是目前用量最大的热稳定剂。其优点为热稳定性优良，而且长期热稳定性好，电绝缘性和耐候性好而且价格低廉；缺点为分散性差，毒性大，不透明，有初期着色性，难以制成鲜明色彩的制品，缺乏润滑性，易与硫生成白色硫化铅，造成人造革面呈"鱼鳞"状的斑点，有粉尘污染。主要品种有：

① 三碱式硫酸铅　俗称三盐，代号 TLS，分子式为 $3PbO \cdot PbSO_4 \cdot H_2O$，是 PVC 最常用的稳定剂。外观为白色细结晶粉末，具有优良的热稳定性。与二碱式亚磷酸铅或二碱式硬脂酸铅并用有协同效应，从而可改善制品的耐候性。由于该产品没有润滑性，故在配方中适当加入润滑剂。用量一般为 0.5~5.0 份。

② 二碱式亚磷酸铅　俗称二盐，代号为 DL，分子式为 $2PbO \cdot PbHPO_3 \cdot 1/2H_2O$，在 PVC 中用量仅次于三碱式硫酸铅。二盐的外观为白色结晶状粉末，热稳定性稍低于三碱式硫酸铅，但有抗氧化和吸收紫外线的能力，具有突出的耐候性，耐候性优于三碱式硫酸铅，因此两者往往协同加入，二碱式亚磷酸铅的加入量一般为三碱式硫酸铅的 1/2 左右。

③ 二碱式硬脂酸铅　代号 DLS，分子式为 $2PbO \cdot Pb(C_{17}H_{35}COO)_2$，具有优良的润滑性、耐水性、电绝缘性。二碱式硬脂酸铅的热稳定效能不如三碱式硫酸铅、二碱式亚磷酸铅，常与其并用，可改善加工流动性，不喷霜。适合于 PVC 的硬质品和软质品，一般软质品用量 0.5~1.0 份。

(2) 有机锡类热稳定剂

有机锡类热稳定剂主要是各种羧酸及硫醇盐的含锡衍生物，其优点为热稳定性、耐候性、初期着色性、低毒性、透明性优异；缺点为价格稍高（但加入量少，一般为 0.5~2.0 份），润滑性一般。它是目前效果最好的一类热稳定剂。常用的有机锡热稳定剂如下：

① 二月桂酸二丁基锡　国产商品代号京锡 102，结构式为

$$\begin{matrix} C_4H_9 \\ C_4H_9 \end{matrix} Sn \begin{matrix} O-\overset{\overset{O}{\parallel}}{C}-C_{11}H_{23} \\ O-\underset{\underset{O}{\parallel}}{C}-C_{11}H_{23} \end{matrix}$$

无色或浅黄色液体，溶于所有工业用增塑剂，有优良的润滑性、透明性和耐候性，耐硫污染，对热合性和印刷性无不良影响，但有毒。

② S,S'-二巯基乙酸异辛酯二正辛基锡　国产商品代号京锡 8831，结构式为

$$\begin{matrix} nC_8H_{17} \\ nC_8H_{17} \end{matrix} Sn \begin{matrix} S-CH_2-\overset{\overset{O}{\parallel}}{C}-O-iC_8H_{17} \\ S-CH_2-\underset{\underset{O}{\parallel}}{C}-O-iC_8H_{17} \end{matrix}$$

浅黄色透明油状液体，无毒，不溶于水，持续热稳定性好，具有卓越的透明性和良好的抗湿性，加工时的润滑性和流动性也较好，但不能与铅镉等皂类并用，缺乏光稳定性，若户外使用，需添加光稳定剂。

(3) 金属皂类热稳定剂

金属皂类热稳定剂一般是钙、镁、锌、钡、镉、铅、锶等的硬脂酸（$C_{17}H_{35}COOH$、HSt）、月桂酸盐，其中以硬脂酸盐最为常用。其热稳定性不如铅盐，但具有润滑性，除Cd、Pb、Ba类外无毒，除Pb外都透明，无硫化污染，广泛用于无毒、透明的PVC软质制品中。热稳定性大小为：锌盐＞镉盐＞铅盐＞钙盐＞钡盐。常用的金属皂类热稳定剂有：

①硬脂酸镉　白色或粒状粉末，具有良好的热稳定性，无初期着色性，可制得无色透明的制品，有优良的光稳定性，制品的耐候性好。可单独使用，但一般与钡类、有机锡化合物、环氧化合物或亚磷酸酯并用，有显著的协同效应，可用于软制品。缺点是加工操作性不太好，加工温度低时，塑化不完全，温度过高又易焦化；且有受硫化物污染的问题，用量太大时易离析结垢，而且有毒。一般用量为0.1%～1.0%。

②硬脂酸锌　无毒且透明，润滑性能好，热稳定效果好，但易引起"锌烧"，使制品急剧变黑。一般不单独使用，多与其他皂类并用，主要用于软制品。一般用量为0.1%～1.0%，对硫化物不污染。

③硬脂酸钡　具有优良的润滑性，长期耐热性好，但加工时会产生红色初期着色，还容易引起积垢，因此几乎不单独使用。与镉皂、锌皂或环氧化合物并用有良好的协同效应。一般用量为0.1%～2.0%。无硫污染，在耐硫化人造革中常与锌皂并用。

④硬脂酸钙　无毒，价格低廉易得，加工性能好，是优良的润滑剂。热稳定性一般，与锌皂和环氧化合物并用有协同效应，可提高热稳定性。主要缺点是有红色初期着色性，在100℃以上长时间加热时，会使PVC塑料变成微红色。

⑤硬脂酸铅　热稳定性好，可兼做润滑剂。缺点为易析出，透明性差，有毒性和硫污染。常与钡、镉皂类并用。一般用量为0.5～2.0份。

(4) 稀土类热稳定剂

稀土类热稳定剂主要是铈、镧、镨等轻稀土的氧化物、氢氧化物、有机弱酸盐（硬脂酸、脂肪酸、水杨酸等），其中以稀土氢氧化物的热稳定性最好。

稀土热稳定剂的特点有：对PVC的热稳定性优异，初期色相稳定尤佳，制品颜色鲜艳，美观，动态稳定性仅次于有机锡，超过了铅盐和复合铅类；制品的力学性能下降幅度小，表面光滑，色泽均匀；价格低，其价格在铅盐和有机锡之间；可促进PVC的凝胶化和塑化，降低熔体黏度，适当改善PVC的加工性能；可吸收230～320nm的紫外光，明显提高PVC制品的耐候性等。

单独的稀土稳定剂效果不十分突出，加入其他辅助稳定剂会起到协同作用，如有机磷酸酯、β-二酮化合物、多元醇类等。稀土稳定剂无润滑作用，应与润滑剂一起加入。稀土热稳定剂的用量比较少，一般为4～6份。

(5) 有机锑类热稳定剂

有机锑类热稳定剂一般指三价硫醇锑和少量五价硫醇锑。在用量较低时与有机锡相似，用量高时热稳定性不如有机锡。具有优良的初期着色性，透明性好，无毒，加入量小、价格低等。缺点为耐光性差，使用时应配伍光稳定剂。

有机锑类热稳定剂可与亚磷酸酯、环氧化物、硬脂酸钙等有良好的协同作用，主要品种有三（十二烷基硫醇）锑和三（巯基乙酸异辛酯）锑。

(6) 复合热稳定剂

复合热稳定剂是两种或两种以上的有机金属盐加上某些助剂组成的复合物，以及以有机锡为基础的复合物。它充分利用了各组分间的协同效应，具有高效、分散性好、低加入量、低成本、无粉尘污染、一次投料、易计量、无毒、低毒等优点。目前使用的复合稳定剂的代表性品种有 Ba-Cd、Ba-Zn、Ca-Zn 等，其中 Ca-Zn 稳定剂已经被欧盟、美国、日本等国的卫生部门认为是无毒的，可用于食品包装和输血管。

复合热稳定剂除含有一种或几种金属皂盐以外，还含有抗氧剂（阻止不饱和双键因氧化而断裂）、螯合剂（通常是亚磷酸三元酯，具有控制色泽、改善透明度的作用）和环氧化合物（如环氧化大豆油，能吸收氯化氢）等辅助稳定剂，除此之外还含有润滑剂、溶剂（矿物油、增塑剂等）。其物理形态有液态和固态两种，液态复合热稳定剂的润滑性较差，长期储存热稳定效果会变差。

(7) 辅助热稳定剂

辅助热稳定剂本身不具有热稳定作用，只有与主稳定剂一起并用，才会产生热稳定效果，并促进主稳定剂的稳定效果。辅助热稳定剂一般不含金属，因此也称为非金属热稳定剂。主要品种有：

①亚磷酸酯类　是一重要的辅助热稳定剂，与 Ba-Cd、Ba-Zn 复合稳定剂及 Ca-Zn 复合稳定剂等有协同作用，主要用于软质 PVC 透明配方中，用量为 0.1~1.0 份。

②环氧化合物类　与金属皂类有协同作用，与有机锡类稀土稳定剂并用效果好，用量为 2~5 份，常用的品种为环氧大豆油、环氧脂。

③多元醇类　主要有季戊四醇、木糖醇、甘露醇等，可与 Ca-Zn 复合稳定剂并用。

2.7　润滑剂

润滑剂的作用是降低物料之间的摩擦力，减弱熔融物对加工机械金属表面的黏附性，从而降低熔体的流动阻力、熔体黏度，提高熔体流动性、表面光泽度。在压延法生产人造革时，润滑剂的作用主要是防止熔料包辊。

2.7.1　内润滑和外润滑

按润滑剂的作用机理可将润滑剂分为外润滑剂和内润滑剂。内、外润滑剂的区分标准为其与树脂的相容性大小。内润滑剂与树脂有一定的相容性，在高温下起一定的增塑作用，从而降低物料之间的内摩擦力，增加流动性，防止因内摩擦过热导致树脂分解；外润滑剂与树脂的相容性很小，在加工过程中会从物料中析出，在物料表面形成润滑剂分子层，降低聚合物和加工机械金属表面的摩擦力，减弱熔融物对加工机械金属表面的黏附性。

润滑剂主要用于压延法 PVC 人造革的生产中，而且主要使用外润滑剂来降低物料对压延机辊筒金属表面的黏附性，以提高生产速率，减小动力消耗，使制品更加均匀光洁。

这是因为在 PVC 人造革的配方中已经含有大量的增塑剂，无须再用内润滑剂。

在软质聚氯乙烯产品的加工配方中，外润滑剂的用量一般为 0.25%～1.50%。润滑剂用量少时，起内润滑作用；当用量接近相容性极限时，外润滑作用加强。需注意外润滑剂用量过多会产生打滑、空转等问题，还会造成外润滑剂在加工机械金属表面析出，在物料表面出现斑纹。如果润滑剂在物料中分散不均匀，造成部分物料润滑剂浓度过高，也会出现明显的打滑现象。

2.7.2 润滑剂的要求

人造革用润滑剂应满足下列要求：
①润滑效率高且持久。
②与聚合物应有适中的相容性，不喷霜，不易结垢。
③不损害产品的性能。
④能满足加工条件，不与聚合物及其他助剂发生有害反应。
⑤低毒或无毒，无色或不易色迁移，不腐蚀设备，价格便宜，容易得到。

2.7.3 常用的润滑剂

(1) 金属皂类

金属皂类既是润滑剂，又是一种热稳定剂；内、外润滑作用兼有。常用金属皂类润滑剂及加入量是：PbSt 0.2～1.0 份；ZnSt 0.15 份；LiSt 0.6 份；BaSt 0.2～1.0 份；CaSt 0.2～1.5 份。

(2) 烃类

烃类按分子质量大小可分为液体石蜡（C_{16}～C_{21}）、固体石蜡（C_{26}～C_{32}）、微晶石蜡（C_{32}～C_{70}）和低分子聚乙烯蜡（相对分子质量 1000～10000），主要用于 PVC 外润滑剂。

①液体石蜡　俗称白油，为无色透明液体，可用于 PVC 透明的外润滑剂，用量为 0.5 份左右，用量过多时会产生离析结垢现象。

②固体石蜡　又称为天然石蜡，白色固体，可用于 PVC 的外润滑剂，在 PVC 中的相容性、热稳定性和分散性均低，用量不宜过大，一般为 0.1～1.0 份。由于透明性差，用量太大，制品易泛白模糊。

③微晶石蜡　又称为高熔点石蜡，外观为白色或淡黄色固体，因结晶细微而称为微晶石蜡。其热稳定效果和润滑效果好于其他石蜡，用量为 0.1～0.2 份。

④低分子聚乙烯蜡　又称为聚乙烯蜡，外观为白色或淡黄色固体，透明性差，用量为 0.5 份以下。

氧化聚乙烯蜡为聚乙烯蜡部分氧化的产物，白色粉末，是一种极性润滑剂，与 PVC 的相容性相对较好，具有优良的内外润滑作用，透明性好，价格低，用量为 0.1～1.0 份。

氯化石蜡与 PVC 相容性好，透明性差，有阻燃性能，与其他润滑剂并用效果好，用量在 0.3 份以下为宜。

(3) 脂肪族酰胺类

①硬脂酸酰胺　外观为白色或淡黄色粉末，内外润滑作用均好，制品透明且有光泽，加入量为 0.3～0.8 份。

②N,N-亚乙基双硬脂酰胺　外观为白色至淡黄色粉末或粒状物，为 PVC 的内润滑剂，用量为 0.2～2.0 份。

(4) 硬脂酸

硬脂酸为白色或微黄色颗粒或块状物，工业品是硬脂酸和软脂酸的混合物，并含有少量油酸。硬脂酸是仅次于金属皂类而广泛应用的润滑剂。用量少时，起内润滑作用；用量大时，起外润滑作用。一般加入量为 0.3～0.5 份。有防止层析结垢的效果。但用量不可过大，否则易喷霜，并影响制品的透明性。此外硬脂酸还能影响凝胶化速度，使用时最好与硬脂酸丁酯之类的内部润滑剂并用。

2.8　发泡剂

发泡剂是指能在 PVC 人造革中形成泡孔而添加的一类助剂。PVC 人造革发泡后，形成微细闭孔结构的泡沫层，从而具有轻便、厚实、丰满、手感柔软的特点，更接近天然皮革。同时泡沫革的相对密度低，因而可降低成本，弥补加入大量填充剂而导致的产品密度增加和力学性能下降的缺点。

2.8.1　发泡剂的分类

按气体产生方式的不同，可将发泡剂分为物理发泡剂和化学发泡剂。

(1) 物理发泡剂

物理发泡剂是通过物理状态的变化而实现发泡的，包括压缩惰性气体（如氮气、二氧化碳等）、可溶性易升华固体、低沸点挥发性液体（沸点低于 110℃ 的脂肪烃、卤代烃）等三类，其中低沸点液体最为常用。

(2) 化学发泡剂

化学发泡剂在受热时分解，放出一种或多种气体而使塑料发泡。化学发泡剂可分为无机发泡剂和有机发泡剂两类。无机发泡剂主要有碳酸氢钠、碳酸氢铵、亚硝酸钠等，与树脂相容性差，不溶于增塑剂，因而不常用。

有机发泡剂是最常用的一类发泡剂，它具有分散性好、分解温度窄、发泡效率高、产生的气体不易从泡孔中逸出等优点。但价格稍高，有些品种有毒，残渣在树脂中有其他副作用等。有机发泡剂主要包括偶氮类、亚硝基类、磺酰肼类、叠氮类、三嗪类等。

2.8.2　发泡剂的要求

理想的发泡剂应满足以下要求：
①发泡剂的分解温度与树脂的熔融温度（或加工温度）相适应。
②发泡效率高，发泡易控制。
③分散性好，不影响制品的性能，不与其他助剂发生作用。
④放出的气体无腐蚀性。
⑤无毒，室温下稳定不分解，价格低廉，容易得到。

2.8.3 常用的发泡剂

目前人造革生产所用的发泡剂仅限于有机发泡剂。

(1) 偶氮二甲酰胺

偶氮二甲酰胺是人造革中最常用的发泡剂，简称 AC 发泡剂，其受热分解机理如下：

$$H_2N-\overset{O}{\overset{\|}{C}}-N=N-\overset{O}{\overset{\|}{C}}-NH_2 \longrightarrow N_2+CO+NH_2CONH_2 \rightleftharpoons NHCO+NH_3$$

$$2NH_2-\overset{O}{\overset{\|}{C}}-N=N-\overset{O}{\overset{\|}{C}}-NH_2 \longrightarrow H_2N\overset{O}{\overset{\|}{C}}HNH\overset{O}{\overset{\|}{C}}NH_2+N_2+2HNCO$$

AC 发泡剂是橘黄色结晶粉末，细度达到 200 目以上，熔点 230℃，分解温度 195～210℃。标准发气量为 200～300mL/g，分解后产生的气体主要是 60%～73%的氮气（体积分数，下同）、22%～32%的一氧化碳和 3%～5%的二氧化碳。分解后的白色残余物的组成取决于发泡剂分解时的介质，主要成分是氰化二甲酰胺、三聚氰酸和脲唑，这些物质可增强 PVC 的热稳定性。

AC 发泡剂特点是价格低，发气量高，分解温度窄，不会提前发泡，产生的气泡均匀、致密；分解后的残留物无臭、无暗色斑点，广泛应用于 PVC 泡沫人造革的生产。

PVC 人造革使用的热稳定剂，如硬脂酸铅盐（PbSt）、镉盐和锌盐等，对发泡剂具有活化作用，可以降低 AC 发泡剂的分解温度（表 2-14），增加分解速率，但酸性介质对发泡有抑制作用。由于发泡剂消耗 PVC 中部分热稳定剂，因此在 PVC 发泡配方中，应相应增加稳定剂的用量。

表 2-14　　热稳定剂对发泡剂分解温度的影响

热稳定剂	发泡剂分解温度/℃	热稳定剂	发泡剂分解温度/℃
三碱式硫酸铅	169	BaSt	190
二碱式亚磷酸铅	164	CaSt	204
PbSt	177	ZnSt	170
CdSt	162		

由于 AC 发泡剂不溶于增塑剂，因此热稳定剂对 AC 发泡剂的活化只能在其表面进行。若颗粒越小，则表面越大，活化效果越好。而且发泡剂的粒度越小，在树脂中分散越均匀，单位体积内泡孔的数量产生越多，泡孔越细小。

此外，发泡剂的分解温度还与用量有关，发泡剂用量越少，分解温度可越高。如 AC 发泡剂用量从 1 份下降到 0.5 份，发泡温度可升高 15℃ 左右。

(2) 偶氮甲酰胺甲酸钾

偶氮甲酰胺甲酸钾，简称 AP 发泡剂，分子结构式为

$$NH_2-\overset{O}{\overset{\|}{C}}-N=N-COOK$$

AP 为淡黄色粉末，分为 G、Z、D 型，分解温度分别为 170～180℃、160～170℃、

150～160℃，受热分解后放出 N_2、CO、CO_2 等气体，而且发气量大，可达 400～430mL/g。AP 发泡剂还兼有热稳定剂的作用，其分子结构中的—COOK 能中和聚氯乙烯加工中产生的 HCl。但 AP 发泡剂只适用于用增塑糊生产的发泡人造革，而不适合在压延法和挤出法等工艺中使用。

(3) 偶氮二异丁腈

偶氮二异丁腈，简称 AIBN，为白色结晶粉末状，分解温度为 100～115℃，发气量为 130～155mL/g。其分解机理如下：

$$H_3C-\underset{\underset{CN}{|}}{\overset{\overset{CH_3}{|}}{C}}-N=N-\underset{\underset{CN}{|}}{\overset{\overset{CH_3}{|}}{C}}-CH_3 \longrightarrow 2H_3C-\underset{\underset{CN}{|}}{\overset{\overset{CH_3}{|}}{C}}\cdot + N_2$$

偶氮二异丁腈（AIBN）

AIBN 在室温下缓缓分解，故应在 10℃ 以下存放。它还是可燃固体，容易被明火点燃，离开火源后会继续燃烧。AIBN 最大问题是其残余物四甲基丁二腈有毒。上述这些缺点使得 AIBN 在 PVC 人造革中应用较少。

2.9 溶剂

由于 PVC 树脂需要与增塑剂配合使用，因此所指的溶剂主要是用于 PU 革生产和 PVC 革后整理所用的溶剂。在人造革、合成革中，溶剂主要起以下作用：

①溶解聚氨酯树脂并调整聚氨酯浆料的固含量和黏度，利于加工。
②配制湿法凝固液，使贝斯有合理的凝固速度，调整微细孔结构。
③制备聚氨酯树脂的反应介质。
④配制色浆油墨及其他后整理助剂。
⑤甲苯作为不定岛型纤维的萃取溶剂。

溶剂依据溶解力的大小可分为溶剂（真溶剂）、助溶剂和稀释剂。真溶剂能单独溶解树脂；助溶剂本身则无溶解能力，但与真溶剂并用可起到溶剂的作用；稀释剂本身也无溶解能力，它仅能降低溶液黏度和成本。

2.9.1 溶剂的选择和要求

(1) 溶解能力

溶剂的溶解力是选择和使用溶剂的主要依据。选择时可根据相似相溶原理和溶度参数选择，也可根据实验选择。

溶剂与聚合物的结构或极性越接近，溶剂对该聚合物的溶解能力也就越强，这就是"相似相溶"原理，但这一原理在选择溶剂时比较模糊。可依据溶度参数进行选择，一般认为树脂与溶剂的溶度参数越接近，溶剂对树脂越易溶解。混合溶剂的溶度参数则按其所占体积取平均值，如 $\delta_{聚氨酯}=10.3$，$\delta_{二甲苯}=8.8$，$\delta_{丁内酯}=12.6$，将两溶剂按 33% 和 67% 混合（体积分数），则 $\delta_{混合}=8.8×33\%+12.6×67\%=11.3$，所以聚氨酯树脂能溶于上述混合溶剂。常用溶剂和树脂的溶度参数见表 2-15。

表 2-15　　　　　　　　　　　　　常用溶剂和树脂的溶度参数

物质	δ	物质	δ	物质	δ
环己烷	8.20	丁酮	9.30	乙二醇	15.7
乙酸戊酯	8.50	环己酮	9.90	聚甲基丙烯酸甲酯	9.0~9.5
乙酸丁酯	8.55	丙酮	10.0	聚丙烯酸甲酯	9.8~10.1
对二甲苯	8.75	正丁醇	11.4	聚氨酯	10.3
甲苯	8.90	异丁醇	11.7	聚二甲基硅氧烷	7.3~7.6
乙酸乙酯	9.10	正丙醇	11.9	聚四氟乙烯	6.2
三氯甲烷	9.30	甲醇	14.5	环氧树脂	9.7~10.9

(2) 挥发速度

溶剂的挥发速度过快，可使干燥速度缩短，但对流平性不利，还会导致起泡、针孔、泛白等弊病，喷涂时出现涂层粗糙结皮；挥发速度过慢，则干燥时间延长，影响生产效率，因此溶剂要有合适的挥发速度。一般来讲，溶剂的沸点越低，挥发速度越快，但单纯用沸点来评价挥发速度，会出现较大的偏差，因为挥发速度还与溶剂的饱和蒸气压有关。为此，引入了溶剂的相对蒸发速率来表征溶剂的挥发性。

$$E = \frac{t_{90}（乙酸正丁酯）}{t_{90}（试验溶剂）}$$

式中　E——相对蒸发速率；

　　　t_{90}——规定条件下，蒸发溶剂总量的 90% 所需的时间。

溶剂的挥发速度过快过慢，会引起各种弊病。如溶剂挥发太快，涂层表面迅速冷却，使周围温度达到露点以下，水汽凝结成小滴渗入漆膜中，表面呈半透明的白色，待水分挥发后，留下了很小的空隙，由于散射，漆膜没有光泽。气泡是因为挥发速度太快，表面很快固化，底层溶剂不能逸出，在进入烘箱时，残留的溶剂从底层挤到表面，于是形成针孔或细泡。从挥发快慢考虑，溶剂的选择要平衡下列各种要求：

快干—挥发要快；无流挂—挥发要快；无缩孔—挥发要快；流动性好、流平好—挥发要慢；无边缘变厚现象—挥发要快；无气泡—挥发要慢；不发白—挥发要慢。

在生产中，有时候单一的溶剂很难满足要求，往往将多种溶剂混合使用，使溶剂的挥发呈梯度分布。

(3) 溶剂不能含有与异氰酸酯基反应的物质

当体系中含有异氰酸酯基时（如合成 PU 树脂时，双组分黏结层等），溶剂不能含有能与异氰酸酯基反应的物质，否则将使聚氨酯变质而不能使用，所以此时醇、醚类溶剂都不能采用，需要特别注意的是溶剂中的水分。

水与异氰酸酯反应生成脲及缩二脲，由于水的分子质量很小，因此微量的水会消耗大量的异氰酸酯，18g 的水会消耗 250g 的 MDI，造成原料投料配比失常。溶剂中混有水，在制备聚氨酯或多异氰酸酯预聚物组分时，会造成组分的—NCO 基含量明显降低，严重时会凝胶。在双组分黏结层中，水分会与交联剂反应，引起黏合力降低，使用期缩短，还会引起涂层气泡、失光等缺陷。

工业上评价溶剂的含水量一般以"异氰酸酯当量"来表示，指消耗 1mol—NCO 所需的溶剂质量（g）。异氰酸酯当量大于 3000 的称为氨酯级，一般聚氨酯树脂用溶剂（树脂合成或黏结层用）要求符合"氨酯级"标准。常用溶剂的异氰酸酯当量参数见表 2-16。

表 2-16　　　　　　　　　　　　常用溶剂的异氰酸酯当量

溶剂	异氰酸酯当量	溶剂	异氰酸酯当量
醋酸溶纤剂（氨酯级）	5000	甲基异丁酮	5700
醋酸丁酯	3000	甲苯	>10000
甲乙酮	3800	二甲苯	>10000
醋酸乙酯	5600	醋酸溶纤剂：甲苯：二甲苯（2：1：1）	>10000

溶剂在运输或使用过程中，难免与空气接触，因此在考虑溶剂的时候，还需考虑它们的吸水性，特别是吸湿性很强的二甲基甲酰胺（DMF）。

(4) 树脂的种类

芳香族双组分 PU 的溶剂主要是乙酸乙酯，也能溶解在二甲基甲酰胺中，但乙酸乙酯基本无毒，所以用得较多，有时还可加入稀释剂丁酮和甲苯。大部分芳香族双组分 PU 是用 TDI 制成的，相对分子质量较低，硬段较短，所以能在极性较弱的溶剂中溶解。

芳香族单组分 PU 因为极性较强，必须使用二甲基甲酰胺等强极性溶剂。为降低溶剂成本，也可用二甲基甲酰胺和甲苯的混合溶剂。

脂肪族 PU 能溶解在芳烃和醇的混合液中，其中以甲苯和异丙醇的混合液居多。但甲苯和异丙醇极易挥发，有时要加入二醇醚、环己酮和二甲基甲酰胺等，以延缓挥发。某些脂肪族 PU 使用二甲基甲酰胺、丁酮、甲苯的混合液为溶剂。

(5) 对上一层树脂的作用

PU 革的涂层可分为多层，在涂下一层树脂时，承接它的上一层树脂已经烘干成膜，很容易受到下一层溶剂的侵袭。溶剂对上一涂层的影响有两种：一种是膨润，还有一种是穿透（再溶解）。

如果溶剂对上一层树脂完全不溶解，溶剂就会进入上一层皮膜内部而发生溶胀，这种现象称为膨润。膨润会使皮膜形成鼓泡状，若发生膨润的皮膜在离型纸上，还会导致皮膜上的花纹消失。

如果溶剂可以溶解上一层树脂，则会出现两种情况：一种情况是溶剂对上一层皮膜溶解能力较弱，溶解缓慢，反而会促进两层之间形成良好的界面，提高剥离强度。另一种情况是溶剂对上一层溶解能力很强，溶解速度很快，则上一层皮膜会被完全溶解，此时若与基布贴合，基布上的绒毛就会插入皮层（称为穿透），甚至革的表面还会出现基布的织纹，穿透会明显降低革的防水性和耐折性能。

膨润和再溶解是两个极端，若能调整混合溶剂中真溶剂与稀释剂的适当比例，使其处于在膨润和再溶解之间的平衡区内，膨润和再溶解现象就都比较轻微。

(6) 与离型纸的配套

离型纸法生产合成革以及转移贴面法进行合成革后加工时，含有溶剂的浆料与离型纸直接接触的，离型纸的价格相对较高，因此要求溶剂对离型纸的损伤要小，以提高离型纸的使用寿命。同时为保证涂层的质量，还需考虑溶剂与离型纸表面张力的差异，这一点在离型纸一节中已有论述。

(7) 环境污染

溶剂是合成革行业存在的主要污染,溶剂对环境的影响包括两个方面,一是毒性,二是大气污染。

溶剂的毒性可分两类情况:一类是易挥发且毒性大的溶剂,它们对工人的毒害十分明显;另一类是残留在制品中缓慢释出的有毒有机化合物,它们挥发量虽很少但持续时间长,长期接触可诱发疾病。有毒空气污染物(HAP)包括二甲基甲酰胺、苯、甲苯、二甲苯、乙二醇醚酯、甲醇等,甲基异丁基酮、丁酮的毒性则还存在争议。

溶剂对环境的污染和毒性不是一个概念,无毒的溶剂同样也污染环境。因为几乎所有的溶剂都是具有光化学反应活性的有机化合物,会与空气中的氮化物反应生成臭氧,有时还会形成酸雾。

(8) 安全性

使用溶剂时还需要考虑它们的使用安全性,尽量选择闪点和燃点高的溶剂。部分溶剂的闪点和燃点见表 2-17。

2.9.2　常用的溶剂

在人造革及合成革生产过程中所使用的溶剂主要有:烃类、氯代烃、醇类、醚类、酮类、酰胺、乙酸酯等。

(1) 甲苯(TOL)

甲苯为无色透明易挥发液体,有类似苯的芳香气味,与乙醇、氯仿、乙醚、丙酮、冰醋酸、二硫化碳和溶剂汽油等混溶,不溶于水。遇热、明火或氧化剂易着火,蒸气与空气形成爆炸性混合物,爆炸极限为 1.27%～7.00%(体积分数),有毒。常用做溶剂和生产炸药、合成材料、医药、农药及其他有机化工产品,在人造革、合成革中主要用做干法 PU 革树脂的溶剂。

(2) 二甲苯

溶剂二甲苯一般是指对、邻、间二甲苯三种异构体的混合物。无色透明液体,有芳香气味。易燃,爆炸极限(体积分数)为 1.1%～7.0%,有毒。不溶于水,溶于乙醇、乙醚等,主要用做溶剂。

(3) 二甲基甲酰胺(DMF)

DMF 是一种通用的强力溶剂,为无色透明液体,有轻微的氨味,是一种高介电常数、双极性非质子溶剂。能与大多数无机及有机溶剂互溶,能与水以任何比例互溶,吸水性很强。爆炸极限为 2.2%～5.2%(体积分数),遇明火、高热可引起燃烧爆炸,毒性较低。DMF 是重要的化工原料和优良溶剂,是聚氨酯的良溶剂,在合成革中还用于配制湿法凝固液。

(4) 丁酮(MEK)

MEK 又称甲乙酮、甲基丙酮,为无色透明液体,有类似丙酮的气味。溶于水,并能与醇、醚、苯、氯仿、油类溶剂混溶。易挥发、易燃,遇旺火、高热、强氧化剂有引起爆炸的危险,爆炸极限为 2.0%～11.0%(体积分数)。丁酮是一种性能优良的溶剂,溶解能力与丙酮相当,但具有沸点较高、蒸气压较低的优点,挥发速度快,稳定,毒性小,主要用于聚氨酯树脂、PU革、黏合剂、涂料等行业。

(5) 丙酮 (AC)

AC为无色透明液体，有刺激性的醚味和芳香味，能与水、甲醇、乙醇、氯仿、吡啶等混溶。易挥发，易燃，爆炸极限为2.15%~13.00%（体积分数）。低毒，是常用的塑料和涂料的溶剂，又是重要的化工基本原料，在聚氨酯行业主要用作黏合剂的溶剂。

(6) 环己酮 (CYC)

CYC为无色透明液体，带有泥土气息，含有微量的酚时，则带有薄荷味，不纯物为浅黄色。微溶于水，可与乙醇、乙醚等大多数有机溶剂混溶。易挥发，易燃，爆炸极限为3.2%~9.0%（体积分数），有致癌作用。可用于橡胶、涂料、皮革等行业中。

(7) 乙酸乙酯 (EAC)

EAC又称醋酸乙酯，为无色透明液体，有水果香味，能与醇、醚、氯仿、酮、苯、汽油等混溶，微溶于水，遇水会发生极缓慢的水解。易挥发，易燃，其蒸气在空气中的爆炸极限为2.2%~11.4%（体积分数）。毒性很小，高浓度醋酸乙酯对眼、皮肤、黏膜有刺激性。EAC是重要的有机溶剂，具有优良的溶解能力，是聚氨酯黏合剂、涂料等的重要溶剂。

(8) 乙酸丁酯

乙酸丁酯一般指乙酸正丁酯，又名醋酸丁酯，为无色透明液体，具有愉快的水果香味，能与醇、醚、酮等混溶，与乙酸乙酯相比较难溶于水，也较难水解。易挥发，易燃，其蒸气在空气中的爆炸极限为1.4%~8.0%（体积分数）。几乎无毒性，但有刺激和麻醉作用，在聚氨酯行业可用于黏合剂、干法PU革浆料。

(9) 异丙醇 (IPA)

IPA为无色透明液体，类似乙醇的气味，能与水、醇、醚混溶。易燃，爆炸极限为2.02%~7.91%（体积分数），毒性较低，可作低成本溶剂。

常用溶剂的物理性能参见表2-17。

表2-17 常用溶剂的物理性能

溶剂	沸点/℃	蒸气压/kPa	相对密度	闪点/℃	相对挥发速度	空气最高允许浓度/(mg/m³)
乙酸乙酯	77.1	9.7	0.9	-4	4.80	300
醋酸丁酯	126	1.3	0.88	33	1.00	—
丙酮	56.2	24.6	0.79	-20	9.44	400
甲乙酮	79.6	9.5	0.8	-5.6	5.72	
甲苯	110.6	2.9	0.87	4	2.14	100
二甲苯	137	0.82	0.86	26	0.73	380
二甲基甲酰胺	152.8	0.346	0.944	58		

2.10 表面活性剂

在水中加入很少量时就能显著降低水的表面张力，改变体系的界面状态，从而产生润湿、乳化、分散、消泡、增溶等作用的物质称为表面活性剂。

2.10.1 表面活性剂的基础知识

表面活性剂分子一般是由非极性的亲油基团（疏水基团）和极性的亲水基团（疏油基团）组成，具有既亲油又亲水的双亲性质（图 2-10）。如最常用的十二烷基硫酸钠 $C_{12}H_{25}SO_4Na$，其中—$C_{12}H_{25}$ 为亲油基，—SO_4Na 为亲水基。表面活性剂常见的亲水基有：羧酸盐（—COOM）、磺酸盐（—SO_3M）、硫酸盐（—SO_4M），以及磷酸盐、胺盐、季铵盐、羟基、醚键等。而亲油基主要是烃类，包括烷烃、环烷烃、芳香烃以及氟代烃、硅氧烷等。

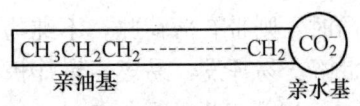

图 2-10 表面活性剂分子结构示意图

根据在水溶液中是否解离以及解离生成的离子种类，表面活性剂分子可分为如下四类：

①阴离子型表面活性剂 ，如羧酸盐、硫酸盐型、磺酸盐型以及磷酸盐型的表面活性剂。

②阳离子型表面活性剂 ，如胺盐、季铵盐等。

③两性离子型表面活性剂 ，如氨基酸类的表面活性剂。

④非离子型表面活性剂 ，如聚氧乙烯型、多元醇类的表面活性剂。

表面活性剂在水中有两种情况，一种情况是当表面活性剂的浓度很低时，表面活性剂以分子状态溶于水中，在水-空气界面处，亲水基伸向水层，疏水基伸向空气（或其他介质）中，使水的表面张力迅速下降 [图 2-11(a)]。当表面活性剂大于一定浓度后（CMC），表面活性剂形成胶束，采取亲水基向外，亲油基向内的聚集方式 [图 2-11(b)]。

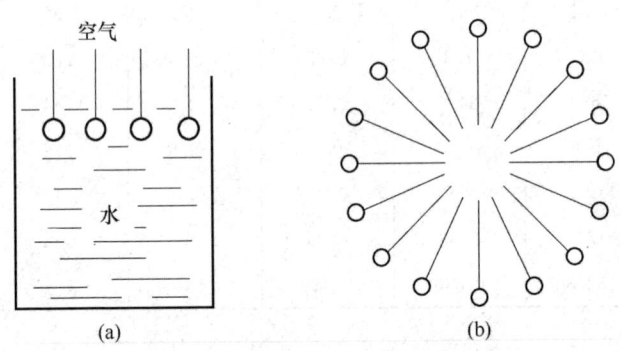

图 2-11 表面活性剂在水中的状态
(a) 低浓度　(b) 高浓度

表面活性剂亲水性的大小可以用亲水亲油平衡值（HLB）来表示（表2-18）。HLB越大，表面活性剂的亲水性越大。按HLB来选择用途，见表2-19。

表2-18　　部分表面活性剂的HLB

表面活性剂	HLB	表面活性剂	HLB
油酸	1	失水山梨醇单月桂酸酯(Span-20)	8.6
失水山梨醇三油酸酯(Span-85)	1.8	环氧乙烷环氧丙烷聚合物(聚醚7010)	8~10
失水山梨醇三硬脂酸酯(Span-65)	2.1	聚乙二醇(400)单油酸酯	11.4
脂肪酸乙二醇酯	2.7	聚乙二醇(400)单硬脂酸酯	11.6
丙二醇单硬脂酸酯	3.4	石油磺酸钠	11~12
失水山梨醇单油酸酯(Span-80)	4.3	油酸三乙醇胺皂(乳化剂FM)	12
失水山梨醇单硬脂酸酯(Span-65)	4.7	脂肪醇聚氧乙烯醚(JFC)	12
壬基酚聚氧乙烯醚(OP-7)	5	羊毛脂聚氧乙烯衍生物	11~12
失水山梨醇单棕榈酸酯(Span-40)	6.7	聚乙二醇(400)单月桂酸酯	13.1
聚氧乙烯失水山梨醇单硬脂酸酯(Tween-60)	14.9	聚氧乙烯月桂醇醚(平平加-O-20)	16.7
脂肪醇聚氧乙烯醚(平平加OS-15)	14.5	聚氧乙烯失水山梨醇单月桂酸单酯(Tween-20)	16.7
月桂酸二乙醇酰胺(尼拿尔)	14.5	油酸钠	18
壬基酚聚氧乙烯醚(OP-10)	14.5	油酸钾	20
聚氧乙烯失水山梨醇单油酸酯(Tween-80)	15	十二烷基硫酸钠	40
聚氧乙烯失水山梨醇棕榈酸单酯(Tween-40)	15.6		

表2-19　　表面活性剂的HLB与应用

HLB	应用范围	HLB	应用范围
1~3	消泡剂	8~18	O/W型乳化剂
3~6	W/O型乳化剂	12~15	洗涤剂
7~9	润湿剂	15~18	增溶剂

2.10.2　表面活性剂的作用

（1）润湿和渗透

将水滴在固体表面，会出现图2-12所示的几种情况。定义气-液界面与固-液界面之间的夹角为接触角（θ）。$\theta>90°$称为不润湿[图2-12(c)和图2-12(d)]；$\theta<90°$称为部分润湿[图2-12(a)和图2-12(b)]，$\theta=0°$时称为完全润湿（铺展）[图2-12(a)]。

当水中有表面活性剂时，水的表面张力会显著降低，θ变小，固体和液体之间接触面积扩大，增大了润湿作用。如把水滴在石蜡上，石蜡几乎不被润湿，若水中加入少量表面活性剂，就很容易润湿石蜡表面，水滴就可以在石蜡表面铺展，由不润湿变为润湿，这类表面活性剂称作润湿剂。

将织物或微孔膜浸入含有表面活性剂的水中，水就会比较容易渗入到织物或微孔膜

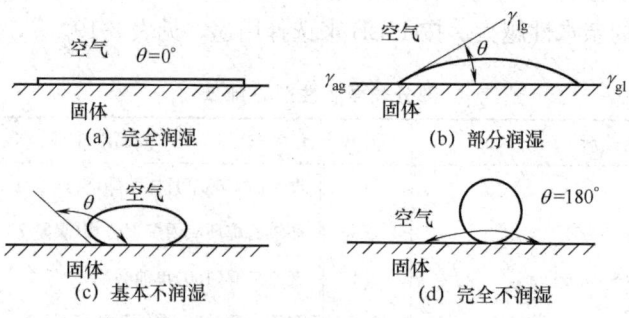

图 2-12 润湿和接触角

内部,这种作用称为渗透作用,此时的表面活性剂称为渗透剂。渗透作用的原因与润湿相类似,也是因为水的表面张力降低而易于铺展。

作为润湿剂和渗透剂的表面活性剂应具有很强的降低表面张力的能力,由于固体表面通常带负电荷,易与带相反电荷的阳离子表面活性剂相吸附,形成亲水基朝向固体、亲油基朝向水的单分子膜,而不易被水润湿,所以阳离子表面活性剂很少用作润湿剂,而阴离子表面活性剂和某些非离子表面活性剂适合做润湿剂。

(2) 消泡

能起消泡作用的消泡剂都是一些表面张力极低、易铺展的表面活性剂。将消泡剂加入到泡沫体系中后,消泡剂在泡沫液膜表面铺展,使液膜表面局部表面张力迅速降低而流向产生泡沫的溶液,同时又受到周围未接触到消泡剂的高表面张力大的液膜强力牵引,最终导致泡沫破灭,达到消泡的作用。

(3) 降黏度

在聚氯乙烯糊中加入某些表面活性剂,可降低 PVC 糊的黏度,这种表面活性剂称为降黏剂。其作用原理是:加入降黏剂后,降黏剂的极性部分朝向 PVC 树脂,而非极性部分伸入 DOP 相中,从而在颗粒表面包覆一层分子膜,减弱了 DOP 的渗透和溶剂化作用,使得体系中游离的 DOP 量增加,表现为黏度降低。同时,颗粒表面的分子膜还降低了颗粒间相互滑动时的摩擦因数,体系的流动速度增加。

研究表明,阳离子和非离子型表面活性剂由于分子链长,在 PVC 颗粒表面形成的分子膜厚度大于阴离子表面活性剂,降黏效果更明显,故降黏剂一般用非离子和阳离子表面活性剂。

2.10.3 表面活性剂在合成革中的应用

(1) 在 PVC 中的应用

增塑剂用量越大,PVC 人造革越柔软,因此当生产较硬的革时,由于增塑剂加入量较少,使得增塑糊的黏度过大而不利于涂刮,可采用添加降黏剂的方法来降低增塑糊的黏度。阳离子和非离子表面活性剂都具有降黏作用,但非离子表面活性剂还有稳定泡沫的作用,对 PVC 泡沫革的生产有利,因此多使用非离子表面活性剂。PVC 人造革用的降黏剂主要有平平加 O、吐温和混合聚醚(环氧乙烷和环氧丙烷的嵌段共聚物)。

(2) 消泡剂

消泡剂主要用于干、湿法 PU 树脂溶液的配方中,特别是在含浸法生产湿法聚氨酯贝斯的配方中,用以消除基布在含浸液中运动所产生的气泡。

良好的消泡剂应该具有用量低、消泡能力强、持久稳定、不溶或难溶于起泡液、无化学反应、耐温、无毒等特点,而且还不能在革面造成鱼眼及其他疵点。PU 革所用的消泡剂主要是有机硅类,普通的有机硅消泡剂是不能用于 PU 革的,必须使用专用的有机硅消泡剂,它们在 DMF 中有很好的分散性。如德国 BYK 公司生产的 PU 革脱泡剂 BYK-LPA5551,其主要成分是甲基烷基聚硅氧烷,不挥发分>98%,适用干法和湿法聚氨酯革树脂溶液,添加量为 0.1%~0.3%。

(3) 凝固助剂

在 PU 革湿法凝固过程中,表面活性剂通过改变界面的表面张力,从而影响 DMF/H_2O 之间的扩散速度,对凝固速度和成膜质量有举足轻重的作用。

① 阴离子表面活性剂　起渗透作用。由于其亲水性,可降低水的表面张力,使水更容易进入膜的内部,加快 DMF 与水的交换速度从而提高凝固速度,使膜表面迅速凝固成致密性膜,可生成球形泡孔结构,所得的膜孔径大,孔壁薄,微孔结构疏松,提高产品的回弹性和透气、透湿性。常用的阴离子表面活性剂有:琥珀酸磺酸钠 DS-70、顺丁烯二酸二辛酯磺酸钠 OT-70、C-70、C-90、SD-11 等。

选择表面活性剂时,首先要注意它在 DMF 中的溶解度,如果不溶于 DMF 则不能使用;其次要注意表面活性剂的 pH,因为 pH 对 DMF 的水解有重要影响;还要注意阴离子表面活性剂的用量不可过大,否则产品会在凝聚的过程中产生反卷,革表面的平滑性下降。通常它们的加入量为 0.5%~2.5%。

在生产人造麂皮时,要求膜内发育成指形结构,所以阴离子型表面活性剂的用量大一些,以便使涂层尽早形成致密的表面,使 DMF/H_2O 的双向扩散作用缓慢,膜内气泡加大,形成指形结构。表面层磨去后,膜内部的指形结构显露出来,就形成了茸毛,如图 2-13 所示。

② 非离子表面活性剂　非离子表面活性剂由于具有疏水性,因而可推迟表面的凝固速度,从而为皮膜中心

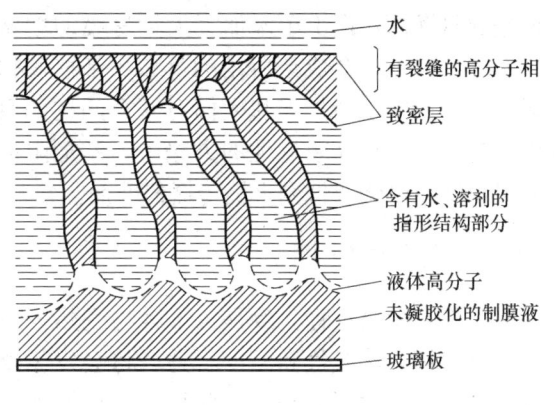

图 2-13　指形结构的生长

的 DMF 扩散赢得了时间,加快了内部的 DMF 向外迁移与水交换的速度。凝固后皮膜较薄,表面平滑,孔小而细密,可生成针状的泡孔结构。其用量一般为 1.0%~3.5%。常用的非离子表面活性剂是司盘系列(Span-60、Span-80)和十八醇(HLB 为 3.5~4.5)。

光面革则要求气泡细密,所以非离子型表面活性剂的用量大。

非离子和阴离子表面活性剂的用量比例适当,可以使整个聚氨酯树脂涂层上表面和内部的凝固速度达到较好的平衡,使 DMF 均匀扩散,从而得到手感好,透气、透湿性优良的制品。一般来讲,光面革的非离子型表面活性剂的用量大,而人造麂皮的阴离子表

面活性剂用量大（表 2-20）。

表 2-20　　　　　　　　　湿法涂层中表面活性剂的用量　　　　　　　　　单位：份

品种	光面革		人造麂皮	
	鞋用	衣用	鞋用	衣用
涂层剂(固含量约为30％)	100	100	100	100
非离子表面活性剂	2.5	3.5	1.5	1
阴离子表面活性剂	1.5	—	3	2

此外某些非离子型表面活性剂（如 SD-7），对湿法水洗工序中脱 DMF 有促进作用，降低残存在此类贝斯合成革中的 DMF 含量，提高水洗的效果，还可使革表面平滑。

（4）基材润湿

聚氨酯是极性聚合物，对低极性的离型纸（或基布）表面的润湿性较差，而出现缩孔，此时可考虑添加基材润湿剂，润湿剂还可改善浆料的流平性。如德国 BYK 公司的 BYK-L9565，它是羟基聚醚改性的二甲基聚硅氧烷，推荐用量 0.1％～0.3％。对脱脂性较差的基布，可在预浸槽中加入 1％的阴离子表面活性剂，提高基布的亲水性，改善此类贝斯合成革的外观质量。

2.11　阻燃剂

制备人造革、合成革的原材料中，PU 树脂属于易燃的高分子材料；PVC 树脂本身具有较好的阻燃性，但由于添加了大量易燃的增塑剂（DOP），使得 PVC 人造革具有可燃性。而且人造革、合成革所用的基布、某些填料（木粉）都是易燃物。随着人造革、合成革应用领域的不断扩展和人们对安全问题的日益重视，人造革、合成革的阻燃性也变得重要起来。在提高阻燃性的方法中，添加阻燃剂是最常用的一种方法。阻燃剂是一种能够阻止塑料燃烧或抑制火焰传播的助剂。

2.11.1　阻燃机理

聚合物的燃烧过程大致是：聚合物受热分解发生解聚和裂解，产生气态或易挥发的低分子可燃物，若氧气和温度合适，将会发生燃烧，燃烧释放的热量又会促进聚合物的分解，形成一个循环过程。由此可知，可燃物、氧气和温度是燃烧的三个因素。而阻燃剂的作用机理也正是从干扰这三个因素出发的。

①阻燃剂分解产生较重的不燃性气体或高沸点液体，覆盖于塑料表面；或者阻燃剂分解促使塑料表面迅速脱水炭化，隔绝氧气和可燃物的相互扩散。如有机氮类、硼系、磷系、有机硅系、卤化物系和膨胀型阻燃剂等。

②阻燃剂的受热分解或升华，吸收大量的热量，降低塑料表面温度，如氢氧化铝、氢氧化镁等。

③阻燃剂产生大量不燃性气体，稀释可燃气体和氧气的浓度，如卤化物类。

④阻燃剂捕捉活性自由基，中断链式氧化反应，如有机卤化物。

2.11.2 常用的阻燃剂

(1) 卤系阻燃剂

卤系阻燃剂具有添加量少、阻燃效果好等特点。其分氯系和溴系，并以溴系为绝对主流，是目前用量最大的有机阻燃剂。氯系阻燃剂主要有氯化石蜡，溴系阻燃剂中最常用的有十溴联苯醚、四溴双酚 A 及衍生物、四溴联苯二甲酸酐等。卤系阻燃剂一般不单独使用，常与三氧化二锑、磷系阻燃剂等并有，具有显著的阻燃协同效应。卤系阻燃剂最大的问题是受热分解会产生有毒的卤化氢气体并形成大量的烟雾。

(2) 磷系阻燃剂

磷系阻燃剂又可分为无机磷系和有机磷系。

无机磷系阻燃剂主要有红磷、聚磷酸铵等。优点为不产生腐蚀性气体，效果持久和发烟量低；缺点为与树脂相容性差，耐水性差。

有机磷系阻燃剂主要有磷酸三苯酯、磷酸三甲苯酯等。优点为兼具增塑功能，但易水解，渗出性大。有机磷系中的含卤磷酸酯类为卤磷复合阻燃剂，阻燃效果显著，主要品种为 BPP（磷酸三-2,4-二溴苯基酯）。

(3) 氢氧化铝或水合氧化铝

氢氧化铝或水合氧化铝为白色细微结晶粉末，受热时发生脱水反应吸收大量热，降低温度，稀释空气，从而防止塑料的着火和阻止火焰的蔓延。其来源广泛，价格便宜，但添加量高（40~60 份），且会大幅降低塑料性能。

(4) 三氧化二锑

三氧化二锑为白色粉末，应用广泛，与磷酸酯、卤系阻燃剂有良好的协同效应。

(5) 硼酸锌

硼酸锌是无毒的廉价阻燃剂，对材料的力学性能影响小。它与含卤阻燃剂并用有协同效应，可作为三氧化二锑的代用品，其效能虽不及三氧化二锑，但价格只有三氧化二锑的 1/3。

(6) 膨胀型阻燃剂

膨胀型阻燃剂不是单一的阻燃剂品种，是以氮、磷、碳为主要成分的无卤复合阻燃剂。含有膨胀型阻燃剂的塑料在燃烧时表面会生成炭质泡沫层，起到隔热、隔氧、抑烟、防滴等功效，具有优良的阻燃性能，又具有无卤、低毒、无腐蚀性气体的优点。

(7) 氮系阻燃剂

氮系阻燃剂主要为三聚氰胺及其衍生物，稳定性、耐久性和耐候性优异，无卤、低烟、阻燃效果好，同时价廉，但在树脂中分散性差。

(8) 抑烟剂

很多塑料在燃烧时会产生大量的烟雾，导致能见度降低，影响人员疏散转移；烟雾中的有毒气体引起人员中毒和窒息，因此，抑烟和阻燃同等重要。抑烟剂一般为无机金属类的金属氧化物、氢氧化物及金属盐等，常用类型有钼类、铁类、铜类化合物和锌盐（硼酸锌等）。抑烟剂一般不单独加入，必须和阻燃剂协同加入。

2.12 抗氧化剂

涂覆在人造革、合成革基布上的树脂，在生产、储存和使用过程中会和氧接触发生化学反应而老化，使革的外观和性能变差，因此，人造革、合成革的防氧化就是一个重要课题，添加抗氧剂的方法是提高聚合物抗氧化性的一条简便有效的途径。所谓抗氧剂是一类能够抑制和延缓氧化作用的助剂。

2.12.1 聚合物的氧化机理

聚合物的氧化是自由基反应过程，可分为两个阶段：第一阶段是引发阶段，聚合物 RH 与氧反应，产生初始自由基 R·，或先形成过氧化合物，再分解成自由基。第二阶段是增长阶段，初始自由基一旦形成，就迅速地增长、转移，进入连锁氧化过程。其反应历程如下：

引发　　　　　　　$RH \longrightarrow R· + H·$
　　　　　　　　　$ROOH \longrightarrow RO· + H·$
增长（快）　　　　$R· + O_2 \longrightarrow ROO·$
转移（慢）　　　　$ROO· + RH \longrightarrow ROOH$
　　　　　　　　　$HO· + RH \longrightarrow H_2O + R·$
　　　　　　　　　$RO· + RH \longrightarrow ROH + R·$
终止　　　　　　　$R·$、$RO·$、$ROO·$ 双基终止成稳定产物

在上述反应中，自由基 R· 和氧加成极快，活化能几乎等于零，转移反应相对较慢，但比一般的化学反应却要快得多，因此抗氧化的关键是防止初始自由基的产生，并及时消灭。过氧化氢物的分解活化能虽然较高，却可被初始自由基诱导分解，或与铁、铜等过渡金属构成氧化还原体系，加速分解而被氧化。

2.12.2 抗氧化剂的作用机理

根据氧化机理的特点，抗氧化剂的作用机理有以下三种：

（1）自由基捕捉剂——主抗氧剂

主抗氧剂通过链转移，及时消灭已产生的初始自由基，而其本身则转变成不活泼的自由基 A·，终止连锁反应。

$$ROO· + AH \longrightarrow ROOH + A·$$

典型的主抗氧剂一般为带有庞大基团的酚类和芳胺：

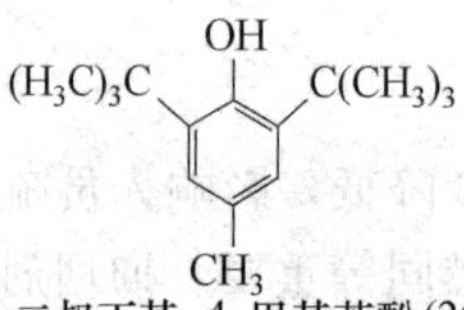

2,6-二叔丁基-4-甲基苯酚(264) 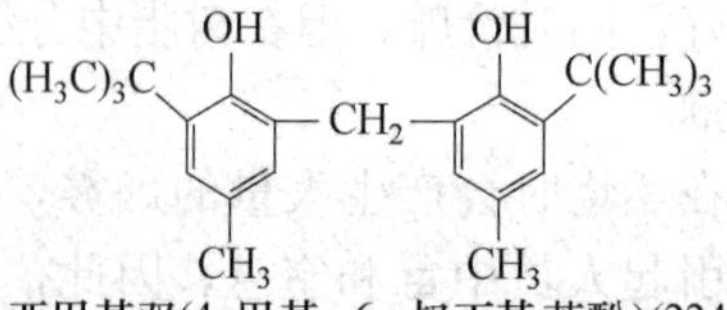　　2,2'-亚甲基双(4-甲基-6-叔丁基苯酚)(2246)

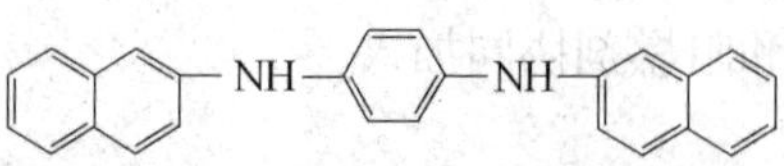

N,N'-二-β-萘基对苯二胺(DNP) 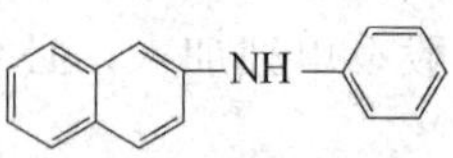　　苯基-β-萘胺

(2) 氢过氧化物分解剂——副抗氧剂

副抗氧剂将氢过氧化物分解成不活泼产物,抑制其自动氧化作用,主要有硫醇(RSH)、有机硫化物(R_2S)和亚磷酸酯类等,如硫代二丙酸二月桂酯、硫代二丙酸二十八醇酯等。

(3) 金属离子钝化剂——助抗氧剂

助抗氧剂与变价金属离子(如铁、钴、铜等)络合,减弱对氢过氧化物的诱导分解,主要是酰肼类、肟类、醛胺缩合物,如水杨酸肟与铜的络合物。

上述三种抗氧剂在使用时往往复合使用。

2.12.3 抗氧剂的使用条件

理想的抗氧剂应具备如下使用条件:

①抗氧效能高。

②耐久性好,包括挥发性、耐抽出性和耐迁移性。

③与树脂的相容性好,不与其他助剂反应,在加工温度下稳定。

④不影响产品的其他性能,无色污染。

⑤无毒,价格低廉。

2.12.4 常用的抗氧剂

抗氧剂按化学结构可分为酚类、胺类、亚磷酸酯类、硫代酯类以及其他类。酚类和胺类是最常用的抗氧剂,从抗氧效果来看,胺类要高于酚类,但胺类会变色,不适合浅色、艳色和透明制品。常用的非胺类抗氧剂见表2-21。

表2-21 常用的非胺类抗氧化剂

种类	名称	化学成分	物性	特点	用量/%
受阻酚类	抗氧剂1010	四[3-(3,5-二叔丁基-4-羟基苯基)丙酸]季戊四醇酯	白色结晶粉末,无臭、无味、不溶于水,可溶于丙酮、甲苯、乙酸乙酯	毒性较低、挥发性小,热稳定性高,耐水和耐洗涤剂抽出,不变色,相容性好,最主要的酚类主抗氧剂	<0.5
	抗氧剂1076	β-(3,5-二叔丁基-4-羟基苯基)丙酸十八醇酯	白色或浅黄色粉末	无毒,其他与1010的性能基本相同	0.1~0.4
	抗氧剂264	2,6-二叔丁基-4-甲苯酚	白色或浅黄色结晶粉末,不溶于水	无毒,挥发性较高,可与食品添加剂并用	0.5~2.0
	抗氧剂3114	—	白色结晶粉末	高熔点、低挥发性	—
硫代酯类	抗氧剂DLTP	硫代二丙酸二月桂酸酯	白色结晶粉末,不溶于水,溶于甲苯、丙酮	微毒,常与主抗氧剂1010并用	0.05~1.50
	抗氧剂DSTP	硫代二丙酸十八酯	白色结晶粉末	低毒,无污染,常与抗氧剂1010、1076等并用	—
亚磷酸酯类	抗氧剂168	亚磷酸三(2,4-二叔丁基)苯酯	白色粉末	挥发性小,有较高的耐热和抗萃取性。主要的辅助抗氧剂,常与受阻酚类主抗氧剂并用	0.10~0.15

2.13 光稳定剂

人造革、合成革长期在户外使用，受到太阳光中紫外线的作用，涂层中聚合物的化学键容易发生断裂，引起光氧化降解，使得制品的性能劣化。如 PVC 树脂中的叔碳原子极易发生氧化反应而使分子链断裂，PU 树脂在紫外线的作用下会变黄等。因此，提高人造革、合成革的光稳定性就显得十分必要，添加光稳定剂是提高聚合物光稳定性的一条简便有效的途径。所谓光稳定剂是一类能够抑制或消除紫外线导致聚合物降解的助剂。

2.13.1 光稳定剂的作用机理

按光稳定剂对紫外线的作用机理，光稳定剂有四种类型：

（1）紫外线屏蔽剂

紫外线屏蔽剂能反射紫外线，防止其进入材料内部。炭黑、氧化锌以及许多颜料和填料都具有这一功能，但需注意它们往往有着色性。

（2）紫外线吸收剂

紫外线吸收剂能够吸收紫外线，从基态被激发到激发态，然后通过自身的能量转移，将吸收的紫外线能量以荧光、磷光或热能的方式释放出来，如水杨酸酯类、二苯甲酮类、苯并三唑类等。

（3）猝灭剂

部分进入制品内并未被吸收的紫外线将大分子激发，猝灭剂将激发态猝灭而成为基态，防止引起光氧化反应，主要是二价镍的有机络合物。猝灭剂往往与紫外线吸收剂并用，用以消除未被吸收的紫外线。

（4）自由基捕获剂

若上述三种稳定剂并用还不能完全阻止聚合物的光氧化降解，一旦光氧化降解被引发，聚合物按氧化降解机理持续进行，因此还需要一种自由基捕获剂和氢过氧化物分解剂，因此，光稳定剂很多时候会与抗氧剂并用，或者加入同时具有这两种功能的受阻胺类光稳定剂——HALS。

2.13.2 常用的光稳定剂

光稳定剂的特点和代表品种见表 2-22。其中可用于 PU 的有苯并三唑类和受阻胺类。

表 2-22　　　　　　　　　　光稳定剂的特点和代表品种

光稳定剂类型	化合物类别	特点	代表品种
紫外线吸收剂	二苯甲酮类	相容性好，成本低，用量最大的紫外线吸收剂	UV-9、UV-531、UV-0、UV-24
	苯并三唑类	紫外线吸收能力强于二苯甲酮类，低毒	UV-327、UV-P、UV-326

续表

光稳定剂类型	化合物类别	特点	代表品种
紫外线吸收剂	水杨酸酯类	相容性好,价廉易得,吸收能力弱,吸收波长范围窄,会使制品变黄	TBS、BAD
猝灭剂	有机镍络合物	—	光稳定剂 2002
自由基捕获剂	受阻胺类 HALS	多重功能,稳定效果高	光稳定剂 944、622、292、770、744 等

2.14 抗静电剂

绝大多数高分子材料都是绝缘体,在成型加工或使用过程中的摩擦都会在其表面产生静电,由于材料本身无导电性,电荷不能及时传导或泄漏,因而在表面积蓄。在人造革、合成革中,静电的危害主要有:

①静电使革表面容易吸附灰尘,影响制品的透明性和表面光洁度及美观。

②离型纸剥离时会产生很大的静电(几千伏至几万伏),而生产时所用的增塑剂、溶剂又多是易燃和易挥发的物质,若遇到静电很容易发生火灾、爆炸等事故;静电还会破坏革表面的纹路,影响产品质量。

为消除和减少静电危害,添加抗静电剂是一种比较可行的方法。抗静电剂的作用就是在树脂中加入这种助剂后,其制品表面能够防止或者消除静电的产生。

2.14.1 抗静电剂的作用机理

抗静电剂的作用一是抑制静电荷的产生,二是使产生的电荷尽快泄漏。抗静电剂大多属于表面活性剂,在塑料表面形成光滑的抗静电剂分子层而减少了聚合物材料表面的摩擦,因而减少了电荷的产生;同时所形成的抗静电剂分子层吸附空气中的水分子后形成一层肉眼观察不到的"水膜",这层水膜在材料表面提供了一层导电的通路,使电荷迅速逸散而不聚集。

2.14.2 抗静电剂的选用条件

理想的抗静电剂应具备如下条件:

①抗静电效果大而持久。

②耐热性好,能在生产时的高温下不分解。

③与革相容性适中,既具有一定的相容性,又具有一定的渗透性/迁移性,以保证当表面的抗静电剂分子层受到破坏时,内部的抗静电剂能够及时渗出,形成新的分子层,恢复防电效能。

④不影响革的加工性能和制品性能。

⑤与其他助剂的相容性好，无对抗效应。
⑥无毒，无臭，对皮肤无刺激。

2.14.3 抗静电剂的分类

①按使用方法分类　可分为外涂型抗静电剂和内加型抗静电剂。一般来说内加型抗静电剂与基础聚合物构成均一体系，较外涂型抗静电剂效能持久。

②根据化学结构分类　可分为硫酸衍生物、磷酸衍生物、胺类、季铵盐、咪唑啉和环氧乙烷衍生物等抗静电剂。

③根据亲水基电离时带电性分类　可分为阴离子型、阳离子型、非离子型、两性型、高分子型抗静电剂。

2.14.4 人造革与合成革中常用的抗静电剂

(1) 抗静电剂 TM

TM 的化学名称是三羟乙基甲基季铵甲基硫酸盐，为浅黄色黏稠油状物，易溶于水，用量不超过 2%。

(2) 抗静电剂 SN

SN 的化学名称是十八烷基二甲基羟乙基季铵硝酸盐，为棕红色油状黏稠物，180℃以上分解，溶于水、丙酮、乙酸等溶剂，用量不超过 2%。

(3) ECH 抗静电剂

ECH 是烷基酰胺类非离子型表面活性剂，为淡黄色蜡状固体，熔点 40~44 ℃，用量 3.5% 左右。

(4) 抗静电剂 LS

LS 的化学名称是（3-月桂酸酰氨丙基）三甲基胺硫酸甲酯盐，为白色结晶粉末，熔点 99~103℃，分解温度 235℃，用量 0.5%~2.0%。

2.15 防霉剂

人造革、合成革发生霉变的原因主要有以下两个方面：首先，聚氨酯树脂由于结构上的原因，易被霉菌分解，特别是聚酯型聚氨酯；其次，生产时添加的各种助剂，如有机填料、增塑剂、热稳定剂以及所使用的基布，在合适的条件下也易于发生霉变。

人造革、合成革发生霉变后，革表面就出现微小裂纹而影响外观，而且还会降低革的力学性能，缩短使用寿命并给环境卫生造成危害，因此需要添加防霉剂以防止人造革、合成革霉变的发生。

防霉剂是一类能抑制霉的生长，并能杀灭霉菌的物质。防霉剂的作用原理是破坏微生物的细胞结构或酶的活性，从而起到杀死或抑制霉菌的生长和繁殖的作用。

防霉剂的分类见表 2-23，常用的有：

表 2-23　　　　　　　　　　　　防霉剂的分类

种类	代表品种	特性及用途	杀菌力	用量/%	说明
酚类	对硝基酚	淡黄色晶体,熔点115℃,用于涂料防霉	普通	0.1～0.5	毒性大
氯代酚	五氯酚	无色至白色晶体,熔点90～101℃,用于纤维、涂料防霉	强	0.10～0.75	毒性大
有机汞盐	油酸苯基汞	白色晶体,溶于苯、二甲苯,用于纤维、涂料防霉	强	0.1	毒性大
有机锡盐	三丁基氯化锡	无色液体,微溶于水,溶于一般有机溶剂,用于涂料、造纸防霉	强	0.1	毒性大
酰胺类	N-(2,2-二氯乙烯基)水杨酰胺(A-26)	浅灰色粉末,能溶解于大多数有机溶剂中,用于涂料、造纸防霉	强	0.2～0.4	低毒
苯并咪唑类	苯并咪唑-2-氨基甲酸甲酯(BCM)	白色粉末,不溶于水及一般有机溶剂,稳定,分解温度301℃,用于纸张、皮革防霉	强	0.5	低毒
硫氰化合物	3#防霉剂	浅棕色液体,溶于水及有机溶剂,用于纸张、皮革防霉	强	0.04～0.10	低毒

(1) 五氯酚

五氯酚为白色结晶体,在酚类中防霉效果最好,在水中溶解度极小,不污染处理物,化学稳定性好,不变色,不挥发,耐久性高,使用方便,但有毒性,国际上对革制品中五氯酚的含量有严格控制。一般用量 0.1%～0.5%。

(2) N-(2,2-二氯乙烯基) 水杨酰胺 (A-26)

A-26 为白色或浅灰色粉末,防霉效果优,溶于乙醇、丙酮和 DMF,微毒,无臭,无刺激性,直接加入浆料中或涂在基布上。

(3) 苯并咪唑-2-氨基甲酸甲酯 (BCM)

BCM 为白色粉末,工业品是浅棕色粉末,难溶于水,微溶于丙酮、氯仿、乙酸乙酯,是一种高效、低毒、广谱杀菌剂。

复习思考题

1. 基布分为哪几类？各有何特点？
2. 人造革、合成革用离型纸有哪些要求？离型纸在使用时需注意哪些方面？
3. 理想的着色剂、增塑剂、热稳定剂、润滑剂、发泡剂、抗氧化剂等,有什么共同的要求？
4. 着色剂可分为哪几类？各有什么特点？
5. 填充剂有什么作用？人造革、合成革中常用的填充剂有哪些？
6. 增塑剂有什么作用？为什么 DOP 是目前 PVC 人造革中最常用的增塑剂？
7. 为什么在 PVC 中要使用热稳定剂？可分为哪几类？各有什么特点？
8. 热稳定剂对发泡剂会有什么影响？

9. 溶剂主要有什么作用？选择溶剂时应注意哪些方面？

10. 简述表面活性剂在湿法 PU 合成革生产中的作用。

11. 简述阻燃剂、抗氧化剂、光稳定剂、抗静电剂、防霉剂的作用机理，各有哪些主要品种？

参 考 文 献

[1] 钱程,陈龙敏,范丽红.人造革、合成革基布的生产现状及发展[J].非织造布,2005,(1):5-9.
[2] 丁双山,王凤然,王中明.人造革与合成革[M].北京:中国石化出版社,1998:117-118.
[3] 蒋耀兴.纺织概论[M].北京:中国纺织出版社,2005:244-249.
[4] 徐培林,张淑琴.聚氨酯材料手册[M].北京:化学工业出版社,2002:568-572.
[5] 丁绍兰.革制品材料学[M].北京:中国轻工业出版社,2008:184-187.
[6] 李华.聚氨酯合成革的发展与非织造基布的应用[J].纺织学报,1996,17(5):289-290.
[7] 李卿,邹永红.合成革用非织造布概述[J].非织造布,1998,(3):20-23.
[8] 邢声远,张建春,岳素娟.非织造布[M].北京:化学工业出版社,2003:426-437.
[9] 罗瑞林.织物涂层技术[M].北京:中国纺织出版社,2005:200.
[10] 周明华.PU 革压纹离型纸的研制[D].南京:南京林业大学,2005.
[11] 周正东,陈港.人造皮革离型纸的特性及其生产技术[J].中华纸业,2006,27(增刊):16-17.
[12] 王德平,柴正玲.人造革用离型纸的生产[J].中华纸业,1998,(1):46.
[13] 张金盾.人造革生产中离型纸的维护和保养[J].聚氨酯工业,1996,(2):31-33.
[14] 王文广,田雁晨.塑料配方设计[M].北京:化学工业出版社,2004:474-481.
[15] 石万聪,石志博,蒋平平.增塑剂及其应用[M],北京:化学工业出版社,2002:540-541.
[16] 潘祖仁.高分子化学,第四版[M].北京:化学工业出版社,2007:240-241.
[17] 严一丰,李杰,胡行俊.塑料稳定剂及其应用[M].北京:化学工业出版社,2008:317-416.
[18] 赵俊会.塑料压延成型[M].北京:化学工业出版社,2005:30-31.
[19] 郁小强.PVC 发泡人造革泡孔质量研究[J].聚氯乙烯,2000,(3):35-39.
[20] 冯见艳,曲建波,高富堂.聚氨酯合成革用纤维及化学品[J].聚氨酯工业,2007,22(5):5-8.
[21] 冯立明,牛玉超,张殿平.涂装工艺与设备[M].北京:化学工业出版社,2004:12-13.
[22] 刘安华.涂料技术导论[M].北京:化学工业出版社,2005:79-80.
[23] 洪啸吟,冯汉保.涂料化学,第二版[M].北京:化学工业出版社,2005:100-101.
[24] 朱吕民.聚氨酯合成材料[M].南京:江苏科学技术出版社,2002:504-506.
[25] 李显波.防水透湿织物生产技术[M].北京:化学工业出版社,2006:111-112.
[26] 刘益军.聚氨酯原料及助剂手册[M].北京:化学工业出版社,2005:515-532.
[27] 王培义,徐宝财,王军.表面活性剂[M].北京:化学工业出版社,2007:1-5.
[28] 周华龙.皮革化工材料[M].北京:中国轻工业出版社,2009:54-60.
[29] 操宏智.聚氯乙烯糊用降黏剂机理研究[J].聚氯乙烯,1991,(3):4-9.
[30] 李显波.防水透湿织物生产技术[M].北京:化学工业出版社,2006:141-144.
[31] 周殿明.塑料压延简明技术手册[M].北京:机械工业出版社,2009:39-40.
[32] 李玉龙.高分子材料助剂[M].北京:化学工业出版社,2008:112-123.
[33] 牛建民,俞从正.聚氨酯合成革防霉[J].中国皮革,2003,32(11):35-37.

第三章 聚氨酯和聚氯乙烯的制备方法、结构与性能

聚氯乙烯（PVC）和聚氨酯（PU）是生产人造革和合成革的主要聚合物原料，本章将重点讨论聚氯乙烯和聚氨酯制备方法、结构和性能之间的关系。

3.1 PVC 树脂

1931 年德国 BASF 公司用乳液法最早实现聚氯乙烯的工业化生产。1933 年美国 Bakelite 公司采用溶液法进行生产，1941 年美国 goodrich 公司发明了悬浮聚合方法实现了工业化生产。1956 年法国 Pechiney Saint Gobain 公司首次实现了氯乙烯本体聚合的工业化，并于 1964 年开发成功两段本体聚合法。

我国从 1958 年起，锦西化工厂、上海天原化工厂、北京化工厂等先后实现了工业化生产。聚氯乙烯树脂是世界五大合成树脂之一，目前其总产量仅次于聚乙烯而居第二位。聚氯乙烯合成方法主要有悬浮法、乳液法、溶液法和本体法等，其中悬浮法占主导地位。

3.1.1 悬浮法 PVC 树脂的生产工艺

将水、分散剂、其他助剂、引发剂先后加入聚合釜中，抽真空和充氮气排氧，然后加入氯乙烯单体，升温至预定聚合温度聚合。在聚合过程中温度和压力保持恒定。后期压力下降 0.1~0.2MPa，相当于 80%~85% 的转化率，结束聚合，如降压过多，将使树脂致密。聚合结束，回收单体，出料，经后处理工艺，即得 PVC 树脂成品。其工艺流程如图 3-1 所示。

从原则上讲，聚氯乙烯悬浮聚合的配方由单体、水、油溶性引发剂、分散剂组成，但实际配方却较复杂，而且变化很大。根据疏松型和紧密型 PVC 不同，配方中的水和单体比在 1∶2~2∶1 之间变动。聚氯乙烯聚合反应过程中，向单体转移是主要的链终止方式，以致通用级聚氯乙烯的聚合度（600~1600）与引发剂浓度无关，仅由温度来控制。聚合温度一般为 45~70℃，温度波动应控制在 0.2~0.5℃。

聚合速率主要由引发剂用量来控制，目前聚合釜的传热性能较好，多选用过氧化碳酸酯一类高活性引发剂，用量为单体的 0.02%~0.05%。如果采用高活性和低活性引发剂复合使用且复合得当，如半衰期为 2h，则可望接近匀速反应，匀速反应有利于传热和温度的控制。

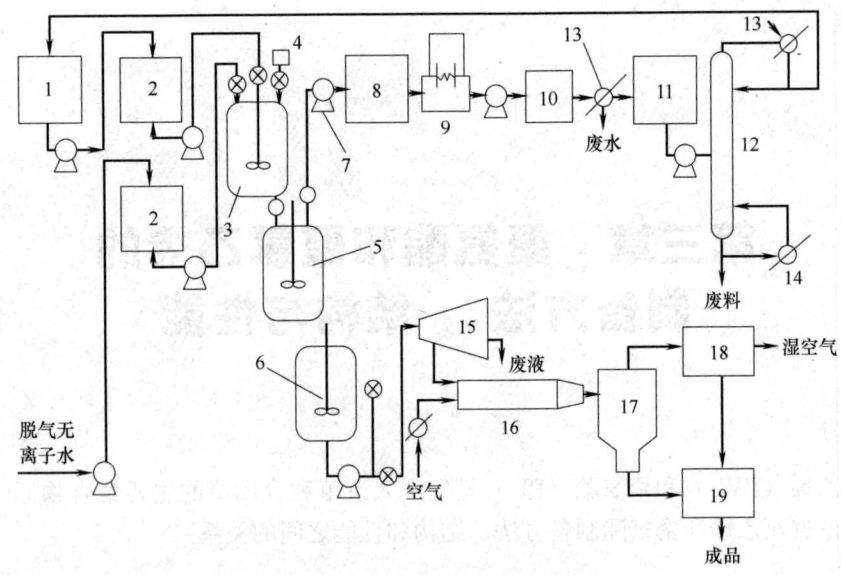

图 3-1 悬浮法生产聚氯乙烯工艺流程

1—聚氯乙烯槽 2—计量槽 3—聚合釜 4—加料器 5—储槽 6—混合槽 7—真空泵
8—分水器 9—气柜 10—平衡罐 11—粗品储槽 12—精馏塔 13—冷凝器
14—重汽化器 15—离心机 16—旋转干燥器 17—旋风分离器 18—过滤器 19—过筛

聚氯乙烯-氯乙烯是部分互溶体系,聚氯乙烯可被氯乙烯溶胀,其中氯乙烯含量为 30%,因此,小于 70% 的转化率时,体系中有氯乙烯存在,聚合在两相进行,一相为单体相,接近纯单体,另一相为聚氯乙烯富相,聚合以富相为主。转化率大于 70%,单体消失,体系压力开始低于纯聚氯乙烯的饱和蒸气压,聚氯乙烯富相中的氯乙烯继续聚合。一般转化率在 85% 以下结束聚合反应,以免影响聚合物的疏松颗粒结构。

聚氯乙烯悬浮聚合配方中除了四种基本成分外,还可能添加 pH 调节剂,分子质量调节剂(链转移剂)、防黏剂、消泡剂等,下面就一些重要参数对 PVC 结构、性能的影响做简要讨论。

(1) 引发剂

对于生产通用型聚氯乙烯树脂,宜选择高效和中高效引发剂复合使用;对于生产超低聚合度聚氯乙烯产品,选用的引发剂活性不宜太高,否则反应难以控制,产品鱼眼多、白度差,而对于生产超高聚合度聚氯乙烯,应选用高活性引发剂(如二叔丁基过氧,简称 DIB,或乙酰基过氧化磺酰,简称 ACSP),以保证控制较短的聚合反应时间。

在选用复合引发剂体系时,首先要考虑反应的均匀性问题,尽量避免反应放热峰的出现或尽量减小峰高,使反应速度尽可能均匀,这样聚合反应热就能及时移出,达到安全平稳生产的目的;其次应考虑溶解问题,引发剂加入反应体系中,应尽可能使其溶解于氯乙烯液滴中,而不宜在水中溶解,这样可以提高产品颗粒的规整性,减少大颗粒的形成等。

(2) 链转移剂

在生产超低分子质量树脂时,一般加入链转移剂。但是链转移剂的加入,会降低引发剂的引发效率。因此链引发剂加入量较多时，引发剂的用量也应有所增加。而在生产超高分子质量树脂时，由于反应温度较低，聚氯乙烯的分子质量已不单纯取决于反应温度，而且与引发剂用量也有很大关系。一般来讲，在同一反应温度下，引发剂用量越多，聚氯乙烯分子质量也越低，而且，活性低的引发剂比活性高的引发剂对聚合度的影响更为显著，所以生产超高聚合度的聚氯乙烯一般选用活性高的引发剂。

在氯乙烯聚合反应过程中，许多有机化合物具有链转移作用，但其链转移效果以及对反应过程及产品质量的影响是各不相同的。工业上，氯乙烯聚合常用的链转移剂为巯基有机化合物类、过氧酸类和碘化烃类。巯基有机化合物类对聚合反应有一定的阻聚作用，过氧酸类对聚合反应有促进作用。以过氧化月桂酸和 β-巯基乙醇为例，在相同反应条件下，前者比后者聚合时间缩短近 1h，平均粒径大致相同，颗粒形态均较规整，但前者表观密度偏低、鱼眼较多。巯基有机化合物除使聚合时间延长外，用其生产的产品质量一般优于使用过氧酸类链转移剂生产的产品质量。而且，若使用硫醇类链转移剂，聚合反应引发剂用量相对于不加链转移剂时要多一些，且过氧化物引发剂用量要比偶氮类引发剂用量增加得多。过氧酸类链转移剂对聚合反应有促进作用，使用它时，体系引发剂用量应比不加该类链转移剂时要减少一些，以保证聚合反应过程的平稳，减少产品的鱼眼数。生产研究还表明，链转移剂用量增加，还会使聚合生产的产品表观密度降低，粒径变小或变粗，且不同链转移剂的影响也各不相同。因此，选择适合聚合用链转移剂的品种、用量、加入时间等都很重要。

生产超高聚合度聚氯乙烯时，一般都采用加扩链剂的方法。扩链剂品种、添加量及加入方法对聚合度影响很大。一般地，在一定聚合温度和氯乙烯转化率条件下，产品聚合度随链增长剂用量增加而增加。扩链剂用量对聚合度的总体影响一般是先增加后降低，对产品凝胶率的影响也是如此。因此要获得较高聚合度聚氯乙烯产品，并不是扩链剂用量越多聚合物分子质量就越大。同时，不同扩链剂对产品聚合度的影响也各不相同，因此在一定条件下，选择合适的扩链剂是很重要的，需要进行艰苦的摸索和聚合条件的整体优化。可以这么讲，无论哪种扩链剂，反应温度越低，扩链效果越好。在扩链剂存在条件下，聚合转化率的变化对聚合度大小的影响趋势与扩链剂用量影响大致相似。扩链剂用量太多，会引起氯乙烯聚合链发生环状缩合反应而导致产品聚合度降低，使聚合链增加受到阻碍。聚合转化率高也会导致产品聚合度降低，这是由于反应后期，聚合物链缠绕严重，阻碍了氯乙烯单体的进入。上述两者造成聚合度下降的机理是完全不同的。此外，氯乙烯单体或水中杂质对产品质量的影响不仅表现为链转移、阻聚等，而且还会影响扩链剂的使用效果，尤其是某些金属离子会导致扩链剂及氯乙烯聚合的环状缩聚反应，使聚合失败。扩链剂的配制也很重要，应选择合适的溶剂，且溶剂中尽量不含金属离子等杂质，选用适宜的配制温度和搅拌转速，并配成合适的浓度，配制好的溶液应尽快使用，不宜久存。使用扩链剂时，可以分次加入，并选择合适的加入方法和用量，合适的流速和补加时间，以充分发挥扩链剂的效果，增加生产的稳定性。

（3）体系 pH

介质体系性质对引发剂的作用也有一定影响。在反应初期，介质体系呈微酸性，有助于抑制快速反应粒子的形成，从而提高聚氯乙烯产品质量。一般情况下，氯乙烯单体本身呈微酸性，故不能在聚合体系中再加酸处理。如加酸处理，会导致聚合体系偏酸性太多，使产品白度严重下降。在反应初期，聚合体系呈微酸性，有助于聚乙烯醇等分散剂迅速发挥作用，在悬浮体系中促进均匀稳定的氯乙烯液滴的形成。在聚合反应转化率大于 15% 以后，聚合体系呈酸性，一般会产生如下后果：导致引发速度加快，聚合反应放热太快，致使反应热移出困难；使聚合反应中脱氯化氢速率加快，影响产品的白度，并导致产品中黑黄点大量增加。在反应转化率达到 10% 以后，应加碱调节体系的 pH，使体系 pH 在 9.0 左右，以保证聚氯乙烯产品质量。

（4）分散剂的选择

在氯乙烯聚合体系中，水和氯乙烯是互不溶的，但在搅拌作用下，经液液分散，单体呈液滴状分散相，液滴平均直径趋向一定数值后，分散和聚并构成动态平衡。氯乙烯要在水相中形成比较均匀的水-液滴悬浮体系，必须借助于分散剂的作用。分散剂使聚合体系的表面张力降低，有利于液滴的分散，同时也有利于控制以后聚合物的粒子粒径。目前最通用的分散剂是聚乙烯醇类和羟丙基甲基纤维素类。氯乙烯悬浮体系一般采用几种不同的分散剂进行配合使用，以获得最佳的保护效果和分散效果，生产出颗粒规整、多孔的高质量树脂产品。分散剂的选择除了应具有的一些基本性能外，与聚合温度也有很大关系，反应温度高，选择分散剂的浊点温度也要高一些。例如对聚乙烯醇分散剂来说，最佳的反应温度（T）与分散剂浊点温度（T_1）的关系为：$(T_1-5)<T<(T_1+3)$，此时聚乙烯醇能最佳地发挥其各种功能，用量少，效果好。除此之外要考虑其醇解度和分子质量等，醇解度在 80% 左右一般可以作为主分散剂使用，而醇解度在 60% 以上的只有在高效分散剂存在情况下才能发挥良好的作用；而醇解度低的只能作为辅助分散剂，以改善聚氯乙烯颗粒规整性和疏松多孔性，减少产品的鱼眼数。总之，分散剂选择要视具体情况而定。目前，国内厂家大部分已采用三元复合分散体系，以改进聚氯乙烯产品的综合性能。聚乙烯醇可配成溶液，也可直接将固体粉末加入，一般不会影响聚合体系的分散效果。这是因为聚乙烯醇在聚合升温过程中随温度升高会迅速溶解，达到理想分散效果。而羟丙基甲基纤维素分散剂必须要预先配成均匀溶解的溶液后再加入聚合体系，否则聚合会因分散剂溶解得不好而使分散效果变差，进而形成块料和大颗粒，产生废料。聚氯乙烯分散体系发展趋向是：用几种不同醇解度的聚乙烯醇多元复合分散体系取代目前通用的聚乙烯醇和羟丙基甲基纤维素醚类复合分散体系，好处是聚氯乙烯产品颗粒更规整，质量更易控制，性能更好。

3.1.2 乳液法 PVC 树脂的生产工艺

乳液聚合氯乙烯单体纯度大于 99.9%。聚合反应在钢衬搪瓷釜中进行。先将去离子水加入反应釜中，再根据配方加入种子（聚氯乙烯乳胶）、还原剂、氧化剂和乳化剂（十二烷基硫酸钠），搅拌均匀，封闭反应釜，抽真空并用氮气置换 3 次，将氯乙烯单体一次加入，升温至反应温度（49℃）及相应压力（637kPa），启动氧化剂和乳化剂计量泵一定速率加入氧化剂和乳化剂。当聚合压力降至 392kPa 时，抽取单体，取样，喷雾干燥，获得成品。

乳液聚合所用的引发剂要求乳化力强而稳定性好，常用的乳化剂有十二烷基苯磺酸钠、十二醇硫酸钠、硬脂酸铵等。乳液聚合所使用的引发剂为水溶性的，如过硫酸铵、过硫酸钾、过氧化氢等；氯乙烯在水相中分散形成胶束，引发剂在水相产生自由基，氯乙烯通过水层扩散进入到乳胶粒中，在引发剂作用下完成聚合反应。

一般聚合配方为：水 100 份，氯乙烯 70～80 份，十二醇硫酸钠 1.0 份，过硫酸铵 0.5 份，亚硫酸氢钠 0.2 份。

乳液法 PVC 树脂的生产工艺流程图如图 3-2 所示。

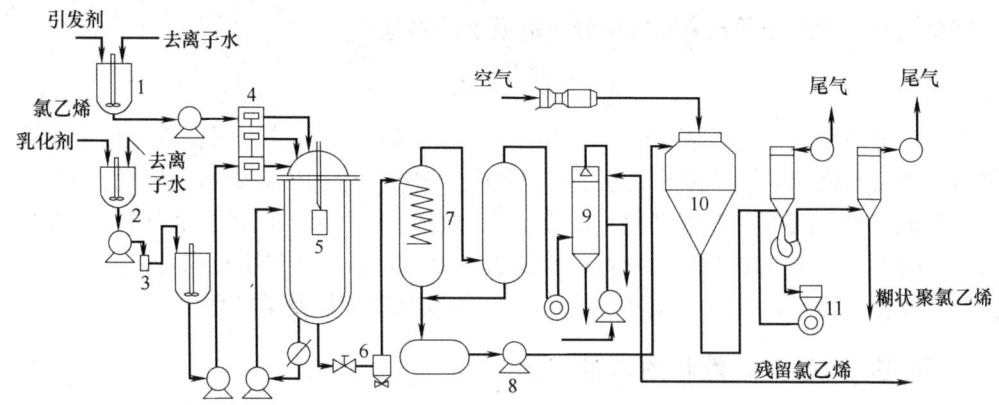

图 3-2　乳液法连续生产聚氯乙烯工艺流程图
1—引发剂配料槽　2—单体配料槽　3—均化器　4—进料泵　5—聚合釜
6—放料阀　7—脱气塔　8—真空泵　9—洗涤塔　10—喷雾干燥器　11—研碎机

3.2　PVC 树脂的性能

聚氯乙烯是典型的线性聚合物，玻璃化转变温度在 87℃左右，由于 C—Cl 键的偶极影响，聚氯乙烯的极性、硬度、刚性比较大，介电常数和介电损耗较高，聚氯乙烯分子含有大量的氯，使其具有很好的阻燃性。聚氯乙烯的缺点是热稳定性差，受光、热、氧化作用后易老化。

3.2.1　PVC 热降解原理

PVC 的热稳定性很差，在 100～150℃明显分解，紫外光、机械力、氧、臭氧、氯化氢以及一些活性金属盐和金属氧化物等都会大大加速 PVC 的分解。PVC 的热老化较复杂，一些文献报道将 PVC 的热降解过程分为两步。

（1）脱氯化氢

PVC 在机械剪切力及热、光、氧作用下会迅速在聚合物分子链上脱去活泼的氯原子而产生 HCl，同时生成共轭多烯烃结构。

（2）更长链的多烯烃和芳香环的形成

随着降解的进一步进行，烯丙基上的氯原子极不稳定，易脱去，生成更长链的共轭多烯烃，即所谓的"拉链式"脱氯，同时有少量的 C—C 键的断裂、环化，产生少量的芳香类化合物。其中分解脱 HCl 是导致 PVC 老化的主要原因。关于 PVC 受热降解放出 HCl 是一个十分复杂的过程，人们对此也进行过大量研究，但迄今为止，对 PVC 热降解尚未有完全一致的定论，由于实验条件不同，其结论也有所不同。研究者提出的主要有：热降解脱 HCl 反应是游离基机理、离子反应机理及单分子机理。研究表明，游离基反应过程随着温度升高而反应程度增大，在高温时分解反应是按游离基机理进行的。实验表明，游离基的产生是来自聚合过程中残留的微量催化剂或由于氧化的作用生成游离基攻击—CH_2—所致。也就是说，在同一配方、同一老化温度和热剪切力共同作用下，PVC 有一部分相互缠绕的分子被剪断成小分子形成了游离基。

$$R-R \xrightarrow[\triangle]{剪切力} R\cdot + R\cdot$$

随着温度的升高，游离基反应所占的比例加大。高温时，游离基反应占据主要地位，使游离基吸引不稳定氯原子旁的氢原子与之结合，继而导致 PVC 受热分解脱去 HCl，生成共轭双键结构，随着共轭双键数目的增加而颜色逐渐变深，直到完全分解。在产品使用的长时间内，PVC 的热降解对材料的性能影响很大，加入一些增塑剂可以延迟 PVC 降解的时间或者增加 PVC 聚合物体系的塑性，改善制品加工性及柔韧性。

3.2.2 改进 PVC 柔软性和耐寒性

PVC 的玻璃化转变温度为 87℃，常温下为塑料态，手感硬，耐寒性差，不能直接用于人造革的生产。增塑是工业上广泛使用的改变硬质塑料如聚氯乙烯等玻璃化转变温度的有效方法。增塑剂是加到塑料中的使之软化的小分子液体。增塑剂溶于 PVC 中，有效降低了 PVC 的玻璃化转变温度从而产生软化作用，使 PVC 在室温时呈现高弹态成为软制品，并在较低使用温度下保持良好的性能。图 3-3 是加入不同量邻苯二甲酸二乙酯的聚氯乙烯内耗峰的变化。显然，随增塑剂量的增多，增塑聚氯乙烯的玻璃化转变温度移向低温。

按自由体积理论，很容易理解增塑剂对玻璃化转变温度的影响。低分子质量的增塑剂具有比高聚物多的自由体积，如果增塑体系的自由体积是加和的话，那么，增塑的高聚物将比纯高聚物有更多的自由体积。因此，必须把增塑的高聚物冷却到更低的温度才能使它的自由体积分数达到玻璃化转变温度时的 0.025。

增塑体系的总自由体积分数为：

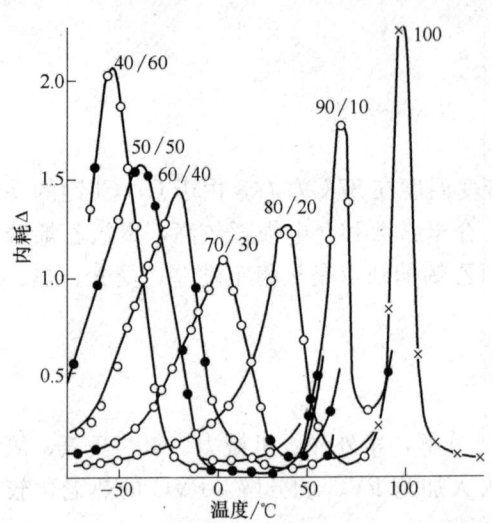

图 3-3 不同用量的邻苯二甲酸二乙酯增塑的聚氯乙烯的内耗（对数减量）

$$\varphi = 0.025 + \alpha_p(T-T_{gp})\varphi_p + \alpha_d(T-T_{gd})\varphi_d$$

式中 α_p——高聚物体膨胀系数；

α_d——增塑剂体膨胀系数；

φ_p——高聚物体积分数；

φ_d——增塑剂体积分数（$\varphi_d = 1 - \varphi_p$）；

T_{gp}——高聚物玻璃化转变温度；

T_{gd}——增塑剂玻璃化转变温度；

T——温度。

在到达增塑体系的玻璃化转变温度时，$T=T_{\mathrm{g}}$，$\varphi=\varphi_{\mathrm{g}}=0.025$，则可求得增塑体系的玻璃化转变温度：

$$T_{\mathrm{g}}=\frac{\alpha_{\mathrm{p}}\varphi_{\mathrm{p}}T_{\mathrm{gp}}+\alpha_{\mathrm{d}}(1-\varphi_{\mathrm{p}})T_{\mathrm{gd}}}{\alpha_{\mathrm{p}}\varphi_{\mathrm{p}}+\alpha_{\mathrm{d}}(1-\varphi_{\mathrm{p}})}$$

3.3 PU 树脂的合成化学

在高分子结构主链上含有许多氨基甲酸酯基团（—NHCOO—）的聚合物，国际上称为 polyurethane（简称 PU），我国某些资料译为聚氨基甲酸酯、聚尿烷等。目前，按照行业习惯我国将此类聚合物通称为聚氨酯，在合成革领域习惯称为 PU 树脂。聚氨酯是制造合成革的主要原料，关于聚氨酯的合成化学、结构与性能的关系，许多专业文献均有详尽的论述，本书针对合成革用聚氨酯的特点，作一简要介绍。

3.3.1 合成革用聚氨酯的分类

（1）合成革涂层结构及对 PU 树脂的要求

一般合成革涂层由表处层、面层、发泡层和黏合层构成，如图 3-4 所示。

相应地，合成革用聚氨酯树脂分为表处树脂、面层树脂、发泡树脂和黏合剂。

①表处树脂　主要提供给 PU 合成革特殊的表面效果及潮流效应，如雾面、亮面、绒感、蜡感、粉感以及变色、珠光、龟裂、疯马、透气、吸水、抛光、擦色、烫焦、烫亮、刮充等特殊效应。表处树脂一般由 PU 树脂和特殊的助剂复配而成。

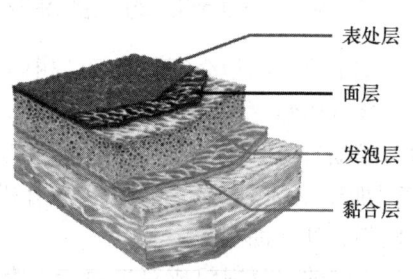

图 3-4　合成革涂层结构示意图

②面层树脂　主要赋予合成革艳丽的色泽、遮盖性、耐磨耐刮性、耐候性、耐水解性、耐干湿擦性以及手感等特性。面层树脂一般物性要求较高。

③发泡（中间层）树脂　主要提供合成革合适的厚度和丰满性等。发泡层要求树脂具有良好的泡感、回弹性、韧性、耐候性、耐水解性、耐老化性、高剥离性、良好的力学性能、花纹定型、保型性等特性。

④黏合剂　主要用于干法（转移涂层法）聚氨酯层和基布之间的黏合，也可用于人造革 PVC 层和基布之间的黏合。

作为黏合剂，必须满足如下性能：适合低能界面的黏合；耐水［满足丛林实验（耐水解）实验要求］、耐溶剂（甲苯、乙酸甲酯浸泡不脱层）；耐增塑剂迁移（增塑剂浸泡不脱层）；手感柔软（耐寒）；黏结强度≥30N/3cm。

从制造工艺上看，合成革制造可分为干法工艺和湿法工艺，故树脂又可分为干法树脂和湿法树脂。干法树脂主要有普通型、耐寒型、耐黄变型以及耐热、耐刮、镜面、揉纹、透湿等功能型；湿法树脂主要有一般型、耐水解型、高（中）剥离型、NUBULK（牛巴）树脂、超纤含浸树脂、一步法高密度树脂以及透湿树脂等。

(2) 合成革涂层对树脂的要求

目前，合成革用树脂主要朝着清洁生产和高物性化的方向发展。如干湿法树脂要求溶剂可回收或使用环境友好溶剂，或提高树脂固含量，或采用水性树脂、无溶剂树脂和TPU 树脂（热塑性树脂），以减少溶剂的排放。

① 高剥离树脂　传统树脂的剥离强度为 20～30N/3cm，无法满足体育用品革、汽车革、鞋革等的高剥离强度要求，新开发的水性树脂剥离强度达到 50～100N/3cm。

② 耐水解树脂　主要用于球类革、超纤革、鞋面革、沙发革等的制造，耐水解等级要求达到 6、12、24h 三个等级。

③ 服装革用软质树脂　主要用于服装革、书皮等软革产品的制造，要求树脂模量差异化（20 模量、15 模量、10 模量、8 模量、6 模量），手感柔软，垂感强，泡感强，弹性足。

④ 高耐久性树脂　主要用于汽车革和家装内饰革制造，要求耐水解、耐老化、耐水解实验等，应满足 10 年和 15 年耐久性要求。

⑤ 透气、透湿树脂　主要用于服装革、沙发革、汽车革、家装内饰革的制造，要求透湿性 $\geqslant$ 1000g/(m²·24h)。

⑥ 耐磨、耐刮树脂　主要用于汽车革、沙发革、球类革等。

3.3.2 合成 PU 树脂的主要原材料

本节将详细地介绍制备 PU 树脂所用原材料：二异氰酸酯单体、不同当量聚酯（醚）二元醇（PPG、PTMG、PEG、PCL、聚己二酸丁二醇酯、聚己二酸乙二醇酯、聚己二酸丙二醇酯）；扩链剂（二羟甲基丙酸、N-甲基二乙醇胺、1,4-丁二醇、乙二醇）；成盐剂（三乙胺、无水乙酸）；催化剂（有机锡）；交联剂（蓖麻油、三羟甲基丙烷、丙三醇）；固化剂和其他助剂等。

不同的原材料组成对聚氨酯树脂的制备、性能、应用都有直接影响。充分认识合成聚氨酯树脂的原料性能，对顺利制备 PU 树脂、合理和有效使用 PU 树脂是必不可少的。

(1) 多异氰酸酯

多异氰酸酯单体是制备 PU 树脂最主要、最具特色的原料之一。多异氰酸酯是分子中含有两个或多个异氰酸酯基的化合物。制备 PU 树脂用的多异氰酸酯，一般采用含有两个异氰酸酯基的二异氰酸酯。异氰酸酯基的化学结构式为：

$$-N=C=O$$

它具有两个杂化的积累不饱和双键，即 N＝C 和 C＝O 两个不饱和双键。这种杂化积累双键非常活泼，很不稳定。不仅自身可以产生聚合，形成二聚体和三聚体，也极易与含活泼氢（如—OH、—NH$_2$）的化合物反应。异氰酸酯基所以活泼，与它的电子云分布有关，其电子式表示为：

$$R-\ddot{N}=C=\ddot{O}:$$

氧原子上有两对未成键电子，氮原子上有一对未成键电子。氧原子上电子密度最高，呈强负电性；氮原子上电子密度也较高，呈负电性；而碳原子上电子密度最低，呈正电性。因此，异氰酸酯基的反应呈亲电子状，易受到亲核试剂攻击，容易与含活泼氢化合物反应，例如异氰酸酯和醇反应。

用于 PU 树脂的多异氰酸酯化合物有芳香族和脂肪族两大类。用芳香族多异氰酸酯合成的聚氨酯称为芳香族聚氨酯，用脂肪族多异氰酸酯合成的聚氨酯称为脂肪族聚氨酯，其中脂肪族的聚氨酯比芳香族的聚氨酯更耐黄变。制备 PU 树脂用的多异氰酸酯品种很多，最常用的有甲苯二异氰酸酯（TDI）、二苯基甲烷二异氰酸酯（MDI）、异氟尔酮二异氰酸酯（IPDI）、二环己基甲烷二异氰酸酯（$H_{12}MDI$）、六亚甲基二异氰酸酯（HDI），此外还有六氢甲苯二异氰酸酯（H_6TDI）、三甲基己烷二异氰酸酯（TMDI）、苯二甲撑二异氰酸酯（XDI）、1,5-萘二异氰酸酯（NDI）等。

① 甲苯二异氰酸酯　甲苯二异氰酸酯（tolylene diisocyanate，TDI）是最早在聚氨酯材料中使用的异氰酸酯。TDI 的相对分子质量为 174.15，在室温下，它是无色或者微黄色的透明液体，有强烈的刺激性气味，因两个异氰酸酯基团在苯环上所处位置不同，它有 2,4-甲苯二异氰酸酯和 2,6-甲苯二异氰酸酯两种异构体。TDI 具有两种同分异构体，其分子结构式如图 3-5 所示。

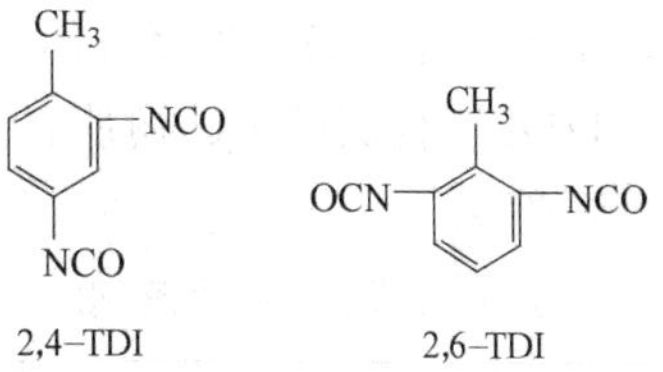

图 3-5　TDI 结构示意图

目前，商业产品有三种规格的甲苯二异氰酸酯：

TDI-100，为纯 2,4-TDI，含量一般大于 95%，其中 2,6-TDI 含量甚微。

TDI-80，为 2,4-TDI 和 2,6-TDI 两种异构体，比例为 80/20。

TDI-65，为 2,4-TDI 和 2,6-TDI 两种异构体，比例为 65/35。

甲苯二异氰酸酯的其他物性：相对分子质量 174.15，闪点 127℃，折射率为 1.5654~1.5666，蒸气压 2.8Pa（20℃）和 3.3Pa（25℃），沸点 106~107℃（0.67kPa）、120℃（1.3kPa）和 131℃（2.1kPa）。TDI 易燃易爆，国家卫生标准规定，空气中的允许浓度为 $0.2mg/m^3$。TDI 毒性极大，对呼吸道具有强烈的刺激作用，高浓度的 TDI 蒸气会引发支气管炎、支气管肺炎和肺水肿。若其液体与眼睛接触会引起严重的刺激反应，如不及时治疗，可能会导致永久性损伤。对 TDI 过敏者，会出现气喘、呼吸困难和咳嗽。

因此，在生产或使用 TDI 时，一定在有良好的通风排气地方，并做好防范工作。

② 4,4'-二苯基甲烷二异氰酸酯　4,4'-二苯基甲烷二异氰酸酯（diphenylmethane-4,4'-diisocyanate，MDI）是继 TDI 以后发展起来的重要的有机异氰酸酯。MDI 相对分子质量为 250，常温下为白色至浅黄色固体。其主要化学结构为 4,4'-MDI，另外，它还有两个同分异构体：2,4'-MDI 和 2,2'-MDI，如图 3-6 所示。

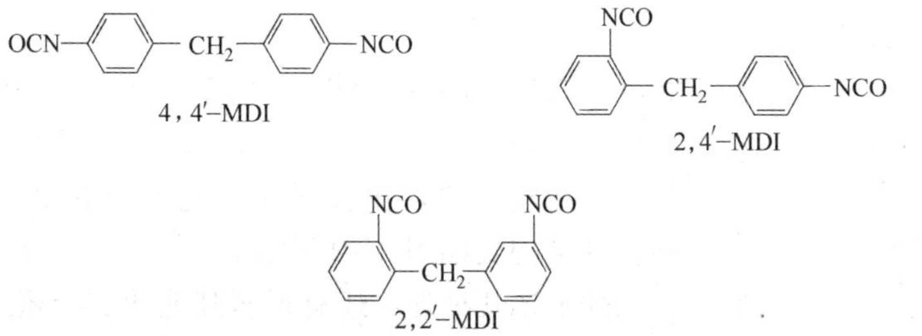

图 3-6　MDI 及其同分异构体结构示意图

MDI 相对分子质量比 TDI 的大，产品挥发性较小，蒸气压较低，对人体毒性较小，但是对呼吸器官仍具有刺激性。动物实验证明，MDI 毒性比 TDI 弱。空气中允许浓度为 0.02×10^{-6}。MDI 所制造的 PU 树脂力学性能较好，故被 PU 树脂工业广泛应用。

MDI 的反应活性很大，能自行聚合变成黄色而失去效用，所以要求低温储存、低温运输。

③六亚甲基二异氰酸酯　六次甲基二异氰酸酯（hexamethylene-1,6-diisocyanate，HDI）是典型的脂肪族异氰酸酯，属于耐黄变的产品。HDI 为无色或浅黄色透明液体，属易燃化学品，易溶于苯、氯苯、邻二氯苯等有机溶剂，遇水会产生分解，有毒，并有强烈的催泪作用，见光、受热易产生聚合作用，长期储存易变质。其分子结构式如图 3-7 所示。

HDI 所合成的 PU 树脂，虽然耐黄变，但力学性能较差，且反应活性较小，挥发性大，毒性大。

④异氟尔酮二异氰酸酯　异氟尔酮二异氰酸酯（isophorone diisocyanate，IPDI），又称为 3-亚甲基-3,5,5-三甲基环己烷异氰酸酯（3-isocyanatomethyl-3,5,5-trimethylcyclohexyl-isocyanate）。常温为淡黄色液体。其结构式如图 3-8 所示。

IPDI 是结构比较特殊的二异氰酸酯，为性能优良的非黄变型异氰酸酯。工业生产的 IPDI 是两种异构体的混合物，其中顺式异构体占 75%，反式异构体占 25%。这样，在形成的聚氨酯分子中不会形成单一结构，有利于产品性能的提高。IPDI 相对分子质量为 222.3，无蒸气压，密度为 $1.058\ kg/m^3$（20℃）。反应活性比芳香族异氰酸酯低，毒性也小，且具有良好的耐候、耐低温性，一般用于制造高档的 PU 树脂的生产。

⑤二环己基甲烷二异氰酸酯　二环己基甲烷二异氰酸酯，又名氢化 MDI，化学名称为 4,4′-二环己基甲烷二异氰酸酯（4,4′-dicyclohexa-methylene diisocyanale methylane，HMDI）。它在化学结构上与 MDI 相似，但 HMDI 是以六元环的脂环取代苯环，属脂肪族二异氰酸酯。其化学结构式如图 3-9 所示。

图 3-7　HDI 结构示意图　　图 3-8　IPDI 结构示意图 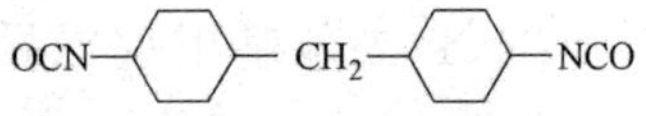　　图 3-9　HMDI 结构示意图

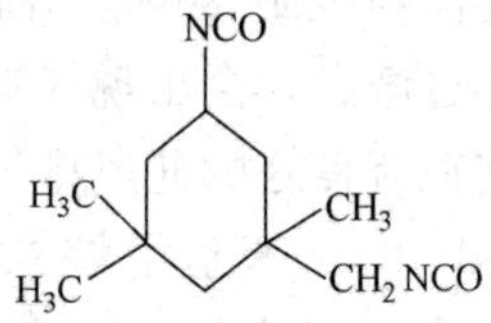

HMDI 相对分子质量 262，蒸气压 0.093Pa（26℃），黏度 29mPa·s。在常温下为固体，属耐黄变二异氰酸酯。

⑥1,5-萘二异氰酸酯　1,5-萘二异氰酸酯（NDI）相对分子质量 210，为白色蜡状固体，不耐黄变，密度为 $1.42kg/m^3$，毒性小。它是反应较为活泼的化合物，主要用于制造高弹性和高硬度的 PU 树脂。其结构式如图 3-10 所示。

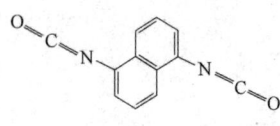

图 3-10　NDI 结构示意图

除上述几种外，还有很多其他的二异氰酸酯化合物应用于合成 PU 树脂，这里不再一一列举。

（2）多元醇

在合成 PU 树脂的组分中，多元醇即低聚物二醇是主要部分，按质量计算，它的用量占原料总量的 65% 左右。作为人造革用的 PU 树脂原料的多元醇是一种大分子末端带有多个羟基的线型聚合物，主要包括两类：聚酯二元醇和聚醚二元醇，平均相对分子质量为 1000～6000。

①常用二元醇

a. 聚酯二元醇：包括聚己二酸丁二醇酯，平均相对分子质量 1000～4000；聚己二酸乙二醇酯/聚己二酸丙二醇酯，平均相对分子质量 1000～3500。

聚酯二元醇是通过己二酸和二元醇的缩合聚合反应而制备的，制备原理如图 3-11 所示。

$$(n+1)\text{HO}-\text{R}-\text{OH} + n\text{HOOC}-\text{R}'-\text{COOH} \xrightarrow[\triangle]{\text{H}^+/\text{OH}^-} \text{HO}-\text{R}\!+\!\text{O}-\overset{\text{O}}{\underset{}{\text{C}}}-\text{R}'-\overset{\text{O}}{\underset{}{\text{C}}}-\text{O}-\text{R}\!+\!_n\text{OH} + 2n\text{H}_2\text{O}$$

图 3-11　聚酯多元醇合成原理示意图

改变二元醇的碳原子个数，可以获得不同类型的聚酯二元醇。通常，二元醇碳原子个数为偶数，所制备的聚合物分子对称性高，综合性能优良。聚酯二元醇是制备 PU 革树脂的主要二元醇。

b. 聚己内酯二醇（PCL）：平均相对分子质量 1000～2000。

目前所发现的适合作开关链段的大分子二元醇多为内酯或环状内酯的开环聚合物，如图 3-12 所示。其相对分子质量可调节至 500～10000。作为生物医用材料，其形状恢复的开关温度应设置在室温至人体体温（37℃）之间，再考虑到其生物相容性和可降解性。最合适的大分子二元醇为聚己内酯二醇（熔点温度 T_m 为 46～64℃）和乙交酯与双乳酸的共聚酯二醇（玻璃化转变温度 T_g 为 35～50℃）。

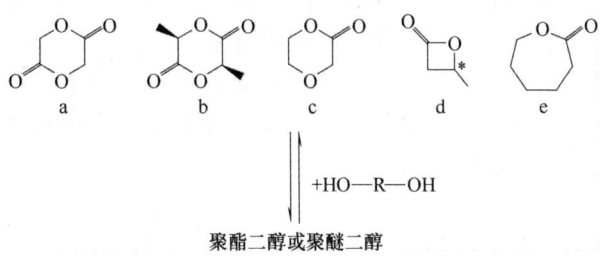

图 3-12　从内酯或环状内酯合成大分子二元醇

c. 聚四氢呋喃二醇（PTMG）：四氢呋喃的开环聚合物，平均相对分子质量 1000～3000。

d. 聚丙二醇（PPG）：环氧丙烷的开环聚合物，平均相对分子质量 1000～3000。

e. 聚乙二醇（PEG）：环氧乙环的开环聚合物，平均相对分子质量 300～1000。

PPG 和 PEG 分别是环氧丙烷和环氧乙烷的开环聚合物，其结构如图 3-13 所示。

②几种二元醇性能比较

a. 聚己内酯二醇（PCL）：由离子开环聚合反应制备，不会产生低分子化合物（如水），杂质少，含水量低，较少出现端羟基与分子中间的酯基发生酯交换反应，故其酯键

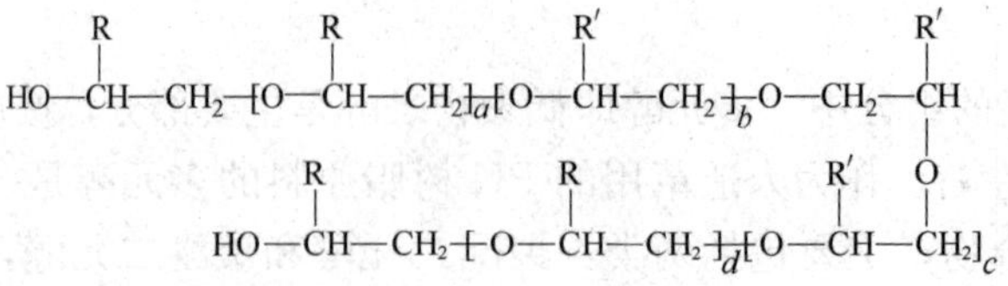

$$\text{HO—CH}_2\text{—[O—CH—CH}_2\text{]}_a\text{[O—CH—CH}_2\text{]}_b\text{—O—CH—CH}_2$$

聚乙二醇：R=R'=H；聚丙二醇：R=R'=CH$_3$

图 3-13 PPG 和 PEG 结构示意图

呈有规定向排列。相对分子质量超过 2000 时呈现较好的结晶性，其相对分子质量分布较窄。PCL 基聚氨酯具有高机械强度，优异的耐磨性、耐油性，还兼具聚醚基 PU 的耐水和低温柔顺性，有一定的自然分解能力。

b. 聚酯二醇：聚酯二醇因组成和相对分子质量不同而出现不同的结晶性。相应的聚氨酯成膜机械强度高，耐磨性、耐油性、压花定型和耐切割性优良，但涂层耐寒性略差，有水解倾向。目前所制备的聚酯二元醇中，只有聚己二酸新戊二醇酯等几种聚酯二醇合成的聚氨酯耐水解性优良。

c. 聚碳酸酯二元醇（PCDL）：是合成新一代聚碳酸酯型聚氨酯的原料，与传统型多元醇（如普通型聚酯、聚醚等）所合成的聚氨酯材料相比，聚碳酸酯型聚氨酯具有更优良的力学性能、耐水解性、耐热性、耐氧化性、耐摩擦性及耐化学品性。尤其在耐水解及耐老化性方面具有更优越的表现，是目前多元醇品种中综合性能最优秀的品种之一，适合有高耐久性要求的聚氨酯各个领域。

d. 聚四氢呋喃二醇（PTMG）：相对分子质量超过 2000 时呈现较好的结晶性，相应的聚氨酯成膜优异的低温柔韧性、耐磨性、耐水解、耐霉菌，机械强度高，回弹性优异（氨纶主要原料）。

e. 聚丙二醇（PPG）：因分子中有侧甲基的存在，破坏了分子链的对称性，故 PPG 常温下多为液态。PPG 价格便宜，但 PPG 基聚氨酯用于合成革时，热力学性能较差，涂层的耐切割、保型、定型性差，耐水解、耐黄变略优于 PEG。

f. 聚乙二醇（PEG）：低相对分子质量时为液态，相对分子质量较高时能结晶呈固态。PEG 基聚氨酯成膜柔软，强度低，易发黏，耐水解、耐黄变性略差，涂层耐切割和保型、定型性差，但透气、透湿性较好。

(3) 扩链剂

作为合成 PU 树脂常用的醇类扩链剂有：乙二醇（EG）、1,4-丁二醇（BDO）、己二醇、苯二甲醇等。常用的胺类扩链剂有：肼、乙二胺、己二胺、4,4'-二苯甲烷二胺等。另外，还有一些含亲水基团的扩链剂，如二羟甲基丙酸（DMPA）、二羟甲基丁酸（DMBA）、N-甲基二乙醇胺（MDEA）等，主要用来制备水基聚氨酯。通过以上多元醇、多异氰酸酯、扩链剂三种原料配合，可分别合成不同性能的预聚体，从而制得耐光、耐寒、柔软度大及高硬度的人造革品种。

(4) 固化剂

PU 人造革的预聚体分子末端含羟基，所以，固化剂必须是多官能度的异氰酸酯化合物，如 MDI、NDI 以及三羟甲基丙烷与 TDI 反应生成的三官能度异氰酸酯加成物。在 PU 树脂中，常用毒性低的三羟甲基丙烷与 TDI 的加成物作固化剂，如图 3-14 所示。

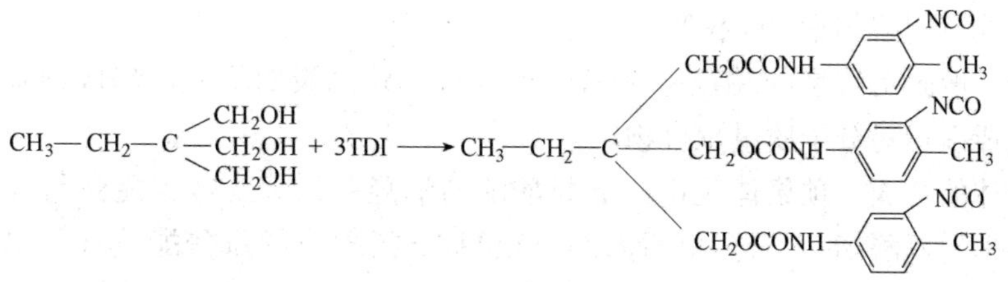

$$CH_3-CH_2-C\begin{matrix}CH_2OH\\CH_2OH\\CH_2OH\end{matrix} + 3TDI \longrightarrow CH_3-CH_2-C\begin{matrix}CH_2OCONH-\phi(NCO)(CH_3)\\CH_2OCONH-\phi(NCO)(CH_3)\\CH_2OCONH-\phi(NCO)(CH_3)\end{matrix}$$

图 3-14　固化剂合成反应示意图

(5) 催化剂

聚氨酯在反应的过程中，其反应速率不仅受原料结构和温度的影响，也受相应的催化剂的影响。所以，在合成的过程中，不仅需要控制合适的温度，也需要选择一种合适的催化剂，提高反应速率和聚合物的反应程度。

原则上，只要有一定的亲核或亲电特性，足以使异氰酸酯从共振稳态转变为高能过渡态的物质，均可用作催化剂，而且必须存在能促进高能过渡态稳定的空间化学条件。总的来说，PU 树脂在合成过程中，采用的催化剂有两类，三种催化剂：一是异氰酸酯与活泼氢化合物反应用催化剂，即—NCO/—OH 类催化剂。此类催化剂又分两种，一种是异氰酸酯与多元醇反应用催化剂；另一种是异氰酸酯与水反应用催化剂。二是异氰酸酯的聚合反应用催化剂，即—NCO/—NCO 类催化剂，如异氰酸酯的二聚、三聚催化剂。

①叔胺类催化剂　叔胺类催化剂对促进异氰酸酯与水反应特别有效，一般用于制备聚氨酯泡沫。其叔胺类催化剂又分以下四大类：

a. 脂肪类：三乙胺、二乙烯三胺等。

b. 脂环类：三乙烯二胺、N-乙基吗啡啉等。

c. 醇胺类：三乙醇胺、甲基二乙醇胺。

d. 芳香胺：吡啶、N,N'-二甲基吡啶。

②有机锡类催化剂　此类催化剂是催化活性很强的催化剂，但只对异氰酸酯与羟基之间的反应有催化作用，而对异氰酸酯与水之间的反应催化作用很小，因此，在聚氨酯树脂制备时大多采用此类催化剂。主要有二月桂酸二丁基锡（简称 DBTL）、辛酸亚锡等，此类催化剂毒性较大，欧盟已禁止使用。

(6) 溶剂及其他助剂

PU 树脂浆料的有机溶剂一般采用是二甲基甲酰胺、醋酸乙酯、甲乙酮、甲苯等。PU 树脂浆料的配合剂，还包括填充剂、着色剂、润滑剂、稳定剂、增塑剂等。

将上述原料进行搭配，可制备出性能不同的、适合合成革制造的 PU 树脂浆料。

3.3.3　合成 PU 树脂的主要化学反应

合成 PU 树脂的主要化学反应：

异氰酸酯与二元醇反应：

$$HO-R_1-OH+OCN-R-NCO+HO-R_1-OH+OCN-R-NCO+\cdots\cdots \longrightarrow$$
$$-O-R_1-O-CO-NH-R-NH-CO-O-R_1-O-CO-NH-R-NH-CO-O-$$

异氰酸酯与二元胺反应生成脲：

$$R-NH_2+R'NCO \longrightarrow R'NH-CO-NH-R$$

(1) 合成革用溶剂型 PU 树脂

聚氨酯一般先由线型的端羟基聚酯或聚醚与二异氰酸酯反应，形成预聚体，再经扩链反应，生成高相对分子质量聚合物。

①预聚体的合成　预聚体是由二异氰酸酯与端羟基的聚酯或聚醚进行加成聚合反应制备的。根据异氰酸酯基与羟基的摩尔比，也称 r 指数或异氰酸酯数（—NCO/—OH），制取端基为异氰酸酯基或羟基的预聚体。根据原料种类的不同和相对分子质量的不同，可制得不同性能的预聚体。

$$2OCN-R-NCO + HO-R'-OH \longrightarrow OCN-R-NH-\overset{O}{\overset{\|}{C}}-O-R'-O-\overset{O}{\overset{\|}{C}}-NH-R-NCO$$

根据研究得知：氨基甲酸酯基团是内聚能较大的特性基团，在聚合物中具有硬链段（硬段）的特征。而以 C—C 键或 C—O 为主的聚醚二元醇或以—COO—为主的聚酯二元醇，位垒能较低，单键易于旋转，构成聚合物的软链段（软段）。聚氨酯实际上就是由硬段和软段交替构成的嵌段共聚物。一般使用相对分子质量较高的聚醚多元醇，硬段间的间隔增加，将会使聚合物柔性增大，力学强度降低。

在预聚体反应中，聚（醚）酯多元醇与异氰酸酯的比例（r）直接影响到预聚体的性能，也决定了封端基团的种类以及生成聚合物的相对分子质量的大小。

②扩链反应　端基为异氰酸酯基的预聚体再经进一步的扩链反应，便可制备出高相对分子质量、性能优异的 PU 树脂。

a. 用小分子二元醇扩链时，生成氨基甲酸酯：

$$2OCN-R-NH-CO-R'-OC-NH-R-NCO + HO-R''-OH \longrightarrow$$
$$OCN-R-NH-CO-R'-OC-NH-R-NH-C=O$$
$$\qquad\qquad\qquad\qquad\qquad\qquad\qquad\qquad\qquad O$$
$$\qquad\qquad\qquad\qquad\qquad\qquad\qquad\qquad\qquad R''$$
$$\qquad\qquad\qquad\qquad\qquad\qquad\qquad\qquad\qquad O$$
$$OCN-R-NH-CO-R'-OC-NH-R-NH-C=O$$

b. 用小分子二元胺扩链时，生成取代脲基：

$$2OCN-R-NH-CO-R'-OC-NH-R-NCO + H_2N-R''-NH_2 \longrightarrow$$
$$OCN-R-NH-CO-R'-OC-NH-R-NH-C=O$$
$$\qquad\qquad\qquad\qquad\qquad\qquad\qquad\qquad\qquad NH$$
$$\qquad\qquad\qquad\qquad\qquad\qquad\qquad\qquad\qquad R''$$
$$\qquad\qquad\qquad\qquad\qquad\qquad\qquad\qquad\qquad NH$$
$$OCN-R-NH-CO-R'-OC-NH-R-NH-C=O$$

c. 用水扩链，生成取代脲基，放出二氧化碳：

$$2OCN-R-NH-CO-R'-OC-NH-R-NCO + H_2O \longrightarrow$$

$$\text{OCN—R—NH—CO—O—R'—O—CO—NH—R—NH} \atop \text{OCN—R—NH—CO—O—R'—O—CO—NH—R—NH}\!$$

（公式示意：两条链通过 $C=O$ 桥联，并放出 $CO_2\uparrow$）

合成革用溶剂型 PU 树脂，主要包括上面两步合成反应，相对分子质量主要是通过 —NCO/—OH 投料比来控制。在实际合成过程中，可通过在线（on-line）测定黏度来监控聚合物的相对分子质量。

（2）合成革用水基 PU 树脂

合成水基聚氨酯，所选用的原材料和合成工艺与溶剂型相比有较大差异，以 TDI 和 PPG、PEG 为例说明非离子、水基阴离子、阳离子聚氨酯的制备原理。

① 预聚

$$\text{TDI} + \text{HO—(CH}_2\text{CH}_2\text{—O)}_n\text{H} + \text{HO—(CH—CH}_2\text{—O)}_m\text{H} \longrightarrow \text{NCO—R}_1\text{—NCO}$$

其中 R_1 结构为含有两个甲苯基氨基甲酸酯单元通过 PEG 和 PPG 链连接的结构。

② 扩链

a. 用水扩链，生成取代脲基，放出二氧化碳：

$$2\text{OCN—R—HNCOO—R'—OCONH—R—NCO} + \text{H}_2\text{O} \longrightarrow$$
$$\begin{array}{c}\text{OCN—R—HNCOO—R'—OCONH—R—NH}\\ \diagdown\\ \text{C=O} \quad + \text{CO}_2\uparrow \\ \diagup\\ \text{OCN—R—HNCOO—R'—OCONH—R—NH}\end{array}$$

b. 用二元醇扩链时，生成氨基甲酸酯：

$$2\text{OCN—R—HNCOO—R'—OCONH—R—NCO} + \text{OH—R''—OH} \longrightarrow$$
$$\begin{array}{c}\text{OCN—R—HNCOO—R'—OCONH—R—NHC—O}\\ \parallel \quad\ \diagdown \\ \text{O} \quad\ \text{R''}\\ \diagup\\ \text{OCN—R—HNCOO—R'—OCONH—R—NHC—O}\\ \parallel\\ \text{O}\end{array}$$

c. 用二元胺扩链时，生成取代脲基：

$$2\text{OCN—R—HNCOO—R'—OCONH—R—NCO} + \text{H}_2\text{N—R''—NH}_2 \longrightarrow$$
$$\begin{array}{c}\text{OCN—R—HNCOO—R'—OCONH—R—NHC—NH}\\ \parallel \quad\ \diagdown \\ \text{O} \quad\ \text{R''}\\ \diagup\\ \text{OCN—R—HNCOO—R'—OCONH—R—NHC—NH}\\ \parallel\\ \text{O}\end{array}$$

用上述二元醇或二元胺扩链，可获得非离子型聚氨酯。

d. 引入亲水基团（阳离子基团）：

$$OCN-R_2-NCO + HO-CH_2CH_2-\underset{CH_3}{\underset{|}{N}}-CH_2CH_2-OH \longrightarrow HO-CH_2CH_2-\underset{\underset{CH_3}{|}}{\overset{\overset{CH_3}{|}}{N}}-R_3-\underset{\underset{CH_3}{|}}{\overset{\overset{CH_3}{|}}{N}}-CH_2CH_2-OH$$

$$R_3 = \left[O-CH_2CH_2-\underset{\underset{CH_3}{|}}{N}-CH_2CH_2-O-\underset{\underset{H}{|}}{\overset{\overset{O}{\|}}{C}}-N-R_2-N-\underset{\underset{H}{|}}{\overset{\overset{O}{\|}}{C}}-O-CH_2CH_2-\underset{\underset{CH_3}{|}}{N}-CH_2CH_2-O\right]_y$$

e. 引入阴离子基团：

$$OCN-R_2-NCO + HO-CH_2-\underset{\underset{COOH}{|}}{\overset{\overset{CH_3}{|}}{C}}-CH_2-OH \longrightarrow HO-CH_2-\underset{\underset{COOH}{|}}{\overset{\overset{CH_3}{|}}{C}}-R_3-\underset{\underset{COOH}{|}}{\overset{\overset{CH_3}{|}}{C}}-CH_2-NCO$$

$$R_3 = \left[O-CH_2-\underset{\underset{CH_3}{|}}{\overset{\overset{COOH}{|}}{C}}-CH_2-O-\overset{\overset{O}{\|}}{C}-\underset{\underset{H}{|}}{N}-R_2-\underset{\underset{H}{|}}{N}-\overset{\overset{O}{\|}}{C}-O-CH_2-\underset{\underset{COOH}{|}}{\overset{\overset{CH_3}{|}}{C}}-CH_2-O\right]_y$$

③ 中和成盐

$$HO-CH_2CH_2-\underset{\underset{CH_3}{|}}{N}-R_3-\underset{\underset{CH_3}{|}}{N}-CH_2CH_2-NCO + CH_3COOH \longrightarrow$$

$$HO-CH_2CH_2-\underset{\underset{CH_3COOH}{|}}{\overset{\overset{CH_2CH_3COOH}{|}}{N}}-R_3-\underset{\underset{CH_3}{|}}{\overset{\overset{CH_2CH_3COOH}{|}}{N}}-CH_2CH_2-NCO$$

$$HO-CH_2-\underset{\underset{COOH}{|}}{\overset{\overset{CH_3}{|}}{C}}-R_3-\underset{\underset{COOH}{|}}{\overset{\overset{CH_3}{|}}{C}}-CH_2-NCO \xrightarrow{N(C_2H_5)_3} HO-CH_2-\underset{\underset{CH_3}{|}}{\overset{\overset{COO^-N^+(C_2H_5)_3}{|}}{C}}-R_3-\underset{\underset{COO^-N^+(C_2H_5)_3}{|}}{\overset{\overset{CH_3}{|}}{C}}-CH_2-NCO$$

④ 分散（水中）　将上述中和成盐后的 PU 预聚体在高剪切分散作用下，分散于去离子水中，预聚体中的端基—NCO 与水反应继续扩链，即可获得相对分子质量更高的水基聚氨酯（water-based polyuthane，WPU）。

3.3.4　合成 PU 树脂的主要副反应

① 异氰酸酯与水反应生成脲和 CO_2：

$$H-OH + R-NCO \longrightarrow R-NHCONH-R + CO_2$$

② 异氰酸酯与胺反应生成脲：

$$R-NH_2 + R'NCO \longrightarrow RNH-CO-NH-R'$$

③ 异氰酸酯与脲反应生成缩二脲：

$$\sim\sim\sim NCO + \sim\sim\sim NHCONH\sim\sim\sim \longrightarrow \sim\sim\sim N\underset{\underset{CONH\sim\sim\sim}{|}}{CONH}\sim\sim\sim \quad \text{（缩二脲基）}$$

④异氰酸酯与氨基甲酸酯反应生成脲基甲酸酯：

$$\sim\sim\sim NCO + \sim\sim\sim NHCOO\sim\sim \longrightarrow \sim\sim\sim N\sim\sim COO\sim\sim$$
$$\qquad\qquad\qquad\qquad\qquad\qquad\quad |$$
$$\qquad\qquad\qquad\qquad\qquad\qquad CONH\sim\sim$$
（脲基甲酸酯基）

⑤异氰酸酯的自聚反应　在制备聚氨酯树脂的过程中，异氰酸酯易产生二聚或者三聚反应。

a. 异氰酸酯的二聚反应：一般芳香族二异氰酸酯的二聚反应，如 2,4-TDI 和 MDI 的二聚反应如图 3-15、图 3-16 所示。

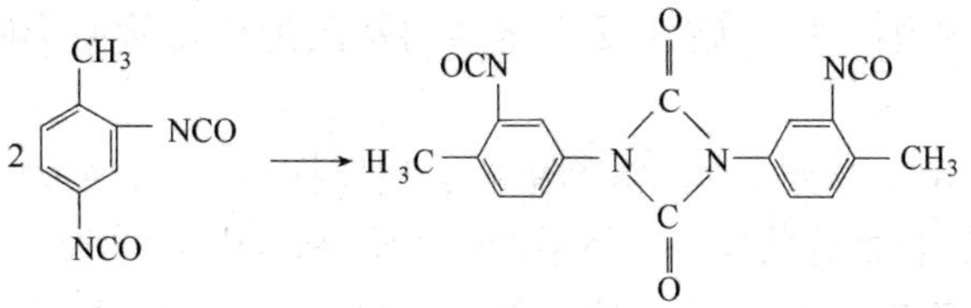

图 3-15　2,4-TDI 二聚反应

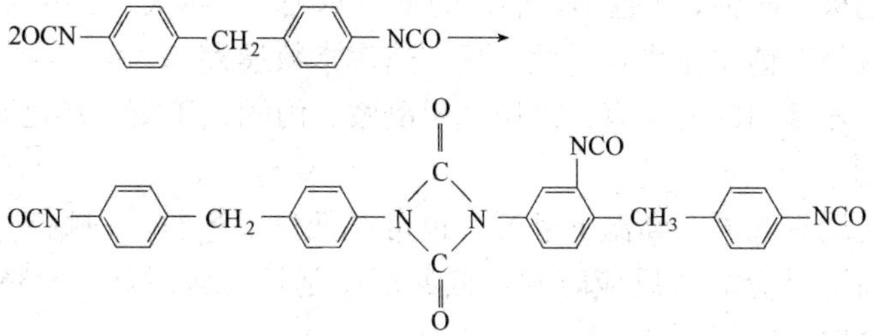

图 3-16　MDI 二聚反应

b. 异氰酸酯的三聚反应：芳香族及脂肪族二异氰酸酯在催化剂的存在下，都能发生三聚反应，生成三聚体。TDI 的三聚反应如图 3-17 所示。

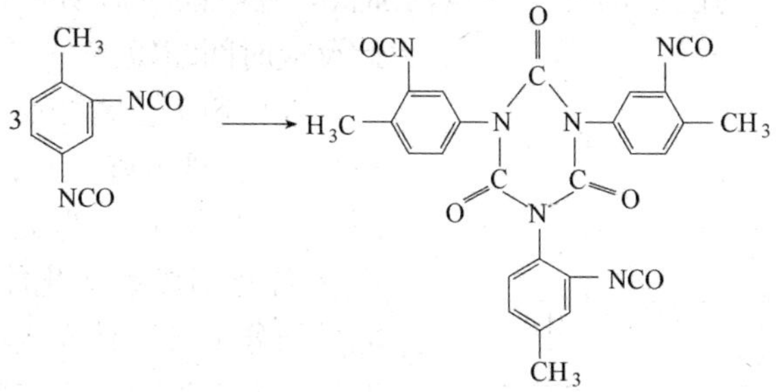

图 3-17　2,4-TDI 三聚反应

另外，异氰酸酯自聚还可以生成碳化二亚胺：

$$2R-NCO \longrightarrow R-N=C=N-R + CO_2$$

3.3.5 反应条件的确定

(1) 反应介质——溶剂

在聚氨酯的合成反应中，溶剂的作用一是作为反应的介质，二是调节体系的黏度。但选择溶剂时需考虑下列影响因素：

①沸点对反应温度的影响　聚氨酯的聚合反应温度一般为70~90℃，因此，溶剂的沸点应高于90℃。

②活泼H引起的副反应　溶剂中如含有活泼H类物质，如水、小分子醇、小分子胺类物质，均会和异氰酸酯反应，破坏反应体系的基团配比，从而影响产品的性能。一般溶剂中水分含量应≤0.3%。

③与聚合物的相容性　所选择的溶剂单体、预聚物和终端产物均应有较好的溶解性和相容性。溶解性好，聚合物分散均一，体系的固含量高；相容性好，产品稳定，不分层。

④对反应速率的影响　溶剂的极性和碱性对聚合反应的速率影响较大。以下是甲醇和异氰酸酯反应在不同溶剂中的反应速率常数 k（$\times 10^{-4}$ mol/s）：

甲苯：1.2；丁酮：0.05；乙氰：0.017；二噁烷：0.03；二甲基甲酰胺：1.9。

一般地，溶剂极性越强，k 越小；溶剂的碱性越强，k 越大。二甲基甲酰胺为弱碱性溶剂，对聚合反应具有催化作用，因此，反应速率常数最大。

聚氨酯合成工业常用的溶剂有：二甲基甲酰胺、丙酮、丁酮、环己酮等。

(2) 反应温度

聚氨酯合成的反应既可在高温下进行，也可在低温下进行。根据高分子反应的时间-温度等效原理，高温反应缩短反应时间，低温反应延长反应时间。具体反应温度的确定需考虑如下影响因素：

①活化分子与活化能　能发生有效碰撞的分子称为活化分子。具有平均能量的分子转变成活化分子，需吸收一定的能量，即活化能（E_{a1}）。显然，活化能越高，有平均能量的分子转变成活化分子越难，反应速率越低；在无催化剂存在的体系，温度低时，具有平均能量的分子转变成活化分子较难，在达到同等转化率的情况下，反应时间较长；相反，在高温下，具有平均能量的分子热运动加快，吸收能量后易于转变成活化分子，因此反应时间缩短。

催化剂不会改变反应的转化率（化学平衡），但能显著降低反应体系的活化能，如图3-18所示（E_{a1} 为无催化剂体系活化能；E_{a2} 有催化剂体系活化能）。因此，具有平均能量的分子易于转变成活化分子，在相同温度下会大大加快反应速率。

②考虑副反应的发生　实践证明：当聚氨酯合成时的反应温度 $T>120℃$ 时，副反应被激活（120~140℃）。这些副反应包括：异氰酸酯与脲反应生成缩二脲，异氰酸酯与氨基甲酸酯反应生成脲基甲酸酯。

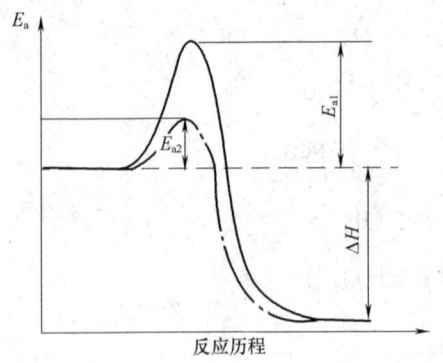

图3-18　催化剂对活化能的影响
E_{a1}—未使用催化剂活化能　E_{a2}—使用催化剂活化能

副反应发生产生的后果是：聚合物支化、交联，颜色加深，分子链刚性增强，破坏投料比。支化、交联致使聚合体系黏度增大，固含量偏低，甚至出现凝胶化现象；对于水基聚氨酯的制备，预聚体黏度过高，在水中无法分散；缩二脲、脲基甲酸酯等键的形成，增加了聚合物的硬段含量和主链的刚性，降低了聚合物的柔软性、延伸性和耐低温性能；投料比破坏后也会影响聚合物的相对分子质量，最终影响聚合物的性能。

故聚氨酯合成时，要充分考虑反应温度对聚合过程和产品性能的影响，尽量避免副反应的发生。

③反应活性

a. 异氰酸酯的反应活性：异氰酸酯的反应活性主要与其种类、取代基及空间位阻及基团（—NCO）结构有关。—NCO 基团中的电子密度及电荷分布表示如下：

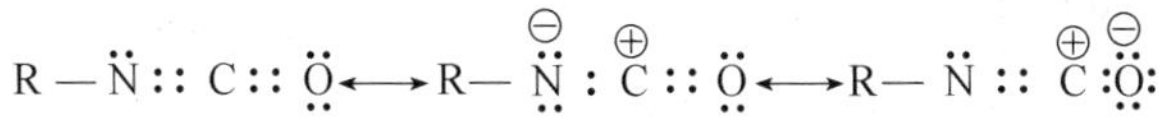

$$R-\ddot{N}::C::\ddot{O} \leftrightarrow R-\ddot{N}\overset{\oplus}{:}C::\ddot{\overset{\ominus}{O}} \leftrightarrow R-\ddot{N}\overset{\oplus}{:}C:\ddot{\overset{\ominus}{O}}:$$

从共振结构中可以看出，异氰酸酯是亲电子反应试剂，其反应活性主要是分子中的氮、碳、氧原子间的电负性差别所致。

在加成反应时，亲电子反应试剂对它也有影响，使异氰酸酯轨道杂化，由于这种变化，使 N=C 双键转变为 C—X、C—N、N—H 单键，从而推动了加成反应的发生。

取代基对—NCO 的活性影响较大。吸电子基团增强—NCO 的活性，供电子基团降低其活性。由于芳环是典型的吸电子基团，故芳香族异氰酸酯活性＞脂肪族异氰酸酯活性。

一般地，取代基吸电子能力有如下规律：硝基苯＞苯基＞甲基苯＞苯亚甲基＞烷基，较大的、连接在异氰酸酯基上的 R 基团对异氰酸酯基的活性具有影响。不同的 R 基，其反应活性如下：

$$NO_2-\bigcirc-NCO > \bigcirc-NCO > CH_3-\bigcirc-NCO > CH_3O-\bigcirc-NCO > \bigcirc-NCO$$

当 R 为给电子基（烷基），对—CO—基有饱和效应，使异氰酸酯的反应活性降低；若为苯基，自由电子就由氮原子转移到芳核上而形成共振结构，因而使碳原子上的正电荷增加，这就是芳香族的异氰酸酯比脂肪族的异氰酸酯活性大的原因。

图 3-19 为不同异氰酸酯反应活性的比较，k 为反应速率常数（$\times 10^{-4}$ mol/s）。

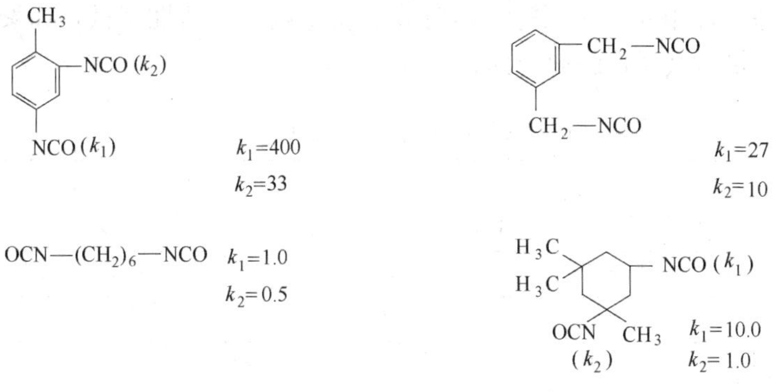

图 3-19 不同异氰酸酯的反应活性

不难看出，芳香族的异氰酸酯反应活性很高。同芳香族异氰酸酯相比，脂肪族的反应活性较缓和，容易控制。作为成膜剂，脂肪族的具有很好的耐光性，有优良的回弹性和耐寒性。

XDI 因为苯环的影响，其反应活性比 HDI 要高；作为涂膜，耐光性又比 HDI 差；因亚甲基的间隔，黄变性小于 TDI，所以 XDI 兼具脂肪族和芳香族两者的特点。

b. 空间位阻效应：除取代基的吸电子能力和供电子能力对异氰酸酯的反应活性有较大影响外，异氰酸酯或聚醚（酯）二元醇分子中取代基（侧基）的位置、取代基的大小、取代基的极性以及取代基的吸电子能力和供电子能力对两组分的反应活性有较大的影响。TDI 与丁醇反应示意图如图 3-20 所示。

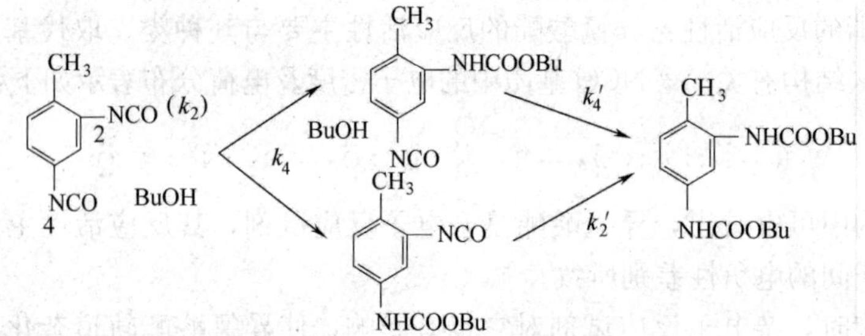

图 3-20 TDI 与丁醇反应示意图
Bu—丁基　BuOH—丁醇

在相同条件下，其反应速率常数（$\times 10^{-4}$ mol/s）如下：
$$k_4 = 21.3; \quad k_2 = 3.16; \quad k_4' = 4.16; \quad k_2' = 1.18$$

从上面分析可知，异氰酸酯的反应活性主要与其种类、取代基及空间位阻及基团（—NCO）结构有关，故在设计聚合反应温度时可考虑：脂肪族异氰酸酯体系应高于芳香族异氰酸酯体系；预聚反应温度可低一些，后期反应温度可高一些。

c. 二元醇的活性：多元醇的反应活性主要决定于多元醇的种类、相对分子质量和羟基的位置，且有如下规律：

对于种类、相对分子质量相同的多元醇，其反应活性之比为：伯醇∶仲醇∶叔醇 = 1∶0.3∶0.01。

种类和羟基位置相同的多元醇：相对分子质量越高，活性越低，如聚氧化丙烯醚二醇，相对分子质量对其活性的影响见表 3-1。

表 3-1　相对分子质量对二元醇活性的影响

相对分子质量	官能度	—OH 类型	$k/(\times 10^{-4}$ mol/s) 100℃	140℃	E_a/(kJ/mol)
2000	2	伯	3.5	8.4	9.1
1000	2	伯	4.2	9.9	8.6

不同种类的活性 H，其活性差异也很大。

—NH_2 的活性：—$NH_2 \gg$ 伯醇，且胺的碱性越强，活性越高，如—NH—$\approx$ Ar—NH_2。对于芳胺，由于苯环的吸电子效应，胺基的碱性大大减弱，故芳胺伯胺 H 的活性与脂肪族仲胺 H 的活性相当。

酚羟基活性：Ar—OH 与异氰酸酯反应十分缓慢，这是因为—Ar 为吸电子基团。

H_2O 的活性：水的反应活性相当于伯醇的活性，大于仲醇的活性。

—COOH 的活性：—COOH 的活性≪伯醇和水的活性，故在低温下—COO 基不会与异氰酸酯反应，这是制备水基聚氨酯时引入羧基而不被反应掉的原因。

R—CO—NH_2 活性：由于羰基 π 电子的共轭，酰胺基的活性大大降低，但当温度 $T>100℃$ 时，具有中等速率的反应活性。

脲基的活性：R—NCO+∼∼NH—CO—NH∼∼ ⟶ R—NH—CO—N∼∼
　　　　　　　　　　　　　　　　　　　　　　　　　　　　|
　　　　　　　　　　　　　　　　　　　　　　　　　　　 CO—NH

由于两个亚氨基连在同一碳原子上，碱性比酰胺高，属中等反应活性，高温下会发生支化反应。

氨基甲酸酯基：与脲键比，反应活性更低，只在高温下（120～140℃）发生反应。

脲与氨基甲酸酯的反应，提供一定的支化结构，使单一线性结构发展成为支链、交联网状结构，改善了产品的热力学性能，但对于制备水基 PU，预聚体黏度过大，乳化困难。

异氰酸酯与活性氢的化合物加成时，如果不考虑空间位阻效应，活性氢化合物亲核性及异氰酸酯亲电子性越大时，它们之间的反应速度越快。活性氢化合物与异氰酸酯的反应活性顺序如下：

$$RNH_2 > ROH > H_2O > \text{（环）}OH > RSH > RNH\overset{O}{C}NHR' \approx RCOOH > RNH\overset{O}{C}R' > RNH\overset{O}{C}OR'$$

从上面的分析不难看出：

伯醇、相对分子质量小的二元醇反应速度快，宜低温反应；活性较低、相对分子质量较高的二元醇宜在较高温度下反应。

相同相对分子质量时，PEG 的活性＞PPG 活性＞PTMG 活性≈聚酯二元醇。

反应末期，预聚体上端基活性低，可提高反应温度。

d. 催化剂：催化机理：前已述及，聚合反应中添加催化剂可降低反应的活化能，加快反应速率，但也可能会催化副反应。是否添加催化剂，决定于反应体系活性。

如二元醇相对分子质量过高，或采用低活性异氰酸酯（如 IPDI）时，可加少量催化剂；前面已提及，高温会使聚会反应产生支化或交联，不利于线性聚合物的生成，此时可在低温下反应，同时添加少量催化剂加快反应速度；另外，下列情况下也可添加催化剂：

异氰酸酯两个—NCO 活性差异较大时，可在反应后期添加催化剂。

脲与—NCO 的反应在无催化剂时，反应温度 $T>100℃$，可添加催化剂降低反应温度。

氨基甲酸酯与—NCO 反应的温度在 120～140℃，可添加强碱和金属类较强的催化剂，降低反应活性。

3.4 PU 树脂结构与性能的关系

3.4.1 聚氨酯的嵌段结构

所有的 PU 树脂都可以看作是柔性软链段和刚性硬链段交替连接而成的嵌段共聚物。

聚氨酯分子中聚醚、聚酯和聚烯烃链段等非常柔顺，呈无规卷曲状态，通常称之为柔性链段（或软段）；而有的链段是由聚异氰酸酯与扩链剂反应生成的氨基甲酸酯基或取代脲基组成，在常温下伸展成棒状，内聚能较大，彼此缔合在一起，不易改变其构形构象，这种链段比较僵硬，一般称之为刚性链段（硬段）。由于软、硬段的不相容性，软段和硬段在聚合物中各自聚集，形成软段和硬段相区（微区），因此聚氨酯存在微相分离，两种链段的相容性越差，相分离的程度就越高。微相分离的程度直接影响着聚氨酯材料的热力学性能。

聚氨酯弹性体（PUR）的软段相一般为无定型态，如果硬段的含量适中，硬段相一般溶于软段相中，两相表现出既相融合又相分离的特性，聚合物表现出较好的弹性和柔软性。合成革用的聚氨酯均为此类聚氨酯弹性体。

硬段相含量很低时，如在10%左右，硬段溶于软段相形成单相；硬段含量在40%以下，硬段分散在软段的基料上，软段呈连续相，硬段呈分散相；硬段含量在40%~60%时，出现相的逆转，两相均可能呈连续相；硬段含量在60%以上时，软段分散在硬段的基料上，硬段为连续相，软段为分散相。

一般来说，构成聚氨酯的刚性链段的刚性越大、链段越长、含量越高，越易发生微相分离；柔性链段越柔顺、链段越长、含量越高，硬段相易溶于软段相，两相分离不明显。

当软段相有序程度较高时（如相对分子质量较高的聚己内酯二醇、聚四氢呋喃二醇、某些聚酯二醇），软段可能为结晶态，软段相和硬段相相分离明显，表现出典型的嵌段结构，这类聚氨酯通常称为热敏聚氨酯或形状记忆聚氨酯。

聚氨酯的形态结构决定着性能，而形态又是由软、硬段的化学结构、相对分子质量、浓度等决定。对聚氨酯弹性体而言，软段相决定着聚氨酯的耐低温性能、断裂伸长率和弹性，硬段相决定着模量、强度和耐热性等性能。

聚氨酯的嵌段结构如图 3-21 所示。

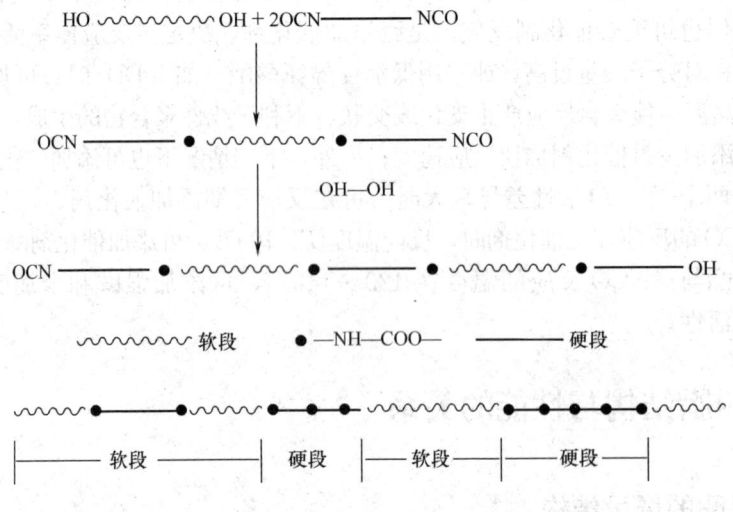

图 3-21　聚氨酯的软硬段交替结构

3.4.2 相分离和微区

当聚氨酯大分子链间相互作用时，硬段相由于氢键作用极易形成相互作用的微区，如图 3-22 所示。

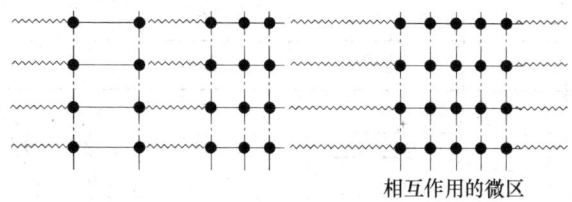

图 3-22　硬链段内相互作用的微区示意图

硬段微区间的氢键相互作用形成了若干相邻的三微结构区，这些结构具有次晶性质。硬段的长度是决定链方向最大微晶厚度的关键因素。

聚合物的拉伸强度和杨氏模量随 $n(\text{—NCO})/n(\text{—OH})$ 的增大而增大，这是由于硬链段影响着聚氨酯的刚性和强度。另外，软硬链段之间形成的氢键密度的增加也使机械性能得以提高。由于软段相和硬段相极性上的差异，两相极易发生相分离，形成各自独立的微区，两相微区既相互融合又相互分离，图 3-23 为两相相互作用示意图。

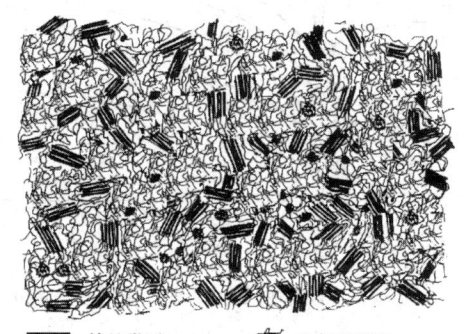

图 3-23　硬段相区和软段相区相互作用示意图

3.4.3 软、硬段相容性的 DSC 分析

孙东成、张松等以不同相对分子质量的聚己二酸-1,4-丁二醇酯（PBA）作为软段，研究了水基结晶型聚氨酯（APU）中硬段的含量、软硬段的相容性对聚氨酯热力学性能的影响。水基聚氨酯的基本配方和热性能参数见表 3-2。相容性采用差示热扫描分析（DSC）进行表征，如图 3-24 所示。

表 3-2　制备 APU 的配方及其热性能参数

样品编号	—NCO/—OH（摩尔比）	M_r	硬段固含量/%	T_m/℃	ΔH_m/(J/g)
PBA	—	3000	—	58.0	147.2
APU33	1.3	3000	30.2	53.5	118.0
APU35	1.5	3000	33.6	53.9	90.6
APU37	1.7	3000	38.1	54.9	67.2

续表

样品编号	—NCO/—OH (摩尔比)	M_r	硬段固含量/%	T_m/℃	ΔH_m/(J/g)
APU39	1.9	3000	41.3	55.8	57.3
APU25	1.5	2000	38.5	54.4	56.7
APU15	1.5	1000	43.0	48.9	6.50

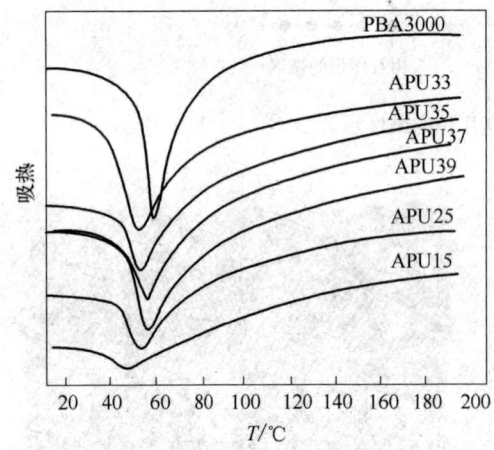

图 3-24 不同硬段含量 APU 的 DSC 分析

从 DSC 曲线可知，所有 APU 软段均表现出结晶特性，软链段分子链越长，结晶度越高（ΔH_m 越大）。APU15 结晶转变略不明显，基本呈非晶聚合物的相态转变特征。这是由于 APU15 硬链段含量过高，软链段分子链较短（$M_r=1000$），硬段分散于软段相之中，硬段和软段的相容性增加，相分离不明显，软段结晶度下降。

纯聚酯 PBA（$M_r=3000$）出现的峰面积（对应热焓 ΔH_m）及峰温（对应熔点 T_m）最大，熔点为 58.0℃。随着 PBA 转化成 APU，熔点峰移向低温，热焓 ΔH_m 减小。由表 3-2 可知聚酯型聚氨酯软链段的结晶行为受硬链段结构及其含量影响，硬链段含量越高，熔点 T_m 也随之上升，热焓 ΔH_m 则减小。这是因为随着硬链段含量的增加，软、硬链段相容性提高，相分离程度减小，软链段结晶度下降所致。软链段链长对 DSC 影响表现为：随着 M_r 的增大，熔点 T_m 提高（M_r 大于 2000 时，熔点 T_m 变化不明显），热焓 ΔH_m 增大。因为软链段链长的增加提高了软段结晶度，同时，软链段链越长，硬链段和软链段之间形成的氢键密度越低，软链段结晶受阻作用越小。从表 3-2 中数据可以看出，除 APU15 外，其他样品熔点差别并不明显，这是因为硬链段含量较低，软、硬链段相分离程度相当。特别地，当软链段相对分子质量达到一定值后，软链段本身可以形成较好的结晶，软、硬链段相分离更加明显。

3.5 聚氨酯分子间作用力

3.5.1 内聚能

聚氨酯的二级结构取决于硬段之间的相邻相区间的相互作用，主要有：氨基甲酸酯基之间的氢键或氨基甲酸酯基与脲键间的相互作用；对称的异氰酸酯中相邻的芳环之间的 π 电子的相互作用。上述相互作用与分子链的对称性密切相关。

另外，聚氨酯分子含有酯键、醚键、脲键、脲基甲酸酯键、缩二脲、芳环及脂链等基团，各基团对分子内引力的影响差异较大。不同基团的内聚能见表3-3。

表3-3　　　　　　　　　　　　几种主要基团的内聚能

基团	内聚能/(kJ/mol)	基团	内聚能/(kJ/mol)
—CH$_2$—	2.85	—Ar	16.33
—O—	4.19	—CONH—	35.59
—COOR—	12.14	—NH—COO—	36.59

一般来说，基团的内聚能越高，对聚合物的力学性能和耐热性能的贡献越大。聚氨酯中所含内聚能高的基团含量越高，其热力学性能、机械性能越优良；反之，聚氨酯的柔顺性、耐寒性越优良。例如，对柔顺性来说，下列单体有如下规律：

$$三缩二乙二醇>一缩二乙二醇>乙二醇>1,4-丁二醇>丙二醇$$

3.5.2　氢键

由于硬段相中氨基甲酸酯基和脲基甲酸酯基含量较高，故氢键多存于硬段之间。聚氨酯中的多种基团的亚氨基（—NH—）大部分能形成氢键，而其中大部分氢键是亚氨基与硬段中的羰基形成的，小部分与软段相中的醚氧键或羰基之间形成。与分子内化学键相比，氢键是一种物理作用力，键能比化学键小得多，但大量氢键的存在是影响聚氨酯性能的重要参数。氢键具有可逆性，在低温时，极性链段紧密排列促使氢键形成；在高温下，氢键可能消失。氢键起物理交联作用，它可使聚氨酯具有高的强度、耐磨性和耐热性等。

3.5.3　结晶

大分子链规整度高，含极性及刚性基团越多的线性聚氨酯，分子间氢键多，材料的结晶程度高，这影响聚氨酯的某些性能，如强度、耐溶剂性。聚氨酯材料的强度、硬度和软化点随结晶程度的增加而增加，而伸长率和耐溶解性降低。

但是如果在聚氨酯合成中引入多官能团的扩链剂（如三羟基甲基丙烷、丙三醇等）或引入多官能团的软段（如N-330），使得聚合物形成支链或侧基，破坏了材料的规整度，导致结晶性下降，当交联的密度增加到一定程度时，失去结晶性，整个聚氨酯可由结晶态变为无定型态。

3.5.4　交联对热、机械性能的影响

交联剂的加入，改变了聚氨酯的线性结构，形成了支链或网状结构，破坏了其规整性。交联阻止了物理交联网络的形成，提高了软、硬段的相容性，不利于软、硬段的结晶，极端情况下，可能完全不发生相分离，降低了材料的伸长率以及变形、耐寒性及压缩变形等能力，但提高抗张强度和耐热性及耐水、耐溶剂等性能，因此，交联剂的引入是提高热、机械性能的有效途径。

3.6 PU 树脂的热、力学性能

3.6.1 硬段微区对热、力学性能的影响

硬段相区决定着聚合物的热、力学性能。线性嵌段 PU 的热、力学性能不同于交联型 PU，在外力作用下，硬段微区内结构的方向性及流动性可能发生变化，且与温度有关。

在该过程中，最初的氢键消失，而新的、能量更大的氢键产生，结构上发生的变化导致了分子链沿直线方向排列，这时，张力表现得更加集中，材料抵抗更大应力作用的能力增强。聚氨酯纤维（氨纶）的热整理方法应用了这一原理，来提高纤维的抗张强度、伸长率、撕裂强度和变形值。

聚氨酯的熔融温度（T_f）与硬段的熔融温度范围密切相关，当硬段的长度和含量增加时，硬段的熔融温度范围提高，意味着材料的使用温度范围拓宽。

当使用"混合扩链剂"时，可以有意识地降低或增宽聚氨酯熔融温度范围，从而改善材料的可加工性能；硬段相区的有序性高，熔融温度高，相应的力学性能和机械性能也高，反之，则降低。

3.6.2 软段相区对热、力学性能的影响

软段相赋予材料回弹性和低温曲挠性以及在最大应力上的差异；分子链的运动性在很大程度上取决于软段的化学性质和长度。

作为合成革用聚氨酯，为了得到良好的弹性特别是抗冲击性能，软段必须是无定型的且有较低的玻璃化温度以满足涂层的低温曲挠性。

材料的玻璃化转变温度取决于聚醚（酯）二元醇的玻璃化转变温度和软、硬段的相容性。一般 PU 的 T_g 比多元醇的 T_g 高 20~30℃，这是因为硬段溶于软段相中，提高了材料的 T_g。软、硬段相容性差，力学性能会下降。如聚丙二醇基聚氨酯，由于软段的极性与硬段差异较大，相分离明显，溶解在软段相中的硬段较少，故聚醚型聚氨酯的强度比聚酯型聚氨酯的强度低。

当硬段的含量超过 50% 时，其软段的运动能力大大降低，T_g 升高，结果使低温曲挠性变差；当软段的长度足够长时和分子链排列有序时，软段也可以结晶。例如 PTMG 型和 PCL 型聚氨酯，其软段易于结晶。而聚醚型聚氨酯，特别是聚丙二醇和乙二醇基聚氨酯，软段为无规链段，醚基位垒能低，易于旋转，树脂柔软性好，软段不易结晶，但其力学性能及耐热性能不及聚酯型聚氨酯。

3.6.3 投料比 r(—NCO/—OH)与端基关系

预聚体的端基与投料比密切相关，并有下列规律：

$0<r<1$：分子扩链的端基为—OH。

$r=1$：分子无限扩链，端基为—NCO 和—OH。

$1<r<2$：分子扩链的端基为—NCO。

$r=2$：预聚体两端基均为—NCO。

$r>2$：预聚体两端基均为—NCO，且存在游离的异氰酸酯基。

当 $r>1$，即 $n(—NCO)/n(—OH)>1$，此时—NCO 过量，这样生成的聚合物端基为异氰酸酯基团。

$$OCN—R—NCO+HO—R'—OH \xrightarrow{r>1} OCN\sim\!\sim\!\sim\!\sim\!\sim—NCO$$

当 $r=1$，即 $n(—NCO)/n(—OH)=1$，此时—NCO 和—OH 的物质的量相同，生成的聚合物端基分别为异氰酸酯基团和羟基，但据聚合物化学理论，生成的聚合物相对分子质量理论上应该是无穷大。

$$OCN—R—NCO+HO—R'—OH \xrightarrow{r=1} OCN\sim\!\sim\!\sim\!\sim\!\sim—OH$$

当 $r<1$，即 $n(—NCO)/n(—OH)<1$，此时—OH 过量，这样生成的聚合物端基为醇羟基。

$$OCN—R—NCO+HO—R'—OH \xrightarrow{r<1} HO\sim\!\sim\!\sim\!\sim\!\sim—OH$$

在 PU 树脂的合成中，多采用 $r>1$ 合成方案，以便于预聚体的后续的扩链反应和保存。

聚氨酯的相对分子质量与 r 的相对大小有关，对于在溶液中的线性嵌段聚合有下列关系：

$$M=\frac{1+r}{1-r}\cdot M_{n_1}+\cdots+\frac{1+r}{1-r}\cdot M_{n_i}$$

式中 M_n——链节的相对分子质量。

一般地，$r=1$ 时，多出现在溶液聚合体系，从理论上讲，生成的聚合物相对分子质量应该是无穷大，但实际上由于后期聚合体系黏度较大，预聚体扩散困难，难以形成更高相对分子质量的聚合物。

当 $r<1$，聚合物为醇羟基封端，所制得的聚合物相对分子质量较小，除特殊用途外，聚氨酯合成一般较少采用。

对于水基型聚氨酯，一般控制在 $1<r<2$，这样所得到的预聚体为—NCO 封端型，在水中可进一步与水或后扩链剂反应扩链，以提高相对分子质量，满足聚合物的使用性能。

3.6.4 不同种类的聚醚软段对 T_g 的影响

聚氨酯突出的优点之一是优良的耐候性能，特别是耐低温性。高聚物的耐低温性一般用玻璃化转变温度（T_g）来表征。聚合物的玻璃化转变温度是高分子材料使用的下限温度，在该温度以下，聚合物脆裂，涂层会出现裂浆等现象。T_g 越低，表明耐寒性越好。不同种类的聚醚软段对聚氨酯薄膜 T_g 的影响见表 3-4。

表 3-4　　　　不同种类的聚醚软段对聚氨酯薄膜 T_g 的影响

聚氨酯类型	聚醚种类	相对分子质量	$T_g/℃$
TDI/PPG	PPG	1000	−31.9
TDI/PTMG	PTMG	1000	−44.3
TDI/共混醚	PPG/PTMG (摩尔比 1∶1)	1000	−35.8

续表

聚氨酯类型	聚醚种类	相对分子质量	T_g/℃
TDI/共聚醚	PEG/PTMG（摩尔比1:1）	1000	−57.7
TDI/PBA	聚己二酸丁二酯二醇	1000	−28.2

从表 3-4 中可以看出，聚四氢呋喃醚二醇（PTMG）的耐低温性能优于聚丙二醇（PPG）；聚酯型链段比聚醚型的链段刚硬，因而耐低温性能最差，而不同种类二醇共聚能明显改进共聚物的耐低温性能。

聚四氢呋喃醚二醇的耐低温性能优于聚丙二醇，这是因为亚甲基内聚能比醚键低，其次，PPG 侧甲基的空间位阻作用阻碍了单键的旋转，导致 PPG 基聚氨酯的 T_g 升高，耐寒性变差。

酯键（—COO—）的内聚能比醚键（—O—）大得多，故聚酯型链段比聚醚型的链段刚硬，因而耐低温性能不如聚醚型，而共聚能明显改进共聚物的耐低温性能。

3.6.5 软段相对分子质量对 T_g 的影响

聚氨酯的玻璃化转变温度与聚醚（酯）二元醇的相对分子质量有很大关系。在硬段含量相当的情况下，软段相对分子质量越长，柔性链节越多，T_g 越低，耐寒性越好。表 3-5 为软段相对分子质量对聚氨酯玻璃化转变温度的影响。

表 3-5　软段相对分子质量对 T_g 的影响

软段类型	相对分子质量	硬段浓度/%	T_g/℃
聚己二酸丁二醇酯	1000	47.6	−26
	2000	54	−34
	5000	50	−45

3.6.6 硬段含量对 T_g 的影响

硬段含量对聚合物玻璃化转变温度的影响见表 3-6。在软段相对分子质量相当的情况下，硬段含量越高，硬段分散于软段相中，提高了聚合物的 T_g；另外，硬段含量增加，增加了氢键形成的几率，导致链间分子间作用力增大，也会提高聚合物的玻璃化转变温度。硬段含量体高，聚合物的耐寒性变差，耐热性、力学性能、机械强度提高。

表 3-6　硬段浓度对 PU 树脂 T_g 的影响

PU 类型	软段相对分子质量	硬段含量/%	T_g/℃
TDI/PPG+PTMG 共聚醚	1700	25.9	−57.5
	1700	31.45	−55.7
	1700	37.96	−44.4

3.6.7 聚氨酯玻璃化转变温度的测试方法

聚氨酯玻璃化转变温度可以通过测定聚合物在相态转变过程中的焓、熵、机械性能、热膨胀系数（尺寸稳定性）、折射率等诸多性能的变化来确定。其中差示扫描量热分析 DSC（Differential Scanning Calorimetry）和热机械分析 DMA（Dynamic Mechanical Analysis）是常用的表征技术。DSC 是通过测定聚合物在程序升温过程中的焓变来确定相态转变温度，而 DMA 是通过测定聚合物在程序升温过程中的机械性能（如储能模量 E'、损耗模量 E''、损耗角正切 $TanD$）等的变化来确定相态转变。通常测试条件为氮气气氛，样品质量 5～10mg，温度区间 −100～250℃，升温速率 5～10℃/min。图 3-25 为一聚氨酯弹性体的 DSC 图谱，从两次升温曲线可以看出，该聚合物的玻璃化转变温度在 −57℃ 左右。

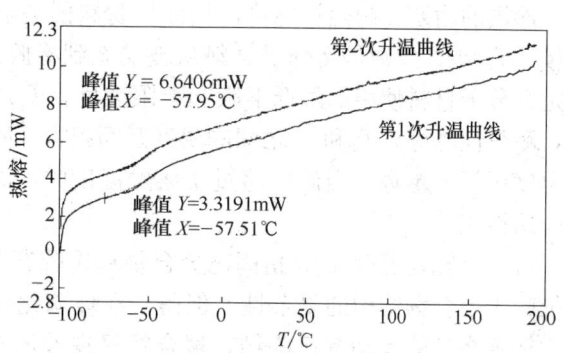

图 3-25 聚氨酯弹性体的 DSC 图谱

图 3-26 为一典型嵌段聚氨酯的 DMA 图谱。该聚合物的玻璃化转变温度在 −57℃ 左右，其储能模量 E'、损耗模量 E''、损耗角正切 $TanD$ 均发生一显著变化，这一转变对应聚合物主链的玻璃化转变在 50℃ 左右；其储能模量 E'、损耗模量 E''、损耗角正切 $TanD$ 又发生一显著变化，这一转变对应聚合物软段相的转变（结晶型聚氨酯多出现此转变）。

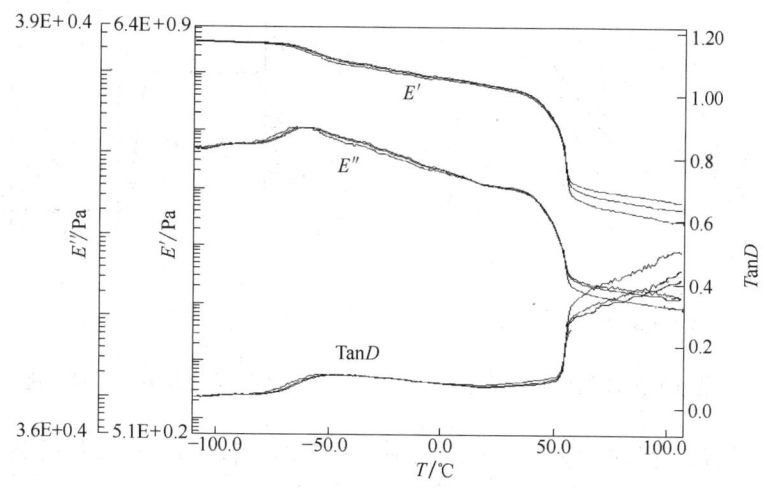

图 3-26 嵌段聚氨酯的 DMA 图谱

3.6.8 PU 树脂的耐候性

PU 树脂的耐候性决定着涂层的耐候性。耐候包含两次意义，一是耐低温性，二是耐高温性。合成革涂层在使用的过程中要经受住温度的变化，压花、熨平（包括滚压）、抛光、打光时的温度往往达到180℃，而要求涂层不黏板（辊），不掉底浆，温度高时涂层不发黏，因此，树脂必须具备高于200℃耐高温性。另外，涂层温度低时不应脆裂，在-20℃以下涂层的低温曲挠性，服装革≥40000次，鞋面、包袋革≥20000次，涂层不开裂，因此，涂层应具有良好的耐低温曲挠性能。涂层不耐寒时产生的缺陷是温度低时出现裂浆、裂面；不耐热所产生的缺陷是堆放打包时出现黏结或滚烫、滚压时黏板。

涂层的耐寒、耐热性能可以用涂层材料的玻璃化温度（T_g）和黏流态温度（T_f）来衡量。T_g和T_f分别是高分子材料从玻璃态到橡胶态以及从橡胶态到熔融态的转变温度，它是高分子材料使用的最低下限和上限温度。T_g越低，表明该树脂的耐寒性越好，T_f越高，耐热性越好。T_g和T_f之间的温度区间越宽（所处的状态为橡胶态），高分子材料使用的温度区间也越宽。当温度超过了熔融温度时，涂层就变成了黏流体，高分子材料失去了应用性能。

玻璃化转变温度T_g是指固态聚合物从橡胶态向玻璃态的转化温度。聚合物的相态转变依赖于聚合物结构的复杂性，但是，在玻璃化转变温度以下所有的分子运动包括聚合物主链围绕键的运动都已冻结，聚合物呈现玻璃态和脆性。聚合物的固有属性、力学性能如图3-27、图3-28所示。

依赖于温度的聚合物的特性参数可以用来测定聚合物的T_g，这些特性参数包括：比容、比热、折射率等。

温度对聚合物特性参数作图可得一在相转变温度区间（如T_g或T_f处）的转折曲线。

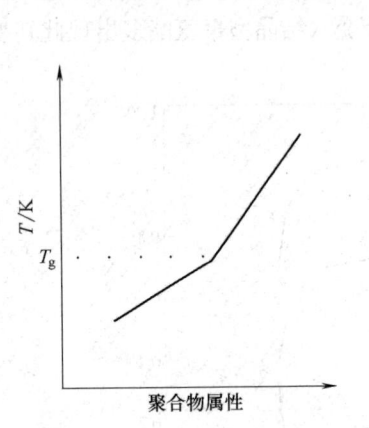

图3-27 聚合物的固有属性随相态的变化

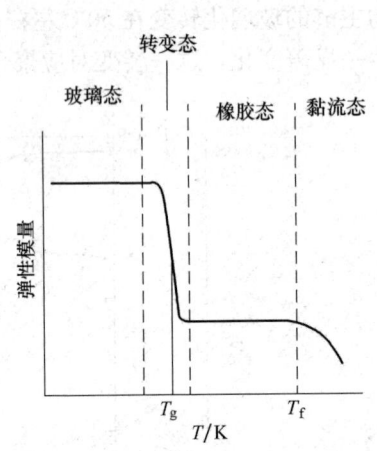

图3-28 聚合物的力学性能随相态的变化

可用来测定T_g常见的方法有：差示扫描量热分析（DSC）、热机械分析法（DMA）、热膨胀法、动态力学法、介电松弛法、核磁共振松弛法等。

尽管T_g随相对分子质量的增大而增高，但从某种程度上讲仍是一常数。一定范围相对分子质量分布的聚合物能满足合成革涂层的需要。聚合物的化学结构对聚合物的T_g影响明显，化学结构的改变将引起T_g的较大变化。

影响玻璃化转变温度的结构因素主要是高分子链的柔性（或刚性）、几何立构因素和高分子链间的相互作用力。

(1) 主链的柔性

玻璃化转变温度是高分子链段运动被激发，即链段由冻结状态到具有足够热运动能量以克服内旋转位垒的转变温度，因此 T_g 就和高分子链的柔性有关。凡能增加高分子链柔性的因素都使玻璃化转变温度移向低温；反之，凡能减少高分子链柔性的因素都使玻璃化转变温度移向高温。

主链化学键的内旋转位垒越低，高分子链的柔性越大，T_g 就越低。聚二甲基硅氧烷（硅橡胶）和线性聚乙烯是柔性链的例子，它们的 T_g 分别为 $-123℃$ 和 $-80℃$。而链比较刚的高聚物，例如聚对苯二甲酸乙二醇酯和聚碳酸酯的 T_g 分别为 $70℃$ 和 $150℃$。在主链上引进环状结构可以大大提高链的刚性，从而提高 T_g，这在制备耐高温高聚物材料方面很有意义。

芳族聚氨酯由于主链上含有刚性芳环，因而使其硬段内聚强度增大，材料的强度和耐热性能比脂肪族聚氨酯大。

(2) 几何立构因素

侧基或侧链对玻璃化转变温度的影响呈现复杂的情况。一般说来，高分子主链上带有庞大的侧基时，由于空间位阻使内旋转位垒增加，柔性降低，聚合物的 T_g 增高，耐寒性变差。如相同相对分子质量的聚丙二醇、乙二醇、四氢呋喃醚二醇，其耐寒性聚丙二醇基聚氨酯最差，这是因为聚丙二醇含有侧甲基的缘故。

(3) 链间的相互作用

高分子链间相互作用降低链的活动性，因而使 T_g 增高，因此极性基团、氢键等增加分子间相互作用的因素都能使 T_g 增高。与二元醇扩链剂相比，用二元胺作扩链剂获得的聚氨酯的强度、模量、耐热性能均较高，这是因为，脲键的形成更易导致大分子链间形成氢键，增强了链间作用力。

(4) 交联

分子链间的交联阻碍了分子链段运动，因而交联可以提高高聚物的 T_g。交联剂的含量与 T_g 间存有线性关系，可用下式表示：

$$T_{gx} = T_g + K_x \rho$$

式中　　T_{gx}——交联高聚物的玻璃化温度；

　　　　T_g——未交联高聚物的玻璃化转变温度；

　　　　K_x——常数；

　　　　ρ——交联点密度。

若只是轻度交联，不影响 T_g 转变的链段长度时，则 T_g 不会受明显影响。如用过氧化物交联天然橡胶，当平均每 170 个碳有一个交联点时，T_g 几乎不变；当每 60 个碳有一交联点时，T_g 才明显增高。另一方面，如果高度交联，使交联点之间链长比玻璃化转变所需要的链段还要短时，交联高聚物就不存在玻璃化转变了。同理，在聚氨酯体系中引入交联体系，能有效提高聚合物的耐热性。

(5) 改变玻璃化转变温度的各种途径

为了满足各种用途对 T_g 的不同要求，除了选择适当的高聚物来达到所需的玻璃化转变温度外，也可通过增塑、共聚、交联、共混以及改变相对分子质量等办法使某种高聚物玻璃化转变温度在一定的范围内变化。

在共聚物的分子链中，由于两种单体单元的性质不同，既改变了结构单元的相互作用，也改变了分子间的相互作用，因此共聚是一种改变玻璃化转变温度的有效手段。

无规共聚物的 T_g 介于两均聚物 T_{gA} 和 T_{gB} 之间。按自由体积理论，采用推导增塑体系类似的方法可推导出共聚物的 Gordon-Taylor 方程：

$$T_g = \varphi_A T_{gA} + \varphi_B T_{gB}$$

或用质量分数 w_A 和 w_B 表示：

$$\frac{1}{T_g} = \frac{w_A}{T_{gA}} + \frac{w_B}{T_{gB}}$$

交替共聚物可以认为具有两种链节（AB 链节）连接为一体的重复单元，因而具有自身特性的 T_g，出现特有的单一玻璃化转变。

对嵌段和接枝共聚物，只要两组分是不互容而形成的微区或相大得足以贡献 T_g 的，则显示双重的玻璃化转变，分别对应于 A 和 B 组分自身的特征 T_g（如典型的嵌段聚氨酯），如果两组分是相容的，那么嵌段或接枝共聚物就只显示一个 T_g。

聚氨酯的软段在高温下短时间不会很快被氧化和发生降解，但硬段的耐热性影响聚氨酯的耐温性能，硬段中可能出现由异氰酸酯反应形成的几种键基团，其热稳定性顺序如下：异氰脲酸酯＞脲＞氨基甲酸酯＞缩二脲＞脲基甲酸酯。

其中最稳定的是异氰脲酸酯，在 270℃ 才开始分解。氨酯键的热稳定性随着临近氧原子碳原子上取代基的增加及异氰酸酯反应性的增加或立体位阻效应的增加而降低；并且氨酯键两侧的芳香族或脂肪族基团对氨酯键的热稳定性也有影响，稳定顺序如下：

$$R\text{—}NHCOOR > Ar\text{—}NHCOOR > R\text{—}NHCOOAr > Ar\text{—}NHCOOAr$$

提高聚氨酯中硬段含量通常使硬度增加，弹性、耐寒性降低，耐热性提高。

3.6.9 不同种类的聚醚(酯)二元醇软段对聚氨酯薄膜力学性能的影响

在异氰酸酯种类、—NCO/—OH 摩尔比、二元醇相对分子质量等其他参数相同的情况下，不同种类的聚醚（酯）二元醇软段对聚氨酯薄膜力学性能的影响见表 3-7。

表 3-7　不同种类的聚醚（酯）二元醇软段对聚氨酯薄膜力学性能的影响

聚氨酯类型	聚醚种类	拉伸强度/MPa	断裂伸长率/%	硬度（邵氏）	回弹性	保型和耐切割性
TDI/PPG	聚丙二醇	9.26	810	36	一般	一般
TDI/PTMG	聚四氢呋喃二醇	15.8	1120	33	优良	优良
TDI/共混醚	聚丙二醇＋聚四氢呋喃二醇（摩尔比 1:1）	11.3	1030	36	较好	较好
TDI/PBA	聚己二酸丁二酯二醇	14.2	740	43	一般	好

由于聚醚型链段比聚酯型链段柔软，故聚醚型聚氨酯延伸性优良，但硬度和拉伸强度却不及聚酯型聚氨酯；相比较，聚四氢呋喃醚型聚氨酯表现出适中的硬度、较高的拉伸强度和断裂延伸率以及良好的回弹性能，且表现出较好的压花成型性和涂膜耐切割性。

将不同类型的聚醚共聚仍不失一种提高聚氨酯成膜材料综合性能的有效方法。如将聚丙二醇和聚四氢呋喃二醇（摩尔比1∶1）混合共聚后，将 PPG 基聚氨酯的力学性能和使用性能大幅度地提高。

3.6.10 聚醚的相对分子质量对聚氨酯力学性能的影响

在异氰酸酯种类、—NCO/—OH 摩尔比、合成条件等其他参数相同的情况下，不同种类的聚醚二元醇的相对分子质量对聚氨酯薄膜力学性能的影响见表 3-8。

表 3-8　　　聚醚的相对分子质量对聚氨酯力学性能的影响

二元醇类型 （相对分子质量）	摩尔比	拉伸强度/MPa	断裂伸长率/%	回弹系数
PTMG2000	4	11.2	458	1.04
PTMG2000∶PPG1000	1∶3	5.75	485	0.87
PPG2000∶PPG1000	1∶3	3.63	585	0.45
PPG2000	4	2.35	730	0.31
PPG1000	4	7.4	470	0.89

相同类型的聚醚，相对分子质量越大，硬段含量越低，抗拉强度越低，延伸性越大。PTMG 基聚氨酯的力学性能优于 PPG 基聚氨酯的力学性能。

3.6.11 树脂的抗 UV 性能（耐黄变性）和耐老化性能

涂层的老化指在光、热、氧化、水汽、气候变化等长期或反复作用下所引起涂层性能的变化，表现为发硬、脆裂、发黏、变色等。

涂层出现老化的本质原因是外部环境导致高分子材料裂解、降解、不饱和双键的氧化、残余官能团的化合、增塑剂的迁移等。如丁二烯树脂因分子中含有双键易被氧化，有时双键还会和颜料中的金属离子发生配位作用也会加速涂层的老化；芳香族聚氨酯由于含有苯环和醚键，易吸收紫外线，会出现涂层黄变，故该类聚氨酯不适宜于生产浅色革。

PU 树脂的抗 UV 性能决定于异氰酸酯种类、二元醇种类、助剂类别。

（1）异氰酸酯的种类

脂肪族异氰酸酯优于芳香族异氰酸酯，并表现如下规律：IPDI、HDI＞XDI＞MDI＞TDI。

MDI、TDI、NDI 等常用作芳香族聚氨酯树脂的原料，其反应过程中，分子中的氨酯键容易被紫外光破坏分解，生成胺，芳胺在氧化下苯核结构重排，生成醌式结构等发色基团，致使树脂发生黄变反应。其反应式如图 3-29 所示。

以 MDI 为原料的涂层氧化后生成双醌酰亚胺，泛黄性比以 TDI 为原料的涂层氧化后生成单醌式泛黄性更严重。脂肪族氨酯键比芳香族氨酯键稳定，其氨酯键在紫外光作用下，也可分解成脂肪胺，但这种胺不直接与苯环相联，难以形成与苯环的共轭效应氧化重排为醌式或偶氮结构的发色基团。由于接于脂肪链上或脂环链以及芳香族链上如 XDI 等，均被亚甲基隔断，故脂肪胺难氧化，因此也就没有黄变反应发生。

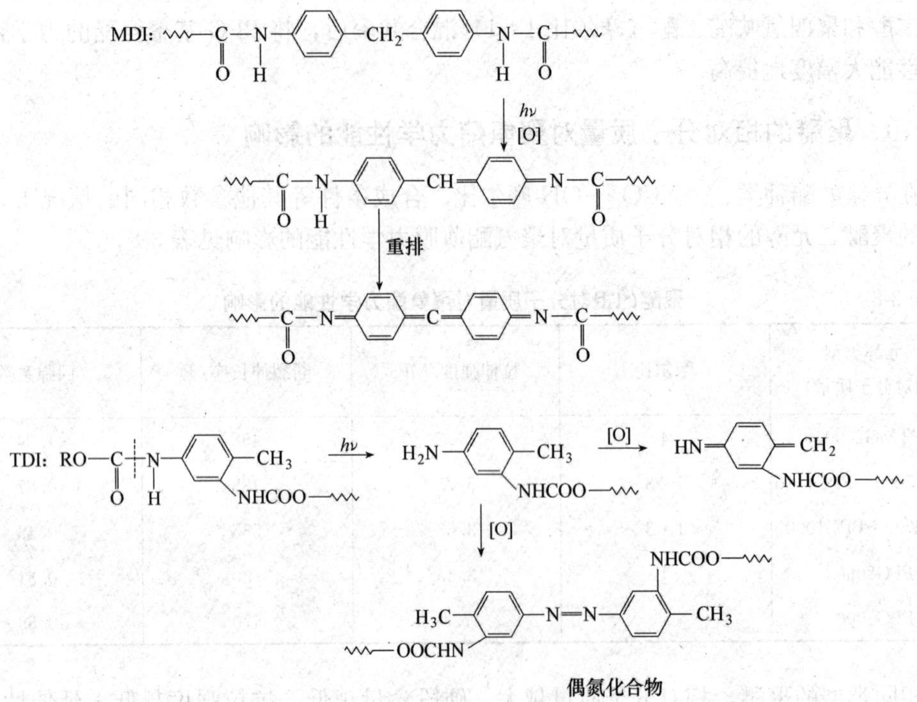

图 3-29 MDI、TDI 型聚氨酯黄变反应式

同样用芳香族 TDI 为原料，制成氨酯化合物即加成物，它的变色性比三聚体要强烈。因为从下面的反应式中可以看出，在叔氮（a）处没有氢原子，三聚异氰酸酯环较稳定，不会断键分解；即使在（b）处裂解断链形成芳胺，仅由于异氰脲环的吸电子效应及空间位阻等影响，很难由于苯环共轭效应重排形成助色基团醌式结构。

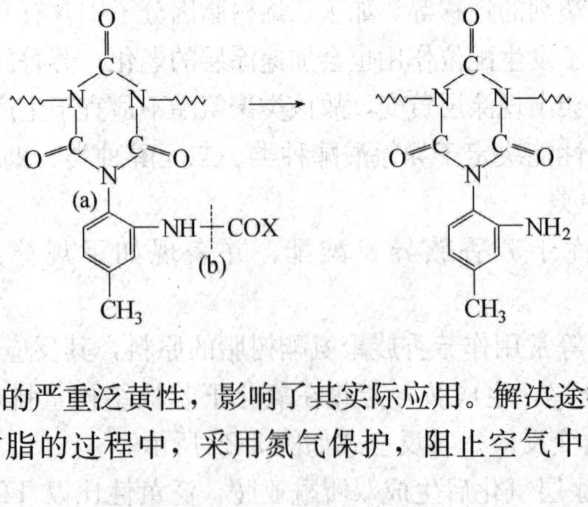

芳香族聚氨酯树脂的严重泛黄性，影响了其实际应用。解决途径如下：

①在制备聚氨酯树脂的过程中，采用氮气保护，阻止空气中的氧气进入反应体系，防止黄变反应的发生。

②添加适量的紫外光吸收剂和抗氧剂，以阻止和削弱紫外光的破坏作用，阻止空气的氧化作用，减少黄变反应。

③将芳香族的多异氰酸酯单体进行氢化处理，使 TDI 变为氢化 TDI，MDI 变为 H_{12}MDI，制备多异氰酸酯预聚物，防止黄变反应发生。

④采用脂肪族二异氰酸酯（如 IPDI、HDI）代替芳香族二异氰酸酯（如 MDI、TDI），制备多异氰酸酯预聚物，减少涂层的泛黄性。

（2）二元醇的种类

聚酯型二元醇优于聚醚型二元醇且有如下规律：聚酯型二元醇＞PTMG＞PPG＞PEG。由于聚醚二元醇中的醚键易吸收紫外光而发生黄变，故耐黄变性较差；同等条件下 PEG 中醚键含量最高，故耐黄变性最差。

（3）助剂类别

浆料配方往往需加入各种助剂以改善加工或成革性能。如增塑剂、交联剂、增稠剂、蜡剂、脱板剂、手感剂、填料、色粉（浆）等，这些助剂不应含有光敏基团，如—Ar、—C≡N—、—C=C—、—NH$_2$、—O—、酚羟基等，否则会导致涂层色变或黄变。

因此，在浆料配方设计时，应充分考虑用户的需求、成革的品种，对于深色调的革类，可选用价格便宜的芳香族 PU 树脂，而对浅色革或白度要求较高的革类，宜选用脂肪族 PU 树脂，以满足使用要求。

3.6.12 PU 树脂的耐水解性

合成革涂层的耐水解性与 PU 树脂的耐水解性密切相关。在其他条件不变的情况下，PU 树脂的耐水解性由聚醚（酯）多元醇的耐水解性所决定。聚己二酸新戊二醇-1,6-己二醇酯二醇（polyneopentylene-hexamethylene adipate glycol）、聚碳酸酯二醇等具有良好的耐水解稳定性，广泛用来制造耐水解聚氨酯粘胶剂和耐水解合成革。聚己二酸新戊二醇-1,6-己二醇酯二醇的结构式如下：

$$HO-CH_2-\underset{\underset{CH_3}{|}}{\overset{\overset{CH_3}{|}}{C}}-CH_2-O-[\overset{O}{\overset{\|}{C}}-(CH_2)_4-\overset{O}{\overset{\|}{C}}-O-(CH_6)_6-O-]_m$$

$$[\overset{O}{\overset{\|}{C}}-(CH_2)_4-\overset{O}{\overset{\|}{C}}-O-CH_2-\underset{\underset{CH_3}{|}}{\overset{\overset{CH_3}{|}}{C}}-CH_2-O-]_b]_n H$$

低聚物二元醇种类对聚氨酯性能的影响见表 3-9，不难发现，聚四氢呋喃醚二醇、聚丙二醇及两者的共聚醚二醇、聚亚己基碳酸酯二醇等具有良好的耐水解稳定性，而聚乙二醇及其共聚物二醇耐水解稳定性较差，聚己二酸酯二醇具有中等的耐水解稳定性。

表 3-9　　低聚物二元醇种类对聚氨酯性能的影响

低 聚 物	结晶性	耐寒性	耐水性	耐热性	耐油性	机械强度
聚氧化丙烯二醇(PPG)	×	◎	◎	△	△	△
聚氧化乙烯二醇(PEG)	○	◎	×	○	△	○
聚四氢呋喃醚二醇(PTMG)	○	◎	◎	○	△	○
共聚醚二醇 P(EO/PO)	×	◎	○	○	△	○
共聚醚二醇 P(THF/EO)	×	◎	○	○	△	○

续表

低聚物	结晶性	耐寒性	耐水性	耐热性	耐油性	机械强度
共聚醚二醇 P(THF/PO)	×	◎	◎	△	△	○
聚己二酸乙二醇酯二醇(PEA)	○	△	△	◎	◎	◎
聚己二酸一缩二乙二醇酯(PDEA)	×	△	×	◎	◎	◎
聚己二酸-1,2-丙二醇酯(PPA)	×	◎	○	◎	◎	◎
聚己二酸-1,4-丁二醇酯(PBA)	◎	◎	○	◎	◎	◎
聚己二酸-1,6-己二醇酯(PHA)	◎	△	◎	◎	◎	△
聚己二酸新戊二醇酯(PNA)	×	◎	◎	◎	◎	○
P(E/DE)A 无规共聚酯	△	◎	×	◎	◎	◎
P(E/P)A 无规共聚酯	△	◎	○	◎	◎	◎
P(E/B)A 无规共聚酯	△	◎	○	◎	◎	◎
P(H/N)A 无规共聚酯	△	◎	◎	◎	◎	△
聚己内酯二醇(PCL)	○	◎	○	◎	◎	◎
聚亚己基碳酸酯二醇(PHC)	◎	△	◎	◎	◎	◎
聚硅氧烷多元醇	×	◎	◎	◎	×	×

注：①A 表示己二酸，E 表示乙二醇，B 表示丁二醇，P 表示丙二醇，H 表示己二醇，DE 表示一缩二乙二醇，N 表示新戊二醇，首写 P 表示"聚"，THF 表示四氢呋喃，PO 表示氧化丙烯，EO 表示氧化乙烯。
②×表示差，△表示一般，○表示良好，◎表示优。

3.7 PU 树脂的透水汽性(透湿性)

20 世纪 70 年代，随着制革业的发展，全球合成革（特别是 PU 革）业也得到了迅猛的发展，但由于合成革天然地存在着透气、透水汽性差的缺陷，严重影响了合成革的卫生性能和舒适性能。

3.7.1 聚氨酯结构对透水汽性的影响

（1）软段结构对聚氨酯透水汽性的影响

1969 年，Schneider 等人曾报道过聚氨酯软段的化学性质对透水汽性具有较大影响。其软段分别是聚醚：聚乙二醇（PEG2000）、聚四氢呋喃二醇（PTMG2000）、聚二甲基苯醚二醇（PPO2000）；聚酯：聚己二酸丁酯二醇（PBA2000）。使用 PTMG2000、PPO2000、PBA2000 合成的聚氨酯，吸水率很小，透水汽性差。相比较，由于 PEG2000 具有较强的亲水性，所合成的聚氨酯吸水率较大，透水汽性较好。Hsieh 等人也得到了相同的结论，证明了使用 PTMG2000、PBA2000 和聚己内酯二醇（PCL2000）作为软段，所合成的聚氨酯吸水率和透水汽性都较差。其透水汽性按以下顺序增加：PBA<PCL<PTMG。Kanapitsas 等人在发表的文章中也得到了类似的结果。Barrie 和 Nunn 使用聚四氢呋喃二醇（PTMG）/1,4-甲苯二异氰酸酯（1,4-TDI）合成了不含扩链剂的聚醚型商业

用聚氨酯；另外使用聚己二酸乙酯（PEA）/聚己二酸丁酯（PBA）/MDI 合成了混合软段的聚酯型商业用聚氨酯。透水汽性测试结果表明，上述两种聚氨酯在温度范围 36～60℃内，透水汽指数都非常低，在 36℃时，聚醚型聚氨酯的透水汽性要略高于聚酯型聚氨酯。这种差异主要是由于聚合物不同的刚性结构所引起的。聚醚型聚氨酯的玻璃化转变温度比聚酯型聚氨酯低 20℃左右。前人的研究结果表明：不同的软段对聚氨酯透水汽性的影响有所不同，除了 PEG 使聚氨酯嵌段化合物亲水性明显增强外，PPO、PTMG、PEA、PCL、PBA 都具有较强的疏水性，赋予了聚氨酯薄膜较低的吸水性和透水汽性。

(2) 软段含量对聚氨酯透水汽性的影响

目前，关于软段含量对于 PU 吸水率和透水汽性影响的研究主要以聚醚聚氨酯为主。通过系统分析文献中的实验数据发现，随着 PU 软段含量的变化，聚氨酯薄膜的吸水率和透水汽性呈指数关系变化。例如当亲水性软段 PEG 含量增加时，PU 薄膜吸水率和透水汽性呈指数关系增加；相反，当疏水性软段（如 PTMG、PPO）含量增加时，吸水率和透水汽性呈指数关系降低。采用 PEG 作为软段，提高了聚氨酯的透湿性，其原因可能来自两个方面：其一，PEG 为亲水性链段，捕获水蒸气分子的能力较强；其次，—O—位垒能较低，单键易于旋转，聚合物在旋转的过程中会产生瞬间自由体积空洞，为水汽的透过提供了途径。

(3) 硬段结构对聚氨酯透水汽性的影响

目前，有关聚氨酯硬段的化学性质对吸水率及透水汽性影响的系统化研究并不多见。Green 等人通过研究由不同的混合软段（PEO/PTMG 或者 PEO/PPO、H_{12}MDI）和不同的扩链剂 [1,4-BDO 或者乙二胺（EDA）]合成的聚氨酯的透水汽性，发现用 1,4-BDO 合成的聚氨酯透水汽性低于用 EDA 合成的聚氨酯的透水汽性。Kanapitsas 等用不同原料（MDI 或 H_{12}MDI、1,4-BDO、PPO2000 或者 PBA2000）合成的系列 PU 并对吸水率进行了分析，结果表明：用上述原料合成的 PU，吸水率都很低。用不同原料合成的 PU 之间的微小差别不能归结于硬段化学结构的变化。同时，硬段的组成变化也没有引起扩散系数的显著变化。

Hsieh 等人在实验中使用 2,2-二羟甲基丙酸（DMPA）或 N-甲基二乙醇胺（MDEA）作扩链剂，在 PU 中引入羧基或胺基。实验结果表明：引入羧基或胺基后，软段（即 PTMG2000、PCL2000 或 PBA2000）和硬段（MDI/1,4-BDO/DMPA 或 MDI/1,4-BDO/MDEA）之间的分子间作用力增强，聚合物的结晶性和玻璃化转变温度提高，聚合物中的网状结构使 PU 薄膜透水汽性减小，并且，胺基的影响大于羧基，这可能是因为羧基与水分子之间的作用较强，使 PU 透水汽性降低的程度小于胺基。

范浩军等人使用 MDI、PEG、1,4-BDO/EG/DMPA 来合成聚氨酯，探索不同扩链剂 (1,4-BDO、EG、DMPA) 对聚氨酯透水汽性的影响。实验结果与 Hsieh 等人的研究结果有相同之处，用 1,4-BDO、DMPA 作扩链剂合成的聚氨酯的透水汽性低于用 EG 合成的聚氨酯。这可能是因为 EG 中含有亲水性更强的醚键，更容易捕获水分子，使聚氨酯薄膜的透水汽性更强。

3.7.2　树脂的成膜方式对透水汽性的影响

聚氨酯的透气性与其成膜方式有关。溶剂型聚氨酯在基布上形成致密的涂层,一方面,阻止了水的透过,具有防水性;另一方面,也阻止了水蒸气的传递,降低了涂层的透水汽、透湿性能。

水基聚氨酯也会形成致密无孔的涂膜,但和溶剂基聚氨酯相比,它所形成的是亲水性无孔膜。这种亲水性无孔膜表面及本体都为均匀致密的结构,其透水汽性是由聚氨酯材料中的亲水性成分而引起的。亲水成分可以是分子链中的亲水基团或是嵌段共聚物的亲水组分。这些基团首先以氢键形式"捕获"人体散发的水蒸气分子,同时由于聚氨酯大分子链的热运动,分子链之间可能形成瞬间的空隙,加上薄膜内外两侧水蒸气压差的推动,水蒸气分子将沿着致密分子链间的空隙从蒸气压高的一面"传递"到另一面;即从接触皮肤的一面,传递到周围环境,达到透湿的目的。因此水基聚氨酯的透湿主要是靠亲水链段或亲水基团的作用,故又称为"亲水性透湿"。

由于溶剂基聚氨酯一般不含亲水基团,疏水作用强,"捕获"水蒸气分子能力弱,因此,同水基聚氨酯相比,透气、透湿性要差得多。经表 3-10 对比发现,采用水性聚氨酯涂饰过的革的透湿性约为半水性材料涂饰合成革的 6 倍,为全溶剂 PU 涂饰的 8 倍。

表 3-10　　　　不同涂饰方法合成革的透湿性(20℃,RH65%)

不同涂饰方法的 PU 革	透湿量 /[$mg/(cm^2·h)$]	不同涂饰方法的 PU 革	透湿量 /[$mg/(cm^2·h)$]
油性湿法贝斯	1892.22	半水性(水性 PU 底涂+溶剂 PU 顶涂)涂饰	123.11
全水性 PU 涂饰	615.53	全溶剂 PU 涂饰	80.66

3.8　树脂的耐磨、耐刮和保型、定型性

涂层的耐磨、耐刮性与涂层的摩擦阻力、韧性、弹性有关。涂层的摩擦因数越小,其耐磨性越好;而涂层的耐刮性则与树脂弹性相关,有着类似橡胶一样高弹性的树脂,其耐刮性优良。

涂层的压花成型性与革的品种和压花方式、温度等密切相关。对溶剂型树脂,压花温度需高于 200℃以上,使树脂在高温下熔融方能有好的压花定型性和保型性。一般油性聚氨酯比水性材料具有更好的压花定型性和保型性,因为油性聚氨酯所用的异氰酸酯为 MDI,其双苯环结构具有更好耐热性和压花定型、保型性。

涂层的压花成型性与树脂的种类、硬度和韧性有关,硬度越大、韧性越强,其压花性(成型性、定型性、保型性和耐切割性)越好;成膜树脂越柔软,弹性越好,其热可塑性越强,则压花成型性越差。

涂层的耐切割和保型、定型性与所用软段——聚醚或聚酯二元醇的种类密切相关,见表 3-11。

表 3-11　　聚醚或聚酯二元醇的种类与花纹保型、定型性之间的关系

种类	相对分子质量	化学键	耐切割性	保型、定型性	耐磨性
聚酯二元醇	2000	—COO—	优良	优良	良
PCL	2000	—(CH$_2$)$_5$COO—	优良	优良	良
聚碳酸酯二醇	2000	—OOCOO—	优良	优良	优
PTMG	2000	—O(CH$_2$)$_4$—	优良	优良	良
PPG	2000	—OCH(CH$_3$)CH$_2$—	差	一般	差
PEG	2000	—O—	差	差	差

一般地，聚酯类二元醇耐水解性、耐寒性略差，但压花成型性、保型性、耐磨性优良；聚四氢呋喃醚二醇兼具耐水解性和良好的压花成型性、保型性；而聚丙二醇、乙二醇醚耐切割性和压花成型性、保型性、耐磨性均较差。

3.9　不同种类聚氨酯物性比较

3.9.1　芳香族与脂肪族聚氨酯物性比较

芳香族聚氨酯是由芳香族二异氰酸酯［如甲苯二异氰酸酯（TDI）、二苯基甲烷二异氰酸酯（MDI）、苯二甲撑二异氰酸酯（XDI）、六氢甲苯二异氰酸酯（HTDI）、1,5-萘二异氰酸酯等］与多元醇反应而制备的聚氨酯。

脂肪族聚氨酯是由脂肪族二异氰酸酯［包括异氟尔酮二异氰酸酯（IPDI）、三甲基己烷二异氰酸酯（TMDI）、二环己基甲烷二异氰酸酯（H$_{12}$MDI）、六亚甲基二异氰酸酯（HDI）等］与多元醇反应而制备的聚氨酯。

由于芳环和脂肪环（链）的差异，导致芳香族与脂肪族聚氨酯物性存在着较大的差异。

(1) 耐黄变性

脂肪族聚氨酯的耐黄变性优于芳香族聚氨酯，其机理在 3.6.11 中已有详尽阐述。

(2) 耐热和耐寒性

芳香族聚氨酯含有刚性的芳环结构，结构稳定，耐热性优良。脂肪族聚氨酯中的脂肪环或脂肪链易发生形变，位垒能相对较低，故耐热性不及芳香族聚氨酯，但耐寒性优于芳香族。

(3) 力学性能

在其他参数不变的情况下，芳香族聚氨酯由于芳环结构的存在，具有更高的模量和强度，而脂肪族聚氨酯具有较高的延伸性。MDI 因具有完整的对称结构，两个芳环之间有一个位垒能较低的—CH$_2$—，单键易于旋转，因此 MDI 型聚氨酯既具有高的强度和模量，又具有良好的延伸性和回弹性。

(4) 压花成型性

芳香族聚氨酯中的刚性芳环结构具有较好的压花成型性，一般来说，芳香族聚氨酯压花成型性＞脂肪族聚氨酯，并呈现如下规律：MDI 型 PU＞TDI 型 PU＞H$_{12}$MDI 型 PU＞IPDI 型 PU＞HDI 型 PU。

(5) 光学性能

聚氨酯的光学性能主要指涂膜的亮度和透明性。TDI、MDI 基聚氨酯的光泽度相对较高，这是由于含苯类化合物的折射率大。TDI 和 MDI 中含有苯环，而 MDI 相对苯环含量更大一些，所以 MDI 型聚氨酯的光泽度最高，而 IPDI、HDI 型聚氨酯的光泽度略差。

透明聚氨酯是指日常光线透光率在 80% 以上的聚氨酯；从原理上看，降低聚氨酯的结晶性，有利于提高其透明性。一般来说，脂肪族聚氨酯的透光率优于芳香族聚氨酯。这是因为：一方面 MDI、TDI 分子结构中含有苯环，在紫外光作用下容易氧化，生成发色的醌式结构而影响透度；另一方面，芳环中含有不饱和键，折射率高，有利于提高聚氨酯的光泽度，不利于提高透度。不同异氰酸酯制备的聚氨酯透光率呈现如下规律：IPDI＞H_{12}MDI＞HDI＞TDI＞MDI。

H_{12}MDI 由于含有两个环己烷的六元环结构，对称且规整，相分离程度高，聚氨酯有一定结晶性。HDI 与 IPDI 相比，结构对称性好，用其合成的聚氨酯弹性体有微弱结晶，故透明性不及 IPDI 型聚氨酯。

3.9.2 水性聚氨酯与油性聚氨酯的差异

（1）合成方法的差异

水性聚氨酯与油性聚氨酯合成原理相似，均为逐步聚合反应，但合成方法不同：油性树脂通常采用溶液聚合法（俗称"一锅法"），包括预聚→扩链（调黏度，可多次）→封端 3 步完成；而水性树脂一般采用先本体聚合或溶液聚合，再转相（将油相预聚体分散水相中，得到水基聚氨酯），工艺包括预聚→扩链→中和→分散→再扩链。

在合成设备及规模上，水性树脂的聚合反应和分散独立进行，国内多采用间歇式生产，国外则多半间歇式或连续化生产；油性树脂采用一锅法，可连续大规模化生产，产量可达 20～50t/批。

（2）结构与组成的差异

水性聚氨酯与油性聚氨酯在组成上的差异主要体现在扩链剂上（表 3-12）；油性树脂多采用小分子二元醇和二元胺作扩链剂，而水性聚氨酯必须采用亲水性扩链剂。

醇类扩链剂：乙二醇（EG）、1,4-丁二醇（BDO）、丙二醇、己二醇、苯二甲醇等。

胺类扩链剂：肼、乙二胺、己二胺、4,4′-二苯甲烷二胺、二乙烯三胺等。

含亲水基团的扩链剂，如二羟甲基丙酸（DMPA）、二羟甲基丁酸、羟基磺酸盐或氨基磺酸盐、N-甲基二乙醇胺（MDEA）等，主要用来制备水基聚氨酯。

表 3-12　　水性聚氨酯与油性聚氨酯在组成上的主要差异

聚氨酯类型		原料		
		异氰酸酯种类	聚醚(酯)二元醇	扩链剂
溶剂型	脂肪族	IPDI、HDI、H_{12}MDI	二元醇无选择性	二元醇或二元胺
	芳香族	MDI	二元醇无选择性	二元醇或二元胺
水基型	脂肪族	IPDI、HDI、H_{12}MDI	二元醇无选择性	二羟甲基丙酸/丁酸或羟基磺酸盐
	芳香族	TDI	二元醇无选择性	二羟甲基丙酸/丁酸或羟基磺酸盐

(3) 性能差异

①透气、透湿性　油性聚氨酯干燥后形成疏水性致密膜（dense membrane），又称无孔膜（nonporous membrane），它是由聚合物分子紧密堆积而成，聚合物分子与分子之间的间隙一般在 0.1～1.0nm，而水蒸气分子平均直径为 0.4nm，水蒸气分子不易通过，故干法合成革透气、透湿性差。卫生性能较差。水性聚氨酯干燥后形成亲水性致密膜，水汽分子的传递遵从吸附—传递—解析机理，故其透气、透湿性优于油性聚氨酯。

②手感　一般来说，水性树脂制备的合成革的触感优于油性体系，这是因为，水性树脂捕获的水分子起到了湿润和增塑作用。

③光泽　油性树脂体系的光泽高于水性树脂体系，如湿气固化可生产高光水晶革和镜面革。水性树脂涂层光泽柔和、自然，适宜生产半高光和自然光合成革。

④成膜机理　对于溶剂型体系，大分子以弯曲、卷曲、无规线团的形式存在；而在水性体系中，大分子以乳胶粒的形式存在。溶剂型树脂成膜过程可分为三个阶段：

第 1 阶段：表面低沸点溶剂挥发→下层溶剂向上扩散→表面形成饱和蒸气压。

第 2 阶段：表面形成一层薄膜，先是黏性凝胶，转变成干凝胶（溶剂的挥发要克服薄膜的阻力）。

第 3 阶段：高沸点溶剂蒸发→聚合物链致密排列成膜。

水基聚氨酯的成膜机理与油性体系完全不同，也分为三个阶段：

初期：随着水分逐渐挥发，聚合物颗粒和颜料、填料颗粒逐渐靠拢，但仍可自由运动。

中期：随着水分进一步挥发，聚合物颗粒和颜料、填料颗粒表面的吸附层破坏，成为不可逆的相互接触，达到紧密堆积，一般认为此时理论体积固含量为 74%，即堆积常数是 0.74。该阶段水分挥发速率为初期的 5%～10%，水分含量约 2.7%。

后期：在缩水表面产生的力作用下，也有认为在毛细管力或表面张力等的作用下，如果温度高于最低成膜温度（MFT），乳液聚合物颗粒扩散、融合、聚结成膜，同时聚合物界面分子链相互扩散、渗透、缠绕，使涂膜性能进一步提高，形成具一定性能的连续膜。水基聚氨酯成膜示意图如图 3-30 所示。

不难看出，溶液型聚氨酯和水基聚氨酯在成膜机理上的最大区别在于，在干燥过程中期，乳胶粒会扩散、融合、重新聚结形成致密膜。扩散、融合、重新聚结需要一个过程，干燥速度过快时，乳胶粒不能很好地融合、聚结，或表面无法形成连续涂膜，或严重影响涂膜的物性（如光泽、手感等）。

⑤干燥温度和速度　浆料的干燥速度主要取决于溶剂的汽化潜热和饱和蒸气压。水的汽化潜热大（2260J/g），而溶剂的汽化潜热小（如甲苯 367J/g）；大气中存在水蒸气压，而大气中一般不会出现溶剂蒸气压。故干燥水性树脂时阻力更大。

对于溶剂型树脂，如主要溶剂 DMF，其沸点高（152.8℃），但饱和蒸气压小，汽化潜热小，因此在干燥温度 130～140℃下干燥速度可达 35m/min 以上；对水性树脂，因膜机理差异（乳胶粒成膜），汽化潜热高，饱和蒸气压大，因此，水性树脂的干燥速度不及油性树脂。

相反，水性树脂干燥过快时，会带来诸多缺陷，如聚合物表面结膜，下层水蒸气挥发受

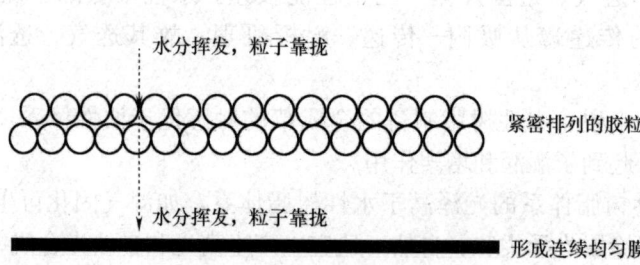

图 3-30 水基聚氨酯成膜示意图

阻,最终导致干燥速度下降;干燥过快,还会产生涂膜鼓泡、裂纹和体积收缩;有时乳胶粒不能完全融合,影响涂膜的平滑度、力学性能(变差)、光泽(下降)和手感(变硬)等。

⑥表面张力 水的表面张力高(72.8mN/m),故水性聚氨酯表面张力高(一般在50~60mN/m);而溶剂的表面张力较低(随溶剂的极性而不同),故溶剂型聚氨酯的表面张力也比较低,约40mN/m。即使同是油性或水性聚氨酯,芳香族聚氨酯表面张力高于脂肪族聚氨酯;聚酯型聚氨酯的表面张力高于聚醚型聚氨酯。

当聚氨酯的表面张力与基材表面张差较大时(界面张力存差),会出现涂层与基材之间、层与层之间润湿和铺展性差、黏结不牢的问题(初黏结力和干、湿态黏结力差)。特别是对表面张力比较低的基材,如TPO(热塑性聚烯烃)、TPU(热塑性聚氨酯)等人工革,如何降低界面张力,提高水性表处剂的铺展和黏结问题,是水性树脂使用的技术关键之一。另外,由于水性树脂的表面张力大,在上浆、配料时易产生气泡和流平性差等问题,需加消泡剂(特别是动态消泡)、流平剂以降低表面张力;而油性树脂因表面张力较低,一般不会出现上述问题。

3.10 聚氨酯的功能化和高性能化

未来聚氨酯的发展方向,一方面朝着功能化的方向发展,另一方面朝着高物性方向发展。人工革产品除了最基本的透气透湿性、抑菌防霉性、耐黄变等性能外,随着合成革技术的发展和人们生活水平的提高,人们还要求产品具有某种特殊的功能,如阻燃、抗静电、抗菌除臭、防水防污、抗紫外、红外保健、香味、负离子、调温/调湿、消音减震、电磁屏蔽、发光变色、隐身、生物可降解等;或较高的物性,如高光、高透、高剥离、耐持久、耐水解等。人工革的这些功能性和高物性均与聚氨酯密切相关。

3.10.1 高物性聚氨酯

限于篇幅,在这里只简单介绍常见的一些特殊物性的聚氨酯及其性能特点。
①高光聚氨酯 又称光油,能赋予皮革涂层高的光泽,产生镜面效果,适合生产漆

革、镜面革。

②消光聚氨酯　又称消光光油，能给予皮革涂层良好的消光效果。传统的消光聚氨酯由聚氨酯和二氧化硅消光粉复合而成，涂层易产生"拉白"和"折白"现象。目前市场上已有自消光聚氨酯，无须添加消光粉即产生良好的消光效果。

③高透聚氨酯　这类聚氨酯具有高的透明度，适合烫光涂层及对花纹立体感要求较高的涂层，也可用作透明涂料、玻璃夹层黏合剂、透明弹性体等。

④高剥离聚氨酯　这类聚氨酯与基材或底层具有很高的剥离强度。传统聚氨酯的剥离强度一般为 20~30N/3cm，而高剥离聚氨酯则要求剥离强度达到 100N/3cm 以上。

⑤耐持久聚氨酯　这类聚氨酯主要用于汽车革的制造，要求耐水解、耐磨、耐老化、抗刮等，主要分为 5 年和 10 年耐久性两种。

⑥耐磨聚氨酯　这类聚氨酯主要由于汽车革、沙发革、鞋面革、球类等耐磨性要求较高的皮革制品，涂层耐磨性一般要求≥1500 次（Tabler 实验法），有些革要求较高，4000 次以上。

⑦耐候聚氨酯（耐热、耐寒）　这类聚氨酯要求具有较宽的使用温度区间，成革在低温下（≤-60℃）涂层不开裂，手感不变硬；高温下（≥220℃）涂层压纹不粘连，不分解。

⑧耐水解聚氨酯　目前根据其耐水解的等级可分为 6、12、24h 等（见行业测试标准），能耐丛林实验（70℃，RH95％，水解 168h）。这类聚氨酯主要生产球类革、鞋类革、沙发革，也可用作船舶漆、城市道路标识涂料等。

⑨软而不黏聚氨酯（低模量）　为推动服装革、软革产品的高速发展而要求模量差异化（20 模量、15 模量、10 模量、8 模量、6 模量）的聚氨酯，要求软而不黏，产品垂感足、弹性高等。

⑩低温固化聚氨酯　要求聚氨酯和交联组分低温下固化。这类聚氨酯一般由 A、B 组分组成，A 组分为含活性基团的预聚体，B 组分为固化剂。固化条件温和，如合成革的湿气固化工艺、无溶剂聚氨酯工艺。这类聚氨酯也可用于汽车翻新漆和木器漆。

⑪低表面张力聚氨酯　这类水性聚氨酯的表面张力较低（≤40 mN/m），适合低能表面基材/涂层的黏结、印花等。

3.10.2　功能聚氨酯

有关聚氨酯的功能化有大量的文献报道，在这里只对与合成革涂层相关的一些功能型聚氨酯作一简要介绍。

①温敏聚氨酯　这类聚氨酯的性能如透气透湿性、力学性能、电学性能等对温度的刺激呈现响应特性。利用聚氨酯的温敏特性可开发低温保暖、高温透气透湿合成革涂层，也可用来开发智能分离膜和形状记忆材料等。

②光敏聚氨酯　这类聚氨酯的性能对光的刺激呈现响应特性或交联特性，可用来作光固化涂料、油墨及 UV 固化合成革涂层。

③阻尼聚氨酯　这类聚氨酯具有隔音、减震功能，即将振动能转变为热能而耗散的一类材料。可用作高档宾馆、会所、影院涂料及墙纸革涂层。

④阻燃抑烟聚氨酯　这类聚氨酯大分子链中嵌入含 P、N、Si 等协同阻燃成分，具有阻燃抑烟效果，可用来开发阻燃皮革涂层、泡沫，如汽车革、墙纸革、家具革等。

⑤隔热聚氨酯　隔热聚氨酯是近几年发展起来的一种反射热光型、工期短、见效快的功能型聚氨酯涂料。隔热涂层从特性原理分类主要有三种：隔绝传导型隔热涂料、反射型隔热涂料和辐射型隔热涂料。

⑥隔热聚氨酯　可用来开发保温涂层、车窗隔热涂层、帐篷革等。

⑦UV屏蔽聚氨酯　具有特殊的抗老化功能，适合开发耐紫外辐照和耐持久性要求较高的合成革及其制品。

⑧吸波聚氨酯　吸波聚氨酯是指能吸收投射到它表面的电磁波能量的一类聚氨酯。在应用上，除要求吸波聚氨酯涂层在较宽频带内对电磁波具有高的吸收率外，还要求它具有质量轻、耐温、耐湿、抗腐蚀等性能。这类聚氨酯可用来开发军用革、帐篷革以及电磁防护工作服等。

⑨防水透湿聚氨酯　具有特殊的微孔结构，具有防水透湿功能，可用来开发防水、透湿皮革和合成革。

⑩发光、变色、荧光聚氨酯　这类聚氨酯分子中嵌入了特殊的发光、变色或荧光组分，可用来开发需特殊警示或变色效应的皮革及其制品，如警察服、消防服、环卫工作服、儿童服装/鞋等，也可用来作道路标识涂料。

3.11　PU树脂的生产工艺及设备

3.11.1　溶剂型聚氨酯生产工艺

溶剂型聚氨酯的合成方法可分为一步法、预聚法和前期涨黏法。

（1）一步法

在反应釜中投入配方量的聚酯二元醇、MDI、扩链剂、抗氧剂、溶剂，在70～75℃进行反应，1h后补加MDI增黏，经过2～3次的稀释、增黏，最后在达到黏度和固含量要求时，补加余下的溶剂及少量的封端剂封端并加入助剂，形成要求的产品。

（2）预聚法

在反应釜中投入配方量的聚酯二元醇、MDI、抗氧剂、溶剂在75～80℃进行反应，90min后测定—NCO含量，合格后依次加入配方量的溶剂、扩链剂、MDI进行扩链反应，经过2～3次的稀释、增黏，最后在达到黏度和固含量要求时，补加余下的溶剂及少量的封端剂封端并加入助剂，形成要求的产品。

（3）前期涨黏法

在反应釜中投入配方量的聚酯二元醇、MDI、抗氧剂、溶剂，在75～80℃进行反应，1h后补加MDI增黏，并在达到一定黏度后再进行扩连反应，经过2～3次的稀释、增黏，最后在达到黏度和固含量要求时，补加余下的溶剂及少量的封端剂封端并加入助剂，形成要求的产品。

采用涨黏法的目的是前期让分子质量较大的聚酯多元醇能与异氰酸酯充分反应，形成一定分子质量的直链及软段，再与扩链剂、异氰酸酯进行反应形成硬段，这样形成的聚氨酯具有嵌段结构，相分离明显，从而赋予PU树脂良好的成肌性（厚度保持率）和加工性能。涨黏法合成工艺适合生产超低模量湿法树脂，前期涨黏至60Pa·s（65℃）比较合适。

3.11.2 水基聚氨酯生产工艺

水基聚氨酯的制备方法通常包括预聚体扩链法和后扩链法。

(1) 预聚体扩链法

将预先经过脱水处理的聚醚(酯)二元醇、二异氰酸酯等按计量加入配有搅拌器、温度计、冷凝器和经 N_2 置换后的反应釜中,在 70~85 ℃条件下反应 2~3h,加入小分子二元醇、二羟甲基丙酸(DMPA)或 N-甲基二乙醇胺等扩链剂扩链反应 2~3h,经二正丁胺法测定端基—NCO 值达到理论值,降温至 50℃以下,加入成盐剂三乙胺或无水醋酸等中和反应 20~30min,得到预聚体。在强烈搅拌作用下将预聚体分散于去离子水中,获得水性聚氨酯(WPU)。

(2) 后扩链法

在装有电动搅拌器、回流冷凝管、温度计和 N_2 进出口的 500mL 四口烧瓶中,加入聚酯二元醇和扩链剂 1,4-丁二醇、二羟甲基丙酸(DMPA),加热至 90~100 ℃使其熔化;然后降温至 80℃,加入二异氰酸酯(IPDI 和 HDI)、少量催化剂[月桂酸二丁基锡(DBTDL)],在干燥 N_2 保护下在 85~95℃反应数小时,直至—NCO 含量达到理论值(正丁胺滴定法测定)时得到预聚物(预聚期间加入适量丙酮降低黏度);将预聚物降温至 60℃后加入三乙胺(TEA)中和成盐;将中和后的预聚物在高速搅拌下分散到计量好的去离子水中进行乳化得到分散液,然后加入乙二胺(EDA)进行后扩链,最后减压蒸出丙酮,得到阴离子型 WPU。

(3) 水基聚氨酯的生产工艺

水性聚氨酯可采用间歇式、半连续式和连续式生产工艺生产,如图 3-31 至图 3-33 所示。

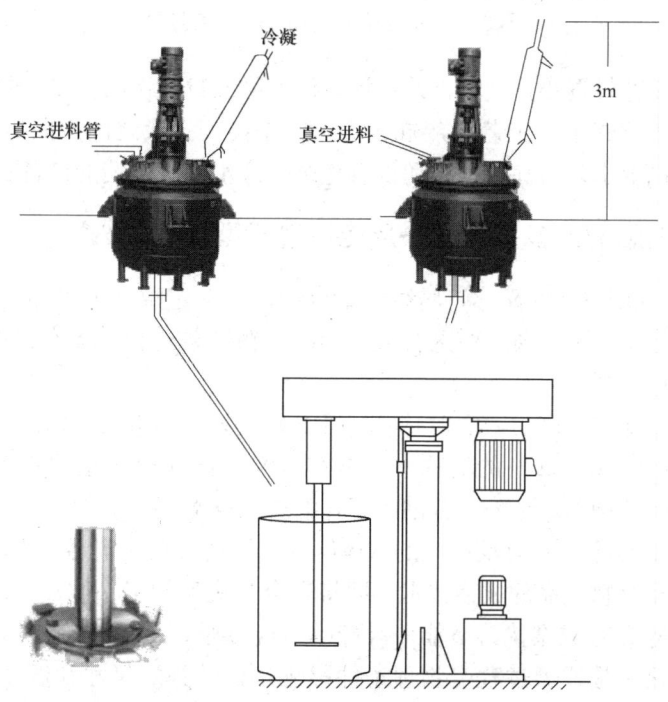

图 3-31 水性聚氨酯间歇生产设备

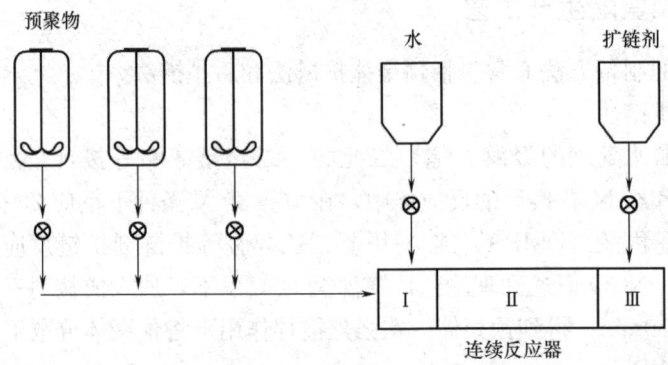

图 3-32 水性聚氨酯半连续生产工艺图

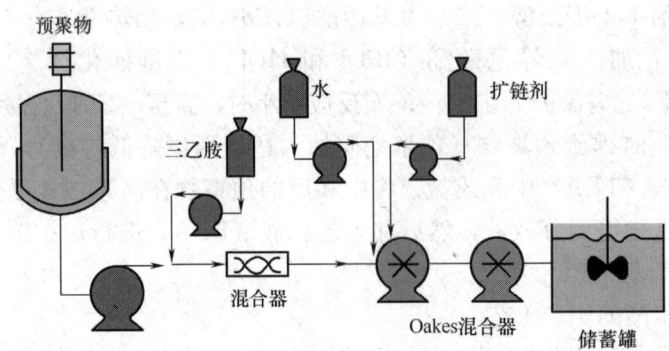

图 3-33 水性聚氨酯连续生产工艺图

间歇式生产工艺投资小,生产工艺灵活,但产品质量批次间会产生差异。

半连续式和连续式生产工艺生产规模大,效率高,批次之间产品质量稳定,但对分散设备提出了较高要求,目前,国内还没有连续生产水性聚氨酯的设备。

3.11.3 TPU树脂的制备技术——反应注射成型(RIM)技术

TPU是热塑性聚氨酯的简称,属线性聚合物,在一定温度下可加热熔融,故可采用压延工艺或转移涂层工艺制备无溶剂合成革。由于在制革过程中无有机溶剂排放,因此,是典型的环境友好材料。

TPU树脂通常采用反应注射成型(RIM)技术制备。RIM是反应注射成型(Reaction Injection Molding)的简称,它是在研究液体注射成型的基础上发展起来的、是20世纪60年代德国Bayer公司首创的聚氨酯加工技术。

RIM是将两种或多种具有反应性的液体组分(原料)在一定温度下注入模具型腔内,在其中直接生成聚合物制品的成型技术,即将聚合与成型加工一体化。由于RIM成型原料为液体,因此它具有成型快、节能、对产品适应性强、成本低、易增强等优点。RIM技术的显著特点之一是成型过程受物理条件影响,如模具的尺寸和温度、反应物料温度等,故需对反应的动力学和热力学展开研究。RIM技术还具有下列特点:

第一，参加反应的原料之间的比例可以精确调节，两组分之比可从2∶1调节到1∶4，从而在同一台RIM机上可得到性能不同的制品，如软泡沫制品、弹性体和硬泡沫制品等。

第二，由于参加反应的各组分都是液体，其黏度很低，充模时的流动性高，使充模压力和锁模力都很低，这不仅有利于降低成型设备和模具的造价，而且很适合成型大面积、薄壁和形状很复杂的注射制品。

第三，制品是通过交联或聚合成型的，而不是通过冷却成型，成型中并不需要热的模具型腔来激活反应，实际上由于反应热的存在而往往需要冷却模具。

RIM成型设备主要包括用于准备液态组分的供料和储料系统，用于保证液态组分按照适当的流量和压力输送的计量泵送系统，单个或几个高压混合头组成的高压混合撞击系统，具有将模具夹持和打开功能的载模器，如图3-34和图3-35所示。

(1) 反应注射成型工艺

RIM成型工艺流程主要包括原料储存、计量、混合、充模、固化、顶出和后处理。单体或预聚物以液体状态经计量泵以一定的配比送入混合头混合，混合物注入模具后在模具内进行快速反应并进行交联固化，脱模后即为RIM制品。

①储存　两种原料液通常在一定温度下储存在两个储存器中。储存器一般为压力容器，除用来储存注射所用的液态组分外，还需要能承受一定的压力，这种压力是为了保证液压泵能够对其抽取的组分进行稳定计量，在不成型时，原料液通常在0.2~0.3MPa的低压下在储存器、换热器和混合头中不断循环。另外，储存器上一般都需要配备黏度和温度控制器，内部还装有搅拌装置，这样做除了能够满足注射温度要求外，也是为了防止原液中固体组分的沉析，保证液态组分在注射成型过程中具有良好的流动性和均匀性。对于TPU的制备，原料罐的温度一般为20~40℃，温度控制精度为±1℃。

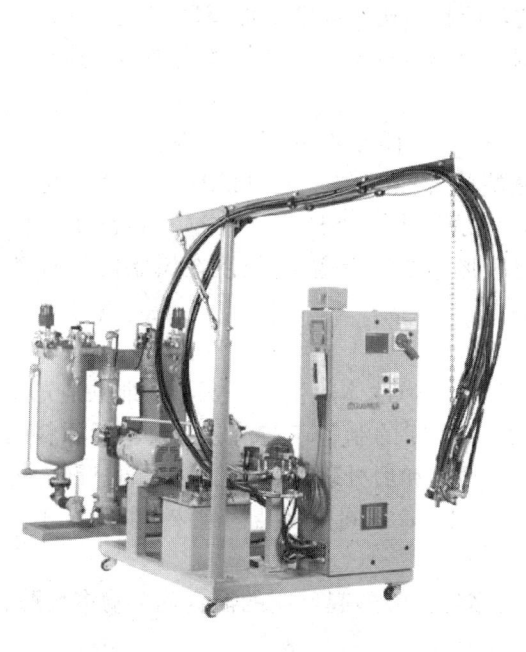

图3-34　反应注射成型设备示意图

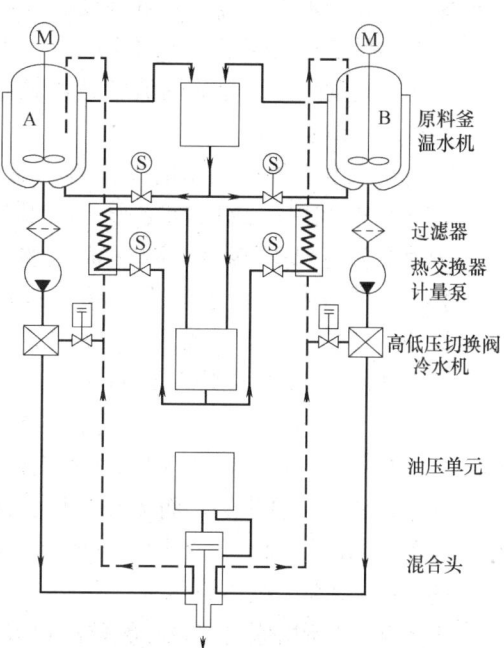

图3-35　反应注射成型机平面示意图

②计量　不同组分原料液的计量一般由液压系统来完成。液压系统由泵、阀及辅件组成的控制液体物料的管路系统与控制分配缸工作的油路系统所组成。喷出时，则需经过低高压转换装置转换为设定的高压喷出。原料液的计量用液压定量泵进行计量输出。一般来说，用于输送两种物料的高压泵是由一个同心轴电机带动的，如果任意一原料泵发生故障，则会导致电动机转速下降，使另一高压泵转速也同时降低，流量减少，而两种组分的比例却未改变。为严格控制注入模腔进行反应的各原料液配比，要求计量精度至少为±1.5%，最好控制在±1%。

③混合　在RIM成型中，产品质量几乎有一半直接取决于混合头的混合质量，生产能力则几乎完全取决于混合头的混合质量。它们的基本原理都是将压力转化为速度，使各组分之间产生强烈的碰撞混合作用。一般采用的压力为10.34~20.68MPa，在此压力范围内能获得较佳的混合质量。由于混合时强烈的撞击使混合质量得到了保证，因此在成型时，即使所用配方要求的各种原料泵送量相差悬殊，也能获得可直接用作最终产品的均匀反应混合物。

④充模　反应注射物料充模的特点是料流的速度很高，为此要求原液的黏度不能过高，过高黏度的混合料难以高速流动。黏度过低的混合料也会给充模带来一系列问题：一是混合料容易沿模具分型面泄露和进入排气槽，从而给模具排气造成困难；二是料流可能夹带空气进入模腔，严重时会造成不稳定充模；三是会使化学反应加剧，在很短时间内产生大量的反应热，反应热引起温升，轻者增大制品的收缩率，重者会导致热降解；四是会造成混合料中固体粒子在流动中沉析，不利于保持制品质量的一致。一般规定聚氨酯混合料充模时的黏度不应小于0.1Pa·s。

由于反应过程是一个放热过程，在加工过程中会导致温度上升，因此原料初始温度与此温升之和必须小于材料分解温度。聚氨酯体系的分解温度约为200℃，聚氨酯原料体系由放热反应造成的温升大约130℃，因此，原料的初始温度不得超过90℃。充模阶段由于充模速度过高引起的湍流会造成最终制品上形成气泡，通常模腔内平均流速一般不应超过0.5m/s。

⑤固化　由于具有很高的反应性，聚氨酯两种单体原液的混合料在注入模腔后，可在很短的时间内完成固化定塑。由于聚氨酯的导热性差，大量的反应热使成型物内部温度远高于表层温度，致使成型物的固化是从内向外进行。在这种情况下，模具的换热功能主要是为了散发热量，以便将模腔内的最高温度控制在树脂的热分解温度以下。

(2) 利用RIM技术制备TPU

RIM成型技术最早应用于聚氨酯类橡胶、塑料、弹性体的生产，氨纶纤维也是先采用该技术制备TPU，然后经熔融纺丝而制备的。TPU的制备工艺流程主要包括原料储存、计量、混合、熟化等，而无须充模、固化、顶出和后处理等成型工序。通过配方的调整，利用RIM可生产出不同密度的软、硬PU制品，不同密度结构泡沫材料以及不同模量的TPU弹性体粒料等。

生产TPU所用原料有多异氰酸酯以及能与多异氰酸酯起反应的混合化合物多元醇、催化剂、表面活性剂、阻燃剂及其他添加剂。

影响聚氨酯性能的主要因素包括化学组成软段和硬段之比、化学结构类型的异氰酸酯的化学反应类型、密度、交联度和相分离程度。异氰酸酯是形成聚氨酯硬链段的主要材料，通常适合于 RIM-TPU 工艺的异氰酸酯为 MDI（4,4′-二苯基甲烷二异氰酸酯）。纯的 MDI 异氰酸酯的官能度为 2.0，在室温下为固态，熔点为 42℃，需对其加以改性，使之在室温时成为液体，以适合 RIM 工艺要求。一般有碳化二亚胺改性的液化 MDI（C-M-MDI）和氨酯改性的液化 MDI（U-M-MDI）。不同改性液化 MDI 对 RIM 工艺和所制备的材料性能有不同的影响。U-M-MDI 制得的 RIM 制品，伸长率和撕裂强度好，但耐热性差，脆化温度较高；C-M-MDI 制得的 RIM 制品，脆化温度较低，弯曲弹性模量和热稳定性优于 U-M-MDI。聚合多元醇主要有聚醚多元醇和聚酯多元醇，聚醚多元醇由于黏度小，流动性好，较适合 RIM 体系。用于 RIM 的聚醚多采用环氧乙烷封端的高活性聚醚。扩链剂一般是能和异氰酸酯反应生成刚性链段的低分子质量的二元醇或二元胺，RIM-TPU 常用的扩链剂是 1,4-丁二醇（BDO）。BDO 扩链剂的用量影响着材料的硬段、软段组成，进而影响材料的性能。

经高压混合头（图 3-36）反应挤出的预聚物，需经进一步熟化，使异氰酸酯和多元醇等反应完全，以保证 TPU 的热力学性能满足使用需求。市场上的 TPU 多为粒料，其熔融温度、热力学性能随配方设计的不同而不同。

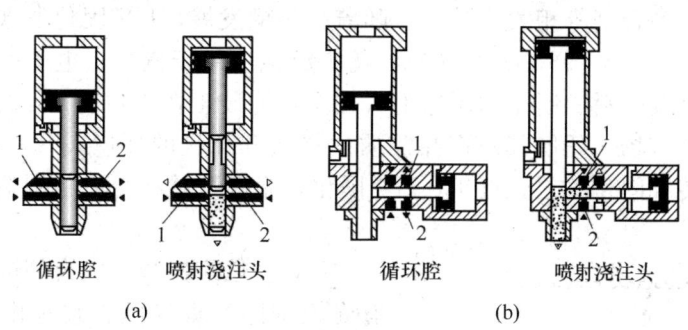

图 3-36 高压混合头
(a) 直式混合头　(b) 侧式混合头
1—异氰酸酯　2—多元醇

3.11.4 无溶剂聚氨酯树脂制备技术

无溶剂聚氨酯，顾名思义，体系中不含任何有机溶剂（包括水）、固体分几乎为 100% 的聚氨酯。它不同于 TPU 树脂，TPU 是具有较高分子质量的热塑性弹性体，外观为粒状固体，本身具有很好的热力学性能；无溶剂聚氨酯树脂为低分子质量的齐聚物或预聚物，外观为具有一定黏度的流体，自身含有活性基团，如氨基、羟基或异氰酸酯基（—NCO），其热力学性能无法满足涂层的要求，故在应用时还需加入后扩链剂或交联剂进一步扩链、交联，以提高其热力学性能。因此，无溶剂聚氨酯体系多为双组分体系，A、B 料分开包装，使用时混合，其混合示意图如图 3-37 所示。

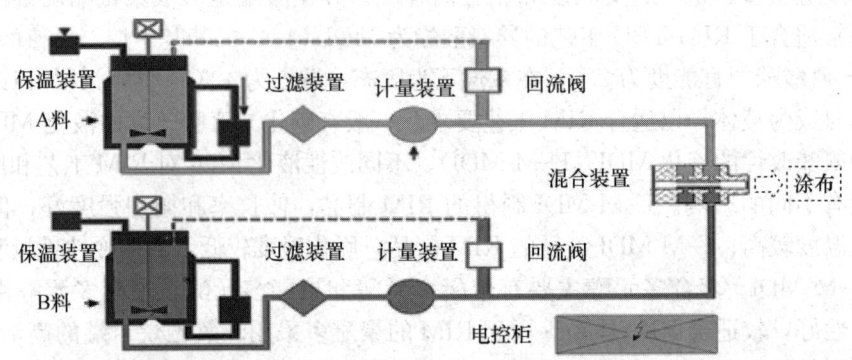

A料：聚氨酯预聚体（含—NCO）；B料：多元胺扩链剂、催化剂等。
A料：聚氨酯预聚体（含—OH或—NH₂）；B料：交联剂、催化剂等。

图 3-37　双组分聚氨酯混合示意图

3.11.5　UV 固化聚氨酯制备技术

UV 固化工艺是光化学反应最前沿的应用，通过一定强度的紫外光照射，瞬间固化油墨、涂料、黏合剂等相关化学品。随着科技的发展，UV 固化所涉及领域也更加广泛。UV 固化工艺从 1960 诞生以来，就广泛地应用于汽车、电子、通信、航空航天、金属、玻璃及塑料等制品的制造上，在全球涂装工业中占有 4% 的比例，是一个数十亿美元的大市场。凭借其对产品品质的提高和优良的环境表现，以每年 10% 以上的速度替代传统固化工艺。近年，UV 固化技术已开始在合成革制造中油料广泛的应用。

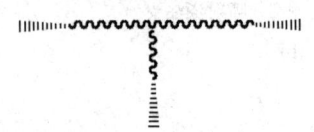

图 3-38　UV 固化聚氨酯的结构示意图

UV 固化聚氨酯一般为侧链和端基同时含有光敏基团的聚氨酯，它是由脂肪族二异氰酸酯［包括六亚甲基二异氰酸酯（HDI）、异氟尔酮二异氰酸酯（IPDI）、二环己基甲烷二异氰酸酯（$H_{12}MDI$）］与聚醚/聚酯多元醇逐步聚合形成带支链的预聚物，然后以含光敏基团的化合物封端形成的脂肪族聚氨酯。该类聚氨酯的结构示意图如图 3-38 所示。

采用 UV 光固化交联技术，替代传统的化学固化交联技术，用物理方法解决化学问题，其生产工艺更简单，能耗更低，效率更高，绿色环保，整体技术创新明显。

复习思考题

1. 工业聚氯乙烯树脂有哪些制备方法？在性能上有什么差异？
2. 简述聚氯乙烯树脂的主要性能特征。
3. 聚氯乙烯树脂为何要进行增塑改性？
4. 简述合成聚氨酯的主要原材料及各组分的功能。

5. 芳香族聚氨酯和脂肪族聚氨酯、聚酯型聚氨酯和聚醚型聚氨酯在结构和性能上有什么差异？

6. 以 PTMG、MDI 等为原料，写出水基聚氨酯的制备方法。

7. 合成聚氨酯主要有哪些化学反应？请用化学方程式表达出来。

8. 聚氨酯合成时会发生哪些副反应？如何避免副反应的发生？

9. 如何理解聚氨酯的嵌段结构？聚氨酯软、硬段的相容性对聚合物的性能有什么影响？

10. 聚氨酯大分子间有哪些作用力？这些作用力对聚合物的性能有何影响？

11. 写出聚氨酯发生黄变的原因和机理。

12. 聚氨酯的耐水解性和耐霉变性与哪些因素有关？如何提高？

13. 论述改变聚氨酯玻璃化转变温度的途径。

14. 聚氨酯的透气性与哪些因素有关？如何提高聚氨酯的透气性？

15. 溶剂基聚氨酯和水基聚氨酯在制备上有什么差异？

16. 论述芳香族聚氨酯和脂肪族聚氨酯性能上的差异。

17. 简述 TPU 树脂、无溶剂树脂、UV 固化树脂的制备原理。

参 考 文 献

[1] 潘祖仁.化学工业出版社(第4版)[M].北京:高分子化学,2007,142-143.
[2] 陶忠.悬浮法聚氯乙烯树脂生产技术总结[J].聚氯乙烯,2000,(5):6-9.
[3] 龚云表,石富安.合成树脂与塑料手册[M].上海:上海科学技术出版社,1993:71-73.
[4] 吕世光译.塑料橡胶用新型添加剂[M].北京:化学工业出版社,1989.
[5] 吕世光.塑料助剂手册[M].北京:中国轻工业出版社,1993.
[6] [德]R.根赫特编.塑料添加剂手册[M].成国祥译.北京:化学工业出版社,2000.
[7] 中国塑协委员会.塑料异型材门窗行业技术交流汇编[C],2002.
[8] 张启兴.环氧增塑剂的生产工艺及其在 PVC 塑料加工中的应用[J].聚氯乙烯,2007,(12):1-4.
[9] 范浩军,石碧.丙烯酸酯聚合物及其应用[M].成都:四川大学出版社,2004.
[10] 徐培林,张淑琴编著.聚氨酯材料手册[M].北京:化学工业出版社,2002.
[11] 傅明源,孙酣经编著.聚氨酯弹性体及其应用(第三版)[M].北京:化学工业出版社,2006.
[12] 周虎,罗朝阳,范浩军等.热敏聚氨酯膜及其透气、透湿性的研究[J].四川大学学报(工程科学版),2008,40(01):86-89.
[13] 宁超峰,何春清,张明等.用正电子湮没谱研究聚酯型聚氨酯的微观结构和自由体积特性[J].高分子学报,2001,(03):299-304.
[14] LEE Y M,LEE J C,KIMB Y. Effect of soft segment length on the properties of polyurethane ionomer dispersion[J]. Polymer,1994,35(5):1095-1099.
[15] 孙东成,张松,黎庆安.高固含量水性聚氨酯的合成及其成膜性能的研究.中国胶剂,2007,16(8):11-14.
[16] 李绍雄,刘益军.聚氨酯树脂及其应用[M].北京:化学工业出版社,2006:81-82.
[17] Haojun FAN,Ling LI,XN FAN,et al. The water vapor permeability of leather finished by thermal-responsive polyurethane. The Journal of the Society of Leather Technologists and Chemists. 2005,(3):121-125.

[18] Chen Yi, Fan Haojun. The Polyurethane Membranes with Temperature Sensitivity for Water Vapor Permeation. Journal of Membrane Science. 2007,287:192-197.

[19] Schneider N, Dusablon L, Snell E, et al. Water vapor transport in structurally varied polyurethans[J]. Macromol Sci Phys,1969,B3:623-644.

[20] Hsieh K, Tsai C, et al. Vapor and gas permeability of polyurethane membranes. Part I. Structure-property relationship[J]. Membr Sci,1990,49:341-350.

[21] Kanapitsas A, Pissis P, Ribeles JLG, et al. Molecular mobility and hydration properties of segmented polyurethanes with varying structure of soft-and hard-chain segments[J]. Appl Polym Sci,1999,71:1209-1221.

[22] Barrie J, Nunn A. Sorption and diffusion of water in polyurethane elastomers[J]. Div Org Coat Plast Chem Pap,1974,34:489-493.

[23] Green RJ, Corneillie S, Davies J, et al, Tendler SJB, Williams PM. Investigation of the hydration kinetics of novel poly (ethylene oxide) containing polyurethanes [J]. Langmuir, 2000, 16: 2744-2750.

[24] Hsieh K, Tsai C, Chang D. Vapor and gas permeability of polyurethane membranes. Part II. Effect of functional group[J]. Membr Sci,1991,56:279-287.

[25] Liu Yan, Chen Yi, Fan Haojun. Water-Vapor-Permeable Polyurethane For Leather Finishing. Proceedings of The 7th Asian International Conference of Leather Science and Technology,2006,(1):365-372.

[26] 刘燕,石欢欢,范浩军,等. 聚酯/聚醚型聚氨酯共混对薄膜透气性的影响[J]. 皮革科学与工程,2008,(4):11-15.

[27] 刘燕,周虎,范浩军. 不同致孔剂对 PU 合成革涂层透湿性的影响[J]. 中国皮革,2008,(19):28-33.

[28] 石欢欢,周虎,范浩军,等. 水性聚氨酯在合成革后整理中的应用[J]. 中国皮革,2008,(21):46-49.

[29] 刘燕,石欢欢,范浩军,芦燕. 亲水链段链长对聚氨酯薄膜透气性能的影响[J]. 中国皮革,2007,(13).

[30] Bayer, O. , Polyurethanes[J]. Modern Plastics 1947,24,149-152.

[31] Aunders, J. H. , Frisch, K. C. Polyurethanes:Chemistry and Technology, Part II:Technology[M]. New York:Interscience Publishers,1964.

[32] Dombrow, B. A. Polyurethanes[M]. New York:Reinhold Publishing Corporation,1957.

[33] Urbanski, J. , Czerwinski, W. , Janicka, K. , et al. Handbook of Analysis of Synthetic Polymers and Plastics[M]. UK:Ellis Horwood Limited, Chichester,1977.

[34] Kanavel, G. A. , Koons, P. A. , Lauer, R. E. . Fungus resistance of millable urethanes[J]. Rubber World 1966,154,80-86.

[35] Santerre, J. P. , Labow, R. S. , Duguat, D. G. , et al. Biodegradation evaluation of polyether and polyester-urethanes with oxidative andhydrolytic enzymes[J]. Journal of Biomedical Materials Research 1994,28,1187-1199.

[36] Santerre,J. P. ,Labrow,R. S. . The eect of hard segment size on the hydrolytic stability of polyether-urea-urethanes when exposed to cholesterol esterase[J]. Journal of Biomedical Materials Research,1997,36,223-232.

[37] Huang, S. J. , Roby, M. S. . Biodegradable polymers poly(amide-urethanes)[J]. Journal of Bioactive Compatible Polymers,1986,1,61-71.

[38] Huang, S. J. , Macri, C. , Roby, M. , et al. Biodegradation of polyurethanes derived from polycaprolactonediols[J]. In:Edwards, K. N. (Ed.), Urethane Chemistryand Applications. American Chemical Society, Washington, DC,1981,471-487.

[39] Phua, S. K., Castillo, E., Anderson, J. M., et al. Biodegradation of a polyurethane in vitro[J]. Journal of Biomedical Materials Research, 1987, 21, 231-246.

[40] Kaplan, A. M., Darby, R. T., Greenberger, M., et al. Microbial deterioration of polyurethane systems [J]. Developments in Industrial Microbiology 1968, 82, 362-371.

[41] Marchant, R. E., Zhao, Q., Anderson, J. M., et al. Degradation of a poly(ether-urethane-urea) elastomer: infra-red and XPS studies[J]. Polymer. 1987, 28, 2032-2039.

[42] Labrow, R. S., Ere, D. J., Santerre, J. P.. Elastase-induced hydrolysis of synthetic solid substrates: poly(ester-urea-urethane) and poly(ether-urea-urethane)[J]. Biomaterials 1996, 17, 2381-2388.

[43] Santerre, J. P., Labrow, R. S., Adams, G. A.. Enzyme-biomaterial interactions: eect of biosystem on degradation of polyurethanes[J]. Journal of Biomedical Materials Research. 1993, 27, 97-109.

[44] Kay, M. J., Morton, L. H. G., Prince, E. L.. Bacterial degradation of polyester polyurethane[J]. International Biodeterioration Bulletin. 1991, 27, 205-222.

[45] Halim El-Sayed, A. H. M. M., Mahmoud, W. M., et al. Biodegradation of polyurethane coatings by hydrocarbon-degrading bacteria [J]. International Biodeterioration & Biodegradation 1996, 37, 69-79.

[46] Nakajima-Kambe, T., Onuma, F., Kimpara, N., et al. Isolation and characterization of a bacterium which utilizes polyester polyurethane as a sole carbon and nitrogen source[J]. FEMS Microbiology Letters, 1995, 129, 39-42.

[47] Nakajima-Kambe, T., Onuma, F., Akutsu, Y., et al. Determination of the polyester polyurethane breakdown products and distribution of the polyurethane degrading enzyme of Comamonas acidovorans stain TB—35[J]. Journal of Fermentation and Bioengineering 1997, 83, 456-460.

[48] Van Tilbeurgh, H., Tomme, P., Claeyssens, M., et al. Limited proteolysis of the cellobiohydrolase I from Trichoderma reesei[J]. FEBS Letters 1986, 204, 223-227.

[49] Fukui, T., Narikawa, T., Miwa, K., Shirakura, Y., et al. Eect of limited trypic modi cations of a bacterial poly(3-hydroxybutyrate) depolymerase on its catalytic activity[J]. Biochimica Biophysica ACTA 1988, 952, 164-171.

[50] Hansen, C. K., Fibronectin type III-like sequences and a new domain type in prokaryotic depolymerases with insoluble substrates[J]. FEBS Letters 1992, 305, 91-96.

[51] Akutsu, Y., Nakajima-kambe, T., Nomura, N., et al. Purification and properties of a polyester polyurethane-degrading enzyme from Comamonas acidovorans TB-35 [J]. Applied Environmental Microbiology 1998, 64, 62-67.

[52] Ruiz, C., Main, T., Hilliard, N., Howard, G. T.. Purification and characterization of two polyurethanse enzymes from Pseudomonas chlororaphis[J]. International Biodeterioration & Biodegradation 1999, 43, 43-47.

[53] Allen, A., Hilliard, N., Howard, G. T.. Purification and characterization of a soluble polyurethane degrading enzyme from Comamonas acidovorans[J]. International Biodeterioration & Biodegradation 1999, 43, 37-41.

[54] Vega, R., Main, T., Howard, G. T.. Cloning and expression in Escherichia coli of a polyurethane-degrading enzyme from Pseudo-monas uorescens[J]. International Biodeterioration & Biodegradation 1999, 43, 49-55.

[55] 何英伦, 催宝君, 潘朝东. 压花服装革树脂的开发[J]. 合成皮革信息, 2007, (11): 40-41.

[56] 任志营. 服装革用低模量湿法树脂的合成[J]. 聚氨酯, 2004, (7): 81-83.

[57] 翟文,张溪,杨焕超. 反应注射成型及其制品性能和应用[J]. 工程塑料应用,1998,26(11):31-33.
[58] Domine J D. Gogos C G. Simulation of Reactive Injection Molding[J]. Polym. Eng. Sci. 1980,20:843.
[59] 王伟明等. 反应注射成型充模参数的选择[J]. 中国塑料,1996,10(3):12-16.
[60] 申长雨,陈静波,刘春太,等. 反应注射成型技术[J]. 工程塑料应用,1999,27(10):27-30.

第四章 聚氯乙烯人造革工艺

4.1 概述

聚氯乙烯人造革是由聚氯乙烯树脂（PVC）、增塑剂、稳定剂等组成的混合物，按一定的方式与基布结合而得到的一种仿皮革塑料制品。PVC人造革的外观近似天然皮革，具有色泽鲜艳、质地较轻和强度高、耐磨、耐折、耐酸碱性优良的特性，并且成本低廉、加工方便，在人们日常的生产和生活中得到了广泛的应用。例如，可用于服装、鞋类、箱包、家具、手套、汽车内饰、地板、壁纸、篷布等。但PVC人造革也存在着易脆裂、手感僵硬、柔软性、耐寒性以及透气性、透湿性差等缺点，限制了其进一步的发展。

聚氯乙烯人造革的分类如下：

聚氯乙烯人造革 { 按用途分：鞋革、箱包革、服装革、家具革、装饰革等
按基布分：机织布、针织布、非织造布
按是否发泡分：普通人造革、发泡人造革

PVC人造革的生产方法有直接涂覆法、转移涂覆法（离型纸法、钢带法）、圆网涂覆法、压延法、贴合法、挤出热熔法等。本章主要介绍直接涂刮法、离型纸法和压延法。

4.2 直接涂刮法PVC普通人造革

直接涂刮法生产PVC人造革是将PVC增塑糊（以PVC树脂和增塑剂为主的糊状混合料）用刮刀涂覆在预处理的基布上，再经凝胶塑化、冷却、卷取等工序生产PVC人造革的工艺。直接涂刮法是最早最简单的一种工艺方法，可生产普通革、泡沫革、贴膜革等。其优点是基布与涂层结合牢度高，设备简单，投资费用少，生产效率较高。缺点是需要大量的乳液法树脂，产品质量不易控制（特别是受基布的影响），织物基布需要预处理。低强度的织物基布（如针织物）不能使用，而且增塑糊容易渗入基布而导致手感较差等，只能适于生产薄革。现在直接涂刮法已不是主要的生产方法，但是由于其涉及许多PVC人造革生产的基础内容，因此需要进行专门的论述。

4.2.1 主要原材料

（1）树脂

直接涂刮法PVC人造革一般用乳液法PVC树脂，粒径30~70μm。如果粒度太大，易在增塑糊中下沉，凝胶塑化后不易得到质量均匀的制品；粒度过小，树脂在增塑剂中的溶剂化作用增大，使增塑糊黏度变大，溶胶不稳定，不便于涂刮，不耐存放。PVC颗粒（次级粒子）由若干个初级粒子聚集而成，初级粒子的尺寸为0.1~1.0μm。普通型树脂和糊状树脂最根本的区别在于：糊状树脂加入增塑剂后，次级粒子在增塑剂中崩解成初级粒子和少量次级粒子的碎片，而普通型树脂在常温的增塑剂中只能溶胀，不能还原成初级粒子，也不能成糊。

糊状树脂产品型号用"RH-X-Y"来表示，各符号的含义见表4-1。聚氯乙烯涂刮法人造革用乳液法聚氯乙烯一般选用RH-1-I型。

表4-1　　　　　　　　　　糊状树脂的型号表示

符号	含义		
R	乳液法		
H	糊树脂		
X	树脂在1,2-二氯乙烷中配成1%的溶液,在20℃下的绝对黏度/mPa·s	1	2.01~2.40
		2	1.81~2.00
		3	1.60~1.80
Y	糊状树脂与苯二甲酸-2-乙基己酯以1:1的比例混合,25℃下搁置24h后的黏度/mPa·s	I	≤3000
		II	3000~7000
		III	7000~10000

为降低增塑糊的黏度和成本，可在乳液法PVC树脂中掺入部分悬浮法PVC树脂或全部采用悬浮法PVC树脂，但这只能用于人造革的底层。悬浮法PVC树脂一般选用SG43或SG4型，见表4-2，黏数接近于RH-1-I型。

表4-2　　　　　　　　　　悬浮法PVC树脂的型号

型号	级别	黏数	平均聚合度R	主要用途
PVC-SG1	一级A	144~154	1650~1800	高级电绝缘材料
PVC-SG2	一级A、一级B、二级	136~143	1500~1650	电绝缘材料、薄膜、一般软材料
PVC-SG3	一级A、一级B、二级	127~135	1350~1500	电绝缘材料、农用薄膜、人造革、全塑凉鞋
PVC-SG4	一级A、一级B、二级	118~126	1200~1350	工业和农用薄膜、软管、人造革、高强度管衬

续表

型号	级别	黏数	平均聚合度 R	主要用途
PVC-SG5	一级 A、一级 B、二级	107～117	1000～1150	透明制品、硬管、硬片、单丝、型材、套管
PVC-SG6	一级 A、一级 B、二级	96～106	850～950	唱片、透明制品、硬板、焊条、纤维
PVC-SG7	一级 A、一级 B、二级	85～95	750～850	瓶子、透明片、硬质注塑管件、过氯乙烯树脂

注：S 为悬浮法；G 为通用型；A 和 B 为一级品的分档代号。

（2）增塑剂

增塑剂以邻苯二甲酸二辛酯（DOP）为主，配合增塑剂邻苯二甲酸二丁酯（DBP）和价廉的辅助增塑剂（如 M-50、氯化石蜡）等，若要求耐寒性则可加入癸二酸二辛酯（DOS）。增塑剂的加入量可达 60～80 份。

（3）热稳定剂

通常所有的铅系稳定剂、金属皂类、有机锡类和复合稳定剂等都可用于人造革。铅系稳定剂因环境问题已逐渐被其他热稳定剂代替。

4.2.2 基布

在直接涂刮法中，因为刮刀直接作用在基布上，基布受力较大，为防止树脂渗入基布而使手感僵硬，通常采用强度高，紧密性好，而且不易变形的基布。它主要分为平布和帆布两类。直接涂刮法 PVC 人造革配方见表 4-3 至表 4-6。

表 4-3　　　　　　　　　直接涂刮法 PVC 人造革典型配方　　　　　　　　单位：份

原料名称	普通革		原料名称	普通革	
	底层	面层		底层	面层
聚氯乙烯树脂			三碱式硫酸铅	2	2
乳液法	25～100	100	硬脂酸钡	1	1
悬浮法	0～75		硬脂酸镉	—	—
邻苯二甲酸二辛酯	40	50	有机锡	—	—
邻苯二甲酸二丁酯	20	20	碳酸钙	40	20
癸二酸二辛酯	—	5	颜料	适量	
氯化石蜡	20	—		—	—

表 4-4　PVC涂刮法人造革配方　单位：份

原料名称	普通革 底层	普通革 面层	原料名称	普通革 底层	普通革 面层
悬浮法 PVCSG4	100	—	硬脂酸铅（PbSt）	—	—
乳液法 PVC RH-1-I	—	100	硬脂酸镉（CdSt）	—	0.25
邻苯二甲酸二辛酯（DOP）	10	37.5	轻质碳酸钙	30	20
邻苯二甲酸二丁酯（DBP）	30	30	环氧硬脂酸辛酯（ED3）	—	0.5
烷基磺酸苯酯（M-50）	40	—	二月桂酸二丁基锡	—	1
癸二酸二辛酯（DOS）	—	7.5	氯化石蜡	—	10
硬脂酸锌（ZnSt）	—	—	三碱式硫酸铅（3PbO）	3	—
硬脂酸钡（BaSt）	1	0.75	偶氮二甲酰胺（AC）	—	—

表 4-5　PVC刮涂法人造革加工配方　单位：份

原料名称	普通革 底层	普通革 面层	原料名称	普通革 底层	普通革 面层
乳液法 PVC	—	100	氯化石蜡	—	10
悬浮法 PVC	100	—	Ba/Cd/Zn 稳定剂	—	2~3
邻苯二甲酸二辛酯（DOP）	10	35	三碱式硫酸铅	3	—
邻苯二甲酸二丁酯（DBP）	30	25	硬脂酸钡	1	—
烷基磺酸苯酯（M-50）	40	10	碳酸钙	20~40	10

表 4-6　普通 PVC 人造革配方　单位：份

原料名称	普通革配方1 底层	普通革配方1 面层	普通革配方2 底层	普通革配方2 面层
悬浮法 PVC	75	—	100	—
乳液法 PVC	25	100	—	100
邻苯二甲酸二辛酯（DOP）	20	40	30	30
邻苯二甲酸二丁酯（DBP）	10	25	30	20
T-50	70	15	40	20
氯化石油酯	—	—	—	25
环氧酯	0.5	0.5	—	—
TS	—	—	—	—
硬脂酸钡（BaSt）	0.75	0.75	0.75	0.75
硬脂酸钙（CaSt）	0.25	0.25	0.25	0.25
Pb·ZnSt	—	—	—	—
二月桂酸二丁基锡（DBTL）	1	1	1	1

续表

原料名称	普通革配方1		普通革配方2	
	底层	面层	底层	面层
偶氮二甲酰胺（AC）	—	—	—	—
碳酸钙	30	20	40	20

4.2.3 生产工艺

直接涂刮法生产普通PVC人造革，一般涂刮底层和面层两层，其生产线如图4-1所示，工艺流程如图4-2所示。生产过程简述如下：

先将PVC树脂和增塑剂、稳定剂等助剂按配方的比例，分别配成底层和面层浆料，然后基布放卷，经刷毛、压光等预处理后，用刮刀在基布上涂覆底层浆料，进入烘箱塑化。冷却后涂覆面层浆料，再经烘箱塑化，然后压花、冷却、卷曲即得到PVC人造革。

有时面层不采用涂刮的方法，而是在底层上直接贴合一层PVC薄膜，再经烘箱加热、冷却、卷取制成人造革，称之为贴膜革。

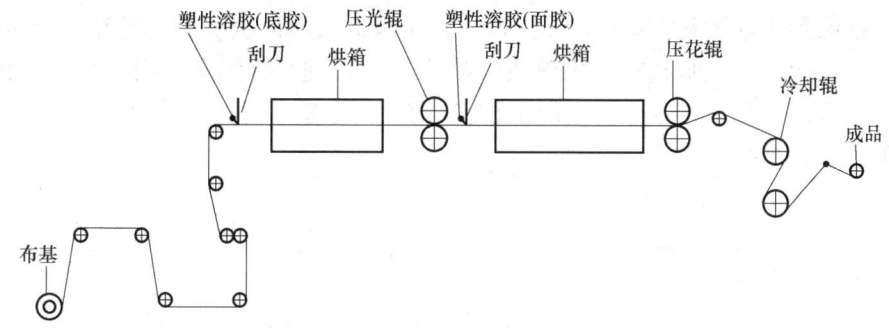

图4-1 直接涂刮法生产普通PVC人造革生产线

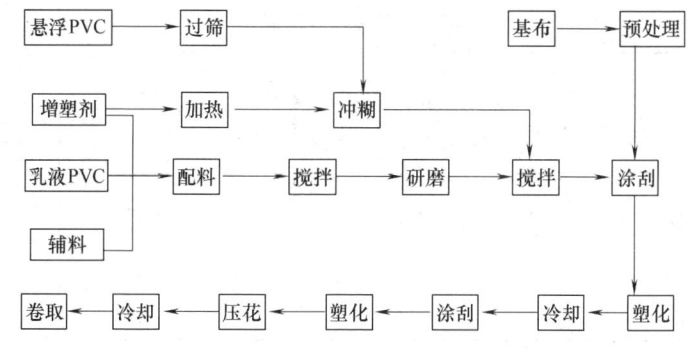

图4-2 直接涂刮法生产普通PVC人造革工艺流程

（1）配料

①冲糊 悬浮法PVC树脂在常温下与增塑剂混合如果不能形成糊状浆料，就无法进行涂覆，因此需要冲糊。

先把少量的悬浮法 PVC 树脂和冷增塑剂按比例计量（3∶3.5）混合均匀，然后把冲糊用增塑剂（DOP21.5 份）加热至 170℃左右，加入到搅拌均匀的冷混合料中，同时迅速进行搅拌，得到有一定乳度、透明的糊状料。其中，在冲糊料中，树脂的含量约为 9%，当然树脂与增塑剂的比例，应根据涂刮适宜的黏度而定。

②底层浆料　若底层全部采用悬浮法 PVC 树脂，则将冲糊得到的糊料，降温至 60℃，按配方加入其余增塑剂、稳定剂等助剂搅拌均匀，再加入剩余的悬浮法 PVC 树脂搅拌 20min，得到底层浆料。

若底层部分采用悬浮法 PVC 树脂，则将冲糊制得的糊料冷却后，按配方加入其余的悬浮法 PVC 树脂和部分增塑剂搅拌均匀，然后再加入经研磨的乳液法 PVC 树脂与增塑剂、稳定剂等物料，把其混合均匀，得到底层浆料。

各层配好的浆料需进行脱泡处理。脱泡可采用静置脱泡法，即将浆料静止放置 2～4h，让其自然脱泡。有条件的地方可以用真空脱泡机进行脱泡。

③面层浆料　面层浆料全部采用乳液法 PVC 树脂，按配方加入乳液法 PVC 树脂、增塑剂、稳定剂、色浆、填充剂等，搅拌 20min，再用三辊研磨机研磨，过滤后使用。

(2) 基布预处理

为保证生产的连续性，先要用接头缝纫机将单匹布拼接起来。

在直接涂刮法生产人造革时，被拉紧的基布表面微小的疵病都会对最终产品的外观造成较大的影响，因此基布在使用前通常都要经过处理。首先进行刷毛处理，将布毛、线头等杂物清理干净（必要时还可采用烧毛、剪毛等方法），再进行压光处理，压光辊把基布上的疙瘩、褶纹等轧平。

(3) 涂覆

直接涂刮法多采用刀涂式，一般人造革涂层厚度见表 4-7。涂刮时要注意保证基布以一定的张力平稳运行。

底层浆料渗入织物的深度为织物厚度的 1/3～1/2。渗入太浅，制品柔软性虽好，浆层与织物的黏附性却较差；反之，黏附性虽好，柔软性则受影响。

表 4-7　　　　　　　　　　直接涂刮法的涂层厚度　　　　　　　　　　单位：mm

基布类别	帆布	平布	
		厚型	薄型
基布厚度	0.6	0.3	0.23
底层厚度	0.2	0.15	0.07
面层厚度	0.1	0.10	0.05
总厚度	0.9	0.55	0.35

(4) 凝胶塑化

基布涂刮底层浆料后进入第一烘箱塑化；再涂刮面层，进入第二烘箱塑化。然后冷却、卷取。若需压花，则在第二烘箱塑化后趁热立即进行。工艺条件见表 4-8。烘箱内温度一般由低到高，分三段控制，涂层较厚时，塑化温度应高一些或者加热时间长一些。

若生产贴膜革,可在底层塑化后的烘箱出口处将面层薄膜贴合在底层上,再进入第二烘箱加热塑化、冷却、卷取。

表 4-8　　　　　　　　　直接涂刮法生产普通 PVC 人造革的工艺条件

涂浆类别	烘箱温度/℃	车速/(m/mim)	通过 14m 烘箱时间/s	浆料消耗/%
涂底浆	185±5	10~12	75±5	70~75
涂面浆	200±5	10~12	75±5	30~25

PVC 的凝胶塑化过程是:PVC 糊受热后,增塑剂向 PVC 树脂颗粒渗透,逐渐被树脂吸收,当增塑剂全部被树脂吸收后,体系失去流动性,称为凝胶态,这时所需的温度大约为 80℃,凝胶体的强度很低;继续升高温度,增塑剂渗入到 PVC 分子链间,最后 PVC 大分子完全溶解在增塑剂中,形成均匀的熔融状态,这时所需的温度约为 160℃,冷却后可得到具有相当强度的制品。完全熔融的温度,称为熔融温度或塑化温度,它是确定烘箱温度的主要依据。

PVC 树脂的分子质量越大,凝胶温度和熔融温度越高;增塑糊中增塑剂的用量增加,熔融温度降低;对树脂溶解性好的增塑剂,熔融温度可降低,熔融时间可缩短。

(5) 卷曲

卷取时张力应该适当。张力过大时,人造革在存放中会产生应力松弛,以致摊不平或严重收缩;张力过小时,卷取太松,则堆放时容易把人造革压皱。

(6) 常见问题及对策

生产过程中出现的质量缺陷、产生原因和解决方法见表 4-9。

表 4-9　　　　　　　　　直接涂刮法中常见问题和解决方法

序号	质量缺陷	产生原因	解决方法
1	涂层厚薄不均匀	刮刀定位不当 浆料黏度不一致 布基有松紧边或松紧纱	调整刮刀位置 严格按照操作规程和工艺制作浆料 选用质量合格的布基
2	革面皱纹	布基有死褶 布基进入涂刮台不平整	应理皱展平,处理好布基 涂刮时张紧布基,布基接头处处理平整
3	革面花纹不均匀	花辊放置不水平 辊温不均匀,两端偏低	调整花辊位置 在低温处增设辅助加热设备
4	革面有道痕	浆料中有杂质和糊块 制备浆料的容器不干净	严格按照操作规程和工艺制作浆料 及时清理容器
5	布基透油	浆料混合不均匀或增塑剂含量较高 树脂颗粒太粗或增塑剂相容性太差 塑化温度控制不当	加强对浆料的搅拌及混合,适当调节增塑剂的含量 选用细颗粒以及相容性较好的树脂,并选用适当类型的增塑剂 调整塑化温度

4.2.4 主要生产设备

（1）配料设备

①冲糊装置 冲糊装置很简单，结构示意如图4-3所示。

②搅拌机 可采用立式行星式混合机。行星式混合机主轴上装有一只（或一对）框式搅拌翼，主轴可带动搅拌翼公转，同时搅拌翼又可自转。在搅拌PVC料时，转速不能过快。由于自转、公转同时进行，搅拌翼的回转轨迹并不是简单的圆圈，它所产生的剪切力遍及混合物料各处，使流动性很差的物料能均匀地混合。行星式混合机的中柱是油压活塞，可以把整个横梁升降，便于容器的进出。

③三辊研磨机 乳液法PVC树脂颗粒细，与增塑剂混合易形成小粉团，因此配制的糊状浆料必须在三辊研磨机上进行研磨，将小粉团辗开，使之分散均匀。三辊研磨机的外形图如图4-4所示，结构如图4-5所示。研磨机主要由三根辊筒、齿轮减速箱、三角带、铜质挡料板、辊筒调距装置和刮料刀等主要零部件组成。

三辊研磨机的辊筒由电动机驱动，通过三角带传动，齿轮减速箱和一组传动齿轮带动，从进料辊开始，三根辊筒的工作转速比是1∶3∶9。辊筒的辊面间隙可通过手轮手工进行调整，按照浆料的运行顺序，三根辊筒工作面的间隙由大变小。当浆料通过辊面间隙时，由于不同线速度的两个面的牵引，受到很大的剪切力，使直径较大的物料颗粒被压碎细化，达到物料颗粒被细化的目的。

三根辊筒是研磨机设备中的主要零件，辊筒直径用冷硬铸铁或铸钢铸造成型，工作面粗糙度R_a不大于$0.2\mu m$，工作面硬度也应较高。中间辊位置固定，前后辊可前后移动，来调整三根辊筒工作面间的距离，控制研磨物料粗细程度。

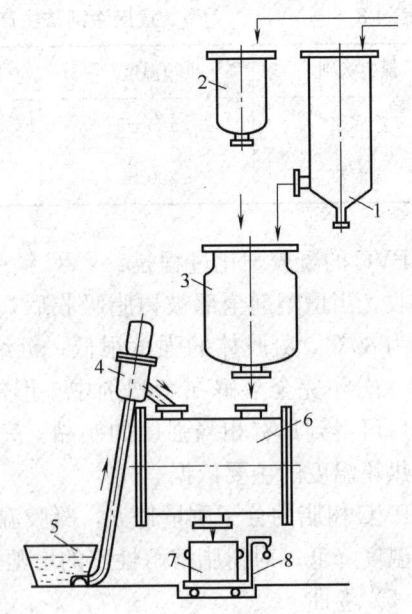

图4-3 冲糊装置
1—增塑剂加热器 2—配料罐 3—冲糊罐
4—上料装置 5—PVC料储槽 6—糊料罐
7—糊料桶 8—计量秤

图4-4 三辊研磨机

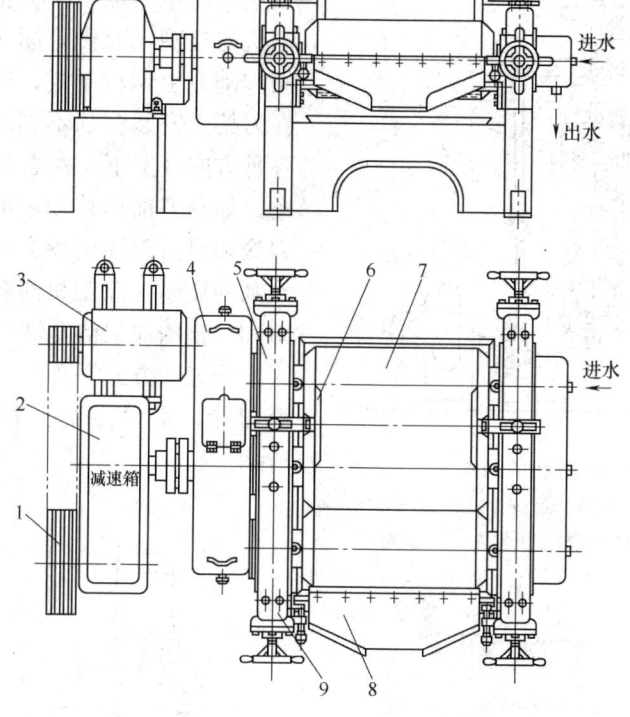

图 4-5　三辊研磨机的结构
1—三角带　2—齿轮减速箱　3—电机　4—齿轮传动箱　5—机架
6—铜制挡料板　7—三根辊筒　8—刮刀　9—辊筒调距装置

(2) 基布预处理设备

①刷毛机　刷毛机的结构如图 4-6 所示，箱体内主要由 6 根外径为 200mm 的刷毛辊组成，基布经刷毛箱由下而上通过，布两侧的刷毛辊与布做相反转动，可将布两侧的布毛、线头等杂物刷干净。

②压光机　压光机的结构如图 4-7 所示。其中上下辊均为纤维辊制成（1 和 4），中辊为表面磨光镀铬的空心钢辊（2），钢辊内通蒸汽加热，2 的位置固定，1 和 4 可升降用以调节辊距。压光机有加压机构。

(3) 涂刮设备

①涂刮机　涂刮机要能控制涂布量而且涂布均匀。常用的涂刮机有刀涂式和辊涂式两大类。直接涂

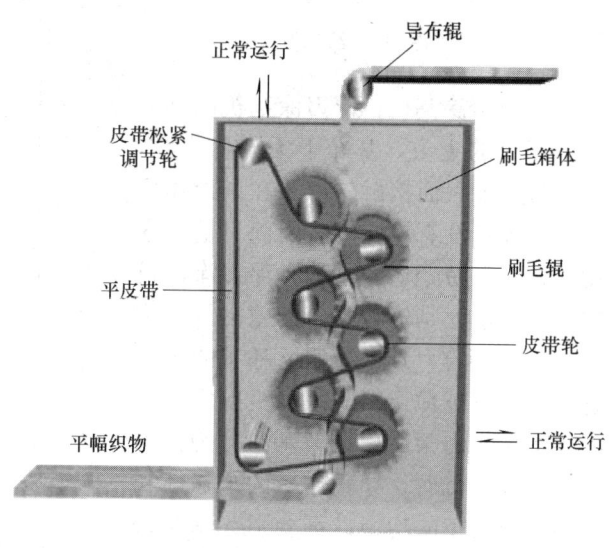

图 4-6　刷毛机的结构

刮法人造革一般采用刀涂式。图4-8是涂刮机的外观示意图，图4-9为其结构示意图。刮刀由钢材制成，安装在刀架上，可在刀架上安装多片不同的刮刀，刮刀可在各种方向（上下、左右和前后）移动和转动。如刮刀前后移动，可使涂刮机在辊衬刀涂和浮刀刀涂两种方式间转换。为保证涂刮的质量，涂刮机对各部件，特别是刮刀和导辊的加工精度要求很高。

② 刀涂方式　刀涂可分浮刀涂刮、辊筒刀涂、带衬涂刮三种形式，如图4-10所示。

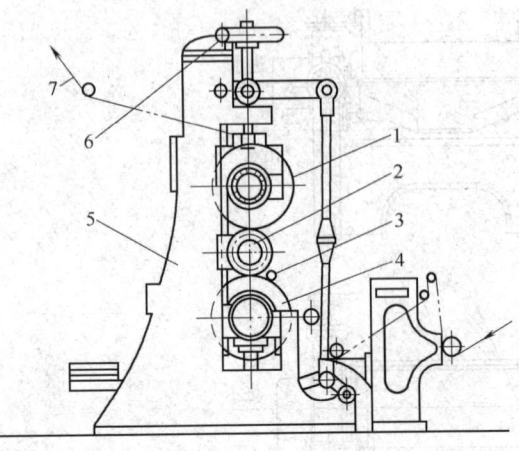

图4-7　压光机的结构

1、4—纤维软轧辊　2—铸钢主动硬轧辊　3—小安全压布辊
5—机架　6—蜗轮蜗杆加压装置　7—织物

图4-8　涂刮机

a. 浮刀涂刮机：浮刀涂刮机的刮刀位于基布的上方，基布下无任何支撑，刮刀与基布表面接触。由于在刮刀作用点下的基布没有承托物，因而只适合强度较大、不易变形的基布。浮刀涂刮机中涂层的厚度是依靠基布的张力（刀刃压在基布上的力）来控制，基布的张力越大则涂层越薄，因此涂刮机上安装多根导辊与张力架用以调节基布张力。采用浮刀涂刮机时，导辊运转的平稳性和退卷装置放布的均衡性都会引起基布张力的波动，导致涂布不均匀和涂层表面的瑕疵。

刮刀的角度对涂布量也有影响，如

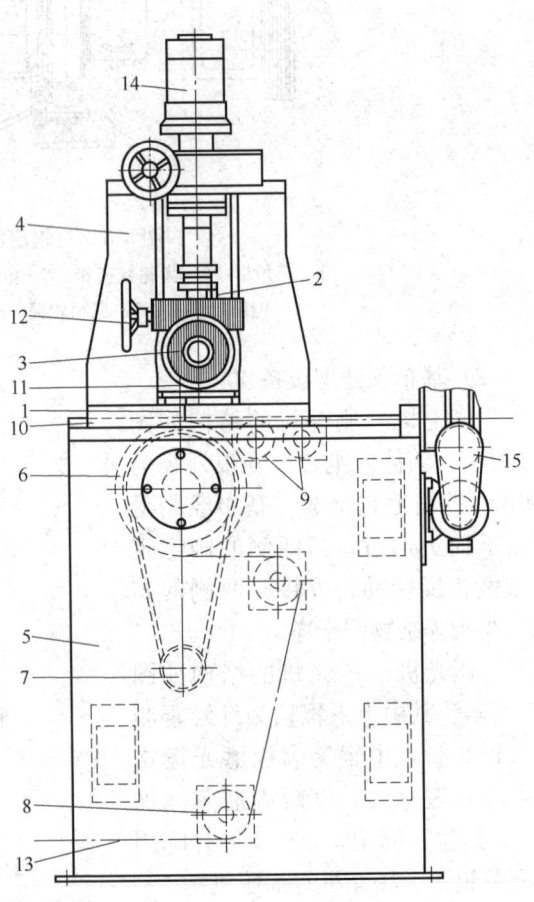

图4-9　涂刮机的结构

1、2—刮刀　3—刀架　4—刀架座　5—机架　6—衬辊
7—衬辊传动辊　8—导辊　9—浮刀涂层衬辊　10—燕尾槽
11—移动刀架座手轮　12—移动刀架手轮
13—被涂材料（基布、纸张）　14—气动活塞　15—开幅辊

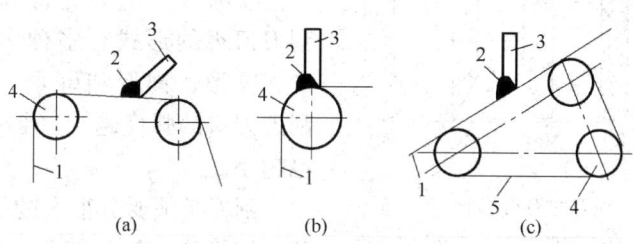

图 4-10 刀涂方式
(a) 浮刀涂刮　(b) 辊筒刀涂　(c) 带衬刀涂
1—基布　2—浆料　3—刮刀　4—辊筒　5—输送带

图 4-11 所示。与垂直放置的刮刀相比，刮刀前倾 [图 4-11 (a)] 时会增加涂布量。因为前倾的刮刀会与基布构成一个楔形，当基布向前移动时，浆料被挤入其中，有时甚至会穿透基布，导致基布僵硬，还有可能使基布表面受到损伤。刮刀角度向后则会减少树脂的涂布量。总之，刮刀与前进基布形成的角度越大时，涂层的厚度越小。

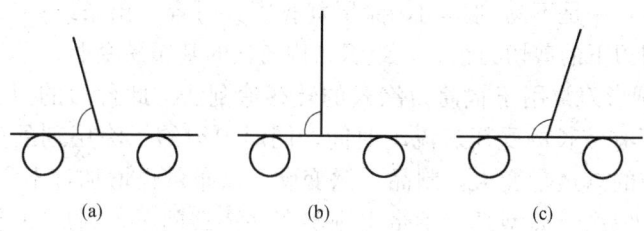

图 4-11 刮刀角度
(a) <90°　(b) 90°　(c) >90°

b. 辊筒刀涂机：辊筒刀涂机是在钢辊（或橡胶辊）的最高点垂直放置刮刀，辊筒的直径一般为 350mm，调节刮刀与辊筒的间隙可调节涂层的厚度，如图 4-12 所示。若刮刀不在辊筒的最高点 [图 4-12 (b)]，这种方式相当于浮刀式，对于涂起毛或起绒等基布非常有用。

辊筒刀涂机克服了浮刀涂刮机涂层厚度不易控制的缺点。由于有金属或橡皮辊承托，可用于涂刮强度较小的基布，而且涂层厚薄均匀，质量较好。当底部辊筒表面质量要求很高，底部辊筒不光滑时（如溶胶会透过基布黏在辊筒上），辊筒刀涂机涂层厚度就不易保证均匀。

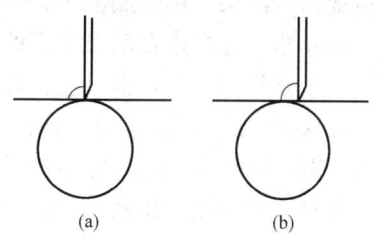

图 4-12 辊筒刀涂式的两种形式
(a) 刮刀在轧辊凸面正上方
(b) 刮刀稍微离开轧辊凸面

c. 带衬涂刮机：带衬涂刮机是用橡皮衬带来承托基布，也可以用于涂刮强度较小的布基。通过改变衬带的张力来调整涂布量，可以克服在刮刀涂布机中由于基布的延伸而产生的问题。

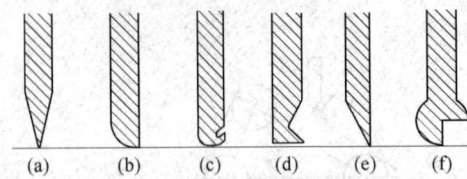

图 4-13 刮刀的刀刃形状
(a) 楔形 (b) 圆形 (c) 钩形
(d) 鞋形 (e) 立形 (f) 逗号形

③刮刀 刮刀是涂刮机的关键部件，刮刀刀刃的形式有多种多样，典型的有楔形、圆形、钩形和鞋形，如图 4-13 所示。刮刀刀口的弧度越小（越尖锐），涂层厚度也越小。

刮刀必须要有很大的刚性，能够经得住基布的移动；在涂刮时，不能有任何轻微的"跳刀"或振动。刮刀通常架在非常结实的钢梁上，钢梁横跨整个机器。为快速更换刮刀，有时两个或三个截面形状不同的刮刀架在同一钢梁上面，换刮刀时，钢梁只要旋转一定角度即可。

a. 楔形刀：楔形刀一般用于浮刀法涂刮。楔形刀的刀刃是半径约为 1mm 的圆弧，刀刃窄，与基布接触面积小，对基布的压力大，涂层厚度比较薄，涂布量小；同时接触面积小，浆料在刀刃下的受力时间短，对基布的渗透小，人造革手感柔软，适合于涂刮薄层制品或底涂。

楔形刀的缺点：一是不易刮均匀，涂层剂黏度大时容易出条线；二是浮刀涂层要求基布绷紧，楔形刀刃下的剪切力很大，组织结构疏松的基布易变形。

b. 圆形刀：圆形刀常用于辊筒刀涂式的转移涂刮法。此种刀的刀刃呈弧形且较厚，使涂层剂在刀刃下有较长的受压、流动时间，同时刀刃给予涂层剂的剪切力大大降低。因此，浆料对基布的渗透量变大，制品手感变硬，涂布量也增加，不宜用于直接涂刮法工艺生产人造革，但涂于离型纸和钢带上则不存在渗透问题。圆形刀适于厚层制品，其突出特点是适用于高黏度浆料，涂层膜比较均匀。

c. 钩形刀：当采用楔形或圆形刀涂刮时，树脂会在刮刀背面形成微小的沉淀物，这些沉淀物的体积会逐渐堆积增大，在涂层表面常会出现伤痕或涂层厚薄不均，堆积物也有可能落到涂层上影响制品表观。钩形刀的刀刃类似于圆形刀，但背面的钩在刀板上形成一条小槽，让黏附在刮刀背面的浆料落在槽内，有助于涂层的均匀度和涂层面的光洁。钩形刀与圆形刀类似，也只适宜辊筒刀涂式转移涂刮法，适合涂刮面层。

d. 鞋形刀：鞋形刮刀由原来圆形刮刀与被涂材料之间是圆弧与平面接触的一条线，变成了两个平面之间的一条狭隙，这有助于涂布量的稳定性。鞋形刀还可避免涂层的堆积。鞋形刮刀只用于辊衬刮刀涂层，但鞋形刀刀板与基布平面之间的夹角，对涂层质量影响明显。

e. 其他形刀：在生产过程中，还有许多刀形，各有特点。立形刀与楔形刀相似，适合于薄层制品。逗号形刀与钩形刀类似，可避免物料的堆积，并且能适应高速涂覆（30m/min）。

影响涂布量的因素除刮刀外，溶胶和基布的性质、速度等都会产生影响，见表 4-10。

此外，底层和面层的涂刮方式也有差别，对多数基布而言，底涂常使用较尖锐的浮刀刮刀，与织物表面接触，以封闭织物表面的孔隙；第二涂层可用厚的刮刀或辊筒刀涂法以提高树脂的涂布量。

表 4-10　　　　　　　　　　　　　影响涂布量的因素

因素		涂覆量增加	涂覆量减少
溶胶	流变行为	膨胀性	塑性或假塑性
	触变性	没有	有
	黏度	增加	减少
	固体含量	增加	减少
	温度	增加	减少
	液体动压力	大	小
机器速度		快	慢
基材	表面	粗糙	平滑
	预涂底	没有	有
	形态	疏松	密实
	密度	低	高
	透气性	高	低
刮刀	厚度	薄	厚
	切线角度	小	大
	压力	轻	重
	长度	长	短

（4）烘箱

烘箱（图 4-14）是生产人造革的主要设备，置于涂刮机或贴合机的后面，其作用是将基布上的 PVC 浆料烘干成膜，达到塑化、发泡、贴牢的目的。

烘箱的热源有蒸汽、导热油、电。蒸汽加热比较安全，但不能用于人造革、合成革的生产，因为 PVC 人造革和 PU 合成革都要求烘箱的温度在 140℃以上。电加热虽然没有温度限制，但因安全问题，不适合溶剂型涂层剂。导热油加热，温度可达 250℃以上，温控的精确度比较高，无明火，适用性较广，是目前主要的热源；但需配备加热导热油的

图 4-14　烘箱

锅炉（燃油、燃煤）和导热油循环系统，投资较大。烘箱的加热方式则可分热辐射式、热风循环式、热辐射与热风循环相结合。热辐射式常采用石英玻璃管电加热器或金属管状远红外辐射加热器，这种加热方式升温快，结构简单，但热效率低，温度不均匀。热风循环式烘箱具有安全可靠、内部温度均匀、温度控制精度高等优点，目前烘箱多采用这种方式。热风循环式烘箱采用导热油加热空气，由风机将热空气经喷风嘴射出，在烘箱内强制循环。用导热油加热烘箱的循环系统如图 4-15 所示。将储油槽中的导热油用泵

输入膨胀槽，再经过滤器，滤去油中杂质后进入加热炉内加热至280℃；然后高温导热油进入烘箱的散热器，与空气进行热交换，此时空气被加热，由散热器内的轴流风机通过风管进入烘箱内；导热油温度降低后再次进入加热炉内进行循环。工厂内一般采取集中供热的方式，由一台锅炉向多个烘箱集中供热。

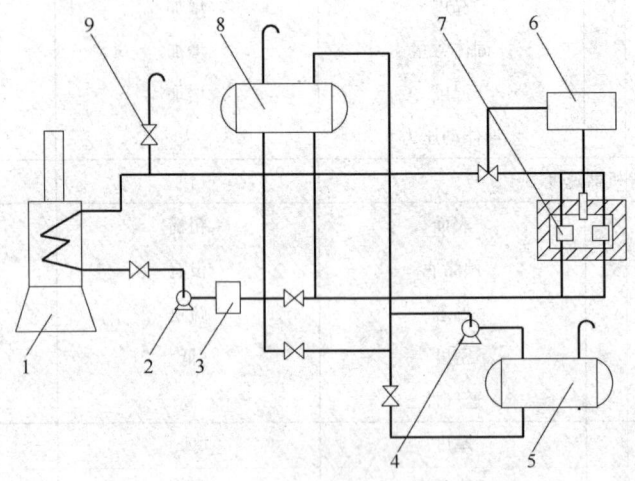

图4-15 导热油加热循环系统图
1—加热炉 2—循环油泵 3—过滤器 4—注油泵 5—储油槽
6—温控系统 7—烘箱散热器 8—膨胀槽 9—放气阀

烘箱内循环风扇的布置有单面、双面两种方式，内部结构示意图如图4-16所示。单面循环热风烘箱的热风循环风扇在烘箱的顶部，两侧都有门，穿布操作和清洁操作比较方便，并且箱体较小。双面吹风烘箱的热风循环风扇在烘箱的侧面，通过音叉形喷风嘴上下同时吹风，基布（或离型纸）从"音叉"裂口中经过，调节上下风的风压，可使基布（或离型纸）浮在空中，烘干效率得到提高。为了使烘箱左右两旁温度一致，"音叉"一左一右交叉排列，烘箱两侧只能相应交叉安置箱门，使清洁或穿布穿纸操作都不方便。有时为了进一步提高烘箱内的温度，还可采取热风循环与油加热翘片辐射混合式。

烘箱通常采用长方形隧道式箱体结构（图4-14），长度为6～20m，由多个长2m的单元组装而成。单元内包括循环风扇、喷风嘴、换热器以及控制温度、控制热风流量等装置，自成一个系统。烘箱的金属骨架全部采用型钢，内外壁为金属板，夹层内有隔热保温材料，侧面有小门，用于穿布操作和清洁烘箱。烘箱下部安装导辊，用于承托人造革，有的烘箱内还装有针板式拉幅装置，以防止制品幅面变窄。

在烘干过程中，随着增塑剂和溶剂的挥发，使烘箱内循环的热空气中溶剂或增塑剂的浓度不断增加，如果浓度超过了爆炸极限，一遇明火，即刻会发生爆炸。因此在烘箱顶部装有排风扇，将含有增塑剂或溶剂的热空气排出一部分，使烘箱内部处于负压状态，新鲜的冷空气从人造革出入烘箱的开口处进入补充。由于人造革向前运行，会将烘箱内部部分烟气随之带出，故需在烘箱出口的连接部分的上方装一排风罩，以保持厂房内的空气无污染。

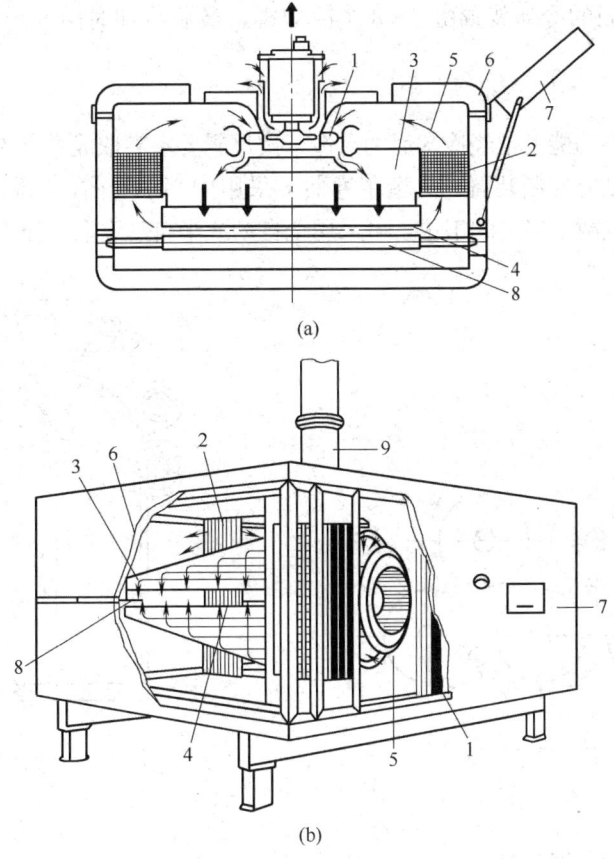

图 4-16 热风循环式烘箱的内部结构
(a) 单面热风烘箱 (b) 双面热风烘箱
1—风扇和电动机 2—热交换器 3—风道 4—喷风嘴
5—循环空气 6—保温层 7—门 8—导辊 9—排气管

(5) 压花装置

直接涂刮法生产线上的压花装置直接连在最后一个烘箱后面。压花装置主要由上下两根辊组成,下辊是钢辊表面包有橡胶层的橡胶辊;上辊是压花辊。橡胶辊是主动辊,用来承托压花钢辊对人造革的压力,由直流电动机经减速箱减速后带动旋转。压花辊是一钢辊,内通冷却水,其工作面为镀硬铬的光面或刻有花纹图案;压花辊为从动辊,两端有机械(或气动)提升加压机构,用以调节压花辊和橡胶辊之间的压力,以决定花纹的清晰度。

人造革生产线直接相连的压花方式,压花速度会受前一工序的限制,以致不能按花纹深浅来选择恰当的压花速度。因此,对花样复杂或花纹较深的产品,都宜采用独立式压花,即将塑化、冷却、卷取的人造革重新加热再进行压花。

(6) 冷却装置

人造革经凝胶塑化或压花后,温度还是很高的,必须经过充分的冷却,以便涂刮下一层或收卷。冷却装置是由一组冷却辊组成,冷却辊筒为钢辊,表面镀铬抛光,夹层通冷却水。生产线中间的冷却装置由 2~3 个冷却辊，最后冷却时由 6 个冷却辊筒组成，如图 4-17 所示。

（7）卷取装置

卷取装置的主要功能是把经冷却后的人造革按尺码要求卷取成卷，为保证卷取时张力合适，卷取装置设有张力控制装置。人造革卷曲多采用中心轴卷曲，以制品的卷芯轴为主动辊，卷芯轴有两个或两个以上的工位，可采用全自动或半自动卷取工作，如图 4-18 所示。

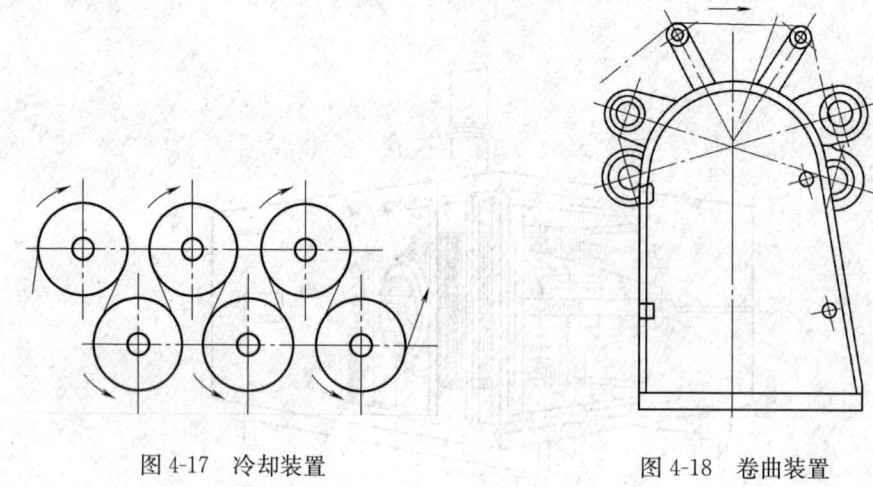

图 4-17　冷却装置　　　　　　　图 4-18　卷曲装置

4.2.5　产品质量控制标准

直接涂刮法聚氯乙烯人造革的质量要求应符合标准 GB/T 8948—2008《聚氯乙烯人造革》和 GB/T 21550—2008《聚氯乙烯人造革有害物质限量》的规定。

4.3　直接涂刮法 PVC 泡沫人造革

直接涂刮法 PVC 泡沫人造革与普通人造革相比，在普通人造革的底层和面层中间增加了闭孔型的发泡层。由于泡沫层的存在，使得 PVC 泡沫人造革具有轻便、厚实、丰满、手感柔软等特点，而且在揉纹时易于产生纹路，增加真皮感。PVC 泡沫人造革主要用于箱包、鞋等。

直接涂刮法聚氯乙烯泡沫人造革有两种生产方法：一种是底层、发泡层和面层均采用直接涂刮法；另一种则是底层、发泡层采用直接涂刮法，面层采用贴膜法。前者称为聚氯乙烯泡沫革，后者称为聚氯乙烯泡沫贴膜革。

4.3.1　主要原料

（1）树脂

①底层　与普通人造革原料相似，选用乳液法 PVC 树脂和部分悬浮法 PVC 树脂。

②发泡层　发泡层不宜选用聚合度较高的 PVC 树脂，宜选用平均聚合度为 800~

1000 的乳液法 PVC 树脂。因为 PVC 树脂平均聚合度大，则熔融黏度较大，发泡制品泡孔较粗且均匀性差；相反平均聚合度较低的 PVC 制品泡孔较细密。有时还可加入其他树脂（如乙烯-醋酸乙烯、氯乙烯-醋酸乙烯共聚物等）。

③面层　面层要耐磨，选用平均聚合度在 1300～1500 的乳液法树脂，但现在为改进手感，有时面层也可使用 PU 树脂。

（2）增塑剂

选用的增塑剂品种与普通人造革相同，但发泡层物料黏度不能太高，增塑剂加入量应稍多一些。

（3）热稳定剂

选用的热稳定剂与普通人造革基本相同。在选择发泡层的热稳定剂时应注意热稳定剂对发泡剂分解温度的影响，可通过热稳定剂的组合和用量来调节发泡剂的分解温度。

（4）发泡剂

一般选用 AC（偶氮二甲酰胺）发泡剂，用量 2～4 份。也可选用偶氮甲酰胺甲酸钾（简称 AP 发泡剂）。

（5）基布

基布与普通人造革相同。

（6）典型配方

直接涂刮法泡沫人造革典型配方见表 4-11 至表 4-13。

表 4-11　　　　　　　　　　直接涂刮法泡沫人造革配方 1　　　　　　　　　　单位：份

原料名称	发泡革			贴膜发泡革			鞋革	
	底层	泡层	面层	底层	泡层	膜层	泡层	膜层
悬浮法 PVCSG4	80	100	—	93	—	100	—	100
乳液法 PVC RH-1-I	20	—	100	7	100	—	100	—
邻苯二甲酸二辛酯(DOP)	60	65	50	15	30	15	28	40
邻苯二甲酸二丁酯(DBP)	20	30	30	15	25	14.4	42	10
烷基磺酸苯酯(M-50)	—	—	—	60	10	3.6	20	—
癸二酸二辛酯(DOS)	—	—	—	—	—	5	—	10
硬脂酸锌(ZnSt)	—	—	—	—	—	—	0.3	—
硬脂酸钡(BaSt)	—	—	—	—	3	0.8	1	1.25
硬脂酸铅(PbSt)	—	—	—	—	—	1	1	1.25
硬脂酸镉(CdSt)	—	—	—	—	—	—	—	—
轻质碳酸钙	20	10	—	25	10	3	20	5
环氧硬脂酸辛酯(ED3)	—	—	—	—	—	—	—	—
二月桂酸二丁基锡	—	—	—	—	—	—	—	—
氯化石蜡	—	—	—	—	—	—	—	—
三碱式硫酸铅(3PbO)	5	5	4	3	2.5	1	—	—
偶氮二甲酰胺(AC)	—	—	3	—	—	—	3	—

表 4-12　　直接涂刮法泡沫人造革配方 2　　单位：份

原料名称	发泡革			贴膜发泡革		
	底层	泡层	面层	底层	泡层	膜层
聚氯乙烯树脂						
乳液法	25～100	100	100	25～100	100	—
悬浮法	0～75	—	—	0～75	—	100
邻苯二甲酸二辛酯(DOP)	60	55	50	60	55	30
邻苯二甲酸二丁酯(DBP)	20	20	20	20	20	15
癸二酸二辛酯(DOS)	—	—	5	—	—	—
氯化石蜡	10	—	—	10	—	—
三碱式硫酸铅(3PbO)	3	3	—	3	3	1
硬脂酸铅(PbSt)	—	—	—	—	—	1
硬脂酸钡(BaSt)	—	—	—	—	—	1
发泡剂	—	2.5～3.0	—	—	2.5～3.0	—
轻质碳酸钙	30	15	10	20	15	5
颜料		适量			适量	

表 4-13　　直接涂刮法泡沫人造革配方 3　　单位：份

原料名称	直接涂刮泡沫人造革			直接涂刮贴膜泡沫人造革		
	底层	泡层	面层	底层	泡层	面层
悬浮法 PVC 树脂	100	—	—	93	—	100
乳液法 PVC 树脂	—	100	100	8	100	—
邻苯二甲酸二辛酯(DOP)	50	50	40	15	50	31
邻苯二甲酸二丁酯(DBP)	40	25	30	25	25	8
癸二酸二辛酯(DOS)	10	3	5	—	—	5
环氧酯	0.5	—	—	—	—	—
轻质碳酸钙	15	10	—	25	10	3
M-50、T-50	—	—	—	60	10	4
TLS	—	3	3	3	2.5	1
硬脂酸钡(BaSt)	0.75	—	—	—	—	0.4
硬脂酸铅(PbSt)	—	—	—	—	—	3
硬脂酸镉	0.25	—	—	—	—	—
AC 发泡剂	—	2.5	—	—	—	—
颜料		适量			适量	

4.3.2 生产工艺

直接涂刮法 PVC 泡沫人造革（贴膜革）生产线如图 4-19 所示，工艺流程图如图 4-20 所示。若面层采用涂刮法，可将 8 换为涂刮机。生产过程简述如下：

分别按配方配制底层和泡沫层糊状浆料，同时备好面层薄膜。基布经预处理后涂刮底层浆料，然后凝胶塑化冷却，再涂刮泡沫层浆料，进入第二烘箱凝胶（但不发泡）后立即贴合面层薄膜，再进入第三烘箱塑化、发泡，然后压花、冷却、卷取即为成品。

直接涂刮法泡沫 PVC 人造革（贴膜革）的操作要点基本上与普通聚氯乙烯人造革相同，下面简述其不同之处。

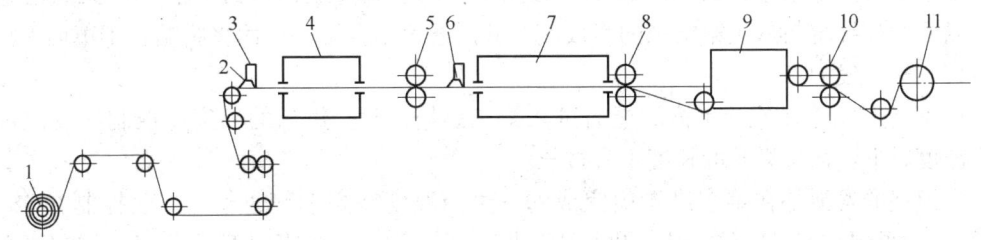

图 4-19　直接涂刮法 PVC 泡沫人造革生产线
1—基布　2—PVC 糊料　3—刮刀　4、7—加热箱　5—压光辊
6—面层或中层料　8—贴膜　9—烘箱　10—压花辊　11—收卷

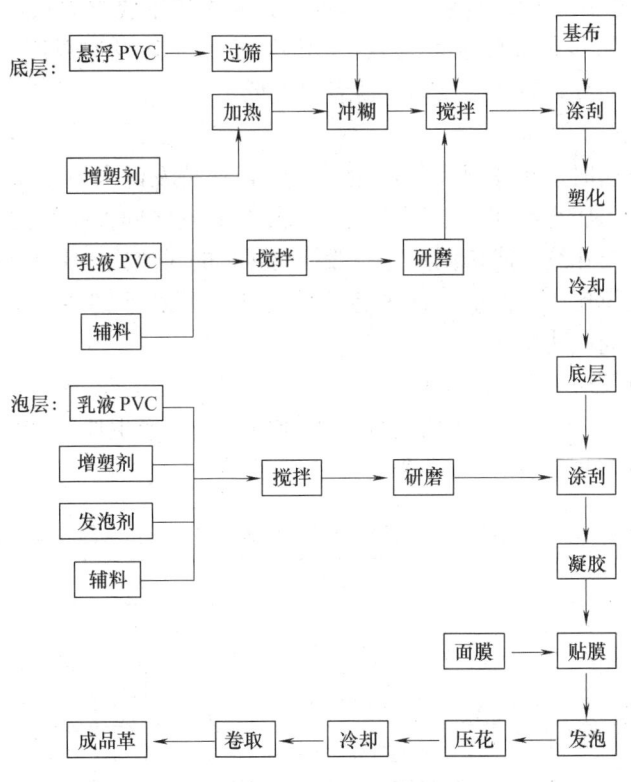

图 4-20　PVC 泡沫人造革工艺流程

(1) 泡沫层浆料的配制

按发泡层的配方要求,分别将各种材料准确计量后,搅拌混合均匀。搅拌时需提升搅拌桨叶,及时清理搅拌桨叶上的粉团料。然后将浆料用三辊研磨机研磨,使发泡剂细化分散均匀,研磨时要尽量细研,保证研磨两遍以上。必要时再把研磨后的浆料进行搅拌。

(2) 贴膜

在涂刮泡沫层后经烘箱凝胶,在烘箱出口处趁热立即贴合 PVC 薄膜。在贴膜时,薄膜开卷要平稳,薄膜与人造革的上下两片要准确地边对边叠合,经贴合辊压实,中间不得存留气泡,应贴合牢固。

贴膜装置由一直径 150mm 左右的加热钢辊为上辊,直径 300mm 左右的橡胶辊为下辊,上下辊的间隙用丝杆或气动调节。在贴合辊的上部安装薄膜的开卷架。聚氯乙烯面膜开卷后经过导辊与从烘箱出来的半成品革共同通过贴合辊,从而将膜贴合于革面上。

(3) 塑化发泡

PVC 泡沫人造革在涂刮泡沫层后进入第二烘箱,此时烘箱的温度应控制在发泡剂的发泡温度以下,而且烘箱的长度不宜过长。

发泡层的发泡是在第三烘箱内完成的,烘箱温度略高于普通革,一般控制在 180~220℃。为得到均匀微细的泡孔,烘箱内温度由进布端开始逐渐升高,分三段控制,烘箱前段 180~185℃,中段 190~195℃,后段 200~210℃;同时烘箱内的断面温度波动范围最好不超过 2℃。发泡时间一般为 90s。

发泡烘箱温度的设定与诸多因素有关。若使用 AC 发泡剂时,烘箱温度应高些;使用 AP 发泡剂时,烘箱温度可偏低些。手套、鞋、帽及衣用革要求柔软,需要较高的发泡温度,使发泡完全;箱包革不要求太柔软,发泡不需太足,发泡温度可稍低一些。此外,发泡温度还随基材而异,厚者温度高,薄者温度低。

(4) 间隙压花

发泡人造革压花时,要注意不能将泡孔压死,保持发泡人造革柔软和弹性,应采用间隙压花。所谓间隙压花即在人造革压花时花辊与胶辊之间保持一定的间隙,间隙的大小随人造革的厚薄与花纹深浅来调整。一般控制两辊的间隙比人造革厚度小 15%~25%,压花后的泡沫人造革比压花前的泡沫人造革厚度降低不大于 30%。压花时,人造革在两辊间通过,两辊逆向同速旋转。

(5) 常见问题及对策

直接涂刮法 PVC 泡沫人造革的泡沫层的质量缺陷、产生原因和解决方法见表 4-14,其他的质量问题及解决方法与 PVC 普通人造革相同。

表 4-14　直接涂刮法 PVC 泡沫人造革发泡层的质量缺陷、产生原因和解决方法

序号	质量缺陷	产生原因	解决方法
1	发泡层发泡倍率低	发泡剂用量少 发泡温度低 发泡时间短	加大发泡剂用量 提高烘箱温度 降低车速
2	泡孔不均匀	发泡剂分散不均匀 增塑剂浆料中空气含量较大	搅拌研磨均匀

续表

序号	质量缺陷	产生原因	解决方法
3	放泡	原料水分大 树脂稳定性差 发泡烘箱温度高	贴合时放水汽 增加稳定剂用量 加强温度系统控制
4	单位面积质量高	发泡倍率低 填充剂用量大	调整发泡剂及其用量,提高发泡温度,延长发泡时间 控制填充剂用量
5	发泡后泡孔消失	压花间隙太小	增加压花辊间隙,降低压花辊压力
6	发泡不均匀,有大泡	发泡温度过高 浆料含水量过高 布基潮湿	适当降低发泡温度 控制浆料含水量 控制布基的水分
7	革面有较规则性的疵点	压花辊工作面上有杂质 压花装置中的橡胶托辊工作面不平整,磨损严重	及时清理压花辊 及时修理压花装置中的橡胶托辊
8	料层与布基黏合力差	凝胶温度偏高 毛刷与布基距离太远	降低预热烘箱的温度 调整毛刷辊辊面与布基的距离
9	革面花纹不清	压花纹时革面温度偏低或革面温度不一致 压花辊与橡胶托辊的间隙调整不当	提高压花温度并使之均匀 调整压花辊与橡胶托辊间隙

4.3.3 产品质量控制标准

直接涂刮法泡沫聚氯乙烯人造革的质量要求应符合标准 GB/T 8948—2008《聚氯乙烯人造革》和 GB/T 21550—2008《聚氯乙烯人造革有害物质限量》的规定。

4.4 离型纸法 PVC 人造革

将糊状浆料涂覆在连续运行的载体上(一般为不锈钢带或离型纸),然后与基布贴合,经主烘箱塑化或发泡,冷却后从载体上剥离下来,得到 PVC 人造革,这种生产方法称为转移法或间接涂覆法。

转移法与直接涂刮法相比,具有以下一些特点:

①基布与涂层贴合时,所受的张力很小,浆料渗入基布的量较少,因而人造革手感较好,可用于组织疏松、伸缩性很大(针织布)或强度较低(某些非织造布)的基布。

②人造革的表面质量受基布影响小。

③产品质量好,工艺易掌握控制,生产时受浆料黏度及涂层厚度的限制较少,对生产增塑剂含量多的薄型柔软衣着和手套用革尤为相宜。

转移法的载体主要有钢带和离型纸两种,它们各有优缺点,见表 4-15。离型纸法由于生产设备比较简单,工艺容易掌握,产品质量好,是目前主要的生产方法。离型纸法 PVC 人造革产品以泡沫革为主,具有手感柔软、弹性好、真皮感强等特点,常用于服装、手套、沙发等。

表4-15　　　　　　　　　　钢带法与离型纸法的比较

方法	钢带法	离型纸法
载体	经久耐用(可用2～3年)，可显著降低人造革成本	离型纸价格昂贵，使用寿命较短(常少于10次)
产品特点	由于钢带上无花纹，只能得到光面，需要压花；而且表面很黏，必须进行表面处理	离型纸上的花纹可直接转移到人造革上，直接可以发泡，不需要再次压花发泡等二次加工，生产效率高

4.4.1　主要原材料

（1）树脂

离型纸法使用的PVC树脂主要是乳液法PVC树脂，服装革选用成糊黏度高的树脂，鞋革、箱包革等选用成糊黏度低的树脂。

①面层　PVC树脂的分子质量应当高一些，以保证强度和耐磨性。由于PU树脂的手感等各方面性能优于PVC树脂，因此现在有许多产品的面层采用PU树脂。

②发泡层　使用乳液法PVC树脂，分子质量稍低，以利于发泡。

③黏结层　可使用PVC树脂，但目前以PU树脂为黏结层的居多。

（2）增塑剂

增塑剂以DOP为主，配合DBP，可加入辅助增塑剂氯化石蜡、M-50等。若要求耐寒，可加入DOS。

（3）热稳定剂

多用复合液体稳定剂，如液体钡-镉-锌、液体钡-锌、液体钾-锌等，也可采用有机锡类稳定剂（如二月桂酸二丁基锡）或混合的硬脂酸盐。

（4）发泡剂

主要使用AC发泡剂，用量3～5份，有时也用AP发泡剂。

（5）基布

各种基布均可使用，包括伸缩性大、组织疏松的针织布。

（6）典型配方

离型纸法PVC人造革典型配方见表4-16至表4-19。

表4-16　　　　　　　离型纸法PVC人造革典型配方　　　　　　单位：份

原料名称	服装革		沙发革		鞋用革		耐硫化鞋用革	
	面层	发泡层	面层	发泡层	面层	发泡层	面层	发泡层
糊树脂　A-21①	100	—	—	—	—	—	—	—
P-440②	—	—	100	—	100	—	100	—
P-450③	—	100	—	100	—	100	—	100
邻苯二甲酸二辛酯	70	60	50	55	35	35	45	50
邻苯二甲酸二丁酯	—	5	—	—	—	—	—	—

续表

原料名称	服装革 面层	服装革 发泡层	沙发革 面层	沙发革 发泡层	鞋用革 面层	鞋用革 发泡层	耐硫化鞋用革 面层	耐硫化鞋用革 发泡层
邻苯二甲酸丁苄酯	—	10	—	—	—	—	—	—
癸二酸二辛酯	3	—	5	5	5	5	5	5
氯化石蜡	5	—	10	10	10	10	—	—
液体稳定剂	3	3	3	3	3	1	1	1.5
有机锡	—	—	—	—	—	—	2	0.5
AC 发泡剂	—	3	—	3	—	—	—	3
AP 发泡剂	—	—	—	—	—	3	—	—
碳酸钙	10	10	10	15	5	5	30	—
颜料浆	适量	适量	适量	适量	适量	适量	适量	适量

注：①系指牡丹江树脂厂产糊树脂牌号，吸油量高。
②系指天津化工厂产糊树脂牌号，适宜做面层，吸油量较低。
③系指天津化工厂产糊树脂牌号，适宜做发泡层。

表 4-17　柔软革发泡层配方　　　　　　单位：份

材料名称	配方1	配方2	材料名称	配方1	配方2
PVC	100	100	DOS	—	5
DOP	80	70	AC 发泡剂	4	4
钾锌复合液体稳定剂	3	—	超细活性 $CaCO_3$	20	—
钡锌复合液体稳定剂	—	3.5	硅石灰	—	15
DBP（邻苯二甲酸二丁酯）	—	10	颜料	适量	适量

表 4-18　耐寒柔软革配方　　　　　　单位：份

材料名称	配方	材料名称	配方
PVC	100	AC 发泡剂	4.5
DOP	80	碳酸钙	15
DOS	8	颜料	适量
钾锌复合液体稳定剂	3		

表 4-19　人造革三层配方　　　　　　单位：份

原料	面层	发泡层	黏结层
PVC	100	100	100
DOP	50	30	30
DBP	20	40	40
液体复合稳定剂	3	3	3
AC 发泡剂	—	6	—
碳酸钙	20	20	30
色浆	10	5	—

4.4.2 生产工艺

离型纸法人造革以泡沫人造革为主，其生产线如图 4-21 所示，工艺流程如图 4-22 所示。其中图 4-22（a）生产的人造革为三层结构，包括面层、泡沫层和黏结层；图 4-22（b）生产的人造革只有面层和泡沫层。三层结构的泡沫人造革的生产过程简述如下：

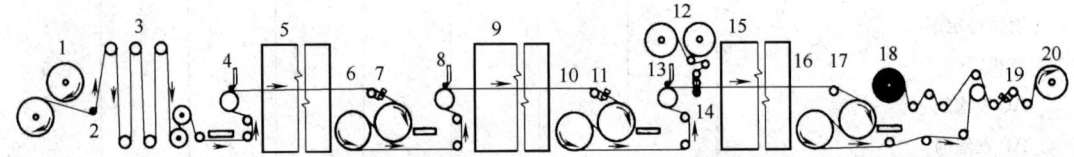

图 4-21 离型纸法 PVC 泡沫人造革生产线

1—离型纸退卷机 2—压纸辊 3—储纸机 4—第一涂刮机 5—第一烘箱 6、10、16—冷却辊
7、11、17、19—离型纸导辊 8—第二涂刮机 9—第二烘箱 12—基布退卷机 13—第三涂刮机
14—贴合辊 15—第三烘箱 18—人造革收卷机 20—离型纸收卷机

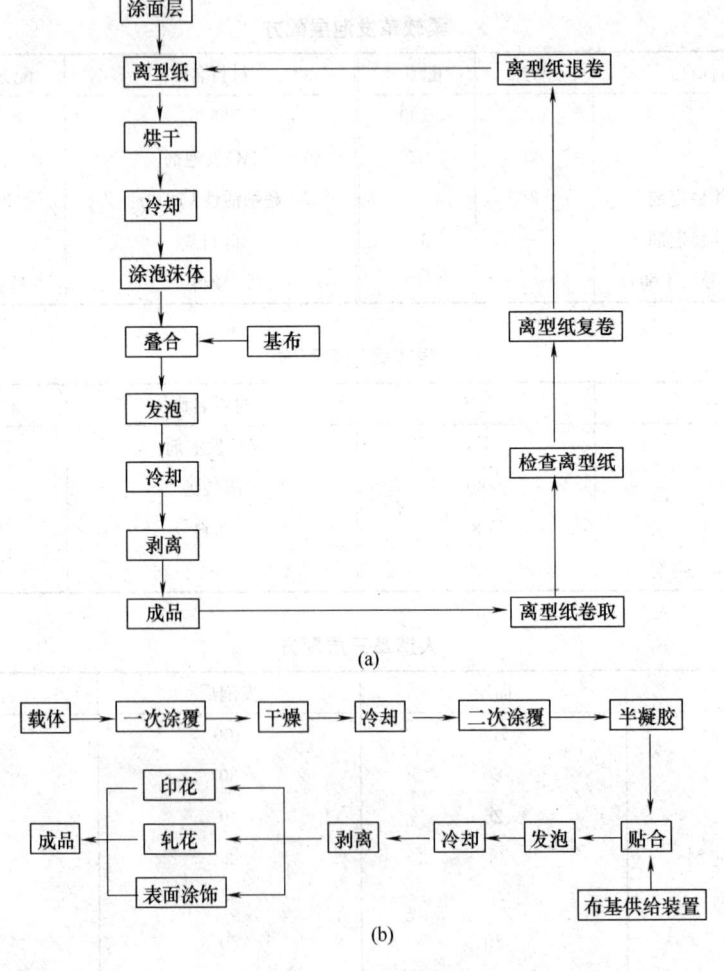

图 4-22 离型纸法 PVC 泡沫人造革工艺流程图
（a）三层结构　（b）两层结构

首先配好各层浆料，然后离型纸放卷，经储纸机在第一涂刮机涂刮面层，进入第一烘箱凝胶塑化，冷却后进入第二涂刮台涂刮发泡层，进入第二烘箱进行预塑化不发泡，冷却后进入第三涂料台涂刮黏结层，然后与基布贴合（湿贴）进入第三烘箱塑化发泡，冷却后人造革与离型纸剥离，分别卷取，此工艺称为三涂三烘。该工艺采用湿贴，浆料容易渗入基布，为避免这一不足，可采用半干贴法，即在涂刮黏结层后，进入短烘箱烘至半干然后与基布贴合，再进入烘箱塑化发泡，此时生产线上共有四个烘箱，称为三涂四烘。三层结构的 PVC 人造革，发泡层完整，产品比较厚实，工艺也易于掌握。

两层结构的人造革生产采用二涂三烘。在涂刮发泡层后，通过一个温度较低的短烘箱，使发泡层呈半凝胶状态，出烘箱后立即与基布贴合。贴合后，进入烘箱进行塑化发泡，然后冷却，剥离。

下面以三层结构的泡沫人造革为例，对各生产要点进行论述。

(1) 配料

配料方法与直接涂刮法基本相同。但发泡层浆料经三辊研磨机研磨还需搅拌一定时间。

(2) 针织布预处理

为提高基布与涂层的黏合力，离型纸法人造革所用的基布不需要进行压光处理。若使用针织布为基布，在使用前需经上浆和剖幅处理。剖幅前上浆的目的是为了使针织布剖幅后边缘硬挺，防止卷边。

针织布剖幅上浆机的结构如图 4-23 所示，其工作过程为：筒子纱用牵引辊导开后进入储布机，经过导轴将筒子纱套在可调节宽度的撑布架上，将圆筒针织布撑开，用网纹辊将聚乙酸乙烯酯（或聚丙烯酸酯类）乳液涂在筒子纱中心线的一定范围内，经烘箱烘干后用圆盘转动切刀在涂浆部位切开（剖幅），再经网纹牵引辊牵引，经扩布机卷取成捆。

(3) 涂刮

离型纸法人造革所用涂刮机为辊筒刀涂机。涂刮时各层的厚度应产品而定，可参考

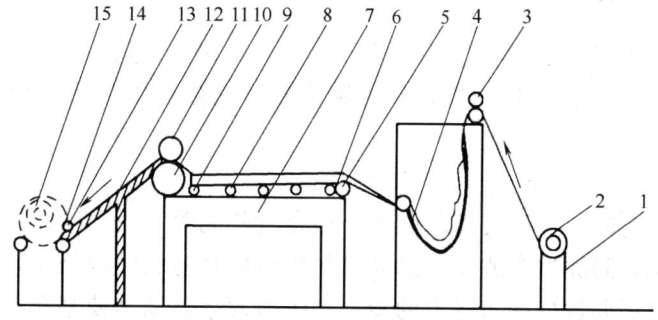

图 4-23 针织布剖幅上浆机的结构

1—机架 2—筒子纱 3—小牵引辊 4—储布斗 5—上浆装置 6—撑布机 7—电热箱 8—小托辊
9—切边装置 10—橡胶辊 11—网纹辊 12—扩布机 13—分布辊 14—卷取辊 15—针织布卷

表4-20。一般面层不宜涂刮过厚，湿涂0.06～0.10mm。服装革和深色革面层可涂刮薄些，鞋用革和浅色革可适当涂刮厚些。若无黏结层，发泡层的厚度在0.4mm左右；若有黏结层，发泡层的厚度约为0.2mm，黏结层厚度0.07～0.10mm，太厚易分层，太薄黏结不牢。

表4-20　　　　　　　　　　离型纸法PVC人造革工艺条件

项目		服装用革		包袋和沙发用革		鞋用革	
		0.8mm	1.0mm	0.8mm	1.0mm	1.0mm	1.2mm
涂层厚度/mm	面层	0.07	0.07	0.10	0.10	0.10	0.10
	发泡层	0.14	0.24	0.14	0.23	0.20	0.30
	黏结层	0.07	0.07	0.07	0.07	0.10	0.10
烘箱温度/℃	Ⅰ	130	130	140	140	150	150
	Ⅱ	150	155	150	155	160	160
	Ⅲ	220	220	220	220	220	220
加热时间/s	Ⅰ	90	90	90	90	90	90
	Ⅱ	60	60	60	60	70	70
	Ⅲ	120	120～150	120	150	150	150

(4) 塑化发泡

有黏结层的PVC人造革通常采用3～4个烘箱，最后一个烘箱的长度是最长的。基布与涂层采用湿贴的，有3个烘箱，烘箱的温度和加热时间可参考表4-20。

若采用半干贴的方法，则有4个烘箱，其中第3个烘箱的长度最短（6～8m），温度也较低，其作用是将黏结层烘至具有一定黏性的半干状态，出烘箱后立即与基布贴合。其他3个烘箱的温度可参考湿贴时的烘箱温度。在半干贴工艺中，要掌握好第3个烘箱内发泡层糊料的滞留时间和烘箱的温度。温度太高，浆料太干会失去黏性，就会贴合不牢甚至出现脱层现象；温度太低，浆料太潮则黏度低，浆料渗入基布组织甚至基布背面，产品手感僵硬。

没有黏结层的离型纸法PVC人造革生产线有3个烘箱，其中第2个烘箱比较短，其温度控制在100～120℃。短烘箱的作用、温度和时间控制与三涂四烘中的第3个烘箱相同。

(5) 贴合

涂层与基布贴合时，关键要控制好两个贴合辊的间隙大小和加压压力。间隙过大或压力过小贴合不牢，间隙过小或压力过大又易将溶胶从基材边缘挤出，或是使浆料大量渗入基布。贴合时还要保持基布张力的稳定，张力发生波动会使基布与黏结层之间产生滑移，影响贴合的质量；有时在贴合之前，基布要预热。

(6) 常见问题及对策

生产过程中出现的质量缺陷、产生原因和解决方法见表4-21。

表 4-21　　离型纸法中常见问题和解决方法

序号	质量缺陷	产生原因	解决方法
1	革面托线	物料中有杂质 刀口有杂物 纸上有杂物	重新过滤浆料 清除刀口杂物 检验纸时,清理干净表面, 在放卷时加装扫毛辊
2	泡孔粗大	烘箱温度过高 发泡剂用量大 树脂选用不当 配方不合理	降低烘箱温度 降低发泡剂用量 用发泡专用树脂 重新设计配方
3	发泡倍率低	烘箱温度低 发泡剂用量小 发泡剂细度不够 树脂选用不当	提高烘箱温度 增加发泡剂用量 细度应≤20μm 用发泡专用树脂
4	革面有花色	面层涂层太薄 面层涂料黏度低 托辊有杂物	增加面层厚度 黏度为 6~8Pa·s 清理托辊杂物
5	革面有油点	烘箱内积油太多 烘箱温度长期过高 配方中 DBP 用量大	清理烘箱积油 保持正常的加工温度 减少 DBP 类易挥发增塑剂的用量
6	革面光泽度不一致	离型纸使用次数多或者离型纸有问题	需更换离型纸
7	透底	底料增塑剂用量大 复合辊间隙小 黏结层涂料太多	降低增塑剂用量 增大复合辊间隙 减少黏结层涂料量
8	革面花纹不清	压花辊放置不水平 辊面温度不均匀,两端温度较低	调整压花辊到水平位置 在低温处增加辅助热源
9	卷取储存后革面有布纹	压花后冷却不足 储存环境温度太高	加强冷却 在低温环境中储存成品
10	革面有规则性的疵点	压辊或压花机橡胶辊辊面上有杂质 辊筒表面缺陷	彻底清除辊面上的杂质 修磨辊面
11	革面起大泡	发泡温度太高 糊料中水分含量太高 布基潮湿	降低塑化烘箱的发泡温度 去除糊料中的水分 烘干基
12	发泡后泡孔消失	压花辊辊隙太小 牵引力太大	适当减小压花辊的压力,增大辊隙 减小泡沫人造革的牵引拉力
13	革面起凸泡	原料潮湿 配方中易挥发物含量太高 添加剂选用不当	预干燥处理 避免使用挥发性添加剂 使用快速凝胶增塑剂和较慢速催发剂

续表

序号	质量缺陷	产生原因	解决方法
14	泡沫层与基布黏结不牢或剥离	凝胶温度太高 毛刷辊离基布太远	降低预热烘箱的温度 调整毛刷辊辊面与基布的距离
15	革面横向厚度不均匀	涂层横向厚度不均匀 塑化发泡烘箱温度不均匀	调整涂刮机的辊间距离 调整烘箱温度
16	开车时泡沫层不能从钢带上剥离下来	钢带温度太高	降低钢带温度
17	涂膜变色	催发剂及稳定剂使用不当	避免含铅催发剂与含硫锡稳定剂一起使用
18	泡沫层与薄膜附着不牢	贴膜温度太低 贴膜辊夹得不紧	升高贴膜温度 调整贴膜辊
19	基布透油	预热烘箱温度太低 糊料黏度太低	适当提高预热烘箱的温度 提高糊料黏度

4.4.3 主要生产设备

(1) 储纸机

离型纸开卷后，进入储纸机，储纸机的作用是在离型纸换卷、连接时，生产线可照常运行，不中断生产。储纸机示意图如图4-24所示。换卷时，开动气活塞，把压纸辊抬起，压住离型纸，就可进行换卷和连接操作；操作完成后，放下压纸辊，新换的离型纸就进入储纸机。

(2) 烘箱

离型纸法PVC人造革的烘箱可在烘箱内安排上下两排风嘴进行加热，风嘴的排列与离型纸运行方向垂直。为了保护离型纸，又由于离型纸对热量传递有屏蔽作用，所以一般烘箱上风嘴风量大，具有对涂层加温的功能；下风嘴风量小，具有对离型纸保温的功能，使上风嘴对涂层的加温不至于因离型纸温度过低而失散。

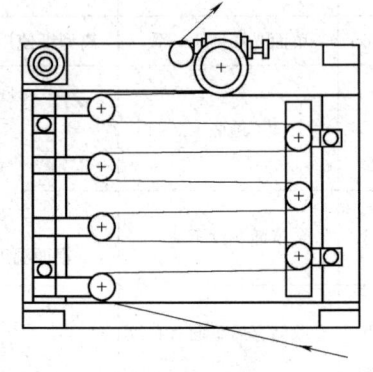

图4-24 储纸机示意图

(3) 贴合机

贴合机分两层，上层的平台上有退卷机、位置调整装置、储布机、送布装置；下层是贴合辊，如图4-25所示。贴合机采用导辊式送布，送布时注意控制基布张力。探边装置可检查进入贴合机的离型纸的位置，及时调整基布位置，使基布和离型纸准确地对边贴合。贴合辊由一个加压的钢辊和一个包橡胶的承压辊组成，承压辊是主动辊，为防止基布与离型纸之间产生相对移动，加压辊和承压辊的表面线速度一致。加压辊与承压辊之间的间隙可以通过微动机构调整，而加压辊的压力可通过加压活塞内的压缩空气进行调节。有的贴合机在贴合前有基布预热装置，是为了烘去棉质基布中的水分或对合成纤维基布进行热定型，以免其在第三烘箱中发生幅宽收缩的现象。

(4) 剥离机

剥离机的结构如图 4-26 所示。该机由一直径为 400mm 左右的大辊筒（卷绕辊）及几个小辊筒组成。辊筒表面线速度与生产线同步。为避免分离时产生静电的离型纸会吸灰，剥离机的分离部位离地较远，卷绕辊大直径的目的是保护离型纸上的花纹，增加离型纸的使用次数。剥离时，剥离角是最重要的控制参数，一般认为剥离角度为 135°时，剥离负荷最小，对离型纸的损伤最小。

(5) 离型纸检查机

离型纸检查机及其结构如图 4-27 和图 4-28 所示。检查机由开卷、检查台、张力装置、卷取装置组成。开卷装置带刹车装置，卷取由电机驱动。为了保证离型纸卷取整齐，在卷取前面安装 EPC 跟踪装置。

4.4.4 产品质量控制标准

离型纸法聚氯乙烯人造革中以机织布为基布的人造革执行国家标准 GB/T 8948—2008。以针织布为基布的泡沫人造革目前尚无标准。

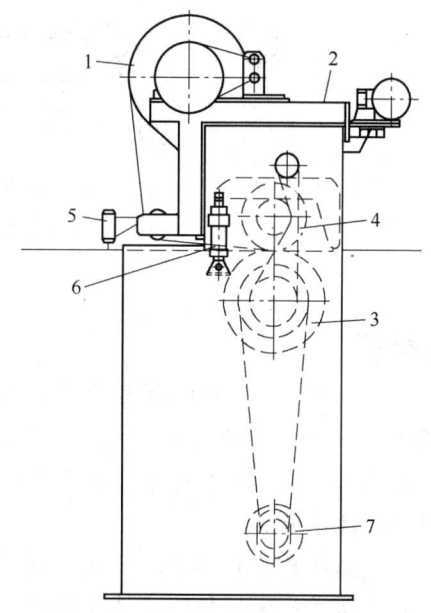

图 4-25 贴合机的结构
1—基布退卷 2—退卷机架 3—承压辊 4—加压辊
5—探边装置 6—加压辊的气动装置 7—电机

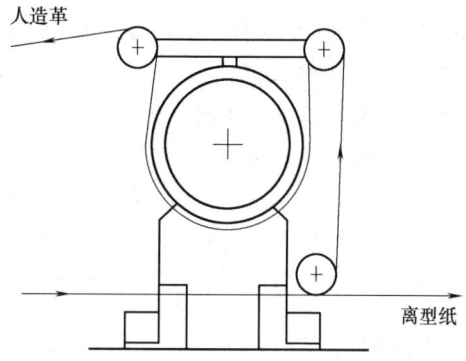

图 4-26 剥离机结构示意图

图 4-27 离型纸检查机

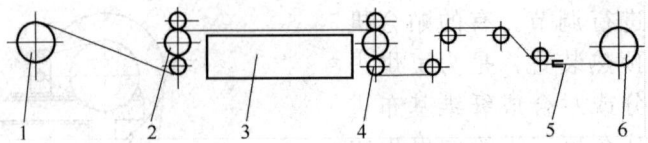

图 4-28 离型纸检查机结构示意图

1—开卷 2—导辊 3—纸检台 4—张力辊 5—EPC 装置 6—卷取

阅读材料

影响离型纸法 PVC 泡沫人造革发泡的因素

在 PVC 人造革产品中，发泡制品占了大多数，泡孔质量是衡量发泡人造革质量的重要方面。泡孔质量好的人造革，弹性好，手感好，不容易出现疲劳痕和死纹，还可减少原料耗用，降低成本。

一般公认优良的 PVC 泡沫人造革泡孔结构是：从表面上看，花纹清晰，无针孔，无不规则的凸凹点，柔性和回弹性良好。在人造革的剖面上看，泡孔分布均匀，孔径大小一致且细密，用 20 倍放大镜观察泡孔结构，泡孔应是球形的；泡孔与泡孔之间相互独立，没有穿孔。

目前 PVC 泡沫人造革生产以离型纸法生产线居多。产品的发泡倍率为 1.5～5.0 倍。所使用的发泡剂以 AC 发泡剂居多，有时为了保护离型纸，对于低倍率发泡的产品（1.5～2.0 倍），使用 AP 发泡剂。AP 发泡剂的分解温度 180℃ 左右，比较适合低温低倍率的离型纸工艺的发泡。

泡沫人造革在发泡烘箱中，发泡剂在达到分解温度时放出气体，气泡被熔融的浆料包裹着，冷却后形成微细而均匀的泡孔。因此提高泡孔质量的关键是使发泡剂的热分解温度与增塑 PVC 完全熔融温度相一致，并且此时的物料黏度要符合发泡的要求。物料黏度过大，发泡阻力太大；黏度过小则易产生破泡。所以，研究人造革的发泡，控制发泡剂的发泡温度和速度是一个方面，增塑 PVC 的塑化行为和影响塑化行为的因素是另一个方面。

一、发泡剂

1. 发泡剂的分解温度——热稳定剂的影响

热稳定剂具有降低发泡剂分解温度的作用。研究表明：PVC 稳定剂中对 AC 分解起活化作用的是它所含的金属离子的品种、含量以及在 PVC 料中的分散性。三盐基硫酸铅使 AC 分解温度大约为 110℃，140℃ 激化，150℃ 完成分解。硬脂酸钡使 AC 在 190℃ 左右开始分解，220℃ 激化，230℃ 完成分解。其他稳定剂使 AC 分解温度界于这两者之间，其激化温度和完全分解时间都不一样。

热稳定剂在 PVC 中的分散性对泡孔结构有明显影响。压延工艺中，PVC 料在发泡前须经高搅、密炼、塑炼、压延等工序的高温混合作用，发泡剂的混合均匀性好，因此一般可选用复合皂盐作为 AC 分解的活化剂。但在离型纸工艺中，由于没有这些过程，为了达到稳定剂均匀分散效果，一般都选用将金属皂盐先溶解于有机物中处理后的液体复合稳定剂。

2. 发泡剂粒度

发泡剂粒度越细，泡孔也越细密。发泡速度与粒度也有关系。以制备发泡倍率为3倍的人造革为例，分别使用粒度为 $3\mu m$ 以下、$10\mu m$ 左右及 $20\mu m$ 以上的 AC 发泡剂进行发泡，其所需的时间分别为 70、90、120s。配料时，为了减小 AC 发泡剂的颗粒，AC 发泡剂先要与增塑剂或液体金属稳定剂一起混合研磨后使用，但不能研磨过度，因为这有可能会使 AC 发泡剂在研磨辊之间强烈的摩擦生热而破坏了其部分结构，导致泡孔变差。

二、PVC 树脂

1. PVC 糊树脂对泡孔结构的影响

当工艺配方和工艺条件衡定时，PVC 糊树脂的平均聚合度及分布对 PVC 熔体黏度的变化是有影响的。在同一熔融温度下，聚合度低的熔体黏度小，有利于泡孔的形成；聚合度高的熔体黏度大，有利于泡孔的稳定。因此在配方中单独使用低平均聚合度的树脂，在发泡时会因熔融黏度低、张力小，而使发泡孔增大。反之，当配方中单独使用平均聚合度高的树脂，在发泡时会因熔融黏度高、张力大，要使其发泡，AC 发泡剂分解量要大一些，这时 AC 发泡剂分解产生的压强和能量就大些，一旦 PVC 熔融黏度因受热而下降，其泡孔结构就难以控制。如把两种树脂等量混合，熔融黏度可能介于两者之间，其发泡性能比使用单一品种效果要好。

另外，PVC 糊树脂在高温条件下会发生降解而导致聚合度降低，从而使 PVC 熔体黏度下降，不利于 PVC 发泡时泡孔结构稳定。因此在 PVC 发泡时除了要注意 PVC 糊树脂的选择、搭配之外，还要留意 PVC 糊树脂的热分解温度和热稳定时间。

2. PVC 糊树脂凝胶的影响

PVC 糊凝胶温度不匹配也会造成 PVC 泡沫人造革泡孔质量不好。由于在 PVC 糊中除了增塑剂之外还残存少量低分子挥发物，如水分、有机溶剂、降黏剂以及残存的氯乙烯单体等，在正常情况下，这些物质在 PVC 凝胶前会挥发出来。如果因 PVC 糊涂层过厚或 PVC 糊中低分子挥发物含量过多，或 PVC 糊黏度较高而使凝胶温度过低，PVC 糊凝胶时，这些低分子挥发物没有全部挥发出来，当 PVC 料温升高到 PVC 塑化发泡温度时，这些低分子挥发物在 PVC 熔融状态下变成气体，因热运动而产生较大气压发生物理发泡过程，其泡孔孔径大并且不规则。大量的实验表明：在离型纸工艺中所有发泡时产生的奇异大气孔不是因发泡剂分散不匀造成，而是因低分子挥发物在 PVC 糊凝胶时没有充分挥发出来造成，其后果是使产品变成废品。

三、工艺参数

1. 发泡温度和时间

当发泡时间较短时，泡孔细小，但泡孔数量较少且大小分布不均，相应的发泡倍率较小；当发泡时间中等时，孔径略有增大且数量较多，独立性较好，相应发泡倍率较大，可得到较好的制品；当发泡时间继续增大时，泡孔明显变形，出现并泡、串泡，无法得到满意的产品。

AC 发泡剂对温度有强烈的依赖，在临界温度以下（200℃左右），发泡倍率较小，超过临界温度以后，发泡倍率急剧增大。

2. 烘箱温度

发泡烘箱一般分为三个工作段。PVC 泡沫革通过烘箱时间以产品厚度、发泡倍率和柔顺性而定，一般为 60~90s。烘箱第一段为升温阶段，温度控制在 160~200℃，时间为 30~40s，PVC 膜层通过这一段后其温度从常温被加热到 150~170℃，PVC 料开始塑化，熔融黏度开始下降，发泡剂开始分解。烘箱第二段为发泡阶段，温度控制在 175~220℃，时间为 10~20s，通过发泡阶段时料温在 165~190℃，熔融黏度大约为 0.2Pa·s，发泡剂处于发气量快速增长阶段。这时由于温度、活化剂、发泡剂分解能等的综合作用，使发泡剂分解越来越快，再加上 PVC 熔体黏度不断下降，使得被 PVC 熔体完全封闭的发泡剂颗粒产生的气体团因压强作用而形成气泡核。烘箱第三阶段为稳泡阶段，温度控制在 200~170℃，时间为 10~20 s，在这一阶段中 PVC 料温维持在前段终点的基础上大体不变，并使 PVC 熔体黏度下降很少，目的是使被 PVC 熔体完全封闭的气泡核内的发泡剂进一步分解，并使气泡核长大。当 PVC 料出烘箱之后因料温在自然风冷的条件下，不会马上降下来，发泡剂分解还会维持一段时间，PVC 料还会继续发泡直到 PVC 料从黏流态向高弹态转变为止。从工艺上来讲，烘箱第三段的温度控制最重要。如果原材料和配方没有问题的话，当该段温度过低时产品发泡倍率不够，泡孔少，手感弹性不好。如温度过高，则 PVC 熔体黏度过低，发泡剂发气量过大，则泡孔内气压过大，使泡孔进一步膨胀，孔壁变薄，张力变小而导致泡孔破裂、塌泡或穿泡，其泡孔粗大或泡孔大小不一，产品表面毛糙，发泡倍率也不够，手感弹性同样不好。

3. 涂层厚度

当原材料、配方和发泡倍率都相同时，PVC 糊涂层越厚，低分子挥发物在凝胶过程中挥发越困难。在离型纸工艺中，PVC 涂层是由烘箱内上下两排风嘴吹出的热风进行加热，风嘴的排列与离型纸运行方向垂直。上风嘴风量大，具有对涂层加温的功能；下风嘴风量小，具有对离型纸保温的功能。因此 PVC 涂层在同上风嘴平行的截面上受热方式是由表及里的，涂层温度也是由表及里呈梯度分布的，涂层内部靠近离型纸处温度最低。而涂层内的低分子挥发物则是由里及表向外扩散挥发，因此 PVC 涂层内的低分子挥发物含量也是由里及表呈梯度分布。当涂层较薄时，这种温度和对应的低分子挥发物含量的梯度不明显。而涂层较厚时，往往涂层表面已凝胶，并且随着温度的增加和时间的延长，凝胶层越来越厚，而涂层内的低分子挥发物的挥发则越来越困难，所以在发泡时 PVC 泡沫人造革表面也就是 PVC 涂层同离型纸的接触面往往易出现凹点或塌泡。

四、配方

1. 增塑剂

增塑剂的品种和用量对 PVC 发泡质量也有影响。在离型纸工艺中 PVC 料从糊状到发泡过程中其黏度受增塑剂影响。PVC 糊的凝胶实际上是增塑剂被 PVC 吸收，当 PVC 熔融后，大量的增塑剂又会因热运动而离开 PVC 分子的极性基团，而成为自由流动的溶液，其溶液浓度同增塑剂品种的增塑效率、闪点以及用量有关。如自由溶液量过多会从 PVC 表面向空气中挥发或使 PVC 熔体黏度下降过快，不利于泡孔的稳定，因此在这种情况下可考虑降低发泡温度或提高生产速度。

当体系中 DOP 含量不大，熔体强度大，熔融黏度高，发泡困难，所以泡孔很大；随着DOP量的增大，体系的黏度降低，发泡变得容易，泡孔变小；到了后期，DOP含量过大，体系黏度过低，就容易出现并泡现象，所以DOP的含量应适中。

2. 填料

在泡沫人造革中一般均使用填充剂，细度要求在320目以上。当添加量较少时，常用的填充剂对发泡的影响不大，发泡比仅下降10%左右。在填充剂用量较大时，为保证发泡比可适当增加发泡剂用量。填充剂用量合适时，既可稳定泡孔结构，提高发泡效果，又可提高物理机械性能和压延加工性能，同时还可以大幅度降低产品成本。但填充剂用量太大，发泡比和泡孔均匀性均下降，因为填充剂加到一定量的时候，增塑PVC的熔融黏度很高，泡孔质量很差，甚至泡沫发不起来。同时，用量太大会导致物理机械性能、耐低温老化性能降低。一般填充剂的用量在30份左右。

此外，填料的含水量也有一定的影响，含水$CaCO_3$的试样明显比没有含水时的发泡倍率减小，而且试样表面变得粗糙。

3. 颜料

某些颜料特别是无机颜料（如群青、铬黄、钼铬红等），由于含有Zn、K、Cr、Cd等金属离子，与稳定剂一样，对发泡剂有活化作用，人造革的发泡倍率明显要大于未加颜料时的发泡倍率，并且其泡孔质量、制品外观和手感都比较好。

4. 降黏剂

降黏剂主要是起降低增塑PVC糊黏度的作用。但它也是分散剂，能渗透到固体颗粒表面形成薄分子膜，提高固液间的界面自由度，提高分散效果，对提高泡孔质量是有益的。

5. 稀释剂（溶剂）

在增塑PVC糊中加稀释剂也是为了降低糊黏度，使其可以加工。稀释剂在生产中加热后都要挥发掉，但量加得太多时和制品较厚时，溶剂挥发不尽，留在增塑PVC中就是大泡。

6. 泡沫稳定剂

以上海延安油脂化工厂生产的YAP23泡沫稳定剂为例，当用量低于0.5份时，效果与用量成正比；用量大于0.8份时，效果增加不明显；用量选择在0.5~0.8份较为理想。这类发泡助剂用量不宜太大，用量太大不仅不能提高反而会降低发泡效果，还会导致表面渗出，影响表面质量及产品的印刷性能。

4.5 压延法

压延法PVC人造革是在压延软质PVC薄膜的过程中引入基布，使薄膜和基布牢固地贴合在一起，再经过后加工（如压花、发泡等）制成的一种人造革。压延法PVC人造革也可分为发泡的泡沫革和不发泡的普通革。压延法是PVC人造革最重要的生产工艺，特别适用于制造箱包革、家具革和地板革，也可用于服装革和鞋用革的生产。其优点是可以使用廉价的悬浮法PVC树脂，所用的基布比较广泛，加工能力大，生产速度快，产品质量好，生产连续。缺点是设备庞大，生产线长，占地面积也大，投资高，生产技术复杂，维修复杂，仅适合于本身有压延机的厂家使用。PVC人造革的几种成型方法的比较见表4-22。

表 4-22　　　　　　　　　　　PVC 人造革成型方法比较

项　目	压延法	涂刮法	载体法	层合法
设备工程费用	大	小	较低	小
生产效率	最高	较高	较低	高
对原料要求	不高	较高	高	不高
产品质量	较好	较差	较好	一般

4.5.1　主要原材料

（1）树脂

树脂多选用悬浮法 SG3、SG4 树脂。发泡层可选用分子质量较低的 SG5 树脂。

生产牛津革时可加入弹性好、相容性好的橡胶或类似橡胶的塑料进行改性，如丁腈橡胶（NBR）、二元乙丙橡胶（EPR）、三元乙丙橡胶（EPDM）、甲基丙烯酸甲酯/丁二烯/苯乙烯共聚物（MBS）等。使用改性树脂的牛津革产品手感舒适，外观有橡胶感，其弹性、柔性、强度、耐磨性等大为提高。改性树脂用量为 10~20 份。

（2）增塑剂

以 DOP 和 DBP 为主，用量一般在 60~70 份。在选择增塑剂时主要考虑两点：一是压延时温度较低，塑化困难，为保证塑化完全，应选择增塑剂效率高的增塑剂和增加主增塑剂的用量，主增塑剂的用量应占所加增塑剂总量的 50% 以上，辅助增塑剂尽量不用。二是发泡人造革要经过压延工序和发泡工序两次受热，要选择热损耗小、挥发性低的增塑剂。

（3）热稳定剂

热稳定剂多选用金属皂类或复合液体稳定剂，也可使用有机锡类。选择时要注意热稳定剂对发泡剂的活化作用，不能使 AC 发泡剂的分解温度过低，使其在未发泡前发生分解。

（4）发泡剂

选用 AC 发泡剂，用量 3~5 份。AP 发泡剂由于发泡温度较低，在原料配混和压延工段可能会分解而不采用。

（5）填料

填料的细度要求在 320 目以上，一般情况下填充剂的用量不宜超过 40 份，用量过大对发泡和加工都不利。

（6）润滑剂

润滑剂的作用主要是防止熔料包辊，金属皂类热稳定剂兼有润滑剂的作用，此外还可使用硬脂酸，用量一般为 0.1~0.5 份。

（7）基布

压延革用的基布比较广泛，如平布、帆布、针织布及非织造布等均可使用，也可用玻璃布（地板革）和纸基材料（壁纸）。

（8）典型配方

压延法 PVC 人造革典型配方见表 4-23 至表 4-31。

表 4-23　　PVC 人造革典型配方　　　　　　　　　单位：份

材料名称	压延革	压延泡沫革 底层	压延泡沫革 面膜层
聚氯乙烯(PVC)SG4	100	100	100
邻苯二甲酸二辛酯(DOP)	48	30	25
邻苯二甲酸二丁酯(DBP)	18	45	10
三碱式硫酸铅	—	—	—
硬脂酸钡(BaSt)	1.4	0.6	1
硬脂酸镉(CdSt)	0.5	0.4	0.4
硬脂酸锌(ZnSt)	0.5	—	—
硬脂酸(HSt)	0.1	—	—
碳酸钙	15	15	10
癸二酸二辛酯(DOS)	—	—	—
石油酯(T-50)	—	—	—
氯化石蜡	—	—	—
二月桂酸二丁基锡	—	1	—
颜料	—	适量	适量
环氧硬脂酸辛酯(ED3)	—	—	8
偶氮二甲酰胺(AC)	—	2.75	—
二碱式亚磷酸铅(2PbO)	—	—	—
磷酸三甲酚酯(TCP)	—	—	—

表 4-24　　聚氯乙烯人造革压延成型用料配方　　　　　　　　　单位：份

材料名称	普通人造革 1	普通人造革 2	泡沫人造革
聚氯乙烯树脂(PVC)SG5	100	100	100
邻苯二甲酸二辛酯(DOP)	20	35	35
邻苯二甲酸二丁酯(DBP)	40	35	35
癸二酸二辛酯(DOS)	—	—	5
氯化石蜡	—	5	—
硬脂酸钡(BaSt)	3	1	1.5
硬脂酸铅(PbSt)	—	0.8	—
硬脂酸镉(CdSt)	—	—	0.5
硬脂酸锌(ZnSt)	—	0.2	0.5
碳酸钙	10	20	10
硬脂酸(HSt)	0.13	0.5	—
偶氮二甲酰胺(AC)	—	—	3
颜料	适量	适量	适量

表 4-25　以机织布为基布的压延人造革配方　单位:份

材料名称	普通 PVC 人造革	PVC 泡沫革	PVC 泡沫贴膜革 发泡层	PVC 泡沫贴膜革 面层
聚氯乙烯树脂	100	100	100	100
邻苯二甲酸二辛酯	40	30	30	35
邻苯二甲酸二丁酯	10	20	25	10
癸二酸二辛酯	5	—	—	5
氯化石蜡	—	10	10	—
环氧酯	—	—	5	—
三碱式硫酸铅	1	—	—	1
硬脂酸铅	1	—	0.5	1
硬脂酸钡	1	1.5	2	1
硬脂酸镉	—	0.5	—	—
二月桂酸二丁基锡	—	1	—	—
碳酸钙	10	10	20	10
AC 发泡剂	—	2.5	2.5	—
硬脂酸	0.2	0.2	0.2	0.2
颜料	适量	适量	适量	适量

表 4-26　以针织布为基布的压延人造革配方　单位:份

材料名称	泡沫革	沙发革 面层	沙发革 发泡层
聚氯乙烯树脂	100	100	100
邻苯二甲酸二辛酯	40	35	35
邻苯二甲酸二丁酯	35	35	10
癸二酸二辛酯	—	—	5
液体 Cd-Ba-Zn 稳定剂	3	3	—
硬脂酸钡	—	—	1
硬脂酸铅	—	—	1
三碱式硫酸铅	—	—	1
AC 发泡剂	3	3	—
碳酸钙	15	15	10
颜料	适量	适量	适量

表 4-27　　　　　　　　PVC 压延法制备人造革加工配方 1　　　　　　　　单位：份

材料名称	配方	材料名称	配方
PVC	100	Ba/Ca/Zn 稳定剂	2.5
DOP	45	CaCO$_3$	10～20
DBP	20		

注：耐寒要求时，可把 DBP 换成 DOS。

表 4-28　　　　　　　　PVC 压延法制备人造革加工配方 2　　　　　　　　单位：份

材料名称	配方	材料名称	配方
PVC	100	ED3	5
DOP	60	二月桂酸二丁基锡	1
Ba/Cd 稳定剂	2～3		

表 4-29　　　　　　　　　　家具用高级人造革配方　　　　　　　　　　单位：份

材料名称	配方	材料名称	配方
PVC	100	Ba/Cd 稳定剂	2
DNOP	50	ED3	5
DOZ	5	着色剂	适量
NBR	15		

表 4-30　　　　　　　　　　　家用地板革配方　　　　　　　　　　　单位：份

材料名称	家用地板革		材料名称	家用地板革	
	面层	发泡层		面层	发泡层
PVC	100	100	硬脂酸锌	0.4	—
DOP	18	30	硬脂酸铝	—	0.8
DBP	20	—	硬脂酸	0.2	0.8
M-50	12	10	重钙	5～10	40
氯化石蜡	6	—	AC 发泡剂	—	5
Ba/Cd/Zn 稳定剂	2.0	2.0	颜料	—	适量
硬脂酸钡	1.0	0.8			

表 4-31　　　　　　　　　　　　　牛津革配方　　　　　　　　　　　　　单位：份

材料名称	配方	材料名称	配方
PVC 树脂(SG3)	100	稳定剂	4
增塑剂	40～100	防霉剂或其他助剂	0～3
碳酸钙	15～75	色料	适量
改性树脂	10～20		

注：① 增塑剂：DOP、DOA、氯化石蜡、环氧大豆油等，其中 DOA 用量小于 15 份，氯化石蜡用量小于 10 份，环氧大豆油用量小于 6 份。
② 稳定剂：液体复合稳定剂或复合硬脂酸盐。

4.5.2 生产工艺

压延法 PVC 人造革的生产工艺顺序及生产线上的设备布置与 PVC 薄膜压延成型时完全相同，如图 4-29 所示。不同之处只是在压延机的前面加有基布预处理设备和贴合装置，如图 4-30 所示。工艺流程如图 4-31 所示。

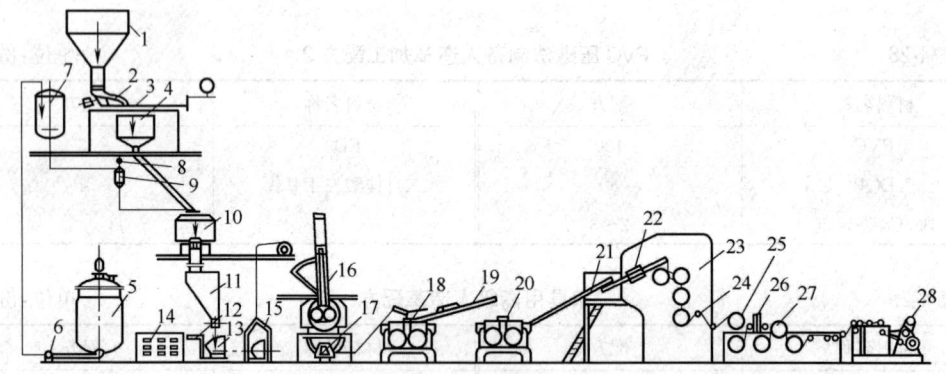

图 4-29　聚氯乙烯薄膜成型用压延机生产线设备布置
1—主原料树脂储仓　2—振动加料　3—自动计量　4—计量料斗　5—各种助剂辅料混合器
6—输送泵　7—辅料中间储仓　8—传感器　9—各种辅料计量　10—高速混合机　11—输料斗
12—计量秤　13—料斗车　14—烘箱　15—送料吊车　16—密炼机　17—送料斗
18、20—开炼机　19—输料带　21—箱料带　22—金属检测仪　23—压延机
24—剥离导辊　25—压花辊　26—测厚装置　27—冷却辊　28—卷取

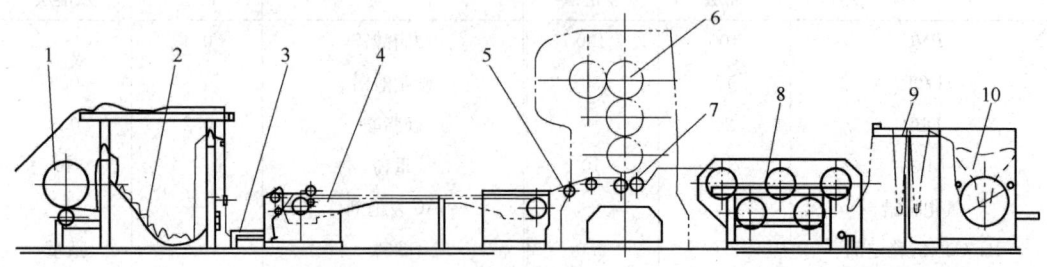

图 4-30　压延法人造革生产线部分设备（针织布为基布）
1—布捆　2—储布机　3—操作台　4—扩幅机　5—预热辊　6—四辊压延机
7—贴合辊　8—冷却辊　9—张力调节装置　10—卷取

生产过程简述如下：将 PVC 树脂、增塑剂、稳定剂、其他辅料等按配方要求，准确计量后投入高速混合机中混合，然后再经密炼机和开炼机等进行混炼（原料配混预塑化路线如图 4-32 所示）。预塑化后输送至压延机辊筒上压延成薄膜，然后与经过预处理（底涂、预热等）的基布贴合，再经冷却、卷取得到 PVC 普通人造革。若生产 PVC 泡沫革，则将前面压延法得到的半成品卷取，然后再移到专用的发泡设备上，按半成品加热→贴膜→烘箱加热发泡→压花→冷却→卷取的工序进行。

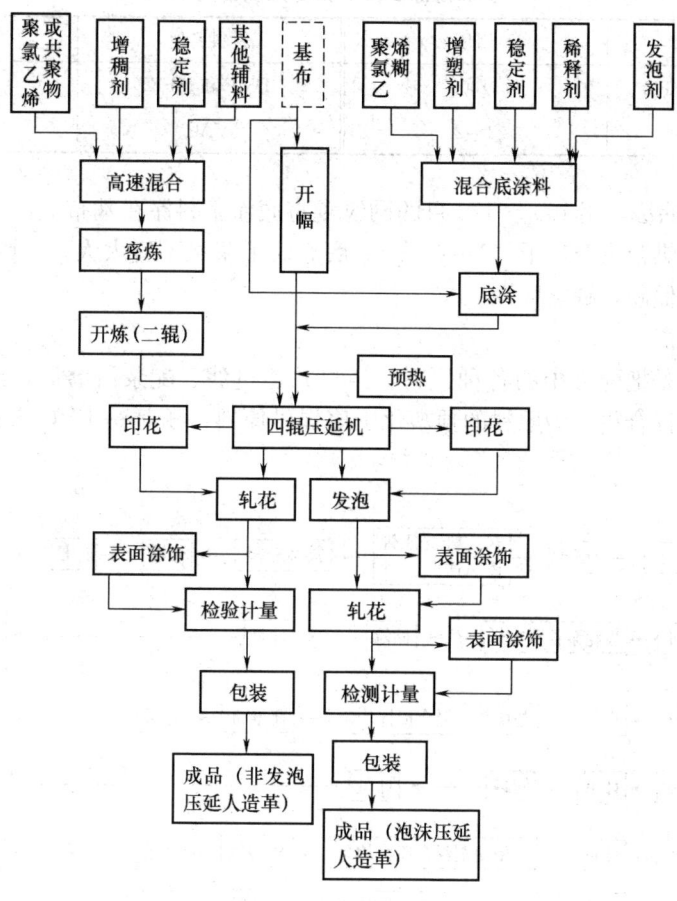

图 4-31　压延法 PVC 人造革工艺流程图

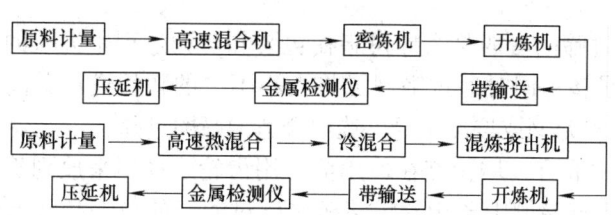

图 4-32　压延法 PVC 人造革原料配混预塑化路线图

(1) 基布处理

基布的处理包括接布、扫毛、压光和底涂等。针织布经开幅后进行底涂，平布经扫毛、压光后进行底涂。底涂浆料为乳液法 PVC（聚合度 1000 左右）、增塑剂（DOP）、复合液体稳定剂等混合研磨后的黏度为 3000Pa·s 左右的糊。若生产牛津革类产品则选用聚氨酯类黏合剂或氰基丙烯酸酯，见表 4-32。

表 4-32　　　　　　　　　　基布底涂配方（聚氨酯黏合剂）　　　　　　　　　单位：份

材料名称	用量	材料名称	用量
PU（模量 20～40MPa）	100	DMF 和 MEK	适量
异氰酸酯架桥剂	1～2	VAC	适量

上浆采用辊涂法，用 100～120 目的网纹辊将底涂浆料涂在基布上，涂布量为 $15g/m^2$ 左右，然后进入烘箱烘至半干（1～2min）。底涂时上浆量不宜太大，否则浆料渗入基布，会使人造革手感僵硬，缺乏弹性。

(2) 原料配混

原料的配混是把配方中的各种原料，经过筛、过滤、配浆研磨后，经计量加入到混合机中，搅拌成混合料，为原料的预塑化工序提供原料。压延法 PVC 人造革的配料流程如图 4-33 所示。

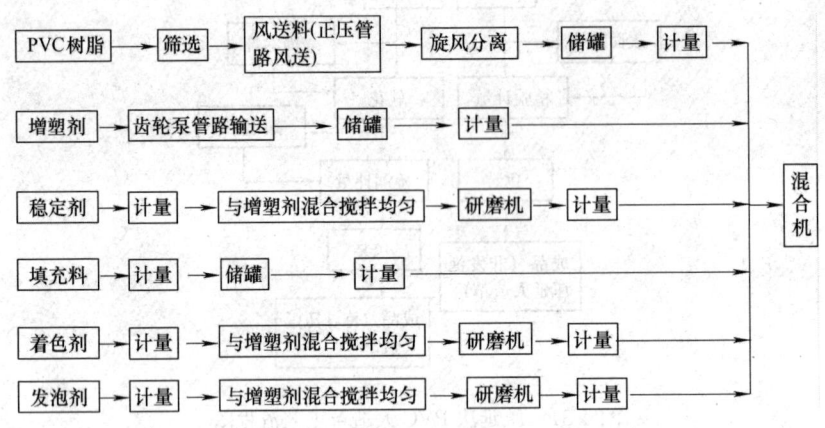

图 4-33　原料配混流程图

① 树脂筛选　过筛的目的是去掉树脂在包装和运输过程中混入的机械杂质，以免影响制品质量，损坏设备；同时通过筛网可将大小不一的颗粒进行分离，以有利于后续的加工。筛选可用 30 目筛网或按加工要求选用合适的筛网过筛。

② 增塑剂过滤、混合　增塑剂在使用前先用齿轮泵抽出来放到板框式过滤机中进行过滤，然后存放到大型储槽中备用。将储槽中已过滤好的单一品种增塑剂按配方要求分别计量，放入到混合槽中进行初混合，然后用齿轮泵打到高位槽中，为防止不同增塑剂由于密度不同而分层，在高位槽中要通入 4.9～9.8MPa 的压缩空气进行气搅，同时预热到 70～90℃。

③ 浆料的配制

a. 色浆：着色剂（指粉状颜料）与增塑剂的比例为 1∶（2～3）。配料时先将部分增塑剂加入到容器内，边搅拌边缓慢加入颜料（按密度从小到大的次序）和其余增塑剂，搅拌均匀后，用三辊研磨机研磨，颗粒细度在 30～40μm。

b. 稳定剂：稳定剂与增塑剂按 1∶2 的比例混合，方法同色浆。

c. 发泡剂：先将称量好的 AC 发泡剂加入到研磨桶中，一边搅拌，一边按比例（AC

发泡剂：DOP＝1：0.6，质量比）将称量好的增塑剂缓慢加入到桶中，待搅拌均匀后，放入到研磨机中进行研磨。一般经两次研磨即可使用，浆料呈淡黄色。

④混合　将 PVC 树脂、增塑剂及其他各种辅料经准确计量后投放到混合机中，按如下顺序进行混合：PVC 树脂、1/3～1/2 增塑剂搅拌 1～2min→稳定剂、润滑剂搅拌 3min→发泡剂、剩余增塑剂搅拌 3～5min。最常用的混合设备是高速混合机，混合时，混合机加热升温至工艺要求温度。

在出料前 5min 停止混合，加入研磨好的 AC 发泡剂浆料，然后再混合到规定时间为止。混合的工艺条件见表 4-33。

表 4-33　　高速混合机的工艺条件

项目	最大加料量/kg	加热蒸汽压力/MPa	混合时间/min	出料温度/℃	搅拌浆转速/(r/min)
200L 高速混合机	100	0.2～0.3	5～7	100	550
500L 高速混合机	200	0.2～0.3	8	100	430

PVC 若在下一步采用混炼挤出机预塑化，在高速混合机混合后还需进行冷混合。冷混合的作用是把高速混合机混合后的高温料降温，以防止原料结块、热降解，排除原料中残余的水蒸气和各种挥发性气体。这样既可保证制品的透明度，又为下道生产工序（挤出混炼原料）做准备。

(3) 预塑化

①密炼　高速混合后的料进入密炼机密炼。以 75L 密炼机为例，密炼工艺条件为：加料量 70～85kg，加热蒸汽压力 0.5～0.7MPa，密炼时间 4min，密炼温度 165℃，若含发泡剂则不要超过 145℃，出料状态为团状塑化半硬料。

②炼塑（开炼）　密炼后的物料经开炼机炼塑后可除去原料中挥发物，没有气泡，改变密炼后的松散结构。以 SR550 开炼机为例，炼塑的工艺条件为：加料量 50kg，辊筒加热蒸汽压力 0.8～1.0 MPa（辊面温度 170℃，若有发泡剂不能超过 150℃），两辊间隙第一台 3.5mm，第二台 2.5mm。

也可采用混炼挤出机，工艺条件为：由冷混机供料，料温 45℃，螺杆直径 250mm，长径比 L/D 为 10：1，螺杆转速 12～36r/min，机筒加热温度：后部 130℃，中部 150℃，前部 160℃。但混炼挤出机因温度较高，不能用于泡沫革。

(4) 压延成膜

将预塑化好的物料连续地通过压延机的辊隙，当物料围绕压延辊旋转时，辊筒之间的间隙把物料挤成薄膜，在下一个辊隙再被卷入挤成更薄的膜，最后辗延成厚度均匀的塑料薄膜。对于料层厚度的控制，由最后一组辊筒间隙来完成，一般其间隙值为要求厚度的 75%～85%。

辊筒温度和转速是压延时的重要工艺参数。辊筒温度太高，薄膜和辊筒表面会发生粘连，难以剥离；温度过低，则薄膜表面粗糙，质量下降。同样辊筒的速比过大，物料就会包覆在辊筒上，形成"包辊"；速比太小，薄膜不易和辊面贴合，也影响薄膜质量。而且辊筒温度、辊筒转速之间是相互制约的，辊筒转速加大，辊筒的温度要降低。压延法 PVC 人造革压延时的各辊筒的温度和转速见表 4-34，由于各人造革性能要求不一样，此表仅供参考。配方不同,压延辊筒的温度也不相同,表 4-35 是 610mm×1830mm 倒 L 型四辊压延机生产不同配方的泡沫人造革的温度控制条件。

表 4-34　　　　　　　　人造革用 PVC 膜压延成型温度和辊筒转速

条件	旁辊	上辊	中辊	下辊
速度/(m/min)	10～12	12～15	12～15	12～15
温度/℃	130～140	140～145	145～150	155～165

表 4-35　　　　　　不同配方的泡沫人造革辊温　　　　　　　　单位:℃

增塑剂含量	45 份 DOP	55 份 DOP	70 份 DOP
1# 辊筒温度	155	150	145
2# 辊筒温度	160	155	150
3# 辊筒温度	160	155	150
4# 辊筒温度	160	155	150

由于自上而下,辊筒速度逐步加快,间隙逐渐变窄,这样就使得辊隙间会有少量存料。辊隙存料在压延时起储备、补充和进一步塑化的作用。存料过多,薄膜表面毛糙和出现云纹,并容易产生气泡。存料太少,常因压力不足而造成薄膜表面毛糙。存料被转动的辊筒所带动,正常的物料运动是从中心扩展到两端,若存料旋转不佳,会使产品横向厚度不均匀,薄膜有气泡。存料的多少应视物料本身的软硬,薄膜的厚度等因素而定。倒 L 型四辊压延机生产两种不同厚度时辊隙存料量的控制见表 4-36。

表 4-36　　　　　生产不同厚度人造革时辊隙存料的控制　　　　　单位:mm

薄膜厚度	0.1	0.5
1# 辊筒与 2# 辊筒间存料厚度	30～35	80～100
1# 辊筒与 2# 辊筒间存料厚度	15～20	30～40
1# 辊筒与 2# 辊筒间存料厚度	10～15	10～20

(5) 贴合

PVC 压延成革方法有两种,即擦胶法和贴胶法。

① 擦胶法　如图 4-34 所示,利用压延辊之间的转速不同(如三辊压延机上、中、下辊的转速比是 1.3∶1.5∶1),把部分塑料擦进布缝中,而另一部分则贴附在基布的表面。为保证物料能擦进布缝,通过压延机的基布应有足够的张力,所以辊距应适当,过小会把基布擦破,过大会降低擦进作用。辊温也应尽可能

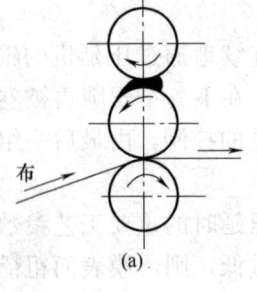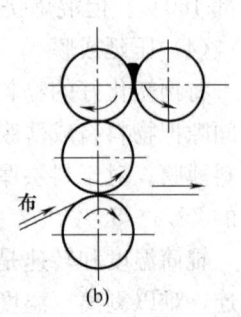

图 4-34　擦胶法
(a) 三辊擦胶法　(b) 四辊擦胶法

提高，以便物料的黏度下降而易于擦进布缝，否则会使剪切应力太大引起基布破裂。

擦胶法的优点是贴合牢度高，无脱层，而且基布可以不进行底涂处理。缺点是由于物料擦到基布的纤维中，所以制品较硬，手感不太好，而且生产过程难以控制，常常撕破基布，所以要选择较厚、较牢的基布。

②贴胶法　如图4-35所示，它是借助于贴合辊的压力，把成型的物料和基布贴合在一起。贴胶法生产的人造革因浆料只贴在基布表面，所以手感好，但为增加贴合牢度，必须对基布进行底涂处理。贴合法分为内贴法和外贴法。内贴法是在物料引离前，借助贴合辊的压力，在最后一只压延辊筒上和基布直接贴合，如图4-35（a）所示。该方法增加了物料在辊上的停留时间，从而提高贴合牢度，但由于橡胶辊在高温下工作，易发生老化变形。外贴法则是待压延物料引离后，另外用一组贴合辊加压把物料和布基贴合在一起，如图4-35（b）所示。此法可延长橡胶辊的寿命，目前多采用外贴法。

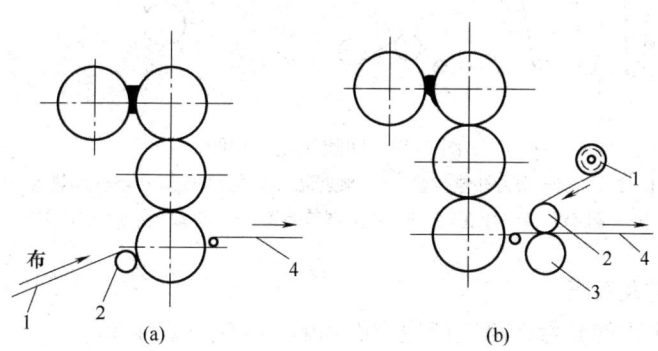

图 4-35　贴胶法
(a) 内贴法　(b) 外贴法
1—基布　2—贴胶辊　3—托辊　4—人造革

贴合时应注意调整基布车速与压延膜车速相适应。基布过紧易造成断布，过松易出现皱褶。基布在贴合前还应预热，预热的温度要适当，基布温度过低，贴合牢度下降；温度过高，基布含水湿度很小或干燥，影响人造革的强度。进入贴合状态前的基布温度一般在110～115℃。

(6) 贴面膜和发泡

贴面膜的目的是防止人造革表面因黏性而黏附灰尘和阻止增塑剂迁移。被贴的薄膜有素膜、透明膜或由不同艳丽色彩组成的花膜。

普通人造革：半成品人造革经远红外装置加热，然后由贴合辊贴合（加热蒸汽压力0.13～0.20MPa），贴合后即可进行压花。

泡沫人造革：半成品预热（辊温130～140℃）后贴膜，然后进入发泡烘箱，烘箱温度分三段控制，分别为180～185℃、195～200℃、215～220℃，时间3～8 min，使原压延层塑料发泡，表面贴膜塑化与底层塑料融合，出烘箱后再压花，成为泡沫人造革，发泡倍率一般为1.5～3.0倍。

发泡革的贴膜厚度可依据革的厚度规格要求来决定。不同用途的发泡革贴膜厚度参考值见表4-37。

表 4-37　　　　　　　　　不同用途发泡革贴膜厚度参考值

发泡革品种	鞋用革	包袋用革	箱用革	座椅用革
贴薄膜厚度/mm	0.35	0.22	0.18	0.20

(7) 压花

压延人造革压花方式有两种，普通人造革可采用普通压花，发泡的压延人造革则需采用间隙压花，如图 4-36 所示。

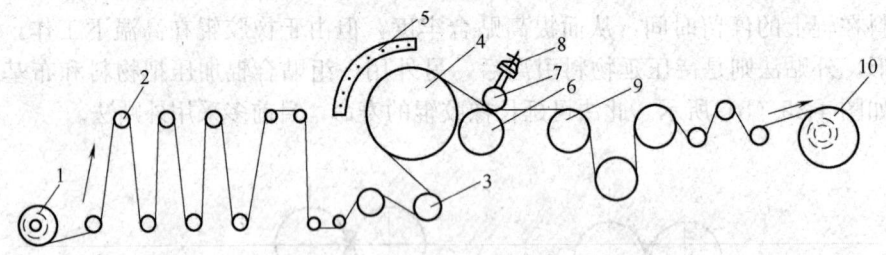

图 4-36　间隙压花流程图

1—放卷　2—张力补偿装置　3—预热辊　4—加热辊　5—红外加热器
6—橡胶辊　7—压花辊　8—压力调节装置　9—冷却辊　10—收卷辊

(8) 常见问题及对策

生产过程中出现的质量缺陷、产生原因和解决方法见表 4-38。

表 4-38　　　　　压延法 PVC 人造革的质量缺陷、产生原因及解决方法

序号	质量缺陷	产生原因	解决方法
1	基布贴合不牢	织物底涂不好 预热温度低 贴合压力低	改进底涂浆料 提高预热温度 增大贴合压力
2	厚度不均匀	压延层厚度不均 发泡不均匀	调节辊隙、辊温一致，保持存料一致 控制好烘箱温度
3	发泡倍率低	发泡温度低 发泡剂用量少 炼塑或压延时提前发泡	提高烘箱发泡温度 增加发泡剂用量 降低炼塑、压延温度
4	气泡	辊温偏高 料温过高 贴膜辊压不实 胶辊变形	降低压延辊温度 减少翻料次数 将贴膜压实 更换胶辊
5	基布打褶	压延速度小于进布速度 布松紧辊调节不当	调整压延速度 调整好布的松紧辊
6	泡层与膜层附着不牢	贴膜温度低 贴膜辊压力不定	提高预热辊温度 增大贴膜辊压力

续表

序号	质量缺陷	产生原因	解决方法
7	革面横纹	中辊温度偏高 贴膜后收卷速度太慢	降低中辊温度 加快收卷速度
8	革面冷斑、小孔或缺边	终炼塑机辊温偏低 终炼塑机供料卷有冷边料 喂料卷太大 原料中混有杂质或捏合机中有锅壁料	提高终炼塑机辊温 将辊边料切除 减小喂料卷 筛除原料中的杂质，及时清理捏合机
9	贴膜粘辊	熔料塑化时间太长 硬脂酸用量不足	严格控制辊温和塑化时间 增大硬脂酸用量

4.5.3 主要生产设备

(1) 基布处理设备

底涂设备采用辊涂机，如图 4-37 所示。浸在浆料中的网纹钢辊 4 将浆料带给钢辊 2，当基布通过硅橡胶辊 1 和钢辊 2 的缝隙时，钢辊上的浆料被涂在基布上。在辊涂机后部紧接着是长 6m 左右的烘箱，基布经底涂后立即进入烘箱。基布预热装置如图 4-38 所示。该装置也可用于半成品革贴膜、压花前的预热。

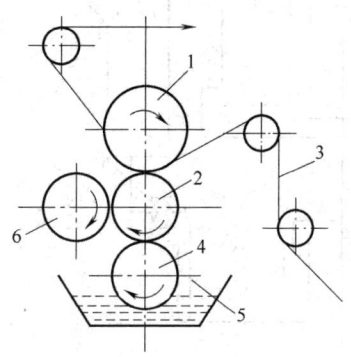

图 4-37 辊涂机
1—硅橡胶辊　2、6—钢辊
3—基布　4—网纹钢辊　5—浆料槽

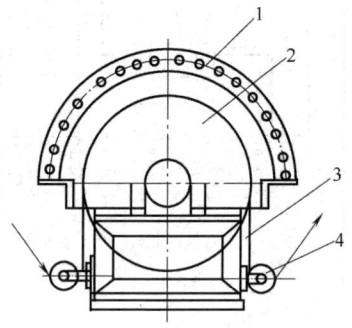

图 4-38 基布预热装置
1—远红外加热罩　2—加热辊筒
3—基布　4—导辊

(2) 配混设备

①树脂筛选设备　常见的筛选设备有振动筛和平动筛。

a. 振动筛：分为机械振动和电磁振动两种。机械振动筛是把筛网装在弹簧的框架上，通过电机带动偏心轮转动使筛网发生振动；而电磁振动筛是借助电磁振动器来完成的。目前普遍采用的是机械振动，因为它易于维修保养，如图 4-39 (a) 所示。

b. 平动筛：如图 4-39 (b) 所示，具有体积小、筛选效率高、噪声低和密封性好等优点。它有两个筛体，四周用钢丝绳悬挂着，在筛体中间有一个偏心轴。筛体受偏心轴与偏心轮作用，使筛体做惯性平面圆周运动，从而达到筛选树脂的目的。

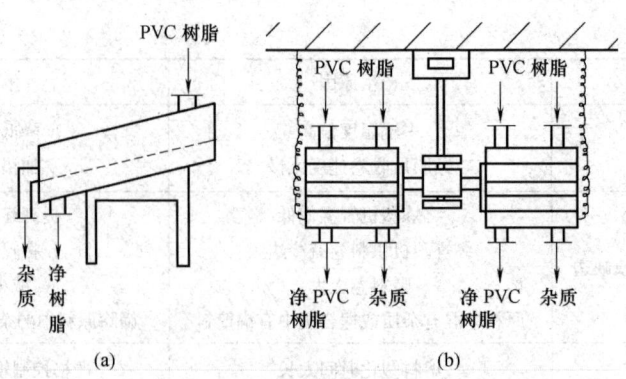

图 4-39 筛选设备示意图
(a) 振动筛 (b) 平动筛

②增塑剂过滤和混合装置　增塑剂过滤和混合装置如图 4-40 所示。增塑剂经框式过滤装置过滤后进入增塑剂储槽，计量后进入初混槽，再进入高位槽气搅。

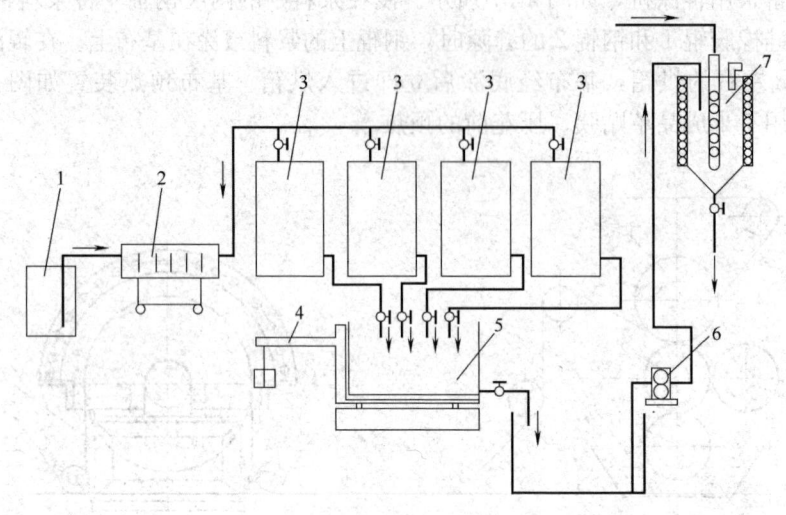

图 4-40 增塑剂过滤和混合装置
1—增塑剂桶　2—框式过滤装置　3—多品种增塑剂储槽　4—计量秤　5—初混槽　6—齿轮泵　7—高位混合槽

③高速混合机　高速混合机外观和内部结构如图 4-41、图 4-42 所示，由混合室、搅拌桨和传动装置组成。

混合室为不锈钢衬里，装有夹套可通蒸汽或油加热，也可用电加热，若通冷却水，还可用作冷却混合料。混合机的加料口在混合室顶部，进出料均有由压缩空气操纵的启闭装置。搅拌装置包括位于混合室下部的叶轮和可以垂直调整高度的挡板。叶轮有 1~3 组，安装在同一转轴的不同高度上，每组有 2 个叶轮，叶轮的转速有快慢两档，两者之速比为 2:1，快速为 950~1100r/min。

混合时物料受到高速搅拌，在离心力的作用下，由混合室底部沿侧壁上升，至一定高度时落下，然后再上升和落下，从而使物料颗粒之间产生较高的剪切作用和热量。挡板的作用是使物料运动呈流化状，更有利于分散均匀。

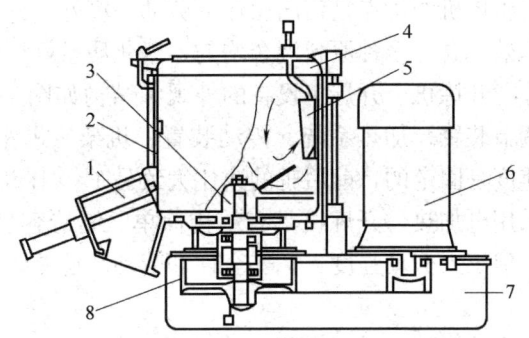

图 4-41　高速混合机

图 4-42　高速混合机的结构
1—出料装置　2—混合室　3—搅拌叶轮　4—盖
5—折流板　6—电机　7—机座　8—三角形皮带轮

高速混合机的优点是混合效率高，混合时间为 5~10min，混合均匀，密封性好，有利于环境保护。但属于间歇操作，连续化困难，且设备费用较高。

(3) 预塑化设备

① 密炼机　密炼机的外观和内部结构如图 4-43、图 4-44 所示，主要部件是一对转子和一个密炼室，在密炼室外壁有冷却（加热）夹套。转子的横切面呈梨形，并以螺旋的方式沿着轴向排列。两个转子的转动方向是相反的，前后转子的速比为 1：(1.15~2.00)，而两个转子的侧面顶尖以及顶尖与密炼室内壁之间的间距都很小，因此，转子在这些地方扫过时都对物料施有强大的剪切力。密炼室的顶部设有由压缩空气操纵的活塞，以压紧物料而使其更有利于塑炼。

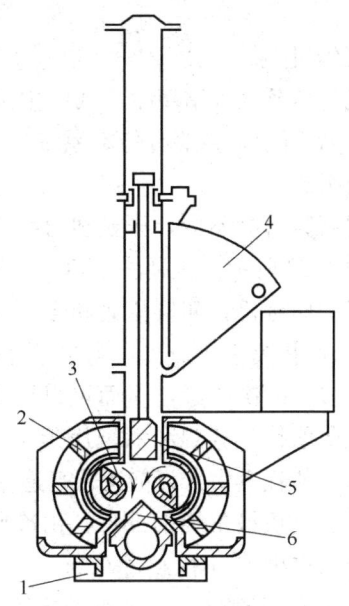

图 4-43　密炼机

图 4-44　密炼机的结构
1—底座　2—密炼室　3—转子
4—加料斗　5—上顶栓　6—下顶栓

密炼机的优点是密闭操作,劳动环境好,并可防止物料氧化;而且混炼塑化时间短,工作效率高,多种原料混合均匀,塑化质量好。

②开炼机　开炼机设备的外观和结构如图 4-45、图 4-46 所示,主要部件有辊筒、辊距调节装置、加热系统、传动装置、机架、机座等。辊距的调节可为手动或电动,辊筒的速度是固定的,前后辊的速比大致是 1:(1.25～1.35)。辊筒内可以用蒸汽加热,也有的采用电加热。开炼机具有结构简单、制造容易、操作易掌握、维修和拆卸较方便等优点,但工人劳动强度大,安全性和劳动环境差。

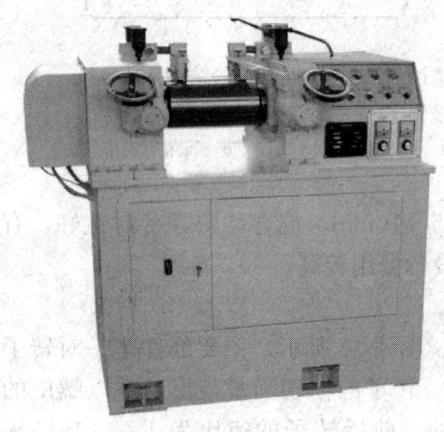
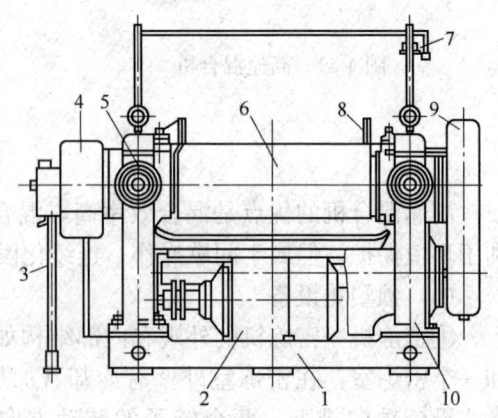

图 4-45　开炼机　　　　　　　　图 4-46　开炼机的结构
1—机座　2—电机　3—蒸汽管　4—速比传动齿轮
5—调距装置　6—辊筒　7—紧急停车开关
8—挡料板　9—减速齿轮罩　10—机架

(4) 压延机

压延机是压延法人造革生产线的主机。压延法 PVC 人造革一般采用四辊压延机,其结构如图 4-47 所示,主要有传动系统、压延系统、辊筒加热系统、润滑循环及冷却系统和电控系统组成。

根据辊筒数目的不同,压延机分为双辊、三辊、四辊、五辊,甚至有六辊。辊筒排列方式如图 4-48 所示。压延法 PVC 人造革主要采用 I 型三辊压延机和倒 L 型四辊压延机。相对三辊压延机,四辊压延机多一道间隙,因此辊筒的线速度更高(通常是三辊的 2～4 倍),从而提高生产效率,同时还可以使制品厚度均匀,表面光滑;而且由于四辊压延机对塑料多了一次压延,因而可以用来生产较薄的薄膜,因此目前三辊压延机正在被四辊压延机所取代。五辊和六辊压延机的压延效果虽然更好,但因设备复杂、体积庞大且造价太高,能耗太大,目前还未普遍使用,多用于实验室中。

辊筒是压延机最重要的部件,由冷硬铸铁、合金钢或铸钢制造而成,工作面精度要求高,表面粗糙度 R_a 不能超过 0.05～0.02μm,辊面不许有气孔、裂纹及压痕等现象;辊面要耐磨、耐 HCl 腐蚀。压延机的辊筒可分为中空式(蒸汽加热)和钻孔式(导热油或过热水加热)两种,如图 4-49 所示。钻孔式辊筒的受热面积大,辊筒工作面升温快且升温均匀,辊面工作温差较小,提高了制品质量的稳定性,目前多采用此种形式。

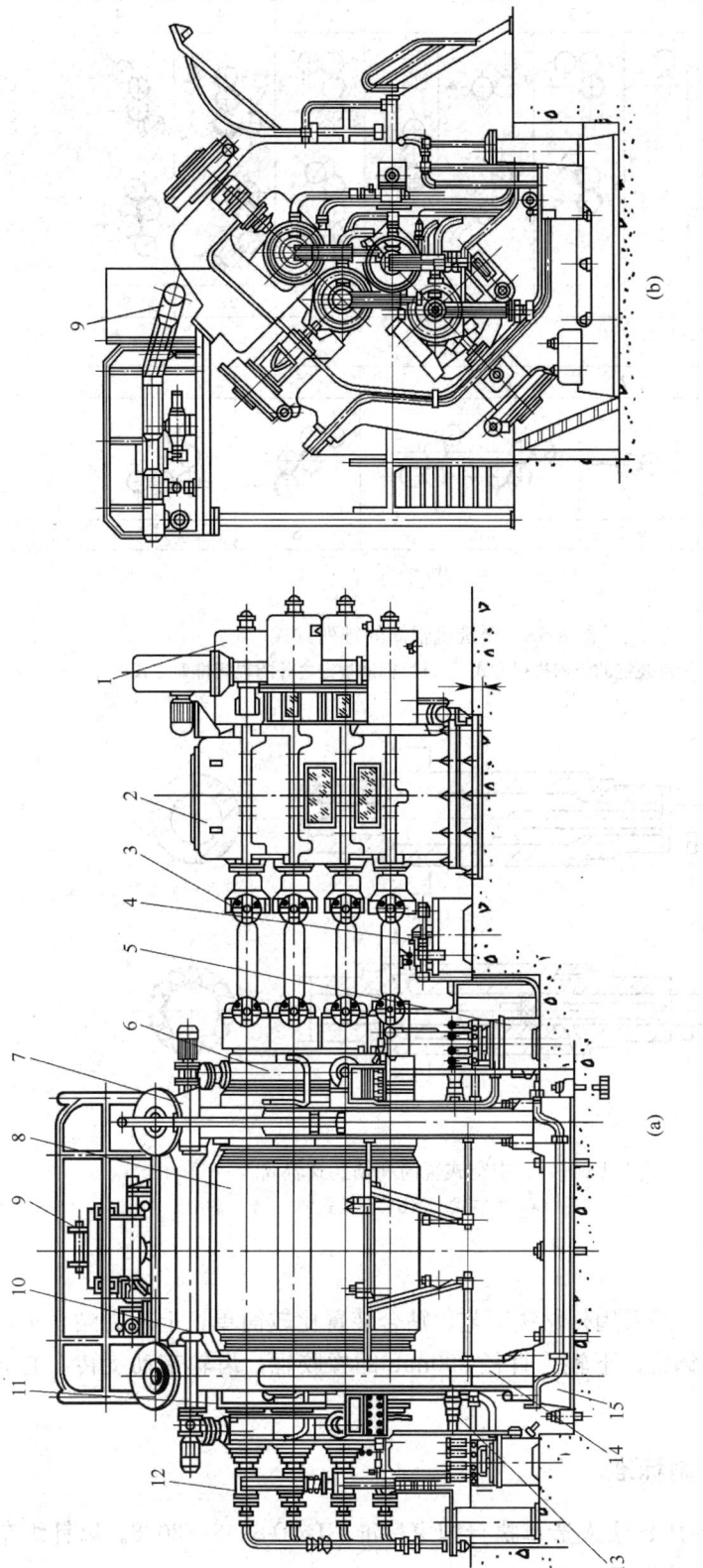

图4-47 四辊压延机（S形）的结构
(a) 主视图 (b) 侧视图

1—电动机 2—齿轮减速箱 3—联轴器 4—液压系统 5—润滑油箱 6—拉回装置 7—辊筒调距装置
8—辊筒 9—输送带 10—挡料板 11—轴承座 12—旋转接头 13—切边装置 14—机架 15—机座

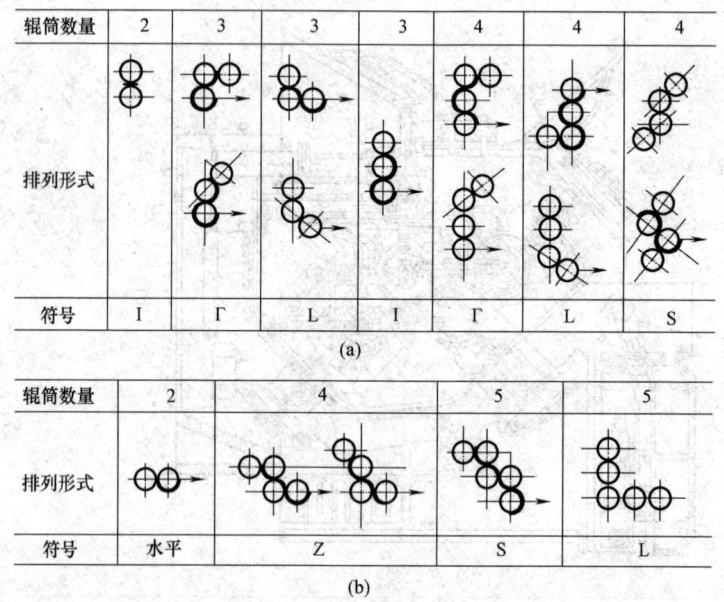

图 4-48 压延机辊筒的排列方式
(a) 标准规定的辊筒排列方式　(b) 标准规定之外的辊筒排列方式

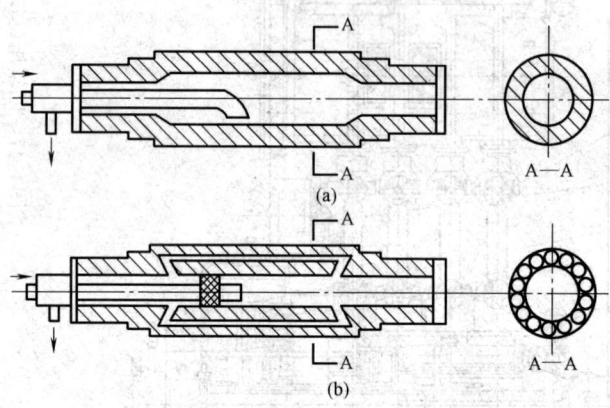

图 4-49 中空式辊筒和钻孔式辊筒
(a) 中空式　(b) 钻孔式

(5) 贴合设备

压延 PVC 人造革一般采用外贴法工艺。贴合装置比较简单,上辊为贴合辊,为一根直径为 200mm 的镀铬钢辊,下辊为直径 300mm 的橡胶辊,齿轮带动旋转,上下辊的间隙由丝杠调节。

4.5.4　产品质量控制标准

以机织布为基布的压延法人造革执行国家标准 GB/T 8948—2008。以针织布为基布的压延法泡沫人造革目前尚无标准。

4.6　PVC 人造革的发展前景

PVC 人造革是人工革的第一代产品，从 20 世纪 70 年代以来，经过 30 多年的发展，如今已经发展到相当大的规模，但是由于其透气性和透湿性较差等缺点，在近几年来发展已经受到一定的限制。随着 PU 合成革的发展，特别是第三代人工革——超细纤维合成革的问世，更是把人工革的发展推向了更高端的新台阶，PVC 人造革因其在性能上的劣势和工艺上的落后，市场地位正逐步被取代。

另一方面，近年来，随着人们环境保护意识的增强，PVC 因对人类健康和环境非常有害，引起了国际环保组织和有关人士对 PVC 的关注。一些生态学家和国际绿色和平组织认为，氯工业特别是 PVC 工业，是环境中二噁英的主要来源。因为 PVC 的生产过程中会产生和释放有剧毒的二噁英，PVC 产品中的有毒添加剂（如增塑剂、含铅的热稳定剂等）也会污染环境，而且进入人体会有一定的致癌作用。动物实验发现，增塑剂对人体内肾、肝、睾丸影响甚大，会导致癌症、肾损坏，破坏人体功能再造系统，影响发育；而近几年一些国家的实验表明，儿童有可能从 PVC 玩具中吸入有毒化学品。PVC 垃圾的处理问题更为棘手，不管是燃烧还是掩埋，都会产生和释放出造成土地和水污染的二噁英及含氯化合物，而 PVC 的回收利用却又非常困难。因此，近年来，欧洲的一些国家和城市的绿色和平组织、生态组织、绿党或"绿色"政界人士不断地向政府施压，使一些国家政府采取了限制使用 PVC 产品的政策，如荷兰已禁止用 PVC 作包装；比利时曾对 PVC 矿泉水瓶征收"生态税"。

TPU（热塑性聚氨酯）的发展也给 PVC 人造革的发展带来了很大的冲击，与 PVC 相比，TPU 因其优越的性能和环保概念更受到人们的欢迎。目前，凡是使用 PVC 的地方，TPU 均能成为其替代品，但 TPU 所拥有的优点，PVC 则望尘莫及。TPU 不仅拥有卓越的高强度、高韧性、耐老化、防水透湿、耐油的特性，而且是一种成熟的环保材料。TPU 已被广泛应用于制鞋、服装、充气玩具、水上及水下之运动器材、医疗器材、健身器材、汽车椅座材料、雨伞、箱包等。

目前，国家《促进产业结构调整、暂行规定》和《产业结构调整、指导目录》正式发布，规定和目录明确了目前和以后一段时期产业结构调整的目标、原则、方向和重点。在调整指导目录的划分中，能耗和环保成为行业划分的重要标准。其中《指导目录》分为鼓励类、限制类和淘汰类。聚氯乙烯普通人造革生产线正在限制类中。限制类主要是指工艺技术落后，不符合行业准入条件，不利于产业结构优化升级的产品，对于限制类项目，将禁止投资新建。对于现有生产能力，允许企业在一定期限内采取措施改造升级。

可见，PVC 人造革产品的发展已经到了一个没落时代，在环保和健康成为人类关注主题的当今，PVC 人造革对环境的危害使其将逐渐被淘汰，可能在不久的将来，PVC 人造革产品就将成为历史，而我们的市场留下的只有健康的、环保的产品。合成革产业的发展也必须且只有朝着环保的方向才能持续健康地发展下去。

复习思考题

1. 简述 PVC 人造革的各种生产工艺，各自有何优缺点。
2. 浮刀涂刮、辊筒刀涂、带衬涂刮各有何特点？
3. 刮刀的刀刃形状有哪几种？各有何特点？
4. 比较各种生产工艺对主要原料选择的相同点和不同点。
5. 涂刮法生产 PVC 人造革的各种生产工艺中，有哪些设备是相同的？
6. 涂刮法生产 PVC 人造革的各种生产工艺中，哪些工序是相同的，哪些是不同的？
7. 离型纸法生产 PVC 人造革在贴合时，需要注意哪些方面？
8. 压延法生产 PVC 人造革，基布与压延薄膜的贴合方法有哪几种？各有什么优缺点？
9. 谈谈你对 PVC 人造革的发展前景的看法。

参 考 文 献

[1] 周殿明. 聚氯乙烯成型技术[M]. 北京：化学工业出版社，2007.
[2] 罗瑞林. 织物涂层技术[M]. 北京：中国纺织出版社，2005.
[3] 黄丽. 高分子材料[M]. 北京：化学工业出版社，2005.
[4] 丁双山，王凤然，王中明. 人造革与合成革[M]. 北京：中国石化出版社，1998.
[5] 王文广，田雁晨. 塑料配方设计[M]. 北京：化学工业出版社，2004.
[6] 张玉龙. 塑料配方及其组分设计宝典[M]. 北京：机械工业出版社，2005.
[7] 黄锐. 塑料成型工艺学[M]. 2版. 北京：中国轻工业出版社，2008.
[8] 赵俊会. 塑料压延成型[M]. 北京：化学工业出版社，2005.
[9] 周殿明. 塑料压延简明技术手册[M]. 北京：机械工业出版社，2009.
[10] 强信然. 塑料加工故障排除方法[M]. 南京：江苏科学技术出版社，2002.
[11] 沃尔特·冯，顾振亚. 涂层和层压纺织品[M]. 北京：化学工业出版社，2006.
[12] 刘岭梅，李枫. 用 PVC 糊树脂生产中、高发泡人造革的技术要点研究[J]. 聚氯乙烯，2001，(5)：37-38.
[13] 邓光华. 聚氯乙烯泡沫人造革的发泡问题[M]. 中国塑料，2001，15(5)：57-61.
[14] 邓光华. 压延法 PVC 牛津人造革生产工艺[J]. 塑料，2000，29(5)：33-36.
[15] 郁小强. PVC 发泡人造革泡孔质量研究[J]. 聚氯乙烯，2000，(3)：35-39.
[16] 陈桂兰，丛川波，周琼. 发泡剂对人造革发泡倍率与泡孔结构的影响[J]. 中国塑料，2002，16(4)：58-62.
[17] 周琼，王慧，曹有华. 聚氯乙烯人造革压延发泡工艺探讨[J]. 中国塑料，2003，17(4)：68-71.
[18] 潘红. 填料对聚氯乙烯发泡人造革发泡倍率的影响[J]. 中国塑料，2005，19(7)：68-70.
[19] 任国宏. 压延泡沫人造革中几种助剂对发泡的影响[J]. 塑料，2001，30(2)：57-58.

第五章 干法聚氨酯合成革工艺

5.1 概述

合成革工艺就是将两种不同的材料——基布和涂层材料结合起来的工艺技术，按其生产方法可以分为干法聚氨酯（简称干法 PU）工艺和湿法聚氨酯（也称凝固涂层）工艺。以下分别介绍其工艺要点。

干法聚氨酯合成革于 20 世纪 60 年代初在意大利、西班牙、日本等国开始投产，从 70 年代开始以每年约 20% 的速度增长，是发展较快的产品之一。所谓干法 PU 合成革是将溶剂型的聚氨酯树脂（PU）溶液涂覆于基布上，挥发掉其溶剂后得到的多层薄膜加上底布而构成的一种多层结构体。

干法聚氨酯合成革生产工艺分为直接涂层工艺和转移涂层工艺。

5.2 直接涂层工艺

直接涂层，即不依靠媒介，直接把涂层剂涂在基材上。基材可以是织物，也可以是凝固涂层的产品或转移涂层的产品。最原始的直接涂层机是印染厂为增加织物涂层的品种，买一个涂头装在拉幅烘干机的前方，即成涂层机。这种涂层机投资很少，工艺简单，它在产品的品种和质量上都受到限制。从最近发展的趋势看，发展方向之一是提高设备的精确度，例如：精度很高的刮刀和刮刀支持系统，灵敏的织物强力控制和涂布量监察系统，既保证质量又节约能源的烘干焙固设备等，能使产品的指标精确地控制在一定的范围内。另一个发展方向是为了提高质量或保护环境，开发了一些新的涂层工艺和涂层剂（如水性 PU）。还有一个发展方向是开发多功能的涂层联合机，尽可能地扩大涂层机生产的品种范围，提高设备利用率，使涂层厂家能随市场供需变化而生产不同的涂层产品。

图 5-1 为多功能直涂生产线示意图，它可分为三个部分：

第一部分有退卷机，它是大批量、连续化生产所必需的，此外还应带有将前后基材连接起来的缝纫机或连接（粘接）台、稳定车速用的补偿器、涂头和叠合机后连接有布铗拉幅架的热风烘箱（一般为 15～30m）。这样的配置，就可生产一般的直涂产品了。配上叠合机是为了加工层压产品，即涂头涂的是黏合剂，叠合机把两层基材贴合，进入烘

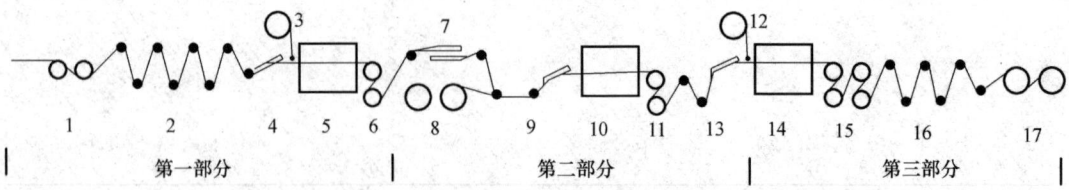

图 5-1　直涂生产线示意图

1—退卷机　2、16—补偿器　3、12—叠合机　4—第一涂头　5、10—烘箱　6、11、15—冷却辊
7—翻转机　8—打卷退卷设备　9—第二涂头　13—第三涂头　14—烘箱（加长）　17—打卷机

箱烘干即成成品。

第一部分和第二部分之间配置有翻转机，使在一条生产线对面料进行双面涂层成为可能。第二部分的开端也有退卷设备和补偿器，这样的配置使第一、第二部分既可以连接在一起，也可以独立加工。随后配置涂头和冷却辊。

第三部分在涂头后面配置有叠合机，这是为制造转移涂层制造人造革设置的。后接加长烘箱，烘干焙固（或胶化或发泡）一次完成。如有需要，此处可添置轧纹辊，给发泡的革轧上花纹。最后是冷却辊、剥离辊、打卷机等。

直接涂刮法所用的基布大多是尼龙塔夫绸。尼龙绸在涂刮前要用普通缝纫机将之拼接起来，经过烫平辊展开后才能进入第一涂料台涂刮黏结层，烘干、冷却后进入第二涂料台涂刮面层，再经烘干、冷却、卷取成为产品。用直接涂刮法生产的合成革一般需要涂覆两层，也有的产品只涂一层，这需根据用途和客户要求而定。

5.3　转移涂层工艺

转移涂层是将涂层剂涂在片状载体（离型纸或钢带）上，使它形成连续的、均匀的薄膜，然后再在薄膜上涂上黏合剂，与织物或湿法贝斯叠合，经过烘干和固化，将载体剥离，涂层剂膜就会从载体上转移到织物（基布）上，如离型纸带有花纹，则涂膜的表面也就带有离型纸花纹。涂层剂、离型纸和基材（基布或湿法贝斯）是转移涂层的三个组成部分。

涂层剂：包括皮层和黏结层，有的产品还有发泡层、表皮面层。

基材：可以是基布（包括天然纤维或合成纤维的机织物、针织物以及它们的起毛织物、非织造布），也可以是湿法贝斯（是凝固涂层的产品，将在第六章中介绍），甚至是转移涂层的产品（如二次镜面的产品）。

离型纸：有硅纸和聚丙烯纸等品种，市售的离型纸有花纹的、高光的、平光的、消光的多类产品可供选择。

涂层剂、离型纸和基材通过转移涂层工艺可用来制造鞋革、服装革、箱包革、沙发革等。由于钢带法转移工艺在国内已很少有企业使用，本书重点介绍离型纸转移涂层工艺，其工艺流程图如图 5-2 所示。

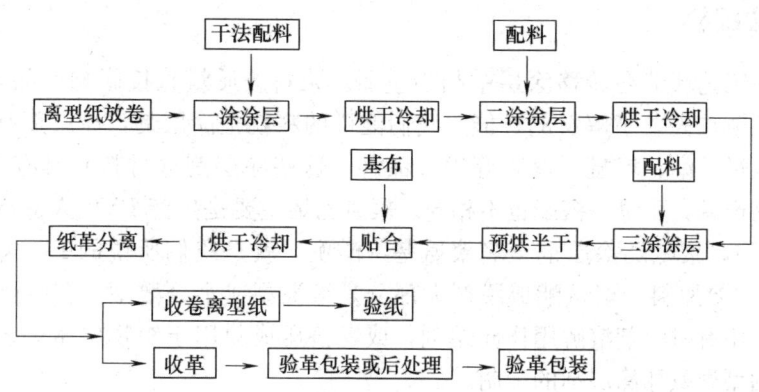

图 5-2 转移涂层工艺流程图

在离型纸上涂刮浆料后，需在烘箱中干燥。干燥的目的是使聚氨酯混合液中的溶剂挥发而成膜。从烘箱干燥后，由于温度过高需要冷却，如不充分冷却会使离型纸表面发黏，不能进行第二次涂刮。冷却后，在第二、三层涂刮台上涂刮第二、三层浆料，然后在半干态下与基布贴合。根据采用树脂的不同，有的合成革要经过熟化才能转入剥离程序，最后将离型纸与合成革分别卷取。有的最后还需要用表面处理剂进行表面涂饰。

目前我国干法合成革主要以转移涂层法为主。转移涂层法适合于以梭织布、编织布、针织布或无纺布为基布的聚氨酯合成革，湿法聚氨酯合成革贝斯也用这种方法进行贴面（将在第七章中介绍）改色，制成成品。

转移涂层是一个发展迅速的涂层工艺，应用聚氨酯涂层剂之后发展速度更快。其中最重要的原因是人类对天然皮革的需要。天然皮革是人类最早的御寒材料，历经千百年而不衰，这一方面要归功于鞣皮技术的发展，另一方面要归结于天然皮革本身优异的性能和华丽的外表。天然皮革的资源有限，仿制天然皮革是人们长期以来努力的目标。转移涂层是在这方面获得满意结果的一个技术成果。从图 5-3 中可以看到，天然皮革基本可分成表面纹理层、中间乳突状组织和底网状组织。转移涂层产品由表层、黏结（发泡）层和基布组成，其与天然皮革的相似程度即使行家有时也很难分辨，有些功能甚至超越了天然皮革。

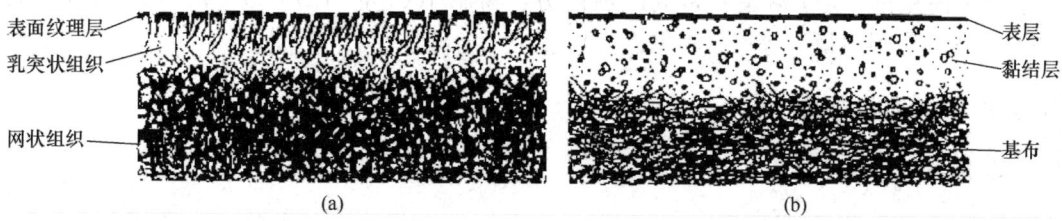

图 5-3 天然皮革和转移涂层产品的三层结构示意图
（a）天然皮革　（b）转移涂层产品

5.3.1 干法配料

配料这一工艺环节在转移涂层中相当重要。浆料的质量直接影响产品表面的功能。在配料这一环节首先要了解料的性能。我们能说的料就是涂层剂，涂层剂有聚氨酯、聚氯乙烯、聚丙烯酸酯、聚醚、聚碳等很多品种，这些涂层剂（材料）具有不同的功能，应用于具体的产品，用量、搭配也不相同。聚氯乙烯主要是生产 PVC 人造革的原料（第三章已有介绍），聚氨酯涂层剂全名聚氨基甲酸酯，就是我们所说的 PU 树脂，是生产 PU 合成革的主要原料。聚氨酯成膜剂大部分是溶液型或水分散型，有些热塑性的树脂（黏料），可以用有机溶剂溶解用作涂层剂，或者挤压成膜用于织物层压工艺。本节我们主要介绍溶剂型聚氨酯涂层剂的配制。

溶剂型聚氨酯涂层剂分类如下：

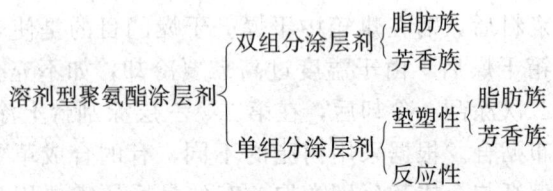

一般溶剂型聚氨酯涂层需了解（或检测）以下项目：
① 种类 如脂肪族、芳香族、单组分、双组分等。
② 固含量。
③ 黏度。
④ 所含溶剂种类。
⑤ 断裂强度。
⑥ 断裂伸长。
⑦ 模量。
⑧ 软硬程度。
⑨ 用途 如直接涂层、转移涂层、表层、黏结层、服装用、鞋用、耐寒、耐黄变等。
⑩ 其他 如双组分涂层剂（如湿气固化树脂）规定配套使用的交联剂、交联促进剂等。

转移涂层剂（PU 树脂）常规配料配方：树脂 100 份，DMF 50～70 份，其他溶剂 10～30 份，色料适量，等等（根据需要）。黏度 3～6Pa·s。

5.3.2 配料的选择

配料步骤如下：

称量树脂 → 加入溶剂（DMF 和其他溶剂）搅拌均匀 → 慢慢加入色料 → 搅拌均匀 → 测黏度 → 复色调色 → 复测黏度 → 调整黏度 → 过滤 → 密封备用

①树脂　根据订单要求和产品要求选择相应品种的聚氨酯树脂，再根据产品软、硬度选择相匹配的模量。由于聚氨酯涂层剂厂家出售的树脂模量一般为 20、30、50、80、100、130、150 等，因此选定的 PU 涂层剂有时是一种，有时是两种配合起来使用。如果是单一 PU 树脂配料，该料的模量就是该树脂的模量；如果是两种树脂配合使用，则复合体系的模量计算方式为：

$$复合体系的模量=\frac{树脂A模量\times树脂A固含量\times树脂A配料量+树脂B模量\times树脂B固含量\times树脂B配料量}{树脂A配料量\times树脂A固含量+树脂B配料量\times树脂B固含量}$$

浆料的总量根据订单数量及工艺要求的涂布间隙（涂布量）来计算，计算方式为：

$$浆料总量=订单数量\times涂布量$$

计算好了总量再根据配方比例计算各树脂、溶剂、色料的用量。

②溶剂　一般为两种溶剂，一种是溶解性强的 DMF（二甲基甲酰胺），另一种溶剂为溶解性相对较差的弱溶剂，现常用的有丁酮、丙酮、醋酸乙酯、醋酸甲酯、甲缩醛、甲苯等（因环保和价格原因，甲苯和丁酮已很少有厂家使用）。溶剂的添加量则根据原树脂的黏度高低和要求的配合液黏度的高低而定。两种溶剂的比例一般为 DMF：其他溶剂＝3：1。

③色料（着色剂）　着色剂有色片、色浆（膏）、珠光颜料、染料水等品种。现在转移涂层用得最多得是色片和各种珠光颜料。

④黏度　配合液的黏度根据涂层表面的离型纸花纹、生产工艺及生产的品种来确定。

⑤其他　有时根据需要，还需要加入很多功能性的助剂，以解决涂层液在生产时出现的问题，如流平剂、防水剂、助剥剂、防浮色剂等。

5.3.3　浆料（涂层剂）的配制

根据配方计算好树脂、溶剂、色料、助剂的用量，先称量树脂，放入配料桶中，再加入溶剂搅拌均匀，接着加入色料、助剂。加色料（特别是色片）时一定要缓慢加入，防止加入过快形成结块影响分散；搅拌一定要均匀，搅拌速度要控制适当，过慢会影响分散，过快则会使料溅到外面，也会使料发热发烫影响使用。等搅拌均匀后，检测浆料的黏度是否符合要求，并作调整。调色人员要对此料打样以复查颜色的准确度。颜色不准时要进行修正，反复多次直到颜色与样品一致；然后，再次测试浆料的黏度并调整到符合要求。配制好的浆料用过滤网过滤到事先准备好的干净、干燥的桶中，密封，以备生产使用。

5.3.4　干法打样

浆料配好后需先打样（小试验），确定工艺和成革的综合性能是否与目标样一致。打样时应注意检测下列指标：

①花纹　观察花纹的大小、深浅、饱满度、顶平效果等，确定离型纸的花纹类型。

②颜色　首先在标准光源箱对标样进行细致观察，准确判断色相的构成、颜色的鲜艳度以及色头的偏向程度，确定着色材料的配比。

③光泽　根据样品表面光泽度确定离型纸的选用，如光亮型、半光型、消光型等；确定是否需要在树脂中添加消光材料等。

④表面效果　是否有爽滑、顶涂、双色、闪光、珠光等特殊效果，注意与纹路、颜色等条件的配合。

⑤手感与褶纹　根据手感与褶纹要求选择基布类型与干法各层树脂的模量，确定初步的涂层量、涂层方法及贴合方法。

⑥特殊要求　及时与客户沟通，了解客户是否有特殊要求，如表面耐磨要求、环保要求、基布颜色等，避免因沟通不畅出现损失。

⑦贴合方式　湿贴、半干贴、干贴。

半干贴是指在黏结层树脂涂布于离型纸上之后，经过一定的加热预烘烤，使树脂浆料达到一定的干燥程度再贴合的方式。该方式与湿贴相比，手感软，褶痕纹路细致；缺点是烘干程度不容易掌握，常出现脱膜现象，剥离强度不稳定。

干贴，又称热贴，是指在离型纸面上树脂干燥以后，当离型纸通过加热辊时，加热辊会将离型纸以及其表面上 PU 树脂加热，温度达到软化点后与基材贴合。该方式优点是手感柔软，纹路细致；缺点是适用范围较小，一般只能在湿法半成品上进行贴合，加工产品种类有限。

5.3.5　转移涂层的操作工艺

以三涂三烘为例来说明转移涂层的操作工艺。

早期的转移涂层机是由两个涂头两个烘箱组成的，现在大多转移涂层机有两个涂头三个烘箱或三个涂头四个烘箱，个别还有四个涂头五个烘箱的，它在工艺上具有更大的灵活性，其烘箱长度及总长度比早期的要长很多，目的是提高生产效率。

三涂三烘干法生产线示意图如图 5-4 所示。

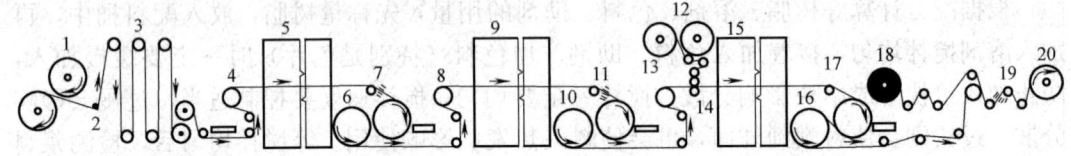

图 5-4　三涂三烘干法生产线示意图

1—离型纸退卷机　2—压纸辊　3—储存器　4—第一涂头　5—第一烘箱　6、10、16—冷却辊
7、11、17、19—气动基材导辊　8—第二涂头　9—第二烘箱　12—基布退卷机　13—第三涂头
14—贴合辊　15—第三烘箱　18—涂层织物卷绕机　20—离型纸卷绕机

涂层机的最前面是离型纸退卷机、纠偏机、离型纸连接装置、离型纸储存器。储存器的作用是在离型纸换卷、连接时，不必停机操作。换卷时开动气活塞，把压纸辊抬起，压住离型纸，就可进行换卷、连接离型纸的操作，操作完成后，放入压纸辊，新换的离型纸就进入储存器，机器进入正常运转状态。

涂头是辊衬刮刀式的，衬辊可以是包橡胶的、也可以是镀铬的钢衬辊，这两种衬辊各有优缺点。现在国内绝大多数厂家都使用钢衬辊，而国外进口（特别是意大利）的设备一般均采用橡胶衬辊，而且国外合成革企业（特别是意大利）也都采用橡胶辊。其优点如下：

①橡胶有弹性，如果有异物落入刮刀和衬辊之间，也不会对设备和产品造成很大损害。

②使用橡胶辊，涂层间隙最小可调到"0"也不会"卡纸"，所有纸接头都不用"跳刀"。而使用钢辊，在离型纸接头过涂刀时必须"跳刀"，否则会"卡纸"；平时涂层时，间隙也必须足够大（一般 0.08mm 以上），否则易"卡纸"和"断纸"。

③由于橡胶有很高的摩擦因数，它可以带动离型纸，涂层用的刀由衬辊来承担，而不是离型纸来承担，这样可提高离型纸的使用次数。但橡胶辊也有缺点，因橡胶不耐摩擦，使用中易磨损，遇到溶剂会变形，因此需要经常停机调整磨辊精度，这样既浪费时间，而且也会减少辊的使用寿命，使用一定时间后就得更换。

在涂层过程中，涂层剂的黏度可能发生变化，使涂层的厚度产生波动，这就需要采用涂布量测量仪（连接检测装置，调整刮刀板，保持稳定的涂布量）。但现在国内的设备都未安装此装置，主要靠操作人员（特别是生产线班长）的经验来判断刀距是否有变化，是否要调整（早期进口的设备都带有此装置，但由于测定器要安装放射源来测定涂布量，放射源在购买更换和保存方面比较麻烦，而且操作工也害怕放射源对身体有害）。

为了防止在涂层过程中离型纸走偏而发生故障，应在多处安排可调节导辊以及气动探边调节导辊，随时调整涂层基材的位置。

第一涂头后接烘箱，出烘箱后是冷却辊装置，冷却后再进行第二次涂布。第二涂头后接烘箱，在机构设置上是一个重复，这样安排的目的主要是制造合成革时需要分别涂表皮层和皮层，这两层涂层膜的功能是不同的。表皮层倾向于装饰效应或使涂层产品具有干爽的手感，而皮层膜则应柔软丰满一些。烘箱温度的设定应从低到高（前低后高），最高点应略高于溶剂的沸点，一般在 100~140℃，烘箱温度太高会影响离型纸的使用寿命，使离型纸"曝光"而报废。采用不同风量吹风，可以将蒸发所需的大量热能输送给涂层膜，也便于将蒸发的溶剂气体带走。

第三涂头是涂黏结层的，涂头后紧接着前贴合机，前贴合机后是一较短的烘箱（一般在 6~10m），烘箱后面连接后贴合机。早期的设备只有前贴合机，没有短烘箱和后贴合机，在 20 世纪 90 年代中期，首先在意大利采用"后贴合"或"半干贴合"工艺，粘贴要求特别软的产品，使产品手感保持柔软特性，短烘箱先蒸发掉大部分溶剂，使最后烘干时溶剂很少，这样又进一步提高了车速和生产效率。此工艺传到我国后迅速推广应用，现在的转移涂层机都采用了此工艺设置。贴合工艺也均采用"半干贴"工艺生产 PU 产品。

贴合机上面设置一平台，上面装有退卷机、纠偏机、基材连接装置和储存器。纠偏器的作用是调节基材左右移动以便于和涂层宽度相对应；储存器的作用是两卷基材连接时不必停机操作就可以连续正常运转。贴合机的下部是一对贴合辊，由压辊和承压辊组成，承压辊为主动辊，一般为橡胶辊；压辊为钢辊，表面涂有防黏的材料，两辊之间的轧点、狭缝的高度都是可以调节的，两辊之间的压力也可以调节。这样的装置可以适应各种基材的产品。层压机的上部（即贴合前）有基材预热装置，是为了烘去基材中的水分或对基材进行热定型和烫平，也可增强基材与涂层剂的贴合牢度，同时可以避免在第四烘箱中烘干时发生幅宽收缩的现象。

涂层机的第一、二烘箱后面都有两辊或三辊冷却，第四烘箱后一般都有六辊冷却，第四烘箱后冷却辊较多是因为基材和涂层剂已结合，厚度增加，需要更好的冷却效果，好的冷却效果有利于提高合成革与离型纸的剥离和合成革表面纹路的清晰程度。

涂层机的最后是离型纸和涂层产品（合成革）的分离机，它们的设置也有很多要求。分离部位离地应该远些，因为分离时产生静电的离型纸会吸收灰尘。纸与革剥离的夹角要大一些，最好是135°，这样的剥离损伤最小。卷绕离型纸的卷辊直径要大，卷取时就不易起皱，减少离型纸的损耗。纸与革剥离后，为了消除静电，需加设静电消除装置。这些措施都是为了提高纸的使用次数，降低成本。另外，为了使纸卷得整齐，一般还装有纠偏对齐装置。离型纸和涂层物卷取都有两个轴，可连续不停机生产。

5.3.6 干法合成革生产工艺确定

(1) 涂层工艺

涂层工艺一般有三涂。二涂加刮刀（二刀半）、二涂、一涂加刮刀（一刀半）、单涂（单刀）等，采用何种涂层方式，要根据所做产品的品种要求及离型纸花纹、颜色、后处理工艺以及实验室所打小样的工艺来确定。表面有特殊要求的变色产品（如镜面变色、耐刮变色）大多采用三涂工艺。龟裂变色、粗花纹套色、龟裂疯马等一般采用二刀半工艺。大多数鞋面革产品、粗花纹产品、镜面产品、普通疯马产品、一般变色产品、弹力产品等大多采用二涂工艺。纸纹套色产品、表面有滑爽要求的鞋里产品、中粗花纹的产品一般会采用一刀半工艺。普通的鞋里、要求不高的鞋面以及其他要求不高的可以用一刀贴面的产品（如皮带革、装饰革），用一刀法工艺。

(2) 贴合工艺

贴合方式有湿贴或半干贴两种方式，基材为各种织物的一般用湿贴工艺，凝固涂层所生产的贝斯为基材的产品一般均采用半干贴工艺。

(3) 涂层间隙和贴合条件的确认

涂层间隙起初以打小样的间隙为确认间隙，但在实际大生产时，因涂层料黏度的不同，贴合干湿度的不同，车速快慢，层压间隙及压力的大小不同，以及每个操作人员测定间隙时的习惯和手感不同而有变化，因此需先在机台上"打样"确认实际涂布间隙及干湿度、车速、贴合间隙等。具体方法为，取一小瓢所生产产品的涂层料，按工艺卡上设定的间隙、车速、温度（烘箱）试生产一小块样品，到收卷处剥离后与要求的样品进行对比，确认其颜色、品质是否符合要求，如果符合要求就可以批量生产，如果不符合要求就要进行颜色和工艺的调整，这样反复多次直到小试样品符合要求，才可投入批量生产。

5.4 干法涂层常见的问题及解决方法

干法涂层常见的质量问题、原因及解决方法见表5-1。

表 5-1　　　　　　　　干法涂层常见的质量问题、原因及解决方法

序号	缺陷	原因	解决方法
1	表皮上发生针孔	面层黏度过高	降低面层混合液黏度
		溶剂沸点低	加高沸点的溶剂
		涂层过厚	涂层薄些
		第一烘箱温度过高	降低烘箱温度
		面层烘干时间短	延长烘干时间(降低车速)
		面层树脂被溶解	选用耐溶剂的面料,黏结层少用强溶剂
		配好的料中气泡较多	静止脱泡后再使用
		涂层槽内有空气夹入	涂层加档板,料加满料槽
2	贴合基布后发生针孔	黏结层黏度太低	增加黏结层黏度
		涂层量大	降低涂层量
		贴合间隙小	调大贴合辊间隙
		贴合烘箱温度低、风量小	适当提高烘箱温度、风量
		面层干燥后冷却差	充分使面层冷却
		黏结层 DMF 过多,干燥慢	少用 DMF,使用弱溶剂
3	表面凹陷	表皮层用的树脂耐溶剂性差	表皮层选用溶剂树脂,黏结层少用强溶剂
		表面处理后凹陷(是由于表面处理剂中强溶剂量过多)	选用弱溶剂表面处理剂
		特殊纸纹(深粗纸纹)	选用对应的工艺,调整工艺和配方
		浆料黏度太低、固含量太低	提高浆料黏度,加填料增加固含量
		涂层薄	提高涂布量
4	卡纸	间隙太小	按照标准工艺间隙
		纸上有残留杂物	检纸人员清除纸上杂物
		纸接头太厚或胶带打卷	纸接头要平直,胶带要粘紧压平
		操作不当	按操作规程操作
		一涂刮刀边缘被二涂遮盖	二涂料盖住一涂料,随时用塞尺处理
		料皮积累卡纸	清除边缘料皮
		纸背面有胶带等杂物	检纸除检表面外,还要注意背面
5	表面产生刮线	刮刀刀刃有缺陷	修理或更换刮刀
		料内有杂物,过滤桶不干净	清洗干净的桶才能使用,加强过滤
		刮刀等涂台设备不干净,使用工具不干净	搞好设备卫生,必要工具要清洗干净
		过滤网使用不当,筛网目数不对	明确过滤网使用范围,注意目数
		人为不小心掉入杂物	加强责任,一有拖线马上用小于涂布间隙的塞尺处理

续表

序号	缺陷	原因	解决方法
6	色条色差	色片或色料等原材料质量问题	严格把关材料
		涂布量变化或车速不稳	稳定涂布间隙和车速
		料槽料位太低，没搅料	保持一定料位，涂台人员不停搅
		色料与树脂相容性不好引起色条	选用相配的色料或树脂
		对色不严不勤	工艺员和班长严格把关
		配料色差	加强责任，严格把关
		浆料分散、溶解性差	加强分散调节溶剂比例，加分散助剂
		浆料分层	注意黏度调节，加强搅拌上料
		黏度变化大，有料结皮	多使用高沸点溶剂
7	手感不对，折痕太大	树脂模量不对	选用适当的树脂模量，降低模量
		涂料太厚	降低涂布量
		贴合太湿	调整贴合干湿度
8	鱼眼	涂层未能润湿离型纸	降低浆料的黏度，加流平润湿助剂
		纸表面有水分	先烘干纸
		料有水分	加防水剂和流平剂
9	橘子皮	料流平不好	降低黏度或加流平助剂
10	亮点或涂布点	纸背面有杂物	检纸时清除背面杂物
		涂布辊上有杂物	清除涂布辊上杂物

5.5 干法涂层生产主要设备

5.5.1 PU干法生产设备的变化过程

合成革的干法生产设备经历了三个发展阶段，见表5-2。总的发展趋势是能耗更低、生产效率更高。

表5-2　　PU干法生产设备的变化过程

序号	各项功能	1980年	2004年	2009年
1	机械型	二涂二烘(烘箱)	三涂四烘(烘箱)	三涂四烘(烘箱)
2	生产速度/(m/min)	5	25	35
3	耗电量/(kW/h)	40	85	70
4	耗热量/($\times 10^5$ kcal/h)	30	85	热油65 蒸汽50
5	排风量/(m³/min)	460	1276	1056
6	内循环/(m³/min)	669	1919	2548

注：1kcal=4.184kJ。

5.5.2 干法生产线的主要设备

(1) 高速搅拌机

聚氨酯人造革的浆料都是由聚氨酯树脂、溶剂、颜料及其他配合剂混合而成的,是具有流动性且黏稠的液体,为了使浆料中各组分能均匀分散,通常混合时须高速搅拌。

高速搅拌机(高速分散机)示意图如图 5-5 所示。

从图中可以看出,搅拌轴为液压升降机,由防爆电机驱动,并设有行程限位开关,使搅拌轴上升或下降到一定高度。最先进的高速搅拌机是无级变速的,转速为 1000~7000r/min。也有的搅拌机是较简单的双速搅拌机,最低速 1200r/min,最高速 2400r/min。搅拌叶轮是锯齿型盘式轮。料桶一般用不锈钢卷制焊接而成,桶的直径则由叶轮直径大小来决定,当叶轮直径为 D 时,则料桶直径为 $(2.5\sim4.0)D$,料筒的高度为 $(1.0\sim4.0)D$。

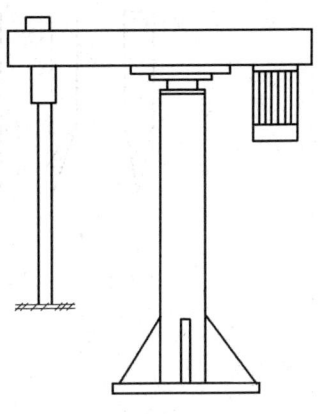

图 5-5 高速搅拌机示意图

(2) 精密涂布机

在干法涂层生产线中,涂头(又称涂刮机、涂布机)是最重要的设备,它分为平板刀涂机、辊筒刀涂机和带衬涂刮机 3 种,如图 5-6 所示。现大多采用前两种。

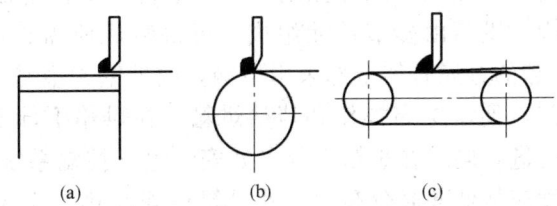

图 5-6 刀涂方式示意图
(a) 平板刀涂式 (b) 辊筒刀涂式 (c) 带衬涂刮式

平板刀涂机有平板式机台,在平板的边缘上方垂直放置刮刀,且刮刀可上下移动,左右调整角度。涂刮机上安装多根导辊与张力架,涂层的厚度是靠刀刃压在基布上力的大小来控制的,也就是基布张力大则涂层薄,基布张力小则涂层厚。由于在刮刀作用下没有任何支承物承托基布,所以影响涂层的厚薄均匀度,因此发展了辊筒刀涂机,以克服涂层厚度不易控制的缺点。

辊筒刀涂机是在钢辊最高点垂直放置可上下调整的刮刀,一般钢辊直径为 350mm 左右,调节刮刀与辊筒的间隙决定涂层的厚度。采用辊筒刀涂机生产的合成革操作方便,生产的产品厚薄均匀,质量较好。

涂刮机关键部件是刮刀,刮刀刀刃的形式有多种多样,典型的有楔形、圆形和钩形。其他形式是在此基础上发展起来的,如图 5-7 所示。一般情况下,楔形刀适用于做刮刀(浮刀),用楔形刀时涂层剂在刀刃下的时间短,涂布量低。圆形和钩形刮刀适宜离型纸转移涂刮法，由于此种刀的弧形刀刃较厚，涂层剂在刀刃下受压时间较长，而且涂层厚薄均匀。

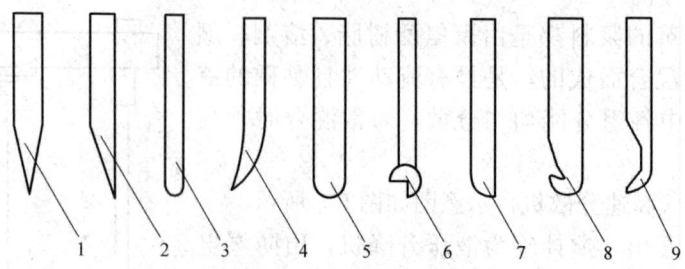

图 5-7 刮刀刀刃形状示意图
1—楔形刀 2—立形刀 3—薄片刀 4—窝心刀 5—球形刀
6—逗号刀 7—半球刀 8—钩形刀 9—爪形刀

（3）烘箱

烘箱是干法合成革的主要设备，它的作用是高速有效地将涂层剂变成涂层膜。烘箱加热的热源主要有电、蒸汽和导热油。现在大多采用导热油加热。烘箱加热的方式主要有 3 种，即热辐射式、热风循环式及热辐射和热风循环混合式。现在的干法涂层设备大多采用热风循环式加热，用导热油加热空气，有在烘箱上部设单面热风喷嘴和上下两部位都设双面热风喷嘴的两种形式，烘箱温度均匀，且易控制。

烘箱结构主要由箱体、加热与温度控制、排风系统组成。合成革用烘箱一般采用长方形隧道式箱体结构，烘箱由多节单元组成，可拼装成所需长度，一般烘箱长 6～40m，宽 2m 左右，烘箱的金属骨架全部采用型钢，内外壁为金属板，夹层内填加隔热保温材料，侧面有小门，便于穿布操作和清洁烘箱。在烘箱下部安装导辊，离型纸进入烘箱后由导辊托着前进，同时在烘箱内部多处安装电子控温系统，以调节烘箱温度，达到工艺要求，其温度应从低向高分布。另外烘箱还安装排风系统，将含有溶剂的热空气排出一部分，从烘箱的开口处补充新鲜的冷空气。由于合成革向前运行，会将烘箱内部部分烟气带出，故在烘箱出口的上方装一排风罩，以保持厂房内空气无污染。

（4）其他设备

其他设备还有储存架、冷却装置、贴合装置、卷取装置等。

5.6 实用举例

为了更方便地了解干法涂层的工艺，下面我们举例说明。

例 1：沙发革配方、工艺

合成革 2000m，黑色，纸纹为荔枝纹，要求揉纹，背印客户商标，成品厚度要求 1.0mm，贝斯为 SF1002（五洲公司编号）灰色，其配方和工艺如下：

由于纸纹为荔枝纹，而且是做沙发，工艺定为双刀半干贴，因有揉纹，贝斯选用 0.93mm 厚度的 SF1002 黑灰，面料需加耐磨树脂及耐磨剂，底料黏度要适当提高以防止塌陷，揉纹是为了更有真皮手感和表面效果。

（1）配方

①面层（一涂）　浆料380kg，黏度要求3Pa·s，面层配方见表5-3。

表5-3　　　　　　　　　　　　　面层配方　　　　　　　　　　　　　　单位：kg

材料名称	标准配方	实际配料	材料名称	标准配方	实际配料
树脂 SS-180	70	133	色片1698	8	15.2
树脂 HDS-860	30	57	流平剂	0.2	0.38
溶剂 DMF	90	171	耐磨剂	2	3.8

②底层（二涂）　浆料364kg，黏度要求5Pa·s，底层配方见表5-4。

表5-4　　　　　　　　　　　　　底层配方　　　　　　　　　　　　　　单位：kg

材料名称	标准配方	实际配料	材料名称	标准配方	实际配料
树脂 JF5050	50	100	色片1698	7	14
树脂 JF5025	50	100	流平剂	0.2	0.4
溶剂 DMF	75	150			

（2）工艺条件

①涂布间隙　面层0.16mm，底层0.15mm。

②一烘温度（15m烘箱）　100、120、140℃。

③二烘温度（6m烘箱）　90、135℃。

④三烘温度（25m烘箱）　120、130、135、140、135℃。

⑤车速　15～16m/min。

⑥贴合间隙　0.5mm。

⑦贴合压力　39～49Pa。

（3）工艺操作流程

干法涂布贴面→印刷机背印客户商标→分小卷→过水揉纹→成检打包→入库。

例2：鞋里革配方、工艺

合成革5000m，深棕色，纸纹R61，成品厚度为0.70～0.75mm，贝斯为SC0703（五洲实业有限公司编号），表面要求滑爽，其配方和工艺如下：

用一刀半半干贴工艺，用高模量滑爽料做刮刀面层，底层采用30模量树脂以保持成品手感软，贝斯选用0.72～0.73mm厚度的SC0703黑灰，贴面后直接成检包装。

（1）配方

①面层（一涂）　浆料156kg，黏度要求1.0～1.2Pa·s，面层配方见表5-5。

表 5-5　　　　　　　　　　　　　　　　面层配方　　　　　　　　　　　　　　　　单位:kg

材料名称	标准配方	实际配料	材料名称	标准配方	实际配料
树脂 HX1200	100	75	色片 3071B	6	4.5
溶剂 DMF	100	75	流平剂	0.2	0.15
色片 1698	2	1.5			

②底层（二涂）　浆料 693kg，黏度要求 3.5Pa·s，底层配方见表 5-6。

表 5-6　　　　　　　　　　　　　　　　底层配方　　　　　　　　　　　　　　　　单位:kg

材料名称	标准配方	实际配料	材料名称	标准配方	实际配料
树脂 DF-30	100	350	色片 3071B	6	21
溶剂 DMF	90	315	流平剂	0.2	0.7
色片 1698	2	7			

(2) 工艺条件
①涂布间隙　一涂（刮刀），二涂 0.13mm。
②一烘温度（15m 烘箱）　100、110、135℃。
③二烘温度（6m 烘箱）　100、135℃。
④三涂温度（25m 烘箱）　120、130、135、140、135℃。
⑤车速　20～22m/min。
⑥贴合间隙　0.30mm。
⑦贴合压力　39～49Pa。

(3) 工艺操作流程
干法涂布贴面→成检打包→入库。

复习思考题

1. 比较直接涂层工艺和转移涂层工艺的异同点。
2. 以三涂四烘为例，说明转移涂层的操作工艺要点。
3. 试列出一涂层配方，说明各组分的功能。
4. 作为溶剂型聚氨酯涂层，需了解（或检测）哪些重要参数？
5. 试分析干法涂层常见的问题及解决方法。

第六章 湿法聚氨酯合成工艺

6.1 湿法聚氨酯合成工艺概念

湿法 PU 合成革是 1963 年在国外市场上出现的，与干法合成革相比，在透气性能及外观质量方面有明显的改进，可与天然皮革媲美。20 世纪 70 年代末期和 80 年代初期，国外市场出现各种规格的织物为基布的湿法 PU 合成革，解决了无纺布湿法合成革工艺复杂、成本高、价格贵、品种单一等问题。它设备简单、工艺成熟、投资少、品种多、用途广泛、价格便宜，是目前世界合成革市场上具有生命力的产品，同时也是国内作为升级换代的新产品。

湿法工艺，又称凝固涂层工艺，它的特点是在凝固浴中生成多孔性皮膜，这与直接涂层、转移（干法）涂层在烘箱中成膜大相径庭，其产品性能优异，更接近天然皮革。

凝固涂层的涂层剂只有一种——单组分聚氨酯，成膜的机理也十分简单。选择一种聚氨酯的良溶剂——主要是 DMF（二甲基甲酰胺）和另一种非溶剂——水，先用 DMF 把聚氨酯溶解成溶液，涂或浸渍在基布上，然后把基布浸入水或含 DMF 的水溶液中，利用 DMF 与水的混溶性，让水在涂层膜内置换 DMF，降低 DMF 的浓度，促使聚氨酯凝固成多孔连续的涂膜。其关键是如何控制置换过程，使它既符合工艺要求，又能获得最理想的产品性能。

影响置换过程的因素很多，除了聚氨酯分子的结构外，一些添加剂（主要是表面活性剂的品种、性能）的作用也很显著，还有加工工艺条件，如涂层剂中聚氨酯的含量、涂层剂的黏度、基布的干湿度（烫皮轮温度）、凝固浴 DMF 的浓度、温度、生产速度（凝固滞留时间）、涂层厚度等，由于这些因素相互牵制，如何正确控制这些重要的工艺参数，是湿法涂层工艺技术的重要内容。

6.2 湿法工艺中聚氨酯的凝固和成孔机理

要弄懂湿法涂层的工艺技术，我们先来了解一下湿法聚氨酯的凝固和成孔机理。

聚氨酯涂层膜进入凝固浴后，在 DMF 的水溶液中凝结出来，其间大体经过以下几个步骤：

①水从涂层膜表面将 DMF 稀释或萃取。由于凝固浴的组成是 15%～25% 的 DMF 水

溶液，与纯水相比，稀释和萃取的过程比较缓慢。

②当水和DMF在膜的两面进行双向扩散时，聚氨酯由溶解状态转变为聚氨酯-DMF-水的凝胶状态，而从溶液中分离出来原来的溶液由单相（澄清）变为双相（浑浊），即发生了相分离。但是这种相分离不是固体聚氨酯从溶液中分离出来，而是聚氨酯的富相从其贫相中分离出来，同时伴随着溶液黏度的显著下降。

③双向扩散继续进行，在凝胶相——富相中，产生了固体聚氨酯的沉淀。

④固体聚氨酯的脱液收缩，使涂层膜中产生了充满DMF水溶液的微孔，孔壁是固体聚氨酯。在以后的水洗、烘干过程中，除去DMF水溶液，即留下无DMF水溶液的微孔。

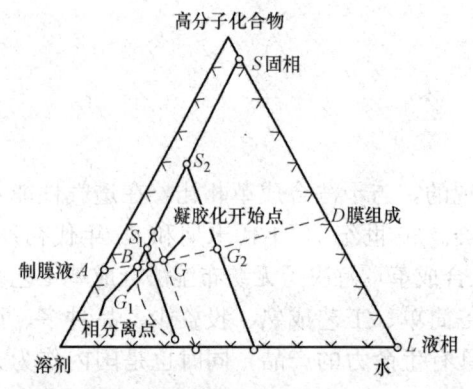

图 6-1 涂层膜凝固过程的三角坐标

上述过程可以从相平衡图上做进一步的解释。图 6-1 是涂层膜凝固过程的三角坐标，三角形的顶端分别是高分子化合物（聚氨酯）、溶剂（DMF）和水三个组分，三角形内任何一点都有三个坐标值，分别代表三个组分的含量。从不同浓度的聚氨酯溶液（制膜液）出发，可以得到一系列相分离点，将这些相分离点连接起来，就可以得到 SBL 曲线。以一种制膜液为例，聚氨酯在 DMF 中的含量约为 25%，即图中 A 处，由于水的进入和 DMF 的溶出，曲线从 A 点开始向右移动，到达 B 点时发生了相分离，此时整个体系尚处于流动状态，到达 G 点时，体系开始凝胶化，流动能力下降，固体聚氨酯开始析出，到了 D 点，即形成固相聚氨酯和液相水组成的多孔膜。固体聚氨酯构成孔壁，其组成的成分在 S 点显示，水则在孔洞中，组成的成分点在 L 点显示。

图 6-1 是在一定温度下测得的，温度不同，坐标图也不同，描述的凝固过程是沿着 ABGD 进行的。由于凝固过程中其他因素的影响，也可以沿着另外的路线完成凝固过程。不同路线的凝固过程，生成的孔型结构也不同。根据显微镜对膜剖面的观察，也有介于两者之间的结构。指形结构的膜表面有致密层，上面布有小孔，内部是长条形的孔洞，孔壁在剖面切片上呈指形。指形壁一直延伸到膜的底部，其上也有孔洞（称交通孔），它们将长条形的孔洞串通。指形结构的膜有很高的透湿率。海绵结构的膜表面也有致密层，内部有孔洞，从表面到内部孔径逐渐加大，这种结构的膜透湿率较小。

把涂层液涂在玻璃板上，将其浸入凝固浴，在凝固过程中按上下位置可以分成三层：

制膜液层：该层紧靠玻璃板，它的组成与涂层液的组成相近，处于图 6-1 中 A、B 之间的位置，DMF和水的双向扩散量最小。

流动层：该层的组成位于 B、G 之间，体系处于流动状态，由此向上，DMF 的浓度下降，涂层液的黏度上升，组成从 B 向 D 移动，到 D 点时聚氨酯全部析出。

固体层：该层的组成在 D、G 之间。由于双向扩散作用，聚氨酯析出变为固体，并产生脱液收缩的趋向，收缩造成的应力难以通过聚氨酯的流动而转移，只能依靠聚合物固体的蠕动来消除。如果应力产生过快，不能及时通过蠕动得到消除，生成的聚合物将在应力集中处撕裂。

上述聚氨酯的凝固过程，在一定条件下，会使涂层液膜转变成指形结构，其生长过程如图 6-2 所示。

涂层液膜进入凝固浴时，表面的 DMF 迅速扩散到凝固浴中，在液膜表面很快生成了组织致密的固体膜，由于固体膜脱液收缩（$D—G$ 轨迹），而收缩应力又不能通过膜的蠕动及时消除，固体膜会在应力集中处撕裂，撕裂点即为指形结构的生长点，一旦生成指形物，它将随着固体膜的收缩而逐渐长大，直到涂层液膜的底边。在指与指之间的涂层液，由于表面致密层的阻碍，双向扩散作用进行得比较慢，生成了海绵体。

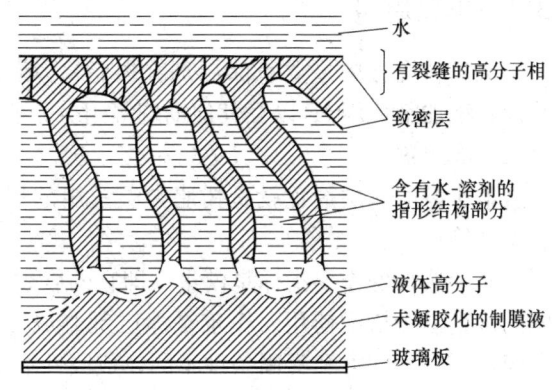

图 6-2　指形结构的生成过程

在显微镜下可以看到，表面致密层基本是平面的，上面分布着小孔。去掉表面层，指形结构层即是蜂窝状的，"蜂窝孔"和"蜂窝孔壁"的面积之比决定了膜的密度。孔壁上也有小孔，它和表面致密层上的小孔一样，是脱液收缩造成的。

影响聚氨酯膜指形结构的因素主要有涂层液中聚氨酯的浓度、凝固液中 DMF 含量和所添加的表面活性剂等。

涂层液中聚氨酯的含量越高，生成的表面致密层厚度就越大，内部 DMF 的扩散速度就越缓慢，生成了与指形结构不同的海绵结构。

凝固浴中 DMF 的浓度低，表面致密层很快生成，使双向扩散作用缓慢，膜内是典型的指形结构，孔径大。

涂层液中添加疏水性的非离子型表面活性剂，延缓了表面致密层的生成，使膜内的 DMF 有充分的时间扩散出去，生成的指形结构孔径小、孔壁薄，有向海绵结构靠近的趋向。添加亲水性的阴离子型表面活性剂，降低了水的表面强力，使水更容易进入膜的内部，加快了凝固过程，孔径大，孔壁也薄，实际情况更为复杂。不同的表面活性剂及不同的亲水性，对成孔结构产生不同的影响。

凝固成孔过程是多种因素相互交叉影响的过程，控制这个过程是一项复杂而困难的工作，但也是极有意义的。由于凝固成孔的结构与涂层织物的性能有密切的关系，因此如果能有效地控制结构的类型、孔径、孔壁、开孔率等结构参数，不仅可使现有的凝固涂层织物的质量大大提高，而且还将为今后开辟出更多的新用途。不但可以节约生产成本，还可以开发新的产品。

6.3　湿法聚氨酯合成工艺

了解了湿法聚氨酯的凝固和成孔的机理，我们再根据湿法生产的各个生产环节来学习其工艺操作要点。

6.3.1 主要原料

涂层浆料配方中主要有涂层剂（树脂）、填充料（纤维素粉末和轻质碳酸钙）、表面活性剂、添加剂、DMF 以及其他助剂等组分，它们的作用分别如下：

（1）涂层剂

这里所讲的涂层剂也就是树脂，湿法用的树脂绝大部分是聚氨酯树脂，另外还有聚醚、聚碳等。

涂层剂选择的重要指标是模量（即它的软硬程度），根据产品的用途和要求选择模量不同的树脂进行搭配使用。模量是涂层剂制成无孔膜之后测定的，但是凝固涂层产品是有孔膜，而且因配方和凝固条件不同，成膜性能也不同，所以模量只能作为参考。

不同的工艺方法制成的聚氨酯膜的物理性能见表 6-1。表中列出了三种不同密度条件下湿法成膜的物理性能，并和单组分聚氨酯涂层剂的干法成膜进行了对比。

表 6-1 不同的工艺方法制成的聚氨酯膜的物理性能

成膜工艺	干法	湿法		
		1	2	3
密度/(g/cm³)	1.10	0.45	0.25	0.15
100%模量/MPa	6.37	1.57	0.78	0.39
200%模量/MPa	11.76	2.74	1.18	0.69
300%模量/MPa	16.66	3.92	1.37	1.08
抗张强度/MPa	53.9	5.39	2.16	1.18
断裂伸长/%	500	380	310	340
透气量/(g/cm²)	0	0.01	0.02	0.06
透湿量/[1000g/(m²·d)]	0.5	4～5	4～5	>5
耐水压/Pa(mH₂O)	>19640(2)	1473(0.15)	785.6(0.08)	294.6(0.03)
手感	软	柔软、丰满		

从表 6-1 中可以看出，聚氨酯涂层剂由于成膜工艺不同，膜的物理性能差异很大，可适于不同的用途。湿法成膜形成的皮膜孔洞多，密度小，但透气量并不大，所以保暖性好，但模量显著下降，手感柔软，强度低，不适宜制造需强烈拉伸、摩擦牢度要求高的产品。

聚氨酯涂层膜进入凝固浴后，水渗入涂层膜，冲淡了膜内 DMF 的浓度，此时膜的上、下两个表面部位的 DMF 浓度下降最快，膜中心部位下降较慢，造成了内、外浓度差，使得膜中心的 DMF 向外扩散，膜外表面的水分向里扩散（双向扩散），如图 6-3 所示。当 DMF 的浓度下降到一定限度时，溶解的聚氨酯将发生相变，转变凝固相。

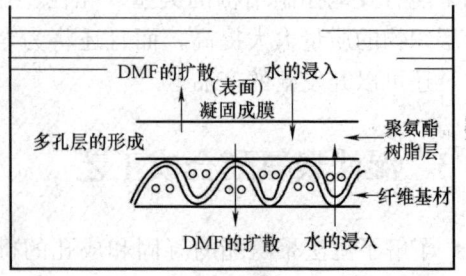

图 6-3 双向扩散示意图

由于表层的 DMF 浓度低于中心的浓度，凝固的过程是先表后里。凝固发生前，首先要形成一个"晶核"，凝固在晶核四周进行，使晶核逐渐长大，这个过程与一般结晶过程类似。

为了使凝固过程进行得迅速而彻底，在设计聚氨酯分子时，应该尽量加大分子间的凝聚力，而分子的凝聚会把原来吸附在聚氨酯分子中的 DMF 挤出来，加速了 DMF 向外扩散。一般情况下，DMF 的扩散速度大于水的进入速度，使聚氨酯涂层（湿）膜的体积不断缩小。加大凝聚力的方法是改变三组分合成的分子配比，加大分子中硬段的相对含量。

另外，树脂的黏度、固含量、成肌性等也是选择和检验树脂性能的依据。黏度一般要求在 200Pa·s 左右，批次之间不应有较大的差异，差异过大，配制的涂层液在相同黏度下 PU 含量会有差异，凝固成孔时也会有差异，生产出来的湿法涂层贝斯的质量也不一样。固含量的高低直接反映出 PU 含量的差异，其影响与黏度的高低是一样的，现在市场上的湿法聚氨酯含量一般都在 30% 左右。成肌性也就是树脂成膜的厚度及保持率（成肌性是一个相对增厚的概念，如浆料涂层厚度为 1mm，溶剂被水交换后膜的厚度为 0.5~0.6mm，则成肌性为 50~60，它没有单位），它直接影响到产品的成本，常用树脂成肌性一般在 50~60，但特殊树脂（如压花树脂、聚醚类树脂）成肌性会低一些。

当然，涂层剂的选择最终还是要根据产品的要求来选择合适的品种。

(2) 填充料

①纤维素粉末　它是由棉浆、木浆水解制得的一种有机填充剂，有白色和黄色木质纤维素之分。其目的是改善皮膜吸湿性能，降低皮膜的弹性（为使产品更像天然皮革，要求有弹性和塑性，回弹速度不能太大，否则会有橡皮感），也降低了成本。纤维素的质量指标有细度、膨胀系数、灰分和水分。细度一般要求 400 目以上，太粗影响湿法贝斯的表面光洁度。膨胀系数也就是其膨胀体积的系数，由于纤维素粉末有明显的增黏效果，会改变涂层剂的黏度，从而影响成膜性能，一般膨胀系数要求在 18~22。灰分和水分也作为品质指标。纤维粉末的添加量一般为树脂的 20%~40%。

②轻质碳酸钙　碳酸钙为轻质碳酸钙，黏度很小，增黏效果很小，它分散于涂层液中，在凝固过程中起"晶核"的作用，加快凝固的速度。轻钙会使皮膜的弯曲强度下降，要注意控制其用量，一般添加量为树脂的 0~20%。轻质碳酸钙的使用主要是降低产品的成本。

(3) 表面活性剂

表面活性剂是涂层液配方中重要的组成部分，它直接影响着凝固成膜时水向膜内扩散的速度和 DMF 向凝固浴中扩散的速度，对凝固速度和成膜质量有举足轻重的作用。可采用的表面活性剂有阴离子和非离子型两类。阴离子型表面活性剂能促进水的渗透和扩散，从而加快凝固过程；而疏水性的非离子型表面活性剂使凝固成膜过程延长，特别是延缓了皮膜表面聚氨酯分子结成固体膜的过程，从而为皮膜中心的 DMF 扩散赢得了时间，也加快了凝固过程。凝固后皮膜较薄，表面平滑，整个皮膜收缩面积小，说明 DMF 的扩散是充分的、平稳的。亲水性的非离子型表面活性剂凝固成膜的特性与阴离子型表面活性剂相似。在大多数配方中，推荐同时使用阴离子和非离子两种表面活性剂，它们协同作用的效果更好。

选择表面活性剂时,首先要注意它在 DMF 中的溶解度,如果不溶于 DMF,则不能使用。阴离子型表面活性剂中,磺化琥珀酸钠类溶于 DMF,可以使用。失水山梨醇月桂酸酯、油酸酯、硬脂酸酯等属于疏水性的非离子型表面活性剂(酯化度越高,疏水性越大),也可以使用。聚氧乙烯山梨醇单羧酸酯也属于非离子型,其亲水性比较大。此外,还有一些文献推荐将环氧乙烷和环氧丙烷的共聚物与表面活性剂配合使用,环氧乙烷的含量为 40%~60% 比较适宜。

在常规配方中,阴离子型表面活性剂用量一般为树脂量的 1%~3%,非离子型表面活性剂的用量为树脂量的 0.5%~1.5%。目前有更新型的表面活性剂用于湿法工艺,加入这种活性剂可以大大提高泡孔的数量或密度,从而增加涂层液的成膜厚度,减少涂层厚度,降低成本。另外,还有调节泡孔形状的活性剂,如调直泡孔、圆泡孔等。这些助剂丰富了湿法涂层产品的品质和品种,以适应更多的新产品开发。

(4) 添加剂

①水　在涂层剂中加入少许水,使聚氨酯的溶解度降低,溶液处于准相分离状态,外观稍有浑浊。这种方法能明显缩短凝固所需的时间,但牺牲了溶液的稳定性,溶剂变得黏稠,加工性能下降。一般用量为树脂量的 1%~3%。

②流平剂　是一种改性有机硅助剂,主要作用是改善涂层液的流平性,从而改善贝斯表面的平整性,增加树脂与布基间的亲和性,用量一般为树脂量的 0.1%~0.3%。当然,如果基布质量好,配制的浆料流平性好,也可不用流平剂。

③消泡剂　主要成分为液体有机硅,主要作用是消除浆料中的空气,减少贝斯表面的针孔,还有排除起毛布、无纺布、夹带进涂层的空气、针孔、气泡等。一般的有机硅油与 DMF 相容性差,不宜应用,应选用与 DMF 有一定相溶性、消泡能力强的专用助剂,用量一般为树脂量的 0.5%~1.0%。如果涂层液抽真空脱泡效果好,基布质量好,也可不用消泡剂。

④防黏剂　主要使用在低模量树脂配方中,作用是防止贝斯背面和表面粘连。现在市售的低模量树脂中许多厂家已加了防黏剂,大多数情况下可以不加防黏剂。

⑤着色剂　凝固涂层用着色剂有水性和溶液型两种色浆,还可用色片,不管是色浆还是色片,色料必须要有很好的分散性。着色剂的用量因色泽不同差异很大,普通贝斯中用量一般为树脂量的 1%~3%。

(5) DMF

DMF 除了起到溶解及稀释聚氨酯的作用外,还对贝斯的泡孔大小有较大影响。DMF 用量大时,贝斯的泡孔则大;DMF 用量小时,贝斯的泡孔则小。为了满足不同产品的使用要求,DMF 的用量要合理。

(6) 其他助剂

有时为了生产特殊要求的产品,还要添加其他一些助剂,如防霉剂、抗菌剂、抗氧化剂、阻燃剂、拔水剂等。

6.3.2　单涂法聚氨酯贝斯及其操作工艺

凝固涂层产品按其工艺状况,可分为单涂贝斯、含浸贝斯和含浸涂刮贝斯,工艺不同,其涂层配方和加工流程也各不相同。

单涂法聚氨酯贝斯生产通常用双面平、单面或双面起毛的机织布及针织布为基布，表面涂覆聚氨酯配合液，经凝固、水洗、烘干而成。单涂法贝斯通常再以干法转移贴面形成终端产品，或用磨皮机打磨形成产品（如牛巴革）。

单涂法聚氨酯贝斯生产流程如下：

放布 → 预浸（清水或DMF水溶液）→ 轧压烫平 → 涂布 → 凝固 → 水洗 → 压干 → 预热烫平 → 烘干定型 → 冷却 → 卷取 → 检验入库

说明：渗透法工艺也属于单涂覆生产法，但是它不需要预浸，其余流程一样。

(1) 单涂法聚氨酯贝斯的配方

单涂法聚氨酯贝斯的配方见表6-2。

表6-2　　　　　　　　　　　单涂法聚氨酯贝斯的配方　　　　　　　　　　单位：kg

材料名称	箱包、沙发革	鞋用革	磨皮革
湿法用聚氨酯树脂	100	100	100
DMF	80～120	80～100	50～70
木粉	20～40	20～40	—
轻质碳酸钙	0～20	0～20	—
活性剂OT-70	0.5～2.0	0.5～2.0	0.5～2.0
活性剂S-80	0.5～1.0	0.5～1.0	0.5～1.0
着色剂	适量	适量	15～30
其他助剂	根据需要	根据需要	根据需要
黏度/Pa·s	4～8	5～10	5～10

(2) 单涂法聚氨酯浆料的配制

单涂法贝斯所要求的浆料黏度较高，一般控制在5～10Pa·s，因此配料时的加料顺序更为重要，以免影响产品质量。一般在配料灌内先加入DMF，而后加入色料，并用搅拌机充分搅拌10min左右，再加入木粉和轻钙，要充分搅拌确保木粉和轻钙充分分散于DMF中（大约要15min），再加入各种助剂，搅拌数分钟后停止搅拌，按配方要求加入聚氨酯树脂，用高速搅拌20min后，测量浆料的黏度，使其在工艺要求范围内。配制的浆料符合工艺要求后，开动真空泵进行脱泡，脱泡时先进行低真空脱泡，以免脱泡初期涌起的大量气泡把浆料带入真空管道或真空泵中造成堵塞事故。随着脱泡时间的加长逐渐加大真空度。气泡脱除干净后复测黏度，脱泡时间一般要40min左右。脱泡后的浆料用40～80目的滤网过滤，装在不锈钢桶内备用。配制好的浆料要及时加盖密封，尤其是在潮湿的天气更要注意浆料的吸湿问题，否则料桶内上部分的浆料因吸水会在使用中引起涂层不均，产生坑点等缺陷。

(3) 基布预浸处理

基布开卷，经过储布架入浸水槽，根据基布的不同品种，浸水槽可以是清水，也可以是不同浓度的DMF水溶液，然后用挤压辊把基布中的水分挤干，经过烫皮轮将基布烫至半干（控制湿度）。浸水处理的作用有两个，一是提高织物湿度，防止浆料过分渗入基布组织内，产生透底现象，浪费原材料并影响品质；二是对脱脂性较差的基布改善其亲水性，提高贝斯的外观质量。

基布浸水烫干程度是湿法涂层工艺中一个重要的工艺参数，但生产现场不好定量测量，多凭经验掌握。不同的产品、不同的基布、不同的机台其工艺参数都各不相同，一般以控制烫平轮温度高低来调节工艺。

(4) 涂覆、凝固

经过预处理的基布，通过涂料台，采用辊衬涂覆法，用涂刀把聚氨酯浆料均匀地涂覆在基布上。

在使用起毛布为基布时，要注意起毛布表面起毛的方向。顺毛涂覆，贝斯表面光洁；逆毛涂覆，贝斯表面粗糙。尤其是在起毛布的毛较长时，这种现象更为明显。

涂层的厚度不仅对产品的厚度有影响，而且对产品的风格及质量也有影响。涂层太薄，不能遮盖布毛，使贝斯表面粗糙，手感发板无弹性；涂层太厚，易造成泡孔不均、面层与基材分离等缺陷。因此，当用户对产品厚度要求有变化时，不能仅仅依靠涂层厚度来改变产品的厚度，而主要依靠恰当地选用基布的厚度来改变产品的厚度。

经涂覆聚氨酯浆料的基布进入凝固槽。凝固槽中的凝固液是由水与DMF组成的，DMF的含量一般为15%～25%。生产磨皮贝斯时，DMF的含量控制在10%～15%。过高的含量会影响凝固速度，而且造成水中固形物含量增加；浓度过低，不仅增加DMF的回收成本，还使贝斯表面收缩率增大，导致卷边，降低产品质量。在凝固槽内，浆料中的DMF与水发生置换，DMF迅速往水中迁移，而水渗入到料层中的速度则较慢。当涂料层中DMF的浓度下降到一定程度时，溶解的聚氨酯发生凝固，形成多孔的皮膜，在浆料凝固过程中产生一定的收缩，使涂层变薄，且有一定程度的卷边。为防止卷边，一方面要保证凝固槽中的DMF浓度，另一方面在配料时可加入些S-80（表面活性剂），以延迟表面的凝固，增大泡孔。还可以用铁夹子夹住布边和增加张力辊的方法来防止卷边。

凝固槽的温度一般为常温，在冬季可适当加温，但一般不超过40℃，通常控制在25～30℃。过高的温度会使涂层凝固质量下降。涂料层从入水凝固到出凝固槽凝固需要5～10min，具体时间与配方、树脂牌号、水中的DMF浓度及温度等有密切关系。料层在完全凝固前，不能与导辊接触，否则会损伤面层或发生面层与基材分离。

(5) 水洗、烘干、卷取

聚氨酯涂料层在完全凝固后，其泡孔层内仍然残留一定量的DMF，这些DMF必须在水洗槽中强行脱出，如脱除不干净时，烘干后会造成贝斯表面有麻点等缺陷。在工艺控制上要确保最后一个水洗槽内DMF的含量在1%以下，这样就可以保证贝斯中的DMF脱洗干净。为了使DMF的洗出速度加快和减少残留于贝斯中的DMF，水洗槽有时有必要加温操作。实践证明，水洗槽的温度对DMF的洗出速度及贝斯中的DMF残留量影响很大。在水洗过程中，尤其是在水洗槽的后半部分，由于残留在贝斯中的DMF已经很少，因此，贝斯在水中停留的时间对DMF洗净程度的影响远不如挤压次数对其的影响大。因此，在水洗操作中，应十分重视贝斯的挤压次数。

贝斯水洗干净后，为除去水分，需烘干处理。为加快车速，提高生产效率，先预热再进入烘箱。烘箱温度不宜过高，在进口处，因贝斯含有大量的水分，温度可以高些，随着水分的蒸发，在烘箱后部温度可低些。

(6) 生产工艺条件

对于不同的基布、不同的机台，单涂贝斯的生产工艺区别很大，这些都要根据实际验证后才能确定。另外，生产速度、烫平温度、浆料黏度、凝固槽浓度及温度、基布渗透效果、涂料厚度等工艺参数之间相互影响，其中一个参数的变化，其他参数也必须根据实际情况随之变化。单涂贝斯的工艺参数见表 6-3。

表 6-3　　　　　　　　　　单涂贝斯的工艺参数

项　目	工艺参数	说　明
预凝固槽 DMF 浓度/%	0～30	根据基布品种
基布六轮烫平温度/℃	60～120	根据基布品种
涂料厚度/mm	0.80～2.50	根据产品厚度
凝固槽 DMF 浓度/%	10～25	根据不同产品
凝固槽温度	常温	个别产品需加温
水洗槽温度	常温	个别产品需加温
最后一只水洗槽 DMF 浓度/%	<1	—
预热八轮温度/℃	80～150	根据不同产品
烘箱烘干定型温度/℃	140～160	根据不同产品
车速/(m/min)	8～35	根据不同产品

(7) 单涂贝斯常见质量缺陷及解决方法

单涂贝斯常见质量缺陷及解决方法见表 6-4。

表 6-4　　　　　　　　单涂贝斯常见质量缺陷及解决方法

序号	质量缺陷	产生原因	解决方法
1	剥离强度低	起毛布上毛太短 基布浸水后烫干程度不够,偏湿 配方中填料量大 浆料黏度太低	更换起毛布 提高烫平温度或降低车速 补加树脂 补加树脂
2	贝斯卷边	凝固槽 DMF 浓度太低 配方中 S-80 量少 凝固槽张力辊张力不妥	提高凝固槽中 DMF 浓度 增加 S-80 用量 调整张力
3	表面不平整	起毛布起毛不均或起毛太长 涂层太薄 烫平温度太高,浆料透底 水洗不净	更换起毛布 增加涂层厚度 降低烫平温度或提高车速 降低车速,提高水洗温度
4	表面有针孔	浆料脱泡不净 涂料时有空气带入	延长脱泡时间,提高脱泡真空度 注意上料,调整上料方法
5	表面有坑点	基布脱脂差 配方不当 浆料吸水 浆料流平不好	更换基布或在预凝槽加渗透剂 调整配方 加强浆料密封,重新搅料 浆料中补加流平剂并重新搅料

续表

序号	质量缺陷	产生原因	解决方法
6	表面有条纹	凝固不完全	降低车速,降低凝固槽浓度,提高凝固槽温度
		凝固槽内有硬物接触贝斯表面	排水除掉硬物
7	耐折性差	树脂选型不当	选用耐寒性树脂
		填料量太大	降低填料用量

(8) 实用举例

为了更好地了解单涂贝斯的工艺,下面我们举例说明。

例:白色沙发革贝斯 SF1002(某公司编号)的配方和工艺:

现在有一沙发革产品,贴面揉纹后厚度要求 1.0mm 以上,剥离强度必须大于 19.6N/3.0 cm,要求用斜纹布生产。

①SF1002 白色配方　见表 6-5。

表 6-5　　　　　SF1002 白色配方　　　　　单位:kg

材料名称	标准配方	材料名称	标准配方
WS-20	400	轻钙	50
JF-3020	400	BS-90	16
W-3000	200	S-80	6
DMF	1000	白色浆	5
白木粉	350	黏度/Pa·s	5.0~5.5

②基布　选用 0.55 双毛斜纹机织布。

③生产工艺　生产工艺参数见表 6-6。

表 6-6　　　　　生产工艺参数

项目	工艺参数	项目	工艺参数
预凝固槽 DMF 浓度	清水	水洗槽温度	常温
六轮烫平温度/℃	80~90	最后水洗槽 DMF 浓度/%	<1
涂层间隙/mm	160	八轮温度/℃	120
凝固槽 DMF 浓度/%	18~20	烘箱温度/℃	140~155
凝固槽温度	常温	车速/(m/min)	16~20

说明:基布顺毛生产,长毛上料,贝斯烘干后厚度 0.93~0.94mm,定型后幅宽 1.46~1.48m。

6.3.3　含浸法聚氨酯贝斯及其工艺

(1) 含浸贝斯的涂层剂配方 (表 6-7)。

表 6-7　　　　　　　　　　含浸贝斯的涂层剂配方　　　　　　　　　　单位：kg

常用的含浸贝斯配方	鞋面革	鞋里革	常用的含浸贝斯配方	鞋面革	鞋里革
湿法用聚氨酯树脂	100	100	非离子活性剂	1~2	1~2
水	1~5	1~5	消泡剂	0.1~0.5	0.1~0.5
DMF	150~200	180~220	流平剂	0.1~0.3	0.1~0.3
纤维素粉末	5~10	5~10	防黏剂	0~0.5	0~0.5
轻质碳酸钙	0~5	0~10	着色剂	适量	适量
阴离子活性剂	1~2	1~2	黏度/Pa·s	0.2~0.5	0.2~0.3

由于每个生产厂家的设备、原料（树脂、基布）不同，特别是基布的毛效和渗透效果千差万别，很多配方要经过多次实验才能得出一个比较固定的配方，因此即使生产相同的产品，每个涂层生产厂家的配方不一定一样，这个需要每个厂家自我调整完善。

(2) 含浸贝斯的生产工艺流程及操作要点

配料、布基卷出 → 布基处理 → 含浸 → 凝固 → 水洗 → 烫平、预干 → 拉幅定型并干燥 → 冷却 → 背磨 → 卷取半成品 → 后加工处理

① 配料　在配料罐内加入规定用量的 DMF，然后加入水，搅拌均匀，加入表面活性剂、消泡剂、流平剂、防黏剂等，继续搅拌，加入纤维素粉末和轻质碳酸钙等填料，搅拌均匀，加入聚氨酯树脂和着色剂，高速搅拌 30min 左右，取样测浆料的黏度，若不符合工艺要求，则加 DMF 调低黏度或加树脂调高黏度，直到符合工艺要求为止。抽真空脱泡或静置泡消待用。

② 含浸　配好的浆料用 60 目过滤网过滤，用气泵打入含浸槽内，基布放卷（含浸用的基布一般为双面起毛布，顺毛进入生产），经过储存架后先需刷毛处理，经烫中辊加热除去基布中的水分，进入含浸槽内，聚氨酯浆料渗入基布中。

由于基布不断运动，会把空气带入含浸槽内的浆料中，从而产生气泡，浆料中的空气会在贝斯表面生成针孔。为了及时消除这些气泡，可采用下列方法：

a. 在浆料配方中加入消泡剂。

b. 含浸槽内的浆料循环使用。即不断把新鲜无泡的料打入含浸槽，同时从含浸槽上面溢出含有较多气泡的料。溢出的浆料存放在专用的槽内，让其静置消泡一段时间后，重新打入含浸槽使用。也有的厂家采用两只含浸槽，在第二只槽内补充新鲜无泡的浆料，第二只槽内溢出的料再流到第一只槽内。经过第一只槽含浸的基布在进入第二只槽时先经橡胶辊挤压，压出基布的气泡后再进入第二只含浸槽。

基布从含浸槽出来后，用刮刀把多余的浆料刮掉。刮刀的间隙要根据生产的贝斯的厚度要求和起毛布毛的长短来设定和调整。间隙太小容易漏布毛，造成贝斯的厚度表面不平整；间隙太大时，又容易造成贝斯表面两层皮。刮刀后面要装一背刮刀，把基布背面的液体刮去，这种方法会使涂层液能够充分进入基布组织、纱线甚至纤维的内部，与基布结成一体，提高了涂层的黏结强度。

③ 凝固　凝固浴的组成是 DMF 水溶液，浓度为 15%~25%，凝固温度一般为常温，

凝固时间为 5~15min。凝固浴的工艺参数是影响凝固成膜过程的重要因素。

a. 凝固浴中 DMF 浓度：DFM 浓度低，凝固速度快，膜内孔穴大，黏结强度、耐磨强度降低。DMF 浓度高，凝固速度慢，膜内孔穴细微，膜的密度增加，黏结强度、耐磨度提高，膜的硬度提高。

图 6-4 显示了凝固浴内 DMF 浓度与凝固时间的关系。因为膜内的 DMF 不断溶入凝固浴中，使凝固浴中的 DMF 浓度上升，同时水洗槽内的洗水流入凝固浴，又使其 DMF 浓度下降，而其实际浓度则在一定范围内变化。从 DMF 回收系统的效率出发，DMF 浓度高一些会更好。

b. 凝固液温度：凝固浴温度和凝固时间也有密切的关系。温度低，DMF 的扩散速度慢；温度高，则扩散速度快，膜表面很快生成致密层，影响内部 DMF 的均匀扩散，成孔孔径小而不匀，涂膜变薄，效果不理想。较好的处理方法是使凝固浴的温度维持在 20℃ 左右，DMF 的扩散速度依靠表面活性剂来控制。由于水和 DMF 混合时放热，凝固浴的实际温度将高于预先设定的温度。

c. 凝固时间：图 6-5 为凝固时间与膜内 DMF 残留量的关系图，从图中可以看出，在涂膜进入凝固浴的最初 2~3min，膜内 DMF 移向凝固浴的速度是很快的，随后速度逐渐减小。如果以 DMF 残留 30%（最初的 DMF 含量为 100%）作为涂层膜已充分凝固的标志，则可以从图 6-5 求得基布在凝固浴中应有的滞留时间，这个时间落在 DMF 扩散速度由快到慢的转换区域之内，从工艺上衡量这个时间也是合理的。凝固浴温度与 DMF 浸出时间的关系见表 6-8。

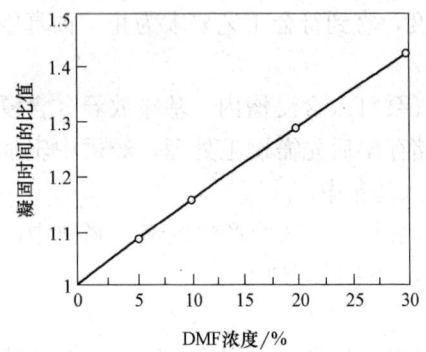

图 6-4 凝固浴中 DMF 浓度与凝固时间的关系

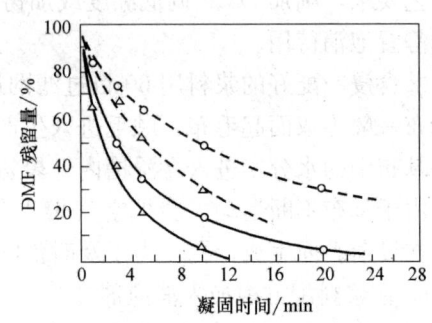

图 6-5 凝固时间与膜内 DMF 残留量之间的关系
—○—20℃ —△—50℃ -○--对最初 DMF -○--对 PU
注：涂层液中的聚氨酯浓度为 15%，涂布厚度为 1mm。

表 6-8　凝固浴温度与 DMF 浸出时间的关系　　单位：min

凝固浴温度/℃	0	20	50
浸出 50%	26	10	6
浸出 70%	—	20	10

④水洗　离开凝固浴的涂层膜已经充分凝固，水洗的作用是清除涂层膜中残留的DMF。为了提高清洗效率，可以用提高水温的方法来解决。务必把DMF萃取干净，但用水应尽量减少（以凝固槽内浓度尽量不变来控制补水量），以节省DMF回收系统的能量消耗。一般控制最后一只水洗槽DMF浓度必须在1%以下。

⑤烫平和预烘干　经过水洗工序的涂层物先进行烫平和预烘干，然后进入拉幅定型热风干燥箱烘干，以避免涂层膜接触热的金属表面。烘干温度一般在150～170℃，具体温度要根据产品厚度、工艺车速等调整，以烘干为原则，温度不能太高，否则易发生变形（厚度减少，膜面收缩）。此外，还要注意涂层膜内残留的DMF量不能超过1%，否则在干燥过程中，水分蒸发，DMF浓度加大，使多孔的涂层膜软化重新溶解，造成孔壁倒塌粘连，涂膜变薄，涂层表面不平，色泽灰暗不匀，手感变硬等缺陷。烘干后的涂层膜含水率在3%左右为宜，含水率太低或太高都会影响后面工序加工的质量。

⑥冷却、背磨　干燥后经冷却、背磨（目的是防止背面与表面粘连），然后卷取，经过中检检验后加工处理。

(3) 含浸法聚氨酯贝斯的生产工艺条件（表6-9）。

表6-9　　　　　　　　　　含浸法聚氨酯贝斯的生产工艺条件

工艺条件	贝斯厚度		
	0.8mm	1.0mm	1.2mm以上
含浸总间隙/mm	1.4	1.6	1.8
基布厚度/mm	0.55	0.65	0.8
烫平轮温度/℃	120	120	120
凝固槽温度/℃	常温	常温	常温
凝固槽DMF浓度/%	20～25	20～25	20～25
水洗槽温度/℃	40～60	40～60	40～60
最后水洗槽DMF含量/%	<1	<1	<1
挤压次数	8～12	8～12	10～14
生产车速/(m/min)	8～12	7～10	5～8

(4) 含浸贝斯质量缺陷及解决方法（表6-10）。

表6-10　　　　　　　　　　含浸贝斯质量缺陷及解决方法

序号	质量缺陷	产生原因	解决方法
1	表面有针孔	消泡剂用量不够	加大消泡剂用量
		消泡剂质量差	更换消泡剂
		浆料脱泡不净	延长脱泡时间，提高脱泡真空度
		浆料黏度太高	调整黏度
		基布内在质量差	更换基布
		含浸槽小、结构不合理	更改含浸槽

续表

序号	质量缺陷	产生原因	解决方法
2	表面粗糙	起毛布上毛太长	更换起毛布
		起毛布逆毛使用	重新卷卷，调头使用
		含浸间隙太小	增大间隙
		配方不合理	重设配方
		临时停车所致	—
3	表面褶纹过大	起毛布上毛长	重剪起毛布，把毛剪短
		非离子活性剂(S-80)用量太大	减少非离子活性剂(S-80)用量
		起毛布起毛不匀	更换起毛布
		起毛布内在质量差	更换起毛布
4	贝斯表面有坑及麻点	树脂中有硬块	更换树脂
		浆料搅拌不匀	延长搅拌时间
		凝固槽DMF浓度太高	补清水降低浓度
		基布质量不好	更换基布
5	贝斯偏软	树脂模量偏低	更换高模量树脂
		非离子表面活性剂(S-80)用量太大	减少其用量
		阴离子表面活性剂(CB-90)用量太小	加大其用量
		起毛布组织结构稀疏	更换基布

(5) 实用举例——鞋里革贝斯（0.8mm）

① 配方　见表6-11。

表6-11　　含浸鞋里革贝斯配方

编号	原辅材料名称		配方质量/kg
1		DMF	1250
2		H_2O	25
3	色浆	RW001	15
		RW103	—
		RW504	—
4	助剂	渗透剂 BS-90	4
5		乳化剂 S-80	4
6		流平剂 ACR	2
7		消泡剂 CF	2

续表

编号	原辅材料名称		配方质量/kg
8	填料	纤维素 MCC	50
9		碳酸钙 $CaCO_3$	25
10	树脂	GW-90H	190
11		GW-240	450
	合计		2017

其中树脂:PU 含量 9.99%,总固含量 13.71%,模量 19MPa。色浆:米色。黏度 210～230mPa·s

② 生产工艺参数　见表 6-12。

表 6-12　　　　　　　　　　生产工艺参数

工艺	项目	参数	项目	参数
凝固	涂头间隙/mm	1.40±0.05	湿 DMF 浓度/%	—
	1#轧车压力/MPa	—	凝固液 DMF 浓度/%	20～24
	2#轧车压力/MPa	—	凝固槽温度	常温
	蒸汽压力/MPa	—	水洗槽温度	常温
	收卷厚度/mm	0.88～0.90	水洗槽 DMF 浓度/%	<1
	收卷门幅/m	1.35±0.02	车速/(m/min)	10～11
拉幅定型	1#轧车压力/MPa	—	车速/(m/min)	10～12
	2#轧车压力/MPa	—	1#段温度/℃	140
	定型前厚度/mm	0.88～0.90	2#段温度/℃	150
	定型后厚度/mm	0.80～0.82	3#段温度/℃	150～160
	定型前门幅/m	1.35±0.02	定量/(g/m²)	—
	定型后门幅/m	1.42	剥离强度/(N/2.5cm)	15

6.3.4 含浸涂刮聚氨酯贝斯及其工艺

含浸涂刮法聚氨酯贝斯通常以起毛布或无纺布为基布,它有两种方式:含浸-预凝固-涂敷法,即基布经过聚氨酯浆料浸渍后入水预凝固,经挤压、烫平,基本干燥后,在正面再涂一层聚氨酯浆料,然后入水再凝固;含浸-涂敷法,即无纺布经过聚氨酯浆料浸渍并刮除多余浸渍液后,直接涂敷聚氨酯浆料,然后进行湿法凝固,此方式加工的产品柔软、弹性好、物性高,可用于制作篮球、足球、运动鞋等。含浸涂刮贝斯表面平整,褶纹细密,真皮感强。含浸涂刮法是将单涂法和含浸法两种工艺很好地结合在一起,含浸涂刮贝斯工艺流程如图 6-6 所示。

(1) 含浸涂刮贝斯配方（表6-13）。

表6-13　含浸涂刮贝斯配方　　　　单位：kg

材料名称	含浸料配方	涂刮料配方
湿法聚氨酯树脂	100	100
DMF	400～700	80～100
木粉	—	20～40
轻钙	—	0～20
活性剂 SB—90	0.5～2.0	0.5～2.0
活性剂 S-80	—	0.5～1.0
着色剂	适量	适量
其他助剂	—	根据需要
黏度/Pa·s	0.1～0.2	5～10

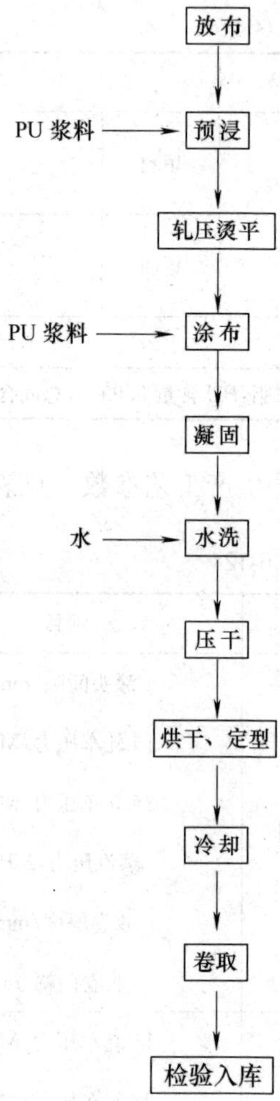

(2) 含浸涂刮法浆料的配制

含浸涂刮贝斯所用的原材料与单涂贝斯和含浸贝斯所用原材料基本相同。从表6-13可以看出，含浸涂刮贝斯配方中，涂刮料的配方与单涂贝斯的配方基本相同，而含浸液的配方黏度要低于单含浸贝斯配方，配方也比较简单，只有树脂、DMF、色料及一种表面活性剂。含浸涂刮贝斯的配料、涂刮料的配制与单涂贝斯的配料相同，含浸料的配制与单含浸配料相同。

(3) 生产工艺操作要点及注意事项

含浸涂刮贝斯含浸液的黏度要尽量低一些，基布的持液率要尽量少，预凝固后，基布的烫干程度相当重要。太湿，涂刮料涂料后，在凝固过程中易产生暗泡或凹点；太干，凝固后则容易产生涂刮料与基材的分层现象和剥离强度不够。另外预凝固的浓度也要控制得当。

其他的工艺操作可以参照单涂贝斯的工艺操作。

(4) 生产工艺条件

含浸涂刮贝斯的生产工艺条件与单涂贝斯的生产工艺条件基本相同，但也要根据实际经验进行调整。

(5) 含浸涂刮贝斯常见质量问题及解决方法

含浸涂刮贝斯在生产中易出现的问题及解决方法可参照单涂贝斯及含浸贝斯。

(6) 实用举例

①水刺无纺布贝斯 SC0703 黑灰（五洲公司编号）的配方和工艺

a. 水刺无纺布贝斯配方：见表6-14。

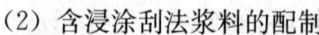

图6-6　含浸涂刮贝斯工艺流程

放布 → 预浸（PU浆料）→ 轧压烫平 → 涂布（PU浆料）→ 凝固 → 水洗（水）→ 压干 → 烘干、定型 → 冷却 → 卷取 → 检验入库

表6-14　　　　　　　　　含浸涂刮配方（水刺无纺布贝斯）　　　　　　　　单位：kg

材料名称	含浸料	涂刮料
WS-20	—	600
WS-50	—	400
W-3000	100	—
木粉	—	400
轻钙	—	200
BS-90	1	20
S-80	—	10
DMF	700	1300
黑色浆	20	20
黏度/Pa·s	约0.1	约7

b. 基布：65g 50/50水刺无纺布。

c. 生产工艺：生产工艺及参数见表6-15。

表6-15　　　　　　　　　　　生产工艺

项目	工艺参数	项目	工艺参数
预凝固槽DMF浓度/%	15～20	水洗槽温度	常温
六轮烫平温度/℃	60～70	最后水洗槽DMF浓度/%	<1
涂层间隙/mm	1.35	八轮温度/℃	80
凝固槽DMF浓度/%	18～20	烘箱温度/℃	140～150
凝固槽温度	常温	车速/(m/min)	22～24

注：贝斯收卷厚度0.72～0.74mm，幅宽控制1.46～1.47m。

②运动鞋用1.4mm、12h耐水解高剥离合成革

a. 高剥离合成革浆料配方：见表6-16。

表6-16　　　　　　　　　　高剥离合成革浆料配方　　　　　　　　　　　单位：kg

材料名称	含浸料	涂刮料	备注
浸渍树脂	100	—	聚酯型树脂,100%MD 5MPa,固含量30%
涂敷树脂	—	100	聚酯型树脂,100%MD 9MPa,固含量35%
填充	—	15	—
凝固促进剂	1	1	—
流平剂	—	1	—
拔水剂	1	0.7	—
提高撕裂助剂	1	—	—
DMF	400	80	—
黑色浆	5	5	—

b. 基布：无纺布，230g/m², 厚度 1.0mm，100%PET。

c. 生产工艺：生产工艺及参数见表 6-17。

表 6-17　　　　　　　　　　　生产工艺

项　目	工艺参数	项　目	工艺参数
预凝固槽 DMF 浓度/%	15～20	水洗槽温度	常温
六轮烫平温度/℃	60～80	最后水洗槽 DMF 浓度/%	≤0.3
涂层间隙/mm	1.95	八轮温度/℃	80～100
凝固槽 DMF 浓度/%	18～22	烘箱温度/℃	120～150
凝固槽温度	常温	车速/(m/min)	10～15

注：基布收卷厚度 1.4mm，剥离强度＞35N/cm，撕裂强度＞59N，12h 10%NaOH 水解后剥离强度＞30N/cm。

③运动鞋用 1.4mm 高密度合成革

a. 高密度合成革浆料配方：见表 6-18。

表 6-18　　　　　高密度合成革浆料配方　　　　　　　　　　单位：kg

材料名称	含浸料	涂刮料	备注
浸渍树脂	100	—	醚酯共聚型树脂,100%MD 3MPa,固含量 30%
涂敷树脂	—	100	醚酯共聚型树脂,100%MD 5MPa,固含量 35%
凝固促进剂	—	1	—
流平剂	1	1	—
DMF	200	50	—
黑色浆	5	5	—

b. 基布：无纺布，250g/m²，厚度 1.0mm，PA6/PET＝70/30（含涤纶收缩棉），经 3%PVA 浸渍后烫平。

c. 生产工艺：生产工艺及参数见表 6-19。

表 6-19　　　　　　　　　　　生产工艺

项　目	工艺参数	项　目	工艺参数
涂层间隙/mm	1.90	最后水洗槽 DMF 浓度/%	≤0.3
凝固槽 DMF 浓度/%	28～32	八轮温度/℃	80～100
凝固槽温度	常温	烘箱温度/℃	120～150
前段水洗槽温度	常温	车速/(m/min)	6～8
后段水洗槽温度/℃	83～87		

注：基布收卷厚度 1.4mm，剥离强度＞35N/cm，撕裂强度＞59N，24h 10%NaOH 水解后剥离强度＞30N/cm。

6.3.5 湿法聚氨酯合成革生产的主要设备

根据其工艺流程，湿法聚氨酯合成革生产的设备包括放卷架、储布架、含浸槽、预凝固槽、烫平辊、涂布机、凝固槽、水洗槽、烘箱、冷却辊、卷取装置等，当然还包括配料用的搅拌机、真空泵等。其中放卷架、储布架、涂布机、烘箱、冷却辊、烫平辊、卷取装置等与前面介绍的干法及PVC转移涂层设备相同，这里就不再说明。现主要说一下含浸槽及凝固槽。

（1）含浸槽

现在的含浸槽外观一般为长方体结构，采用不锈钢材料制造，内装上、下两排导辊，如图6-7所示。基布入槽后，在上下两排辊间运动，与聚氨酯混合液充分接触。一般而言，含浸槽体积大，有利于基布更充分地浸渍聚氨酯混合液。

（2）凝固槽

凝固槽在湿法凝固涂层中是相当重要的设备。凝固槽主要有立式和卧式两种，现在大多为卧式。卧式凝固槽内有的装有3排导轨，也有5排、7排导辊，基布在槽内成S形折回返出。卧式凝固槽长度一般为20～25m，流程长度一般在70～110m。凝固槽用不锈钢制造，外面用槽钢加强，基布入槽处的辊筒、出口处的挤压辊以及中间的折返辊都是主动辊，其余为被动导辊。整个凝固槽的张力靠调节主动辊速度来调节。3排导辊的凝固槽示意图如图6-8所示。

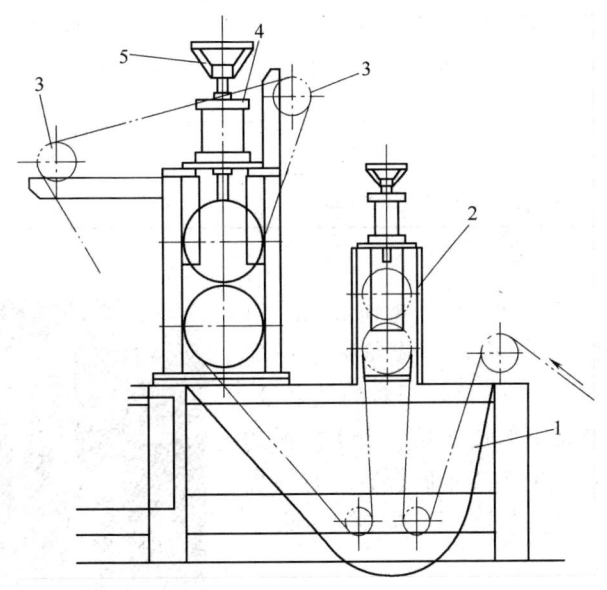

图6-7 含浸槽示意图
1—含浸槽 2—挤压辊 3—导轮 4—气缸 5—间隙调整手轮

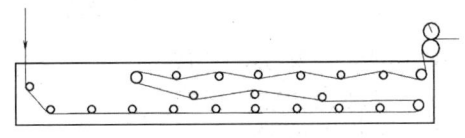

图6-8 3排导辊的凝固槽示意图

（3）湿法合成革生产设备的变化过程

湿法合成革的生产设备经过三个阶段的改进提升，其生产效率大幅提高，综合能耗大幅降低。表6-20为湿法合成革生产设备的变化过程，新的湿式PU革生产设备如图6-9所示。

表 6-20　　湿法合成革生产设备的变化过程

序号	各项功能	1980 年	2004 年	2009 年
1	机械型	凝固槽 3 层 水洗槽 6 层 立式烘箱 20m	凝固槽 5 层 水洗槽 14 层 卧式烘箱 30m	凝固槽 5~7 层 水洗槽 16 层 卧式烘箱 35m
2	生产速度/(m/min)	4	25	32
3	耗电量/(kW/h)	68	130	115
4	耗热量/($\times 10^5$ kcal/h)	60	120	热油 90 蒸汽 70
5	排风量/(m³/min)	440	954	544
6	内循环/(m³/min)	786	2352	4620

注：1kcal=4.184kJ。

由 1990 年发展到 2004 年，短短 15 年内，合成革的生产速度提高 3~4 倍，相对的耗电量、耗热量只增长 2 倍。由于机械的改良及生产技术的提升，直接提高了生产效率，间接降低了能耗。

2005 年后，随着节能、环保意识的增强，合成革设备的设计理念和方法发生了很大的变化，如烘箱隔热材料的变化、加工过程的改变、热交换器分层的设计以及送风排风的交替变化、风管结构的改变、自动化功能的提升等，大大提高了生产效率，降低了能耗。

图 6-9　湿式 PU 革生产设备

复习思考题

1. 试比较干法和湿法合成革制造工艺上的差异。
2. 试比较干法和湿法合成革贝斯性能上的差异。
3. 简述湿法涂层工艺中的主要原料和辅料及其功能。
4. 简述湿法制备的合成革贝斯指形结构的形成机理。
5. 分析表明活性剂在湿法涂层工艺中主要作用。

6. 湿法工艺中关键的工艺参数有哪些？如何控制？
7. 简述凝固液中 DMF 的浓度对凝固过程和成革的性能影响。
8. 基布为何要进行预处理？需经过哪些预处理？
9. 简述水洗的目的及其工艺要点。
10. 分析含浸贝斯的质量缺陷及解决方法。

第七章　超细纤维合成革制造工艺

　　超细纤维通常指纤度 0.033tex（直径 5μm）以下的纤维，它是一种具有无限潜在使用性能的新材料。利用不同技术和方法，可制造出不同纤度、种类及用途的超细纤维，其制造方法有海岛法、直接纺丝法、复合分割法等。

　　超细纤维合成革是基于溶离海岛型超细纤维发展起来的一种复合材料，由超细纤维和聚氨酯两部分构成：超细纤维三维交联在一起，起到骨架和支撑作用，形成类似于真皮胶原纤维的结构；分布在纤维四周的聚氨酯，使整个合成革基布形成一个整体，它在革体中不是简单的填充，而是具有许多圆形的、针形的发泡结构，其间的发泡结构交错连通，形成微细的通透立体网络，如图 7-1 所示。

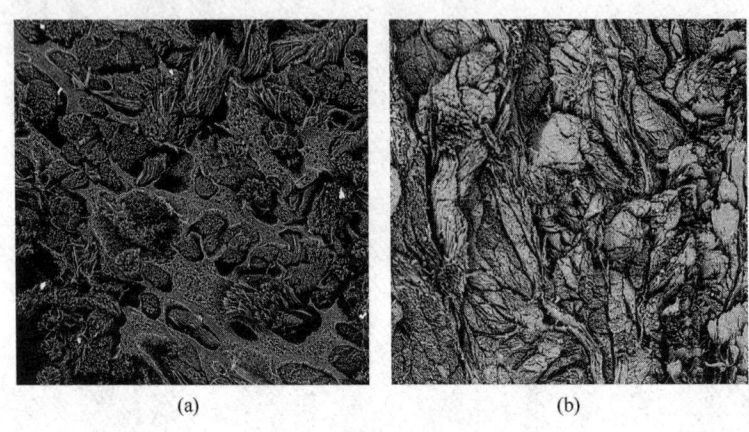

图 7-1　超纤基布与真皮截面对比
(a) 超纤基布截面　(b) 真皮截面

　　海岛型超细纤维合成革按纺丝方式可分为共混纺丝和复合纺丝两种。共混纺丝是将两种或两种以上不相容的聚合物切片或熔体混合进行熔融纺丝，纺制的纤维称为不定岛型超细纤维；复合纺丝是使用两种或两种以上不同化学结构或性能的成纤高聚物熔体，分别通过各自的熔体管道，再经由多块分配板组合而成的复合组件进行分配，汇合于喷丝板处，形成复合熔体流，从同一喷丝孔中喷出，使成纤高聚物大分子沿纤维轴向排列成预先设计的纤维截面形状，纺制得到的纤维称为定岛型超细纤维。

　　海岛型超细纤维合成革按减量方式可分为苯减量和碱减量。苯减量是对 PA6/PE 型纤维使用甲苯做溶剂，将纤维中的 PE 溶解、洗出而开纤成为超细纤维；碱减量是对 PA6/PET 型纤维在碱液中将 PET 水解、洗出而开纤成为超细纤维。图 7-2 是超细纤维合成革的制造工艺流程图。

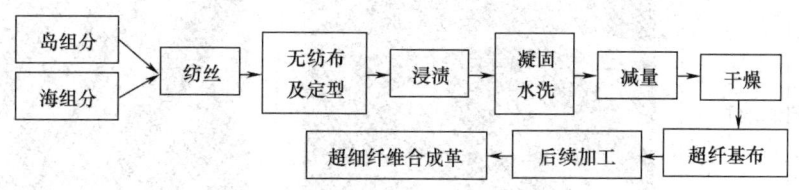

图 7-2　超细纤维合成革制造工艺流程图

7.1　海岛纤维的制备

海岛型纤维是采用两种或两种以上不相容的聚合物进行复合纺丝或混合纺丝制造的异形纤维。作为分散相的聚合物以维系纤维的形式分散于另一种连续相的聚合物中，当把连续相去除后，就得到由分散相形成的超细纤维；若把分散相去除，则得到中空藕状纤维。早期海岛纤维合成革保留连续相，称为藕状纤维合成革；随着科技的发展及人们要求的提高，开发了保留分散相的超细纤维合成革。根据其使用的原纤维结构分为海岛型不定岛或定岛超细纤维合成革。海岛共混纤维与复合纤维对比见表 7-1。

表 7-1　海岛共混纤维与复合纤维对比

纤维类型	海岛共混纤维	海岛复合纤维
纤维制作示意图		
海岛纤维截面图		

续表

纤维类型	海岛共混纤维	海岛复合纤维
减量后的超细纤维		
海岛纤维形成方式	靠共混组分黏度等性质形成海岛纤维，对设备依赖程度低	由纺丝设备复合成海岛纤维，对设备依赖程度高
超细纤维形态	长短、位置随机的超细纤维，形态不可控	单纤维型超细纤维，形态可控
超细纤维横截面的一致性	粗细不一	粗细均一
用途	只能加工成短纤维	广泛，可以加工长丝、短纤维，因此可以做织布或无纺布

7.1.1 不定岛型海岛纤维的制备

（1）不定岛型海岛纤维的成纤机理

图7-3为共混海岛纤维加工示意图。在一定条件下把两种（或两种以上）不相容的高聚物共混、熔融，其中岛组分的高聚物（分散相、微纤）以微小液滴分布在海组分的高聚物（连续相、基质）中，当受到径向拉伸作用时，分散相液滴受力形变为微纤维，冷却定型后形成岛组分聚合物，以维系短纤维的形式分散于另一种海组分聚合物中的纤维结构，即海岛纤维，也称基体-微纤型共混纤维。

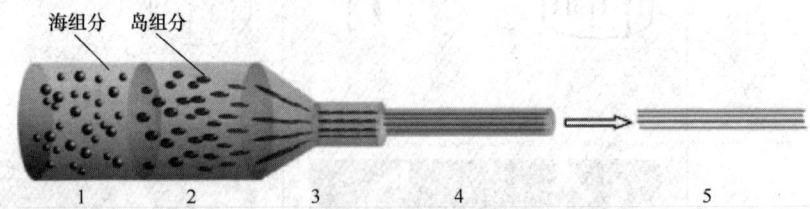

图7-3 共混海岛纤维加工示意图
1—岛组分以液滴形式分散在海组分中 2、3—岛组分液滴变为椭球体
4—经拉伸形成共混海岛纤维 5—去除海组分的超细纤维

图7-4是基质-微纤型共混纤维的截面图，由图可以看出纤维的长短、位置是随机的，微纤的细度不一。

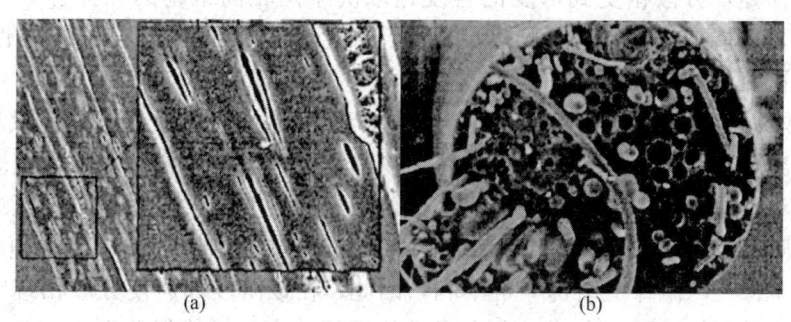

图 7-4 基体-微纤型共混纤维截面图
(a) 纵截面 (b) 横截面

共混熔体中的聚合物颗粒（分散相）必须发生径向拉伸形变并且保持形变后的形状，才能在共混挤出物中呈现微纤状结构。早期 Taylor 就已经提出了牛顿体系在剪切作用下分散相在基体中的形变机理，认为液滴在加工过程中发生的形变主要受到了共混组分黏度比和毛细管数的影响，其中毛细管数可以被理解为黏性力和组分间界面张力的竞争关系，黏性力迫使液滴变形，而界面张力保持液滴平衡。

Cox 把这个基础理论推广到拉伸流场，发现这个理论在拉伸流场中的应用更加有效，并且此理论在 Grace 的拉伸实验中已定性地得到证实。虽然熔体所受剪切速率的大幅度改变也可以使熔体微滴发生形变，从而被拉伸成为细长条状，但拉伸流动比剪切流动在使液滴微纤化方面的作用更有效。

微纤的形成分为共混、纺丝两个主要阶段。在共混阶段，共混物通过螺杆挤出机的熔融混合作用，形成非相容的均匀混合熔体，根据共混物的混合比例、混合组分的熔融黏度形成分散相和连续相，如图 7-5 中混合区；在纺丝阶段，完成"滴-纤"转变，并固化为海岛纤维。

纺丝阶段又可分为三个阶段：

第一阶段：即熔体在喷丝头入孔区产生入口拉伸。喷丝头入孔区为锥形，熔体从进入喇叭口到流出锥形底部，流动区的横截面逐渐减小，使熔体速度逐渐增大。由于黏度对剪切速率的依赖关系，纵向速度梯度使得分散相颗粒产生形变，如图 7-5 中入孔区，在该阶段影响分散相形变的因素是入口区的半径及入口角等。

第二阶段：熔体喷丝孔道中流动阶段，如图 7-5 中孔流区，在剪切应力作用下，分散相受到剪切形变

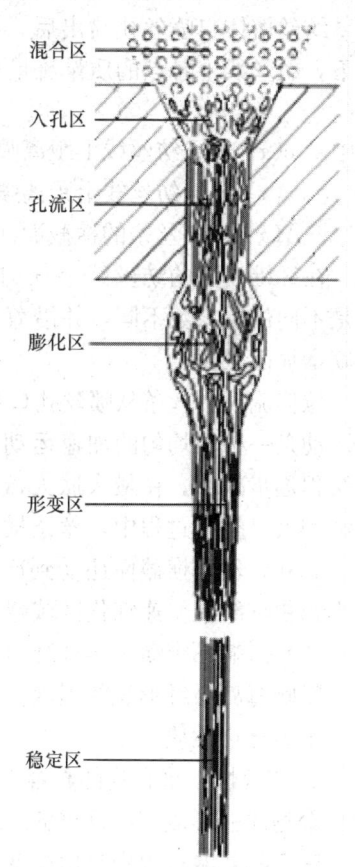

图 7-5 微纤成型机理示意图

形成原纤,但是,分散相受到形变的程度还取决于两相高聚物的黏弹性,只有在一定的黏弹比下,才能形成一定连续长度的超细纤维。分散相形变程度的决定性因素是剪切应力以及两相熔体的黏度比。

第三阶段:熔体出喷丝孔后的阶段,见图 7-5 中膨化区和形变区,是形成超细纤维的主要阶段。当熔体流出喷丝孔时,由于高聚物的黏弹性而发生松弛,宏观上表现为出口胀大现象,对于不相容高聚物的共混熔体,该现象尤为明显,提高挤出温度或减小挤出速度,可以减轻胀大现象。熔体细流中弹性较高的分散相有恢复成球状的倾向,这对可纺性和形成基体——微纤型结构非常不利,因此,在该阶段如何使分散相继续保持住微纤状形态至关重要。为了使在喷丝孔中形成的原纤状态尽可能保持下来,必须使细流骤冷、冻结,不发生松弛,或在保证可纺性良好的条件下,借助于卷绕张力,进行喷丝头拉伸。在喷丝头拉伸的作用下,熔体细流拉长变细的同时,原有的原纤继续受到形变,变得更细更长,原来没有形变或形变不大的分散相也受到形变成为微纤,并随之冷却固化(图 7-5 中稳定区的基体——微纤型纤维)。

共混高聚物熔融纺丝中分散相形成超细纤维的机理主要为:在喷丝孔入口区受到喷头拉伸;在喷丝孔孔道中,大尺寸的分散相颗粒在法向应力作用下向管壁径向迁移,以及在剪切应力作用下受到剪切形变;出喷丝孔后,熔体受到喷头拉伸而产生轴向形变,使得原纤的成型得到进一步的发展和完善。

纺丝熔体自喷丝孔喷出后,在轴向速度梯度场中被逐渐拉伸变细。在稳定的纺丝条件下,纺丝线上各点的质量流量相等,满足公式:

$$\rho(x)v(x)A(x) = 常数$$

式中 $\rho(x)$ ——纺丝线上距离喷丝板 x 处熔体的密度;

$v(x)$ ——纺丝线上距离喷丝板 x 处熔体的速度;

$A(x)$ ——丝条的横截面面积。

在纤维成型的纺丝线上任何一点的运动速度、温度、组成和应力都不随时间变化,但是不同位置参数不同,并沿着纺丝线呈现连续变化,丝线横截面随着纺丝速度和熔体密度增加而减少。

拉伸流动中丝条从喷丝孔口处的流动速度 v_0 逐渐变化为卷绕速度 v_L,该过程中丝条的运动是一种不均匀的加速运动。丝条在距离喷丝孔不超过 10mm 的区间内,流动速度沿纺程逐步减小,在最大胀大截面处变为零;随后,丝条的速度在拉伸引力下沿着纺程逐渐增大。整个过程中,丝条横截面经过膨胀区后逐渐变细,到达稳定区后形成初级纤维。此外,丝条横截面还受到冷却温度的影响,冷却风的速度越高,纺丝线上丝条面积减小越快,纤维快速细化区域越短。

(2) 影响不定岛海岛纤维形态结构的关键因素

影响海岛微纤形貌的因素很多,可以从聚合物性质和加工条件进行分类归纳。

① 聚合物性质

a. 相容性:聚合物的相容性是判断形成超细纤维的依据,只有部分相容及完全非相容高聚物才能形成超细纤维的海-岛结构。

聚合物共混过程中自由能变化 ΔG 可以采用溶液混合的热力学方程表示:

$$\Delta G = \Delta H - T\Delta S$$

式中 ΔH——体系焓的变化；

ΔS——混合后熵的变化；

T——体系的温度。

如果 $\Delta G < 0$，则混合组分是相容的，反之则是不相容。实际上，一般高分子的相对分子质量都相当大，所以两种聚合物共混时，体系的熵变是很小的，因此相容性主要取决于共混过程的焓变。如果焓变为负，则体系可能相容；如果焓变为正，且变化值小于 $T|\Delta S|$，则体系可能相容，其余情况体系均不相容，将形成非均相体系。

b. 黏流活化能 ΔE_η：黏流活化能反映材料流动的难易程度，同时也能反映材料黏度变化的温度敏感性。黏流活化能越大，材料熔体的黏度受温度依赖性较大，反之，材料的黏度受温度依赖性较小。同时，黏流活化能还和剪切速率有关，不同的剪切速率下黏流活化能不同。在温度 $T > T_g + 100\ \text{℃}$ 时，聚合物熔体黏度与温度之间满足 Arrhenius 公式：

$$\eta_a = A e^{\frac{\Delta E_\eta}{RT}}$$

式中 η_a——表观剪切黏度；

A——经验常数；

R——摩尔气体常数 $[8.314\text{J}/(\text{K}\cdot\text{mol})]$；

T——热力学温度；

ΔE_η——黏流活化能。

将上面公式取对数后，得到

$$\ln\eta_a = \ln A + \frac{\Delta E_\eta}{R}\frac{1}{T}$$

该关系式是以 $\frac{1}{T}$ 为自变量，$\ln\eta_a$ 为因变量的线性方程，直线斜率是 $\frac{\Delta E_\eta}{R}$，即可得到在一定纺丝速度下，不同温度下的剪切黏度 η_a。

②加工条件 在高分子共混物的制备过程中，分散相的尺寸和形状主要受到高聚物黏度比和组分比影响。基本规律为：含量高的易形成连续相，含量低的易形成分散相；溶体黏度较高者易构成岛相，较小者构成海相。根据经验，体积分数（φ）高而黏度（η）低的组分构成连续相。如果某个组分的体积分数和黏度都高，则相形态取决于 η/φ 值的大小，一般 η/φ 值小的组分为连续相。根据焦德哈莫等提出的模型，当以下公式成立时，不相容聚合物共混物将发生相反转：

$$\frac{\eta_d}{\varphi_d} = \frac{\eta_m}{\varphi_m}$$

式中 η_d、η_m——分散相和连续相的黏度；

φ_d、φ_m——分散相和连续相的体积分数。

此外，海岛纤维中微纤的直径及分布等因素还受到剪切速度、纺丝温度、融化温度及纺丝速度等因素的影响。为了制备出符合市场需求的海岛纤维必须对这些因素进行详细的分析。

a. 两组分的熔体黏度比：在流场中基体产生使液滴形变的黏性应力和形变液滴内的应力都与黏度有关，所以液滴的形变受两相黏度比的影响。组分黏度比 λ 定义为：

$$\lambda = \frac{\eta_d}{\eta_m}$$

式中　η_d——分散相（液滴）黏度；
　　　η_m——连续相熔体黏度。

在剪切流场中，λ接近1的体系，液滴容易发生破裂；而λ很小的体系，液滴比较容易被拉长，但不太容易破裂。对于较大的体系（λ＞4），液滴只能形变，无法破裂。λ＜1的体系中，球形液滴在剪切流场中会出现瞬态的增宽现象，形成椭圆形的片状结构。

对两种不同黏度的LDPE（1I50A和1I60A，熔体质量流动速率分别为50g/10min和60g/10min）与PA6以PA6/LDPE＝65/35的混合比共混纺丝的超细纤维形貌进行对比，如图7-6所示。结果显示，两种LDPE都可以顺利制备出超细纤维，但是低黏度的1I60A比高黏度的1I50A得到的PA6/LDPE超细纤维均匀性更好，岛径更小。黏度对于制作超细纤维影响比较大，需要合理优选黏度比。

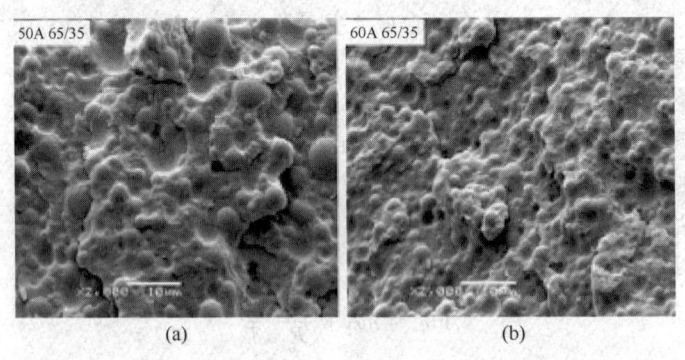

图7-6　PA6与不同黏度LDPE混合的纺丝形态对比图
(a) 1I50A　(b) 1I60A

b. 两组分的混合比：在纺丝过程中，混合物组分比主要影响液滴分裂和聚并的过程。连续相或分散相的组分比理论临界值为：当两相共混体系中的某一组分含量大于74％（体积分数）时，这一组分就不再可能构成分散相，而将成为连续相。同样，当某一组分含量小于26％时，这一组分就不再可能构成连续相，而只会构成分散相。当组分含量为26％～74％时，是分散相还是连续相，取决于组分比和熔体黏度比。

图7-7为共混物PA6/LDPE/PE-g-MAH不同混合比（质量分数）的纺丝分布形态图。从图中可以看出，PA6质量分数低于65％时，PA6/LDPE/PE-g-MAH共混物表现为典型的两相结构，LDPE为连续相，PA6为分散相。随着分散相PA6含量增加，分散相的尺寸增大，当共混物中PA6的质量分数增至65％时，共混物的相结构不再呈现出典型的两相结构，而是双连续相结构。

利用扫描电镜观察PP与EHDPET不同混合比（体积分数）的共混纤维经碱水解处理后的相转变现象，如图7-8所示。这组照片形象地展示共混体系体积比影响相形态的转变过程。PP体积分数小于65％，PP为岛相，共混纤维水解后成PP微纤，如图7-8（a）～（d）所示；PP体积分数大于70％，PP为海相，共混纤维水解后，EHDPET

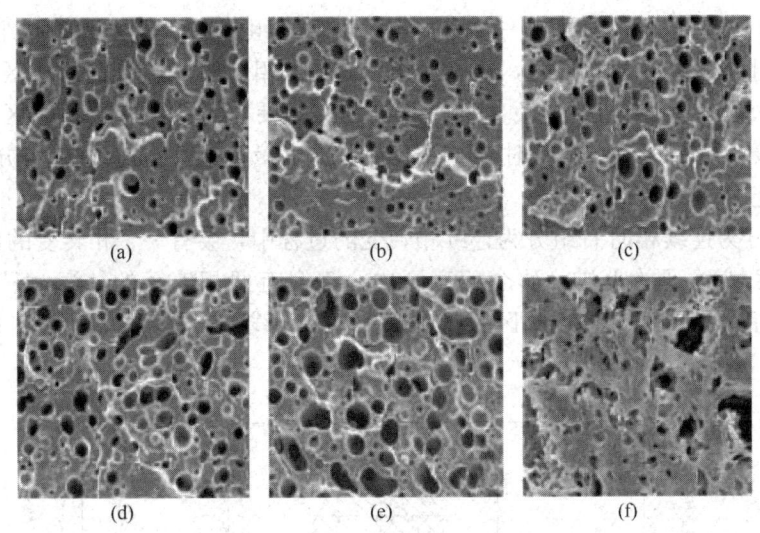

图 7-7　PA6/LDPE/PE-g-MAH 不同混合比（质量分数）的纺丝分布形态图
(a) 30/67/3　(b) 40/57/3　(c) 50/47/3
(d) 55/42/3　(e) 60/37/3　(f) 65/32/3

溶出，留下许多孔洞，如图 7-8（g）和（h）所示；PP 体积分数为 65%～70%时，共混纤维处于相逆转状态，水解后共混纤维中微纤结构和孔状结构并存，如图 7-8（e）和（f）所示。

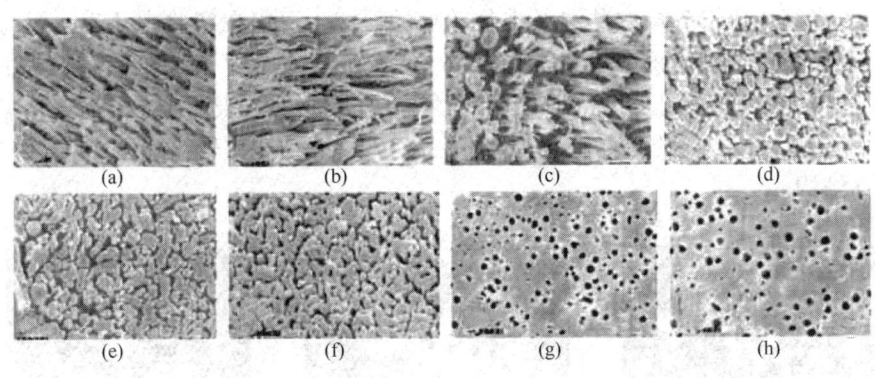

图 7-8　PP 与 EHDPET 不同混合比（体积分数）共混纤维相形态变化对比图
(a) 20/80　(b) 30/70　(c) 50/50　(d) 60/40
(e) 65/35　(f) 70/30　(g) 75/25　(h) 80/20
注：(a)～(d) 微纤　(e)～(f) 相逆转　(g)～(h) 微孔。

在形成稳定海岛结构的基础上，混合比例主要影响分散相的数目与尺寸。一般情况下，适度增加分散相的含量，有利于增加微纤的数量，形成有效长度的超细纤维。不同材料构成的高聚物共混体系中，最优组分比不同，例如，用 PA6/LDPE 生产海岛纤维时，一般将 PA6 含量控制在 45%～55%。

共混组分的熔体黏度比和组成比对共混物形态结构的综合影响如图 7-9 所示。在某一组分含量大于74%时，这一组分一般是连续相，如A组分在A-1区域或B组分在B-1区域；当某一组分含量小于26%时，这一组分多为分散相，如B组分在A-1区或A组分在B-1区。某一组分含量为26%～74%时，根据"软包硬"的规律，在A-2区域，当A组分的熔体黏度小于B组分的黏度时，尽管B组分的含量接近甚至超过A组分，A组分仍然可以成为连续相，在B-2区域，也有类似的性质。

从A组分为连续相向B组分为连续相转变的过程中，会有一个相转变的区间（图7-9中斜线阴影区域）。理论上讲，这个相变区内，都会有两相连续的"海-海"结构出现。但是，在A组分与B组分接近的区域（图7-9中双斜线覆盖的部分），更容易出现"海-海"结构。

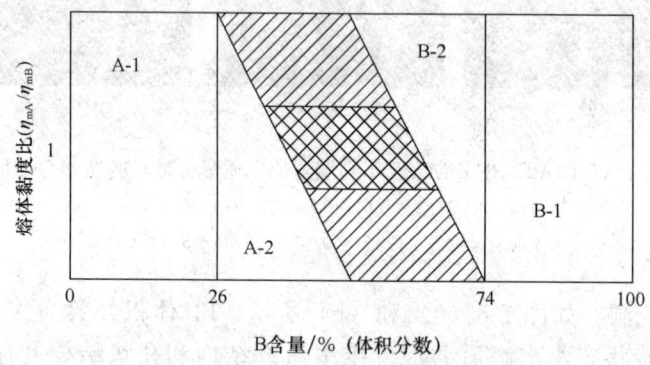

图7-9　共混组分的熔体黏度比和组成比对共混物形态结构的影响

通过对高组成比组分构成共混纤维分散相的研究，可以在实验中证实，海岛纤维岛生成主要受到黏度比和体积比的共同影响，如图7-10所示。从图中可以看到，生成的共混纤维是海岛结构，孔洞是PA6被甲酸溶解后所形成的，表明PA6是岛，$\eta_m(PA6)/\eta_m(PE)$比值越大，PA6的岛直径越大。图7-10（c）因黏度比较小，已成为AinBinA的互为海-岛结构。

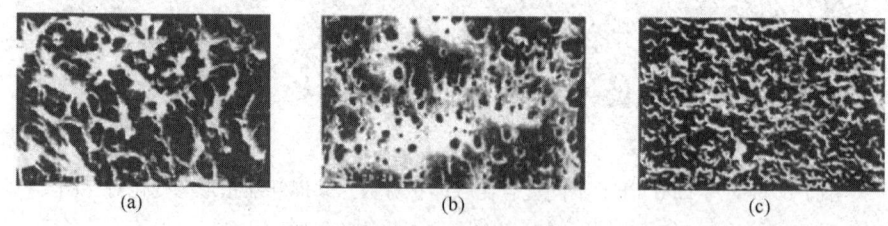

图7-10　PA6与PE不同熔体黏度比的纺丝形态结构图
(a) $\eta_m(PA6)/\eta_m(PE)=6.15$　(b) $\eta_m(PA6)/\eta_m(PE)=5.14$　(c) $\eta_m(PA6)/\eta_m(PE)=2.67$

c. 剪切速度：剪切速度影响聚合物的黏度以及海岛纤维分散相的颗粒尺寸，可以通过调整剪切速度来改变海岛纤维的相结构。

熔融状态下的共混高聚物，属于非牛顿流体，在温度保持不变的情况下，共混组分的熔体黏度比随着剪切速度（或剪切应力）增大而下降，具有典型的"剪切变稀"行为。

分散相颗粒尺寸与剪切速度成反比，根据 Wu 利用 Taylor 关于微滴变形和破裂的理论研究得出，分散相粒子平均半径 R_{ave} 与共混物结构和性能参数的关系，该表达式认可度最高，表达式为：

$$R_{ave} = \frac{\sigma \lambda^{\pm 0.84}}{2 v \eta_m}$$

式中　R_{ave}——分散相颗粒平均半径；
　　　σ——两相界面张力；
　　　v——剪切速度；
　　　λ——组分黏度比；$\lambda > 1$，公式取"＋"；$\lambda < 1$，公式取"－"，
　　　η_m——连续相熔体黏度。

$$\tau = v \eta_m$$

式中　τ——剪切应力。

剪切速度增大，表面张力下降，连续相的黏度增大（或分散相黏度减少），均可降低分散相的岛径。为获得长径比大的分散相，需要满足以下条件：两界面具有较小的张力；两相的黏度差较小；适宜的喷丝板设计及纺丝条件。

d. 纺丝温度：熔体温度影响共混物的黏度，从而影响着初生纤维的结晶度和晶态的形成。一方面是因为熔体温度高，凝固时间和结晶时间长，所以结晶度高；而另一方面，则因熔体温度高，在丝流细化过程中，纺线上凝固点位置下移，熔体的轴向速度梯度减小，大分子热松弛取向的时间长，因此取向结晶减少。

较高的纺丝温度可以改善熔体通过喷丝孔的流变性能，提高可纺性。但温度过高，会使熔体黏度降低甚至热分解，造成相对分子质量降低，使组件压力降低或出现波动，微纤不均率增大，毛丝及断头增多，可纺性下降。在玻璃化温度 T_g 以上且不损伤纤维的温度时，拉伸过程才能正常进行。可通过热-重分析的 TG 曲线来测试混合物的温度曲线，继而协调混合物的温度曲线，最终确定最优的纺丝温度。根据生产经验，纺丝温度可以比熔融温度（T_m）高 20~40℃。

图 7-11 是 PA6/LDPE 在三种不同的工艺温度下得到的纤维 SEM 截面图。纺丝工艺温度是指螺杆的进料区、计量区、混合区、接头（螺杆与喷丝组件的连接部）、喷板组件 5 个区域的温度。在三种方式工艺温度下，都可以得到较好的可纺性，但是第二种情况下，纺丝效果最好。

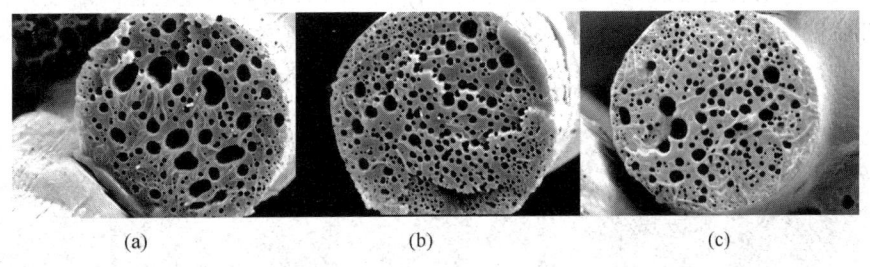

图 7-11　不同温度的纺丝形态分布图
(a) 222、244、260、265、265℃　(b) 222、254、270、275、275℃　(c) 232、258、274、278、278℃

e. 纺丝速度：卷绕速度是纤维成型过程中的重要参数，对纤维聚集态结构以及力学性能影响很大。在喷丝孔流速不变的情况下，增加卷绕速度，改变了喷丝头的拉伸倍率，提高了喷丝头预拉伸倍率 SDR，纤维拉伸过程中卷绕速度 v_L (m/min) 与喷丝孔口处的熔体流动速度 v_O (m/min) 之比，即 $SDR = v_L/v_O$。

喷丝头拉伸比公式：

$$SDR \approx (d/d_1)^2$$

式中　d_1——单根卷绕丝直径，mm；
　　　d——喷丝孔直径，mm。

利用纺丝熔体平均流出速度与喷丝孔速度之间关系，$v_O = \dfrac{Q}{n\pi(d/2)^2} = \dfrac{Vv}{n\pi(d/2)^2}$，可以得到喷丝头拉伸比：

$$SDR = v_L \dfrac{n\pi(d/2)^2}{Q}$$

式中　Q——纺丝熔体的平均流出流速，m³/min；
　　　n——喷丝板孔数；
　　　d——喷丝孔直径，m；
　　　V——计量泵转一次输出的体积，m³/r；
　　　v——计量泵转速，r/min。

随着纺丝速度的提高，熔体的喷头拉伸比逐步增大，这意味着纺程上的各级张力相应增加，在纺程上拉伸流动的应力也相应提高。随着泵供量的增加，喷头拉伸比逐步减小。泵供量越小，纺丝速度越高时，喷头拉伸比越大，纤维越细。调整泵供量和纺丝速度都可以实现纤维纤度的控制。当纺丝体系的卷绕速度不能调整时，可以通过调整泵供量来实现纤维纤度的控制。当计量泵供应量超出其上下限时，可能会导致纺丝熔体不稳定流动，故一般 SDR 控制在 50~200。

纺丝速度对共混纤维中分散相梯度分布影响的实验结果如图 7-12 所示。图中的实验参数为：PA6/LDPE=45/55，PA6 相对黏度 2.9，LDPE 熔体质量流动速率 50g/10min。从实验结果可以看出，共混纤维中分散相的梯度分布主要是在纤维成型的拉伸过程中形成的，与出喷丝孔之前的剪切作用无关。拉伸作用越大，分散相的梯度分布越明显，纤维径向从中心到表层的梯度分布也越来越明显，说明提高纺丝速度可以促进分散相的梯度分布；当纺丝速度达到 1100 m/min 时，基体相 LDPE 出现明显的轴向断裂，代表分散相的"孔洞"之间因为基体相的消失而出现明显的贯通现象，使两个或多个 PA6 分散相融合为"8"字形的结构，说明过高的纺丝速度会导致分散相径向融合。

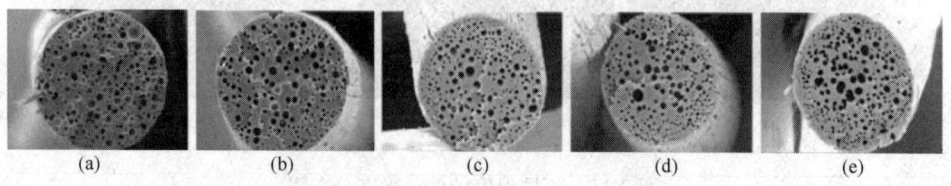

图 7-12　不同纺丝速度下纤维的形态分布图
(a) 0m/min　(b) 37m/min　(c) 500m/min　(d) 850m/min　(e) 1100m/min

f. 相容剂：为了有效地制备海岛纤维，使用的聚合物都是不相容的，两相界面的相互作用非常弱，减少了两组分分子间的相互作用，有利于分散相在熔体中滑移、取向。但组分间的不相容不利于有效的传递应力，影响分散相的均匀度。为了改善高聚物的性能，引入相容剂，也称之为增容剂。

相容剂对高聚物的影响包括：改善分散相分布状态；提高体系黏度；使相分离变差，残留量增加；降低可纺性，增加纤维剥离的难度。在满足实际生产要求下，适当加入一定量的相容剂，用于改善分散相颗粒尺寸和均匀度。

在 PA6/PE 共混的聚合物中添加 PO-g-MAH 相容剂，可以观察相容剂对超细纤维结构形态的影响，如图 7-13 所示。相容剂从零开始依次增加 1%，从结果可以看出，添加适量的相容剂可增强共混组成物间的亲和性，改善纺丝过程的可纺性；随着相容剂添加量的增加，共混纤维中分散相平均直径减小，尺寸均匀性提高。

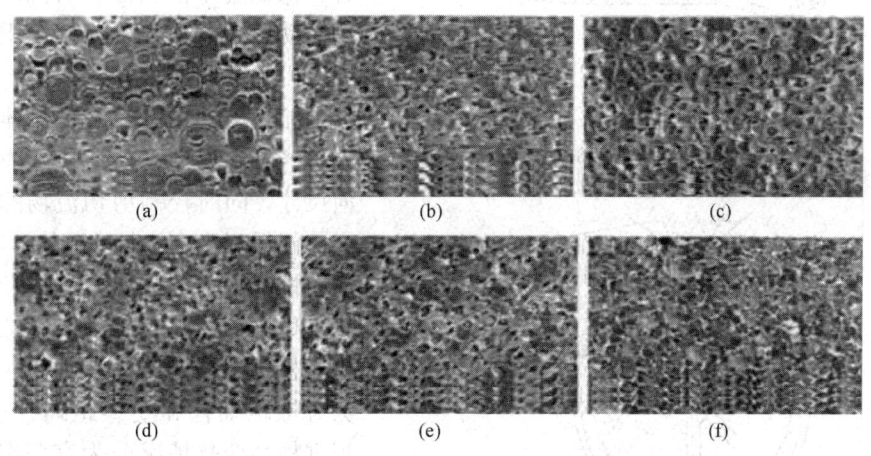

图 7-13　在 PA6/PE（55/45）中添加不同比例的 PO-g-MAH 的纺丝形态分布图
(a) ×500，0　(b) ×1000，1%　(c) ×2000，2%
(d) ×2000，3%　(e) ×2000，4%　(f) ×2000，5%

(3) 制备不定岛型海岛纤维的主要设备

①粒料系统　粒料系统是将纺丝用的聚合物切片，按要求计量、输出，并进行初步混合的系统，如图 7-14 所示。海组分、岛组分及需要的添加剂经过各自的计量装置计量后，送入混料罐进行初步混合，然后供料给螺杆挤出机使用。

送料方式有正压、负压等，计量方式有质量计量、体积计量等。图 7-15 是负压吸料并用旋转加料器按体积计量的送料系统，其具有占地少、效率高、人工劳动强度低等特点。

旋转加料器示意图如图 7-16 所示，主要由机体、星形转子、端盖等部分组成，物料由上部的进料口落入机体内部的

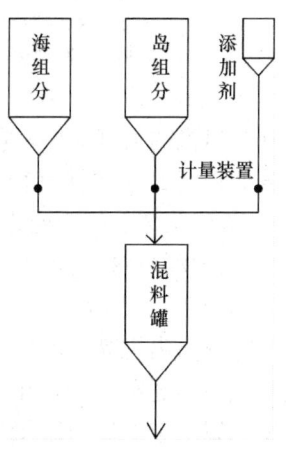

图 7-14　粒料系统示意图

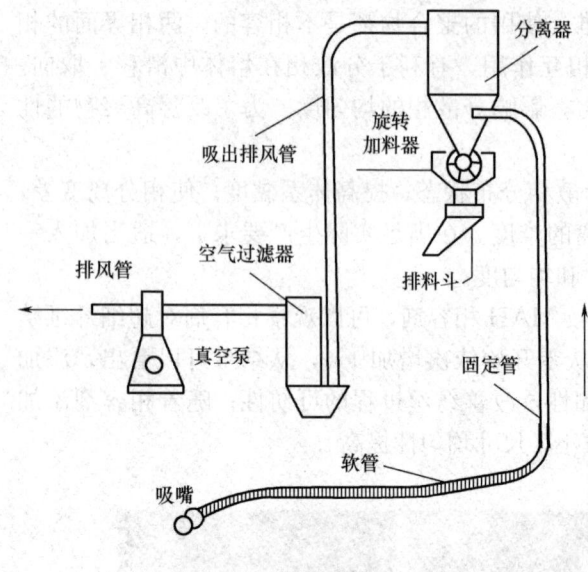

图 7-15 真空吸料系统示意图

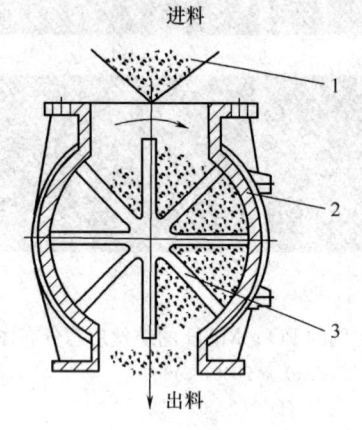

图 7-16 旋转加料器示意图
1—散装物料 2—加料器机体 3—星形转子

转子的叶片之间，在电机驱动下转子匀速旋转，将物料送至下部的出料口，将料供给或卸出。根据其安装形式的不同，旋转加料器可作为正压输送系统或负压吸送系统的卸料器用，也可作为正压输送系统的供料器用，在各个系统均起着封闭防止气体泄漏以及供料的作用。

②螺杆挤出机　螺杆挤出机在螺杆螺槽的推动和螺杆与套筒之间的剪切力作用下，对熔体压实并剪切混合，保证流体在螺杆挤出机内发生剪切流动。螺杆挤出机剪切作用的强弱不仅可以影响分散相的形态，还可改变两相界面的形态。保证流体的加工温度，合理设计流体流道及模具的几何尺寸，同时控制剪切流场的强度稳定才能得到稳定均匀的流体。

螺杆挤出机的分类如下：

根据螺纹头数分为单头螺杆和多头螺杆挤出机；根据螺距变化情况分为等螺距螺杆和变螺距螺杆挤出机；根据根径变化情况分为突变螺杆和渐变螺杆挤出机。渐变螺杆又分为全区渐变和短区渐变螺杆两种。

各种螺杆挤出机的基本组成相同，包括加料装置、螺杆、套筒、加热与冷却装置、螺杆传动和变速机构、控制仪表和机架等。其中，螺杆是整个螺杆挤出机的关键部件，它的结构特征主要由螺杆直径 D、螺杆长径比 L/D（即有螺纹部分的长度 L 与螺杆直径 D 之比，工艺上将 L 定义为由加料口中心线到螺纹末端的长度）、螺纹头数、螺距变化情况、螺纹深度（即根径）、螺纹结构、间隙大小决定。

根据物料在挤出机中的状态可将螺杆挤出机分为三个区段：固体区、熔融区和熔体区，如图 7-17 所示。

螺杆挤出机既是加热器，也是熔体输送泵。首先，固体物料从料筒进入螺杆后，在进料段被输送和预热，在熔融区逐渐融化，最后在输送区内进一步混合，并达到一定的温度，以一定的压力定量地输送至计量泵进行纺丝。物料在固体区和熔体区为单相的，在熔融区两相并存。

单螺杆挤出机的生产率可用下式表示：

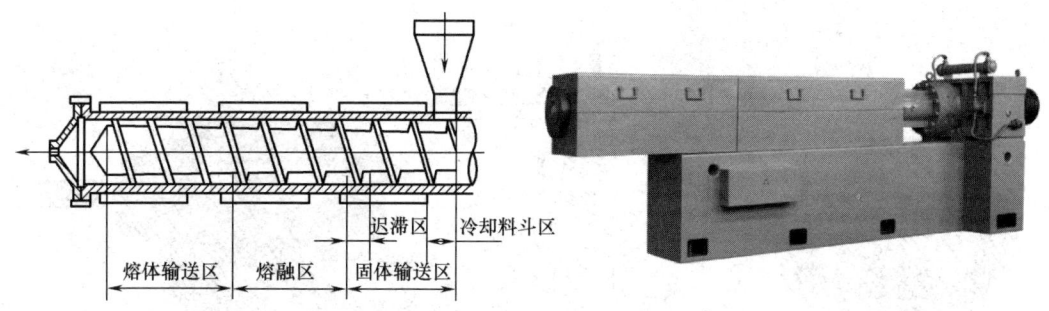

图 7-17　单螺杆挤出机

$$Q = Q_d - Q_P - Q_L = \frac{\pi^n D^2 n H_3 \cos\phi\sin\phi}{2} - \frac{\pi D H_3^3 \sin^2\phi}{12\eta_1}\frac{\mathrm{d}p}{\mathrm{d}L} - \frac{\pi^2 D^2 \delta^3 \mathrm{tg}\phi}{10\eta_2 b}\frac{\mathrm{d}p}{\mathrm{d}L}$$

式中　Q_d、Q_P、Q_L——顺流、逆流和漏流的流量；

　　　　n——物料的非牛顿指数；

　　　　D——螺杆直径；

　　　　n——螺杆转速；

　　　　H_3——计量段螺槽深度；

　　　　ϕ——螺纹升角；

　　　　δ——机筒间隙；

　　　　b——轴向棱宽；

　　　　$\dfrac{\mathrm{d}p}{\mathrm{d}L}$——压力梯度；

　　　　η_1——螺槽中熔体黏度；

　　　　η_2——机筒间隙中熔体的黏度。

流量 Q 直接受到压力 p、螺杆转速 n 和物料黏度 η 的影响。利用上面公式，可以估算出在给定条件下螺杆的流量，也可以在给定螺杆流量情况下，预测螺杆的转速。

③计量泵　计量泵将来自螺杆挤出机的高温熔体精确计量并稳定地送入纺丝头组件上，从而保证纺丝纤度均匀。

计量泵由上下两块泵盖板，中间一块呈"8"字形的空洞，里面恰好能装一对互相啮合的齿轮，其中一个是主动齿轮，另一个是被动齿轮构成，如图 7-18 所示。工作时，当一对一互相啮合的齿轮转动时，在熔体入口形成负压，熔体就从入口被吸入，充满于齿轮的齿间隙之中。随着齿轮的旋转，在熔体出口形成一定的压力，将熔体从出口处压出而进入纺丝组件。由于齿轮的齿隙容积恒定的，所以计量泵每转动一转，输出的容积恒定，从而保证了计量泵具有高精度的计量。

④静态混合器　静态混合器是由若干混合单元串联组成的一种没有运动部件的高效混合设备，通过固定在管内的混合单元体改变流体在管道内的流动状态，产生流体的切割、剪切、旋转，达到流体之间良好分散和充分混合的目的。

静态混合器的混合能力常用混合物均匀性表征。工程上，特别是非相容聚合物共混纺丝生产超细纤维时，常用混合物的分流层数作为混合效能的表征。分流层数可由下列关系式表示：

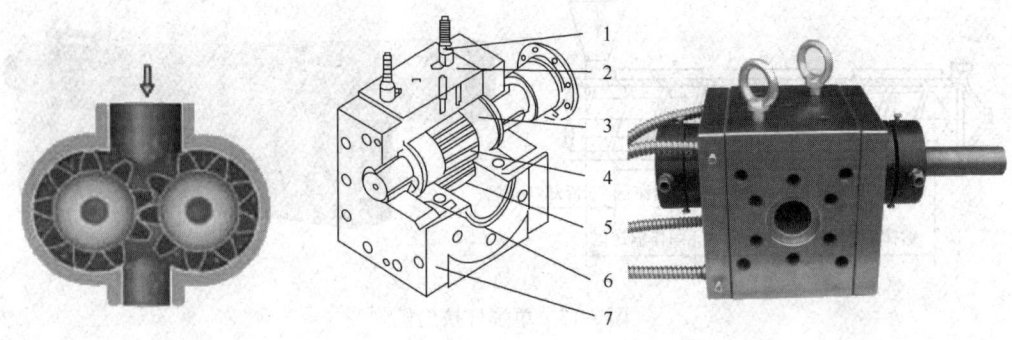

图 7-18 熔体计量泵结构及外形图
1—加热管　2—泵体　3—轴承　4—主动齿轮　5—被动齿轮　6—密封　7—侧板

$$N = Aa^n$$

式中　N——分流层数；
　　　A——混合前组分数；
　　　a——单元机械分割层数；
　　　n——单元数。

静态混合器只是对体系的混合与分散提供一种辅助手段，而不是决定海岛结构的主要因素。此外，静态混合器是无动力装置，流体通过混合器时完全靠压力驱动，因此设计和选用静态混合器时需要考虑其压力损失。

管式静态混合器如图 7-19 所示，是一种快速高效、低能耗的管道螺旋混合器，每节混合器有一个 180°扭曲的固定螺旋叶片，分左旋和右旋两种，相邻两节中的螺旋叶片旋转方向相反，并相错 90°，混合器的螺旋叶片不动，仅是被混合的物料或介质的运动，流体通过它除产生降压外，不用外部能源。混合器主要是通过流动分割、径向混合、反向旋转，达到两种介质不断掺混扩散、混合的目的。

图 7-19　管式静态混合器

⑤纺丝头　纺丝头的主要作用是将计量泵送来的熔体或溶液进行最终过滤，混合均匀后分配到每一个喷丝孔上，挤出均匀的细丝。

图 7-20 是大型内环吹风纺丝头结构示意图，熔体自入口进入纺丝头，经分配腔均匀地流向四周，经分配环再流向环形喷丝板；环吹风自纺丝头中心下侧引入，经空气分配器，沿环吹风口喷向自环形喷丝板下落的丝束。

内环吹风纺丝头具有如下两个特点：

a. 熔体自入口至每一个喷丝孔的行进距离几乎相等，这就避免了矩形板或普通大型圆形板熔体行进距离不等、停留时间不等而造成的纤维质量不匀的缺点。

b. 熔体分配腔大体呈圆锥形，可以保证熔体离中心任何部位与腔壁的切变速率 v 保持恒定。如果用 h 表示离中心 r 处的腔高，则 r 与 h 必须服从公式 $v=6Q/(2\pi rh^2)$ 恒定。当熔体黏度相同的情况下，只要 v 相同，就可以保证熔体流动的稳定性。

以上两条，可以使喷丝板孔与孔之间熔体质量差异减至最少，从而提高孔排列密度，减少孔与孔之间的距离成为可能，大幅度增加生产力。

将成形的丝束分为两半，在下部用两个输出辊引至牵伸机构，这样就可以在两片丝束中间引入吹风管，实现从内向外吹风。从内向外的吹风方式可以保证加热的空气在大气中自然扩散，避免内吹风的排气相互干扰而影响板面温度与丝条质量的均匀。

喷丝板是纺丝头的核心部件，利用微孔将高聚物熔体或液体，转变成只有特定截面形状的细流，经吹风冷却或凝固浴的固化而形成丝条。

喷丝板的选择需要考虑以下因素：孔数、孔的排列形式、孔径的大小、孔的形状、板面大小、板面厚度尺寸、材料的选择及制造技术要求等。喷丝孔的结构由导孔、过渡孔和微孔组成。共混海岛纤维使用的圆孔环形喷丝板如图 7-21 所示，具有孔数多、孔径小的特点。

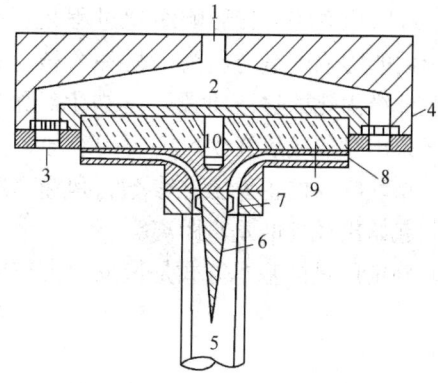

图 7-20　大型内环吹风纺丝头结构示意图
1—熔体入口　2—锥形熔体分配腔
3—环形喷丝板　4—熔体分配环
5—环吹风入口管　6—空气分配器
7—导流环　8—环吹风出口
9—隔热石棉层　10—高度调节螺栓

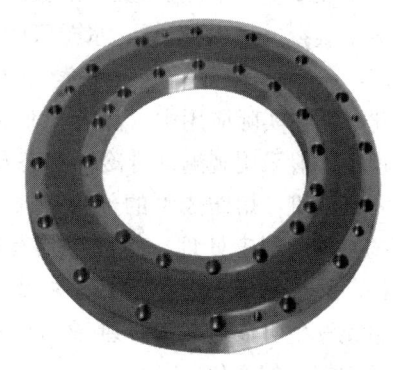

图 7-21　圆孔环形喷丝板

喷丝板孔直径直接影响着喷丝头的拉伸比：

$$\mathrm{SDR}=\frac{v_L\pi d^2}{4Q}$$

式中　v_L——纺丝速度，cm/min；

　　　d——喷丝孔直径，cm；

　　　Q——单孔体积流量，cm^3/min。

喷丝头拉伸比与原丝的断裂强度有较好的定量关系，在保持恒定的纺丝温度和纺丝压力下，纤度随着拉伸倍数的增加而减少。拉伸倍数增加，纤维的强力增大，但伸长率有所下降。拉伸倍数增大，纤维在冷却至 T_g 时的凝固长度增加，同时所承受的形变应力大幅度提高，聚合物大分子链取向度增加，从而提高了纤维的强力。当拉伸倍数增加到一定程度后，纤维的强度和模量反而有所下降，因为环吹风冷却时间太短，丝内部的温度不能及时冷却下来，而热运动是解取向，使分子内部取向度不够高，从而导致力学性能的下降。

环吹风系统直接影响纺丝过程是否平稳及纺丝的质量，对原丝的机械与物理性能也有很大的影响，是纺丝头中另一个核心系统。熔体出喷丝板至固化点以前是熔体细流向初生纤维固化的过渡阶段，是初生纤维结构形成的主要区域，在纤维成型过程中，关键是丝条出喷丝板后在吹风区内的冷却。

纺丝吹风的主要工艺参数：风量、沿纺程的风速分布、风的温度、风的湿度和喷丝板到起始出风处的垂直距离。

确定风量的基本方式是依据丝束与冷却空气热量平衡关系：

$$Q = Q_T / Q_q$$

$$Q_T = W\Delta T c_p$$

$$Q_q = (c_{p干空气}\rho_{干空气} + c_{p水蒸气}\rho_{水蒸气})\Delta T'$$

式中　　Q_q——吸收的热量，kJ/m^3；

Q_T——放出的热量，kJ/m^3；

W——吐出量，kg/m^3；

c_p——熔体平均比热容，$kJ/(kg \cdot K)$；

ΔT——熔体温度 T_0 与风温 T' 的温度差，K；

$\Delta T'$——环吹风温与热交换后的风温 T'' 温度差，K；

$c_{p干空气}$、$c_{p水蒸气}$——干空气、水蒸气的比热容，$kJ/(kg \cdot K)$；

$\rho_{干空气}$、$\rho_{水蒸气}$——干空气、水蒸气的密度，kg/m^3。

此外，在实际应用中，随着风量的增加，压差与实际风量之间并不是直线关系，生产过程中一般采用观测纤维冷却状态及测量纤维物理性能的方法修正送风量。

⑥牵伸机　熔纺成型的丝束，属于初生纤维，强力低、伸长大、结构不稳定，需要通过拉伸等后加工处理，使纤维具有优良的使用性。拉伸常称为合成纤维的二次成型，它是提高纤维物理力学性能必不可少的手段。在拉伸过程中，纤维的大分子链或聚集态结构单元发生舒展，并沿纤维轴向排列取向，在取向的同时通常伴随着相态的变化以及其他结构特征的变化。

牵伸机是对纤维进行拉伸的主要设备，如图 7-22 所示，通常由 5 个或 7 个直径相同牵伸辊组成。丝束拉伸依靠两台牵伸机的速度差来完成，因此提高牵伸辊对丝束的握持力，保证拉伸倍数的稳定是至关重要的。通过采用橡胶压辊或增加牵伸辊数可以有效地减少滑动摩擦。一般五辊牵伸机打滑系数为 7%～10%，而七辊牵伸机打滑系数仅为 3%。

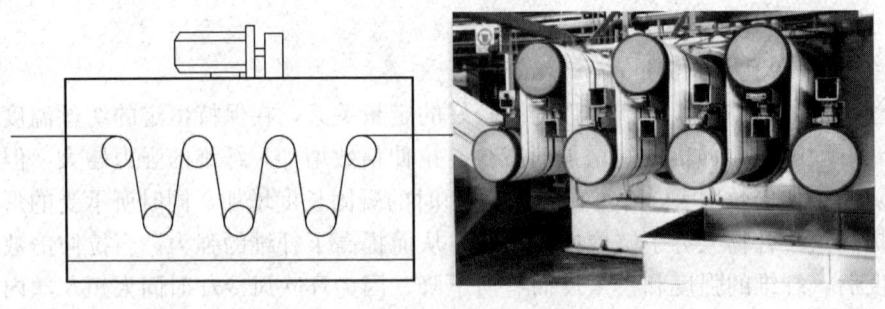

图 7-22　七辊牵伸机示意图及外形图

在拉伸过程中出现细颈的位置称为拉伸点或拉伸区。拉伸点位置稳定，可以确保得到线密度和其他物理力学性能均匀的纤维，为了达到这个要求，必须综合考虑拉伸点的位置与拉伸张力、拉伸倍数、拉伸温度和拉伸速度等参数之间的关系。

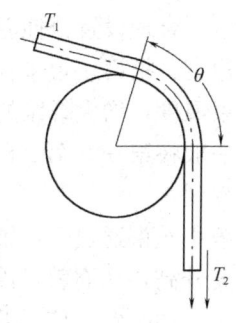

图 7-23　丝条通过拉伸辊面张力的变化

a. 拉伸张力：拉伸张力关系到拉伸过程和所得纤维结构的稳定性，一般情况下拉伸张力是拉伸条件以及未拉伸材料的组成和结构的函数。丝条或丝束通过第一圆柱形拉伸辊后，增大的张力 T_2（图 7-23）主要取决于丝条与辊面之间的摩擦因数 μ 和丝条在辊上的包角 θ，根据 Amonton 定律，张力增大表达式为：

$$T_2 = T_1 \exp(\mu\theta)$$

如果丝条经过一系列拉伸辊，则最后一个辊导出后的张力 T_R 为：

$$T_R = T_1 \exp(\mu\theta)$$

式中　T_1——进入第一个辊前的预张力；

　　　μ——丝条与辊面之间的摩擦因数；

　　　θ——每个辊上包角之和，$\theta = \theta_1 + \theta_2 + \cdots + \theta_R$。

在辊上多绕一圈，包角 θ 增大 2π。

由此可见张力随包角和摩擦因数迅速增大，在七辊牵伸机上，由进入第一辊至最后一辊导出处，将形成一个逐渐增大的张力场。

b. 拉伸倍数：在一定范围内随着拉伸倍数的增大，取向度增加，纤维的强度也相应提高，要制得具有一定物理力学性能的纤维，就应对纤维进行一定倍数的拉伸。受力后的纤维长度 l 与纤维的原始长度 l_0 的比值称为拉伸倍数，$R = l/l_0$。拉伸倍数应该大于自然拉伸比，小于断裂拉伸比。

自然拉伸比是指纤维完全变为细颈时长度 l_1 与原始长度 l_0 的比值，$R_n = l_1/l_0$；或者原始样品截面积 A_0 与细颈截面积 A_1 之比，$N = \dfrac{A_0}{A_1} = \dfrac{\rho_1 l_1}{\rho_0 l_0} = \dfrac{\rho_1}{\rho_0} R_n$。$\rho$ 为密度，假设拉伸过程中密度保持不变，则 $R_n = N$。

提高拉伸倍数，可以采用多段拉伸或者一段拉伸来实现。采用多段拉伸过程时，每一段的温度可不同，所以多段拉伸比一段拉伸效果好。另外，减少拉伸时的断头率，降低拉伸的负荷，也可以提高拉伸倍数。

c. 拉伸温度：温度对纤维的拉伸性能和质量有很大影响，一般拉伸温度要高于玻璃化温度 T_g，当考虑到附加外力作用，可以略低于 T_g；要低于软化温度（一般在熔点以下 20~40℃），温度过高时，解取向的速度很大，也不能得到稳定的取向。

对于两段拉伸工艺，经过第一段拉伸后，纤维具有一定程度的取向，随着结晶度的提高，其玻璃化温度 T_g 随着提高，第二段需要采用更高的拉伸温度。

d. 拉伸速度：拉伸速度与拉伸应力之间是一种非线性过程，受到纤维形变时间和纤维拉伸过程发热的双重影响。在一定范围内，增加拉伸速度，拉伸应力和纤维的弹性也相应增加，但当超过某个数值时，拉伸应力和纤维的弹性都反而下降。

除了合理设置拉伸温度、拉伸速度工艺条件外,还可以通过拉伸设备的调整实现拉伸点稳定:把第一台牵伸机的最后一辊设定为浸渍辊,浸渍辊内部通有冷却水,从而降低丝束温度,增大纤维的屈服应力,拉伸点就不会提前发生在牵伸辊上。

一般在第一、第二台牵伸机之间设有水浴或油浴加热器,使纤维内部形成一稳定的温度梯度。

减小丝束通过牵伸辊时纤维与辊表面之间的滑动摩擦,避免因为滑动摩擦引起纤维的温度升高,从而就可以避免拉伸点位置的变化。

⑦上油装置　依据纤维加工过程中上油目的的不同分为纺丝上油和牵伸上油。

a. 纺丝上油:熔纺纤维刚成型时几乎是干燥的,容易积聚静电,纤维间的抱合力差,与设备的摩擦力大,为了确保后续的工序顺利进行需要对丝束进行上油。

纺丝上油一般在丝束与导丝辊接触之前进行,纺丝上油装置如图7-24所示。

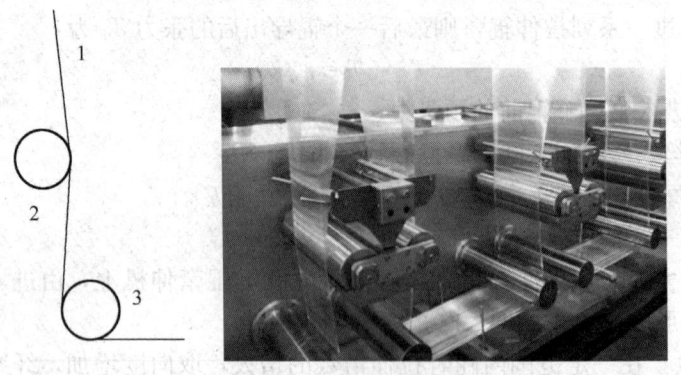

图7-24　纺丝上油装置
1—丝束　2—上油轮　3—导丝辊

每个上油轮都部分浸在各自的油盘槽中,通过转动的圆周面将油剂带给其上经过的丝条。上油轮附着油层的厚度与油剂的黏度、在油槽中的浸没深度和上油轮转速有关。黏度越大,浸没越深,转速越快,上油轮带的油就越厚,给丝条上的油也越多。为了保证丝条着油均匀,可调整油盘槽中油面的高度、丝束与上油轮的接触长度、上油轮转速等。

b. 牵伸上油:为了保证丝束拉伸的加工条件,丝束在拉伸时需要通过浸油机的浸油处理,在去掉附着在丝束上的大量静电的同时,添加适量的油剂,使纤维具有柔软、平滑等特性,保证后续加工顺利进行。浸油机分为有辊和无辊两种油浴槽。

在无辊油浴槽中,丝束通过长方形的浴槽,槽内有两块固定挡板,每块挡板上有一凹口,浴槽两长边比挡板高。在固定挡板上方各有一活动挡板,其宽度比固定挡板凹口处宽度稍小些,活动挡板上嵌有长条羊毛毡或其他适当的织物。羊毛毡与凹口形成一条缝隙,丝束可从缝隙处通过,油剂液体则被挡住,可由缝隙处溢流一小部分,因此液面可升至固定挡板最高处溢流,这样可保证丝束在拉伸时完全浸没在油剂液体中。

图 7-25 为牵伸上油装置。

⑧卷曲机　在化纤后处理阶段，为使超细纤维能够得到与天然纤维类似的抱合力，需要对其进行卷曲处理。按照工艺方法，卷曲一般分为热水浴卷曲和机械卷曲。

海岛纤维采用机械式卷曲，卧式卷曲机较常见，主要由卷曲辊、卷曲箱、加压机构、安全保护机构和机架等部分组成，如图 7-26 所示。达到玻璃化温

图 7-25　牵伸上油装置

度、厚度均匀、宽度合适、张力稳定的丝束，经过夹持点 A，被强制送入卷曲箱时，丝片开始弯折，这是卷曲的最初形成；接着丝片继续前进，但由于前方丝片的阻力，迫使丝片弯曲去填满空间，即进行丝片的折叠，然后是折叠丝片的整体推移；最后丝片克服卷曲阻力，冲出卷曲箱，完成整个卷曲过程。主要部件卷曲辊是空心轴，轴孔中通入水进行循环冷却，避免卷曲辊在高压下挤压纤维而产生高温，造成丝束黏结。通过调整卷曲辊的主压和卷曲箱的背压，调节丝束的张力，使丝束均匀卷曲，达到丝束的工艺要求。

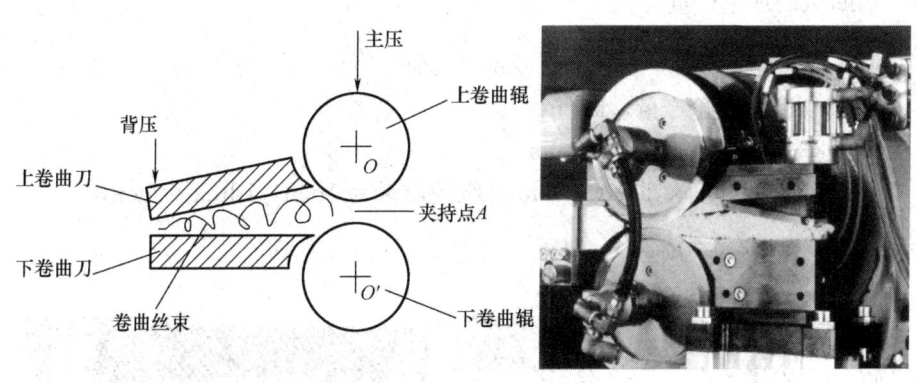

图 7-26　卷曲机示意图及外形图

纤维卷曲的程度一般以卷曲度来表示，卷曲度定义为：

$$卷曲度 = \frac{l - l_0}{l} \times 100\%$$

式中　l_0——单根纤维在初负荷下的长度；
　　　l——在一定负荷下的长度。

卷曲情况也可用卷曲数表示，即单位长度纤维内的卷曲个数。卷曲数的要求视纤维的用途而定。

⑨干燥调湿设备　在纤维上油和卷曲后进行干燥调湿，以去除纤维中的水分，使纤维达到一定的含水、含油量，消除纤维在牵伸和卷曲后产生的内应力，使大分子发生一定程度的松弛，提高结晶度，以稳定卷曲度，降低纤维的热收缩率。海岛纤维采用松弛热定型，使纤维在自由状态下进行干燥定型处理，常见设备如图 7-27 所示。

图 7-27 帘带式松弛热定型设备

干燥定型过程主要控制温度。温度过低,应力松弛时间长;温度过高,不能消除纤维的内应力,还会由于结晶度变化,导致纤维的结构和物性的下降。

⑩裁断机 干燥定型后的丝束需要使用裁断机将长纤维切成规定长度的短纤维,海岛纤维通常被裁断为51mm短纤。裁断机分为沟轮式切断机和转轮式切断机。

海岛纤维常用转轮式切断机,装有锋利切刀的"转盘"与自由旋转的"压轮"组合,实现压力切断功能。工作时,进入切断机的丝束预先经过张力装置,以均匀的丝束张力连续地绕在刀盘外周,丝束层越绕越厚,当厚度大于刀盘和压轮之间的间隙时,压轮把丝束压向刀刃,绕在刀盘上的内层丝束就被刀刃切断,切断后的短纤维从刀盘中引出,其工作示意图如图 7-28 所示。可通过调整"转盘"上的刀片数和刀片间距来控制纤维的切断长度。

进入切断机的丝束张力,不但能控制切断长度,还能把丝束中纤维拉整齐,减少超长纤维。切断机的理论产量为:

$$Q = \frac{vD}{9000 \times 1000} \times 60$$

式中　Q——切断机理论产量,kg/h;

　　　v——丝束的喂入速度,m/min;

　　　D——丝束的纤度,den(9000m 纤维的质量为 1den,1dtex=9den)。

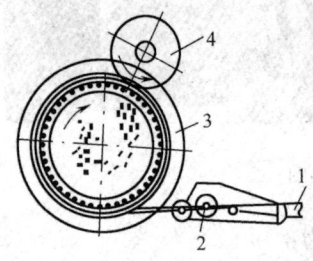 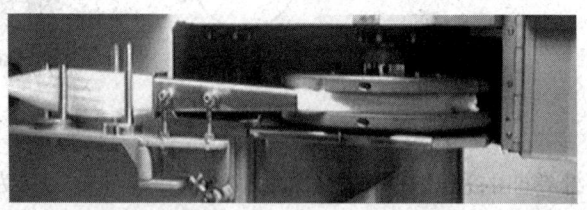

图 7-28 转轮式切断机
1—丝束　2—张力装置　3—刀盘　4—压轮

⑪打包机 打包是超细短纤维生产的最后一道工序,目的是将松散的纤维打成一定质量、一定体积的包装,有人工、半自动、自动打包三种方式。自动打包机按照加压方式不同,一般有液压(油压)式和机械(丝杠)式两种。目前广泛采用液压打包机,如图 7-29 所示,主要由进料部分、棉箱部分、加压部分和计量部分等组合而成。一定压力的气流将成品纤维吹送至称料仓,达到规定的质量后落入棉箱中,并用压板压紧,然后缝口成包,过秤入仓。

（4）纺丝工艺

共混短程纺丝工艺流程如图 7-30 所示，成纤物料经粒料系统计量并初步混合，进入螺杆挤出机混合、熔融并过滤，经计量泵精确计量，进入纺丝头由喷丝板喷出，经纺丝上油、拉伸、卷曲等工序制成短纤维。

以 PA6/LDPE 共混纺丝为例，介绍制备不定岛纤维的工艺条件。

①原料要求　PA6 是超细纤维纺丝中最重要的原料之一，它的物理化学性质对纺丝效果的影响至关重要。PA6 粒料是白色柱形颗粒物，软化点温度约为 180℃，熔融温度约为 220℃，分解温度约为 313℃，密度为 $1.12\sim1.14g/cm^3$。PA6 耐碱、不耐酸，可溶于苯酚、59%硫酸、15%的盐酸和热甲酸中，在 95℃ 用 NaOH（10%）处理 16h 后几乎无变化。

图 7-29　打包机

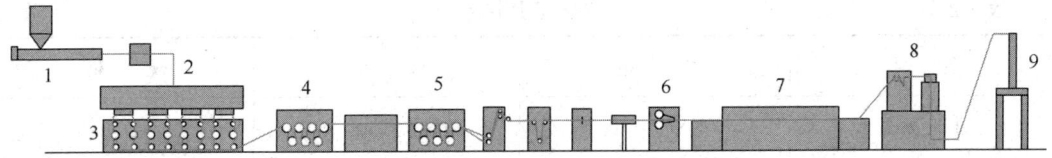

图 7-30　短程海岛型纤维混合纺丝工艺流程
1—螺杆挤出机　2—纺丝箱体及组件　3—上油导丝　4—一牵伸　5—二牵伸
6—卷曲　7—干燥调湿　8—裁断　9—打包

LDPE 粒料为乳白色蜡质半透明固体颗粒，熔融温度约为 104℃，分解温度约为 353℃，密度为 $0.910\sim0.925g/cm^3$。LDPE 不溶于水，微溶于烃类，溶于热苯类溶剂。

原材料的黏度是影响海岛纤维形态的重要因素，而高聚物黏度随着剪切速率和温度的变化而变化。图 7-31 是在不同的温度下 PA6 和 LDPE 熔体在剪切速率为 $100\sim10000/s$ 的流动曲线。

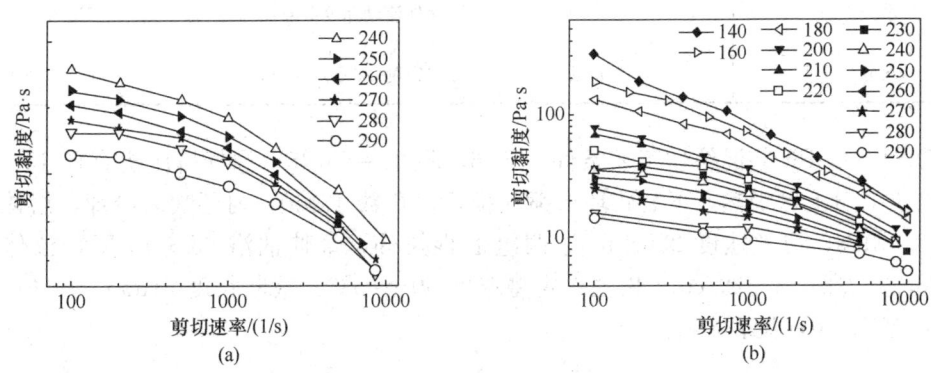

图 7-31　不同温度下表观剪切黏度与剪切速率的关系曲线
(a) PA6　(b) LDPE

从图 7-31 可以看出，恒定的温度下，PA6 和 LDPE 的表观剪切黏度随着剪切速率的增加不断下降。在同一剪切速率下，随着温度升高，表观黏度逐渐减小，它们的熔体属于假塑性流体。

图 7-32 是不同温度下 PA6/LDPE 表观黏度比与剪切速率的关系曲线。从图中可以明显看出 PA6 的熔体黏度比 LDPE 的要高很多，在整个剪切速率的范围内，黏度比值在 5.8~10.6。在相同的温度下，黏度比随剪切速率的变化出现先增加后减小的趋势，转折点随着温度升高，向高剪切速率迁移。

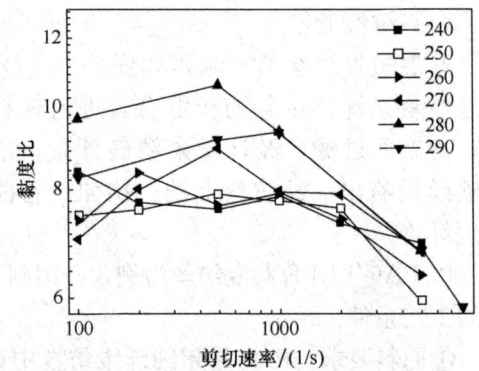

图 7-32　不同温度下 PA6/LDPE 表观黏度比与剪切速率关系曲线

用于 PA6/LDPE 型共混纺制海岛纤维的 PA6 和 LDPE 切片指标分别见表 7-2 和表 7-3。

表 7-2　PA6 切片指标

项　目	规　格	项　目	规　格
相对黏度	2.81±0.05	微粉末/(mg/kg)	≤150
水分/%	≤0.06	颗粒大小/mm	Φ2.5×L2.5
热水可溶分/%	≤0.6	堆放密度/(g/cm³)	0.7±0.1
灰分/(mg/kg)	≤20	熔点/℃	215~225

表 7-3　LDPE 切片指标

项　目	规　格	项　目	规　格
相对黏度	0.76±0.06	颗粒大小/mm	Φ2.5×L2.5
水分/%	≤0.10	熔体流动速度/(g/10min)	50±7
灰分/%	≤0.01	密度(23℃)/(g/cm³)	0.9162±0.0015

②PA6/LDPE 共混纺丝工艺条件　PA6/LDPE＝55/45，螺杆挤压机直径 150mm，长径比 30，分七区加热，下装式环形喷丝板，板孔数 42000，内环吹风冷却，熔体压力 3.0~3.5MPa，纺丝速度 22m/min。两组七辊拉伸，牵伸油浴 65~70℃，拉伸倍率 2.8~3.1，卷曲 12~20/cm，松弛热定型温度 50~85℃，裁断长度 51mm。PA6/LDPE 共混纺丝工艺条件见表 7-4。

表 7-4　PA6/LDPE 共混纺丝工艺条件

螺杆各部温度							
区域	一区	二区	三区	四区	五区	六区	七区
温度/℃	100	125	180	260	285	285	285
纺丝机各部位温度							
弯头/℃		过滤器/℃		熔体管道/℃		纺丝头/℃	
278		280		280		280	
内环吹风							
导风板开度/mm		风温/℃		风压/kPa		风口与板面距离/mm	
3～4		18～20		35～40		8～11	

7.1.2　定岛型海岛纤维的制备

（1）定岛型海岛纤维成纤机理

图 7-33 是复合纺丝工艺示意图，熔体复合纺丝工艺流程大致为：两种聚合物分别经过切片干燥处理，再各自通过螺杆熔融挤出熔体，经纺丝泵计量后，由不同分配管进入复合纺丝组件；两种熔体在组件内分为细流再汇合成所需要的截面形状，经过喷丝板纺丝孔挤出。

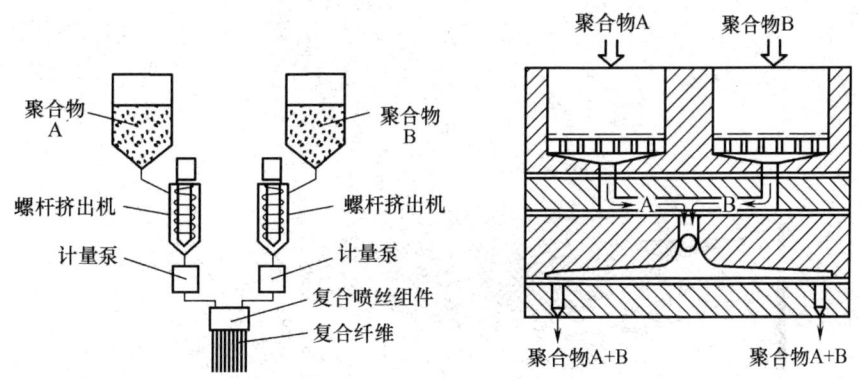

图 7-33　复合纺丝工艺示意图

海-岛型复合纤维截面的几何形状特征是：一种组分像多个分散的小岛一样均匀分布于另一种连续的像海一样漫散的组分内，纤维整体截面基本上为圆形。其成型原理是：岛相组分熔体通过均匀分布在喷丝板导孔圆形截面内的小圆孔流入导孔，海相组分熔体围绕由小圆孔输入的圆形岛相熔体同时流入导孔，如图 7-34 所示。不稳定地共挤出流动，易使处于截面圆心部分的岛相熔体互相粘连，从而不能制成岛组分均匀分布于海组分中的结构。一般情况下，要求岛相熔体黏度大于海相熔体。

(2) 制备定岛型海岛纤维的主要设备

定岛型海岛纤维纺丝使用的喷丝板与不定岛型海岛纤维纺丝头不同，其他设备都是相似的，下面重点介绍复合喷丝板。

常见复合喷丝板示意图如图 7-35 所示，(a) 为 Moriki 和 Ogasawara 海-岛型复合喷丝板，A 组分（岛相）和 B 组分（海相）熔体分别导入第一至第四分配板上对应的小圆孔和长圆槽，然后进入第五分配板上分别对应于岛相和海相的小圆孔。在下层第六分配板上对应岛相的小圆孔外围是圆形凸台，凸台平面与上层板面留有间隙，海相熔体从第五分配板上对应的小圆孔进入凸台周围，被凸台阻挡、分配均匀后，通过凸台平面上的间隙从岛相小圆孔的周边，并与岛相熔体一起进入喷丝板圆形导孔，所以岛相熔体及围

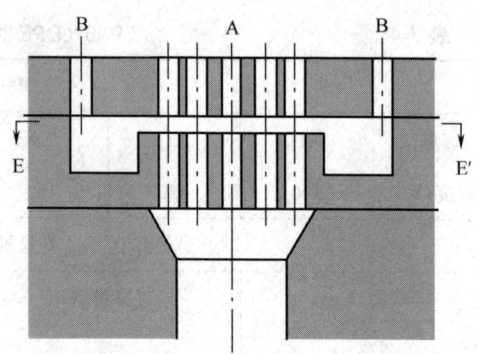

图 7-34 海-岛型复合纤维成型原理
A—岛组分　B—海组分

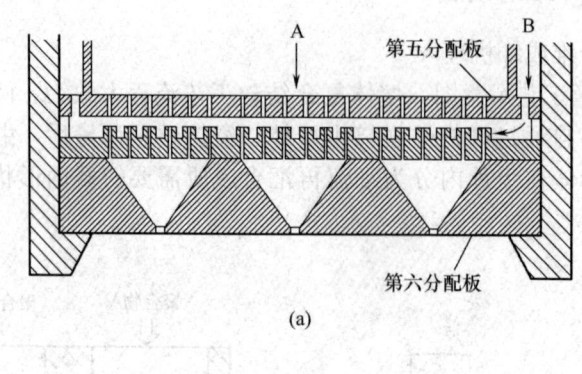

(a)

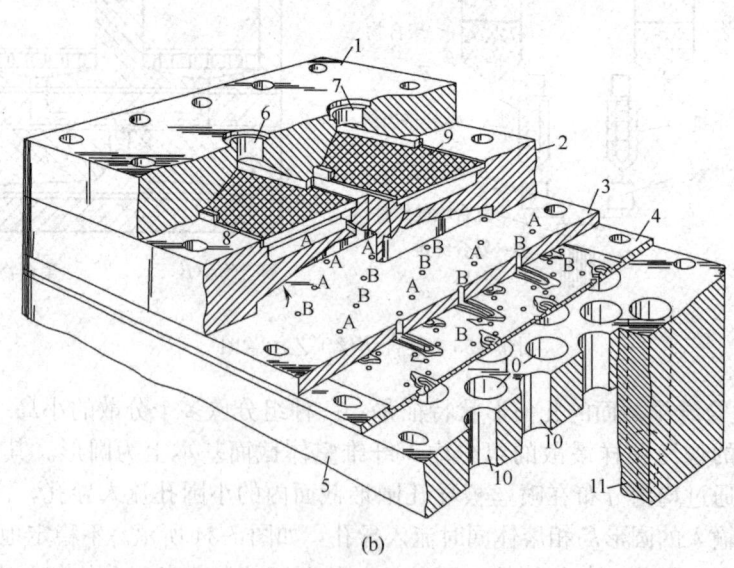

(b)

图 7-35 复合喷丝板示意图

绕的海相熔体拼合在一起对应一个喷丝板圆形导孔，熔体经过喷丝板微孔后形成一根海-岛纤维。一块喷丝板能容纳的海-岛纤维根数和每根海-岛纤维内含有的岛数，主要取决于喷丝板直径、小圆形凸台直径和小圆孔直径等几何因素。

图 7-35 (b) 是 Hills 发明的复合纤维生产工艺和制造多组分纤维的设备，该设备带有高密度的喷丝孔。这个设备包括顶板 1、过滤网支撑板 2、计量板 3、分配板 4、喷丝板 5；两种分离的聚合物 A 和 B 分别进入纺丝组件孔 6 和 7，然后流经过滤网 8 和 9，以及计量板、分配板，聚合物形成复合细流流进喷丝孔 10，然后进入喷丝小孔 11。这个设备通过改变喷丝小孔的形状和聚合物在喷丝板上分配形式，可以生产许多不同横截面的复合纤维，该设计使得复合纺丝取得历史性的发展。

(3) 纺丝工艺

由于定岛纤维喷丝板的特殊性，定岛纤维不易短程纺，所以，定岛熔体纺丝后需要集束进行牵伸。集束的目的是将单独丝束进行合并，达到比较合理的线密度，便于后加工。整个定岛纤维的纺丝过程被分为前纺和后纺。

前纺工艺：两个不同组分的切片，经过各自的螺杆挤压后，在复合喷丝板处复合，经过上油导丝后，依次进入牵伸和落桶，如图 7-36 所示。

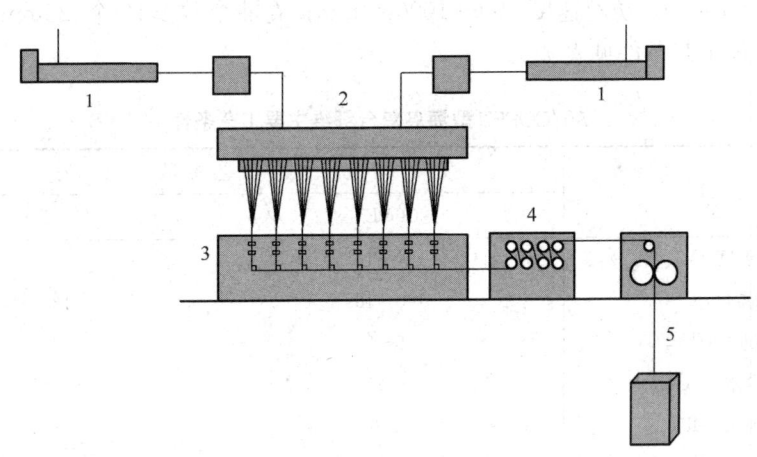

图 7-36 海岛型纤维复合纺丝前纺工艺流程图
1—螺杆挤出机 2—纺丝箱体及组件 3—上油导丝 4——牵伸 5—落桶

后纺工艺：主要是对海岛纤维力学性能、加工性能等进行处理，满足加工和使用的要求，后纺工艺流程，如图 7-37 所示。

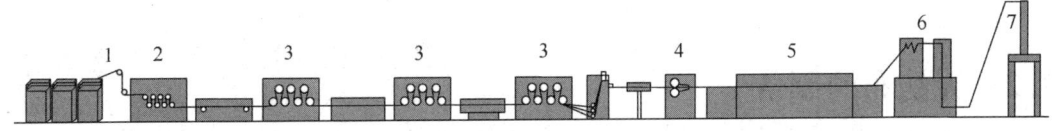

图 7-37 海岛型纤维复合纺丝后纺工艺流程图
1—集束 2—上油导丝 3—牵伸 4—卷曲 5—干燥定型 6—裁断 7—打包

①原料要求　目前制造复合纤维的岛组分一般采用PA6，与其复合的海组分是LDPE和COPET（也叫水溶性聚酯、碱溶性聚酯）等。PA6和LDPE的性质前面已经介绍，此处仅介绍COPET的性质。

COPET是一种共聚酯，主要生产方法是以对苯二甲酸二甲酯（DMT）或对苯二甲酸（PTA）及乙二醇（EG）为主要原料，与间苯二甲酸二甲酯-5-磺酸钠（SIPM）或间苯二甲酸双羟乙酯-5-磺酸钠（SIPE）等经酯交换（或酯化）缩聚反应制成。COPET大分子链上含有间苯二甲酸磺酸钠改性链节，它的存在使羰基碳上的电子云密度降低，使羰基碳与氢氧根离子间的静电力增加，有利于OH^-的进攻，因此，COPET比普通的PET更容易水解。

②纺丝工艺

a. PA6/LDPE型海岛复合纤维：LDPE熔体流动指数50g/10min；PA6相对黏度2.8；PA6/LDPE=55/45；37岛复合纺丝组件；纺丝温度：PA6分别为250、275、278、278℃，LDPE分别为170、200、210、278℃；纺丝速度1000m/min；拉伸倍率2.5；拉伸速度300m/min；第一热辊温度为50℃；第二热辊温度为55℃；热箱温度为90℃。

b. PA6/COPET型海岛复合纤维：COPET特性黏度0.770dL/g；PA6相对黏度2.5；PA6/COPET=70/30；纺丝速度800～1000m/min；卷曲个数≥16个/25mm；37岛复合纺丝组件；其他工艺条件见表7-5。

表7-5　PA6/COPET型海岛复合纤维主要工艺条件

项目	工艺参数	
	COPET	PA6
结晶温度/℃	100～165	—
干燥温度/℃	100～165	120～140
干燥时间/h	5～7	4
干切片含水/(μg/g)	≤25	≤85
压空压力/MPa	0.6	0.6
纺丝温度/℃	275～285	268～280
箱体温度/℃	272～285	
纺丝速度/(m/min)	700～1100	
吹风温度/℃	18～22	
吹风速度/(m/min)	0.40～0.65	
拉伸倍数	3.8～4.2	

7.2　无纺布的制备

无纺布，也称为非织造布（Nonwoven Fabric）或不织布，是由定向或随机排列的纤维，通过摩擦、抱合或黏结，或者这些方法的组合而相互结合制成的片状物、纤网或絮垫制品等，是不经过纺纱、织造等传统的织布方法，而使用机械的、化学的、热力的或其他方法，使纤维网固结在一起而形成的布状、纤维结构的材料，具有工艺流程短、原料来源广泛、成本低、产量高、产品多变、应用范围广等特点。

非织造布的品种很多，分类方法也有多种。按成网方式可分为干法非织造布、湿法非织造布和聚合物直接成网法非织造布；按加固方法可分为机械加固、化学黏合加固和热黏合加固等几种。机械加固法又可分为针刺法、水刺法、缝编法等。下面主要介绍超细纤维合成革用无纺布的加工方法，即干法梳理成网针刺无纺布。该无纺布工序主要包括梳理前准备、梳理、铺网、针刺等，工艺流程如图7-38所示。

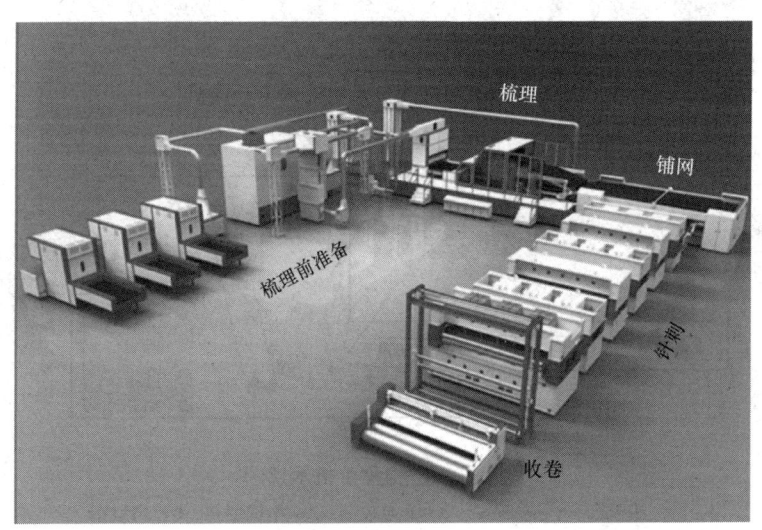

图 7-38 梳理成网针刺无纺布工艺流程

7.2.1 梳理前准备

具有一定长度和线密度的散纤维，必须经过梳理才能成网，再加工成无纺布。梳理前需要对原材料进行必要的开松、加油水、混合、除尘等工作，并将纤维按需求定量输送给梳理机，这些统称为梳理前准备。

梳理前准备的主要任务是：将不同性能、不同品种或不同批次的纤维原料分别喂入、混合、开松，或一起喂入、混合、开松，使纤维包中压紧的纤维块通过机械打击和撕扯而松解成小块的纤维束；把已初步开松的纤维进一步混合，使不同的纤维得以充分混合；把混合的纤维进一步开松，制成混合的纤维层，供梳理机梳理。

梳理前准备的流程：计量喂入→初步混合→开松→混合→开松→为梳理机提供纤维。

（1）喂棉称重机及混棉帘子开棉机

喂棉称重机及混棉帘子开棉机如图7-39所示，主要是将不同性质或不同批次纤维按比例计量和喂入，并进行初步混合和开松。

喂棉称重机示意图如图7-40所示，工作原理为：将纤维铺放于喂棉帘上，由输棉帘送至角钉帘，再经给棉罗拉、剥棉打手剥取，送至秤斗，通过控制秤斗活门实现喂棉至混棉帘子。一般每条生产线配备两至三台喂棉称重机。

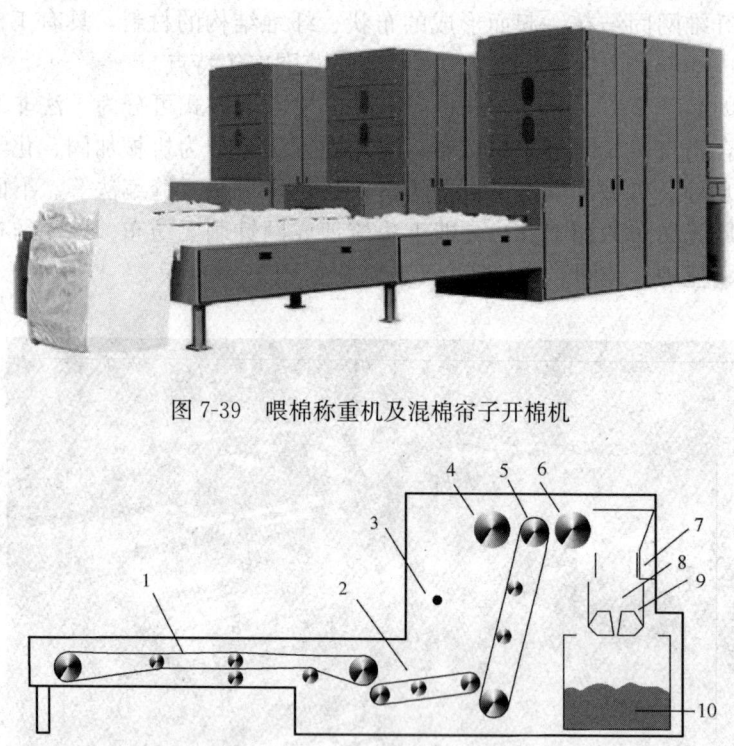

图 7-39　喂棉称重机及混棉帘子开棉机

图 7-40　喂棉称重机示意图
1—喂棉帘　2—输棉帘　3—光电控制　4—给棉罗拉　5—角钉帘
6—剥棉打手　7—活门　8—秤斗　9—秤斗活门　10—混棉帘子

图 7-41 是混棉帘子开棉机示意图，由各个自动称重机落下的纤维，按不同混合比依次连续地铺在混棉帘子上，并输送至给棉罗拉，经剥棉打手开松、混合后，由前方机台的风机吸走。在这个过程中，可以对不符合含水量和油剂要求的短纤维补充油剂。

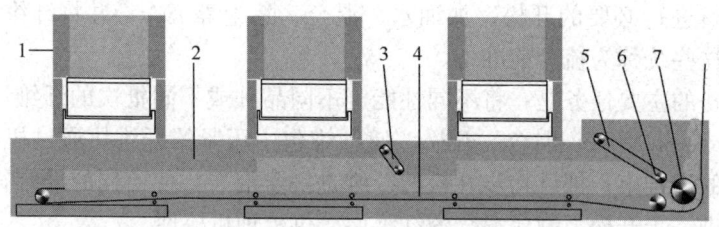

图 7-41　混棉帘子开棉机示意图
1—称重机　2—混棉帘墙板　3—小压棉帘　4—混棉帘
5—大压棉帘　6—给棉罗拉　7—剥棉打手

（2）多仓混棉机

混棉帘子具有一定的混合效果，但这种混合效果并不大，为了达到色泽均匀或几种原料的均匀混合，一般都经过混棉机进一步混合，这样才能达到梳理的要求。混棉机有多种类型，图 7-42 是多仓混棉机。

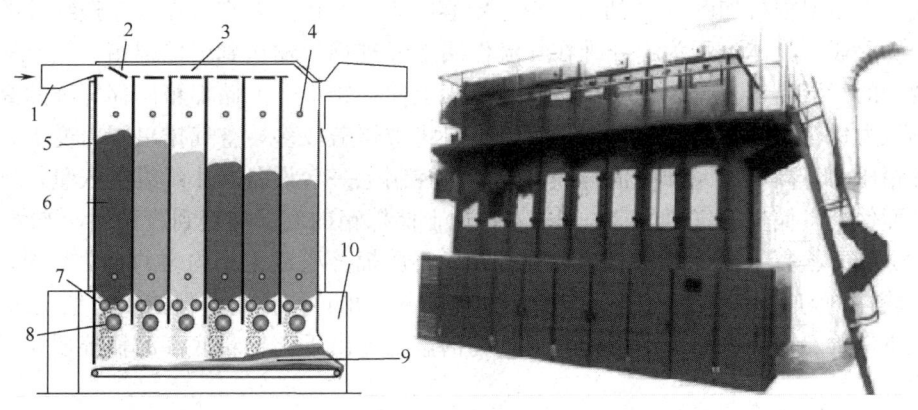

图 7-42　多仓混棉机
1—进棉通道　2—进料活门　3—配棉通道　4—光电管　5—回风道
6—混棉仓　7—给棉罗拉　8—开松打手　9—混棉通道　10—出棉通道

输棉风机产生的气流将开松的原料输送到进棉通道，在不同的时间喂到混棉仓，经给棉罗拉、开松打手，于混棉通道中混合，并在同一时间由出棉通道输出，采用"横铺直取"方法实现时差相混。

（3）精开松机

精开松机用于对纤维的进一步开松，其工作原理如图 7-43 所示。通过气流接受已经预开松的纤维原料，经罗拉及打手进一步将纤维进行松解，使大的纤维块、纤维团离解成小块纤维，为下一步在梳理机上分梳成单纤维创造条件。

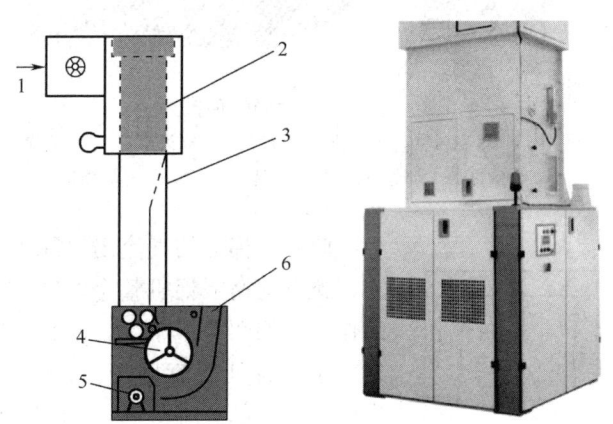

图 7-43　精开松机
1—进棉口　2—凝棉器　3—储棉仓　4—罗拉及打手　5—电机　6—出棉口

（4）气压棉箱喂棉机

对于纤维成网来说，均衡、稳定地供给簇棉（聚集的纤维）对纤网的品质至关重要，所以纤维原料经混合、开松后，要通过喂料系统为后道梳理加工供应原料。按喂入方式可分为定容喂入和定重喂入两种类型。

气压棉箱喂棉机如图7-44所示，属于定容喂入，利用压缩空气作为输送纤维的介质和控制的手段。具体流程为：纤维在气流作用下经进棉口输送到上储棉箱，气流从上储棉箱两侧的气流出口自排风管导出，纤维落入上储棉箱中。上储棉箱储存纤维的高度不变，则压力保持不变；若纤维过多，气流出口将被覆盖较多，空气排出压力变大，导致上储棉箱压力升高，压力升高信号经反馈后将控制上一台设备减小纤维喂入量，反之亦然，从而保持上储棉箱气压恒定。喂棉罗拉从上储棉箱的底部捕获到簇棉后，连续挤压，将其输送到开松打手上，开松打手快速旋转，将簇棉开松成大小均匀的小块簇棉，稳定气流将簇棉均匀送入下储棉箱，下储棉箱两侧的气流出口同样起着保持压力稳定的作用，最后在下储棉箱内纤维原料形成密实而均匀的簇棉，由下储棉箱底部的输棉罗拉经导棉板输出。

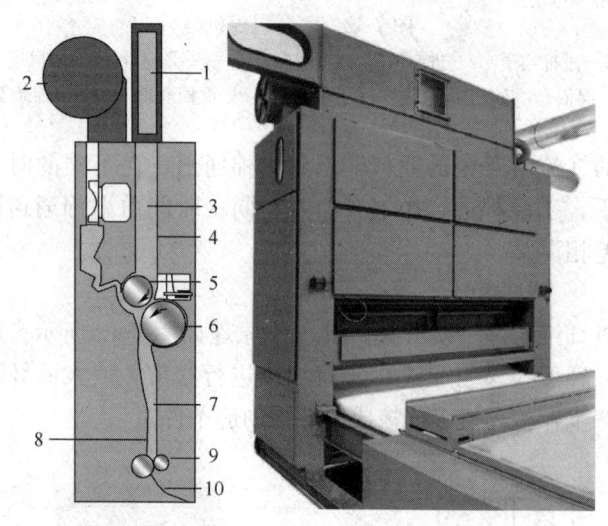

图7-44 气压棉箱喂棉机

1—进棉口 2—排尘风管 3—上储棉箱 4、8—气流出口 5—喂棉罗拉
6—开松打手 7—下储棉箱 9—输棉罗拉 10—导棉板

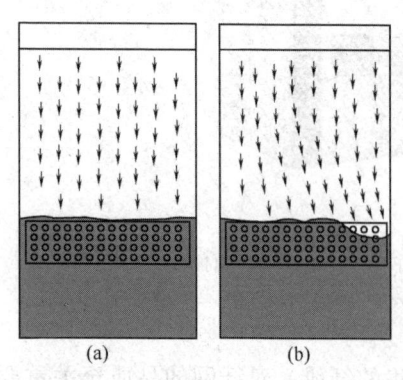

图7-45 气压棉箱横向均匀作用

此外，棉箱的气流出口除了分离纤维和气流之外，还有均衡喂棉机整个幅宽方向上纤维均匀分布的作用，如图7-45所示。图7-45（a）中，纤维均匀落下，各处气流量相当；图7-45（b）中，幅宽方向出现局部纤维分布不均匀现象，于是纤维少的位置，气流量增加，带动更多的纤维向该位置堆积，从而实现横向均匀作用。

7.2.2 梳理

在干法无纺布生产过程中，梳理是关键工序，梳理的质量直接影响到后续产品的质量。梳理的主要任务有：进一步开松纤维并除杂；将纤维原料进一步混合均匀；将块状簇棉梳理成束状，再梳理成单根纤维状；将纤维梳理成网。双道夫梳理机能起到将双层纤网重叠均匀的作用；带有杂乱机构的梳理机能使纤网的纤维杂乱排列，减小产品纵横向的强度差异。

梳理机有多种类型，下面以梳理超细纤维常用的双锡林双道夫凝聚杂乱梳理机为例，介绍一下梳理的工艺过程，如图 7-46 所示。

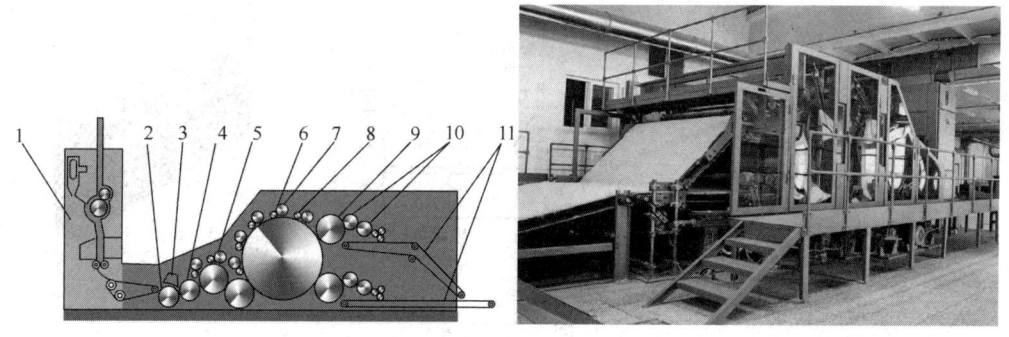

图 7-46　双锡林双道夫凝聚杂乱梳理机
1—气压棉箱　2—喂入罗拉　3—给棉板　4—刺辊　5—胸锡林　6—主锡林
7—工作辊　8—剥取辊　9—道夫　10—杂乱辊　11—出网帘

开混后的纤维自气压棉箱均匀地由喂入罗拉经给棉板、刺辊喂入胸锡林，胸锡林上的梳理单元对纤维进行初步梳理；然后由刺辊喂入主锡林，主锡林上的多组梳理单元对纤维进行充分梳理；梳理后的纤维由上、下两个道夫分别部分剥取，经凝聚杂乱后导入上、下出网帘并重叠成双层网。

（1）评价纤网的指标

①纤网克重　指单位面积纤网中所含纤维的质量（g/m^2）。

②纤网均匀度　指纤维在纤网中分布的均匀程度，通常用纤网的质量不匀率即 CV 值（变异系数）来表示，包括横向不匀率和纵向不匀率。

$$CV = \frac{试样的均方差}{试样的算术平均值} \times 100\%$$

③纤网定向度　纤维在纤网中的排列方向，一般用定向度来表示。纤维在纤网中某一方向排列数量的多少称为定向度。纵向（MD）指纤维顺着机器输出方向排列，横向（CD）指纤维垂直于机器输出方向排列。杂乱度指沿纤网各个方向排列的纤维数量的均匀程度。MD：CD≫1 或≪1，则纤网的定向度高；MD：CD≈1，则纤网的杂乱度高。通常用非织造材料的纵向和横向断裂强力的比值来判断纤网的定向度或杂乱度。

（2）梳理的原理

①针布　梳理是由包覆锡林、罗拉、剥取辊、道夫等各种辊筒上的针布来完成的，针布是梳理机的重要元件。

梳理机用金属针布是具有一定厚度和宽度、表面为针或齿的梳理机件包覆物，如图 7-47 所示。金属针布基部宽大，能承受较大的梳理力，不变形，齿的外形尺寸准确，使用寿命长,产量高,有利于梳理及纤网质量的提高。针布齿尖大的如锯齿形,小的如细针形,金属针布的几何参数对分梳、转移等性能有重要影响。主要参数有齿形、工作角、齿高、齿顶面积和密度,最重要的是齿面工作角,它直接影响到梳理过程中纤维的受力和运动。一般工作辊、道夫用针布的工作角小于锡林针布的工作角,这样有利于工作辊及道夫抓取纤维。

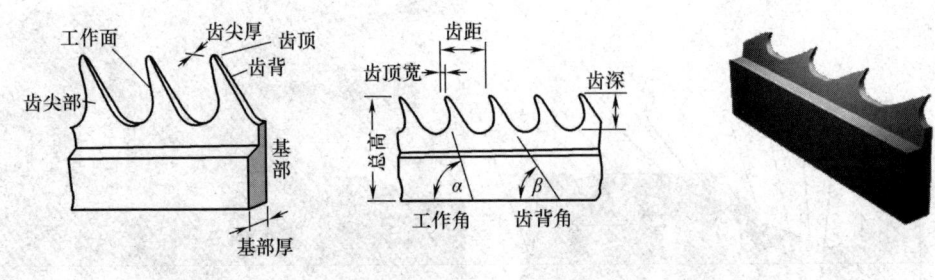

图 7-47 针布

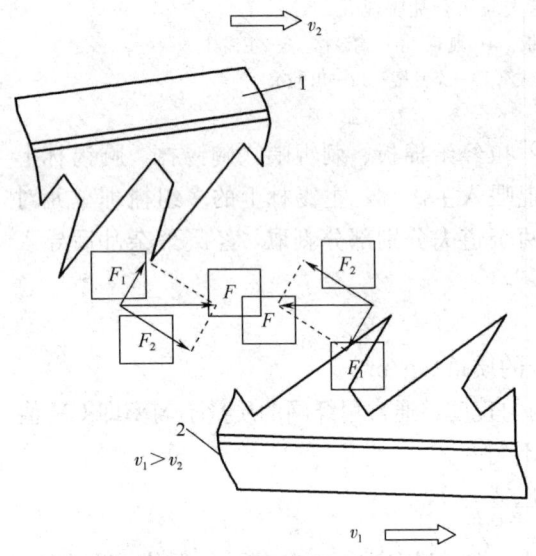

图 7-48 分梳作用示意图及纤维受力分析

②针布对纤维的作用 梳理机上有大大小小的辊筒,如锡林、罗拉、剥取辊、道夫以及工作辊等,均包覆针布,针布的齿向配置、速度方向、速度快慢的变化等会对纤维产生不同的作用。变换针向、速度方向、速度大小三个因素可以排列20多种组合,主要用到的有三种作用:

a. 分梳作用:分梳作用产生于梳理元件的两个针面之间,其中一个针面握持纤维,另一个针面对纤维进行分梳。针齿的受力状况如图 7-48 所示,针齿对针齿配置,同向运动且 $v_1 > v_2$ 时,1 辊和 2 辊上的针齿受纤维的作用力 F 的分力 F_1、F_2。F_1 都冲向针齿内部,使两个针都具有抓取纤维的能力,故起到分梳作用。

b. 剥取作用:如图 7-49 所示,当两针面的针齿对针背配置,同向运动且 $v_1 > v_2$ 时,1 辊针齿受力 F 的分力 F_1 指向针齿内部,对纤维有握持作用;2 辊针齿受力 F 的分力 F_1 指向针齿外部,对纤维没有握持作用,纤维自 2 辊被 1 辊剥取,产生剥取作用。有同向剥取和反向剥取两种方式,如图 7-49 和图 7-50 所示。

c. 提升作用:当两针面的针齿呈平行配置,v_1 与 v_2 同向,且 $v_2 > v_1$ 时,如图 7-51 所示,两针面所受力 F 的分力 F_1 都指向针齿的外部,两针齿对纤维都没有握持作用,只能将针面上的纤维提升,产生提升作用。

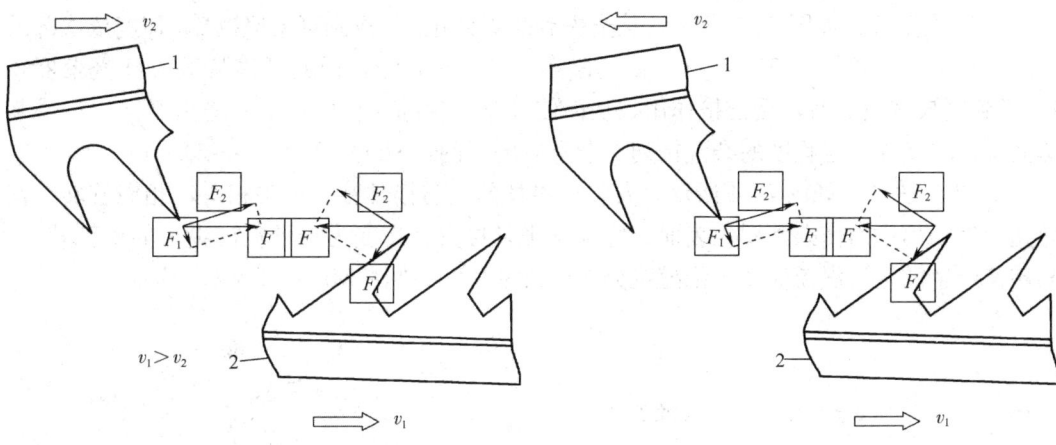

图 7-49　同向剥取作用示意图及纤维受力分析　　图 7-50　反向剥取作用示意图及纤维受力分析

③梳理单元　梳理主要在梳理机的胸锡林和主锡林上进行，由锡林、工作罗拉、剥棉罗拉组成一个梳理单元，如图 7-52 所示。锡林上的纤维由工作罗拉进行梳理，工作罗拉上的纤维被剥棉罗拉剥取，剥棉罗拉上的纤维再由锡林剥取，完成一次梳理。

④杂乱原理　梳理机梳理出来的纤维定向度很高，几乎全部按纵向排列，为了减小纵向与横向的差异，需要对纤网进行杂乱，杂乱方式有凝聚罗拉式和杂乱罗拉式等。

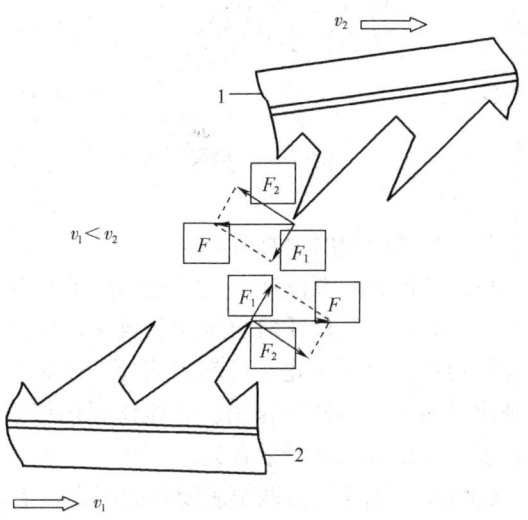

图 7-51　提升作用示意图及纤维受力分析

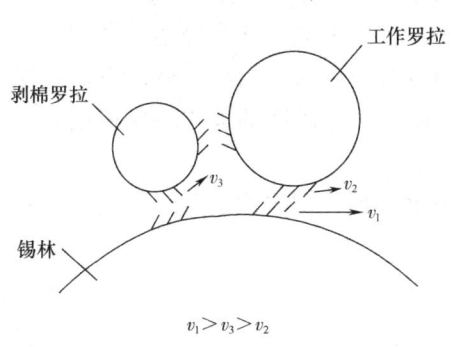

图 7-52　罗拉-锡林梳理单元

a. 凝聚罗拉：如图7-53所示，从道夫到凝聚罗拉1，再到凝聚罗拉2，速度依次降低 $[v_{道夫}:v_{凝聚1}=(2\sim1.75):1，v_{凝聚1}:v_{凝聚2}=1.5\sim1.0]$，由此纤维从道夫到凝聚罗拉1，再到凝聚罗拉2时，受推挤作用，从而使纤维产生随机变向，最终输出纤网中纤维从单向排列转变为一定程度的杂乱排列。杂乱后的纤网：MD:CD=(5~6):1。

b. 杂乱罗拉：如图7-54所示，安装在锡林前，与锡林针布齿尖相对，相向旋转，高转速产生的离心力使杂乱罗拉表面的纤维从张紧拉直状态变为悬浮在齿尖上的松弛状态，高转速产生的空气涡流促使纤维随机分布。杂乱后的纤网：MD:CD=(3~4):1。

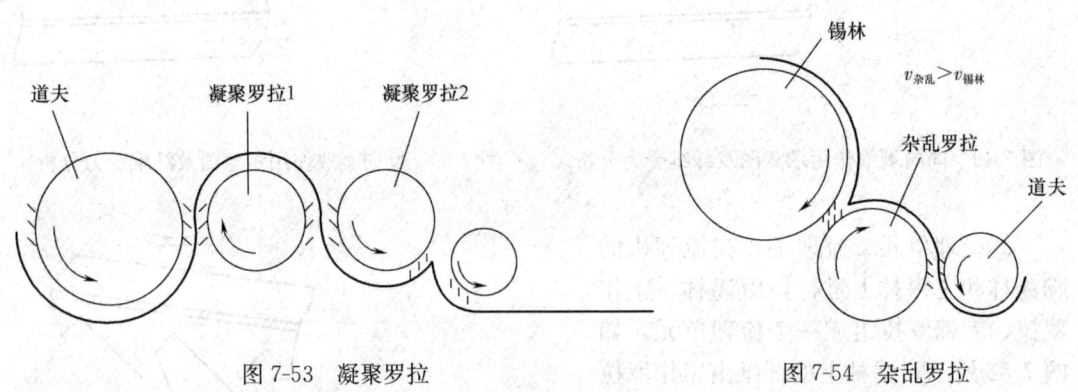

图7-53 凝聚罗拉　　　　　　　　图7-54 杂乱罗拉

(3) 影响梳理的主要因素

梳理机各辊均包覆针布，梳理作用就是针布对纤维的作用。针布直接影响纤维的分梳、均匀混合、转移纤网的质量和效率，因此针布的齿向配置、相对速度、相对隔距及针齿排列密度等的变化，可产生梳理、凝集和转移、提升及剥取等作用，对梳理性能和梳理质量起着关键性的作用。分梳作用区梳理效果的好坏与隔距、速比、喂入负荷、锡林速度、针布状态等因素有关。

①隔距　隔距是指两辊表面间的距离，隔距大，作用区变小；隔距小，作用区变大，梳理弧长变大，作用效果变好。隔距小，锡林转移或分配给工作辊更多的纤维，使工作辊挂毛量增大，提高了梳理效果；同时锡林转移走纤维后，针隙清晰，梳理效果会更好。隔距小，纤维间的挤压力增大，工作辊、锡林抓取纤维的能力增强，也会增强梳理作用，所以，一般小隔距会提高梳理效果。但隔距太小，梳理力大，纤维损伤会增加，也容易损坏针布，使针齿变形，影响梳理。通常隔距的设置原则是：由后车到前车，隔距由大到小，第一工作辊隔距最小、最重要，影响着分配系数。隔距的大小还应根据纤维的长短、粗细而定，长纤维、细纤维的隔距可放大一点。

②速比　速比即锡林速度与工作辊或道夫速度之比，即表面速度或线速度之比。各辊的速度由下式计算：

$$v = \pi \times D \times n$$

式中　D——辊的直径加上两倍针布高度，m；
　　　n——转速，r/min。

工作辊速比大，工作辊的速度就小，锡林梳理弧长就越长，锡林传递给工作辊的纤维也就越多。因为工作辊负荷为工作辊单位面积上的纤维重量，即 $p_1 = \dfrac{W}{v_1 b}$，而工作辊上的纤维是锡林转移或交给工作辊的，所以移交给工作辊的负荷 $p_2 = \dfrac{W}{v_2 b}$，则

$$p_1 = \frac{p_2 v_2 b}{v_1 b} = \frac{v_2}{v_1} p_2$$

式中　p_1——工作辊负荷，N/m^2；

　　　v_1——工作辊速度，m/min；

　　　W——单位时间工作辊上的纤维量，kg；

　　　p_2——移交给工作辊的负荷（或剥取负荷），N/m^2；

　　　b——纤维宽度，m；

　　　v_2——锡林速度，m/min。

从公式可以看出，工作辊负荷与工作辊速度比成正比。当 p_2 不变的情况下，速比越大，即工作辊速度 v_1 越小，p_1 越大。在某种程度上，工作辊速比越大，锡林梳理弧长越长，梳理作用越强。但 p_1 过大也会造成梳理不透。设定工作辊速比大小原则上由后向前逐渐变大，在生产实践中，应根据喂入量的大小来确定，也可根据原料的开松程度通过实验来确定。

③喂入负荷　喂入负荷指辊上单位面积的纤维质量，其计算公式如下：

$$p = \frac{W(1-\eta)}{vb}$$

式中　p——喂入负荷，N/m^2；

　　　W——每分钟给料的质量，kg/min；

　　　v——辊筒的表面速度，m/min；

　　　b——辊筒上纤维宽度，m；

　　　η——损耗率。

喂入负荷的大小影响分梳作用的效果，也涉及产量的高低。在产量不大的情况下，适当加大喂入负荷，可提高工作辊的分配系数，有利于提高梳理质量。但并不是喂入负荷越大越好，喂入负荷过大，梳理机各辊上的负荷过大，对梳理不利，纤网质量会恶化。可根据纤维的品质增减喂入负荷，并要与隔距、速比相适应。

④锡林速度　锡林是主要梳理组件，它的速度一般是不变的。锡林喂入负荷计算公式如下：

$$p_{喂} = \frac{W b v_{道}}{v_{锡} b} = \frac{W v_{道}}{v_{锡}}$$

式中　$p_{喂}$——锡林喂入负荷，N/m^2；

　　　W——纤维单位面积质量，kg/m^2；

　　　b——纤网有效宽度，m；

　　　$v_{道}$——道夫速度，m/min；

　　　$v_{锡}$——锡林速度，m/min。

在喂入量不变的情况下，锡林速度增大，意味着喂入负荷下降。若锡林喂入负荷不变，那么锡林速度增大，产量会提高。

若 $p_{喂}$ 不变，$v_{锡}$ 增大（或 $v_{道}$ 减小），纤网重量必须增大，但这是短时的。$v_{锡}$ 增大，锡

林梳理弧长就越长，可提高梳理效率。但锡林速度增大，意味着速度差变大，梳理时冲击力变大，易损伤纤维，尤其对开松不好的纤维损伤更严重，所以，胸锡林速度应较低，主锡林速度也不宜太高，否则会增大落毛，使消耗增大，制成率降低。

⑤针布状态　针布的锐利程度，有无弯针、倒针、断针等都对分梳效果有一定影响。

7.2.3　铺网

梳理机生产出的单纤网很薄，通常其面密度不超过 $20g/m^2$，即使采用双道夫，两层薄网叠合也不超过 $40g/m^2$，一般需通过进一步铺网来获得厚纤网。铺网就是将一层层薄纤网进行铺叠以增加其面密度和厚度。

铺网方式有平行式铺网和交叉式铺网。交叉式铺网是将梳理机输出的纤网垂直于铺网机作往复运动，并以交叉方式铺叠，将梳理机输出纤网的直线运动变成复合运动。图7-55 是双帘夹持式交叉铺网机，薄网始终在双帘夹持下运动，因此不会受到意外张力和气流的干扰，既可提高铺网速度，又可改善纤网均匀性。铺网除了具有增加纤网单位面积质量的作用外，还具有增加纤网宽度、调节纤网纵横向强力比、改善纤网均匀性的作用。

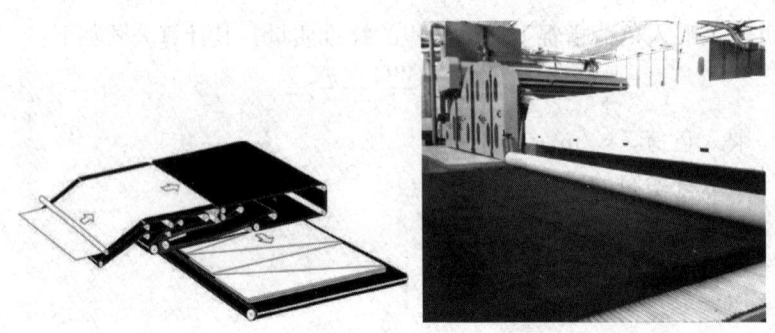

图 7-55　双帘夹持式交叉铺网机

增加纤网的单位面积质量靠增加铺网的层数实现，铺网层数的计算公式如下：

$$n = \frac{b_1 v_1}{b_2 v_2 K}$$

式中　n——铺网层数；
　　　b_1——梳理机输出的纤网宽度；
　　　v_1——铺网帘移动速度；
　　　b_2——铺网机输出纤网的宽度；
　　　v_2——铺网机输出纤网的速度；
　　　K——拉伸修正系数。

7.2.4　针刺

纤维成网工序所成的纤网强度很低，不能满足非织造布的使用要求，因此必须使纤维网中的纤维彼此黏合或交联，即对纤维网进行加固。固网是非织造布生产工艺过程中的关键工序，它对非织造布的强度和手感等性能有着决定性的影响。

(1) 针刺机理

针刺加固是利用三角形或其他形状截面且棱边带倒钩的刺针对纤网进行反复穿刺，倒钩穿过纤网时，将纤网表面和局部里层纤维强迫刺入纤网内部，由于纤维之间的摩擦作用，原来蓬松的纤网被压缩；刺针退出纤网时，刺入的纤维束脱离倒钩而留在纤网中，这样，许多纤维束纠缠住纤网使其不能再恢复原来的蓬松状态；经过多次针刺，相当多的纤维束被刺入纤网，使纤网中纤维互相缠结，从而形成具有一定强力和厚度的针刺法非织造材料。针刺示意图如图 7-56 所示。

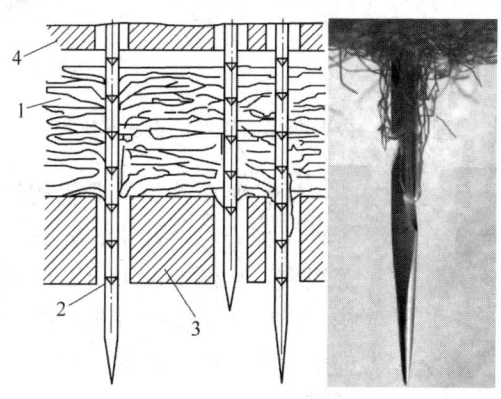

图 7-56　针刺示意图
1—纤维　2—刺针　3—托网板　4—剥网板

(2) 针刺机的结构

针刺机的种类很多，型号各异，但基本的组成部分是一致的，主要由送网机构、针刺机构和牵拉机构三大机构组成，另外还有机架、传动机构、辅助机构等，如图 7-57 所示。

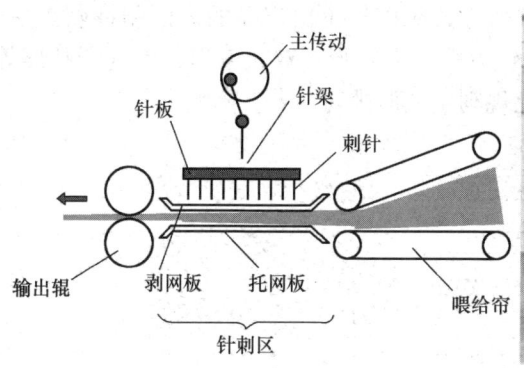

图 7-57　针刺机

①送网机构　送网机构的作用是把纤网输送至针刺区域，由于针刺机机型的不同，送网机构各不相同。由于预针刺机所加工的纤网高度蓬松，所以对预针刺机的送网机构要求很高，出现了多种形式的送网机构，如压网帘式送网机构、带导网片的压网帘式送

网机构、带喂入罗拉的压网帘式送网机构、槽形辊式送网机构等。图 7-58 是带导网片的压网帘式送网机构。

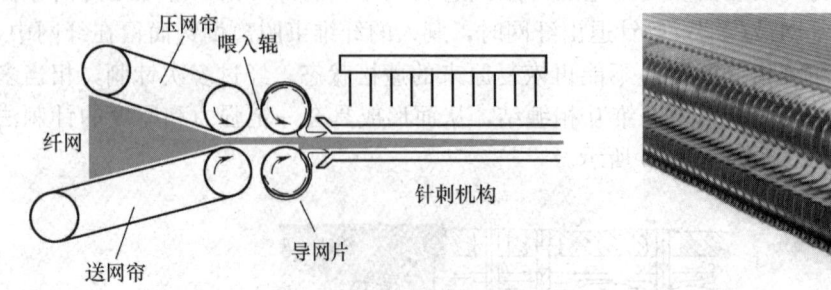

图 7-58　带导网片的压网帘式送网机构

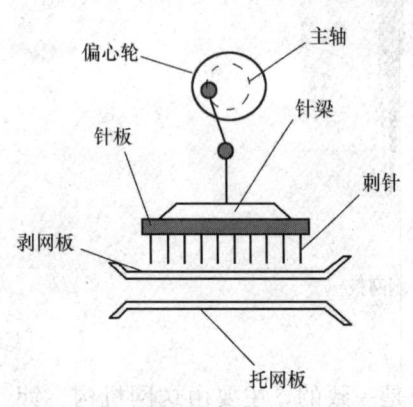

图 7-59　针刺机构

②针刺机构　针刺机构是针刺机的关键机构，由主轴、偏心轮、针梁、针板、刺针、剥网板、托网板等组成，如图 7-59 所示。主轴上装有偏心轮和平衡机构，针梁用于安装针板，并与偏心轮连接，在偏心轮的带动下作往复运动，使针板上的刺针随之反复穿刺纤网。

针板是用来安装刺针的，针板上的植针密度和刺针在针板上的布针方式是两个十分重要的参数。

针板的植针密度是指在机台的宽度方向上单位长度针板上的刺针数，这一参数是衡量一个机台的重要指标。植针密度越大，纤网的针刺密度越大，这样，对针刺密度要求一定的产品其加工工序就可缩短。植针密度与针板上针孔的加工精度、针板的强度等有关，一般为 3000~10000 枚/m。

布针方式指针板上针的排列方式。其排列方式应以加工出产品的表面刺针刺点呈均匀分布为佳，解决这一问题是较复杂的。布针方式有人字形、双人字形、无规杂乱形等，如图 7-60 所示，现在多采用计算机设计的无规则杂乱形排列。

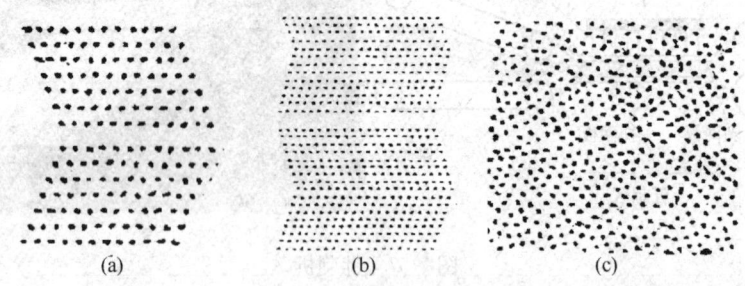

图 7-60　布针方式
(a) 人字形　(b) 双人字形　(c) 无规杂乱形

剥网板和托网板是一对配合刺针对纤网进行固结的部件，两板均钻有孔眼，与针板上的孔眼完全对应。针刺时，托网板起到刺针刺入纤网时的托持作用，剥网板起到刺针退出纤网时的阻挡作用。图 7-61 为刺针穿过托网板。剥网板和托网板的表面要平整光滑，以便纤网顺利通过。为适应不同厚度纤网的加工，托网板、剥网板和针板的间距可以调节，以实现不同的针刺深度。

③牵拉机构　牵拉机构的作用是将针刺后的纤网从针刺区域输出，如图 7-57 中的输出辊。牵拉机构一般由一对牵拉辊组成，其表面包覆摩擦因数较大的材料，以增加牵拉辊对纤网的握持。纤网的牵拉速度和喂入速度要适当配合，保持纤网在针刺区不产生拥塞，也不受到过分牵伸。牵拉机构的传动形式有间歇式和连续式两种。

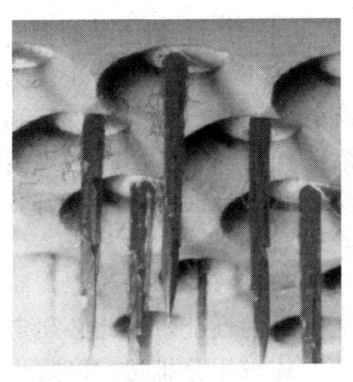

图 7-61　刺针穿过托网板

(3) 刺针

刺针是针刺法非织造布生产中的主要工具，它的型号、规格、布针方式及在加工过程中的针刺深度对产品的结构、质量和性能都有很大影响。目前各种类型、规格的刺针有 1500 种左右，图 7-62 为常用刺针结构。刺针要求：几何尺寸正确，针杆平直，针尖对纤网具有良好的穿刺能力；表面光洁，钩刺切口边缘平滑无毛刺，表面硬度高，耐磨性好；有良好的刚性、韧性和弹性，"宁断不弯"。

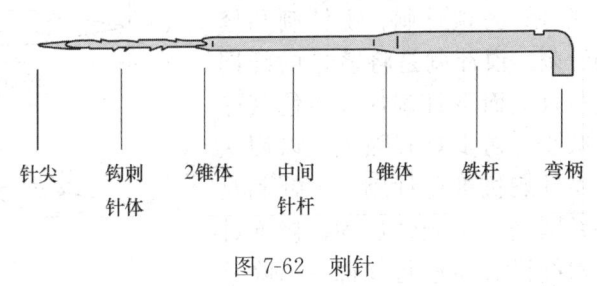

图 7-62　刺针

一般刺针的长度在 75～90mm，这一变量主要由加工纤网的特性所决定。每枚刺针的尾部都有一个弯头，以便将针放入针板上时能放直、放正。刺针的针身一般由针柄、针腰、针叶三部分组成。针腰是针柄向针叶的过渡段，对于针叶直径要求较大的刺针，可以不经针腰的过渡而直接由针柄、针叶组成。针叶为刺针的工作段，是刺针的主要区段。针叶的截面形状有圆形、三角形、三叶形、正方形、菱形、星形、水滴形等，常用的为等边三角形，且在三个棱边上分别有三个刺钩。特殊刺针在三个棱边上分别有两个或一个刺钩，预针刺可使用一个刺钩的刺针，以降低交联。

刺钩的整体结构由刺钩形状、下切角、刺钩深度、刺钩长度（也叫齿槽）和刺钩高度（也叫齿突）五个要素组成，如图 7-63 所示。刺钩是刺针的主要部位，针体在纤维网层上下穿刺，通过刺钩使纤维互锁、缠结。刺钩的形状将直接影响纤网的性能，如带纤量、纤维损伤断裂程度、产品的平整度、拉伸强度、纤网结构的紧密度等。

刺针按齿距分为 R 型、M 型、C 型、F 型四种，齿距分别为 6.3、4.8、3.3、1.3mm，如图 7-64 所示。仅从钩距来看，钩刺距离越近，则每次针刺钩带的纤维量就越

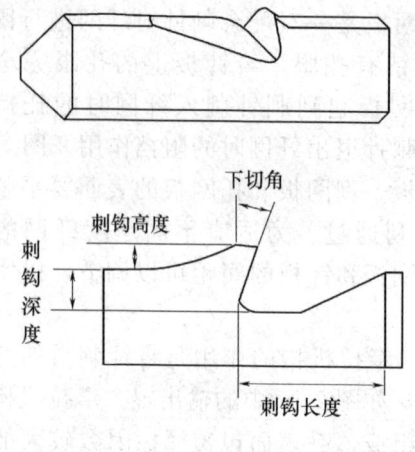

图 7-63 刺钩结构

少，生产出的产品也较均匀，但产品的强度较低。一般来讲，C型、F型刺针适合于较细纤维和针刺密度较小的薄型产品；而M型和R型刺针应用的范围就比较广，尤其是R型刺针，它适应大部分产品的预针刺场合和部分产品的主针刺场合。

刺针磨损后会显著影响针刺效率，同时影响针刺非织造材料的性能，因此必须定期更换刺针。换针方式采用分批法，以防止针刺非织造材料性能的突然变化。通常在规定时间内先更换针板上全部刺针的 $1/4 \sim 1/3$，过一段时间后再更换 $1/4 \sim 1/3$，依次进行刺针的更换。

(4) 针刺方式

按所加工纤网的状态，针刺方式可分为预针刺、主针刺和修饰针刺。预针刺是将蓬松的纤网进行自上而下针刺加固，使其厚度减少，初步具有强力，以便送至主针刺机进行针刺；主针刺是将纤网进一步刺针加固；修饰针刺对纤网表面进行修饰，消除针孔、针迹，提高平整度。

按针刺角度，针刺方式分为垂直针刺、倾斜针刺，其中垂直针刺又分为上针刺、下针刺。

按针板数量，针刺方式分为单针刺、双针刺、多针刺等。

(5) 影响刺针非织造材料性能的主要因素

影响刺针非织造材料性能的主要因素有针刺深度、针刺密度、刺针规格型号和排列、步进量、牵伸比、纤维性能等。

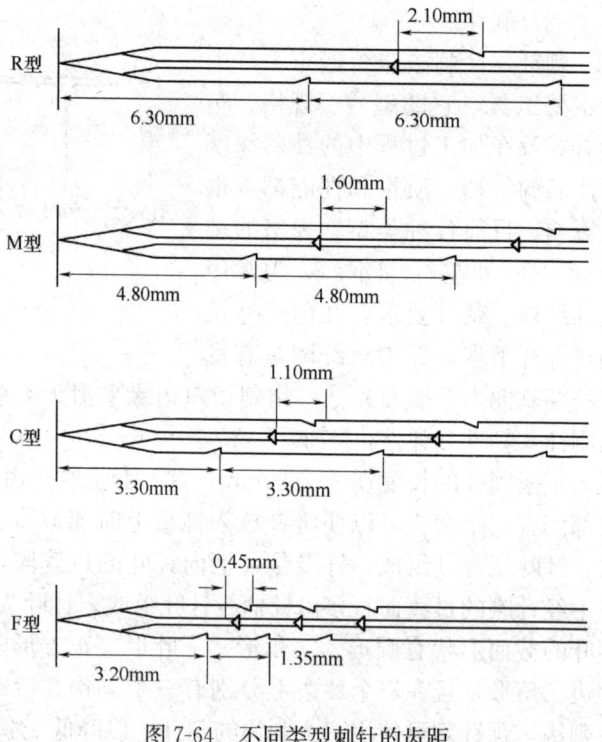

图 7-64 不同类型刺针的齿距

①针刺深度 针刺深度指刺针穿刺纤网后，突出在纤网外的长度，在下刺式针刺机即指针尖与托网板上平面之距。

针刺深度是针刺工艺中的一个重要参数。纤网在针刺过程中，必须得到足够的针刺深度，方能使纤维间得到足够的缠结和获得有效的抱合力。但针刺深度要适度，过深不仅会损伤纤维，而且也会增加针刺力和设备负荷，造成断针；过浅则纤维间的缠结和抱合力不足，也就达不到所要求的强度。

针刺深度一般在 3～17mm。针刺深度的选用一般可以遵循以下的原则：对粗而长的纤维，纤网可刺得深些，反之则浅些。对厚型纤网刺得要比薄型纤网深些，反之浅些。对要求硬挺的产品可刺得深些，反之则浅些。

②针刺密度　针刺密度指单位面积的纤网所受到的总针刺数，它与针板单位长度上的植针数和纤网在每一个针刺循环中前进的距离有关。针刺密度可按下式计算：

$$D_n = \frac{nN}{v} \times 10^{-4}$$

式中　D_n——针刺密度，刺$/cm^2$；
　　　N——1m 长度板上的植针数量，针/m；
　　　n——针刺频率，次/min；
　　　v——纤网输出速度，m/min。

由上式可以看出，针刺密度是随针刺频率和植针密度的提高而增大，随纤网输出速度增加而减少。

针刺密度随产品的不同而不同。一般来讲针刺密度越大，纤维网的强力也越大，产品也越坚实硬挺。当针刺密度达到一定的值时，纤网就相当紧密，继续针刺下去，刺钩带动纤维位移十分困难，针的受力加大，这既容易造成断针，又会增加纤网中纤维的损伤，使纤网强力下降。因此，由不同纤维组成的纤维网，由于纤维自身强力的差异，它们的针刺密度极限也不一样。强力高的纤维，针刺密度可大些，反之则低些，否则由于纤维过度损伤，会大大降低纤网的强力。

7.2.5　成卷

针刺加固后的纤网，即无纺布，经过卷取机卷取后裁断成卷，就可以方便后续储存或者加工。

按照卷取的原理一般分为表面收卷、中心收卷、表面跟中心结合式收卷、间隙式收卷等形式。无纺布的成卷属于表面收卷，主要利用卷取辊与被卷取材料的表面摩擦，实现对卷材的驱动而实现收卷的，如图 7-65 所示。

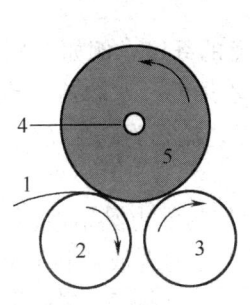

图 7-65　表面收卷示意图
1—无纺布　2、3—卷取辊　4—卷芯　5—无纺布卷

①表面收卷　结构简单，收卷由表面驱动辊支撑，卷取轴受力小，不需要大的刚性；控制方便，收卷的线速度基本跟表面卷取辊一致，收卷的速度可以通过改变驱动卷取辊的电机转速来达到。

②中心收卷　卷径的大小对收卷的速度没有影响，所以中心收卷可以在低张力的条件下进行，可以避免无纺布在过大张力的条件下发生变形，例如幅宽收缩。

超细纤维合成革加工过程，无纺布收、放卷需要采取表面收卷方式，其他工序可采取大张力的中心收卷方式收卷。

7.2.6　无纺布定型

针刺加工的无纺布，虽然有一定的密度、形态稳定性，但还是比较柔软，表面平整性不佳，通过无纺布的定型增强形态稳定性和表面平整性，适当增加硬度，合理增加密度。无纺布定型分为干法和湿法。

（1）干法定型

干法定型适用于升温容易达到所含组分软化点的纤维，也可称为烫平，如 PA6/PE 海岛纤维。烫平主要是利用高温下纤维的热收缩来增加无纺布表面的平滑性和密度，其工艺流程如图 7-66 所示。

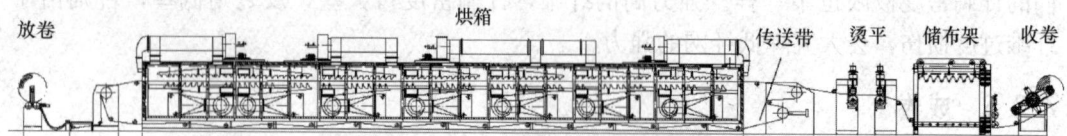

图 7-66　烫平工艺流程图

无纺布采用摩擦式装置进行放卷，以降低张力；放卷后的无纺布经传送网进入烘箱，无纺布在烘箱中均匀受热进行自由收缩；无纺布出烘箱后由两段烫平辊进行烫平，烫平辊间隙可根据烫平布的厚度要求进行调节；无纺布烫平后经过储布架进入中心卷取机进行卷取。

（2）湿法定型

湿法无纺布定型适合升温不容易达到所含组分软化点的纤维，例如 PA6/COPET 海岛纤维。湿法定型是对无纺布浸渍一定浓度的 PVA（聚乙烯醇）水溶液，然后烘干，干燥后的 PVA 将纤维黏结，从而实现定型。湿法定型的工艺流程为：无纺布放卷→PVA 浸渍→干燥→烫平→冷却→卷取。

PVA 为白色颗粒状或粉状固体，无毒无味，具有较佳的强力黏结性、皮膜柔韧性、耐油耐溶剂性，后处理工艺中易退浆。PVA 上浆通常用于普通合成革和 PA6/PET 型超纤无纺布定型。经过 PVA 上浆后的无纺布，纤维表面形成一层薄膜，提高了非织造布硬度，在 PU 树脂浸渍过程中阻挡了 PU 对纤维的直接结合，退浆后便在纤维和 PU 之间留下了空隙，形成纤维和 PU 的离型结构，可提高基布的柔软性。

7.2.7 无纺布制备工艺

无纺布的质量优劣直接影响到超细纤维合成革的产品质量,要生产高质量的超细纤维革基布,要求无纺布密度均匀、表面平整、物性指标达到要求。

一般要求无纺布厚度偏差不超过±0.05mm,密度偏差不超过±3%,CV 值不大于4%,纵横向物性指标接近。以定量 550g/m²、厚度 2.3mm 的基布为例,要求其断裂强力>150N,撕裂强力>100N,剥离强力>50N/5cm。

以定量 550g/m²、厚度 2.3mm 的基布为例,无纺布加工工艺参数见表 7-6 至表 7-8。

表 7-6　　　　　　　　　　梳理前准备

项目		指标	项目	指标
目标质量/g	称重式开松机 1	500	物料储存器喂入辊速度/%	42
	称重式开松机 2	500	喂入风机辊速度/%	45
快速速度%	称重式开松机 1	8	气压棉仓风机速度/%	63
	称重式开松机 2	21	气压棉仓喂入风机速度/%	65
慢速速度%	称重式开松机 1	2	设定网厚度/mm	5
	称重式开松机 2	8	气压棉仓上仓压力/Pa	930
质量切换/g	称重式开松机 1	400	气压棉仓下仓压力/Pa	220
	称重式开松机 2	400	喂入辊速度/(m/min)	1.82
混棉器转换压力/Pa		200	线速度/%	36
混棉器传送带速度/%		20		

表 7-7　　　　　　　　　　梳理、铺网

项目		指标	项目	指标
梳理机组 1/ (m/min)	胸锡林速度	430	铺网机牵伸/%	7
	工作辊速度	88	前铺网宽度/m	1.87
	主锡林速度	1100	后铺网宽度/m	1.86
梳理机组 2/ (m/min)	喂入速度	1.13	牵引铺网游车/%	0
	上道夫速度	43.2	堆积/%	100
	上杂乱速度	19.6	补偿带/%	0
	上剥离速度	34	搭接/cm	2

续表

项 目		指标	项 目	指标
梳理机组 2/ (m/min)	上传送带速度	34.4	网宽度/m	2.35
	下道夫速度	45	左输出帘高度/cm	3
	下杂乱速度	20	右输出帘高度/cm	15
	下剥离速度	37	铺网层数	32
	下传送带速度	40.3	铺网游车和输出帘同步/%	30

表 7-8　　针刺

项 目		指标	项 目	指标
针刺机 1	牵伸 1/%	15	针刺机 3	板间距/mm	10
	牵伸 2/%	11		步进量/mm	3.6
	牵伸 3/%	20		输出速度/(m/min)	2.08
	输出帘速度/(m/min)	1.55		针刺密度/(刺/cm^2)	398.2
	针深/mm	6	针刺机 4	牵伸 1/%	−0.5
	板间距/mm	23		牵伸 2/%	7
	水平步进量/mm	2		针深/mm	4.5
	步进量/mm	5.4		板间距/mm	8
	针刺密度/(刺/cm^2)	285.7		步进量/mm	3.8
针刺机 2	牵伸 1/%	5		输出速度/(m/min)	2.21
	牵伸 2/%	9.5		针刺密度/(刺/cm^2)	377.2
	针深/mm	6	针刺机 5	牵伸 1/%	−3
	板间距/mm	12		牵伸 2/%	11
	步进量/mm	3.4		针深(上/下)/mm	1.6/1.6
	输出速度/(m/min)	1.76		板间距/mm	8
	针刺密度/(刺/cm^2)	210.8		步进量/mm	5.2
针刺机 3	牵伸 1/%	9		输出速度/(m/min)	2.42
	牵伸 2/%	8.5		针刺密度/(刺/cm^2)	551.3
	针深/mm	6			

7.3 浸渍、凝固、水洗

无纺布定型后，密度、强度等还不够高，海岛纤维还没有开纤成为超细纤维，基本不具备使用价值，需要对其进行一系列加工才能成为超细纤维合成革基布，这一系列的加工可称为基布加工。基布加工过程是，将调配好的聚氨酯浆料挤压进具有三维网络结构的高密度定型无纺布中，通过相转化使聚氨酯树脂凝固，洗去基布中含有的 DMF，并采用水解或溶解的方式将纤维中的海组分去除，形成超细纤维和具有微细、通透孔结构的聚氨酯两部分构成的超细纤维合成革基布，基本确定超细纤维合成革的性能和用途。无纺布作为超细合成革的基体层，是超细合成革产品结构中的"骨架"，聚氨酯树脂在超细纤维合成革产品结构中起填充纤维"骨架"间隙"肉"的作用。

基布加工工艺流程如图 7-67 所示。

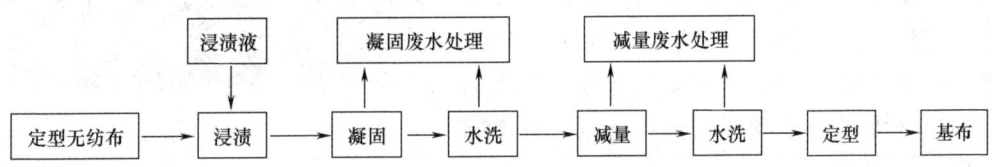

图 7-67　基布加工工艺流程

7.3.1 浸渍、凝固、水洗的原理及其设备

超细纤维合成革的浸渍、凝固和水洗原理与普通湿法合成革相同，因所用无纺布定量大、密度高，浸渍的聚氨酯多，所用设备又有特殊之处，其设备如图 7-68 所示。

（1）配料

配料的主要任务是，以 DMF 为溶剂，在浸渍液混合槽中把聚氨酯树脂与其他添加剂、颜料或

图 7-68　浸渍、凝固、水洗设备

染料一起搅拌混合均匀，达到所需的目标黏度、固含量，制成浆料由齿轮泵经带过滤器的管线送往储槽供浸渍使用。

聚氨酯是配料的主要原料，种类繁多，要选择成肌率高、黏度和模量满足需求的聚氨酯，并且同时兼顾后续加工工艺。例如：甲苯减量需要具有耐甲苯性能很好的树脂，可以选择聚酯、聚醚或共聚型的聚氨酯；而碱减量则需要树脂具有很好的耐碱性，可以选择聚醚或共聚型的聚氨酯；若后续需要染色，还需要考虑染色性能。

添加剂主要作为非离子或阴离子型的泡孔调节剂，促进或延缓 DMF 析出，起调整泡孔形状、防止卷边、加快 DMF 洗出等作用。

加工超纤基布的颜色不多,因此所需颜(染)料不多,主要为黑色和浅灰。黑色使用炭黑制备的色浆,浅灰使用金属络合染料或颜料调配的色浆。需要根据减量方式选择耐甲苯或耐碱的颜料或染料。

(2) 浸渍

无纺布经过定型后密度变高,尤其 PA6/PE 型纤维烫平后表面容易形成一层聚乙烯膜,加之聚氨酯浆料具有一定的黏度,使聚氨酯浆料不容易渗透和完全填充无纺布,因此需浸渍于作用强的浸渍设备。浸渍方式分为强行浸渍和普通浸渍两种。强行浸渍多用于 PA6/PE 无纺布,普通浸渍多用于 PA6/COPET 型无纺布。

普通浸渍设备结构与普通合成革浸渍槽相似,需要在普通合成革浸渍槽的基础上增加浸渍槽长度和挤压次数。

强行浸渍设备由位于浸渍槽体内的 10 段左右间隙、转速可以调整的带压力的浸渍辊(图7-69)和出口附近的上、下液切(刮刀)组成,可调整浸渍辊线速度与无纺布运行速度的比例及浸渍辊间隙来加强浸渍效果。浸渍槽示意图如见图 7-70 所示。

图 7-69 浸渍辊

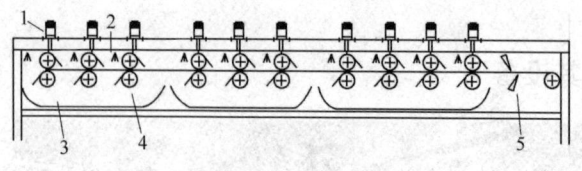

图 7-70 浸渍槽示意图
1—浸渍辊气缸 2—供液管 3—浸渍料槽
4—浸渍辊 5—刮刀(液切)

浸渍时无纺布位于浸渍槽液面上方,从每对浸渍辊中间通过,聚氨酯浆料由位于上浸渍辊前方的管线均匀送入无纺布正面,由下浸渍辊的转动带着浸渍槽内的浆料到无纺布背面,通过浸渍辊时把浆料挤入无纺布内,多余的浆料从无纺布两侧流入浸渍槽。槽内多余的聚氨酯浆料由溢流口流回循环槽经泵打回循环使用。浸渍均匀的无纺布出浸渍槽前由上下刮刀刮除表面浆料,调整表面含液率,然后进入凝固槽。

浸渍间隙由垫片调整,可按间隙比无纺布厚度大、间隙比无纺布厚度小的规律交替设定,来加强浸渍效果;出口附近间隙按无纺布厚度设定,防止带料过多造成刮刀刮液困难或挤出无纺布中的浆料而浸渍不充分。浸渍辊的线速度与无纺布运行速度比越大,浸渍效果越强,过大易造成张力异常,一般速度比 2~3,效果比较理想。

(3) 凝固

湿法凝固是将浸渍有聚氨酯浆料的无纺布置于 DMF 的水溶液中,使聚氨酯发生相转变而凝固的过程,可以用涂层膜凝固过程的三角坐标的相平衡图来解释。

凝固主要受树脂种类和浓度、助剂以及凝固液温度、凝固液 DMF 浓度等条件的影响,条件不同,形成的聚氨酯聚集形态也不同,所以控制凝固条件可调整聚氨酯泡孔形态。

影响泡孔结构的因素见表 7-9。

表 7-9　　　　　　　　　　　影响泡孔结构的因素

聚氨酯树脂浓度	凝固温度	凝固浓度	聚氨酯泡孔结构
高	高	高	微细孔化
低	低	低	巨大孔化

超细纤维合成革基布在凝固槽中进行凝固，凝固槽分为两部分，如图 7-71 所示。第一凝固槽布道由多层组成，合计 80～120m；第二凝固槽布道 50～60m。长布道可延长凝固时间，有利于缓慢凝固。浸渍基布进入第一凝固槽凝固时，表面聚氨酯立刻凝固成膜，内部逐步开始凝固，此时基布受外力容易变形，因此采用层式布道以减少与导辊接触而受力。基布在第一凝固槽基本凝固后，进入第二凝固槽进行充分凝固，充分凝固的基布基本确定了产品的手感和各种物理性能。为了防止基布形变，在基布出第二凝固槽以前，不设置压榨辊对基布压榨，基布出第二浸渍槽前，对其榨液，榨出高浓度 DMF 水溶液，便于后续水洗。两个凝固槽可以设置不同的凝固条件，调整凝固速度。

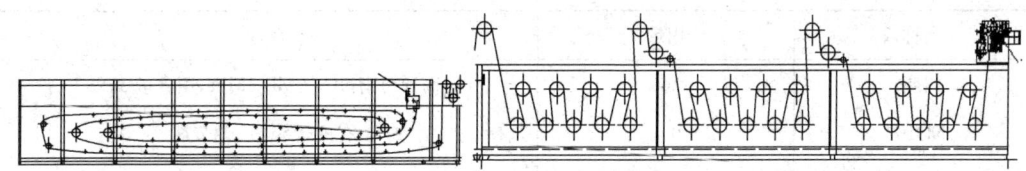

图 7-71　第一凝固槽和第二凝固槽示意图

（4）水洗

基布出凝固槽后，里面含有大量 DMF，若不去除，会造成 DMF 损失及环境污染并对后续工序造成影响。去除基布中的 DMF 采用多段水洗槽溢流、多段榨液的水洗方式进行。

工艺水自最后一个水洗槽加入，逐步溢流到前面的水洗槽，将置换高浓度水洗水，直至流入第一个水洗槽。第一个水洗槽的清洗水有一部分溢流到凝固槽中，使浸渍基布带入 DMF 造成凝固槽的凝固液浓度不再升高；另一部分进入 DMF 回收储罐。榨液采用浸渍、榨液的方式，如图 7-72 所示，使液体交换量多，增强水洗效果，重复此过程，直至最后一段水洗槽中的 DMF 浓度在 0.3％以内。除了采用上两种方式外，还可以升高水洗温度来加强 DMF 和水的交换，增强水洗效果。水洗温度越高，水洗效果越好，但升温造成水汽挥发并消耗热能。

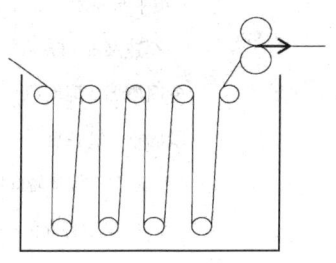

图 7-72　水洗槽示意图

7.3.2 浸渍、凝固、水洗工艺

配料时，确保原料正确，计量准确，一般先加入DMF，边搅拌边加入小料，分散后再加入树脂，以便分散均匀。浆料调配好后要同时检测固含量和黏度，固含量和黏度测试周期有差异，在时间允许的情况下一般以固含量为主要指标。切换颜色，尤其深色切换浅色时，要彻底置换管线。

定型后的超细纤维无纺布，以轴卷放机放卷，经过储布机、给布机，保持一定张力进入浸渍机；无纺布进入浸渍机后被10段浸渍辊强行浸渍，使聚氨酯树脂、DMF溶液均一浸渍到无纺布中去；基布通过第10段辊后，通过上下刮刀刮出表面浆料后进入第一凝固槽。

基布经第一凝固槽初步凝固、第二凝固槽充分凝固后进入溢流水洗槽进行水洗，基布经过最后一段榨液辊榨液后经牵引辊送往抽出工序。

以1.2mm厚、PA6/PE型不定岛超细纤维沙发革基布的加工为例，浸渍液配比见表7-10，工艺条件见表7-11。

表7-10　　1.2mm沙发革浸渍液配比　　单位：kg

名称	用量	备注
树脂	100	高弹树脂，100%MD 3MPa，固含量30%
NO10	0.5	有机硅系泡孔调节剂
DMF	35	—
浅灰色浆	4	—
合计	139.5	—

表7-11　　1.2mm沙发革浸渍、凝固及水洗工艺条件

项目	指标
烫平布厚度/mm	1.5±0.1
车速/(m/min)	5.0~5.5
凝固槽1/2温度/℃	30±1/30±1
凝固槽1/2浓度/%	25±1/20±1
1#、2#、3#、5#、7#浸渍辊间隙/mm	(定型无纺布厚+0.2)±0.1
4#、6#、8#浸渍辊间隙/mm	(定型无纺布厚-0.2)±0.1
9#、10#浸渍辊间隙/mm	定型无纺布厚±0.1
水洗槽温度/℃	45±5
水洗槽压力/MPa	0.25±0.05
水洗槽工艺水加入量/(m³/h)	2±0.5

7.4 减量及干燥定型

将海岛纤维中的连续相去除而成为超细纤维的操作,称为减量或开纤。减量的方式由纤维连续相的成分决定。海组分为聚乙烯,通常采用甲苯溶离;海组分为聚酯或者共聚酯,采用碱减量。可以使用失重率或开纤率来评价减量效果。

减量在岛组分和聚氨酯不溶或不易水解的条件下进行,因此可假设减量只是海组分发生变化,则

$$失重率 = \frac{m_0 - m_1}{m_0} \times 100\%$$

式中 m_0——未减量基布的质量;
m_1——减量后基布的质量。

借助电镜照片可以观察和测算开纤率,评价开纤效果。

7.4.1 甲苯减量

(1) 甲苯减量原理

利用聚乙烯能够溶解于热苯类溶剂这一特性,以热甲苯作为聚乙烯的减量溶剂,采用多段溢流方式连续减量,习惯称为抽出。将基布连续地送入抽出机内,甲苯溶液以溢流方式连续送入,基布在大量热甲苯溶液中经反复浸渍、压辊挤液使聚乙烯溶出,海岛复合纤维呈束状超细结构;经抽出后的基布在热水追出槽中通过水与甲苯共沸作用排除残余甲苯,达到抽出的目的。

开纤前后基布的截面如图 7-73 所示,开纤后一根较粗的海岛纤维变成一束粗细不均的海岛纤维。

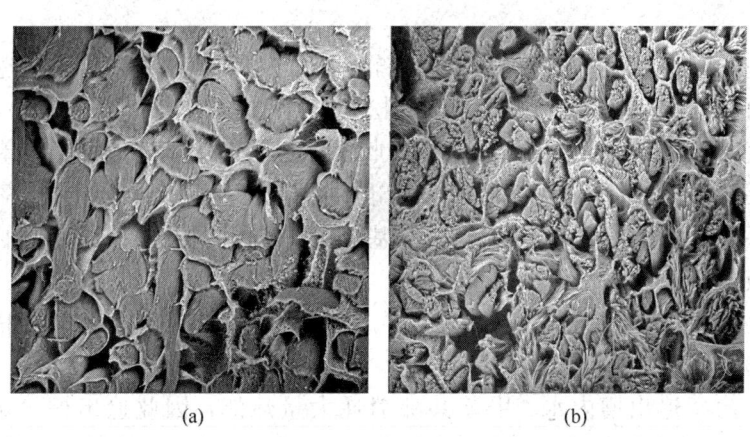

图 7-73 PA6/PE 不定岛超细纤维合成革基布减量前后截面图
(a) 减量前 (b) 减量后

(2) 甲苯减量设备

甲苯减量由抽出机完成,如图 7-74 所示。抽出机由 6~7 个抽出槽和 2~3 个追出槽组成,各槽体采用密封结构,为防止甲苯外溢,进出口用水封闭,槽内吹入氮气。

(3) 甲苯减量工艺

以 7 槽抽出、3 槽追出为例，甲苯减量工艺流程如图 7-75 所示。

①抽出工艺 基布自储布机进入入口水封的抽出机，入口水封部热水温度控制为 65℃，溢流水量 $2m^3/h$。抽出机由 7 个抽出槽和 3 个追出槽组成，抽出槽内有循环加热的甲苯溶液，抽出 1～5 槽的设定温度为 85℃左右，6、7 槽的设定温度为 80℃左右。

图 7-74 甲苯减量抽出机

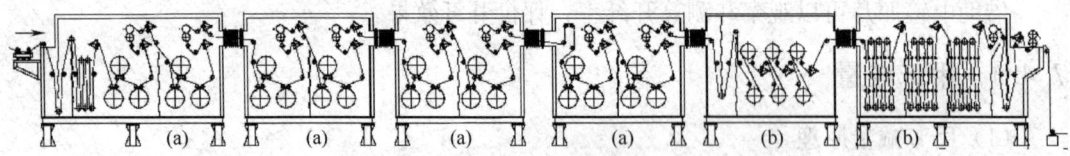

图 7-75 甲苯减量工艺流程
(a) 抽出　(b) 追出

抽出槽内每槽各有三对压榨辊，压辊压力分别控制为 1 槽 0.1MPa 左右，2～6 槽、7-1 辊、7-2 辊 0.2MPa 左右，7-3 辊 0.25MPa 左右。在热甲苯浴中，基布经反复浸渍，压榨挤液，将纤维中的聚乙烯及各种添加剂抽出除去。为使基布不被溶出的聚乙烯等污染，用喷管把循环过滤的甲苯溶液喷淋到上下压榨辊上，喷淋液量由人工手动调节阀门控制。

为保证基布正常运行，各槽内每对压榨辊前面均有调节辊，调节辊通过张力传感器改变驱动辊的电机转速来达到自动调节基布松紧的目的。

在正常生产中，为保证抽出效果，由回收工序送来的甲苯溶液，经甲苯预热器加热至 80℃左右后分别送往抽出 5 槽和 7 槽，标准供给量为 5 槽 $10m^3/h$ 左右，7 槽 $2m^3/h$ 左右。新甲苯从第 5 槽依次溢流到第 1 槽，与基布行进的方向相反，以置换槽内高浓度的聚乙烯甲苯溶液。

从抽出 1 槽和 6 槽溢流出的甲苯-聚乙烯溶液分别流入各自的粗甲苯受槽，并通过粗甲苯泵连续稳定地送往回收工序储罐。

②追出工艺 追出槽内水、甲苯共沸消耗大量热能，因此追出槽设定温度 100～110℃，追出槽的水来自升温槽中温度控制为 115℃左右的热水；同时为了补充热源，向槽内吹入低压蒸汽，低压蒸汽吹入量 8 槽为 250kg/h 左右、9 槽为 200kg/h 左右、10 槽为 150kg/h 左右，具体吹入量由低压蒸汽入口调节阀自动调节；并且在追出槽下部设有低压蒸汽蛇管进行加热。通过上述三个环节来保证追出槽温度达到要求。

升温槽的水来自低压蒸汽预热的热水槽，升温槽的温度通过控制加入温度槽的蒸汽量而自动调节；升温后的水分别送入追出 8、9、10 槽，正常生产时，控制给水量为

$35m^3/h$ 左右。

由追出槽溢流的热水流入溢流液受槽，并通过追出槽溢流液泵加压后，一部分溢流热水过滤后经追出槽溢流热交换器为补充工艺水进行预热，然后流入废液分离器；另一部分溢流热水经循环过滤器作为循环用水与预热后的补充工艺水一同进入热水槽，正常生产中，控制循环量为 $15m^3/h$。

为保证基布正常运行，各追出槽内的三个主要导辊为雕刻花纹的金属辊，以增大辊与基布间的摩擦因数，防止由于水沸腾而使基布滑动蛇行。

③其他工艺 抽出槽和追出槽正常生产时维持一定的内压，分别为 980Pa 和 1470Pa。为保持压力稳定，由抽出槽和追出槽逸出的甲苯-水蒸气分别导入抽出槽冷凝器和追出槽冷凝器，用冷却水冷凝液化；冷凝液靠液位差进入冷凝液分离器，因甲苯与水的密度不同而得以分离；分离后的甲苯返回抽出 5 槽循环使用，废水则流入废液分离器；废液分离器分离出的甲苯溶液返回粗甲苯受槽，废水流入抽出废水槽。

抽出槽冷凝器、追出槽冷凝器及冷凝液分离器中未冷凝的气体，则进一步进入抽出机冷凝器用冷冻水冷凝液化，冷凝液流入废液分离器，不凝气体则排空。

为安全起见，生产中向抽出槽和追出槽吹入一定量氮气，2、3、5、7、10 槽气流量分别为 50L/min。

生产中抽出槽底部积累的废水经抽出排水泵，连续抽送至粗甲苯受槽。

抽出 7 槽出口设有水封，事故状态或检修时可防止甲苯蒸气外逸。

抽出机出口也设有水封部，生产中出口水封部水温＞95℃，加水量为 $2m^3/h$。

经抽出处理后的加工基布从追出槽出来后，先以水喷淋洗涤基布表面可能沾有的污物，然后经过榨液装置榨出其中大量水分，并通过牵引辊导入后续工序处理。

甲苯毒性小于苯，但刺激性比苯严重，尤其是对中枢神经系统具有麻醉作用；此外，甲苯易挥发，水中的甲苯挥发后形成甲苯蒸气，甲苯蒸气与空气混合后容易爆炸。生产中注意安全及防护，严格按安全操作规程进行操作。

7.4.2 碱减量

(1) 碱减量原理

对于 PA6/COPET 型纤维（定岛型），利用尼龙和聚氨酯在碱液中不易水解的特性，在碱溶液中，将 COPET 从超细纤维革基布中水解去除而开纤的方法称为碱减量。由于 COPET 在 PET 分子链上引入间苯二甲酸磺酸钠改性链节，所以 COPET 比 PET 更容易水解，反应基本原理如下：

$$H-[O-\overset{O}{\overset{\|}{C}}-\underset{}{\bigcirc}-\overset{O}{\overset{\|}{C}}-O-CH_2-CH_2-]_n OH + 2nNaOH \longrightarrow$$

$$nNa-O-\overset{O}{\overset{\|}{C}}-\underset{}{\bigcirc}-\overset{O}{\overset{\|}{C}}-O-Na + nOH-CH_2-CH_2-OH$$

开纤前后基布纤维截面如图 7-76 所示，开纤后单根较粗的海岛纤维由于去除了海组分，变成多根、呈发散状、单纤间有空隙的超细纤维束。

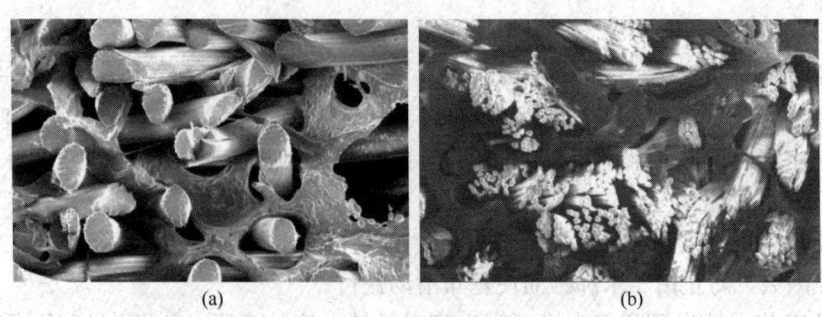

图 7-76 涤/锦定岛超细纤维合成革基布减量前后纤维截面图
(a) 减量前　(b) 减量后

(2) 碱减量工艺及设备

碱减量工艺分为间歇式和连续式两种。

①间歇式碱减量　将一定量基布长时间浸渍在热碱液中，海组分水解后，经过多道水洗除去水解的海组分。工艺流程为：基布→碱浸渍→升温→保温→降温→洗涤→出缸轧液。间歇式碱减量工艺灵活，设备简单，适用于小批量多品种，但碱液的反应效率低，不同批次之间品质差异较大。间歇式碱减量常在溢流染色机中进行，如图 7-77 所示。

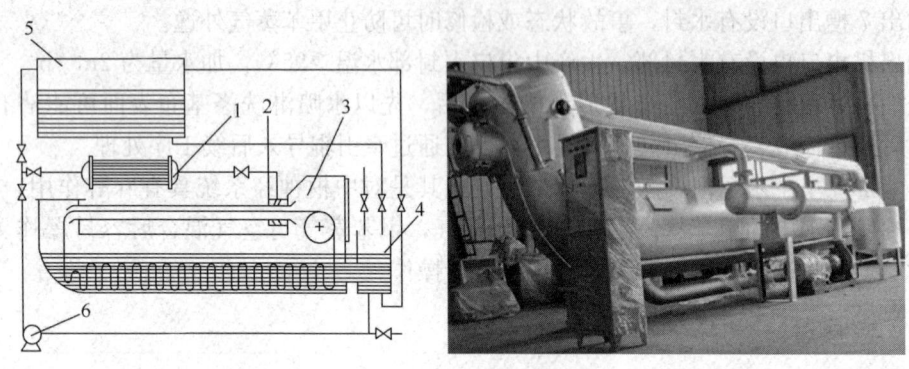

图 7-77 溢流染色机
1—热交换器　2—喷嘴　3—处理槽　4—加料槽　5—储液槽　6—循环泵

②连续式碱减量　将基布经碱水溶液浸轧后，在带碱液状态下进入蒸箱进行高温汽蒸，海组分在高温下水解，反应效率较高，蒸煮后经多道水洗，除去水解的海组分。工艺流程为：基布→碱含浸→蒸箱→水洗→轧液，如图 7-78 所示。该方式减量效率高，适合大批量生产。

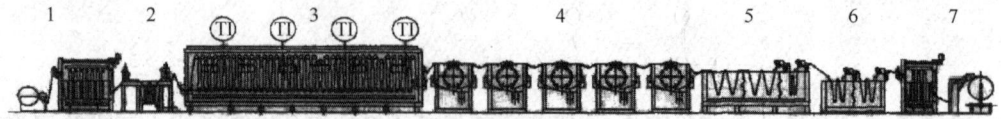

图 7-78 连续碱减量工艺流程图
1—放卷　2—浸碱　3—汽蒸　4—圆鼓抽洗　5—水洗　6—中和　7—收卷

连续碱减量设备如图 7-79 所示,由自动补液装置、供汽加热装置、供水装置、增压装置以及张力控制和调节装置等组成。基布在一定浓度的碱液浸轧后,带着定量碱液进入高温汽蒸室,在汽蒸室中 COPET 在碱液存在下进行充分水解,然后进入圆鼓抽吸洗涤箱进行抽洗,再进入水洗槽中进行水洗,最后进入中和槽,使用弱酸对基布进行处理,使基布的 pH 保持中性,压榨去除基布中多余的水分,送入后续工序。

(3) 影响碱减量效果的因素

碱减量效果主要受到碱液浓度、减量温度、减量时间等影响。连续减量和间歇减量由于工艺不同,相同因素影响效果稍有差异,下面以间歇减量为例,介绍相关影响因素。

① 碱液浓度 图 7-80 是涤/锦海岛纤维(涤纶含量 30%)聚氨酯合成革基布在温度 100℃、减量时间 15min 时的碱液浓度与失重率的曲线。可以看出失重率随着碱液浓度的增加而上升,且碱液浓度小于 10g/L 时,减量速度较快,其后减缓。这是由于随着碱液浓度增加,提高了氢氧化钠溶液中 OH^- 进攻酯键的概率,加速了 COPET 的水解反应;当碱液浓度达到一定值时,有效的 OH^- 进攻趋于饱和,反应速度逐步趋于平缓,直至 COPET 完全溶解,此时失重率不随碱液浓度的增加而上升。

图 7-79 连续碱减量设备

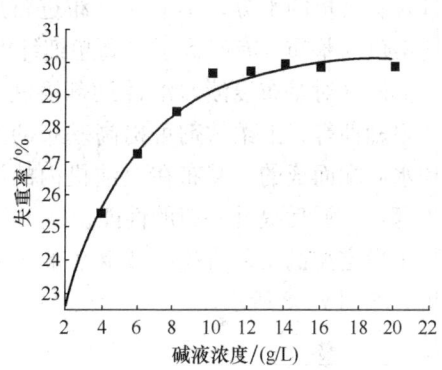

图 7-80 碱液浓度对减量效果的影响

② 减量温度 减量温度对碱减量效果的影响如图 7-81 所示。涤/锦海岛纤维聚氨酯合成革基布在碱液浓度 10g/L,减量时间 15min 时,随着减量温度升高,失重率上升。因为温度升高,复合纤维中大分子链的活动性增加,加速 COPET 的水解,因此失重率上升。减量温度 96~100℃时,失重率升高很明显,当减量温度升高到一定程度时,失重率曲线趋于平缓,水解反应基本结束。

③ 减量时间 涤/锦海岛纤维聚氨酯合成革基布碱液浓度 10g/L,减量温度 95℃时,随着减量时间的增加,失重率上升,如图 7-82 所示。因为减量时间越长,碱液对纤维中大分子链的作用就越长,维持 COPET 水解的程度就越深,故失重率上升。

从以上可以看出,碱液浓度在 9~15g/L,减量温度在 100~105℃,减量时间在 8~16min 时,碱减量充分。

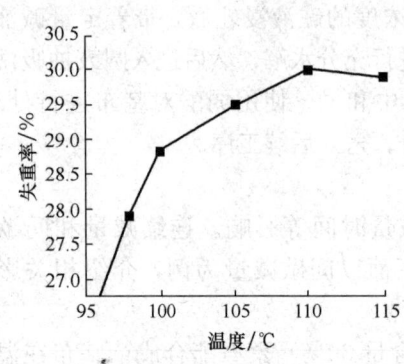 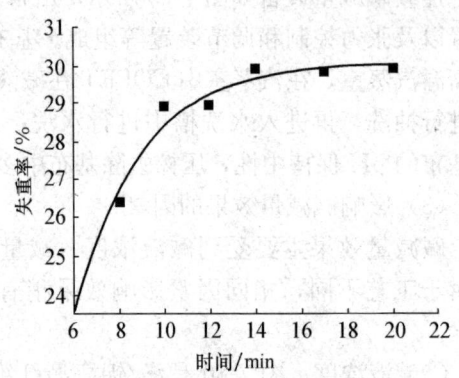

图 7-81 温度对减量效果的影响　　　图 7-82 减量时间对碱减量效果的影响

7.4.3 干燥定型

经过减量后的基布，形态上发生了很大变化，纬向收缩，经向拉长，幅宽不均匀，并且含有大量的水分，不能对基布进行后续加工，因此需要对基布进行干燥定型。对于不需染色的基布，有时为了提高超细纤维革产品性能，需要对基布进行上油。

上油（对基布浸渍水溶性助剂溶液）是为了增加基布的一些性能，如柔软性、抗菌性、阻燃性等；上柔软剂可提高基布的柔软性和撕裂力等。上油液由一定比例的水性助剂和水调配而成的，基布在上油机内的溶液中经反复浸渍挤压，使溶液充分渗入到基布的内部，干燥后提升基布的性能。

干燥定型的工艺流程：减量基布→储布机→（上油机→）扩幅干燥机→储布机→卷取机，如图 7-83 所示。

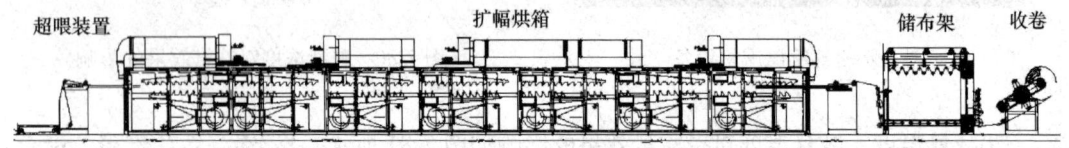

图 7-83 干燥定型流程

扩幅干燥是指利用基布在潮湿状态下具有一定的可塑性，将其门幅缓慢拉宽到规定尺寸，消除部分内应力，使基布的幅宽整齐划一，再经过烘干和冷却后获得稳定的尺寸，以符合成品的规格要求。

为消除基布在定型前工艺中产生的经向伸长量，让基布回缩，调整经纬向差异，一般在送入扩幅烘箱之前有更多的基布预先固定在针板上，该超出的喂入量定义为超喂量。超喂装置由前喂辊、超喂辊等组成。超喂量的大小视基布具体加工幅宽、定量而定，是经验值，需要在实际生产中不断总结。超喂量过大，布面不平整；超喂量过小，无超喂效果，无法满足调整经纬向差异的要求。

在扩幅系统中，链条的驱动齿轮在机械结构上与幅宽导轨相连，并且通过螺旋齿轮带动进行移动。出口处的调整轴采用单独的驱动装置,可以实现与干燥室中的调整轴同步调整,也可以单独调整。调整幅宽电机正、反转时,双向丝杠带动链条轨道移动,进行幅宽调整,如图7-84所示。

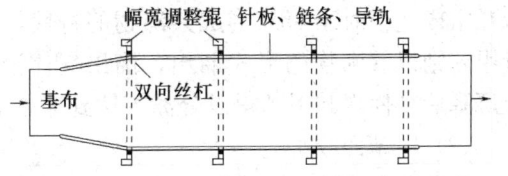

图 7-84　扩幅干燥机中幅宽调节示意图

烘箱内采用上、下风道热风循环系统进行加热,空气吹风口垂直于基布表面来完成烘干过程,这种结构可调整上、下通道进气量,产生最佳的烘干效果;也可以对基布产生特殊的支撑效应,使基布"悬浮",消除基布受重力影响造成的幅宽各部受力不均,如图 7-85 所示。

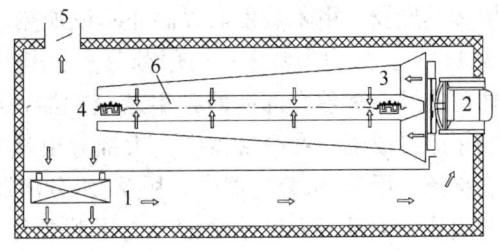

图 7-85　扩幅干燥箱的内部结构
1—换热器　2—循环风机　3—吹风口
4—针板轨道　5—排风口　6—基布

定型干燥采用 5~9 个分区单独控制温度进行,烘干温度 120~150℃。基布刚进入烘箱时,温度低,含水量大,水分挥发少,要适当降低烘箱排风量,让基布快速升温并节约能源;当基布温度达到 100℃以上,水分快速挥发,要加大排风量,排除水分,并提供足够热源,加快干燥速度;干燥末期水分挥发少,要适当降低排风量以节约热源。扩幅干燥机如图 7-86 所示。

图 7-86　扩幅干燥机

7.5　减量物回收

7.5.1　甲苯回收

甲苯回收所处理的原料是 PA6/PE 型超细纤维合成革减量时,产生的含有聚乙烯、水等的粗甲苯。

(1) 甲苯回收原理

①甲苯蒸发回收原理　利用聚乙烯等的不挥发性,而甲苯和水有较高的挥发性,经过加热使大部分甲苯和水蒸发成气体,然后被冷凝回收,而聚乙烯等残渣则仍留于蒸发器中,从而达到分离粗甲苯中聚乙烯等的目的。

②甲苯残渣蒸发回收原理　利用聚乙烯等残渣的不挥发性和甲苯(其中有极少量的水)的较高挥发性,经加热将残渣中的甲苯蒸发回收,聚乙烯等残渣由蒸发器底部排出,从而达到回收残渣中甲苯的目的。

③水、甲苯蒸馏回收原理　使水和甲苯混合液在 100℃以下沸腾汽化,并利用水和甲

苯在组成适当时于85℃形成共沸物的特性，混合液被蒸汽直接加热升温，混合液中的微量甲苯则以共沸物的形式馏出，馏出气体液化后，由于水和甲苯互不相溶且密度不同，经沉降后，使水和甲苯得以分离，达到除去水分回收甲苯的目的。

(2) 甲苯回收工艺

甲苯蒸发工艺流程如图 7-87 所示，由抽出工序来的含有水、聚乙烯、DMF 等杂质的粗甲苯，进入粗甲苯储槽，经过沉降分层后，甲苯层（上层）的粗甲苯，由粗甲苯泵打入甲苯蒸发器，甲苯蒸发器以高压蒸汽加热，控制加热蒸汽压力为 0.9MPa，蒸发器的温度为 111℃，压力为常压；由甲苯蒸发器出来的甲苯蒸气经甲苯旋风分离器分离后，甲苯液体由旋风分离器底部返回到甲苯蒸发器，甲苯蒸气由旋风分离器顶部进入以冷却水冷却的甲苯冷凝器；在冷凝器中，大部分甲苯被液化为 50℃ 的甲苯液体，经甲苯气液分离器底部流入甲苯-水分离器中；甲苯-水分离器中的水由分离器底部排出到废水池中，甲苯由分离器的上部流入甲苯受槽，由甲苯泵打到回收甲苯储槽，并由流量指示计算器记录甲苯数量。若甲苯质量不合格，则由旁通管线打回粗甲苯储槽，重新处理。粗甲苯储槽中产生的微量气体，由储槽上部自然排空；系统中的不凝性气体，分别由甲苯气液分离器、甲苯-水分离器、甲苯受槽上部，经阻火器排空。以聚乙烯为主的残渣，则经甲苯蒸发器残渣溢流口，流入甲苯残渣受槽，作为残渣蒸发罐的进料。粗甲苯储槽中的水层（下层，含有少量甲苯），由水-甲苯泵打入水-甲苯蒸馏罐做蒸馏处理。

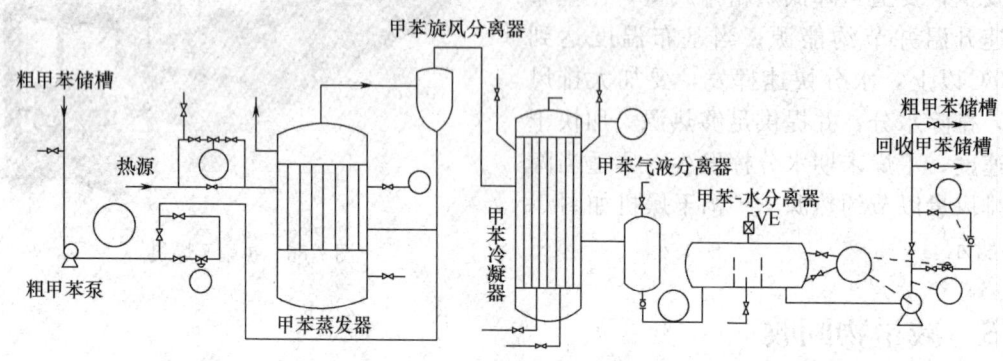

图 7-87　甲苯蒸发工艺流程图

甲苯残渣蒸发工艺流程如图 7-88 所示，以聚乙烯为主的残渣和甲苯组成的黏稠混合液由甲苯蒸发器残渣排出口溢流至甲苯残渣受槽，在甲苯残渣受槽的加热管中通入少量的低压蒸汽，以确保甲苯残渣不因降温而凝固。在甲苯残渣受槽中所产生的微量甲苯蒸气，由甲苯残渣排气冷凝器冷凝后，重新返回甲苯残渣受槽，不凝性气体则经阻火器排空。甲苯残渣由甲苯残渣泵分批、定量打入甲苯残渣蒸发罐，甲苯残渣蒸发罐的夹套中通入高压蒸汽加热，蒸汽压力为 0.9～1.0MPa，控制甲苯残渣蒸发罐的温度为 (135±5)℃，真空度 6.4kPa。甲苯在蒸发罐内受热而蒸发，甲苯蒸气进入以冷却水冷凝的甲苯残渣蒸发冷凝器，甲苯蒸气被液化为 50℃ 的液体，由甲苯残渣气液分离器底部流入甲苯残渣蒸发馏出液受槽，经甲苯残渣馏出液泵打到粗甲苯储槽；系统中的不凝性气体经甲苯残渣蒸发减压泵、气液分离器排空。甲苯残渣蒸发罐内残渣在甲苯残渣蒸发残液泵的作用下，由蒸发罐底部排出，经聚乙烯切割机切成小块，进入以生活水直接冷却的聚乙烯水槽，再流到聚乙烯堆积场。

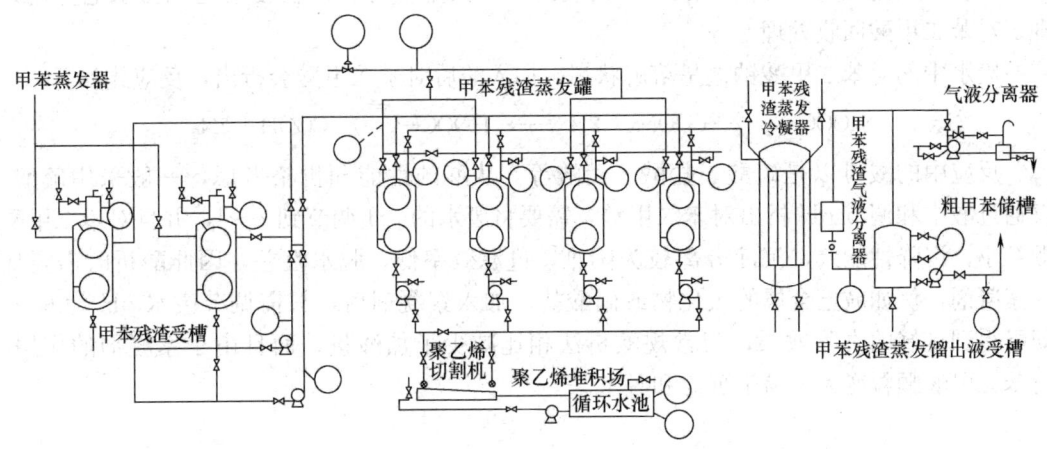

图 7-88　甲苯残渣蒸发工艺流程图

水-甲苯蒸馏工艺流程如图 7-89 所示，水-甲苯混合液自粗甲苯储槽由粗甲苯泵分批、定量地打入水-甲苯蒸馏罐，蒸馏罐以蒸汽直接加热，常压生产，控制温度不高于 100℃。混合液中甲苯和部分水分因受热馏出，馏出气体进入以冷却水冷凝的水-甲苯冷凝器，被冷凝为 45℃ 的液体进入水-甲苯气液分离器，并由底部流入水-甲苯分离器，其中，甲苯由水-甲苯分离器上部流入粗甲苯受槽，经粗甲苯泵打入粗甲苯储槽；冷凝液中的水分则由水-甲苯分离器底部排至废水池中，再经泵打入总废水池。系统中的不凝性气体分别由水-甲苯气液分离器、水-甲苯分离器、粗甲苯受槽上部的阻火器排空。水-甲苯蒸馏罐中的残渣、水直接排入废水池，再用泵打入总废水池。

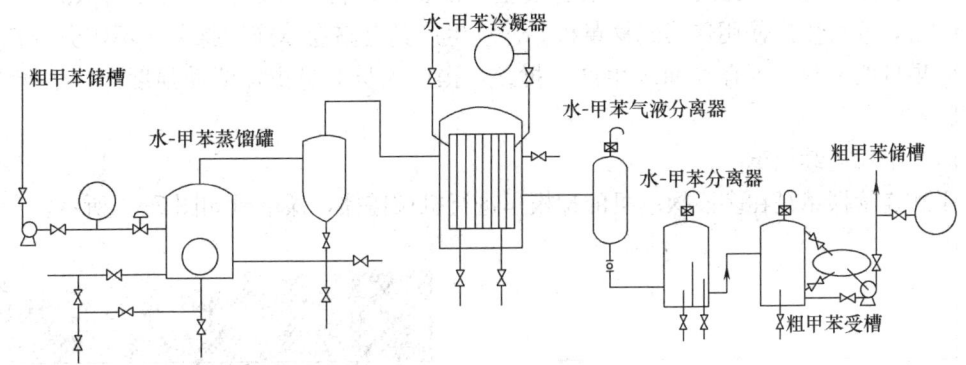

图 7-89　水-甲苯蒸馏工艺流程图

7.5.2　对苯二甲酸回收

对苯二甲酸回收是处理 PA6/COPET 型超细纤维合成革减量时产生的 pH 高达 12～14，主要成分为涤纶水解产生的对苯二甲酸钠盐、乙二醇、少量不同聚合度的聚酯低聚物等的废水溶液。废水的 COD 浓度可达 20000mg/L 以上，其中对苯二甲酸钠盐的含量占

70%，因此需要对对苯二甲酸进行回收。

回收工艺流程为：废液→酸析（絮凝剂）→压滤→含有机物废水至总污水池生化处理、对苯二甲酸回收处理。

废水中的对苯二甲酸钠盐呈溶解状态，加入酸后对苯二甲酸会析出，反应式如下：

$$\text{NaOOC}-\text{C}_6\text{H}_4-\text{COONa} + 2\text{H}^+ \longrightarrow \text{HOOC}-\text{C}_6\text{H}_4-\text{COOH} + 2\text{Na}^+$$

反应中的酸可以是硫酸、盐酸、硝酸等，从酸的性能和价格考虑，一般采用硫酸。仅通过酸中和调节 pH 析出对苯二甲酸，需要将废水的 pH 调节到 2~4，并且对苯二甲酸颗粒小，沉降性能差，沉淀分离较为困难，过滤效率低，脱水性差，因此酸析时需要加入絮凝剂，例如碱土金属的氯化物或硝酸盐。加入絮凝剂后，只需调节废水 pH 为 6~7 即可得到良好的去除效果，与常规酸析法相比减少了加酸量，而且由于絮凝剂的作用，对苯二甲酸颗粒变大，易于沉淀和脱水。

7.6 后续加工

经过减量并干燥定型的超细纤维合成革基布一般情况下还不能作为成品，需要对其进行一系列后续加工，来丰富其花色品种，提升品质或增加性能。

7.6.1 揉革

揉革分为干揉和湿揉两种方式，可以揉基布或成品。干揉的目的是消除以前加工时树脂与纤维、纤维与纤维的粘连，增强纤维的滑动性，从而增强合成革的柔软度；揉成品时可以改变成品的表面纹路效果。湿揉的目的除了达到干揉的效果外，还可以使基布收缩，增强弹性；揉成品时可以使表面纹路更加丰满。

干揉、湿揉都可以在间歇生产或连续生产设备上进行，间歇生产使用转鼓式揉纹机（图 7-90），连续生产使用连续式揉革机。连续生产具有整卷革连续揉革，不需分段裁剪，揉革效果自然一致，不存在间歇生产的批差，操作人员数量少，劳动强度低，生产效率高等特点。

（1）干式连续揉革

干式连续揉革是在多段揉革机的揉模里进行机械搓揉，揉革机如图 7-91 所示。

图 7-90 转鼓式揉纹机

图 7-91 干式连续揉革机

每一段揉模由一个固定模板和一个驱动模板构成，它们以一定的间隙相互平行，其间隙可以在一定的距离内调整，如图 7-92 所示。固定模板和驱动模板结构相似，内外牙板构成环状波形孔，孔的宽度约为 6mm，长度略宽于基布宽度，基布在环状波形孔中向前运动。驱动模板以一定的偏心量作圆周运动，其转速为 300~400r/min，并且以一定时间间隔变换旋转方向，使基布不至于在环状波形孔里偏向一个方向运动而堵塞波形孔，使揉革能连续进行。基布在通过驱动模板和固定模板间隔这段距离就受到了多次搓揉，搓揉次数可按下式计算：

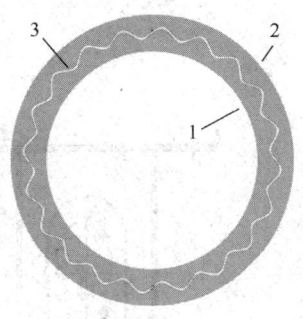

图 7-92 揉革机揉模
1—外牙板 2—内牙板 3—波形孔基布通道

$$搓揉次数 = \frac{驱动模板与固定模板的间隙 \times 驱动模板转速}{基布运行速度}$$

驱动模板的偏心量、驱动模板与固定模板的间隙大小决定了每次机械搓揉的强度，驱动模板偏心量一定时，两模板间隙小，搓揉强度大，反之亦然。总的揉皮效果由搓揉次数和搓揉强度决定。

(2) 湿式连续揉革

湿式连续揉革机如图 7-93 所示，由放卷、浸水、压榨、送革、揉纹烘干、出革、展平、收卷等工序组成。基布浸水或浸油剂，经压榨调整革湿度后，进入转鼓式烘箱进行揉纹和烘干，烘干后展平收卷。转鼓式烘箱内装有挡板，对革进行摔打、刮软和揉搓，经过这一系列的机械作用，使革具有一定的柔软性和粒纹的美观性；通过转鼓正转和反转相结合，可增加揉革强度并有效地防止革在转鼓内缠绕在一起。

图 7-93 湿式连续揉革机

7.6.2 磨面

磨面是通过砂带对革进行打磨，达到设定厚度、去除表面瑕疵或起绒等效果。磨面机的磨革砂带表面是由许多彼此间隔一定距离的磨粒构成，磨削过程就是无数坚硬、锋利的磨粒从革面上高速切去细微革屑的过程，而磨削表面即由无数磨粒划痕形成；同时由于革纤维是韧性材料，且具有一定的弹性，因而在切削过程中往往附带撕裂纤维的作用，这就造成了革面的"起绒"。

超细纤维合成革磨面常采用带式连续磨面机，带式磨面机是由两根辊筒张紧和驱动的环形砂带对革面进行磨削，其结构如图 7-94 所示。

带式磨面机有立式和卧式两种,如图 7-95 所示。卧式磨面机使用的砂带周长长,磨面效果强。

磨面的工艺流程为:放卷→储布架→磨面(除尘)→除尘→收卷。磨面机前安装储布装置,可在设备运转时更换革卷。

磨面工艺中主要考虑砂带颗粒大小、包角大小、磨面车速、基布张力、砂带转速、压辊压力等参数。绒毛的长短与磨粒大小有关,磨粒大的划痕直线长,而切削下来的纤维(革屑)和残留与革面上的纤维也就长;反之则短。因此磨面生产中应按加工要求选取磨粒的大小,当需要磨光或起短绒时,应选取颗粒小砂带;当仅是为了磨厚度或磨平时,应选取颗粒大的砂带。磨面车速的快慢与磨削精度密切相关,车速越快,磨削精度越低;反之,则精度越高。包角的大小决定了起毛的长短,包角大,起毛短;包角小,起毛长。磨面过程中基布始终要保持稳定的张力,张力过大或者过小都容易使基布表面起皱。磨面结束之后要对表面的粉尘进行充分的去除,以免影响产品的质量。

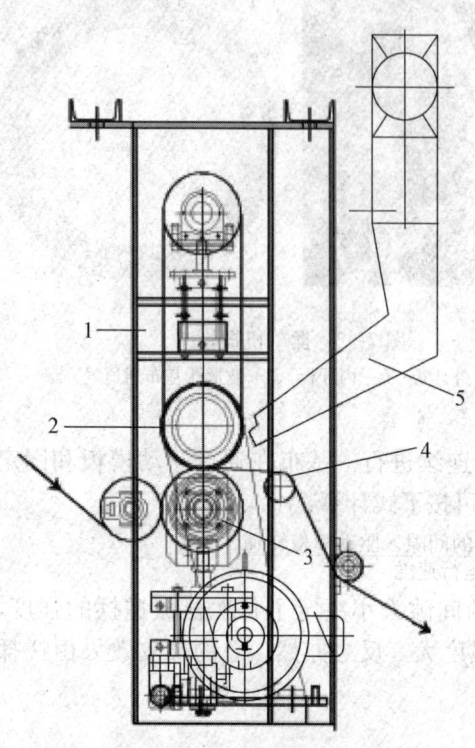

图 7-94　磨面机结构
1—环形砂带　2—磨布辊　3—托布辊
4—包角调整辊　5—除尘风道

图 7-95　立式磨面机和卧式磨面机

7.6.3　片皮

超纤湿法生产线由于张力问题不易生产厚度 1.0mm 以下的基布。片皮是利用片皮机对基布厚度进行修整的操作,通过片薄厚的基布来弥补超纤生产线不易生产薄型基布的缺点,丰富产品的厚度品种。在片皮基布能达到性能要求时,也可以将厚型基布片成厚度 1.0mm 以上和 1.0mm 以下搭配的基布,提高生产效率,降低成本。

片皮操作通常使用带刀式片皮机来完成，利用片皮机中张紧在刀轮上快速运动的带状刀片将革制品一层剖成两层。片皮机主要由带刀机构、磨刀机构、供料机构、传动机构及控制调节机构组成，如图 7-96 所示。片皮时，环形带刀靠刀轮的摩擦传动在压刀板中运动，基布由喂入辊带动前进，当基布与带刀刀刃接触时，被带刀切剖成两层。通过调节喂入辊的高低位置，即可调整两层剖分的厚度。片皮后基布横纵向厚度偏差在±0.5mm以内。片皮的操作：放卷、片皮、上下层片皮基布分别收卷。

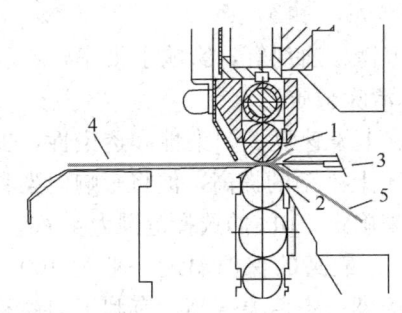

图 7-96　片皮机原理示意图
1—上进布辊　2—下进布辊　3—片皮刀及刀架　4—基布　5—片皮基布

7.6.4　染色

超细纤维合成革基布原始颜色不多，主要有黑、浅灰色、白色，为了丰富花色并达到仿真皮效果，需要对其进行着色处理，即进行染色。尤其超细纤维绒面革作为超纤革的一个重要品种，具有极佳的外观、触感和舒适度，是基布染色后直接作为成品，不但要考虑上染率、结合牢度，还要考虑色泽的均匀性、饱和度、耐擦性、耐洗性、耐迁移性以及耐光性。

（1）染色机理

①尼龙纤维的染色　尼龙在分子链的末端具有羧基和氨基，可吸附染液中的氢离子而带正电荷，又可吸附染液中的氢氧根离子而带负电荷，可以用酸性染料、中性染料、活性染料、直接染料、分散染料进行染色。

②聚氨酯树脂的染色　聚氨酯中的大分子含有氨基甲酸酯等基团，可以用酸性染料、中性染料、分散染料进行染色，但都难以得到较高的染色牢度。

超细纤维合成革同时含有尼龙纤维和聚氨酯树脂，用酸性染料和中性染料比较适合。

（2）影响染色的主要因素

①纤维　由于超纤革中尼龙纤维很细，比面积大，因此匀染性、显色性、染色牢度差；尤其不定岛型超纤的细度分布不均，更为染色增加了难度。

②无纺布　超纤革所用无纺布的厚度、纤维分布的均匀性会影响染色效果。

③聚氨酯树脂　超纤革中PU树脂分布的均匀性会影响染色效果，同时不同树脂的着色性能，也会影响染色效果。

④染料、助剂和染色技术　不同的染料、不同的助剂和染色工艺都影响染色效果。

(3) 超细纤维合成革染色工艺及设备

超细纤维合成革可以采用卷染、溢流染色。卷染时基布形态变化大，因此多采用溢流染色，溢流染色机如图 7-77 所示。

①染料的确定　产品能否染匀、染透，不出现色差，保持好的牢度，主要取决于染料。另外，染料既要对纤维有良好的染色性能，同时还要对聚氨酯有良好的上染性。染料需具备如下性能：提升性好，上染率高，容易染成深色；匀染性好，重现性优良；移染性好，遮盖性优良；配伍相容性好；耐日光、升华和干湿牢度好；热迁移性小。一般选择酸性或中性染料。

②染色前处理　超纤革中可能含有各种杂质，如污物、油剂等，影响上染率，不利于染匀和染透，因此，必须进行染前热水或碱液处理，清除杂质。

③pH 的控制　pH 的高低直接影响染料的上染率、上染速度、匀染性和透染性，也影响革的强度。pH 越低，染料的上染速度越快，有利于上染率的提高，但将影响匀染和透染。pH 要根据染料的性能、染料用量、助剂和设备来确定。pH 的选择范围为 4～6。

④染色温度的控制　染色的起染温度一般为 35℃，最高的保温温度一般为 100～110℃。染色温度低，会降低上染率，进而影响匀染和透染；染色温度高，有利于匀染和透染，但会影响革的手感。另外，升温速度也影响匀染和透染，升温快，上染快，不易染匀和染透。

⑤染色时间　染色时间依据染色的深度而定，一般为 40～120min。染色深度越深，染色时间越长。

⑥染色助剂的选择　染色中用到匀染剂、渗透剂、润滑剂、释酸剂等不同种类的助剂。选择合适的助剂有利于染色效果，可提高染料的匀染性和透染性。匀染剂通过降低染料的上染速度或增进染料的移染性来达到匀染和透染的目的。为了加快染料向革内渗透，达到匀染和透染的目的，可加入渗透剂。释酸剂用来稳定和控制 pH，进而控制染色速度，增进匀染。

⑦染色后处理　超纤革中有超细尼龙纤维和微孔结构的聚氨酯，染色后，在纤维的表面和微空中，存在许多吸附的残留染料，这些残留物直接影响色牢度，必须去除。通常是用水洗涤，必要时要使用固色剂来提高色牢度。一般浅色用水洗涤，中色用皂液洗涤，深色则需要固色剂处理。

一般的染色工艺：酸性染料 0.5%～10.0%、匀染剂 1%～3%、渗透剂 1～3g/L，醋酸调节 pH 到 4.5～5.0；染色时温度升至 40℃后按 1℃/min 升至 70℃保温 10min、按 0.3℃/min 升至 100℃保温 90～120min；然后降温，进行水洗或其他后处理，最后干燥。

7.6.5　其他加工方式

超细纤维合成革基布经过上述处理，基本只有绒面革可以作为超纤革成品，还需要采用合成革或天然皮革加工的其他方法或其他组合方法来提升性能，丰富品种及增加用途。

例如采用干法造面来丰富表面纹路和颜色，并提高耐磨性能；对超纤基布进行二次涂敷湿法凝固方式加工带湿法发泡层的中间品，然后进行印刷、压花，加工成超细纤维篮球革；对薄型超纤基布进行印刷、揉纹，加工成透气鞋里革等。

7.7 超细纤维合成革的发展趋势

超细纤维合成革在机械强度、耐化学性能、丰满度、柔软度、保型性、质量均一性、自动化剪裁加工适应性等方面均有很大优势，是最有可能替代天然皮革的第三代人工革，但超细纤维合成革在悬垂性、卫生性方面还不能达到天然皮革的水平。超细纤维合成革生产过程污染相对较轻，但超细纤维合成革基布减量过程中产生的甲苯挥发或涤纶水解物、基布加工及后续加工过程中使用的有机溶剂也会造成环境污染及资源浪费。因此超细纤维合成革的发展主要为两个方面：功能化和清洁化。

(1) 功能化

功能化主要是提高超纤革的仿真性，使其更接近天然皮革；或提高性能使其品质提升，例如色牢度等；或开发新的功能，拓宽其应用领域。

① 仿真性　超纤革是由聚氨酯和尼龙组成，其弹性、伸长率等性能均有差异；聚氨酯与纤维有离型效果，但还是具有包覆作用；不定岛超细纤维粗细不均，定岛超细纤维不够细；超纤革基布的密度还不够高，这些都造成超纤革的悬垂性不如天然皮革。目前有开发更细的定岛纤维、使用更高密度的无纺布、在浸渍液添加填充剂、对超纤革基布进行加脂等方式来提高超纤革的悬垂性。随着材料和工艺的进步，超纤革将在各方面接近天然皮革。

② 色牢度　色牢度是超纤合成革的一大难题，包括干湿色牢度、耐水洗、皂洗色牢度、耐晒色牢度等。在常规用途方面，色牢度基本可以达到要求，在特殊应用场合，色牢度还需要提升。例如汽车革的耐光照牢度，需求标准是耐光照300h，不变色，而国内高品质的产品耐光照达不到100h，有待于突破提高。

③ 新应用领域　可以在加工过程赋予超纤革阻燃功能，用于有阻燃需求的场合，例如汽车内饰、飞机内饰等；提高超纤革的仿真性尤其是悬垂性后，可将超纤革用于服装；可开发泡孔细腻、弹性好的超纤革用作精密电子器件的磨材等。

(2) 清洁化

清洁化主要是指在超细纤维合成革生产过程中，对有可能产生有机物排放的环节进行工艺改进或原材料换代，减少或避免有机物排放，从而减少或者消除它们对人类及环境的危害。

① 后续加工　对超细纤维合成革基布进行后续加工，有些工艺会用到有机溶剂，有机溶剂可部分回收，但还是会有部分挥发，对环境造成危害；并且在这些加工过程中对接触的人员会造成伤害。若在这些工艺中不使用有机溶剂，可以减少对环境及人类的影响，并且可以节约资源。

例如干法贴面过程可以使用水性树脂替代溶剂型树脂，采用TPU工艺或用无溶剂工艺；在印刷过程中使用水性印刷料代替溶剂型印刷料，都能大量减少有机溶剂的使用。并且水性聚氨酯工艺可有效提高成品的透湿透气性能，改善成品的卫生性。目前，不使用有机溶剂的工艺尤其TPU工艺和无溶剂工艺的灵活性还达不到溶剂型工艺的水平，所加工的产品物性也低于溶剂型。随着水性材料和无溶剂材料的发展及合成革加工工艺的改善，清洁型后续加工方式将逐步替代溶剂型加工方式。

②湿法过程 在 PA6/COPET 型超纤革的无纺布定型过程中使用聚乙烯醇，在革基布减量时排入水体。聚乙烯醇可生化性差，不利于水体复氧，对水体环境有破坏。目前有两种方式避免聚乙烯醇排放：使用其他水性材料代替聚乙烯醇上浆，例如水性聚氨酯；或优化工艺，在加工过程不使用聚乙烯醇上浆而直接进行后续加工。

PA6/PE 型及 PA6/COPET 型纤维无纺布在浸渍过程中会使用聚氨酯的 DMF 溶液，在此过程 DMF 会对环境和人员造成危害。若将溶剂型聚氨酯改为水性聚氨酯，将不会产生此问题。目前 PA6/COPET 型无纺布水性聚氨酯浸渍技术已经成熟，工艺分为两种：浸渍→盐浴凝固、浸渍→烘干凝固。

③纤维加工 目前苯减量方式在减量及 PE 回收过程会挥发甲苯造成污染；碱减量后 PET 水解成对苯二甲酸盐和乙二醇，不易回收，也会造成环境污染。开发可清洁减量的海岛型超细纤维，是解决超纤革减量污染问题的一个发展方向。

随着材料的发展、工艺技术的进步，超纤革的生产将日趋清洁化；随着超纤革品质的提升、功能的增加，其应用领域将更加广泛。

复习思考题

1. 超细纤维合成革有哪些特点？
2. 超细纤维合成革经过哪些工序制成？
3. 不定岛型和定岛型超细纤维合成革有哪些区别？
4. 海岛型不定岛型和定岛型超细纤维纺丝的流程分别是什么？有哪些区别？
5. 无纺布制备有哪些工序？各自的目的是什么？
6. 基布加工有哪些工序？
7. 超细纤维合成革的减量目的是什么？方式有哪些？有什么不同？
8. 超细纤维合成革基布可以经过哪些手段加工成成品？
9. 如何区分超细纤维合成革与普通合成革或天然皮革？

参 考 文 献

[1] G. I. Taylor. The viscosity of a fluid containing small drops of another fluid[J]. Proceedings of the Royal Society of London Series A, 1932, 138(834): 41 - 48.

[2] R. G. Cox. The deformation of a drop in a general time-dependent fluid flow[J]. Journal of Fluid Mechanics, 1969, 37(37): 601 - 623.

[3] Harold P. Grace. Dispersion Phenomena in High Viscosity Immiscible Fluid Systems and Application of Static Mixers As Dispersion Devices in Such Systems[J]. Chemical Engineering Communications, 1982, 14(3-6): 225 - 277.

[4] 董纪震, 罗鸿烈, 王庆瑞, 等. 合成纤维生产工艺学(上册)[M]. 2 版. 北京: 中国纺织出版社, 1981: 167 - 229.

[5] 马德柱, 何平笙, 徐种德, 等. 高聚物的结构与性能[M]. 2 版. 北京: 科学出版社, 2006.

[6] 吴其晔, 巫静安. 高分子材料流变学[M]. 北京: 高等教育出版社, 2002.

[7] J. Karger-Kocsis, A. Kallo, V. N. Kuleznev. Phase structure of impact-modified polypropylene blends[J].

Polymer,1984,25(2):279-286.

[8] 李蕾,景政红,赵志杰. LDPE 熔体黏度对 PA6/ LDPE 超细纤维形貌的影响[J]. 胶体与聚合物,2013, 31(2):80-82.

[9] 靳高岭,张秀芹,王锐,等. PA6 /LDPE/PE-g-MAH 共混纳米纤维的制备及结构研究[J]. 合成纤维工业,2013,36(1):1-5.

[10] 李健,高曙光,付中玉,等. 共混纤维相形态的扫描电镜观察[J]. 电子显微学报,2002,21(1):86-89.

[11] 王锐,张大省,朱志国. 高组成比组分构成共混纤维分散相的控制[J]. 纺织学报,2002,23(5):9-11.

[12] SOUHENG WU. Formation of Dispersed Phase in Incompatible Polymer Interfacial and Rheological Effects[J]. POLYMER ENGINEERING AND SCIENCE,1987,27(5):335-343.

[13] 张伟,魏发云,王彤辉,等. 纺丝速度对 PA6/LDPE 共混纤维中分散相梯度分布的影响[J]. 产业用纺织品,2012,30(5):23-27.

[14] 王锐,朱志国,张大省,等. 相容剂对 PA6/PE 基体-微纤型共混纤维形态结构的调控[J]. 高分子材料科学与工程,2002,18(5):96-99.

[15] 郑学晶,杨鸣波,李忠明,等. 共混方式对高密度聚乙烯/聚碳酸酯共混体系形态与性能的影响[J]. 塑料工业,1999,27(01):9-10.

[16] 张大省,王锐. 超细纤维生产技术及应用[M]. 北京:中国纺织出版社,2007.

[17] 蔡致中. 丙纶短纤维大型环吹风纺丝头浅析[J]. 合成纤维工业,1991,14(1):53-57.

[18] 任佩君,来可华. 涤纶短纤维纺丝组件的使用与异常丝控制[J]. 合成纤维,2015,44(7):22-25.

[19] 王志雄. 丙纶短纤维卷曲机的故障分析与处理[J]. 合成纤维,2010,39(7):34-36.

[20] 谢昕,巩红光,陈发光. 丙纶超短纤维的生产技术及应用[J]. 合成纤维,2011,40(11):8-11.

[21] 汪乐江,李玉林. 裂片型复合超细纤维生产技术及纺织产品的开发[J]. 合成纤维工业,1994,17(4):22-27.

[22] Mario Miani, Via Enrico Fermi. EXTRUSION HEAD FOR PRODUCINGSYNTHETIC AND THE LIKE TEXTILEYARNS[P]. US4259048(1981.03.31).

[23] William H. Hills, West MelbourneFla. METHOD OF MAKING PLURALCOMPONENT FIBERS [P]. US5162074A(1992.11.10).

[24] Ruowang Liu, Yi Chen, Haojun Fan. Design, Characterization, Dyeing Properties, and Application of Acid-DyeablePolyurethane in the Manufacture of Microfiber Synthetic Leather [J]. Fibers and Polymers,2015,16(9):1970-1980.

[25] Zhijian Pan, Meifang Zhu, Yanmo Chen. The Non-uniform Phase Structure in Blend Fiber. Ⅰ. Non-uniform Deformation of the Dispersed Phase in Melt Spinning[J]. Fibers and Polymers,2010,11(2):249-257.

[26] Zhijian Pan, Yanmo Chen, Meifang Zhu. The Non-uniform Phase Structure in Blend Fiber. Ⅱ. The Migration Phenomenon in Melt Spinning[J]. Fibers and Polymers,2010,11(4):625-631.

[27] 彭多昌,唐瑞喜,成枫,等. COPET/PA6 海岛复合超细纤维生产工艺[J]. 合成纤维工业,2004,27(6):54-56.

[28] 董振峰,王锐,李革,等. LDPE/PA6 海岛复合超细纤维的可纺性及性能研究[J]. 合成纤维工业,2014,37(4):15-18.

[29] Dong Wang, Gang Sun, Bor-Sen Chiou. A High-Throughput, Controllable, and Environmentally Benign Fabrication Process of Thermoplastic Nanofibers[J]. Macromol. Mater. Eng. 2007,292,407-414.

[30] 杨长辉. 不定岛超细纤维高档合成革基布的针刺技术初探[J]. 产业用纺织品,2005,23(1):16-19.

[31] JingpeirYu. ,杨胜一译. 复合纤维喷丝板的设计[J]. 国外纺织技术,1998,(11):12-15.

[32] 鲍克成,邓传芳,张守运. 海岛型双组分纤维的生产工艺和品质分析[J]. 聚酯工业,2010,23(3):

18-21.
- [33] 侯庆华,戴玲.海岛短纤维设备及工艺技术的研究[J].合成纤维,2005,34(12):33-36.
- [34] Mie Kamiyama, Tsuyoshi Soeda, Suguru Nagajima, etc. Development and application of high-strengthpolyester nanofibers[J]. Polymer Journal,2012,44(10):987-994.
- [35] 邓清文.海岛纤维生产工艺探讨[J].山东纺织科技,1999,(5):27-29.
- [36] 曲建波,章川波,冯见艳,等.尼龙6/低密度聚乙烯不定岛型海岛纤维生产技术[J].合成纤维,2007,36(6):44-47.
- [37] 付丽玮,魏宇晓,部永.气压棉箱喂棉机的研制开发[J].非织造布,2007,15(4):45-47.
- [38] 侯庆华,戴玲.海岛型超细短纤维的生产及在高仿真超纤皮革中的应用[J].产业用纺织品,2005,23(7):1-7.
- [39] 黄毅,韩建,于斌,等.碱处理开纤工艺对海岛型超细纤维革材料性能的影响[J].浙江理工大学学报(自然科学版),2015,33(3):316-320.
- [40] 许志,顾建慧,范幼华,等.PA6/LDPE不定岛纤维PA6岛相分布的研究[J].皮革科学与工程,2008,18(5):18-21.
- [41] 冈本.三宜.施祖培译.超细纤维的纺丝[J].国外纺织技术:纺织针织服装化纤染整,1997,(6):15-24.
- [42] 杨友红.海岛纤维聚氨酯合成革基布碱减量新技术的研究[J].产业用纺织品,2009,27(2):23-27.

第八章　合成革的后整理及潮流效应

8.1　合成革的类型和后整理工艺

后整理包括改色、表面处理（简称表处）、压花、印花、增光、消光、抛光、烫亮、磨革、揉纹、湿气固化等诸多工序。贝斯后整理的目的主要体现在：

①改色增加花色品种，增加革的美观，满足客户对于不同颜色要求。

②改进或提升涂层的光泽，如增光、消光、抛光、湿气固化等满足客户对于不同光泽要求。

③压花、印花、抛光、磨革、揉纹等工序增加革的品种，满足某种特殊潮流效应。纹路如山羊皮纹、鳄鱼纹、蟒蛇纹、麻将纹等，效应革如"仿古革""荧光革""珠光革"等，另外如打光效应、仿磨砂效应、油或蜡变色效应、滚筒印刷效应、水洗效应、漆革效应、抛光变色效应、开边珠效应等也因其风格独异、美观、艳丽、奢华而深受消费者喜爱。

④赋予革特殊的功能如防水、防油、防雾化、耐寒、耐黄变、耐磨、耐刮、远红外吸收、抗菌防霉、阻燃抑烟等，增加其商业价值。

8.2　贝斯的改色工艺

贝斯后整理的第一步是改色，改色有干法贴膜改色、滚涂、直涂改色、三版印刷改色等多种方法。

8.2.1　干法贴膜改色

贝斯干法贴膜改色工艺流程如图8-1所示。

贝斯的干法贴膜改色工艺类似于干法贝斯的制造工艺，即将改色用的聚氨酯浆料搅拌均匀，制成黏稠状混合液，用刮刀涂覆在离型纸上，干燥至半干状态，经贴合装置与贝斯贴合，然后经干燥、冷却、剥离、卷取，得到聚氨酯合成革产品。离型纸既可以是平板型，也可以是花纹型，如果离型纸带有花纹，革坯就不需再压纹，如果离型纸是平板型，革坯需经压纹后再做表处。一般离型纸的花纹较细、较浅，不适宜于花纹比较粗犷、纹理较深的花纹。

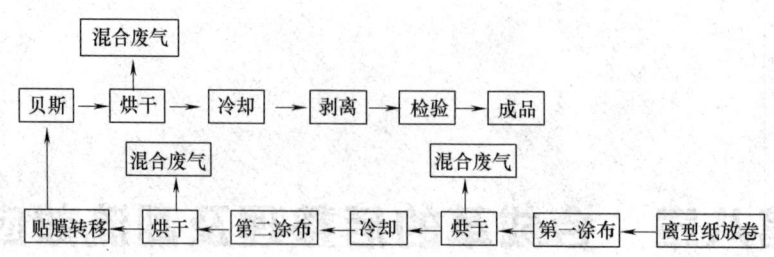

图 8-1 贝斯干法贴膜改色工艺流程

实例 1：沙发革

①设备　干法贴膜设备。

②改色方法　两刀法。一般沙发革、包袋革、汽车革等对涂层的耐磨、耐刮性均有较高要求，故改色时上浆量高，宜采用两刀法。改色时要求浆料的黏度较高，在2Pa·s以上；改色后再表处一层耐磨性好的树脂，进一步提高涂层的耐刮性。

③工艺方案

a. 第一刀：上浆量80g/m，烘箱温度90~140℃（逐渐升高），烘箱长度20m。

b. 第二刀：上浆量100g/m，烘箱温度130~140℃，烘箱长度10m。

c. 贴膜：贝斯和改色膜贴合后进入干燥烘箱，干燥温度140℃，烘箱长度25m。

d. 线速度：溶剂型20m/min，水性树脂约15m/min。

要求：流平性好，不露底，手感柔软，干燥完全。

实例 2：鞋里革

①贝斯　合成革湿法贝斯。

②设备　干法贴膜设备。

③改色方法　一刀法。鞋里革涂层要求薄一些，以提高透气、透湿性。由于水性树脂较溶剂型树脂有更优良的透气、透湿性，故鞋里革宜用水性树脂和一刀法改色。

④浆料配方　见表8-1。

表 8-1　　　　　　　　鞋里革水性改色浆料配方

原料	配方1	原料	配方2
黄棕浆/份	30	米色浆/份	20
R2003 树脂(水性)/份	100	R2003 树脂(水性)/份	100
增稠剂/%	1.5	增稠剂/%	1.5
交联剂/%	0.5	交联剂/%	0.15
流平剂(美国)/%	0.45	流平剂(美国)/%	4.5
浆料黏度/Pa·s	2.0~2.5	浆料黏度/Ps·s	2.0~2.5

配方中的增稠剂主要是提高浆料的黏度，流平剂主要是提高浆料的流平性和铺展性，交联剂主要是提高涂层的物性，一般水性浆料的干燥速度低于溶剂型浆料，使用时应注意工艺的调整。

⑤工艺方案

a. 一涂：上浆量 100g/m，烘箱温度 100～140℃（梯度升温），烘箱长度 5m。

b. 贴膜：贴膜后干燥温度 140℃，烘箱长度 25m。

c. 线速度：水性树脂 15m/min，溶剂型 20m/min。

要求：涂层流平性好，不露底，手感柔软，干燥完全，表面未表处前，耐湿擦略差，表处后不黏。

8.2.2 贝斯的辊涂改色工艺

辊涂改色无需离型纸，将浆料直接涂覆于贝斯上形成改色层。

①革品种　服装革。

②设备　辊涂设备，如图 8-2 所示。辊印涂饰机的传动采用电机减速器直接与辊、轴连接。电子变频调速，机器运转平稳，传送胶带及涂饰辊速度均在控制面板上显示和调节，直观方便。本机可满足制革整饰工段的不同使用要求，可进行正向、逆向涂饰，对各类皮革进行底层涂饰、浸渍填充、双色效应、顶层涂饰、印花等。通过辊加热装置还可以对皮革进行涂油和上蜡。

机器在气动自动换辊架上装有三根不同用途的涂饰辊，换辊快速方便，且

图 8-2　合成革用辊印涂饰机

换辊过程中，即使突然断电、掉电，辊架可停在任意位置，十分安全。刀架由气动装置控制，自动进退。刀与辊间压力可调。刀架装有轴向自动往复装置，往复频率可调，提高了刮浆的效果。工作厚度（涂饰间隙）电动自动调节，且数值在控制面板上数码显示（精度 1/100mm），并配有手动调节手轮，可直接调整涂饰辊与下压辊之间的平行度，使用更为方便。

传送胶带驱动装置安装在出革端的传动轴上，从而使传送带的上面表面更加平直，避免传送带的振动。传送带的工作面可根据不同的革自动调节高低。逆涂时有四个不同的位置供选用。此装置使传送带的工作区域更为平整，涂饰质量更高。不锈钢接浆装置与双隔膜浆料泵组成的浆料自动供给回收系统可实现浆料的循环使用。使用时需保证料槽内浆料黏度的稳定，以提高涂饰质量。

③改色方法　辊涂法。

④浆料配方　由于服装革对透气、透湿性和手感有较高要求，故可采用水性浆料改色。其配方见表 8-2。

⑤工艺方案

a. 辊涂：网目轮 30 目，烘箱温度 120℃。

b. 总上浆量：100g/m。

c. 干燥速度：12～15m/min。

表 8-2　服装革贝斯辊涂改色浆料配方

原料	配方	主要成分
黑色颜料膏/份	20	炭黑
R2003 水性树脂/份	100	水基聚氨酯及助剂
交联剂/%	0.5	聚氮丙啶、多异氰酸酯或碳化二亚胺

注：①辊涂浆料黏度 0.8～1.0Pa·s 即可，无须加增稠剂提高黏度。
　　②辊涂时对浆料的流平性要求不高，可不加或少加流平剂。

d. 烘箱长度：常规烘箱长度。
e. 要求：流平性好，不露底，手感柔软，干燥完全。
f. 表处：溶剂型表处剂，表处后不黏，光泽柔和，表处上浆量为 50～60g/m。
g. 压花：辊压（镍轮，工艺条件同常规溶剂型），保型性和定型性好。
h. 水揉：压纹明显，立体感强（与同类溶剂型革相比），其他性能优良，透湿性大于 2500g/(m^2·24h)。

8.2.3　贝斯的印刷改色工艺

①贝斯　普通服装革贝斯。
②设备　印刷设备。
③改色方法　三版印刷法。三版印刷的优点是直接对贝斯印刷，对浆料的黏度、流平性要求低，上浆量少，遮盖力高，特别适合水性树脂改色。
④浆料配方　见表 8-3。

表 8-3　服装革水性改色浆料配方

原料	配方	主要成分
水性黑色膏/份	20	炭黑
R2003 树脂(水性)/份	100	水基聚氨酯及助剂
交联剂/%	0.5	聚氮丙啶或碳化二亚胺

注：①三版印刷黏度 0.8～1.0Pa·s 即可，无须加增稠剂提高黏度。
　　②三版印花时对浆料的流平性要求不高，可不加或少加流平剂。

⑤工艺方案
a. 第一版：上浆量 100 目轮，烘箱温度 140℃。
b. 第二版：上浆量 100 目轮，烘箱温度 140℃。
c. 第三版：上浆量 120 目轮，烘箱温度 140℃。
d. 总上浆量：60～70g/m。
要求三版印刷后无刷痕，不露底，手感柔软，干燥完全，表面不发黏。

8.2.4　合成革覆膜改色

覆膜改色是最简单的贝斯改色方法，将薄膜直接贴合在贝斯上成为成品。覆膜机如

图 8-3 所示。

覆膜机的主要功能是将薄膜贴合在贝斯或其他基础物上（如人造革、合成革等）。贝斯输送装置由上、下两条展平带及特殊设计的展平结构组合而成，使贝斯得到最佳的展平效果。覆膜机有自动控制装置，确保传送带保持正常工作位置，不偏位。覆膜机还配置有导热油加热系统，使辊筒表面加热温度一致，温差很小。同时该机器装有一个自动换位放膜装置和一个自动调节放膜装置，使换膜变得更简捷方便。用触摸屏和 PLC 控制，使整个机器性能稳定、操作简单。

图 8-3 合成革 GFMG-180 覆膜机

8.3 合成革的表处、印花与压花工艺

少量贝斯经干法贴面后直接成为成品，但大部分贝斯需经直涂、辊涂或三版印刷改色后，还需表面处理（表处），并辅助机械加工（如压花、抛光、烫亮等）而成为终端产品。

8.3.1 表处

表处剂一般由油性或水性聚氨酯和特殊助剂复配而成。

表处剂的主要功能：赋予聚氨酯合成革特殊的表面效果及潮流效应，如雾面效应、亮面效应、绒感效应、蜡感效应、粉感效应、变色效应、珠光效应、龟裂效应、疯马效应等。

表处剂中的助剂按用途和功能可分为：

①解决故障类 如消泡剂、润湿剂、防针孔剂、流平剂、固色剂、稳泡匀泡助剂、防黏剂、交联剂、增稠剂、分散剂等。

②增加功能类 如防污剂、抗菌防霉剂、阻燃剂、耐磨耐刮剂、防水剂、防辐射材料、保温材料、远红外材料、芳香材料、发光变色材料等。

③调节表面效应类 如滑爽剂、变色油蜡材料、肤感材料、粉感材料、特黑特雾材料、焦感材料、雾蜡材料、变色材料、绒感材料、抛光材料、消光材料等。

表处剂的上浆方式可以是喷涂、辊涂，也可以是两版或三版印花（印刷）。

8.3.2 印花

印花在表处中最为常用，印花所使用的设备是印花机。印花机有两版、三版印花机可供选择，分别可套印两色或三色。一种是在单色的涂层膜套印其他色泽花纹，纹路因消费者的喜好而不同，套色宜先浅后深。印花用的表处剂（也称着色剂）是印花油墨（聚氨酯或其他树脂为连接料，易挥发的有机溶剂为稀释剂，也可以是水性油墨）。合成革印花工艺流程如图 8-4 所示。

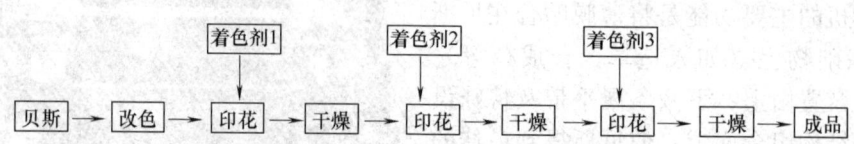

图 8-4　合成革印花工艺流程

图 8-5　三版合成革/人造革印花机（表处机）

三版合成革/人造革印花机（表处机）如图 8-5 所示。

三版印花机除了用于各类人造革、合成革的凹版印花外，还可以进行表面处理，如上色、印花、增光、消光、灌顶等，使人造革、合成革表面达到美观、仿真的效果。

8.3.3　压花

压花（压纹/轧纹）的目的是赋予成革不同的花纹。带花纹的离型纸也能使合成革表面增加花纹，但花纹比较浅且细腻（如牛、羊皮纹），而压纹机增加的花纹比较粗犷，纹理较深，如常见的蛇皮纹、麻将纹、鳄鱼皮纹、哈密瓜纹等。

合成革压花可分为板压和辊压两种，一般板压温度 110～120℃，辊压温度 180～220℃（陶瓷辊 150℃；水性材料 80～90℃；黄金管加热，294.2N 压力）。要求涂层不黏辊，离辊性好，不掉底浆，天热时涂层不发黏，天冷时不脆裂，甚至在 −20℃ 以下涂层不断裂。

板压生产速度较慢，但压花纹路较深，花纹立体感强。合成革用平板压花机如图 8-6 所示。

GJ5D3-600型

GJ5D3-850型

图 8-6　合成革用平板压花机

该机为单缸上移式结构，整机由框架、油缸、升降工作台、电加热板、仪表箱、电控箱、油箱、安全门及液压系统组成，主要用于各种皮革的熨光或压花。

为了提高生产效率，合成革企业多采用辊压压花。合成革用辊压机如图 8-7 所示，通过式滚筒熨平压花机如图 8-8 所示。

图 8-7　合成革用辊压机

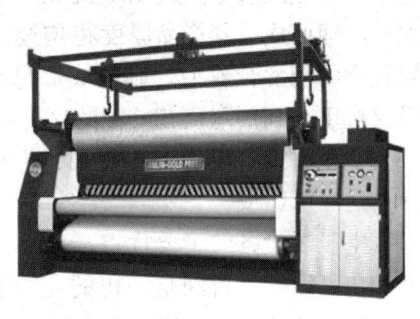

图 8-8　通过式滚筒熨平压花机

滚筒压花机主要技术参数如下：

机械门幅　1800mm　　　　　　　　传动方式　变频同步传动

机械速度　2～15m/min　　　　　　烘筒加热方式　导热油加热，全自动控温

烘筒温度　100～150℃　　　　　　整机功率　65kW

加热罩温度　250℃（黄金管加热）

通过式滚筒熨平压花机主要特点是：采用进口光熨滚，表面平滑超镜面，被熨革面光亮，进口大花纹辊所压的花纹清晰，持久性好，最适于批量生产整张汽车革和高档沙发皮革；热油循环加热光（花）滚，自动显示，自动控温，最高温度可达 190℃，花纹定型好；同时采用三种不同功能的送革传送带，使革张伸展后平整地进入熨压区，可提高得革率。

压纹机械设备经历了两次大的提升，见表 8-4。由 20 世纪 80 年代的农村型经济社会，转型到 2004 年的工业型经济社会，合成革也由小型加工发展到大型企业的规模，其间生产速度、降低能耗有了一次大的提升；第二次是从 2004 年到 2009 年，黄金管加热由中波改为短波，生产效率更高，能耗更低，降低成本、人力、财力的损耗，形成了健康、健全、环保的工业形态。

表 8-4　压纹机械设备的变化过程

序号	各项功能	1980 年	2004 年	2009 年
1	机械型	石英管加热（长波）PU 热压	PU、PVC 冷压	PU、PVC 冷压
		PVC 冷压	黄金管加热（中波）	黄金管加热（短波）
2	生产速度/(m/min)	3	12	20
3	耗电量/(kW/h)	75	90	75

人造革真空压纹设备是引进德国技术、由台湾最先制造的人造革专业成纹设备，它与普通的人造革压纹设备相比，其花纹成型原理是截然相反的。普通的人造革压纹设备是将人造革底坯经过发泡炉或压纹机加热发泡后经由橡胶辊和花纹辊（钢辊、硅胶辊等）相挤压后冷却定型而成，其产品厚度将变薄，手感变硬；而真空吸纹机的生产工艺是将人造革底坯经过发泡炉或压纹机加热发泡后经真空吸纹机的陶瓷花纹辊内的高负压真空吸塑后冷却而成，其产品厚度将增厚。陶瓷花纹辊是用非常特殊的陶原料及一些特殊的陶瓷化学助剂混合成型烧制而成，它具备了陶瓷固有的结构疏松、透气性好的特点，真空吸纹机正是利用陶瓷花纹辊的这种特性。

真空压纹设备主要由真空泵、传动装置、机架、真空吸纹机和陶瓷花纹辊（花纹由客户自定）等组成。

真空压纹设备的主要优点：产品发泡倍率高，成本降低，手感及柔软性好；花纹清晰度和仿真度高，特别是特粗的花纹和特细的花纹，效果优势尤为突出；相比普通方式压纹，其生产速度和效率均大大提高。

压纹可以在表处之前，也可以在表处之后完成，但有些消光涂层经压纹后会变亮而影响消光效果，故宜先压纹后表处；有些革希望产生双色效应或较强的立体感，可先表处（浅色或雾面消光）后压纹，压纹后再用深色或高光灌顶，由于沟底色浅或消光，而花纹凸起部位色深或高光，从而产生特殊的双色效应或较强的纹路立体感。

8.4 合成革的磨革与揉纹工艺

（1）磨革

贝斯经浅色改色后，再涂一层很薄的、柔和的深色涂层，以遮盖基本色调，然后将面层的一些部位磨去（机械或人工）或洗掉（如通过与沸石的摩擦），透出浅色涂层，形成逐渐变色的两种对比颜色斑块结合的效果，使其产生奇特的色彩或仿古效果。

（2）揉纹

合成革的揉纹又称过水揉。揉纹时通常需添加一些有机硅类柔软剂（揉纹剂）以改善手感。过水揉有两种方式，一种方式是将革坯放入揉纹机（类似天然皮革加工的转鼓），加入水溶性的揉纹剂和水，揉纹完成后出鼓、干燥、成卷；另一种方式是将揉纹剂和水喷涂在合成革的背面，然后放入揉纹机中揉纹，该法没有污水排放，节省用水量。

经过揉纹后成革手感柔软，有自然花纹，且花纹立体感增强，酷似天然皮革。揉纹多用于手感要求高的服装革。

揉纹对合成革涂层的湿态黏结力提出了较高的要求，当湿态黏结力不够时，会产生脱层或脱皮现象。

8.5 合成革湿气固化技术

湿气固化是指在湿法贝斯贴面或改色、印花、压纹后，辊涂一层反应型聚氨酯树脂，然后在无尘环境和一定的温度、湿度下放置一段时间进行湿气固化而成。

湿气固化形成的涂层水晶感强，颜色鲜艳透明，亮度高，主要应用于软质天然皮革、弹力箱包革、亮面服装革、鞋面革等的制造。

8.5.1 湿气固化原理

合成革湿气固化技术通常是在室温下完成的，空气中水蒸气的浓度（湿度）要求较高，故称室温湿气固化技术。湿气固化所用的聚氨酯通常是聚氨酯预聚体，大分子链上含有可与水反应的端基——异氰酸酯基（—NCO），端基在催化剂（一般为有机锡或叔胺）存在下常温下与水反应扩链，在合成革贝斯上形成致密涂层。其反应原理如下：

$$2 \sim\sim\sim NCO + H—OH \longrightarrow \sim\sim\sim NH—CO—NH \sim\sim\sim + CO_2$$

室温湿气固化聚氨酯涂层除具有良好的黏结强度和耐磨性外，还具有耐老化、耐低温、耐疲劳、耐水、耐油等特点，涂层特别光亮、美观，但透气、透湿性差，特别适合女式包袋革、水晶革等高光革的制造。

湿气固化所使用的溶剂主要是乙酸乙酯、乙酸丁酯类，由于工艺的特殊性，一般无法回收，故湿气固化车间有机溶剂排放量大，污染严重。车间要注意防火、防尘。

8.5.2 主要工艺参数

（1）表干时间、固化速度的调整

湿气固化所用材料一般由树脂和稀释料组成，稀释料中含有有机锡类催化剂。湿气固化时间（低温）一般20h以上。如果需要缩短涂层表干时间，提高固化速度，可以采取下述方法：改变预聚物合成中—NCO/—OH 的投料比，适当提高预聚物的—NCO 含量；使用复合催化剂或适当增加催化剂的用量。

（2）空气中的相对湿度

前面已提及，湿气固化是在室温下完成的，但一年四季温差较大，故夏季和冬季固化工艺参数（如时间、湿度）有一定的差异。湿气固化车间应干净，避免灰尘落入涂层中而降低涂层的镜面效果；其次还应有调温、调湿系统，以保证车间的温度和湿度恒定。

8.5.3 树脂储存稳定性

目前市售湿气固化聚氨酯的储存期一般为9个月，至少应为6个月。这是个难度较大的技术指标。因为空气中的水汽能使该树脂固化，所以在生产中必须注意以下环节：

①助剂、溶剂或其他液态物料应达到"氨酯级"，所谓"氨酯级"是以异氰酸酯当量为主要指标，即消耗1mL 的—NCO 所需溶剂或助剂的质量（g）。该值必须大于2500，否则必须经过预处理合格后才能使用。

②固体物料（如色粉、珠光颜料等）应烘干处理，使水分含量越低越好。干燥好的物料应尽快使用，最好随烘随用，避免物料再次吸潮。

③预聚物最好随配随用，预聚物在长期储存过程中—NCO 含量降低，并变黏稠，导致储存期变短。

④生产工房应有调温调湿系统，工房或车间的温度、湿度都应基本恒定。

⑤湿气固化树脂的包装不宜用塑料桶，应使用金属桶包装，桶内衬薄膜充氮气包装，必要时在封盖内放入干燥剂。

8.6 潮流效应革及加工技术

在消费日益时尚的今天，合成革不仅仅是一个消费品，而且是一类艺术品以满足各种特殊潮流效应，这类革通常被称为效应革。如仿古效应、荧光效应、珠光效应、打光效应、抛光效应、仿磨砂效应、油或蜡变色效应、水洗石流效应、漆革效应、疯马效应、羊巴效应、牛巴效应、龟裂效应等，也因其风格独异、美观、艳丽、奢华，深受消费者青睐。由于效应革风格多，变化快，本书以 20 余实例加以说明。

8.6.1 荧光效应革

荧光效应（Fluorescent Effect）是一种光效发光现象，涂层将人们肉眼看不到的短波长射线吸入后，以长波长射线释放出来，这种波长正好处在可见光范围内，并同常规的反射光叠加呈现出耀眼、鲜亮的色彩。荧光合成革的涂层和图案在不同的光环境下呈现不同的光泽和色彩。

传统的荧光合成革制造方法是将荧光剂粉末与聚氨酯树脂进行掺混而制备的。专利[1]公开了一种荧光合成革的制造方法。

先在离型纸上涂覆面层，树脂黏度为 1.2~1.8Pa·s（25℃），涂层厚度为 1.3~1.5mm，在 105℃下烘干，然后涂覆含有荧光颜料的荧光层。荧光浆料的组成：聚氨酯 100 份，氨基改性聚硅氧烷 0.5 份，DMF 60 份，荧光颜料 10~12 份。浆料黏度为 1.5~2.0Pa·s（25℃），涂层厚度为 1.3~1.5mm，经 120~130℃的烘箱干燥 1~2min 后再涂刮黏结层。黏结剂黏度为 2.5~3.5Pa·s（25℃），涂层厚度为 1.3~1.5mm，烘至半干后与湿法贝斯贴合，再经烘箱在 120~130℃下烘干 2min 后，纸革分离制得高耐候荧光聚氨酯合成革。该方法制造的荧光合成革的荧光强度高，工艺简单。但共混型荧光聚氨酯在应用中荧光小分子往往容易脱落，与树脂相溶性不好，且分布不均匀，含量不稳定，从而影响发光性能。

四川大学公开了一种环境友好型荧光水性聚氨酯及其制备方法。将含有荧光基团的端羟基化合物作为一种扩链剂，与异氰酸酯反应，以化学键方式嵌入到水性聚氨酯结构单元中，解决了共混复配型荧光剂与水性聚氨酯配伍性差、使用过程中易迁移析出的问题。该荧光水性聚氨酯所用荧光剂少，对聚氨酯原有优良性能影响较小，荧光特性稳定持久，荧光发色团在聚氨酯中分布均匀，其合成革涂层在不同光照下呈现不同色彩，在情侣装、儿童服饰、环卫工人服、消防员服、野外工作者、登山运动员服等的制造方面具有广阔的应用前景。

8.6.2 金属效应(珠光效应)革

金属效应（Metallic Effect），也称珠光效应，是在效应层中加入金属粉（如金、银、铜粉），能使成革在光的照射下发射出金灿灿的光泽。金属闪光效应层金粉或银粉的遮盖能力强，耐磨，革的档次高。金属效应革主要用作包袋革、沙发革和鞋革，要求厚度均匀，涂层、效应层黏结牢固，光亮足。金属闪光效应革通常在改色浆料中加入金属（珠光粉）、辊印、干燥后压花，革面凸起处有金属闪光效应，而沟层仍为深层的颜色或雾面，立体感强，别有一番风味；也可以在刻有图案的花辊上涂上含有珠光粉的效应液，在革面上辊印，产生部分闪光的金属效应（也称阴阳效应、珠光效应）。

8.6.3　双色效应革

双色效应（Two-Tone Effect）的工艺特点是：先涂一层着色层，然后压花，将凸起部分用其他色浆灌顶，接着辊涂光亮层，由于上下两层（沟底和凸起）颜色不一致，从而产生双色效应。如不做成压花革时，在涂第二层色浆时，将喷枪倾斜喷雾，由于颜料水在革坯面上分布不均而产生色差，在光线作用下显示出双色效应。压花革、抛光革均可制得双色效应。

8.6.4　疯马效应革

表处树脂中含有绒毛粉和消光变色粉，拉伸后可呈现底色；"疯马"的意思是"凌乱无序"，制成的合成革称疯马效应革（Crazy-Horse Leather）。这种革经揉搓后革面能长出绒毛，毛感及绒面效果好，真皮感很强。表 8-5 为水性 PU 疯马表处剂配方。

表 8-5　　　　　　水性 PU 疯马表处剂配方　　　　　　单位：%

组成	配比	组成	配比
水基聚氨酯	35~45	有机硅滑爽剂	1~3
水	30~40	消光粉	1~4
二氧化硅变色粉	5~8	有机硅流平剂	0.5~1.0
绒毛粉	2~5	增稠剂	0.2~1.0

8.6.5　Pull-up 效应革

Pull-up 效应革，也称油蜡变色效应革（Pull-up Effect Leather），这种革受到外界张力（拉、顶伸、弯折、温差-热压）作用后，革面受力处颜色变浅，在外力消除后又恢复一致的颜色，国外称为 Pull-up 效应革，中国称为变色革。

PU 变色革采用特殊树脂制造，由表面层、变色层、黏结层及基布组成，表面层提供手感和耐磨性，同时保护变色层。在经受拉伸、顶起等应力变形时，PU 革中的变色层［主要为变色油和（或）变色蜡］发生相对位移，改变革色彩。表 8-6 为水性 PU 变色表处剂配方。

表 8-6　　　　　　水性 PU 变色表处剂配方　　　　　　单位：%

组成	配比	组成	配比
水基聚氨酯	35~45	氨基硅油滑爽剂	5~8
水	30~40	乳化蜡	5~8
二氧化硅变色粉	6~9	有机硅流平剂	0.5~1.0
消光粉	2~6	增稠剂	0.5~2.0
有机硅消泡剂	2~5		

8.6.6 抛光革、擦焦革和烫亮革

(1) 抛光革（Polished PU Leather）

抛光工艺源自天然皮革生产，原理是使雾面的表面通过打磨使其局部变油变亮，增加了花纹的层次感和真皮感。

抛光效应也可以是在浅色（如黄色）或保持底色基本色调基础上，另外再涂一层很薄的、柔和的深色涂料，以遮盖基本色调，在制造过程中通过机械或人工抛光将革面层的一些部位擦掉，透出浅色涂层，形成彼此间逐渐变色的两种对比颜色斑块结合的效果，使其产生奇特的色彩效果。革面被抛光的强度决定了抛光整饰效果的强弱，底层和面层色差反差大，抛光效果强烈，否则，抛光效果暗弱一些。

用抛光工艺生产的鞋革和服装革，革面显得富有层次感，而且再经揉纹加工，花纹顶部越揉越亮，更显自然本质。抛光是在抛光机上完成的。

(2) 擦焦革（Brushed PU Leather）

擦焦革的表处层含有特殊焦感蜡（又称烧焦蜡），能通过摩擦产生与底层不一样的烧焦效应，形成感观双色效果或古典焦色效果。表面越打磨，焦感越重，反差效果越强。

(3) 烫亮革（Ironed Leather）

烫亮是指表处后的涂层通过高温烫压（滚筒式烫平机）处理，产生高光和透明效果，具有仿抛光及真皮光泽，适用于 PVC、PU 革的表面处理。

烫亮表处实例如下：

①材料　水性树脂，要求透度好，亮度高，过水揉处理后，依然保持光泽度和通透度。

②工艺　三版上烫亮树脂→干燥→熨烫（常规）。

③上浆量　20～35g/m。

④干燥温度　115～120℃。

8.6.7 水洗革、雾洗亮效应革和染色革

(1) 水洗革（Washed PU Leather）

水洗革采用易洗/难洗树脂做表处层，进行压纹、水洗。在碱、热、摩擦作用下，部分树脂和颜色脱落（被洗掉），出现色差，层次感分明。原本硬朗、平面的革经水洗处理后，显示出休闲与复古于一体的多层次风格。

①水洗革工艺　贝斯→水性树脂直涂/贴面→压花→辊涂→干燥→成品→水洗。

②水洗条件　60℃，20～30min＋轻石，pH 10～11（Na_2CO_3 溶液）。

③水洗效果　花纹革沟底色深（或雾），表面色浅，呈现层次感。

④水洗树脂　由易洗型和难洗型构成。

(2) 雾洗亮效应革（Washed PU Leather）

雾洗亮效应革是在水洗革的基础上发展而成的，其工艺流程如下：三版上水性烫亮树脂→烫光→三版上水性雾面（消光）树脂→压花→水洗（75℃，30min）。

沟底雾（消光），顶部雾面洗掉，露出亮面，类似水晶嵌在凸起的顶部；立体感和层

次感分明。

(3) 染色革（Dyed Leather）

普通合成革的着色是通过涂层着色的，着色剂为颜料和染料，涂层色泽均匀，不会产生层次感。

德美博士达公司的研发人员在湿法贝斯上先涂覆一层水性聚氨酯，经干燥、压纹后，再利用三版表处机涂一层水性雾面或消光树脂，干燥后染色，获得了基于水性树脂的染色革制造方法。该方法用染色着色技术替代传统的涂层着色技术，可广泛用于服装革、箱包革、鞋面革、沙发革等合成革的制造。

水性聚氨酯既可以是阴离子型，也可以是阳离子型，相应地，染料应分别采用阳离子型染料和阴离子型染料。聚氨酯和染料之间通过阴、阳电荷结合，赋予成革高的染色牢度、耐干湿摩擦牢度和抗菌防霉性。另一方面，由于花纹沟底和凸起部分负载树脂的量不同，染色后沟底和凸起部分对染料的吸附量也不相同，导致沟底色深、色暗（消光），表面色浅、色艳，层次感分明。

染色革工艺实例：

①工艺流程　贝斯→水性树脂直涂/贴面→压花→三版处理→干燥→染色。

②染色条件　染料 3%～5%，液比 1∶10，温度 70～80℃，时间 20～30min，浴液 pH 6～7。

8.6.8　牛巴革和羊巴革

(1) 牛巴革（Nubuck Leather）

Nubuck 字面意思是鹿皮，不是指牛皮。采用湿法 PU 工艺，溶剂型 PU 浆料在凝固过程中形成直立的泡孔，经表面磨革后合成革就具有直立绒毛状的触感。由于其直立的泡孔，故称其为"牛巴革"（源自于天然皮革纤维概念）；因其独特的触感，有时也被称为"仿麂皮"。

(2) 羊巴革（Yangba Leather）

羊巴革工艺与牛巴革工艺不一样，它是采用含羊巴粉的树脂涂层经发泡，泡孔破裂后形成一绒感层。

羊巴粉是一种中空微球发泡剂。微球发泡剂具有核壳结构，外壳为热塑性聚丙烯腈树脂类聚合物，内核为烷烃类气体组成的球状塑料颗粒，直径 10～45μm。加热后，高分子壳体软化，其中的液状碳氢化合物变成气体，胶囊体因产生的压力而膨胀，从体积上来看，可以扩大为原来的 50～100 倍。

羊巴革有粗羊巴革和细羊巴革之分，但比牛巴革要更细一些，手感更柔滑。羊巴革主要用于包袋、沙发、汽车内饰等。

水性羊巴革工艺：湿法贝斯→水性羊巴树脂（黏度 3Pa·s，上浆量 150g/m）→干燥（100℃，90s）→发泡（150℃，90s）→水性树脂增色→水性表处剂手感处理→成品。

8.6.9　绒面革和磨砂革

(1) 绒面革（Suede Leather）

绒面革是指表面呈绒状的皮革，一般用羊皮、牛皮、猪皮、鹿皮、超纤合成革经打磨工艺制成。绒面革没有树脂涂饰层，故透气性和柔软性极好，穿着舒适，但防水性、防尘性都差，故需三防处理（防水、防油、防污）。绒面革主要生产女鞋和服装。

绒面革与牛巴革、羊巴革外观和手感有些类似，但制造工艺不同。

目前，比较受市场青睐的是水性绒面合成革（也称水性仿超纤合成革）。该类革是在起绒类针织基布或无纺布上涂覆水性聚氨酯浆料，用刮刀将涂覆好的产品表面刮涂平整，然后用烘干定型机进行烘干定型，再用磨毛机进行双面打磨，制成绒面合成革，可用于各类运动鞋、休闲鞋，也可用于箱包、服装和各类装饰材料等。

(2) 磨砂革（Sanded Leather）

磨砂革是采用特殊 PU 树脂，在湿法成型后将其打磨而成；根据底布的不同，产品可分为平织布底磨砂革、弹力磨砂革、无纺布磨砂革三大类。磨砂革表面绒感舒适，广泛用于鞋类（休闲运动鞋、女式长筒靴、女式凉鞋等）、服装类（服装面料、服装标饰等）、箱包类（箱包、首饰盒、相机套和其他精密仪器套）制造。

8.6.10 太空革

太空革（Space Leather）是指经过聚氨酯（聚氨酯中含氟聚合物）湿法凝固和干法贴面而制备的合成革，具有保暖性能或隔热性能，皮革透气、透湿性能优良。树脂中的含氟高聚物主要用来提高合成革的防水、防油能力。太空革多用来做运动鞋。

8.6.11 镜面革

镜面革（Varnish Leather），也称漆皮、水晶漆皮（Patent Leather）。漆革原指用亚麻仁油漆涂饰的表面异常光亮的革，后采用硝化纤维漆或聚氨酯漆等合成材料涂饰。

尽管都能生产高光皮革，漆革与湿气固化工艺不同。漆皮是指在聚氨酯革上淋漆的一种工艺，无需湿气固化过程，其特点是直接生成光亮的漆膜，色泽光亮、自然，防水、防潮，容易清洁打理，但由于涂层致密，透气性较差。

由于漆皮的工艺比较复杂，对树脂要求高，所以市场上销售价格也相应较高，主要制作箱包、包袋、女鞋、童鞋。

8.6.12 油皮革

油皮料也称"仿湿气固化材料"，即简化了湿气固化晾干的过程，由于表面都带有一种油腻的触感而被称为油皮。

8.7 涂层的性质及缺陷

作为合成革的涂层，必须具备下列性质：
①良好的干湿接着性（黏着力）。
②良好的耐溶剂性（甲苯、丙酮）或干洗性。
③良好的耐干、湿摩擦性。
④良好的耐干、湿曲折性。
⑤良好的耐热、耐寒冻裂性（耐候性）。

⑥良好的耐老化性（如光、热、氧化、水汽等因素影响）。
⑦良好的卫生情况（耐洗、透气性、透水汽性）。
⑧涂层必须具备美丽的外观（如革面平滑、光亮）。

如果涂层不具备上述性质，就会产生相应的缺陷，这既有材料上的因素又有工艺上的原因，下面对其分别加以论述。

8.7.1 涂层与基布的黏着力

涂层的黏着力表现在涂层与涂层之间、涂层与基布之间。由于合成革在使用过程中要经受很复杂的变化（如水汽、玷污、摩擦、撞击、伸张、挤压、各种不同气候条件等），为了使涂层不致脱落，要求涂层与涂层之间、涂层与基布之间具有很强的干、湿态黏着力（特别是过水揉）。影响涂层黏着力的主要因素如下：

（1）成膜剂的种类和性质

涂层与涂层之间、涂层与基布之间的黏着力首先与两者间的极性有关，且遵从相似相容规则，即极性与极性基材间黏结牢固，非极性与非极性基材间黏结牢固。

同种类基材之间，一般来说，大分子链节越易活动，柔性越大，则黏着性能越高，如果分子中存在着共轭体系或较大的空间位阻（如含苯环），则降低了链的柔顺性，使扩散力减弱，黏着力下降。大分子链间存在结晶、氢键、偶极等相互作用，会提高黏结性能。

（2）增塑剂及其他助剂的影响

在高聚物中加入增塑剂，能有效削弱大分子之间的作用力，从而使大分子及其链节更易活动，提高黏着力。在PVC树脂中，加入邻苯二甲酸二丁酯或辛酯、己二酸二辛酯等增塑剂也使PVC具有适度的柔软性和足够的黏着力。其他助剂如惰性无机颜料、填料、蜡剂等过多使用会使涂层黏着力下降。

（3）黏合时的温度

提高黏合时的温度有利于增加黏着力，这是因为升高温度使大分子及其链节的活动能力增大，易于流平，尤其是热塑性树脂，效果更明显。

（4）涂饰方法

不同的涂饰方法对涂层与涂层、涂层与基布的黏着力起着很重要的作用，同喷涂相比，辊涂、直涂或帘幕涂饰更能给予涂层良好的黏着力，这是因为这些涂饰方法增加了树脂的渗透时间。

（5）溶剂类型

浆料中溶剂的类型也会影响层与层间的黏着力，强溶剂（如DMF等）对底层有一定的腐蚀作用（溶解），有利于上层浆料的渗透和黏结。

黏结不牢固带来涂层的缺陷之一就是掉浆，更为严重的是脱层。出现掉浆或脱层时，必须对上述原因进行综合查找，解决的办法可以改换树脂的种类，改变软、硬性树脂、颜料、填料、渗透剂、增塑剂、流平剂等的配比，提高黏合时的温度等。

8.7.2 涂层的伸长率和耐曲挠性

合成革在使用过程中要在不同的环境下（如温度、水汽、光照等）受到反复的弯曲和延伸，因此要求合成革涂层具有一定的伸长率和耐多次弯曲能力（耐曲挠性）。例如：鞋面革的伸长率不大于30%，服装、手套革的伸长率为40%～50%，故涂层的伸长率均不应低于此值。成膜剂的伸长率还与本身的结构密切相关，具体如下：

①树脂链上所含的极性基越少，分子链间作用力越弱，大分子链滑动越容易，伸长率越高。

②树脂链间交联度越轻，大分子链滑动越容易，伸长率越高；大分子链上无共轭体系，无大的空间位阻，σ单键旋转容易，分子链段柔软，伸长率越高。

③大分子链中的硬性组分（如聚氨酯链上的苯环、脲键等）越少，模量越低，分子链的回弹性越大，伸长率越高。

涂层的伸长率和树脂的伸长率不是等同的，涂层中因颜料膏和其他助剂的加入，往往使其伸长率比树脂的伸长率小得多。涂层的伸长率除了与树脂的种类和本身的结构性质有关外，还与涂层的厚薄、颜料膏颗粒的大小、增塑剂和其他助剂是否填加、拉伸变形速度等有关。涂层越厚，在拉伸变形时，能滑动的分子总数就越多，伸长率就越大。颜料、填料等的加入阻碍了涂层大分子在拉伸变形时的滑动，这些物质颗粒越大，阻碍作用也就越大，拉伸变形时，如速度相对较慢，大分子间有充裕的时间使彼此间产生定向滑动，导致伸长率增大。

涂层的伸长率低于基布的伸长率时，用力拉伸皮革，就可能出现颜色变浅的现象，通常称为散光，而严重者涂层断裂通常称为裂浆。散光或裂浆是涂层常见的缺陷之一，解决这一缺陷的有效办法是增加软性（低模量）树脂用量，提高成膜物含量，减少颜料膏和其他助剂的含量，调整配方及涂饰工艺以达到满意效果。

涂层的耐曲挠性与成膜剂的种类有关，聚氨酯有着特优的耐曲挠性。增塑剂的加入，有利于涂层耐曲挠性的提高；但随着增塑剂的迁移，这种作用会逐渐消失，最后出现涂层的断裂。

8.7.3 涂层的抗水和抗有机溶剂性

不同类的合成革对抗水和抗溶剂性能有不同的要求，例如家具革除了需有良好的耐光性、耐曲挠性外，还需要有良好的耐干湿擦性能及良好的耐汗摩擦性能，弄脏以后还要经受住溶剂的干洗。鞋面革特别是女装鞋需要有良好的耐甲苯性能。

合成革用树脂多为线性高分子，它们在溶剂中经过膨胀可以溶解。溶剂溶解高分子聚合物，在开始阶段是大量的溶剂分子进入到大分子的间隙里，随着溶剂分子的不断进入，大分子链彼此距离逐渐增大，因此聚合物体积增大，这一过程称为溶胀。当溶剂分子进一步进入大分子链间，大分子就会脱落下来而被溶剂溶解。

高聚物的抗水、抗溶剂性能是由高聚物的种类和高聚物的结构决定的。

根据相似相容规则：高聚物分子链上含极性基越多，该聚合物抗溶剂性越好，如聚酯型聚氨酯比聚醚型聚氨酯耐溶剂。

在高聚物分子链间引入适度的交联，使线型高分子变为体型高分子，使分子缠绕更紧密，从而阻止了水分子或溶剂分子向高分子链间的渗透，提高了涂层的抗水、抗溶剂性能。

涂层抗水差造成的缺陷是涂层不耐干湿擦（干擦、湿擦时掉色，久之失去光泽）；抗溶剂性差时不能干洗，鞋面革还会造成革底脱胶现象，沙发革贴背衬胶时可能腐蚀革面。

提高涂层耐干、湿擦的方法有：喷顶涂防水光亮剂，用固定剂进行适度的交联，减少颜料膏和其他亲水性物质的用量。提高抗溶剂的方法有：尽量采用聚酯型聚氨酯、交联型或环氧树脂改性的聚氨酯作成膜剂；喷交联剂进行固化交联等。

8.7.4 涂层的耐寒耐热性

合成革涂层在加工过程中要经受住温度的变化，板压温度110～120℃，辊压温度180～220℃（陶瓷辊一般150℃，水性材料80～90℃），要求涂层不黏板，不掉底浆。合成革在使用过程中要求天热时涂层不发黏，天冷时不脆裂，甚至在-20℃以下涂层不断裂，因此，涂层应具有良好的耐候性能。涂层的耐寒、耐热性能可以用成膜材料的玻璃化温度（T_g）和黏流态转变温度（T_f）来衡量。T_g和T_f分别是高分子材料从玻璃态到橡胶态以及从橡胶态到黏流态的转变温度，它们是高分子材料使用的最低下限和上限温度。T_g越低表明该树脂的耐寒性越好；反之，耐热性越好。当温度超过了黏流态转变温度时，涂层就变成了黏流体，压花时会黏辊或黏板。

影响涂层耐寒耐热性的主要因素有成膜剂的种类；高分子链中软硬链段的比例及活性基因种类、含量；分子链中（间）的交联程度；增塑剂的用量（人造革）等。

树脂中软硬性组分的比例也影响着涂层的耐候性。软性组分（低模量）含量高，耐寒性好；硬性组分（高模量）含量高，耐热性好。高分子链中极性基团数目多，增加了分子链间的氢键或偶极作用力，有利于耐热性的提高。不同的交联剂体系和交联程度对涂层的耐热耐寒性能也有较大影响，交联度高，涂层的耐热性提高，但耐寒性变差，故在使用时采用高模量和低模量树脂搭配可保证涂层既能耐寒又能耐热。

增塑剂的加入可以提高人造革涂层的耐寒性，相反，色粉、填料、蜡剂等的加入可以提高涂层的耐热性。

涂层不耐寒时产生的缺陷是温度低时出现裂浆（低温曲挠性差），不耐热所产生的缺陷是堆放打包时发黏或滚烫、滚压时黏板（辊）。涂层出现裂浆时，要适当增加软性树脂的含量，减少填料、蜡剂等的用量。出现黏板或发黏现象时，要相对增加硬性树脂含量，涂层中也可适当加入填料、蜡剂、有机硅剥离剂等以提高防黏性，表涂添加固化剂进行适度交联。

8.7.5 涂层的耐老化性能

涂层的老化是指在光、热、氧气、水汽、气候变化等长期或反复作用下所引起涂层性质的变化。这个变化是十分复杂的，从客观上看，出现发硬、脆裂、发黏或变色等现象，以致革制品不能继续使用。发生这些变化的原因是大分子的裂解、不饱和双键的氧化、残余官能基的化合、增塑剂的挥发等。不同因素引起的涂层老化所产生的涂层缺陷也是各不相同的。例如在MDI型聚氨酯中，由于含有苯环在紫外光作用下易变成醌式结构，使涂层发脆、发黄；同时颜料中的钴、锰等金属还会加速氧化作用使涂层变硬变脆。在聚氨酯（特别是芳香族聚氨酯）涂层中，由于苯环和醚键易吸收紫外光，也会出现发黄现象，芳香族聚氨酯作白色革或浅色革是很不适宜的。PVC革涂层中随着增塑剂的迁移也会出现涂层发脆、变硬现象。

8.7.6 涂层的耐磨性、耐刮性

影响涂层的耐磨性（Wear Resistance）、耐刮性（Scuff Resistance）的因素不完全相同。

涂层的耐磨性主要与涂层的摩擦因数有关，在涂层浆料中添加蜡、有机硅、石墨烯等润滑助剂，可以降低涂层摩擦阻力，提高耐磨性；耐磨性也与树脂的硬度有关，涂层受热发黏，摩擦阻力增大，耐磨性下降。

涂层的耐刮性与树脂成膜的弹性、韧性和硬度有关，涂层树脂的韧性和回弹性好，涂层受外力刮划时不会破损，变形后能迅速恢复，表明耐刮性好；涂层树脂硬，也有利于提高耐刮性，但树脂的韧性和高弹性是决定涂层耐刮性的主要因素。

8.7.7 涂层的耐水解性

耐水解是指对水的耐受程度，不是说接触到水涂层就破裂，短时间接触涂层一般不会水解。平常空气中本身含有水分，若长期接触潮湿、高温环境，水解会加剧。合成革涂层材料主要是聚氨酯，分子中含有大量酯键、氨基甲酸酯键和脲键，这些化学键均能水解；涂层配方中还含有木素粉、蜡等易被霉菌腐蚀的组分，霉菌作用和水解作用往往具有协同效应，从而加快水解过程。一般来说，人造革的耐水解性比合成革好，优良顺序如下：人造革＞干法合成革＞湿法合成革。

人造革/合成革耐水解性检测方法如下：

检测方法一：耐水解实验（丛林实验）

①实验样品尺寸　150mm×150mm。

②实验方法

a. 将试样吊挂于恒温恒湿器中潮热老化，恒温恒湿温度（70±2）℃，相对湿度95%以上。

b. 潮热处理 3~10 周后（周期时间误差在±2h之内），取出试片，在温度（23±2）℃、相对湿度 45%~55% 的条件下放置 2h，观察表面变化情况，测试试样的剥离负荷或耐折牢度（行业认为，一周代表 1 年，即处理一周不出问题，表明 1 年内不会出问题）。

说明：潮热处理时间及耐水解性指标以供需双方商定为准（主要用于耐水解要求高的革，如汽车革、墙纸革）。

检测方法二：耐碱性实验

①实验样品尺寸　100mm×20mm。

②实验步骤　在温度为（23±2）℃、相对湿度 45%~55% 的条件下，将试样浸泡在 10% NaOH 水溶液中，放置 24h 后用镊子将试样取出，并用水冲洗干净，在（100±2）℃烘箱内烘干后，观察试片表面侵蚀龟裂情形或测试试样的剥离负荷。

影响涂层耐水解性的主要因素是树脂的种类和结构，一般聚醚型聚氨酯的耐水解性优于聚酯型聚氨酯；交联型聚氨酯的耐水解性优于线型聚氨酯；吸水率低的聚氨酯的耐水解性优于吸水率高的聚氨酯。

8.7.8 涂层的卫生性能

卫生性能是指涂层的透气性和透水汽性，主要是透水汽性。卫生性能良好的革做成

的衣服或皮鞋，使人穿着舒服。革的卫生性能取决于涂层树脂的种类、厚度、紧密度。树脂的种类不同，透水汽性也不一样。水基聚氨酯有很好的透水汽性，这是因为水基聚氨酯分子中含有大量的亲水基，如—NH—、—COOH等，当穿着时，皮肤散发出的水蒸气可被这些基团吸附，并逐渐传递到涂层的另一面，将水蒸气释放到空气中。溶剂型聚氨酯形成的涂层的透水汽性比水基型聚氨酯形成的涂层差。

另外，涂层越厚，卫生性能越差，熨烫、打光、辊压等增加了涂层的紧密度，也使涂层的卫生性能下降。

干法合成革与湿法合成革透气、透水汽性差异较大，湿法合成革具有较好的透气、透水汽性。

发泡革与一般非发泡革相比，发泡革的透气、透水汽性优于非发泡革。

8.7.9 涂层的其他性能

涂层除了上述基本性能外，有些特殊类型的革还需具备一些特殊的性能。

(1) 阻燃性

关于合成革的阻燃性在国内没有引起足够的重视，但在国外都有着严格的规定，如美国对服装特别是空勤人员穿着的服装有可燃性规定，波音公司对飞机内部使用的皮革也需要具备阻燃性能。皮革可燃性的评价通常采用垂直燃烧实验法（Vertical Flame Text）和需氧指数实验法（Oxygen Index Text Method）。前一种方法可以参见美国皮革化学家协会关于防火性能的标准，即 ALCA Method E50，是一种点燃燃烧实验。其目的是测出当燃烧源移去后火焰熄灭所需时间（t_{AF}）以及余烬完全熄灭所需时间（t_{Ag}），同时还测出燃烧后试样的剩余长度（L_c）和质量失去的百分数（w_L）。这些参数值越小，表明皮革的防火性越好。第二种方法具体的测试条件和步骤，可以参见美国材料测试协会的标准 ASTM D2863—1977，使样品在氧、氮混合物中保持燃烧 3min，或者燃烧完预先规定的长度（50mm、75mm 或 10mm），测出所需要的氧的百分数，即需氧指数（OI），需氧指数越高，表明材料的阻燃性越好。

阻燃剂有非耐久性和耐久性两种。前者大多是水溶性的无机盐，如硼砂、硼酸、磷酸联二胺、十二水合磷酸钠等；后者则既可耐水浸又可耐某种程度的干洗，如氯化石蜡（$C_{24}H_{24}Cl_{16}$、$C_9H_{12}Cl_8$）、溴二苯醚与三氧化锑的混合物等。

(2) 耐洗涤剂性能（EDTA Resistance）

涂层用洗涤剂洗涤时，颜料、染料中的金属离子会和 EDTA 发生配合反应，而使涂层变性（如褪色、发脆、变色等）。

(3) 防雾性能（Fogging Resistance）

防雾性能主要针对汽车坐垫革，当温度升高时，革内的化学物质如蜡、柔软剂、颜料、染料、增塑剂等不应挥发出来。近年，欧盟提出的汽车革雾化值的标准是≤1μg/kg（皮革）。

雾化值与 VOC 不同，VOC 是指挥发性有机物的总量，但并不包括常温不挥发的蜡、增塑剂一类的固体助剂；而雾化值主要检测低温下不挥发而在高温下（100℃）挥发的一类物质。VOC 适合所有革品，雾化值主要针对汽车革。

(4) 耐水洗性（Washability）

有些革如家具革不仅要有好的耐光、耐溶剂、耐干湿擦性能，还要经受住水洗，要求革的防水性极高。

（5）耐针车性（Stichability）

耐针车性指在加工的过程中，针孔周围的涂层是否出现脱层、泛白、散光吸湿等缺陷，而针车性好的涂层不应出现上述不良现象。

另外，国外对合成革的耐热性（Heat Resistance）、聚氯乙烯迁移性（PVC Migration）、耐火棉胶性（Colldium Resistance）都有较高的要求。

当然，同一革坯的涂层要同时满足上述诸多性质是不现实的，也是没有必要的。例如，对于鞋面革就没有必要去追求其防雾化性能。

复习思考题

1. 试述合成革的表面修饰和后加工的目的和意义。
2. 合成革的后整理包括哪些工序？
3. 合成革贝斯的改色有哪些方法？各有何特点？
4. 试述合成革的印花与压花的差异与工艺要点。
5. 阐述合成革湿气固化技术及其工艺要点。
6. 试述合成革涂层的主要性能及其影响因素。
7. 了解表面修饰与后加工工艺的发展趋势。
8. 合成革揉纹时脱层，试分析原因并提出改进方案。
9. 合成革涂层压花时出现黏辊和黏板现象，试分析原因并提出改进措施。
10. 合成革有哪些特殊潮流效应？请列举3～5例，说明其工艺特点。
11. 涂层低温曲挠性和耐溶剂性不达标时，分析原因并提出改进方案。
12. 试述影响涂层黏着力的影响因素。
13. 雾化值和VOC有什么区别？
14. 试述作为鞋面革、汽车革、服装革，其涂层应分别具备哪些性能。

参 考 文 献

[1] 倪育新,徐丽娟,黄万里.高耐候荧光聚氨酯合成革的干法贴面工艺[P]. CN 101781858 B,2009.

[2] 范浩军,田赛琦,章培坤,等.一种环境友好型荧光水性聚氨酯及其制备方法[P]. CN201510457225.4, 2015,7,30.

[3] Tian S, Zhang P, Fan H, et al. Synthesis, Characterization, and Optical Performance of a Novel Fluorescent Waterborne Polyurethane[J]. Advances in Polymer Technology, 2015. DOI 10.1002/adv.21579.

[4] 范浩军,盖静,陈意,等.一种人造革、合成革用水性耐磨、耐刮表处剂及其制备方法[P]. CN 201510457156.7.2015.

第九章 合成革制造过程中的三废治理

9.1 合成革各生产工段污染源介绍

合成革的核心生产工段可分为湿法生产线（贝斯生产）、干法生产线（贝斯贴面）、后整理加工三个工段，辅助车间有为回收溶剂二甲基甲酰胺（简称 DMF）专门设立的 DMF 回收车间以及有为各工段供热的锅炉车间。这五个工段产生的污染物各不相同，下面分别介绍。通常，一个中等规模的合成革企业，以三条湿法生产线和两条干法生产线匹配比较科学。这样规模的企业满负荷生产，每天的产量约为 40000m^2。以下数据均基于这样的规模和产量进行计算。

9.1.1 湿法生产线（贝斯生产）

贝斯生产的原材料主要由革基布、聚氨酯树脂、色浆、木质粉、轻钙、助剂以及有机溶剂 DMF 等构成。该工段可由两大工序组成。

第一工序，是将聚氨酯树脂、色浆、木质粉、轻钙、助剂以及 DMF 按一定的比例在配料罐中配成工作浆料，因此，这一工序称之为配料工序。

第二工序，是将配好的工作浆料在特定的湿法生产线上涂布在革基布上，然后经过凝固、水洗、烘干等过程，最后做成贝斯。

（1）配料工序

配料工序工艺流程如图 9-1 所示。

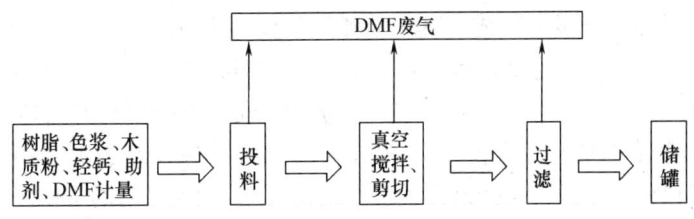

图 9-1 贝斯生产配料工艺流程图

从图 9-1 可以看出，配料的整个过程，主要的污染物为有机废气 DMF。其中真空搅拌过程为有组织排放，而投料、过滤及放料过程 DMF 的排放均为无组织排放。投料过程不仅有DMF的排放，还有木质粉和轻钙的粉尘排放。由于粉尘的排放只对配料间有影响，对车间外几乎没有什么影响，因此，在此不作讨论。

从图9-1还可以看出，整个配料过程产生的有机废气为单一的DMF，而没有其他的有机废气。原因是生产贝斯的树脂，其溶剂为单一的DMF，而加料过程的溶剂也是单一的DMF，因此配料过程产生的有机废气为单一的DMF。

投料过程中，有机废气主要来自于树脂的投料和DMF的投料。由于DMF是从管道投入，而且基本上在密闭真空的状态下投入，因此，不产生无组织的排放。而树脂的投料方式，是将树脂从200kg的料桶中直接倒入配料釜中，这个过程，树脂直接暴露于空气中，溶剂DMF将直接挥发。据监测，配料间在配料时空气中DMF的浓度为50mg/m^{3}左右，风量为80000~90000m^3/h，而投料的时间每天约为6h。因此，投料时废气DMF的产生量约为25kg。

另外，通常树脂的含量为30%，DMF溶剂的含量为70%，这样的配比，液体的黏度很高，配料完成后，每个料桶残留的树脂往往还在1kg以上。正常情况下，一个中等规模的企业，每天要使用20t以上的树脂，也就是说，每天使用的树脂料桶在100个以上，残留的树脂在100kg以上，如果空桶不加盖，让其自由挥发，将有70kg以上的DMF废气产生。

过滤和放料是一个连续的过程。实际操作中，在放料口处扎一滤布，浆料通过滤布将粗颗粒滤去，进入浆料桶。在这个过程中，浆料暴露于空气中，使部分DMF挥发。由于放料时间不长，挥发面积不大，每天的产生量为10kg左右。

真空搅拌过程的DMF是有组织的排放，其浓度很高，据监测约为25000mg/m^3，风量不大，约为500m^3/h，每天约有4h的真空搅拌时间，因此，这一过程，每天的产生量约为50kg。

因此，配料工序有机废气DMF的排放见表9-1。

表9-1　　　　　　　　　　配料工序DMF废气产生情况　　　　　　　　单位：kg/d

无组织			有组织	合计
投料	过滤和放料	树脂料桶	真空搅拌	
25	10	70	50	155

(2) 贝斯生产工序

贝斯生产在湿法生产线上完成，其工艺流程如图9-2所示。

从图9-2可以看出，在这个过程中，会产生含DMF的废气和含DMF的废水。而且，浆料涂布过程很短，大约几秒钟后，即进入凝固槽凝固。由于DMF可以任何比例与水混溶，所以，浆料涂层一进入凝固槽，其中的DMF便开始逐步地进入水相，经过水洗、扎压等程序后，浆料中99%以上的DMF都进入水相，大约有1%的DMF会进入气相，也有微量的DMF残留在贝斯当中。进入水相的成为废水，进入气相的成为废气。

贝斯生产过程产生的废水收集在储罐中，然后送回收系统（精馏塔）加热，因DMF和水的沸点不同，通过控制精馏塔塔顶温度，使DMF和水分离。DMF回用于配料，水再回用于水洗。

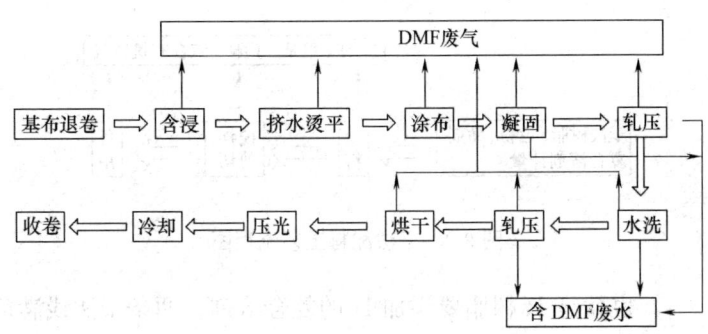

图 9-2 贝斯生产工艺流程图

假设一个工厂每天使用 20t 树脂，那么含 DMF 20%左右的废水将达到 170t/d 左右。

湿法生产线 DMF 废气一般都进行收集。两条湿法生产线的废气量在 50000m^3/h 左右，DMF 的浓度在 200～500mg/m^3。如果产品的含浸过程需添加 DMF，那么，废气中 DMF 的含量就高，一般会达到 500mg/m^3 左右；含浸过程不添加 DMF，那么，废气中 DMF 的含量就低，一般会达到 200～300mg/m^3。因此，湿法生产线每天废气中产生的 DMF 为 240～600kg。

9.1.2 干法生产线（贝斯贴面）

贴面法既可用于干法贝斯的制造（见第五章），也可用于湿法贝斯的后整理。湿法贝斯产品仅仅看上去有点像皮革，但显得粗糙，并不美观。贝斯贴面的功能是在贝斯外表贴上一层具有各种各样花纹的面层，既可增加革的美感，也可增加革的物理性能。

干法生产线所用的原材料主要有贝斯或基布、干法树脂、色粉、复合溶剂、助剂等，干法树脂中的固含量也为 30%左右，其余 70%为复合溶剂。树脂中的复合溶剂和配料时添加的复合溶剂可能一样，也可能不一样。树脂中复合溶剂的配比一般 DMF 占 50%，甲苯占 25%，丁酮占 25%，但这个配比并非一成不变，随着甲苯、丁酮的价格上涨，DMF 的比例也在逐渐提高，或者采用更为便宜的替代品来替代甲苯和丁酮。添加的复合溶剂，其配比开始时和树脂的差不多，但后来随着 DMF 回收技术的推广，为了降低成本，DMF 的比例逐渐提高，甚至部分企业，以单一的 DMF 来替代原来的复合溶剂。也有一些企业采用丙酮或甲缩醛来替代甲苯或丁酮，因此，复合溶剂的成分是比较复杂的。

干法生产线也可分为两大工序，第一工序为配料工序，第二工序为干法贴面工序。

（1）配料工序

配料工序是将干法聚氨酯树脂、色粉、助剂以及 DMF、甲苯、丁酮等复合溶剂按一定的比例在配料罐中配成工作浆料。其工艺流程如图 9-3 所示。

从图 9-3 可以看出，配料的整个过程，主要的污染物为 DMF、甲苯、丁酮等综合有机废气。

由于干法配料过程无论是投料还是搅拌剪切，都是在敞开的容器中进行，不像湿法配料，是在密闭的配料釜中进行，因此，其排放的有机废气均无组织。一般树脂与复合

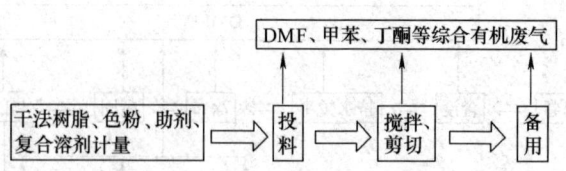

图 9-3　干法配料工艺流程图

溶剂的比例为 1∶1，也就是 1t 树脂要添加 1t 的复合溶剂。两条干法线满负荷生产时，树脂的用量在 4~5t，按 4t 计，复合溶剂也需 4t，则总溶剂达到 6.8t。若按 DMF 占总溶剂的 50% 计，则 DMF 达到 3.4t，其他的溶剂也为 3.4t。这 3.4t 溶剂挥发到空中，都成为有机废气。

(2) 干法贴面工序

干法贴面工序在干法生产线上完成，其工艺流程如图 9-4 所示。

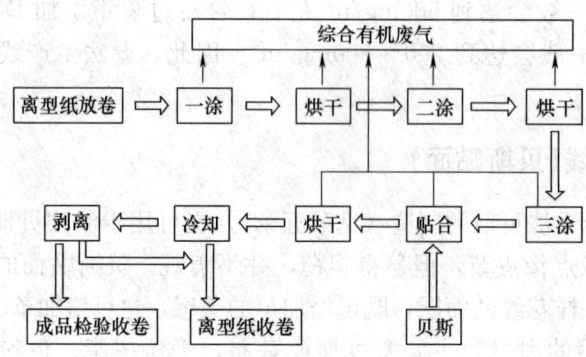

图 9-4　干法贴面工艺流程图

从工艺流程中可以看出，干法贴面的生产过程主要产生综合有机废气，废气产生点主要在涂布与烘干的过程。一条生产线生产过程产生的废气量约为 50000m^3/h，废气中 DMF 的浓度为 1000~4000mg/m^3，甲苯和丁酮的浓度为 200~500mg/m^3。正常生产情况下，有机废气中有 92% 左右是经烘箱烘干过程从排气筒以有组织的形式排放，配料过程及涂布过程无组织排放的废气约占 8%。

9.1.3　后整理加工

按照现有合成革后整理的生产工艺，工序较多。其中有些工序产生污染，有些工序基本不产生污染。

产生污染的工序有喷涂、印花、辊涂、贴膜、水揉、磨革等。其他的工序如板压、辊压、烫膜、干揉、手工摩擦等就基本不产生污染。

产生污染的工序中产生有机废气污染的工序有喷涂、印花、辊涂、贴膜等；产生废水污染的工序有水揉和喷涂等；产生粉尘污染的工序有磨革等。

一般磨革设备都配有布袋除尘装置，除尘效果也较好，能达到国家排放标准，因此产生的粉尘基本都能收集,并作资源化利用,不影响环境,在此不作讨论。

水揉产品附加值较低,一般独立的合成革后整理企业较少加工,合成革前段企业加工较多,而前段企业基本都已配有废水处理设施,所以该废水对环境的影响相对较小。喷涂工序一般都配有一套水帘式漆雾净化装置,该装置用水循环喷淋,过一段时间排放一次污水,但水量不大,一般每次在几吨,污水进入污水管网,到城市污水处理厂处理,对环境影响也较小,因此,废水影响问题在此也不作讨论。

下面主要讨论合成革后整理阶段有机废气的污染问题。

前已述及合成革后整理产生有机废气污染的工序有喷涂、印花、辊涂、贴膜。根据调查,喷涂和辊涂两个工序用料相对较多,印花、贴膜用料较少。后整理从贝斯开始加工的产品比从干法贴面以后加工的产品用料要多。同一工序,不同的产品其用料可能会相差很大。由于有这些原因,要完全准确地估算出有机废气污染物的排放量非常困难,只能大致估算。

据调查,辊涂浆料用量为120g/m左右;喷涂比较特殊,如果用喷涂来改色,那么其用量也在120g/m左右,如果用来作表面处理,其用量却在30~50g/m;三版印刷在15g/m左右;贴膜在15g/m左右。

因此,合成革后整理工艺中,改色工段的浆料用量是最多的,占80%以上。当然,部分企业觉得自己改色后的产品,某些物性达不到某些产品的要求,于是直接用干法贴面后的材料再进行深加工,这样改色用的浆料就比较少了。不过,现在水性树脂作为改色材料的出现,可以弥补物性达不到要求的缺陷,这样不但可降低直接选用干法贴面材料的成本,还可提高产品质量,减少有机废气的排放,企业应该会逐步扩大自己改色的产品。

假定后整理经过一次改色然后再经过一次三版印刷,那么,合成革后整理的浆料的总用量约为135g/m。浆料中有机溶剂的含量在85%左右,135g/m浆料中含115g/m左右的有机溶剂,这些有机溶剂全部变成有机废气排放。假设后整理每天的产量为10000m,那么有机废气的产生量将达到1150kg。

9.1.4 DMF回收车间

通常,一个中等规模的企业,每天产生含18%~20%的DMF的废水约为200t。这些废水集中储存到一定的量后,使用精馏装置进行DMF的回收循环利用,既减少了排污,净化了环境,又节约了资源,降低了费用,提高了经济效益,是一项一举多得的好项目。

DMF精馏回收过程是一个典型的化工单元操作过程,同样会产生各种各样的污染。DMF精馏回收的工艺流程示意图如图9-5所示。

含DMF废水由泵打入DMF精馏回收装置,将DMF和水完全分离,DMF进入储罐待用。从流程图中也可看出,整个过程将产生废水、废气和精馏残液(釜残)三种污染物。这些污染物以处理能力为15t/h的精馏装置为基准进行测算。

(1) 废水

含DMF的废水经脱水塔、浓缩塔和精馏塔将水从塔顶分别分离出来。每天的废水产生量为290t左右。这些水成分复杂,有微量的DMF、由DMF在精馏过程中分解出来的二甲胺以及各种各样的低分子有机聚合物等。从现有的数据得知,该废水中DMF的含量

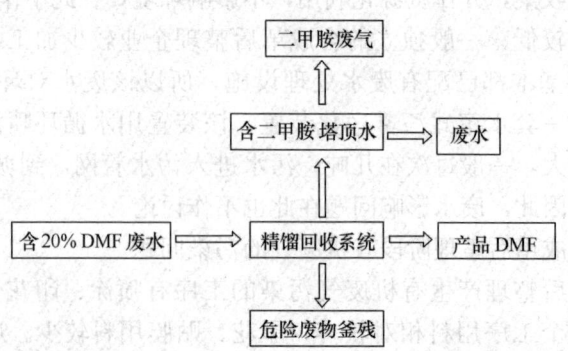

图 9-5 DMF 精馏回收工艺流程示意图

在 500～3000mg/L；二甲胺的含量在 500～2000mg/L；化学需氧量（COD）很高，在 2000～3000mg/L。

（2）废气

DMF 精馏回收工段的废气主要是指塔顶水中二甲胺的挥发，形成有机废气。由于一般企业都将塔顶水回用于湿法生产线的补水，但高浓度的二甲胺的挥发，使车间的气味很重，必须将塔顶水先进行脱胺，除去臭味，再将塔顶水储存、回用。回用不完时，再进行排放。塔顶水脱胺的过程，实际上是将二甲胺从无组织排放变为有组织排放。由于二甲胺的嗅阈值很低，又具有难闻的鱼腥味，所以，二甲胺废气的排放很容易造成大气的污染。

另外，很多企业在设计回收系统时，将塔顶水作为塔顶冷却水使用。塔顶水进入冷却塔时，冷却塔强大的风力将塔顶水中的二甲胺和 DMF 等有机物吹向空中，使冷却塔周围的空气严重污染。

据测算，DMF 正常回收的情况下，一个每小时处理 15t 精馏装置的企业一天从废水中排出的二甲胺约为 200kg。

（3）精馏残液

精馏残液也称釜残，是在精馏过程中提取 DMF 和水之后残留的废渣。它是一种黏稠状半固态物质，其构成为粉状填料、布毛、不溶性物、水、有机物、可溶性物、悬浮物等。根据现场实测与调查，釜残的产生量为废水量的 0.25％～0.30％。因此，一套每小时处理 15t 精馏装置，一天釜残的产生量为 1t 左右。

9.1.5 锅炉车间

一般，一个中等规模的企业，每天的用煤量约为 60t［热量为 21MJ/kg（5000kcal/kg）］。照此计算，每天产生的烟气量为 577000m³，烟尘 1.17t，SO_2 1.15t，煤渣约 15t。

9.2 三废处理工艺及原理

从合成革生产各个工段的污染情况介绍可知，合成革生产过程中产生的污染物既有废水，也有废气，还有固体废弃物。下面分别介绍废水、废气及固体废弃物的处理工艺及原理。

9.2.1 合成革工艺废水的处理

(1) 废水的来源

①湿法生产线工艺废水 湿法生产线在生产贝斯过程中，每天将排放170t（若DMF含量低的话，水量会更多）含20%左右DMF的废水。这些废水集中储存在特制的废水罐中，达到一定量后，再送往DMF回收车间，回收DMF。

在DMF回收车间回收DMF后，将产生大量的废水。这部分废水量根据精馏塔的规模确定。一般，废水量为精馏塔规模的80%左右。如精馏塔的规模为每小时进水15t，则每天的进水量为360t，每天产生的废水量为280t左右。

这部分废水成分复杂，既有微量的DMF（500~3000mg/L），也有在回收过程中由DMF分解出来的微量的二甲胺（500~2000mg/L），还有许多不知名的微量的低沸点、溶于水的有机物杂质。这部分水的COD浓度在2000mg/L左右，并且温度较高，一般到达污水调节池时温度还能到达60~70℃。

②洗塔水、洗槽水、料桶清洗水 此处的洗塔水指的是清洗DMF精馏塔和干湿法生产线DMF废气吸收塔产生的水，尤其是精馏塔，其再沸器和蒸发器等很容易结垢，影响DMF的回收效率，需要不定期地进行清洗。洗槽水指的是清洗湿法生产线的凝固槽和水洗槽产生的水，在连续生产一段时间后，槽底下会有大量的沉淀物积存，需要清洗。料桶清洗水指的是清洗每天使用完的浆料桶等产生的水。这些清洗水有一个特点，量不大，如洗塔水和洗槽水，可能要一两个月才进行一次，一次也就是几十吨水，平均到每天可能也就是两三吨水；如料桶清洗水虽然每天都有，但也就是三五吨水。因此废水量不大，但浓度很高，COD一般都在10000~20000mg/L。

③揉纹水、洗地水、生活废水等 这部分废水跟普通工业废水相近，浓度不高，COD一般在1000mg/L以内，废水量每天在30~50t。

(2) 废水的特点

合成革工艺废水与其他工业废水相比有如下特点：

①温度较高 塔顶水排放时温度达到60~70℃。用汽提法处理二甲胺后的塔顶水温度往往会在90℃以上。

②氨氮含量高 由于废水中含有DMF、二甲胺等物质，而这些物质有一个共同的特点——含有有机胺基团。废水在处理过程中，这些有机胺基团逐渐被分解而转化为无机氨氮。因此，如果废水处理工艺中的脱氨工艺不是很过关的话，往往会出现废水处理前氨氮含量低、废水处理后氨氮浓度反而高的情况。

③废水水量不稳定 一个合成革企业在正常生产时，其废水的产生量基本上是稳定的，一般在180~190t，但由于含DMF废水提取DMF需要将废水聚集到一定的量后才开始，连续提取一段时间，废水量不足时，停下来，等下一次提取。一般的企业，其DMF精馏回收装置的设计能力为每小时进水15t，一天可处理废水360t，提取70t的DMF后，余留废水280t待进一步处理。因此，在DMF精馏回收装置工作时，废水量就大，每天可以达到350t左右（取决于DMF精馏回收装置的进水能力）；DMF精馏回收装置停止工作时，废水量就小，一般每天在50~60t。

④各股废水浓度高低悬殊　前已介绍，揉纹水的COD浓度只有1000mg/L以内，而洗塔水等的COD浓度可以高达20000mg/L以上，浓度可以相差20多倍。

⑤废水含有特殊的恶臭　塔顶水中含有高浓度的二甲胺，而二甲胺会散发出类似于鱼腥味的恶臭，嗅阈浓度很低，只有0.09mg/m^3。而且，二甲胺的沸点又很低，纯二甲胺的沸点为6.9℃，40%二甲胺水溶液为51.5℃，所以当70~80℃的塔顶水排放时，气味特别难闻。

(3) 湿法废水DMF精馏回收

①精馏原理　精馏的基本原理是利用溶液中不同组分的挥发性不同。溶液经加热后有一部分汽化时，由于各个组分具有不同的挥发性，液相和气相的组成不一样：挥发性高的组分，即沸点较低的组分（或称作"轻组分"）在气相中的浓度比在液相中的浓度要大；挥发性较低的组分，即沸点较高的组分（又称作"重组分"）在液相中的浓度比在气相中的浓度要大。同样道理，物料蒸气被冷却后有一部分成为冷凝液（即部分冷凝），冷凝液中重组分浓度要比气相中重组分浓度高。

多组分溶液经过上述的一次部分汽化和部分冷凝过程进行分离的方法称作"简单蒸馏"。如果将蒸馏所得的冷凝液再一次进行部分汽化，气相中的轻组分就会更高，这样的部分汽化—部分冷凝过程进行多次以后，最终可以在气相中得到较纯的轻组分，在液相中得到较纯的重组分。多组分溶液经过上述的多次部分汽化—部分冷凝过程而达到分离的方法，即为"精馏"。

精馏的多次部分汽化—部分冷凝过程是集中在一个设备里进行的，这种设备称作精馏塔。典型的连续精馏操作流程如图9-6所示。

塔身内安装足够数量的塔板（或装有足够高度的填料），以利于上升蒸气和回流液体充分接触。在每一块塔板上相当于一次蒸馏。在塔身内进行了多次的汽化—冷凝过程，可以在塔顶得到浓度很高的轻组分，在塔釜得到浓度很高的重组分。

②精馏基本知识

a. 压强：物体单位表面积上所受的力称为压力强度，简称压强，用Pa表示。

b. 工程大气压：1atm=1kgf/cm^2，即平常所说的"一个压力"。

c. 物理大气压：760mm水银柱高所产生的压强为一个物理大气压。

d. 换算公式

1物理大气压=760mmHg=10.336mH_2O=1.034kgf/cm^2=0.1013MPa

1atm=735.5mmHg=10mH_2O=1kgf/cm^2=0.098MPa

1MPa=10.2kgf/cm^2

e. 常压：开口通大气的设备为常压设备，承受

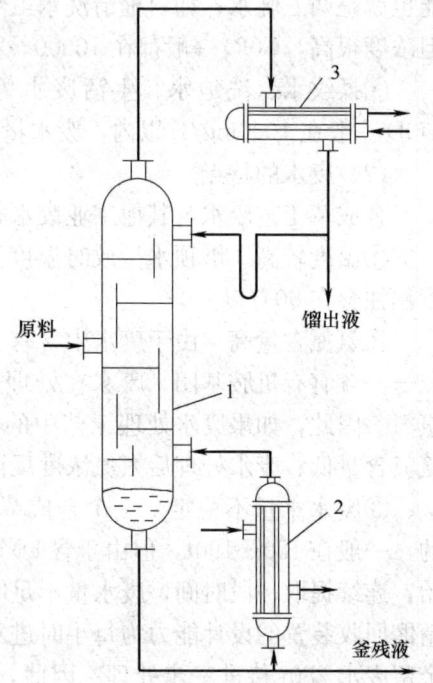

图9-6　连续精馏操作流程
1—精馏塔　2—再沸塔　3—冷凝塔

的压力为大气压力,压力表读数为 0。

f. 表压：受压超过大气压力的设备,其压力表指示的是超过大气压力的那部分数值,这个数值称为表压。

g. 真空度：压力低于大气压力的设备,其压力表指示的是低于大气压力的差值,此值称为真空度。

h. 换算关系：绝对压力＝大气压力＋表压

i. 精馏：把液体混合物进行多次部分汽化,同时又把产生的蒸气多次部分冷凝,使混合物分离为所要求的组分的操作过程。

j. 沸点：当纯液体物质的饱和蒸气压等于外压时,液体就会沸腾,此时的温度,称该物质在指定压力下的沸点。通常说的"某物质的沸点"就是指外压等于 760mmHg 时的纯物质的沸点,又称标准沸点。

k. 蒸发：对溶液加热,使一部分溶剂汽化而使溶液得到浓缩或析出固体物质的操作过程。

l. 冷凝：物质由气态转化成液态的过程,是放热过程。

m. 汽化：物质由液态转化成气态的过程,是吸热过程。

n. 冷却：使热物体的温度降低而不发生相变化的过程。

o. 回流比：在精馏过程中,混合液加热后所产生的蒸气由塔顶逸出,进入塔顶冷凝器,蒸气在此冷凝成液体,将其中的一部分冷凝液返回塔顶沿塔板流下,这部分液体就是回流液。将剩下的部分冷凝液排掉或作为产品的即为塔顶馏出量。回流液体量与馏出量的质量之比就叫回流比,通常用 R 表示：

$$R = m_1/m_2$$

式中　R——回流比；

m_1——单位时间内塔顶回流液质量,kg/h；

m_2——单位时间内馏出量,kg/h。

p. 全回流：在精馏过程中,把停止进料、出料,将塔顶冷凝液全部作为回流液的操作称作全回流。全回流操作多数用在精馏塔的开车初期或用在生产不正常时。

q. 压力降：塔釜和塔顶压力差。

r. 雾沫夹带：气体自下而上流动时,自下层塔板带至上层塔板的液体雾滴。

s. 液体泄漏：塔板上的液体从上升气体通道倒流入下层塔板上的现象。

t. 返混现象：当上升气体在塔板上使液体形成涡流时,浓度高的液体和浓度低的液体混在一起,破坏了液体沿流动方向的浓度变化,这种现象称返混现象。

u. 进料板位置：最适宜进料板位置就是指在相同理论板数和同样操作条件下,具有最大分离能力的进料板位置,或在同一操作条件下所需理论板数为最小的进料板位置。

v. 精馏收率：精馏产品数量与投入原料中该物质的质量之比。

w. 减压精馏的优缺点：避免高温分解和聚合；低分离温度,减少热耗且节能；增加相对挥发度,提高分离能力；防止剧毒物质的泄漏,减少环境污染,保护健康；设备气密性要求严。

x. 液泛：下层塔板上的液体涌至上层塔板,破坏了塔的正常操作,这种现象称液泛。

y. 淹塔：塔釜液面过高,淹没塔板,致使精馏无法进行。

③DMF 的精馏过程

随着生产的发展和节能降耗的要求，原来的单塔回收逐渐改为双塔回收，双塔回收大部分又改为三塔回收。这里主要介绍一下三塔回收的工艺流程。典型的 DMF 三塔串联减压精馏工艺流程如图 9-7 所示。

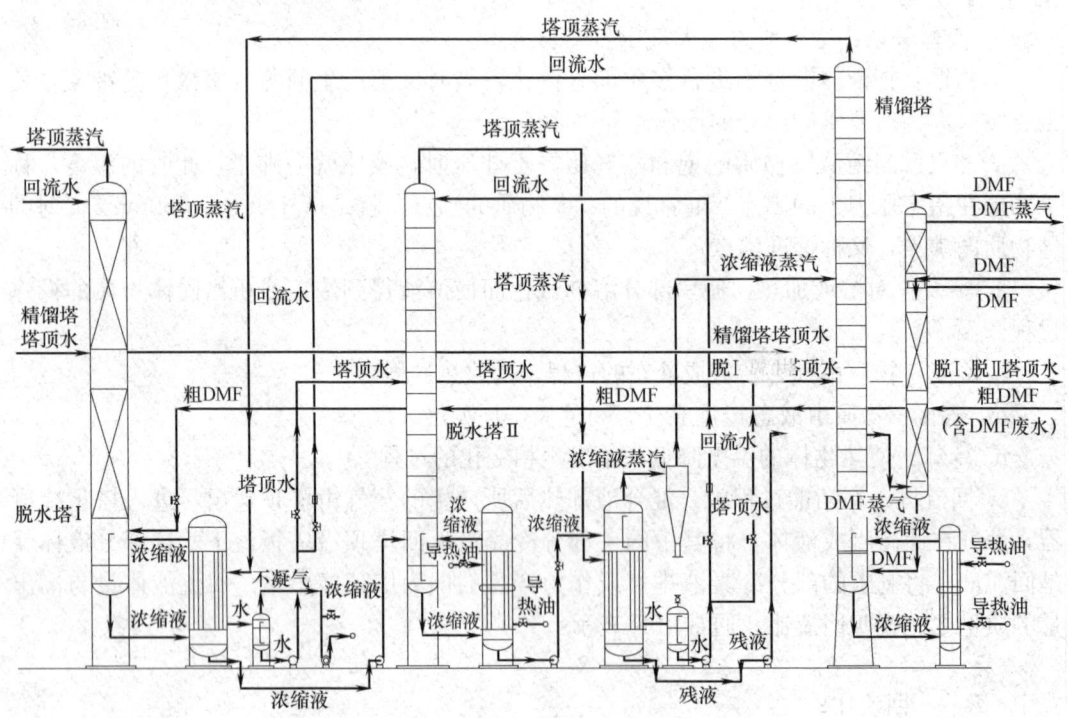

图 9-7　DMF 三塔串联减压精馏工艺流程

三塔 DMF 回收装置具有产量大、能耗低的突出特点，但设备较多，投资较大，控制较为复杂。

在三塔流程中，脱水塔Ⅰ工作压力为 12kPa，塔顶温度为 50℃左右；脱水塔Ⅱ工作压力改为加压，塔顶温度为 110℃；精馏塔工作压力调整为 40kPa，塔顶温度为 75℃。与双塔流程相比，精馏塔的塔顶蒸汽不再直接冷凝，而是作为热源供新增脱水塔Ⅰ再沸器加热使用，脱水塔Ⅰ再沸器不需由锅炉供热，因此，处理量更大，节能效果更好。与双塔相比，产量可增加 50% 左右，而所需热量（导热油或蒸汽）和冷却水基本不变。其经济效益是相当可观的，但要求冷却水洁净且温度较低。

三塔 DMF 回收装置主要指标如下：

a. 粗 DMF 浓度：含 DMF 20% 左右。

b. 回收 DMF：DMF 纯度≥99.95%，水含量≤0.05%，甲酸含量≤50mg/kg，二甲胺含量≤50mg/kg。

c. 塔顶水中：DMF 含量≤0.02%。

d. 净化水：DMF 含量≤0.02%。

由进料泵将粗 DMF 送入过滤器中，粗 DMF 的固体杂质被过滤掉后，经流量表计量后再送入脱水塔Ⅰ塔釜中，粗 DMF 进料量由脱水塔Ⅰ塔釜液位调节仪控制。进入脱水塔Ⅰ中的稀溶剂被脱水塔Ⅰ再沸器中的来自精馏塔的塔顶蒸汽加热而汽化，脱水塔Ⅰ的真空由真空泵产生。塔顶蒸汽进入塔顶冷凝器中，被循环水冷凝成水，流入塔顶水罐中。塔顶水中的一部分由回流排水泵经流量调节仪计量后，作为回流水打回脱水塔Ⅰ顶部，其余部分由塔顶水罐液位调节仪调节，送入脱胺塔中。真空泵排出的气体、水进入气水分离器，然后气体排入脱胺塔塔顶冷凝器，水循环使用。真空由真空调节仪来调节，测压点在脱水塔Ⅰ的塔顶管上。

经脱水后的浓缩液，由脱水塔Ⅰ再沸器底部，被浓缩泵送入脱水塔Ⅱ塔釜。脱水塔Ⅱ塔底液位由液位调节仪控制。进入脱水塔Ⅱ中的浓缩液被脱水塔Ⅱ再沸器中的来自锅炉导热油加热而汽化，脱水塔Ⅱ在加压状态下工作。脱水塔Ⅱ塔釜温度由调节仪调节。塔顶蒸汽进入粗 DMF 蒸发器中，被冷凝成液体，流入塔顶水罐中。塔顶水中的一部分由回流排水泵经流量调节仪计量后，作为回流水打回脱水塔Ⅱ顶部，其余部分由液位调节仪控制，送入脱胺塔中。经进一步脱水后的浓缩液，在脱水塔Ⅱ再沸器底部，被浓缩泵送入蒸发器。蒸发器液位由液位调节仪控制。

蒸发器中的浓缩液被来自脱水塔Ⅱ的蒸汽加热而汽化，进入旋风分离器中，液体和固形物被分离后再返回蒸发器中，气体则由分离器上部逸出，进入精馏塔中部（29块板）。

精馏塔塔釜的液体被精馏塔再沸器来自锅炉的导热油加热而汽化，精馏塔下段温度由调节仪调节。塔顶蒸汽进入脱水塔Ⅰ再沸器中，被冷凝成液体，流入塔顶水罐中。塔顶水中的一部分由回流排水泵经流量调节仪计量后，作为回流水打回精馏塔顶部，其余部分由塔顶水罐液位调节仪控制，送入脱胺塔中。

蒸发器和精馏塔在负压下工作，真空由水环式真空泵完成，排出的气体、水进入气水分离器。真空由真空调节仪来调节，测压点开在精馏塔的塔顶管上。

浓缩液在精馏塔得到比较完全的分离，设备运转稳定后，塔下段基本为纯净的 DMF。回收 DMF 由塔下段经脱酸塔呈气相采出，液位调节仪用来控制精馏塔塔釜液位。回收 DMF 进入 DMF 冷凝预热器，为粗 DMF 预热的同时，自身得到冷凝。再进入 DMF 冷却器中，被循环水进一步冷却后，进入回收 DMF 泵，经流量表计量后，打入回收 DMF 储罐中。

脱水塔Ⅰ、脱水塔Ⅱ、精馏塔的塔顶水送入脱胺塔顶部，喷淋而下，脱胺塔中装有丝网填料，塔顶水中的二甲胺等被脱胺塔底部的加热蒸汽带走。除去二甲胺的塔顶水集中在脱胺塔下部，由脱胺塔排水泵和液位调节仪，送入净化水储罐中，以备使用。

蒸发器中残渣随着运转时间的增加而增多，为保持蒸发器中的含渣量为一定值，维持设备长时间运转，由蒸发器的残液泵抽出残液，排入残液蒸发罐中。

精馏塔再沸器积存的含有甲酸的残液，由再沸器残液泵抽出残液，排入残液蒸发罐中，以维持精馏塔塔釜液中甲酸含量为一定值。

残液蒸发罐的夹套中通有导热油，残液被加热而蒸发，蒸发出来的残液蒸气排至粗 DMF 蒸发器。残液蒸发罐中的残液不断被蒸发，最后被蒸成黏稠状黑色残渣，由底部放出，送残渣处理中心处理。残液蒸发接近终点时，停止向残液蒸发罐进料，待排完残渣后，再向残液蒸发罐加料，即残液蒸发罐为间歇操作。残液蒸发罐上接有自来水管，用以清洗设备，或稀释残渣。

残液蒸发罐在真空下工作。

(4) 废水处理工艺

设计废水处理工艺时，要根据合成革工艺废水的特点，对一些特殊的废水要先进行预处理，达到一定的水质要求后再进入主废水处理池。合成革废水处理的难点在于脱氮。虽然脱氮的方法有很多，如化学沉淀法、吹脱法、离子交换法、蒸馏气提法、膜分离法等。但这些方法要么处理效果不理想，要么运行费用很高，都难以得到应用。目前采用最多的还是生物脱氮法，即在微生物的作用下，废水中的有机胺经过硝化、反硝化转化成氮气而脱氮。其基本工艺流程如图9-8所示。

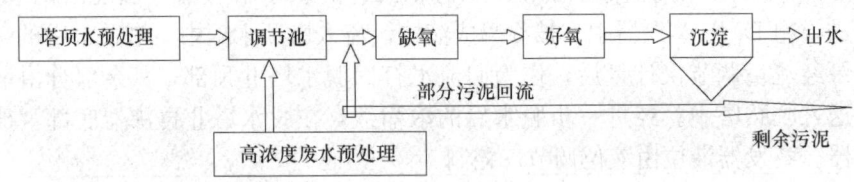

图9-8　合成革废水处理工艺流程图

(5) 废水处理工艺的讨论

①塔顶水的预处理　塔顶水的特点是温度高、氨氮含量高、有二甲胺臭味，根据这些特点，塔顶水的预处理主要要解决温度高和臭味的问题，因为温度高会对整个污水处理系统造成冲击，臭味本身就对环境造成污染。

一般在塔顶水进入调节池之前，先进行冷却。但要注意，对塔顶水冷却要采用热交换器，而不能采用冷却塔。因为采用冷却塔喷淋虽然可以将温度降低，但却将二甲胺的臭味散发到空中，造成大气污染。

根据二甲胺的特性，一般可用酸进行中和，使二甲胺转化成不挥发的二甲胺盐而消除臭味；也可应用某些金属离子，与二甲胺形成不挥发的络合物而消除臭味。

不管是降温，还是除臭，都需要在密闭的管道中进行，这样才可避免臭味散发。

②高浓度废水的预处理　高浓度废水一般指的是洗塔水或洗槽水。这些水除COD含量高以外，悬浮物含量也较高。而且这些水产生的时候，都是在生产停止的期间，如洗塔水是在精馏塔停止工作时产生的，洗槽水是在湿法线停止生产时产生的。生产停止时，也是废水产生量较少的时候。这时，如果相对大量的高浓度废水进入废水处理系统，必将对系统产生较大的冲击，有可能会使系统瘫痪，因此，必须对这些废水进行预处理。

预处理的方法一般是专门为高浓度废水设置一个调节池，高浓度废水进入调节池之后，控制出水的水量与较低浓度的废水混合，使进入总调节池的废水浓度控制在系统允许的范围之内。若高浓度废水的悬浮物太高，还要将这股废水过滤后再进入总调节池。

③生化处理工艺　图9-8中从调节池以后是一个典型的生化处理A/O（Anoxic/Oxic）过程。由于合成革工艺废水中有机胺的含量太高，仅靠一级A/O处理还是难以达标，因此，实际工作中，可能还会再增加一级A/O流程，或者增加一个好氧过程等。即使如此，它的脱氮效果还是不太理想。特别是单个企业要达到一级排放标准，还是相当困难。因此，合成革工艺废水的脱氮工艺，还有待进一步研究加以完善。

④物化补充工艺　在生化处理工艺前再增加一节物化絮凝沉淀工艺，这对 COD 的去除有较大的帮助。

9.2.2　合成革废气的治理

(1) 合成革工艺废气的来源　工艺废气主要为有机溶剂的挥发，其来源有树脂及溶剂在配料、运输、存放时挥发；涂覆或含浸等加工过程中有机物的挥发；在烘箱加热时有机物的挥发；后处理过程中有机物的挥发。通常干法工艺过程中产生的有机溶剂废气污染物有 DMF、甲苯和丁酮等；湿法工艺过程中的有机溶剂废气污染物主要有 DMF。合成革企业废气排放点见表 9-2。

表 9-2　　合成革企业废气排放点

废气排放点		污染因子	排放方式
湿法线	配料、放料	DMF	无组织
	浆料放置、运输	DMF	无组织
	含浸、凝固、水洗	DMF	无组织
	涂台	DMF	无组织
	烘箱	DMF	有组织
干法线	配料	DMF	无组织
	浆料放置、运输	DMF	无组织
	涂台	DMF、甲苯、丁酮	无组织
	烘箱	DMF、甲苯、丁酮	有组织
DMF 回收	锅炉房烟囱	二甲胺	有组织
	循环水池	DMF、二甲胺	无组织
后整理车间	配料	DMF、甲苯、丁酮等	无组织
	放置、运输	DMF、甲苯、丁酮等	无组织
	涂台	DMF、甲苯、丁酮等	无组织
	烘箱	DMF、甲苯、丁酮等	有组织

合成革生产过程中产生的废气，可分为生产工艺废气和燃料燃烧废气。

合成革生产工艺废气主要是 DMF、甲苯、丁酮、丙酮等挥发性有机化合物（VOC）。VOC 有毒，易燃易爆，对环境的危害主要是容易造成光化学污染，并且会对人的身体造成伤害，部分 VOC 还会造成臭氧层的破坏，所以，VOC 已成为世界性的公害。我国政府也和发达国家一样，对 VOC 的排放做出了严格的限制。但就目前的情况来看，我国合成革行业 VOC 的排放是严重超标的，其减排还任重道远。

(2) 合成革工艺废气的特点

①面广量大　合成革企业除锅炉车间外其余每个车间都产生工艺废气，而且几乎都是有机废气，所以产生废气的面很广。同时，废气的量很大，仅干法生产车间产生的量就达 6.8t/d，加上湿法车间、后整理车间、DMF 回收车间，每天的产生量达到 8t 以上。

②成分复杂　虽然这些工艺废气都是有机废气,但成分非常复杂。湿法车间产生的有 DMF,干法车间产生的有 DMF、甲苯、丁酮、丙酮、甲缩醛、醋酸甲酯等,后整理车间和干法车间的类似,DMF 回收车间产生的有二甲胺、釜残放料恶臭等。

③恶臭难闻　生产过程中产生的这些有机废气几乎都有异味,像二甲胺、釜残放料臭味、丁酮等臭味更加难闻。

④收集困难　合成革生产工艺流程很长,从湿法配料开始到后整理加工,每个环节都产生废气,除烘箱处产生的废气是自然集中的以外,其他环节几乎都是无组织排放。而废气处理首要条件就是要将废气集中,否则无从谈起。要将这么多环节的废气集中,其困难是非常大的。

(3) 合成革工艺废气的处理

合成革工艺废气处理的原则应该是,首先考虑该废气有没有技术将其回收利用,若有技术将其回收,一般情况下都要坚决采用回收技术。只有在没有回收技术,或有回收技术但回收成本减去回收收益之后其值仍然大于治理成本的情况下,才能考虑采用治理技术。所谓治理就是采用各种措施,让有机废气分解成二氧化碳等无害的物质。

①有机废气处理方法简介　合成革工艺废气属于有机废气。有机废气的处理按资源化回收和分解治理两种模式展开,会衍生出各种不同的处理方法。有机废气一般处理方法如图 9-9 所示。

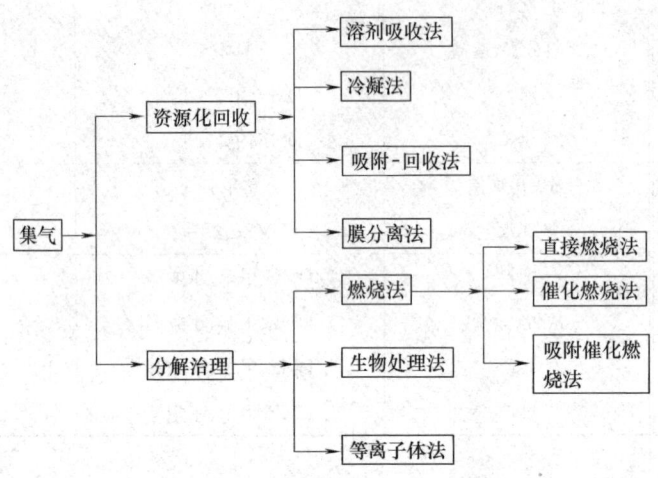

图 9-9　工艺废气一般处理方法

围绕资源化回收的方法有溶剂吸收法、冷凝法、吸附-回收法、膜分离法等。

围绕分解治理的方法有燃烧法、生物处理法、等离子体法等。而燃烧法中又有直接燃烧法、催化燃烧法、吸附催化燃烧法。

a. 溶剂吸收法:采用吸收法,就是采用对有机气体具有较好的溶解度,而对空气基本不溶的液体作为吸收剂,让废气与吸收剂充分接触,使废气中的有机物被吸收剂吸收,从而净化空气。当吸收剂中有机物的浓度达到一定值后,将吸收剂与被吸收的有机物进行分离,从而达到回收的目的。

一般要求吸收剂与被吸收的有机物有很高的溶解度,同时有很低的蒸气压。

吸收法适用于风量大、浓度适中的有机废气。利用该法需要配套分离装置，投资较大，吸收设备一般为填料塔。

b. 冷凝法：冷凝法是利用物质在不同温度下具有不同饱和蒸气压这一性质，采用降低系统温度或提高系统压力，使处于蒸气状态的污染物冷凝并从废气中分离出来的过程。

冷凝法适用于低风量、高浓度的有机废气的回收。

冷凝法的优点是所需设备和操作条件比较简单，回收物质的纯度比较高，但要获得高的回收率，往往需要较低的温度或较高的压力，需要较高的运行费用。

c. 吸附-回收法：吸附-回收法是利用活性炭纤维吸附有机废气，在接近饱和后用过热水蒸气反吹，使吸附在活性炭纤维中的有机物解吸（脱附）收集（一般为液体混合物），经分离后回用；活性炭纤维经解吸再生后，重新去吸附有机废气。

d. 膜分离法：膜分离技术的基础就是使用对有机物具有渗透选择性的聚合物复合膜。该膜对有机蒸气较空气更易于渗透10～100倍。当废气与膜材料表面接触时，有机物可以透过膜，从废气中分离出来。为保证分离过程的进行，在膜的进料侧使用压缩机或在渗透侧使用真空泵，使膜的两侧形成压力差，达到膜渗透所需的推动力。

分离膜是由涂层和支撑层组成的复合膜，涂层提供分离性能，而多孔支撑层提供机械强度。

有机气体膜分离是一种高效的新型分离技术，流程简单，回收率高，能耗低，无二次污染，是一种非常有前途的技术。

e. 燃烧法

直接燃烧法：利用燃气或燃油等辅助燃料燃烧，将混合气体加热，使有害物质在高温作用下分解为无害物质。本法工艺简单、投资小，适用于高浓度、小风量的废气，但能耗较高，同时对安全技术、操作要求较高。

催化燃烧法：把废气加热经催化燃烧转化成无害无臭的二氧化碳和水。本法起燃温度低，节能，净化率高，操作方便，占地面积少，投资较大，适用于高温或高浓度的有机废气。

吸附-催化燃烧法：此法综合了吸附法及催化燃烧法的优点，采用新型吸附材料（蜂窝状活性炭）吸附，在接近饱和后引入热空气进行脱附、解析，脱附后废气引入催化燃烧床无焰燃烧，将其彻底净化，热气体在系统中循环使用，大大降低能耗。本法具有运行稳定可靠、投资省、维修方便等特点，适用于大风量、低浓度的废气治理，是目前国内治理有机废气较成熟、实用的方法。

f. 生物处理法：生物法处理VOCs的原理是通过微生物对有机物的降解作用，在一定温度和湿度并有微量元素补充的条件下，附着于填料表面的微生物降解VOCs，将其作为生长所需的碳源，最终把VOCs分解为CO_2和H_2O。生物法处理VOCs的装置主要有生物洗涤器、生物滤池和生物滴滤塔。

生物处理法也是最近几年发展起来的新技术，对低浓度，小风量的有机废气的处理效果较好。

g. 等离子体法：等离子体被称为物质的第4形态。由电子、离子、自由基和中心粒子所组成。等温等离子体有机废气净化器是利用等离子体以每秒800万～5000万次的速度反复轰击有机废气的分子，去激活、电离、裂解废气中的各种成分，从而发生氧化等一系列复杂的化学反应,使有机废气成为 CO_2、H_2O 等低分子无害物质,让空气得到净化。

等离子体法也是最近几年发展起来的新技术,对大风量、低浓度的有机废气有较好的净化效果。其优点是工艺简洁,操作简单方便,安全可靠,节能,运行费用较低。缺点是净化效率不如燃烧法等,据称,一般可达到 70%~80%。

②合成革行业废气的处理　合成革工艺的废气也是有机废气,其处理方法也离不开上述方法中的一种或几种联合。但由于合成革行业在我国发展的时间较短,国家对这一行业的管理有许多方面还未跟上。现将我国合成革行业有机废气治理现状做一介绍。

a. DMF(二甲基甲酰胺)废气的处理:DMF 是合成革行业用量最大的有机溶剂,约占有机溶剂总量的 90%。DMF 约 88%用于贝斯生产,约 12%用于干法贴面或后整理。用于贝斯生产的 DMF 95%(即总量的 83.6%)以上都进入水相,只有少量(约占 3.4%)从气相排放,干法贴面和后整理的 DMF 全部都从气相排放,因此,DMF 总量中约有 15.4%是从气相排放的。而这 15.4%中约有 11%是从干法贴面即干法生产线上排放的,约 3.4%是从贝斯生产即湿法生产线上排放的,约 1%是从后整理工段排放的。因此,DMF 的废气处理,主要矛盾在干法生产线,其次在湿法生产线,最后才是后整理。

DMF 废气的处理分两步进行。

第一步,将废气集中后,以吸收法吸收。

第二步,吸收所得的 DMF 溶液,浓度高的(达到 20%左右)与湿法生产线产生的废水合并,用精馏的方法将 DMF 从溶液中分离出来,重新作为原料使用;浓度低的,返回湿法生产线,作为凝固槽或水洗槽的补水。

根据 DMF 与水可以混溶的特性,以最廉价的水作为吸收剂来吸收 DMF。由于干法生产线和湿法生产线产生的废气浓度差别较大,其吸收的工艺流程图稍有不同。干法生产线废气中 DMF 的浓度通常可达 1000~4000mg/L,经吸收塔中的水反复吸收后,DMF 的浓度可以很快达到 20%左右,这样的浓度,与湿法生产线排放的含 DMF 的废水浓度相当,于是,实际生产过程中,干法生产线 DMF 吸收液都与湿法生产线排放的含 DMF 的废水合并,一起送 DMF 回收车间,回收 DMF。而湿法生产线气相 DMF 的浓度通常只有几百毫克/升,吸收操作过程中,DMF 浓度很难达到 20%。为了使吸收效果更好,实际工作中,一般将湿法生产线的废气吸收塔中 DMF 吸收液的浓度控制在 7%~8%,引入湿法生产线的凝固槽中作为补水用。

干法生产线吸收工艺流程如图 9-10 所示。

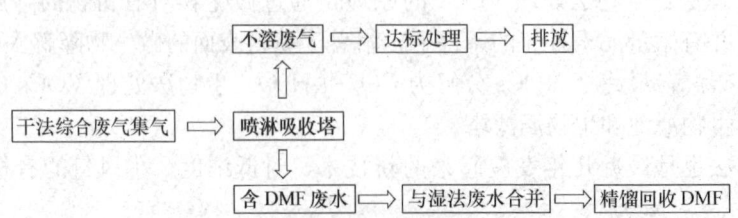

图 9-10　干法生产线吸收回收工艺流程图

湿法生产线吸收工艺流程如图 9-11 所示。

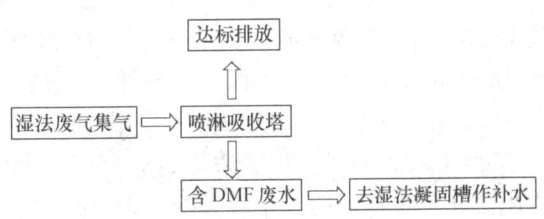

图 9-11　湿法生产线吸收回收工艺流程图

干法生产线的有机废气除 DMF 之外，还含有许多其他种类的有机废气，如甲苯、丁酮、丙酮等，而这些废气往往不溶于水，吸收塔不能将其吸收，因此，DMF 吸收完后若直接排放，VOC 将不能达标。虽然，从原理上讲，运用吸附-回收法、冷凝法等方法可以处理达标，不过，曾经有人用吸附-回收法、冷凝法、其他溶剂吸收法都做过一些实验，有些甚至进行过中试，但效果都不理想。因此，到目前为止，合成革干法生产线综合有机废气的处理，尚无应用实例。

湿法生产线所用溶剂为单一的 DMF，不存在不溶废气。

DMF 废气的吸收是在喷淋吸收塔中进行，吸收过程如图 9-12 所示。

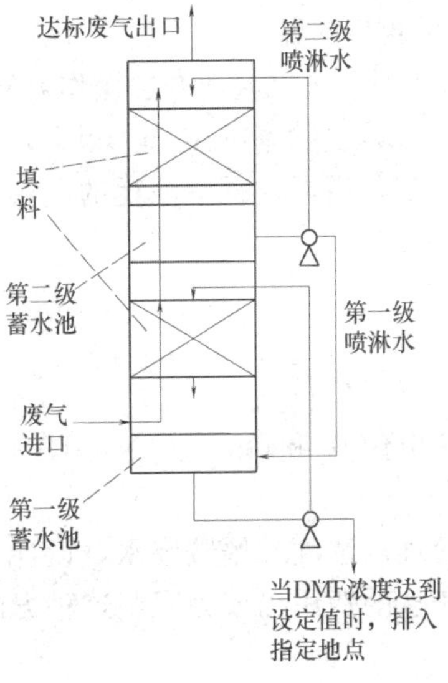

含 DMF 的废气从塔的底部引入，与在塔顶部引入的均匀分布在填料上的喷淋水充分接触，使废气中的 DMF 溶于水中。水往下行，进入底部的蓄水池。若蓄水池中的吸收液浓度较低，则将其打入顶部作喷淋水，循环往复，直至浓度达到要求，再将吸收液导出，与湿法废水合并，送往 DMF 回收车间回收利用。废气往上行，被喷淋水反复吸收净化达标后从塔顶排放。

目前实际在用的喷淋塔往往设计成两级吸收，第一级首先用均匀分布在填料上的喷淋水对高浓度废气进行初步吸收，并用所形成的高浓度吸收液进行反复循环吸收；同理第二级用喷淋水对被第一级吸收过的低浓度废气再次吸收，并用所形成的低浓度吸收液再次循环吸收。当第一级吸收液达到设定值后，排入指定地点，然后将第二级的吸收液排入第一级蓄水池，作为第一级吸收液。这样可提高吸收效率，保证 DMF 出口达标。

图 9-12　DMF 废气喷淋吸收示意图

b. 二甲胺废气的处理：由于在 DMF 精馏回收过程中，局部高温等原因，有一部分 DMF 分解或水解而使 DMF 得率降低。而 DMF 分解或水解的产物一般为二甲胺、甲酸等。甲酸在提馏段以脱酸塔去除，二甲胺沸点较低，在精馏段中与轻组分的水一起在塔顶被冷凝而溶于塔顶水中。

前已述及，企业一般将塔顶水回用于两个方面。一是将塔顶水作为冷却水的补水，二是将塔顶水作为湿法生产线的补水。这两种方法，都会将塔顶水中的二甲胺引入大气，产生严重污染。

目前，主要的脱二甲胺方法有空气吹脱法、离子交换法、膜分离法、磷镁沉淀法、酸吸收法、化学氧化法（氯化法）、新型生物脱氮法、蒸气气提法等。

ⓐ空气吹脱法：在一定温度下，利用二甲胺的气相浓度和液相浓度之间的气液平衡关系，通入空气进行吹脱分离的一种方法。吹脱分离效率与温度、风量有关。在水温大于25℃，气液比控制在3500左右，对于二甲胺浓度高达1000~2000mg/L的废水，去除率可达到90%以上。吹脱法在冬季低温时二甲胺去除效率不高。

吹脱法的最大问题会产生二次污染，不宜采用。

ⓑ离子交换法：离子交换法是借助离子交换剂与二甲胺废水中的离子进行交换而除去其中二甲胺的方法。当含有二甲胺的废水以一定流速通过离子交换树脂交换柱时，利用离子交换树脂中的阳离子与废水中的二甲胺进行交换以达到吸附除去二甲胺的目的。一般认为，离子交换树脂用于处理低浓度二甲胺废水。然而，进水二甲胺浓度越大，吸附容量越大，离子交换树脂处理高浓度二甲胺废水应该是可行的。吸附饱和的离子交换树脂可采用HCl溶液进行再生，并回收二甲胺盐酸盐。

但对于高浓度二甲胺废水，离子交换树脂因再生频繁而造成操作困难，且再生所得的稀释二甲胺盐酸盐溶液不易进行回收利用，故成本较高。

离子交换剂有天然的和合成的两种，通常，在工业上仍采用廉价的天然离子交换剂——沸石进行脱胺处理。应用沸石脱胺法必须考虑沸石的再生问题。

ⓒ膜分离法：利用膜的选择透过性进行二甲胺脱除的一种方法。这种方法操作方便，二甲胺回收率高，无二次污染。二甲胺废水2000~3000mg/L，去除率可在85%以上，同时可获得浓二甲胺水溶液。此法工艺流程简单，不消耗药剂，运行过程中消耗的电量与废水中二甲胺浓度成正比。

膜分离法技术上还有待完善。

ⓓ磷镁沉淀法：主要是利用以下化学反应：

$$Mg^{2+} + (CH_3)_2NH_2^+ + PO_4^{3-} \Longrightarrow Mg(CH_3)_2NH_2PO_4$$

以一定比例向含有二甲胺的废水中投加镁盐（$MgCl_2 \cdot 6H_2O$）和磷酸盐（$Na_2HPO_4 \cdot 12H_2O$），可生成磷酸铵镁盐，除去废水中的二甲胺。

该方法的优点是沉淀反应不受温度的限制，且可以处理高浓度二甲胺废水，设计和操作均很简单。但生成沉淀所需的药剂费用太高，投加镁盐的费用仍成为限制这种方法推行的主要因素。另外，所得的沉淀物缺少出路。

ⓔ化学氧化法（氯化法）：利用强氧化剂将二甲胺直接氧化成氮气进行脱除的一种方法。投加足量氯气至废水中，利用二甲胺与氯反应生成氮气脱胺。为了保证反应完全进行，加氯应略过量。

虽然氯化法反应迅速完全，所需设备投资较少，但液氯的安全使用和储存要求高，并且氯的耗量较高。与此同时，应防止产生二次污染。

ⓕ新型生物脱氮法：新型生物脱氮法处理二甲胺，实际上就是利用硝化反硝化的原理进行脱氮。由于二甲胺的含量很高，要求处理系统对脱氮的效率要求更高，目前也有部分企业应用这一方法治理二甲胺，获得成功。

ⓖ蒸气气提法：利用精馏的方式，在精馏塔内将废水中的二甲胺蒸气提至塔顶，经冷凝后将二甲胺焚烧或灌装。塔底排放即为净化水。蒸气气提法工艺流程图如图9-13所示。

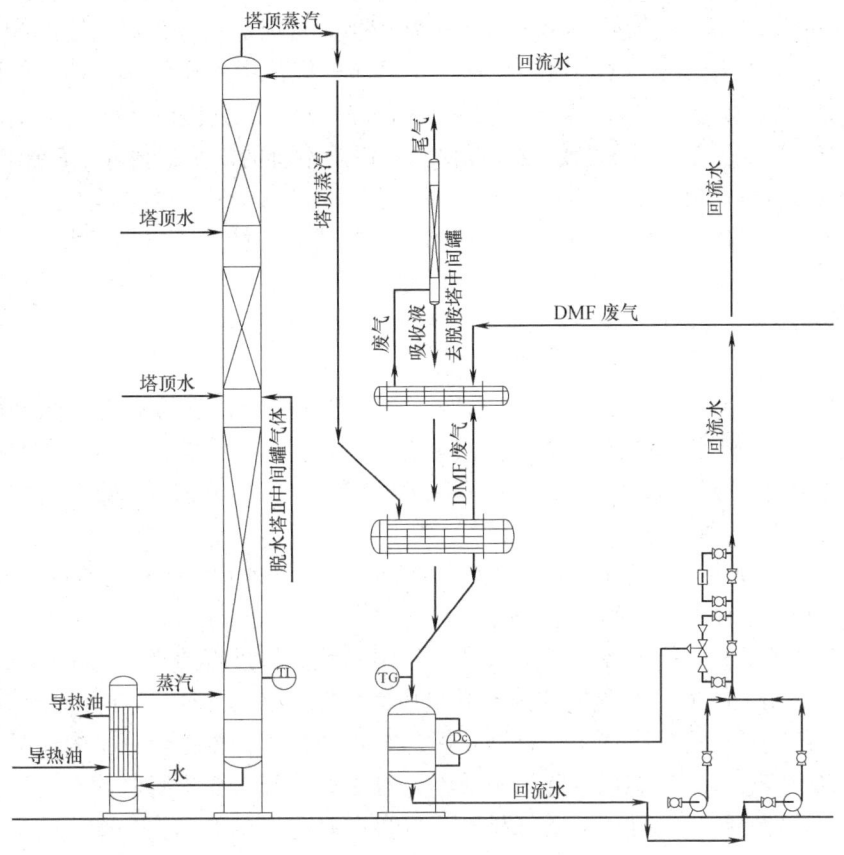

图 9-13　蒸气气提法工艺流程

脱水塔Ⅰ、脱水塔Ⅱ塔顶水二甲胺浓度较低，送入脱胺塔中段；精馏塔的塔顶水二甲胺浓度较高，送入脱胺塔上段，喷淋而下。脱胺塔中装有丝网填料，塔顶水中的二甲胺被脱胺塔中上升的蒸气带走，除去二甲胺的净化水集中在脱胺塔塔釜，受液位调节仪控制，由脱胺塔排水泵排出。净化水首先对精馏塔塔顶水预热，然后再对脱水塔Ⅰ塔顶水预热，最后由循环水冷却，送入净化水罐中，以备车间使用。

脱胺塔塔顶蒸气进入冷凝器，用脱水塔Ⅰ塔底液冷凝，再由循环水冷却。冷凝液进入塔顶水罐，部分由回流泵送入脱胺塔塔顶，部分送往锅炉焚烧。

脱胺塔再沸器用导热油加热。

对原精馏系统的真空泵排出大量含二甲胺的废水和废气进行了封闭。真空系统密封所需水循环使用，达到一定浓度，送往脱二甲胺装置处理。

脱胺装置主要指标如下：

处理能力：含胺废水 12t/h　　　　　　馏出液浓度：含二甲胺≥10%
废水浓度：含二甲胺 200~1500mg/L　　二甲胺去除率：≥85%
净化水：二甲胺含量≤80mg/L

塔顶水经处理后达到上述指标可以回到湿法生产线使用。气体二甲胺经锅炉焚烧后大大减轻了大气的污染。

蒸气气提法处理二甲胺是目前应用较多的方法。但是，该法最大的问题是耗能太大，不经济。另外，二甲胺的去除效果也不是非常理想。目前的指标是脱胺后的净水中二甲胺的含量是小于等于 80mg/L，这个指标，在目前气提法中是比较先进的，但即使是这样，80mg/L 的含量是不低的。第三，二甲胺引入锅炉焚烧之后果，尚未进行评价，如对锅炉效率有无影响？二甲胺的分解效率如何？对锅炉本身的影响如何等？都还没有答案，还需要进行深入的研究。

蒸气气提-酸吸收法处理二甲胺：利用精馏的方式，在精馏塔内将废水中的二甲胺蒸气提至塔顶，经冷凝后将二甲胺用硫酸中和转变成硫酸二甲胺盐（固体），然后交危废中心处理或回收利用。该法与蒸气气提焚烧法相比，二甲胺回收率更高，不会产生二次污染。

③后整理有机废气的处理　前已述及，后整理过程中，革的有机废气排放量约为 $115g/m^3$。这些有机废气种类非常复杂，除含有干法生产线的有机废气如 DMF、甲苯、丁酮外，还含有丙酮、醋酸甲酯、醋酸丁酯、甲缩醛等，甚至还含有只有溶剂生产商才知道的有机溶剂。

合成革后整理加工是最近几年才迅速发展的。对后整理有机废气的治理有人在研究，但到现在为止，还没有真正的应用实例。

由于合成革后整理有机废气的复杂性，只用一种方法进行治理，要想达标，恐有难度。最近，等离子体法对大风量低浓度有机废气的治理发展较快，具有治理效果较好、运行费用较低、运行稳定等优点，符合我国的基本国情。又根据低分子的酯类和酮类在水中有一定的溶解度，设想以水作为吸收剂，对后整理废气先进行吸收，然后将尾气引入等离子体处理系统进行处理后达标排放，将含有一定浓度的酯类和酮类的吸收液，用分馏的方法，将酯类和酮类回收利用，也许是一条治理后整理有机废气较好的路线。

后整理废气等离子体处理工艺流程如图 9-14 所示。

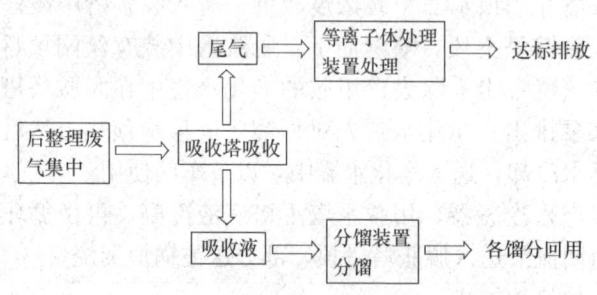

图 9-14　后整理废气等离子体处理流程示意图

不同有机废气处理方法比较见表 9-3。

在上述技术中，光催化法也是近年来日益受到重视的废气治理新技术。所谓光催化氧化反应，就是让特定波长的光照射纳米 TiO_2 半导体材料，可以激发出"电子-空穴"对。这种"电子-空穴"与周围的水、氧气发生反应后，就产生了具有极强氧化能力的自由基活性物质，可将气体中的甲醛、苯类、氨气、硫化氢等有害污染物氧化、分解成 CO_2、H_2O 等无毒无味的物质。

表 9-3 不同有机废气处理方法比较

治理方法	市场售价/万元	占地面积/m^2	运行费用/(元/1000m^3)	操作管理	二次污染	处理效果
活性炭	2.0~4.0	1.0~1.5	2.0~2.5	不便(需经常更换活性炭)	严重(更换后的活性炭属于危废)	★★★
低温等离子	3.5~5.0	1.2~2.0	1.0~1.2	简便(但有潜在爆炸危险)	无	★★★★
催化燃烧	8.0~12.0	4.0~5.0	2.0~2.2	困难(不易控制)	中等(产生大量CO_2)	★★★★★
生物法	5.0~6.0	5.1~5.5	1.5~1.7	困难(冬季需要保温,需要投加营养液)	严重(产生污水及危废)	★★
光催化法	3.0~3.5	1.7	1.0~1.2	简易	无	★★★★★

该技术在常温、常压条件下能将废气中的有机物分解成 CO_2、H_2O 和其他无机物。光催化材料所用的 TiO_2 具有化学稳定性好、无毒、价廉、易得、具有较正的价带电位和较负的导带电位等特点,是理想的光催化剂,也是目前使用最多的一类光催化剂。

纳米管光催化膜是采用电化学反应,运用原位生长技术,在钛金属表面直接催化生长出的一层具有纳米管结构的光催化膜。采用纳米管光催化膜的光催化技术称之为纳米管光催化技术,光催化膜表面的纳米管结构图如图 9-15 所示。纳米管光催化膜工作原理示意图如图 9-16 所示。

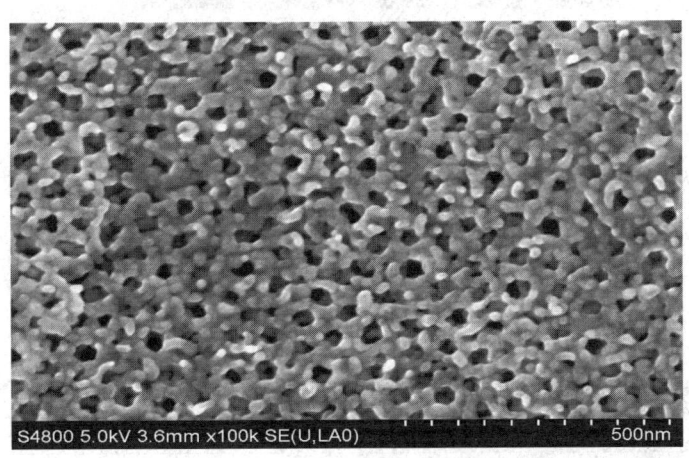

图 9-15 光催化膜表面的纳米管结构图

a. 特定波长的紫外线灯发出特定波长的紫外线,照射到空气中的氧气分子,生成低浓度的臭氧分子,如图 9-16 (a) 所示。该反应并不需要催化剂的帮助即可进行。

b. 光催化膜表面的亲水物质将水分子吸附到催化膜表面,如图 9-16 (b) 所示。

c. 特定波长的紫外线照射到光催化膜上,激发催化膜表面的电子,产生负电荷和正电荷,如图 9-16 (c) 所示。

d. 负电荷与空气中的臭氧结合,形成带负电荷的臭氧分子;被吸附到金属表面的水分子形成带正电荷的水分子络合物,如图 9-16 (d) 所示。

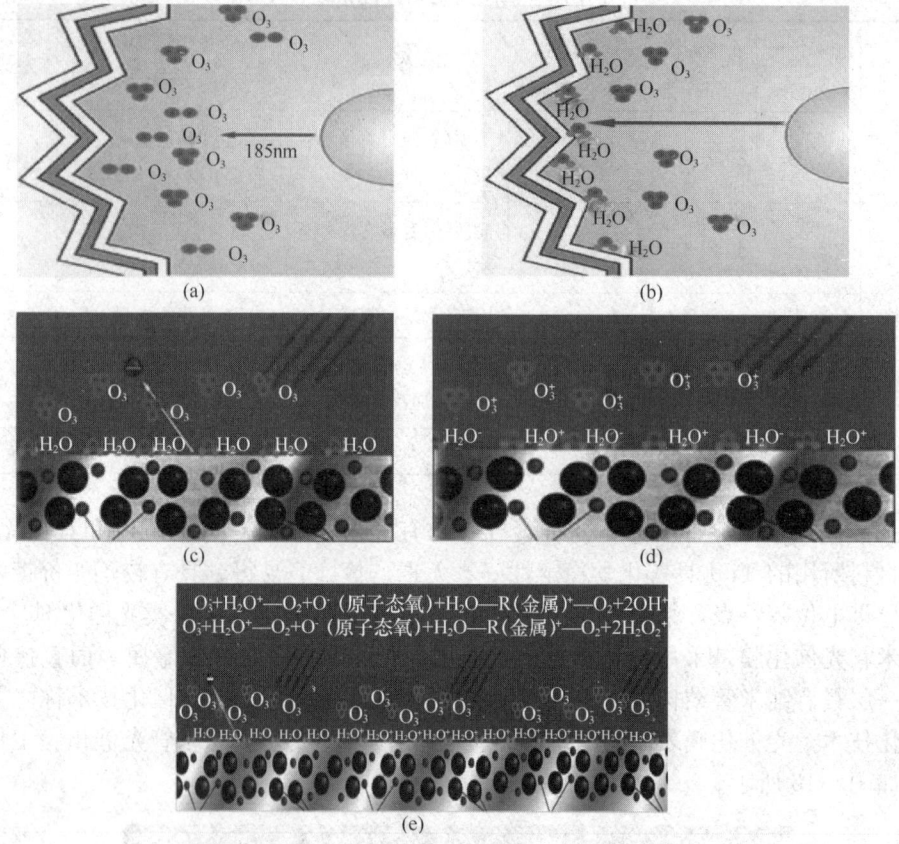

图 9-16 纳米管光催化膜工作原理示意图

e. 带正电荷的水分子络合物夺去臭氧中的原子态氧,生成氧负离子(O_2^-)、$H_2O_2^+$ 正离子或 H_2O_2 以及 OH^-,$H_2O_2^+$ 正离子和 OH^- 负离子从金属表面逃逸出来,在空中飘散,这些物质就能高效消除各种有机溶剂废气,如图 9-16(e)所示。

嘉兴性天环保科技有限公司在这方面做了卓有成效的研究工作,图 9-17 是该公司研发的工业用有机废气净化样机及实际应用图。

图 9-17 纳米管光催化膜工业用有机废气净化装置

9.2.3 合成革固体废弃物的处理

(1) 污染物来源及成分

合成革生产过程中产生的固体废弃物主要有废离型纸、边角料（包括坯布毛边、磨毛除尘渣）、树脂桶壁干料、浆料过滤残渣、DMF 回收精馏过程中的釜残、污水处理污泥等。每生产 10000m^2 革基布，会产生固体废弃物离型纸 0.1t，边角料 0.0325t，树脂桶壁干料 0.015t，浆料过滤残渣 0.02t，含 18%～20% 的 DMF 废水 48～60t，回收 DMF 时产生釜残约 0.1t，污水处理污泥 0.6t。

回收 DMF 时产生釜残冷却后为黏稠状半固态物质，其构成为粉状填料、杂质、布毛、不溶性物、水、有机物、可溶性物、悬浮物等。其中的有机物经气相色谱-质谱分析，主要为二甲基甲酰胺、辛烯、辛醇、氯辛烷等。对釜残进行元素分析，可以得到碳、氢、氮、全硫、氯、氧的含量分别为 39.93%、6.20%、3.19%、1.25%、0.16%、28.32%，干燥后的样品分别为 41.51%、6.45%、3.31%、1.30%、0.17%、29.43%。对其进行发热量分析，弹筒发热量、高位发热量、低位发热量分别为 15.93、15.80、14.43MJ/kg。

(2) 处理技术

① 残液的处理

a. 残液的焚烧处理：DMF 回收精馏过程中留下的残液呈黏稠状，处理比较困难。该残渣属于危险废物，可以进行焚烧处理，较合适的炉型为热解炉。

目前，国外应用较多、技术比较成熟的固废焚烧炉炉型主要有炉排炉、回转窑炉、流化床及热解炉。其中炉排炉又可分为固定炉排炉、移动炉排炉和往复炉排炉。炉排炉的空气从燃料的下面送入与燃料混合燃烧，这种燃烧比较充分，而且空气量可以根据燃料的成分和质量进行自动调节，达到最佳的燃烧效率。固定炉排炉的规模较小，燃烧效率也较低，一般适用于处理较高热值的有害废弃物。其他炉排炉均广泛应用于城市生活垃圾焚烧。其中往复炉排炉以日本三菱公司的马丁炉为代表，带阶梯落差的炉排炉以德国诺尔公司生产的炉排炉为代表。这两种炉排炉也有本质上的区别。马丁炉排炉倾角较大，垃圾易往下滚动，这样使垃圾不易烧透，又造成结渣，使热效率下降。而带阶梯落差的炉排炉垃圾在往前运行中，即使结渣也能在阶梯处落下时被砸碎。

回转窑炉的燃烧空气从固废床面吹过，为达到较高的燃烧效率必须配备二次燃烧室及使用辅助燃料，因而设备占地大，投资高，辅助燃料消耗量大，运行费高，多用于有毒有害废物的焚烧。

流化床炉燃烧效率高，灰渣中未燃烬成分仅为 0.5% 左右，但固废需粉碎成小块，需配置预处理设备及破碎设备。另外，由于垃圾和气流需在炉内高速流动，不仅需较大的动力，而且对炉体也造成较大的磨损。

热解炉是将固废在缺氧状态下焖烧，因此必须配备二次燃烧室及使用辅助燃料，这就造成热解炉占地面积大。表 9-4 是几种焚烧方法的比较。

表 9-4　　焚烧方法的比较

项目	移动炉排炉	回转窑炉	流化床炉	热解炉
物料类型	固体	固体、液体	固体	固体、液体
进料尺寸	有限制	<1m	<100mm	有限制
所需设备空间	中等	大	小	较小
有害物破坏率/%	93~97	99	99	92~99
热灼减率/%	2~5	2~5	1~3	4~6
运行温度/℃	850~900	可达1400	800~900	~500
过量空气系数	1.3~1.8	1.6~1.8	1.2~1.5	不需要
热回收效率/%	70~85	<50	70~90	70~80
初装投资	中	大	大	较小
运行费	中	高	高	较低
处理规模	大	较小	较小	小
前处理	可无	可无	需要	可无
排渣方式	推动出渣	复合运动	重力排渣	推动排渣
部件磨损	较轻	较轻	严重	较轻
焚烧时间	长	短	较短	较短

b. 制成废物衍生燃料：垃圾衍生燃料（Refuse derived fuel，RDF）是指将垃圾中的可燃物（如塑料、纤维、橡胶、木头、食物废料等）破碎、干燥后，加入添加剂，压缩成所需形状的固体燃料。其特点是大小均匀，所含热值均匀，易运输及储备，在常温下可储存 6~12 个月不会腐败。RDF 可以作为主要燃料单独燃烧，也可根据锅炉工艺要求与煤、燃油混烧。由于目前垃圾含水量高，降低了焚烧垃圾的热值并会造成燃烧不稳定，而垃圾焚烧过程中二次污染物的产生与焚烧温度、燃烧的稳定性有直接关系；如果制备 RDF 后再进行燃烧，可提高热值并且可燃垃圾更加均匀一致，对于组织稳定的燃烧非常有利，可大大降低二次污染物的产生。另外制备 RDF 过程中所添加的去污剂可在 RDF 燃烧过程中脱除部分产生的二次污染物，尤其是减少了二噁英的产生和排放。

RDF 技术已在美国、日本、欧洲等一些发达国家引起高度重视，应用范围较广，主要应用在中小公共场合、干燥工程、水泥制造、地区供热工程、发电工程，作为碳化物应用。

c. 掺入煤中燃烧：釜残加入锅炉燃煤中燃烧，在利用其热量的同时，使釜残得到处置。但是釜残中含氯元素，燃烧过程中产生氯化氢会对锅炉产生腐蚀，同时釜残中的无机盐在高温燃烧过程中析出，积聚在锅炉壁上对锅炉造成危害。

目前，国内在合成革产业比较集中的温州、丽水等地已经建立了专门的合成革釜残处置中心，选用的炉型为热解炉，较好地解决了合成革釜残的污染问题。

② 其他固体废弃物的处理

a. 离型纸回用：干法生产线离型纸可循环使用，一般可使用二三十次，生产服装用合成革可使用 80 次以上。多次循环使用后不能再用，可由木质粉厂回收打碎后做木质粉用。废离型纸的售价约 1000 元/t。

b. 配料后过滤固形物回收：树脂浆料配料配好后，需进行过滤，以除去其中的颗粒状杂质。过滤形成的滤渣除了含轻质碳酸钙、木质素外，还有一定量的 DMF 溶剂，将其装入网袋，用水浸泡，可以回收一定量的 DMF，也具有一定的经济效益。

c. 树脂桶壁干料的回收：对于树脂浆料外购的企业，树脂原料一般都是桶装，使用后桶壁上的挂壁树脂干化，直接丢弃废渣会污染环境。桶壁干料可用 DMF 溶剂浸泡后回用。

合成革生产过程中产生的固体废弃物，污染最大的为 DMF 回收精馏过程中产生的残液。采用焚烧技术对残液进行处理，可以减少固体废弃物的量，同时消除固体废弃物中的有毒有害有机物，但是对残液所含的有用物质没有进行回收利用。因此对残液的处理发展方向为资源化回收利用，如利用超临界技术对残液进行解聚、制成 RDF 燃料等，回收有用部分，这样不仅具有良好的环境效益，还具有良好的经济效益。

9.3　合成革行业三废治理展望

2008 年，国家颁布了《合成革与人造革工业污染物排放标准》（GB 21902—2008），对照该标准，合成革行业要完全达标排放显得非常困难，主要存在以下两个方面的问题：

①废水氨氮难以达标　按照该标准，2010 年 7 月以后，氨氮的排放标准是≤8mg/L。

②有机废气难以达标　按照该标准，2010 年 7 月以后，VOCs≤200mg/m^3，厂界 DMF≤0.4mg/m^3，厂界 VOCs≤10mg/m^3。

对于废水氨氮难以达标的问题，企业必须依托城市污水处理厂才能解决。企业进行一级处理，达到纳管标准，然后，由城市污水处理厂进行二级处理达标，这样会比较经济。否则，仅靠单个企业自行处理，要达到 8mg/L 以下，投入会非常巨大，成本也会非常昂贵。

对于有机废气难以达标的问题，要从两方面着手解决：第一，要加强无组织排放的有机废气的收集。如加强生产线的密封；加强配料系统的密封；树脂料桶采用不锈钢大桶，弃用原来 200kg 装的料桶；采用管道输送浆料等，使无组织排放的废气降到最低，并进行处理，使厂界的有机废气达标。第二，加强如甲苯、丁酮、酯类等综合有机废气的治理技术研发，并尽快投入应用，才有可能使有机废气达标。

不过，以上的方法都是以末端处理的手段来达到削减污染物的目的，从清洁生产或循环经济的观点来看并非上策。要完全达到国家的排放标准，最好从源头加以控制。从最近得到的研究成果来看，应用水性树脂、无溶剂树脂、TPU 树脂可以达到目的。浙江丽水经济开发区通过与四川大学等大专院校科研院所几年的合作研究，在合成革干法生产线、半 PU 贴合料、后整理改色、后整理表面处理等领域水性树脂的应用已基本成熟，正在逐步推广。水性树脂生产贝斯的工艺，四川大学等部门也在进行研究，估计两三年后也将逐步成熟。如果水性树脂完全成熟并得到推广应用之后，有机废气的污染将完全消除。贝斯的生产由于将摒弃现有的湿法工艺，也就不产生工艺废水，因此，废水氨氮超标的问题也就不复存在，现有的一切污染问题也将迎刃而解。

复习思考题

1. 合成革制造过程中会产生哪几个类型的污染物？
2. 试分析在湿法工艺中会产生哪些污染物，污染物是如何产生的？
3. 试分析在干法工艺中会产生哪些污染物，污染物是如何产生的？
4. 试分析在后整理阶段会产生哪些污染物，为什么说干法线比湿法线污染性大？
5. 合成革制造过程中会产生哪些废水？目前有哪些处理方法？
6. 简述废气中 DMF 喷淋吸收原理。
7. 简述 DMF 的精馏回收原理和回收工艺。
8. 合成革制造过程中 SO_2 是如何产生的？如何处理？
9. 合成革制造过程中二甲胺是如何产生的？目前有哪些处理技术？
10. 合成革的固体废弃物如何处理？
11. 合成革制造过程中废水、废弃物有哪些循环利用方法？

参 考 文 献

[1] 徐培林,张淑琴.聚氨酯材料手册[M].北京:化学工业出版社,2002.8
[2] 高帆译.从废物到能量[A].2001年可持续发展与环保产业国际研讨会及展览会论文集.澳门,2001.
[3] 陈盛建,高宏亮,余以雄,等.垃圾衍生燃料(RDF)的制备及应用[J].节能环保技术,2004,(4):27-29
[4] 宋跃群,陶甄彦,胡长敏,等.聚氨酯合成革清洁生产措施浅谈[J].中国资源综合利用,2005,(7):23-26

第十章　合成革发展趋势及清洁生产技术

随着人们的环保意识日渐增强以及世界各地对污染的严格控制，合成革清洁生产及研发生产"绿色生态合成革"也成为了合成革领域未来发展的新方向。然而，人工革的加工制造过程是一个复杂的加工工艺过程，在其制造过程中除大量应用聚氨酯树脂外，还要使用各种助剂，如 PVC 人造革中的增塑剂（邻苯二甲酸二辛酯、邻苯二甲酸二丁酯）、发泡剂、稳定剂等；PU 合成革中的溶剂（二甲基甲酰胺、甲苯、丁酮、乙酸乙酯）等。这些原料在人工革的加工制造过程中会产生大量废气、废水和固体废弃物等，给环境造成严重的污染。另外，在合成革产品的使用过程中也存在着某些安全隐患。2008 年，欧洲有超过 1500 人由于使用了含富马酸二甲酯防霉剂的合成革沙发、扶手椅和鞋类产品引发皮肤过敏及丘疹。富马酸二甲酯是国内常用的工业防霉剂，与皮肤接触时[即使较小用量（10mg/kg）]可引起显著的大面积湿疹。由此可见，为了消除或减少合成革工业中的污染问题并维护消费者的健康权益，推动合成革行业的绿色生态化建设已经到了刻不容缓的地步。为此，世界各个国家和地区都相继采取了一系列相应的措施。2007 年 6 月 1 日，欧盟正式实施所谓的 REACH（Registration，Evaluation，Authorization and Restriction of Chemicals）法规，对进入其市场的所有化学品进行预防性管理。REACH 法规是欧盟的一项重大战略性转变，其目的是保护人类健康和环境，增加化学品信息的透明度。该法规的主要内容如下：

①注册（Registration）　年产量或进口量超过 1t 的所有化学物质需注册，年产量或进口量在 10t 以上的化学物质还应提交化学安全报告。

②评估（Evaluation）　包括档案评估和物质评估。档案评估是核查企业提交注册卷宗的完整性和一致性，物质评估是指确认化学物质危害人体健康与环境的风险性。

③许可（Authorization）　对具有一定危险特性并引起人们高度重视的化学物质的生产和进口进行授权。

④限制（Restriction）　如果认为某种物质或其配制品、制品的制造、投放市场或使用导致对人类健康和环境的风险不能被充分控制，将限制其在欧盟境内生产或进口。

REACH 法规不仅适用于化学品，而且也适用于印染、制药、皮革、纺织、服装等下游产品。对于合成革行业来说，从各种原材料的生产到贝斯的制备，从贝斯的表面修饰再到后加工，几乎所有的生产环节都会涉及化学品的使用，这虽然在短期内会对我国合成革产品的出口造成负面影响，但从长远来看，REACH 法规严格的环境和技术标准在一定程度上有利于促进我国合成革企业改进技术工艺，谨慎使用各类化学品，生产更加环保安全的产品，从而推进我国合成革产业结构的调整和升级，逐步向绿色生态行业转型。随着 REACH 法规不断更新，自 2008 年 10 月开始截止到 2016 年 2 月 29 日，该法规所涉及的高关注度物质（SVHC）已上升到 172 项。

中国的环保部门于 2009 年 2 月也首次发布了《清洁生产标准合成革工业》（HJ 449—2008）标准，该标准规定了合成革工业清洁生产的一般要求。标准将清洁生产标准指标分成五类，即生产工艺与装备要求、资源能源利用指标、污染物产生指标（末端处理前）、废物回收利用指标和环境管理要求。它适用于合成革（以聚氨酯为主要原料，不包括超纤基材）行业企业的清洁生产审核、清洁生产潜力与机会的判断，以及清洁生产绩效评定和清洁生产绩效公告制度，也适用于环境影响评价和排污许可证等环境管理制度。该标准的制定可以促进国内合成革行业走清洁生产的道路，为企业开展清洁生产提供技术导向，也可以为企业清洁生产绩效公告提供依据。2014 年至 2016 年期间，国内又相继制定了《聚氨酯合成革清洁生产工艺技术规范》、《聚氨酯合成革节能技术要求》以及《水性聚氨酯超细纤维合成革》（QB/T 4909—2016）等相关行业标准，不断推进人工革制造生态化建设进程。

10.1 合成革的发展趋势和新型产品

国内合成革制造技术均为 20 世纪 80 年代从日本、韩国和台湾等地引进的技术，尽管经过了 30 余年，但国内的技术没有跨越式的创新和发展，与国外先进国家的同类产品相比，合成革产品品种单一，产品仍以中低档为主，高档品种还大量依赖进口，特别是在高端合成革如高物性合成革、超纤合成革、绿色生态合成革制造方面与国外存在一定差距，也成为合成革发展的瓶颈。

（1）高物性和功能性的合成革制造技术

①合成革的高物性　包括高光（高亮）、高雾（消光）、高透（透明）、高剥离、耐持久、耐磨、耐候（耐热、耐寒）、耐水解、耐溶剂、水溶（洗）性、软而不黏（低模量）、低温固化、表面张力可调、防腐（耐酸雨）等。

②功能性合成革：如高透湿性合成革，抗紫外、抗静电、抑菌防霉等合成革，阻燃抑烟合成革，吸波合成革，阻尼合成革，负离子合成革，远红外合成革等。专用合成革方面，与国外的先进水平相比，在抗远红外、抗辐射军用合成革、低温保暖和高温透气透湿智能合成革、汽车革以及高档超纤汽车革、球类革的制造技术在国内基本上还是空白。

（2）超纤合成革制造技术

虽然已经意识到超纤代表了未来合成革的发展方向，但由于超纤生产技术的复杂性和关键技术掌握在国外企业，国内超纤产品主要是普通束状超细纤维合成革，产品主要制作鞋、沙发，缺乏高档次的超细纤维合成革产品，在产品稳定性等性能上与日本企业产品尚有较大差距。

（3）绿色生态合成革制造技术

随着人们消费理念和环保意识的提高，市场迫切需要绿色皮革。在发达国家，特别是欧洲，人们对汽车革和儿童用革提出了溶剂、甲醛、偶氮、重金属等零含量的要求，对生产过程也提出了绿色化的要求,因此,降低能耗、实现材料生产和应用的绿色化,采用低能耗、环境友好的水性浆料,消除有机溶剂造成的环境污染是未来合成革行业可持续发展的关键。

10.2 合成革清洁生产技术

目前,合成革清洁生产的主要方向就是以非溶剂型聚氨酯替代传统溶剂型聚氨酯,从源头消除有机溶剂污染,节省有机溶剂资源。这些清洁生产技术包括水性树脂的合成革制造技术、无溶剂PU树脂的合成革制造技术、TPU/TPO树脂(热塑性聚氨酯/聚烯烃)的合成革制造技术以及UV固化树脂的合成革制造技术等。

10.2.1 水性树脂的合成革制造技术

(1) 水性树脂的干法合成革制造技术

顾名思义,水性合成革即所有树脂均采用水性聚氨酯所制备的合成革。合成革一般由PU面层、发泡层、黏结层和基布构成,其工艺流程图如图10-1所示。

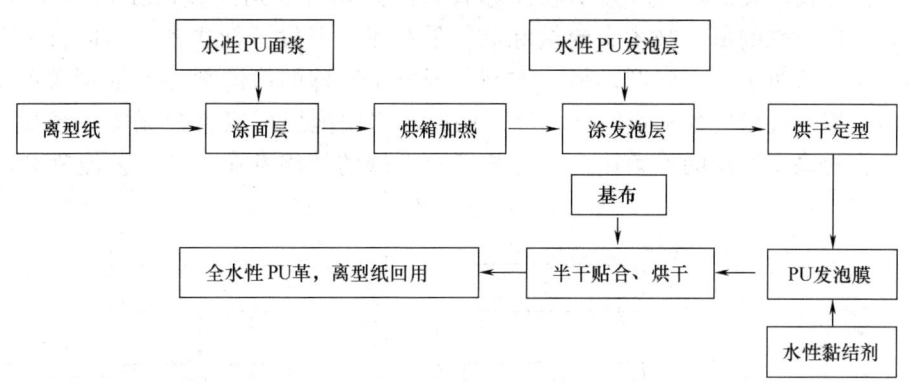

图10-1 全水性发泡合成革工艺流程图

目前,较多厂家采用转移涂层法,其工艺及参数如下:

① 烘箱温度设置 面层 130~140℃,发泡层 120、140、150℃,黏结层 130~140℃。
② 建议涂膜量 面层 130g/m,发泡层 350~400g/m,黏结层 100~130g/m。
③ 各层物料要求

a. 面层:要求软而不黏,耐磨、耐刮及良好的其他综合物性。

b. 发泡层:一般采用机械发泡,要求树脂固含高(≥45%),浆料需添加稳泡剂、匀泡剂等发泡助剂。

c. 黏结层:具备施胶方便,初黏力高,耐水、耐溶剂,手感柔软,黏结牢度高(≥30N/3cm)等特点。

④ 工艺说明

a. 发泡工艺既可采用单层发泡,也可采用双层发泡,树脂用量一般为400~500g/m。高黏、高固树脂(固含量≥50%)是机械发泡的前提和基础,双层发泡涂层厚实,可做沙发革和鞋革、箱包革等。

b. 烘箱最高温度设置到150℃，线速控制在8~10m/min，车速太快，干燥不完全，也会影响发泡效果和成革物性。

目前，国外拜耳公司、国内德美博士达公司和科天公司等10多家水性树脂企业均能提供全套合成革用水性树脂；江苏宜兴鸿兴瑞奇公司、温州长峰公司、浙江五洲实业有限公司、浙江闽锋公司等均建立了多条全水性合成革生产线，在清洁生产方面起到了很好的示范作用。

⑤问题

a. 成本：高黏、高固水性聚氨酯主要以脂肪族聚氨酯为主，价格较贵，无竞争优势。

b. 泡孔的稳定性与均匀性：油性树脂采用化学发泡，泡孔稳定、均匀，但对水性树脂体系，目前尚无与水性材料配伍的有机发泡剂。目前主要采用机械发泡，其泡孔稳定性、均匀性尚待提高。另外，涂层的折痕回弹性、涂层经水揉后花纹保型、定型性也尚需提高。

c. 对离型纸伤害大，干燥速度慢。由于面层、发泡层均涂覆在离型纸上，离型纸单面透水，干燥速度慢，在高温、高湿条件下，水对离型纸的伤害较大。

针对上述技术关键，四川大学和江苏宜兴鸿兴瑞奇公司经过两年多的联合攻关，一方面，采用特殊的IPN技术、封端和后扩链技术，开发了低成本、高固含芳香族水基聚氨酯[6]，解决了成本问题；另一方面，开发了特殊的稳泡剂和匀泡剂等助剂，解决了机械发泡泡孔稳定性和均匀性问题。同时，将发泡层树脂直接涂覆在预处理的基布上，大大提高了涂层的干燥速度，延长了离型纸的使用寿命。其工艺流程如图10-2所示。

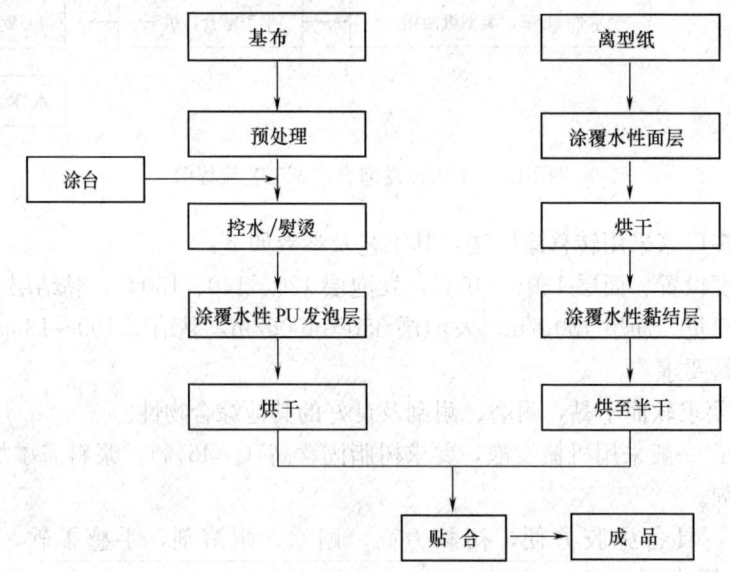

图10-2 改进的全水性发泡合成革工艺流程

改进工艺的优点是：直接在基布上涂覆发泡层，水蒸气双面渗透，干燥速度快，厚度可控，对离型纸伤害小，被行业认为是目前最先进的水性合成革制造技术。

(2) 水性树脂的湿法贝斯制造技术

油性树脂的湿法合成革制造技术在第六章中已有详尽的阐述。采用水性树脂替代油性树脂生产合成革贝斯工艺示意图如图 10-3 所示。

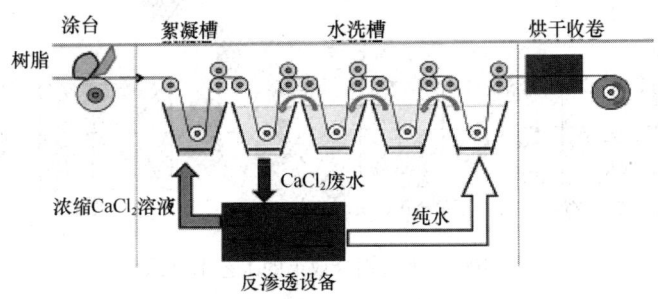

图 10-3　水性树脂的湿法贝斯工艺示意图

①操作步骤　将水性树脂经涂台涂覆在预处理的基布上后，进入凝固槽凝固（也可以在水中凝固后再用水蒸气凝固），凝固完毕水洗、干燥、收卷。

②工艺说明

a. 凝固液　一般采用高价盐 [如 $CaCl_2$、$Ca(NO_3)_2$] 的水性液，凝固液 pH 呈酸性，高价盐阳离子和酸均有利于聚氨酯的快速凝固。

b. 基布预处理　将基布浸入凝固液预处理，控制水分含量，拉伸扩幅定型。

c. 涂布　涂布量控制在 350~450g/m；树脂要求高黏、高固含量（≥50%），快速凝固，成肌性好，泡孔结构稳定。

d. 凝固　涂布完成后，浸入凝固液凝固，凝固速度与凝固液的组成、温度和涂布量等诸多参数有关，指压涂层能迅速回弹，表明凝固完成。

e. 水洗　凝固完成应充分水洗，去除树脂膜内外的盐和酸。

f. 干燥　水性涂层宜梯度干燥，先低温后高温，干燥温度不宜超过 140℃。

③优点　涂层具有微孔结构，成革丰满，透气性好。

④缺点　凝固过程中会产生大量含盐的废水。烟台万华公司采用分离膜对凝固废水进行膜分离，清水进入水洗槽回用，高浓度盐溶液进入凝固槽（图 10-3），但该技术目前尚未进入批量生产阶段。另外，全水性湿法合成革设备与传统油性湿法合成革设备也存在较大差异。

2013 年 10 月，丽水优耐克公司第一条水性贝斯生产线建成投产；2014 年兰州科天公司在兰州建立两条水性贝斯生产线并投产。

⑤水性工艺与油性工艺比较　采用水性树脂制造合成革，从源头上消除溶剂污染，节省有机溶剂资源；干法工艺与传统的机械设备配伍性好，无须大的设备改造和投资；采用水性树脂无须溶剂回收，可降低综合能耗和设备投资；水性树脂适合干法工艺、湿法工艺、湿法贝斯的改色、人造革、超纤革、PU 革的表处、半 PU 革的制造等；也适合羊巴革、染色革等效应革的制造，且合成革手感、透气、透湿性等性能优于溶剂型产品。

10.2.2　无溶剂 PU 树脂的合成革制造技术

无溶剂聚氨酯可分为浇注型聚氨酯（CPU-casting polyurethane）和双组分聚氨酯，

因此，其合成革也可分为浇注型无溶剂合成革和双组分无溶剂合成革。

无溶剂合成革的工艺示意图如图 10-4 所示。

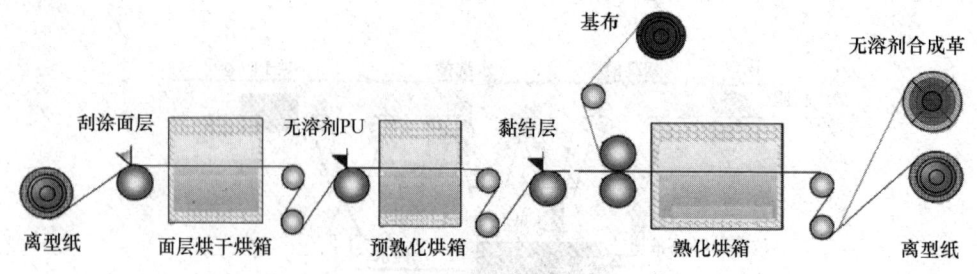

图 10-4　无溶剂合成革的工艺示意图

(1) 双组分无溶剂聚氨酯合成革

①原理　涂层是通过聚氨酯预聚体（A 料）与交联剂（B 料）经高速搅拌混合后发生化学反应而成的，应用时将聚氨酯预聚体和交联剂的混合体注射涂覆在离型纸上，经进一步熟化后，再转移至基布上而成合成革，其 A、B 料混合示意图如图 10-5 所示。

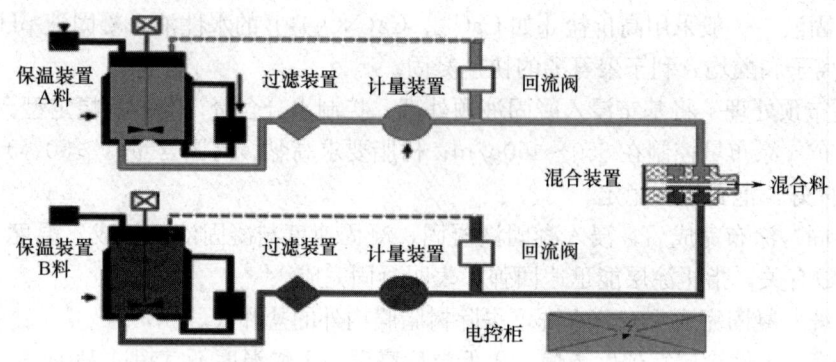

图 10-5　双组分聚氨酯混合示意图

②工艺流程　离型纸→涂刮水性面层→烘干→涂刮无溶剂 PU→烘箱熟化→涂刮水性黏结层→与基布贴合→熟化和发泡→降温→纸革分离→无溶剂合成革。

③工艺说明

a. A 料为含活性基团（如羟基或胺基）的聚氨酯预聚体，B 料为交联剂（又称固化剂），交联剂可以是多异氰酸酯、聚氮丙啶、聚碳化二亚胺中的一种。

b. A、B 组分需分别存储于储料罐中，配置恒温装置、过滤装置、压力控制器和精确计量阀。

c. A、B 料经高压混合头混合后即发生反应，混合时间一般较短（5～30s），混合后通过喷涂或涂刀立即涂覆在离型纸上，然后进入烘箱熟化。

(2) 浇注型无溶剂合成革

浇注型无溶剂合成革制备原理与双组分无溶剂聚氨酯合成革有些相似，只是 A 料为异氰酸酯，B 料为多元醇、扩链剂和催化剂的混合物，浇注型需在离型纸上完成聚氨酯的逐步聚合反应。

CPU 的制造类似于 RIM（反应注射成型），A 料与 B 料经高速混合后即发生化学反应，应用时将 A、B 料反应生成的预聚体浇注涂覆在离型纸上经进一步熟化后，再转移至基布上而成合成革，其 A、B 料混合示意图如图 10-5 所示。也有将 A、B 料混合后直接涂覆在基布上（无须离型纸做载体），基布上原位（in-situ）反应后形成涂层，故有些文献上又称为"原位反应"法。

温州飞龙公司是国内最早研发无溶剂合成革生产设备的企业，国外巴斯夫公司、国内佛山飞凌皮革化工公司是最早报道生产无溶剂合成革的企业。

2015 年 9 月初，在中国国际皮革展上，德国巴斯夫公司推出了可用于无溶剂聚氨酯合成革制造的 Haptex® 创新聚氨酯工艺。由于未使用任何有机溶剂，生产出的合成革达到了最严格的挥发性有机化合物（VOC）标准。此外，Haptex® 还可省去传统的湿法工序，且在干法工序中无须使用黏合剂，从而简化了生产流程，降低了成本。据悉，Haptex® 可应用于家具、汽车、鞋履和服装等行业。该产品具有卓越的耐水解性和耐低温性，且不会造成涂层收缩。此外，其物理性能，如撕裂强度和耐磨性与其他聚氨酯组合料相比也毫不逊色。

① 优点　无溶剂合成革制造技术是实现合成革清洁生产的有效途径之一。生产过程中无溶剂使用和排放，从源头消除污染；成革的物性、耐持久性、耐磨耐刮等综合物性优良，生态环保；该工艺可在熟化过程中完成发泡，获得良好的发泡效果；从能耗看，没有溶剂（有机溶剂或水）挥发，烘道中不用设置抽排风系统，能耗更低。

② 问题　无溶剂合成革制造技术尚处于起步阶段，仍有一些技术问题需攻克。

a. A 组分配方和工艺的确定：由于革的品种和风格多样化，而 A 组分的结构和性能对成革的性能起着决定性作用，因此也要求 A 料的品种和风格多样化，A 料的变换会中断工艺的连续性。

b. 工艺参数的确定：如外界湿度和温度的影响、反应程度的确定、异氰酸酯的毒性和防护、预聚物黏刀和清洗问题、流平性问题、离型纸表面张力调控及寿命也给工艺制定带来一些不确定因素。

c. 设备特殊：双组分 PU 需特殊的共混、注射、涂膜、熟化、热压贴合等制造设备，另外还需恒温储料罐，精确的压力和计量控制系统，与传统的合成革制造设备有较大差异。

d. 产品风格受限：在制造软革如服装革，效应革如羊巴革、染色革和水洗革等效应革时也会受到一定的限制。

e. 表处和黏结：面层、表处层上浆量少，涂层薄，目前的设备和工艺较难控制，而需采用水性表处剂，上浆量和风格易于控制；另外，基布与涂膜间的黏合剂也宜采用水性树脂。

不难看出，采用无溶剂树脂比较适合制造量大（A 料不经常替换）、客户对耐持久性和耐磨耐刮性要求高的革品；另外无溶剂树脂比较适合用来制造合成革的发泡层（贝斯），不宜用作表处层和黏结层，无溶剂树脂与水性树脂结合也许是最佳选择。

10.2.3　TPU/TPO 树脂的合成革制造技术

另一种清洁生产方法是以热塑性聚氨酯（TPU）或热塑性聚烯烃（TPO）为原料，

制备无溶剂合成革。具体工艺是：将 TPU 粒料熔融分别制成 TPU 薄膜面料、TPU 热熔胶膜、TPU 发泡底料，然后按照上层 TPU 面料→中间层 TPU 胶膜→TPU 发泡底料顺序，经热压贴合机于 120～230℃热压贴合（3～30s），制成热塑性无溶剂合成革［合成皮革信息，2012，(1)：24～26］。另外，佛山飞凌皮革化工公司发明的一种双组分无溶剂发泡底料，其发泡温度低（<130℃），双组分 PU 本身就是黏合剂，无需黏结层。

台湾高鼎化学公司借用传统的人造革压延设备，成功制备出了 TPU 树脂的无溶剂合成革，其工艺示意图如图 10-6 所示。

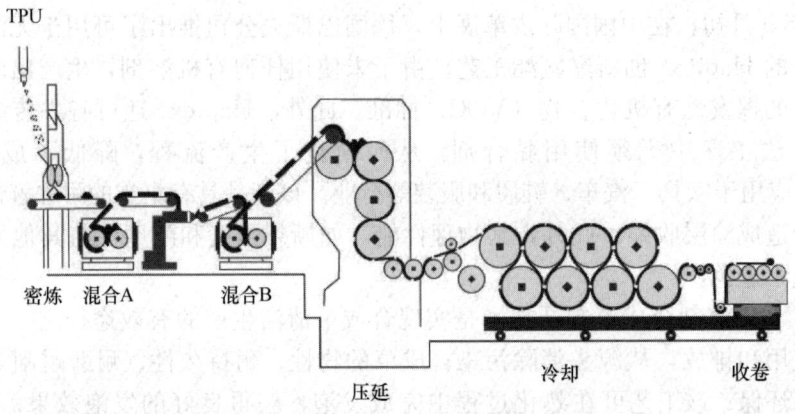

图 10-6　TPU 树脂的无溶剂合成革工艺示意图

工艺流程：TPU 树脂＋填料＋助剂→密炼→开炼→压延→与基布贴合→（发泡）→降温→收卷→无溶剂合成革。

利用该方法制造无溶剂合成革需要特殊的压延设备，投资较大，各工段的加工温度比传统的工艺要高，能耗偏高；另外，如果缺少发泡环节，成革的丰满度和透气、透湿性能和卫生性能也尚待提高。与双组分无溶剂合成革制造工艺相似，该方法在制造羊巴革、染色革等效应革时也会受到一定的限制，表处和面层、黏结层仍宜采用水性树脂。

10.3　水性树脂的超纤合成革制造技术

超纤根据纺丝工艺的不同，可分为定岛纤维和不定岛纤维；根据海组分的不同，其减量方式可分为碱减量和甲苯减量。传统的超纤后整理工艺为：非织造布→油性聚氨酯浸渍→水中凝固→复合基布→80～120℃烘干→甲苯减量或碱减量→超纤贝斯→染色→磨面→油性 PU 干法贴面→超纤革。

传统工艺的优点是复合基布含多孔结构，手感柔软，泡感足，回弹性好，且工艺成熟，设备配伍性高；缺点是产生大量含 DMF 的废水和废气，溶剂回收耗能高，就业者工作环境差。

超纤合成革的清洁生产主要方向是将上述工艺中的油性含浸树脂和干法贴面树脂水性化。水性树脂的超纤基布含浸工艺示意图如图 10-7 所示。

工艺流程：非织造布→水性聚氨酯浸渍→水中凝固→含浸基布→80～120℃烘干→甲

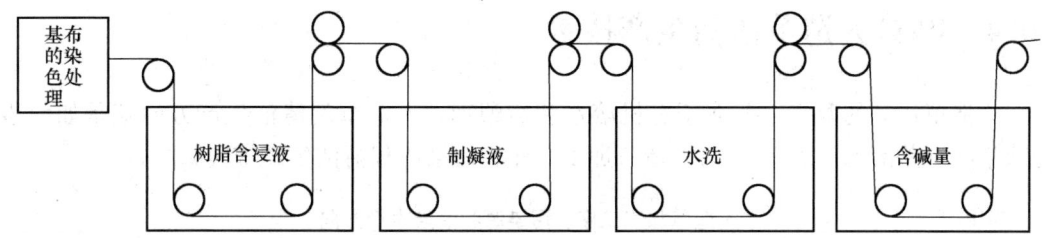

图 10-7　水性树脂的超纤基布含浸工艺示意图

苯减量或碱减量→超纤贝斯→染色→磨面→水性 PU 干法贴面→超纤革。

(1) 不定岛超纤（尼龙/PE）合成革制造技术

①甲苯减量　将含浸基布放入装有甲苯的减量设备中，升温至 90℃，恒温减量 1h，换浴二次减量，回收甲苯，取出基布。

②甲苯洗出　将基布放入沸水中，充分水洗，除去残余甲苯，干燥，得超纤贝斯。

(2) 定岛超纤（尼龙/Co-PET）合成革制造技术

碱减量：将含浸复合基布放入装有 10% NaOH 溶液减量设备中，升温至 100～120℃，恒温减量 1h，降温，中和，水洗，干燥，得到超纤贝斯。

作为超纤含浸树脂，要求耐高温碱水解或甲苯溶解；在盐水溶液中能快速凝固，基布凝固后有泡感，柔软，回弹性好，树脂和超纤纤维能同步染色。

目前，已有部分超纤革企业开始使用水性树脂，与油性树脂相比，含浸贝斯的泡感和回弹性尚需提高；凝固速度偏慢，贝斯染色问题（纤维和聚氨酯的同步染色、艳度和干湿擦牢度）也未很好兼顾。

(3) 无水凝固超纤合成革制造技术

在不定岛或定岛超纤合成革工艺中仍需采用盐水作为凝固液，产生大量含盐废水。无水凝固超纤合成革制造技术，顾名思义，即在制造过程中无须水作为凝固液。首先将无纺布进行水性 PU 含浸处理（一般 2 浸 2 轧），然后将含浸基布在梯度温度下烘干（80～120℃）；最后经磨面、干法贴面获得成革。其工艺示意图如图 10-8 所示。

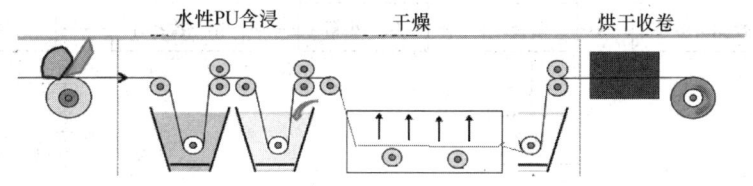

图 10-8　无水凝固的超纤基布含浸工艺示意图

该方法直接用水性聚氨酯凝固基布，不产生任何废水、废气，工艺简单，但成革回弹性和泡感略差。为了解决这一技术缺陷，需结合特殊的成泡工艺，使含浸基布烘干后内部含有微孔结构，从而获得满意的泡感和回弹性。四川大学、浙江华都合成革有限公司、浙江繁盛超纤有限公司等联合攻关，已获得无水凝固超纤制造技术，现已进入批量生产。

10.4 PVC 人造革清洁生产技术

人造革污染的源头主要在于有机溶剂和增塑剂，人造革的清洁生产方向就是如何避免或消除这些溶剂。表 10-1 为人造革加工工序、污染源和清洁生产方向。

表 10-1　人造革加工工序、污染源和清洁生产方向

工序	污染源	清洁生产方向
PVC 塑化	DOP 及替代型增塑剂的挥发；邻苯酸酯类增塑剂的毒性	静电回收；开发环境友好、耐迁移、高闪点的替代型增塑剂
背衬贴合	涂布法背衬胶中有机溶剂 DMF、乙酸酯等的挥发	开发水性/无溶剂型背衬胶
表处	表处剂中有机溶剂的挥发	开发系列水性表处剂(高光、消光、效应)
半 PU 革	面层 PU 树脂中有机溶剂挥发	开发水性面层树脂或 TPU 树脂

从表 10-1 可以看出，要解决人造革清洁生产问题，必须首先开发环境友好的增塑剂、水性黏合剂、水性表处剂等关键支撑材料。

(1) 环境友好半 PU 革生产工艺

图 10-9 为环境友好半 PU 革生产工艺流程图，其中面层树脂和背衬黏结树脂均为水性聚氨酯，所使用的增塑剂为环境友好的增塑剂。

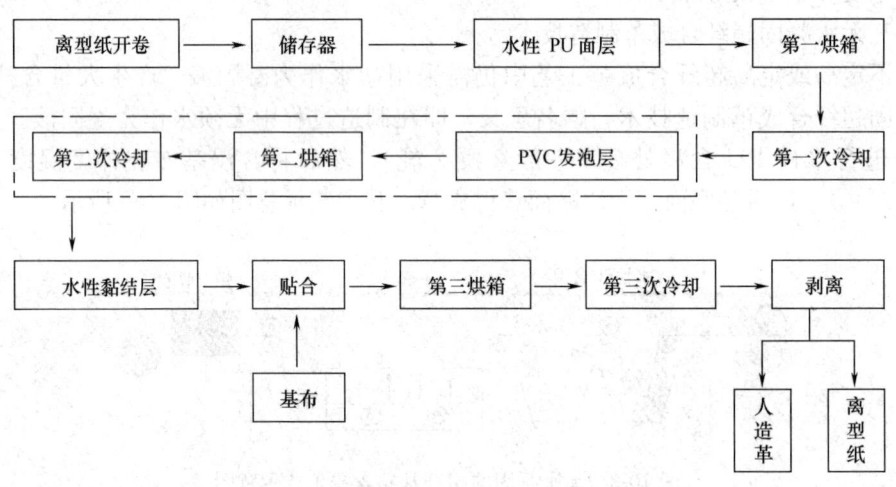

图 10-9　环境友好半 PU 革生产工艺流程图

　　a. 水性面层工艺参数：上浆量 30～40g/m，烘箱温度 130～140℃，车速 20m/min，烘箱长度 15m。

　　b. 水性黏结工艺参数：涂布量 100g/m，烘箱温度 140～150℃，车速 18～20m/min，烘箱长度 15m。

c. 要求：黏结牢度高，手感柔软，耐水、耐溶剂。

d. 贴合胶：在涂布法工艺中，需要贴合胶来黏结 PVC 膜和基布，需求量为 100~120g/m。传统的贴合胶（黏合剂）以溶剂型的 PU 胶或聚氯乙烯胶为主，有机溶剂造成环境污染，因此开发水性贴合胶或无溶剂 PU 胶是减少废气排放的有效途径。作为水性黏合剂，应具备施胶方便、黏结力高、耐水、耐增塑剂迁移、耐寒、手感柔软等特点。

(2) 增塑剂

人造革加工过程中需加入大量的增塑剂，其中邻苯二甲酸二辛酯（DOP）是用途最广、用量最大的增塑剂（占市场的 88%），但 DOP 有致癌风险性，已被欧盟、美国、日本等发达国家禁止或限量使用，因此开发低渗出、低迁移或低毒性甚至无毒性的新型替代型增塑剂势在必行。近几年来，替代邻苯酸酯类增塑剂的研究已取得了一定的进展，主要的替代品有柠檬酸酯类增塑剂、植物油基增塑剂、聚合物类增塑剂以及多元醇苯甲酸酯类增塑剂等。

柠檬酸酯类增塑剂环境友好，但因相对分子质量大、支化度高（不易塑化）、闪点低，人造革制造中较少采用。聚合物类增塑剂以脂肪族二元酸酯为代表，具有较好的耐寒性，但增塑效率和耐迁移性一般。多元醇苯甲酸酯类增塑剂以一缩二乙二醇二苯甲酸酯（8611 分子结构图如图 10-10 所示）为代表，其增塑性和耐迁移性好，但凝固点偏高（20℃）。植物油基环氧增塑剂以环氧大豆油和环氧脂肪酸甲（乙）酯为代表，环氧类增塑剂在起增塑作用的同时，环氧基还可迅速吸收因热和光降解出来的

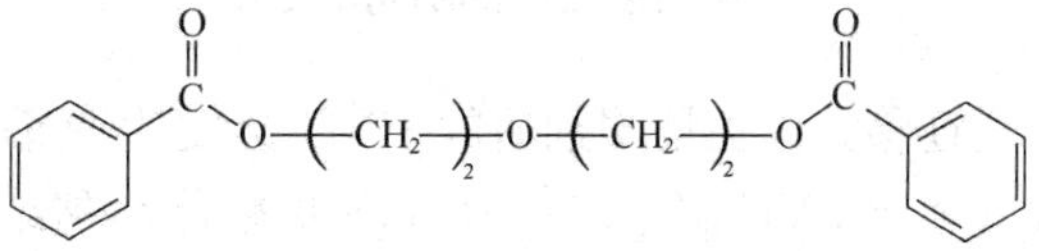

图 10-10 8611 分子结构图

HCl，稳定 PVC 链上的活泼氯原子，延长 PVC 的老化，但环氧大豆油增塑剂渗透性差，不适合涂布法，可用于压延法替代部分 DOP；环氧脂肪酸甲（乙）酯类增塑剂主要用于涂布法工艺中。

闪点和环氧值是衡量环氧类增塑剂好坏的主要指标。一般来说，闪点高，塑化时增塑剂的挥发性小；环氧值高，增塑剂的耐迁移性好。环氧值、耐迁移性与经验替代度（替代 DOP）的关系见表 10-2。

表 10-2　　环氧值、耐迁移性与经验替代度的关系

环氧值/%	耐迁移性	经验替代度/%	环氧值/%	耐迁移性	经验替代度/%
≥6.0	好	40~50	3.0~4.0	较差	20 左右
5.0~6.0	中	40 左右	2.0~3.0	差	10
4.0~5.0	一般	30	<2.0	很差	不宜使用

注：替代度：替代增塑剂在所有增塑剂中的百分含量。

市场上替代型增塑剂环氧值差异很大，价格悬殊也较大，如同为环氧脂肪酸甲酯，环氧值 4.0% 左右，价格在 10000 元/t 左右（2014 年），而环氧值 2.0% 左右，售价在 8000 元/t 以下。很多 PVC 厂家在购买增塑剂时，多考虑价格因素，很少要求生产厂家提

供环氧值指标,也未进行相关环氧值检测,为人造革产品质量留下隐患。2010 年,很多厂家遭到因增塑剂迁移出现质量事故的投诉,主要表现为人造革产品发到客户 2 个月左右,出现背衬胶黏结不牢(似不干胶)、革表面浮油或革表面出现白霜(氯化石蜡遇冷凝固)现象。增塑剂迁移是一个相对缓慢的过程,一般 PVC 革刚生产出来,看不到上述现象,但随着时间的推移,增塑剂开始从正、反两面开始析出,造成上述质量事故的发生。环氧值、耐迁移性和时间的关系如图 10-11 所示。

从图 10-11 可以看出,环氧值越高,耐迁移性越好,替代型聚醚类增塑剂 310 耐迁移性最差。

PVC 中增塑剂迁移和抽出严重时会使制品发生较大变化,引起制品软化、发黏,甚至表面破裂,析出物往往会造成制品污染,还会影响制品的二次加工。比如,PVC 防水卷材中增塑剂分子

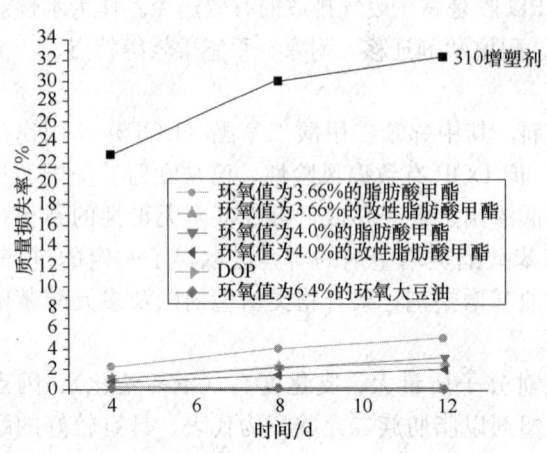

图 10-11　增塑剂的环氧值、析出率
(耐迁移性)和时间的关系

发生迁移,失去增塑剂后的 PVC 会发生收缩、变硬等现象,从而可能导致防水功能失效。软质 PVC 制品用一般溶剂型黏合剂黏结时,制品内部的增塑剂往往会迁移到黏结层,引起黏结强度的急剧下降,造成黏结不牢或脱胶等问题。软质 PVC 制品进行涂装或漆装时,也同样面临被抽出的增塑剂导致涂层或漆层脱落问题。

实践证明,与 PVC 相容性好、相对分子质量大且具有支链或苯环结构的增塑剂较难迁移和抽出。范浩军等开发的环氧油脂肪酸苄酯由于引入苯环结构,其迁移性大幅提高。环氧油脂肪酸苄酯的主要反应如下:

植物油的醇解:

$$\begin{array}{l} CH_2-OCO-R \\ | \\ CH-OCO-R \\ | \\ CH_2-OCO-R \end{array} + C_6H_5CH_2OH \longrightarrow \begin{array}{l} CH_2-OH \\ | \\ CH-OH \\ | \\ CH_2-OH \end{array} + C_6H_5CH_2OC-R \\ \parallel \\ O$$

R 为菜籽油脂肪酸。

脂肪酸苄酯的环氧化:

$$C_6H_5CH_2OC-\!\!\!\sim\!\!\!\sim\!\!\!C=\!\!C\!\!\sim\!\!\!\sim + H_2O_2 + HCOOH \xrightarrow{H_2SO_4} C_6H_5CH_2OC-\!\!\!\sim\!\!\!\sim\!\!\!C-\!\!C\!\!\sim\!\!\!\sim$$

由于苄醇的引入,该增塑剂闪点 216℃,环氧值 3.5% 以上,具有较好的耐迁移性和增塑效率。环氧菜籽油脂肪酸苄酯和 DOP 在二甲苯的迁移性如图 10-12 所示。

如图 10-12 所示,随着时间的增加,环氧菜籽油脂肪酸苄酯和 DOP 在二甲苯中的抽出量也随之增加,在 16h 后基本达到平衡状态。环氧菜籽油脂肪酸苄酯和 DOP 在二甲苯中的溶出率相当,环氧菜籽油脂肪酸苄酯 18h 后在二甲苯中的溶出率为总质量的 30%,DOP 为总质量的 29.5%,说明环氧菜籽油脂肪酸苄酯在 PVC 树脂中有较好的耐迁移性。

(3) 人造革水性表处剂

常见的 PVC 革表处剂为溶剂型丙烯酸树脂和聚氨酯，溶剂不易回收利用，既造成资源浪费，又造成环境污染，更为严重的是，成革中挥发性有机物（VOC）含量高，无法满足欧盟生态合成革要求。

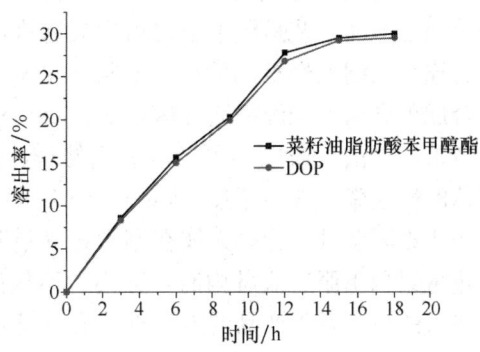

图 10-12　环氧菜籽油脂肪酸苄酯和 DOP 在二甲苯的溶出率

PVC 本身为极性大分子，但经过增塑剂增塑后的 PVC 表面能变化较大，表面张力随着增塑剂用量的不同而不同，而以水为介质体系的表面张力往往高于 $4.5\times10^{-6}\,\mathrm{N/m}$，所以水性树脂在 PVC 表面的润湿、铺展是实现水性表处的第一步。作为表处剂，要求涂层有良好的耐水、耐刮、耐溶剂等性能的同时，还应有良好的黏结牢度。

目前国内开发的 PVC 革水性表处剂普遍存在以下问题：

①涂膜的透明性和光泽度不足。

②剩余浆料易变质（变稠、分层）。

③在增塑剂加入量不大的 PVC 制品中流动性尚可，但在增塑剂量大、表面有一定油析出时，难以流平，有"花面"现象。

④与增塑 PVC 的黏着力不足。

⑤消光表处后产品对折或顶起后有"拉白"或"折白"现象等。

四川大学合成革研究中心与浙江德美博士达公司合作，经过两年多的努力，目前已成功开发出了适合人造革、半 PU 革表处的水性高光、消光、绒感、蜡感、刮刀等系列表处剂，对增塑剂用量不同的 PVC 表面均有良好的润湿和铺展能力，涂层与 PVC 层黏结牢固，增光不发黏，消光不泛白，可望在近期内全面替代溶剂型表处剂完成人造革的表处，为总源头消除表处剂所带来的环境污染提供支撑材料。

10.5　高物性和功能性合成革

10.5.1　透气、透湿合成革

迄今为止，聚氨酯合成革较为成熟的造面技术有干法和湿法两种。干法造面工艺又分直接涂层工艺和转移涂层工艺：前者是指将聚氨酯浆料直接涂覆于基布上烘干成膜；而后者是指将聚氨酯浆料涂覆于离型纸上，待烘干后再将涂层转移至基布上。

通过这两种方式所形成的面层均为致密膜，并且为了不露底，涂层的厚度也较厚（大于 0.3mm），这极大地降低了聚氨酯合成革的透气、透湿性，透湿率一般低于 $700\,\mathrm{g/(m^2\cdot 24h)}$。除此之外，为了增加花色品种，改进涂层的光泽或赋予成革独特的效应/功能，聚氨酯合成革还需进行表面修饰。合成革的表面修饰与天然皮革类似，同样是使用溶剂型或水基型聚氨酯树脂作为基本成膜材料，所成涂膜也完全致密无孔，因此经表面修饰后成革的透气、透湿性将再次大幅下降，透湿率一般低于 $200g/(m^2 \cdot 24h)$。合成革湿法造面工艺是继干法之后发展起来的新方法，它采用湿法转相技术在基布上形成具有连续孔洞的聚氨酯涂层，所得双层复合物即为合成革贝斯。由于具有大量孔洞，湿法合成革贝斯的透湿率通常达 $5000g/(m^2 \cdot 24h)$ 以上。然而，为了增加成革的美感及仿真效果，湿法贝斯也必须经过表面修饰，因此其优异的透气、透湿性将随之严重下降，成革的透湿率一般不超过 $400g/(m^2 \cdot 24h)$。由于合成革服饰面料的透气、透湿性与天然革相比难以望其项背，人体在剧烈运动过程中排出的汗不能及时向外传递，当大量的汗和热量累积于服装或鞋内时，穿用者不仅感觉湿热发闷，而且还有滋生细菌的可能。更为严重的是，鞋类产品的卫生性能和舒适度直接关系到人体足部健康，如果足部健康受到影响，可能会影响到呼吸道和内脏，引起胃疼、腰腿疼等种种病症。鉴于上述性能缺陷，聚氨酯合成革的穿着舒适性和卫生性能多年来一直为消费者所诟病，世界合成革制品的销售甚至在 20 世纪 80 年代中期因此出现下滑趋势。

总的来讲，合成革的透气、透湿性与聚氨酯树脂本身的透气、透湿性有关（在第三章 3.7 节已有详尽论述），也与树脂所成膜的膜孔结构有关。溶剂型聚氨酯干法（溶剂挥发法）成膜会形成致密的无孔膜，一方面，阻止了水的透过，具有防水性；另一方面，也阻止了水蒸气的传递，降低了涂层的透气、透湿性能。水基聚氨酯也会形成致密无孔的涂膜，但和溶剂基聚氨酯相比，它所形成的是亲水性无孔膜，因而透气、透湿性优于溶剂型聚氨酯。此外，同一种聚氨酯，根据成膜方法的不同，既可形成致密无孔膜（如干法贝斯），也可形成多孔膜（如湿法贝斯）。当然，成革的透气、透湿性还与贝斯的种类及机械操作等有关。例如，在后整理阶段，革坯需经过高温压花处理，有些革还需经过抛光、熨平等机械处理，革身会变得板硬，微孔会被封闭，透气性会下降；而揉纹、拉软等工艺有利于提高涂层的透气性。

为提高聚氨酯合成革涂层的透气、透湿性，以满足消费者对合成革制品穿着舒适性的需求，人们分别从化学改性和物理改性两方面入手，展开了大量的研究工作，并已经取得了许多新的进展。这些改性技术归纳起来主要有如下几类：

（1）聚氨酯微孔膜

采用物理或化学的方法在聚氨酯薄膜中生成微孔是提高其透气、透湿性的一种有效途径。目前，可用于聚氨酯薄膜发泡的技术主要有如下几种：

①湿法转相　湿法转相技术最早由美国杜邦公司研制成功，这项技术利用聚氨酯能溶于二甲基甲酰胺（DMF）等水溶型有机溶剂而不溶于水的特性，将溶于 DMF 的聚氨酯溶液涂覆于基材上，并浸没到水中，由于聚氨酯不溶于水，而 DMF 与水可以互溶，水与聚氨酯内的 DMF 可以发生双向扩散，即水不断从树脂溶液中萃取出 DMF 使其进入水相，而水则进入聚氨酯中使其凝固成膜，并同时在薄膜中形成大量相互贯通的指状或蜂窝状多孔结构（图 10-13），其孔径一般为 $0.5 \sim 2.0 \mu m$，可允许水蒸气分子（平均半径为 $0.0004 \mu m$）通过而对水滴（平均直径 $100 \mu m$）具有阻透作用。该工艺的加工成本不到 Gore-Tex 的一半，而涂层的透湿率则达 $4000g/(m^2 \cdot 24h)$ 以上，耐静水压可达 19.6kPa。目前，这项技术在合成革湿法贝斯的生产中已得到了工业化应用，所制得的多孔涂层与干法致密涂层相比，透气、透湿性有大幅提高，具有代表性的品牌有日本东丽（Toray）公司的 Entrant，美国 Burlington 公司的 Ultrex 以及英国 NylaPenn 公司的

Tarka 等，现已被世界知名运动服生产商如 Nike、Puma、Adidas、Umbro 等大量采用。

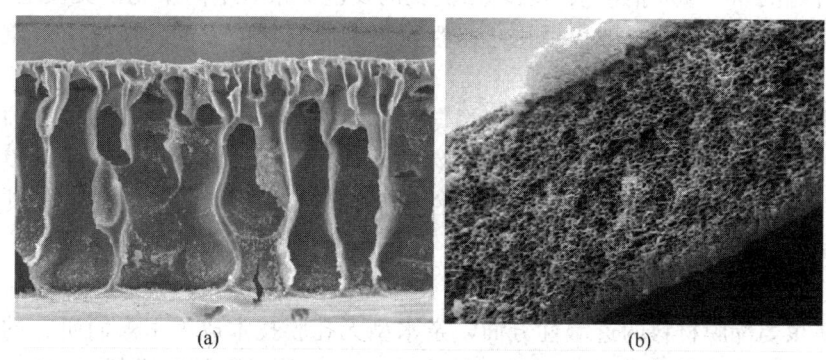

图 10-13　湿法聚氨酯薄膜中的孔洞形貌
(a) 指状孔　(b) 蜂窝孔

② 盐凝聚法　将聚氨酯乳液涂覆成膜，再加盐使其破乳沉积，也可形成多孔膜。采用这一工艺生产的商品有英国 Stahi (ICI)/NL 公司的 Permutex，英国 Porvail/GB 公司的 Porelle 薄膜等。

③ 油包水乳液法　将含有机溶剂（如甲苯、丁酮）的聚氨酯树脂加入水中制成油包水乳液，然后涂覆成液膜；在一定的温度梯度下，低沸点的溶剂首先蒸发，使得水在聚氨酯液膜中的比例不断提高；当水的比例达到一个临界值时，聚氨酯则可以多孔的形式固化析出。采用这种方法所制得的聚氨酯多孔膜其透湿率在 $4000g/(m^2 \cdot 24h)$ 以上，而防水性可达 24.5kPa。此工艺虽然简单易行，但溶剂挥发带来的环境污染是其主要缺点。目前市场上具有代表性的商品有比利时 UCB Special Chemicals 公司的 Ucecoat 2000 (s)，而日本东螺公司以二甲基甲酰胺/对苯二甲酸二丁酯作为溶剂，也成功开发出油包水乳液基聚氨酯多孔膜材料。

④ 化学发泡　化学发泡剂在受热时分解，可放出一种或多种气体而使聚氨酯薄膜发泡。常用的化学发泡剂可分为无机发泡剂和有机发泡剂两类。无机发泡剂主要包括碳酸氢钠、碳酸氢铵、亚硝酸钠、碳酸钙等，这些无机物与有机聚氨酯相容性差，因而其使用受限。相对而言，有机发泡剂如偶氮二甲酰胺（AC）、二亚硝基五次甲基四胺（发泡剂H）以及氧代双苯磺酰肼（OBSH）等具有分散性好、分解温度窄、发泡效率高、产生的气体不易从泡孔中逸出等优点，适用于有机聚氨酯发泡工艺，但这种发泡剂一般价格稍高，某些品种还有毒性，残留于聚氨酯薄膜中有其他副作用。

⑤ 物理发泡　采用压缩惰性气体或机械搅拌也可以在聚氨酯薄膜中形成微孔，但这种技术对设备要求很高，所形成的气孔结构尚难以控制；另外，有人将聚氨酯溶液与固体填料（如 $CaCO_3$、NaCl 等）共混，然后采用水或溶剂对复合薄膜进行清洗，待填料被完全萃取后聚氨酯薄膜中即可生成微孔，这就是所谓的萃取固体填料技术；还有人将含有高沸点有机液滴（如矿物油）的聚氨酯乳液浇注成膜，先通过干燥除去水分，再继续加热除去有机液滴，以此在聚氨酯薄膜中形成微孔；松本微球发泡技术是新近发展起来的一种新型物理发泡方法。松本微球是由日本松本油脂制药株式会社生产的一种具有典型核壳结构的空心球状微颗粒，其外壳为热塑性丙烯酸树脂类聚合物，内含液体碳氢化

合物膨胀剂，外观为微白色细腻粉末，直径在 10~45μm。受热后，微球的体积可迅速膨胀增大到自身的 50~100 倍，从而表现出优良的发泡效果（不同于化学类发泡剂）。由于微球通常不耐溶剂，因此一般仅适用于水性聚氨酯膜材料的发泡，在应用对象上缺乏普适性。

与致密型聚氨酯薄膜相比，多孔型聚氨酯薄膜的多孔结构可赋予其较高的透气透湿性、轻盈的质地、柔软丰满的手感以及自然的外观。但这种多孔型聚氨酯薄膜的力学强度相对较差，并且由于孔洞较大，其防水性能下降严重，因此一般需通过与其他致密型薄膜复合使用才能满足实际应用的需要。

(2) 亲水型无孔膜

在提高聚氨酯膜材料的透湿性方面，亲水型无孔膜技术成为了人们研究的重点和热点之一。致密型聚合物薄膜的表面及本体完全无孔，其透湿传质遵循"溶解-扩散"机理：即薄膜表面的亲水基团首先以氢键形式"捕获"环境中的水蒸气分子，由于材料中自由体积的存在，加上薄膜两侧水蒸气压差的推动，水蒸气分子将沿着密集的分子链间空隙，从水蒸气压高的一面扩散到另一面，最后再解吸释放到薄膜的下游侧。这种透湿方式以亲水链段或亲水基团作为传质的"化学阶梯石"，故又称为"亲水性透湿"。由于这种聚合物薄膜中无微孔，因此其防水性能较好，外界的物质甚至连病毒也无法通过，但缺点是透湿速率较低，不能满足某些要求快速透湿传质的应用需要。如果能将额外的亲水基团引入聚合物主链，这将有利于水蒸气分子在传质的初始阶段被吸附到薄膜表面，从而增大其传质推动力；与此同时，亲水基团的增加还可增强大分子链间的相互作用，迫使其采取更加伸展的构象，从而在一定程度上增大聚合物薄膜中传质所需的自由体积。基于这一基本原理，通过各种途径将亲水基团引入聚氨酯大分子链已经成为提高聚氨酯薄膜透湿率最为常用的方法之一。例如，Schneider 等人早在 1969 年就曾报道过聚氨酯软段的亲水性对其透湿率有较大影响：当选用聚四氢呋喃二醇（PTMO2000）、聚二甲基苯醚（PPO2000）或聚丙烯酸丁酯（PBA2000）作软段时，聚氨酯薄膜的吸水率很小，其透湿性相应较差；相比之下，聚乙二醇（PEG2000）的亲水性较强，用其作软段所合成的聚氨酯吸水率大，透湿率也明显提高。与此类似，C. P. Chwang 等人在聚氨酯树脂的合成过程中大量使用聚乙二醇（PEG400）、乙二醇（EG）、二甲基二乙氧基硅烷等极性单体，所制得的聚氨酯薄膜透气、透湿性随极性单体用量的增加而快速增大。另外，Weilin Xu 等人将聚氨酯树脂与超细羊毛粉共混，利用羊毛粉中含有大量亲水基团这一特点，将聚氨酯薄膜的透湿率提高了将近 6 倍。Shirly Institute 的科学家们还以聚乙二醇为原料，开发出了一种新型的聚氨酯薄膜及涂层，通过调节亲水软段的比例及相对分子质量，使其水蒸气透过率达到了微孔材料的高水平。

目前，亲水型无孔膜技术已被成功应用于透气透湿型聚氨酯涂层的工业开发中，这类常见的商品有英国 Baxenden 化学公司的 Wltcoflex Staycool、X-Liner 等，比利时 UCB Special Chemicals 公司的 Ucecoat NPU，德国 Bayer 公司的 Impraperm，日本东纺制造公司的 Bion Ⅱ 以及日本三菱化成公司的 Excepor U 等。尤其是英国 Baxenden 化学公司的 Wltcoflex Staycool，其透湿性据报道高达 $2500~8000 g/(m^2 \cdot 24h)$，而耐静水压至少可达 14.7kPa。然而，以上这些物理或化学改性方法虽然可以有效提高聚氨酯薄膜的透湿性，但也均以牺牲薄膜的某些关键机械性能（如耐干湿擦性、抗张强度、断裂伸长率等）

为代价，这在一定程度上限制了这些技术的推广应用。

(3) 亲水/多孔复合型聚氨酯薄膜

将亲水型聚氨酯制成多孔状，或对多孔型聚氨酯薄膜进行亲水处理，在亲水基团和微孔结构的协同作用下，可赋予复合型聚氨酯膜材料更加优异的透气、透湿性。例如，比利时 UCB Special Chemicials 公司在 Ucecoat 2000（s）多孔型聚氨酯薄膜上加涂 Ucecoat NPU 2307 亲水型整理剂，所得复合薄膜的透湿性是 Ucecoat 2000（s）的 1.5～3.0 倍；美国 3M 公司所生产的透湿型 Thintech 聚氨酯涂层同样是基于此项复合技术；日本 Toray 公司新近开发的 Entrant G II 服用涂层也系由亲水型和多孔型聚氨酯复合而成，其内层聚氨酯涂层含有微孔和超微孔（孔径$<0.5\mu m$），利用这些孔隙的芯吸作用，可将人体散发的汗抽吸到外层，再将其排放到环境中，起到及时排汗、提高穿着舒适性的作用。

(4) 智能透气透湿型聚氨酯涂层

近年来，人们正致力于开发一种新型的智能聚氨酯膜材料，其透湿性可随环境温度发生显著变化。当用作纺织品涂层整理时，这种智能聚氨酯涂层兼具高温透湿、低温保暖的功能，可进一步提高服装或鞋材的穿着舒适性。最初，美国农业部南方实验室的 Vigo 和 Frost 等人发现，经聚乙二醇（PEG）浸渍过的面料具有储热功能，即受热时吸收热量，遇冷时放出热量。这项技术被很快应用于智能透湿型聚氨酯膜材料的开发：以 PEG 为软段合成聚氨酯树脂，通过选择设计 PEG 的聚合度和含量，可使软段的相变温度（开关温度）正好处于人体感觉舒适的温度范围内；当环境温度高于开关温度时，聚氨酯将发生吸热相变，同时其大分子链的微布朗运动加剧，自由体积明显增大，透湿性随之显著提高，作为服用面料则可加快排热排汗，使人体感觉凉爽；当环境温度低于开关温度时，聚氨酯发生相变放出热量，同时其大分子链微布朗运动被冻结，透湿性突降，此时该面料又可起到挡风保温的作用。通过聚氨酯涂层透湿性的温敏变化，可自动调节人体体温，这样无论身处何种温度环境，都能使穿用者感觉舒适。美国 Polytech 公司推出的 Ureatech、日本三菱重工业公司的 Azekura 以及日本 Diaplex 有限公司的 Diaplex™（图 10-14），即采用了此类智能聚氨酯作织物涂层，极大地提高了服用面料的功能性，获得了"空调面料"之美誉。然而，这类材料的实际应用还需解决一些关键技术，包括：智能透湿型聚氨酯的开关温度应如何调节，如何提高其透湿开关的灵敏度以及如何改善

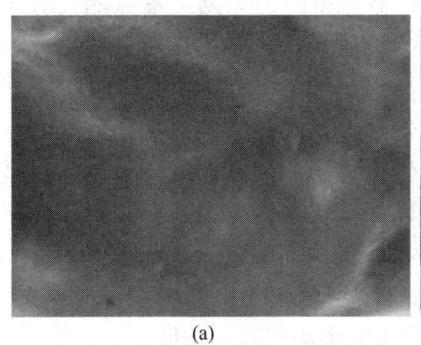 

(a) (b)

图 10-14 Diaplex™ 面料的形貌图

(a) 表面 (b) 截面

材料的柔韧性、热稳定性等。

在国内，四川大学的范浩军、陈意等人也长期致力于温敏聚氨酯材料的研发工作。他们通过控制聚氨酯软硬链段微相分离程度，利用相态转变伴随大分子微布朗运动的显著变化，成功设计并制备出一种自由体积具有温控开关的新型聚氨酯材料；建立了一套温敏聚氨酯分子定向设计方法，较为清楚地认识了温敏聚氨酯的多层次结构特征，掌握了其开关温度阈值/灵敏度调控方法，同时将传统实验手段与分子动力学模拟技术相结合，发现了化学结构、温度变化、填料嵌入等对温敏聚氨酯自由体积、传质性能的影响规律，并就这类新型智能膜材料在皮革、合成革涂饰领域的潜在应用进行了探索。

10.5.2 耐水解合成革

（1）合成革的耐水解性

在后整理阶段，革坯需经过高温压花处理，革身会变得板硬，有时纹路也不够清晰。为了改善手感，增加纹路深度和立体感，大部分合成革都要进行过水揉纹，如果耐水性达不到要求，就揉不出饱满的花纹，严重时还会出现破皮现象。

有些合成革要求使用后能像衣服一样水洗，水洗后要求不褪色、不缩尺、不破损。在其他条件不变的情况下，PU树脂的耐水解性由聚醚（酯）多元醇的耐水解性所决定。在第三章3.6节已对聚氨酯的耐水解性进行过讨论。一般来说，聚醚型二元醇比聚酯类二元醇更耐水解，如聚四氢呋喃醚二醇、聚丙二醇及两者的共聚醚二醇、聚亚基碳酸酯二醇等具有良好的耐水解稳定性，但聚乙二醇及其共聚物二醇耐水解稳定性较差；聚己二酸酯二醇具有中等的耐水解稳定性，但聚己二酸新戊二醇-1,6-己二醇酯二醇（polyneopentylene-hexamethylene adipate glycol）、聚碳酸酯二醇（PCDL）具有良好的耐水解稳定性，广泛用来制造耐水解聚氨酯粘胶剂和耐水解合成革。

（2）涂层不耐水解的主要原因

a. 树脂亲水性太强：如聚乙二醇及其共聚物二醇，由于醚氧键（—O—）亲水性较强，耐水解稳定性较差，故聚乙二醇及其共聚物二醇基聚氨酯耐水解性差。水性聚氨酯的耐水解牢度也不及溶剂基聚氨酯，这是因为水性聚氨酯分子链含有一定的亲水基团，降低了涂层的湿物性。

b. 高分子链的堆砌密度：涂层是否被水溶胀，还与聚合物链的堆砌密度有关。溶剂型聚氨酯分子链中无极性离子基团，根据"相似相溶"的原则，聚氨酯大分子在溶剂中以伸展的状态存在，溶剂挥发过程中无作用力的阻碍，分子堆积更为紧密。对于水基聚氨酯，由于大分子上引入羧基且羧基间通过反离子连接一起，大分子就以多聚体或离子簇（乳胶粒）的形式存在，即分子链未完全舒展开，在成膜的过程中，随着水分的不断挥发，以簇状形式存在的大分子间的反离子作用力不断增加，当分散体超过某一临界浓度后，粒子间形成毛细管，并由于毛细管的作用，促使聚合物自黏，形成薄膜，由于堆砌密度的差异毛细管的作用，水分子易于渗入涂层内而降低涂层的湿物性。另外，涂层中的无机填料、蜡等助剂也会影响聚合物的堆砌密度。无机涂料粒子大，湿润不完全，聚合物的自由体积增大，堆砌密度降低，也为水的渗透创造了条件。

c. 化学键断裂（水解、酶解等）：在酸、碱、酶的作用下，聚氨酯大分子链中有些化学键会断裂，如酯键、酰胺键、脲键、氨基甲酸酯键等，化学键的断裂也会降低涂层的湿物性。

d. 树脂用量偏低：在浆料配方中，如果树脂含量偏低，树脂不能形成连续的涂膜，在水洗或水揉过程中，就会造成革面破损，耐水性牢度差。

e. 交联程度：在聚合物中引入交联结构，聚合物会形成交联网络，降低聚合物的自由体积，提高堆砌密度，可有效阻碍水分子的渗透。另外，在后交联过程中，部分亲水基团被封闭，也有利于提高涂层的湿物性。

10.5.3 抗菌防霉合成革

聚氨酯合成革在穿用过程中极易为微生物（细菌和霉菌）所侵蚀，这在温度和湿度较高的情况下尤其严重。这种微生物的破坏作用一般可以归咎于三方面的因素：首先，合成革基布中的天然纤维成分是微生物生长所需的营养源；其次，聚氨酯树脂（特别是聚酯型聚氨酯树脂）在微生物酶的催化作用下很容易水解；另外，添加于树脂浆料中的各种助剂，如光稳定剂、填料、蜡剂等，也可以为微生物利用和分解。当环境条件适宜时，细菌和霉菌会大量繁殖，使聚氨酯合成革发霉变质，这不仅会影响成革的外观（色泽度、光泽度等），而且还会降低其力学性能和电性能，缩短产品的使用寿命。

为了赋予聚氨酯合成革良好的抗菌防霉性，一般通过在涂层中外添加抗菌防霉剂的方法来抑制微生物的生长繁殖。合成革生产中常用的抗菌防霉剂多为有机化合物（表10-3），如富马酸二甲酯类、酚类、有机汞盐、有机锡盐、酰胺类、硫氰化合物、咪唑类等。这些有机抗菌防霉剂的短期杀菌效果优异，但它们都不同程度地存在毒性、耐热性差、易水解、使用寿命短、易产生微生物耐药性等不足。因此，为了克服传统的有机抗菌防霉剂的上述缺陷，人们开始积极开发绿色环保、安全无毒、耐热性好的新型抗菌防霉剂，这其中的典型代表是天然类和无机纳米类抗菌防霉剂。

表10-3 传统有机抗菌防霉剂的种类及主要性质 单位：%（质量分数）

种类	代表品种	特性	杀菌力	用量
酚类	对硝基酚	淡黄色晶体，熔点115℃	普通	0.1～0.5
氯代酚	五氯酚	无色晶体，熔点90～101℃	强	0.50～0.75
有机汞盐	油酸苯基汞	白色晶体，溶于苯、二甲苯	强	0.1
有机锡盐	三丁基氧化锡	无色液体，微溶于水，溶于一般有机溶剂	强	0.1
酰胺类	N-2,2-二氧乙烯基水杨酰胺（A-26）	浅灰色粉末	强	0.2～0.4
苯并咪唑系	苯并咪唑氨甲酸甲酯（BCM）	白色粉末，不溶于水及一般有机溶剂，性能稳定，分解温度301℃	强	0.5
硫氰化合物	3#防霉剂	浅棕色液体，溶于水及有机溶剂	强	0.04～0.10

天然类抗菌剂是指从动植物体内提取的或由微生物发酵生产的抗菌性物质，如黄连素、壳聚糖等。它们不仅安全无毒，且来源于自然界，资源极其丰富。近年来，随着环保意识的加强及生物技术研究水平的迅速提高，天然抗菌剂越来越受到人们的重视。目

前,植物源天然抗菌剂是研究最多的一类天然抗菌剂,其抑菌机制有如下几种:分泌抗生素;参与营养和生存空间的竞争;诱导寄主产生抗病性;微生物诱导寄主产生防御反应或对病原菌直接寄生而抑制病原菌;对病原菌直接作用。动物源抗菌剂的作用机制是破坏细菌细胞壁肽聚糖中的 β-1,4 糖苷键。虽然天然类抗菌剂的优势明显,但目前因受到技术和成本的制约,天然类抗菌剂的品种不多,也未大规模市场化,并且其寿命较短,耐热性也还较差。

由于量子尺寸效应、极大的比表面积以及不同的抗菌机理,无机纳米抗菌剂(如纳米 TiO_2、纳米 ZnO、银系纳米 SiO_2 复合粉体等)具有传统抗菌防霉材料所无法比拟的综合性能。纳米 TiO_2、ZnO 是基于光催化反应使有机物分解而具有抗菌效果的。在阳光尤其是紫外线的照射下,纳米 TiO_2、ZnO 中的价带电子被激发跃迁至导带,形成光生电子空穴对。光生电子和空穴可与水和氧气进一步反应生成羟基自由基、超氧离子等活性物质,这些活性物质具有极强的氧化分解能力,可直接或间接地与微生物的组成成分反应并最终将其杀灭。其机理如下:

$$TiO_2 + h\nu \longrightarrow TiO_2(h^+ + e^-)$$

这些光生空穴(h^+)和电子(e^-)分别具有极强的氧化和还原能力,在有水分和氧气存在时,可进一步反应:

$$H_2O \rightleftharpoons H^+ + OH^-$$
$$h^+ + H_2O \longrightarrow HO^{\cdot} + H^+$$
$$h^+ + OH^- \longrightarrow HO^{\cdot}$$
$$e^- + O_2 \longrightarrow O_2^-$$
$$O_2^- + h^+ \longrightarrow HO_2^{\cdot}$$
$$2HO_2^{\cdot} \longrightarrow H_2O_2 + O_2$$
$$H_2O_2 + O_2^- \longrightarrow HO^{\cdot} + OH^- + O_2$$
$$H_2O_2 + h\nu \longrightarrow 2HO^{\cdot}$$

近年来,日本东京大学的一些研究人员还发现这些具有光催化效应的粒子还有分解毒素的作用,而一般的抗菌剂只有杀菌作用。大量的实验证明,纳米 TiO_2、ZnO 这两种抗菌剂对绿脓杆菌、大肠杆菌、金黄色葡萄球菌、芽枝菌和曲霉等具有很强的杀伤能力。

为了克服抗菌剂的迁移对环境造成的污染,以及抗菌剂的损耗导致抗菌性能下降等问题,人们开始通过化学方法将抗菌基团键合到聚氨酯分子上,使所制备的合成革涂层具有接触杀菌或者抑制革料中微生物繁殖的功能。例如,Jason 等人用侧链带季铵盐的二元醇作为聚氨酯的扩链剂,合成了硬段侧链带有季铵盐的聚氨酯涂层,这种材料具有永久的杀菌功能。罗建斌等人利用 α-叔胺基 ω-羟基聚乙二醇对聚氨酯进行封端并用卤代烃进行季铵化,制备得到了一种表面具有抗细菌黏附和永久杀菌双重功能的新型聚氨酯涂层,该涂层对金黄色葡萄球菌有显著的抗菌性。四川大学的陈意、范浩军等人利用小分子抗菌剂磺胺的双氨基扩链作用将其偶联到聚氨酯大分子主链上,再以微生物产脲酶为分子剪刀,点定切断该聚氨酯中与磺胺片段相连的脲键,实现磺胺抗菌剂的酶触按需释放;较为系统地对磺胺偶联聚氨酯的相对分子质量、软硬段聚集态、微相分离程度等结构特征进行了表征,测定了脲酶对磺胺片段识别的灵敏度和专一性,对磺胺酶触释放行为的动力学模型参数进行了拟合计算,同时就这种智能大分子抗菌剂在皮革涂饰领域的潜在应用进行了探索。

10.5.4 纳米合成革

由于纳米材料的特性，人们开始尝试运用不同性能的纳米材料与聚氨酯合成革配方体系有机结合，力求赋予合成革某些新的功能。例如，张志华等人采用溶胶-凝胶反应制备纳米 SiO_2 颗粒，然后通过超声分散机将这些纳米颗粒分散到聚氨酯树脂中制备出聚氨酯/SiO_2 纳米复合材料，其拉伸强度、拉伸模量和耐热性能得到了提高；邬润德等人将纳米 SiO_2 经预分散后加入聚氨酯反应体系进行原位聚合，使复合材料的力学性能有了很大的提高；Petrovic 等人也采用了纳米 SiO_2（粒径为 $10\sim20nm$）对聚氨酯弹性体进行纳米改性，与普通的 SiO_2 填料（平均粒径约为 $15\mu m$）相比，经纳米 SiO_2 改性后的聚氨酯涂层的透明性好，且各项性能都有较大的提高；Liu 等人采用多种纳米材料复合及其助剂作为改性添加剂，并配以适量填料进一步提高聚氨酯合成革产品的性能，并降低成本。研究结果表明：加入纳米填料后，聚氨酯合成革的拉伸强度和延伸率均得以提高。Kuo 等人采用多种方法制备纳米合成革，或将纳米材料接枝到聚氨酯软段上，使纳米粒子在软硬段聚合过程中均匀分散；或直接将纳米粒子加入聚氨酯树脂中，结果表明：纳米聚氨酯合成革在外观、物理机械性能、表面光滑性、耐水解性等方面都优于传统聚氨酯合成革。

根据目前功能性纳米合成革的研究方向和进展，其产品的功能性主要集中在抗菌除臭、增韧增强、抗老化、耐黄变、红外保暖保健等几个方面，现将这些功能实现的机理总结如下：

①抗菌机理　根据所使用的纳米材料的性能不同，纳米合成革抗菌的机理对应有两种解释。第一，在合成革制备过程中采用的纳米粒子具有高价态和低价态两种，高价态粒子有极高的还原势，能使周围的空间产生原子氧，具有抗菌作用；低价的纳米粒子可强烈吸收细菌体内酶蛋白的巯基，并与其迅速结合，使蛋白酶丧失活性，致使细菌死亡。当菌体被杀灭后，纳米粒子又游离出来与其他菌落接触，进行新一轮杀灭，周而复始。使用这种纳米材料所制备的合成革具有广谱和长效的抗菌功能。第二，某些纳米材料在一定波长的光线照射下可以产生光生电子和空穴，它们的氧化还原能力极强，可以与氧气和水进一步发生反应生成羟基自由基和超氧化物等具有极强氧化分解能力的活性基团，这些活性基团能与细菌体内的多种有机物及毒素反应，从而将细菌残骸和毒素杀灭消除。具有这种杀菌机理的纳米合成革可用于特殊功能鞋服的制备。

②除臭机理　具有前述抗菌机理的纳米合成革对除臭有一定作用，但是要想彻底除臭，必须将臭体物质消除掉。这些臭体物质包括两大类，即硫基化物类，如硫化氢、甲硫醇和乙硫醇等；另一类是含氮基化物类，如氨和氨类化合物。为了实现上述目标一般选用具有吸附或分解功能的纳米材料。吸附型纳米材料应具有极大的比表面积和孔容，而分解型纳米材料在光催化的条件下可利用水和氧气产生超氧化物阴离子，这种活性基团可以和多种臭体反应，从而消除革制品的臭味。另外还可以充分利用钾、钠、硅等不同元素及氧化物独特的纳米结构特性（如热电、压电效应），致使在外界条件变化时（温度、湿度差异、摩擦等）引发电场使空气电离，被击下的电子附着于邻近的氧分子，并使之转化为负离子达到除异味的作用。根据这种电离机理制成的纳米合成革特别适用于鞋里材料。

③增韧增强机理　利用纳米效应增韧增强合成革，主要是指通过改性合成革面层的物化性能，以达到增加表面耐磨度、拉伸强度、延伸率、耐折度的目的。具体来说，由于纳米粒子具有比表面积大、表面活性高、未成对原子多等特点，当其加入到合成革树脂中后可以与聚氨酯高分子链发生某些物理或化学结合。这种界面相互作用在合成革涂层形变过程中可以有效地转移应力并阻止裂纹的扩散，从而令制品表现出更高的拉伸强度和延伸率。其次，纳米粒子的小尺寸效应还可以使制品表面的摩擦因数变小，从而提高其光洁度。另外，纳米材料本身具有很高的强度，这对于增强制品的耐磨度有一定作用。四川大学的范浩军等人采用原位聚合方式将0.05%的纳米石墨烯引入合成革后整理用水性聚氨酯，结果发现，涂层的抗张强度可提高一倍，而耐磨性能则提高了20倍左右；与此同时，该涂层的阻燃性、耐老化性能以及抗静电性能也得到显著提高。

④抗老化、耐黄变机理　聚氨酯合成革涂层在周围环境条件如空气、光、热的长期作用下会逐渐老化，出现发硬、脆裂、发黏等现象。另外，芳香族聚氨酯分子中的氨酯键在紫外光的作用下会发生重排反应，生成醌式结构等发色基团，致使该合成革涂层黄变而失去本来的颜色。添加适量的纳米材料可以在一定程度上改善合成革的老化和黄变缺陷。其原理在于，某些纳米材料如纳米 TiO_2、ZnO 等具有吸收紫外光的功能，它们的加入可以阻止或削弱紫外光对合成革涂层的破坏作用，从而延缓其老化和黄变的时间。

⑤红外保暖、保健机理　纳米合成革的保温、蓄热和保健功能正逐步被人们所接受，其原理主要是纳米材料可以将阳光能量转换为远红外线储存在合成革制品中。此外，纳米材料在低温下还可以辐射波长为 $4\sim14\mu m$ 的远红外线，这种射线作用能够刺激人体产生热能以起到保温作用。当这些辐射出的远红外线进入人体皮下深层时还可以使微血管扩张，从而促进血液流动，改善人体的新陈代谢。FLSO 功能鞋研究中心的研究人员利用这种机理，将具有红外线功能的纳米材料分散到聚氨酯合成革涂层中，使其具有保暖、隔潮、透气的功能。这种纳米合成革在制作防寒皮鞋、军用皮鞋和防寒服等方面具有极大的应用前景。

随着理论和技术的不断进步，人们利用纳米材料改性还可望开发出磁屏蔽型、自清洁型、发光型、吸波型等一系列功能性合成革。这些新增的功能不仅丰富了传统合成革产品的品种，扩大了其应用领域，更为长期落后的合成革工业注入了新的科技力量，有利于提高合成革产品的档次和市场竞争力。

然而，目前利用纳米材料改性合成革也不可避免地遇到了一些技术瓶颈问题，包括已被普遍采用的外添加纳米粉体法无法克服纳米粒子的团聚问题，纳米粒子的尺寸和均匀分布也无法控制。此外，外添加纳米粉体法会改变合成革现有的生产工艺和生产线，这也是企业所难以接受的。针对这类问题，四川大学的范浩军等人以钛酸醇盐作为纳米前驱体，乙酰丙酮为抑制剂，利用现有的湿法生产工艺中凝固液介质条件的改变，在聚氨酯涂层湿法凝固的过程中原位生成 TiO_2 等纳米粒子。该原位生成法的具体工艺流程如图10-15所示。这种方法利用聚合物网络对纳米粒子的稳定作用，确保了无机粒子的组成相至少一维尺寸在纳米尺度范围内，从而使无机粒子显现出纳米材料的特性。另外，利用这种原位生成法将纳米粒子引入合成革涂层中无须改变现有的湿法生产工艺和设备，在工业生产上简单易行。他们的实验结果证明，在最佳条件下原位生成的纳米颗粒均匀分散于聚氨酯涂层内，且其粒径被控制在 100nm 左右，没有发生明显的团聚现象，如图 10-16 所示。

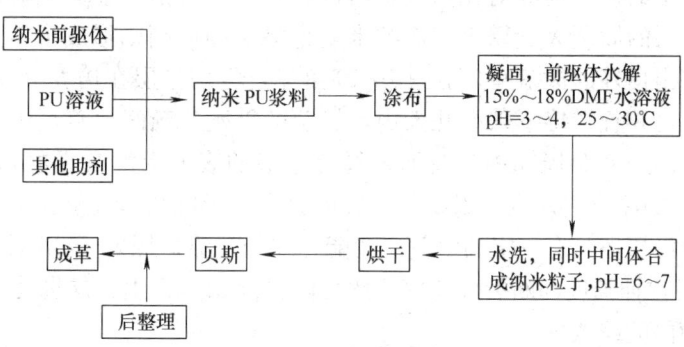

图 10-15　原位生成法工艺流程

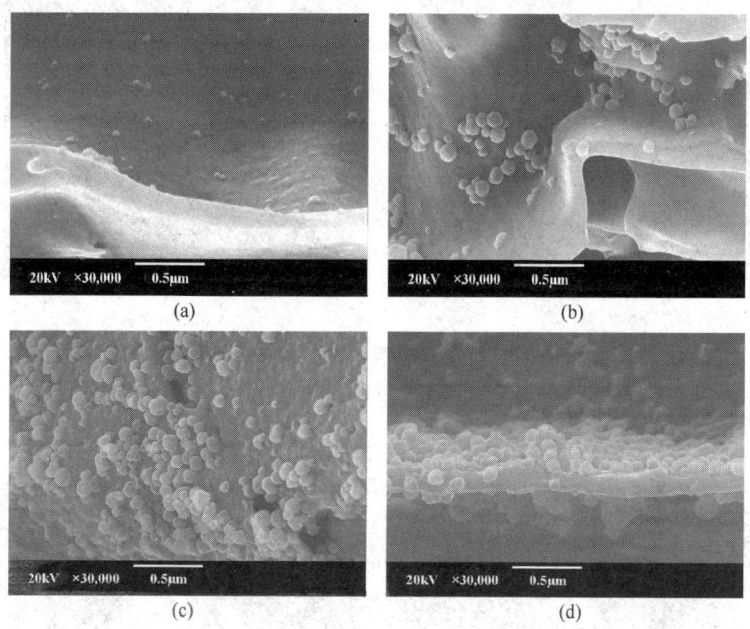

图 10-16　原位生成的纳米 TiO_2 在涂层截面中的形貌
[（a）～（d）纳米粒子含量逐渐增加]

更重要的是，依据这种方法制备的纳米合成革涂层同时具备优异的透气透湿、抑菌防霉和耐黄变功能。当纳米粒子原位生成于聚氨酯涂层中时，在无机纳米粒子和有机聚氨酯间会由于不相容而产生相间孔隙，这些孔隙的存在可以为水蒸气和其他气体的传递提供更多的通道，因此该涂层的通透性会随纳米粒子的原位引入而大幅度提高，其透湿性甚至可达 $3500g/(m^2 \cdot d)$ 以上。这一观点在低温氮吸附—脱附实验、差示扫描量热分析、热重分析和密度实验中得到了充分证实。

其次，在抑菌防霉实验中，范浩军教授等人选用大肠杆菌、金黄色葡萄球菌以及聚氨酯合成革霉变过程中常见的黑曲霉作为实验菌种，证实了纳米 TiO_2 粒子的原位引入可以赋予合成革涂层优异的抑菌防霉功能。图 10-17 和图 10-18 所示为抑菌圈实验中空白涂层和纳米复合涂层的抗菌性能对比照片。由该图可见，无论是金黄色葡萄球菌还是大肠杆菌都在空白涂层的周围大量繁殖，而纳米复合涂层的周围则形成了明显的抑菌圈，对两种菌种都表现出良好的抑菌性。由图 10-19 可见，空白涂层在培养第 3d 即开始有黑曲霉在其表面生长，并且在接下来的几天内，霉菌的繁殖逐渐旺盛直至扩大到整个样品表面。相反，在一周的实验周期内，在纳米复合涂层的表面上没有观察到黑曲霉的生长，这说明纳米 TiO_2 的原位引入也可以赋予合成革涂层优异的防霉性能。采用上述方法所制备的纳米合成革涂层还具有一定的耐黄变功能，在经过氙灯照射 100h 后，该涂层的黄变指数小于 30，且拉伸强度和断裂伸长率仍然可以保持 85% 以上，这也是由于纳米 TiO_2 具有吸收紫外线功能的缘故。

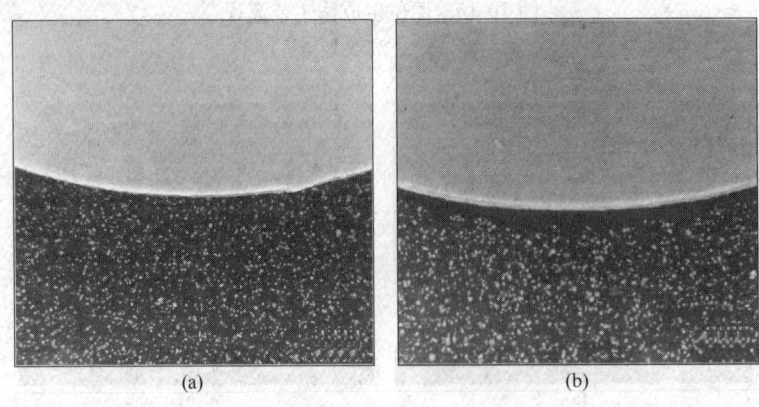

图 10-17　抑菌（金黄色葡萄球菌）圈实验
(a) 空白涂层　(b) 纳米复合涂层

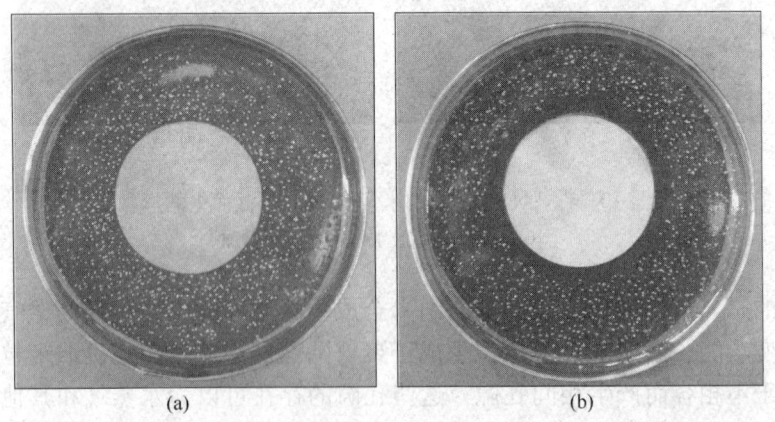

图 10-18　抑菌（大肠杆菌）圈实验
(a) 空白涂层　(b) 纳米复合涂层

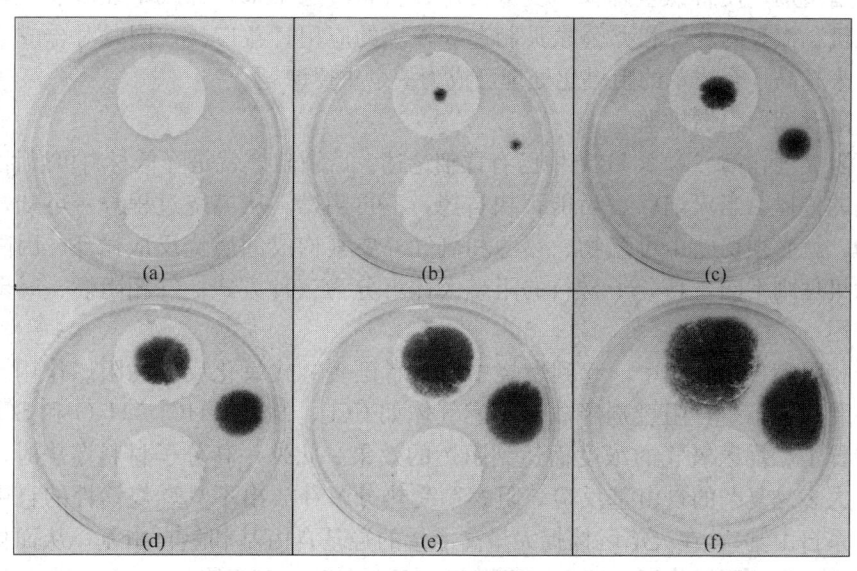

图 10-19　黑曲霉在空白涂层（上）和纳米复合涂层（下）的表面生长对比图
(a) 第 1d　(b) 第 3d　(c) 第 4d　(d) 第 5d　(e) 第 6d　(f) 第 7d

10.5.5　耐低温合成革

皮革在使用过程中会在不同的环境（如温度、湿度、光照），特别是低温环境受到反复的弯曲和延伸，因此要求涂层必须具备良好的低温曲挠性。

涂层的耐曲挠性主要与成膜剂的种类有关。一般来说，聚氨酯有着特优的耐曲挠性，但树脂模量过高时曲挠性会下降。树脂链上所含的极性基团越少，分子间作用力越弱，大分子链越易滑动，耐曲挠性越好。

大分子链间交联度越低，大分子链上不含共轭体系，无大的的空间位阻，σ 单键旋转容易，耐曲挠性越高；大分子链中的硬性组分如聚氨酯中的苯环、脲键、酯键含量越低，分子链的回弹性越大，耐曲挠性越好；非成膜助剂的加入，配方中树脂含量过低，会降低涂层的耐曲挠性。

温度低时涂层出现裂浆甚至开裂，表明低温耐曲挠性差。

低温耐曲挠性是合成革的主要性能参数，提高涂层耐曲挠性的主要方法是：在工艺配方中增加软性树脂（低模量）的用量，提高成膜物的含量，减少颜料膏和其他助剂的含量。

10.5.6　阻燃合成革

用来制造合成革/人造革的高分子材料，目前主要有两种：一种是聚氯乙烯树脂（简称 PVC 树脂）；一种是聚氨酯树脂（简称 PU 树脂）。PVC 树脂含氯量达 56%，其极限氧指数（LOI）高达 42.5%，本身具备良好的阻燃性；而 PU 树脂则是一种易燃材料（LOI 约为 18%）。合成革制造过程中使用了大量的可燃性基布、增塑剂及其他有机化合物，因而增加了树脂的可燃性。如聚氯乙烯人造革，本身虽具有阻燃性，但由于添加了邻苯二甲酸酯类增塑剂,使含氯量降低,变成可燃性材料。近年来,合成革在服装、鞋帽、箱包以及飞机、汽车内装饰和办公家具制造等领域的应用日益广泛,同时对合成革的阻燃要求也越来越高,合成革的阻燃化处理已成为一个重要课题。

(1) 阻燃剂及阻燃机理

关于阻燃剂在第二章2.11节中已有详细论述。所谓阻燃就是降低材料可燃性、延缓、抑制火焰的传播,当火焰移去后能很快自熄,不再阴燃。从燃烧过程分析可知,要达到阻燃目的,就必须切断由可燃物、热源和氧气三要素构成的燃烧反应循环。因阻燃剂不同,阻燃机理则不同。高分子材料的阻燃大体可分为三种方式:气相阻燃、凝聚相阻燃和吸热作用。

①气相阻燃　在气相中,起到燃烧中断或者延缓链式氧化反应的阻燃作用。其作用机理是在受热状态下,阻燃剂释放出不燃气体如 CO_2、NH_3、HCl、H_2O 和 SO_2 等,这些气体稀释了燃烧区氧气的浓度而达到阻燃的效果。此外,高分子材料燃烧时,在气相中的反应大多是复杂的自由基反应,阻燃剂受热分解释放出不具燃烧活性的自由基捕获剂(如卤系自由基),在火焰区捕捉大量高能量的羟基自由基和氢自由基,从而切断自由基连锁反应,发挥阻燃作用。这方面阻燃剂主要有卤系、氮系等。

②凝聚相阻燃——覆盖作用　又称固相阻燃,即高温下阻燃剂在聚合物表面形成的凝聚相延缓或阻止可燃性气体和自由基生成的阻燃作用。形成凝聚相隔离膜的方法主要有两种:一是阻燃剂在高温下分解生成不挥发的玻璃态或陶瓷状物质包覆在聚合物表面,这种致密的保护层阻隔了气相和凝聚相间的物质与能量交换,从而产生阻燃效应,如硼系和卤化磷阻燃剂;二是利用阻燃剂的热解产物促进聚合物表面迅速脱水成炭,生成难燃、隔热、隔氧的多孔炭层,导致燃烧中断。代表性的如有机磷系和磷-氮膨胀型阻燃剂。

③吸热作用　阻燃剂在高温下发生吸热脱水、相变、分解或其他吸热反应,降低材料表面和火焰区的温度,降低热降解反应的速度,抑制可燃性气体的生成。这类阻燃剂如氢氧化镁、氢氧化铝。

对于同一种阻燃剂,往往发挥两种或两种以上阻燃方式,如氢氧化镁阻燃剂发挥气相阻燃和吸热作用两种方式,在燃烧过程中分解吸收大量的热量,降低了燃烧区域的温度,同时释放水蒸气,稀释了燃烧区的氧气浓度,破坏维持燃烧继续发生的条件,达到阻燃目的。

(2) 聚氯乙烯树脂的阻燃

纯聚氯乙烯是一种自熄性聚合物,但把它制成软制品时,需加入大量的增塑剂,这就使得制品的含氯量下降至30%,此时制品的LOI仅为20%,属易燃材料,所以必须对其进行阻燃处理。另外,PVC中含有大量的氯原子,燃烧时会产生大量毒性烟雾及腐蚀性气体,因而与PVC的阻燃性相比,其燃烧过程中的抑烟抑毒问题更受人关注。聚氯乙烯的阻燃剂分为阻燃增塑剂和一般类阻燃剂。

①阻燃增塑剂

a. **磷酸酯类**:常用的磷酸酯类增塑剂有磷酸三甲苯酯(TCP)和磷酸三苯酯(TPP)等。TCP对机械性能要求高的制品有良好的阻燃性、耐水性和耐久性,但它的邻位异构体有毒性,其使用受到限制。TPP挥发性小,有较好的阻燃性,但易从PVC中结晶,用量不能过多。

b. 氯化石蜡：在阻燃领域中，氯化石蜡、溴-氯化石蜡均被广泛地应用。含氯质量分数在 40% 以下的氯化石蜡主要用作增塑剂，含氯质量分数 50%～70% 的氯化石蜡，特别是氯化石蜡-70，是一种用途广泛、性能良好的添加型阻燃剂。但是就阻燃效率而言，氯系阻燃剂远比溴系阻燃剂逊色（如以阻燃元素质量计，氯系阻燃剂仅为溴系阻燃剂的 50%），所以近 20 年来，部分氯系阻燃剂已为溴系阻燃剂所取代，如近年新开发的一类阻燃增塑剂——溴-氯化石蜡。溴-氯化石蜡的总卤含量高（50%～70%），具有优异的阻燃性、增塑性及适当的黏度，与很多高聚物相容，且价格低廉，有着良好的发展前景。

其他的阻燃增塑剂有含乙烯、锑、磷酸酯的聚合物阻燃增塑剂、多溴化的高分子质量烷基苯阻燃增塑剂和二烷基四取代邻苯二甲酸盐（酯）阻燃增塑剂等。总的来说，阻燃增塑剂虽然可同时起到阻燃和增塑作用，但增塑效率不高，同时还引起其他性能的恶化，其用量应控制在一定范围。

② 一般类阻燃剂

a. 金属化合物：由于含锑 PVC 在燃烧时生成的 $SbCl_3$ 可以起到捕捉自由基、隔绝空气的作用，因此，在 PVC 中仅加入 Sb_2O_3 即可产生较好的阻燃作用。在软质 PVC 中用硼酸锌（ZB）取代一部分 Sb_2O_3 能起到协同作用，提高阻燃性并降低生烟量。虽然 Sb_2O_3 是一种高效的助阻燃剂，但本身的毒性大，燃烧时放出大量的有毒烟气，且价格较高，因此，常用 SnO_2 作为 Sb_2O_3 的替代品，用廉价的 SiO_2 作 SnO_2 的增效剂和协同剂，不仅有良好的阻燃抑烟效果，而且产品的成本进一步降低。

b. 含硼阻燃剂：硼类化合物主要是作为阻燃体系的协效剂使用，其中硼酸锌是最常用的含硼阻燃剂。ZB 与 Sb_2O_3 和 $Al(OH)_3$ 均有协同作用，可部分或全部取代 Sb_2O_3，不仅降低成本，有较好的阻燃作用，而且能显著降低生烟量。ZB、$Al(OH)_3$ 及其混合物对 PVC 的阻燃和抑烟有很好的协同作用，能明显提高 PVC 的 LOI（由 47% 提升至 77%），并降低燃烧过程中的烟密度。

c. 微胶囊红磷阻燃剂：红磷是一种性能优良的阻燃剂，具有高效、抑烟、低毒的阻燃效果，但易吸潮、氧化，其粉尘易爆炸，因此，其使用受到很大限制。对红磷进行微胶囊化可以解决上述缺点。随着微胶囊红磷颗粒粒径减小，材料的 LOI 增大，阻燃性能提高。

d. 氢氧化物阻燃剂：$Al(OH)_3$ 和 $Mg(OH)_2$ 都是阻燃填充剂，具有以下特点：燃烧时不产生有毒气体及腐蚀性气体，且抑烟，本身无毒，不挥发，不被水影响，价廉。其缺点是：所需添加量高，故严重影响材料的力学性能及加工性能。ATH 的起始分解温度较低（约 205℃），故难适用于加工温度高的高聚物。MDH 则在这方面具有优势，起始分解温度可达 320℃。针对上述缺点，有文献采用以下方法处理：用锡酸锌（ZS）或羟基锡酸锌（ZHS）包覆 $Al(OH)_3$ 和 $Mg(OH)_2$，这样可显著提高 $Al(OH)_3$ 和 $Mg(OH)_2$ 的阻燃性和抑烟性，降低 $Al(OH)_3$ 和 $Mg(OH)_2$ 的用量，从而改善被阻燃材料的加工性能及力学性能。

e. 抑烟剂：许多阻燃剂如 $Al(OH)_3$、$Mg(OH)_2$、ZB、ZHS 和 $ZnSnO_3$ 等都有抑烟作用。此外，许多过渡金属化合物，特别是 Mo、Cu、Fe 类化合物都是 PVC 的有效抑烟剂，并具有一定阻燃效果。Mo 化合物在固相中起作用，是通过 lewis 酸或还原偶合作用促进炭层的生成和减少烟量。Fe 化合物可使成炭性增加 20%～60%，LOI 提高 15%～

19%，减少 PVC 燃烧时的可见烟量。

阻燃剂和抑烟剂协同使用可满足许多高标准阻燃要求，适当的阻燃剂和抑烟剂相互作用可得到最好的阻燃抑烟效果。

(3) 聚氨酯树脂的阻燃

聚氨酯材料中所用阻燃剂根据其使用方法可分为添加型阻燃剂和反应型阻燃剂。

①添加型阻燃剂　添加型阻燃剂是目前使用量最大的阻燃剂，占阻燃剂总量的 90% 以上。添加型阻燃剂可分为有机添加型阻燃剂和无机添加型阻燃剂。有机添加型阻燃剂主要有磷酸酯、氯化石蜡等，无机添加型阻燃剂主要有氧化锑、氢氧化铝、磷酸氨、硼酸盐等。研究表明，磷、卤素与锑的阻燃效果是：P>Br>Cl。

②反应型阻燃剂　添加型阻燃剂虽具有使用方便、适用性广的优点，但其添加量较大，对材料性能有一定影响。相比而言，反应型阻燃剂将含有磷、氯、溴、硼、氮等阻燃元素的单体（即在多元醇或异氰酸酯分子中引入阻燃元素）引入到聚氨酯结构单元中，具有阻燃稳定性好、不迁移析出、不渗透、对材料性能影响较小等特点，已成为近几年各国研究开发的重点。目前，反应型阻燃剂主要以卤系、磷系、磷卤系和磷-氮系列阻燃剂为主。值得注意的是，集碳源、酸源、气源"三位一体"的磷-氮膨胀型阻燃剂因在赋予阻燃树脂的性能、环保和价格等方面得到较好平衡而备受关注，如四川大学的范浩军、章培坤等人合成了一种具有双螺环结构的含双氨基膨胀型阻燃剂，并将其嵌段到水基聚氨酯主链中，制得的阻燃聚氨酯阻燃效果明显，LOI 可达 27.3%，且具有优良的成炭和抗熔滴性能（图 10-20、图 10-21），而且在一定程度上提升了聚氨酯的力学性能。然而，在聚氨酯树脂的工业化生产中，反应型阻燃剂的使用仍很少。这是由于，一方面，在多元醇或异氰酸酯中引入阻燃元素的反应需在专门的设备中进行，生产过程较复杂；另一方面，接枝阻燃功能性基团后，聚氨酯原有的化学结构被打破，其物理化学性能都发生较大变化，如成肌性较差，强度和手感都不能满足合成革的使用要求，甚至在加工过程中因耐温性和耐溶剂性不佳而根本无法生产。

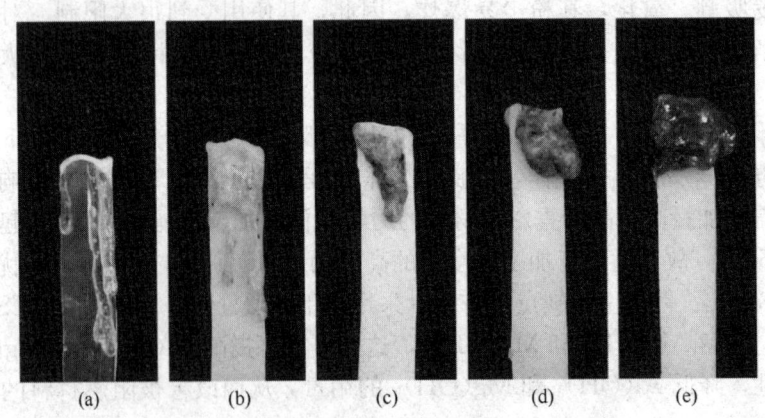

图 10-20　阻燃水性聚氨酯样条燃烧后炭层图
[(a)～(e) 阻燃剂含量逐渐增加]

③合成革实际生产中常用的阻燃剂

a. 三氧化二锑：Sb_2O_3 单独使用时，阻燃效率低，但与磷酸酯、含氯化合物（如氯化

图 10-21　阻燃水性聚氨酯燃烧后残炭的扫描电镜图
[（a）～（c）阻燃剂含量逐渐增加,上图为表面形貌,下图为截面形貌]

石蜡等)、含溴化合物(如六溴苯、六溴联苯等)复配时有良好的协同效应,阻燃效果显著提高。这是因为 Sb_2O_3 和氯化物及溴化物并用时,生成氯化锑或溴化锑,它们在固相中可以促进卤素的移动和碳化物生成,在气相中可以捕捉活泼自由基,这些反应都有利于阻燃。

b. 氢氧化铝或氧化铝的三水合物:该阻燃剂稳定性好,不产生有毒气体,燃烧时抑烟,价格低廉,是无卤阻燃体系的主要成分,其主要通过分解吸热和释放水分以达到阻燃效果。但其阻燃效率不高,添加量需达 40～60 份,这既损害了合成革的力学性能,又增加了成本。为了改善添加氢氧化铝后树脂的分散性、亲和性和加工性,常用硅烷类或钛酸酯类偶联剂对氢氧化铝进行表面处理,使之具有阻燃和填充的双重功能,赋予制品良好的综合性能。

c. 硼酸锑:它是一种价格低廉的阻燃剂,可作为氧化锑的代用品,是卤化聚合物的良好阻燃剂,与含卤阻燃剂有着良好的协同效应,但效果不及氧化锑。

d. 氯化石蜡-70:它可作为添加型阻燃剂,通常和等量的氧化锑并用,用量为10%～20%。

(4) 合成革用阻燃剂的发展趋势

随着各国环保标准的提高和合成革应用范围的扩大,各工业部门对其制品阻燃性能的要求越来越高。在阻燃剂制造技术上,无机阻燃剂超细化、有机阻燃剂高分子量化、多功能化、复合化等将是发展趋势;在阻燃剂品种上,正朝着高效、无卤、无锑、低烟、低毒等方向发展,其中,磷系、硅系、硼系、磷-氮膨胀型等新型阻燃剂备受关注。值得一提的是硅系阻燃剂,它是一种非卤、低烟、低毒的阻燃剂,符合"绿色"阻燃的发展趋势,并且硅是地球上最丰富的资源之一,非常有发展前途。硼系阻燃剂以其优良的阻燃、低毒、抑烟等特性成为阻燃剂发展中引人注目的品种。含磷阻燃剂由于其低毒、持久、热稳定性好等特点受到广泛关注，在各个研究领域占据越来越重的分量。此外，磷-氮膨胀型阻燃剂因阻燃效果好、热稳定性高、低毒、耐久性好而成为近年来发展较快的一类新型阻燃剂。

但我们也应看到，到目前为止，几种常见的阻燃剂都存在各自的缺点，如添加量大、不耐水洗、成本高、影响合成革其他性能等，这些都需要通过我们的努力加以解决。这是一个曲折的过程，但阻燃合成革的广阔发展前景是不容置疑的。合成革用阻燃剂的开发、阻燃技术的完善将赋予合成革更优异的阻燃性能，提升合成革档次，拓展其应用领域，促进合成革产业向一个新的功能化方向发展。

10.5.7 耐黄变/耐老化合成革

聚氨酯合成革具有耐磨、耐寒、耐挠曲、机械强度好等优点，但同时也存在水解稳定性差、光照易变色以及不耐热等缺点。由于合成革的这些不足，其制品在穿用过程中容易老化龟裂，甚至一块一块的剥落。显然，如果能够延长合成革的老化时间，则其应用范围也会进一步扩大。目前，日本已经制定了汽车、家具用合成革的性能参考标准，其中对水解稳定性的要求是在温度为70℃、相对湿度为95%的环境中强行老化10周仍保持60%以上的强度；对耐光性的要求是在耐气候牢度实验仪中照射400h后（汽车用合成革的实验温度为83℃，家具革的实验温度为63℃），强度仍保持60%以上；对汽车用合成革的耐热性要求是在120℃的吉尔老化恒温箱中保持400h，其强度仍保持60%以上。由于聚氨酯涂层位于合成革的表层，所以合成革的老化问题实际上就成了聚氨酯涂层的老化问题。

(1) 影响合成革老化的因素

一般而言，周围环境中的温度、空气、阳光和湿度等都是影响合成革老化的重要因素。

① 热　聚合物的稳定性通常依赖于它的化学结构和键的离解能。聚氨酯是由多异氰酸酯、多元醇和扩链剂等聚合而成的高聚物，因此提高环境温度相当于提供了键的离解能。实际上，聚氨酯在热的作用下会发生如下反应：

$$R-NH-CO-O-R' \longrightarrow R-NH-R' + CO_2 \uparrow$$

由于该裂解反应的发生，结果使合成革产品的力学性能下降。在热的作用下，空气中的氧还会引发自由基连锁反应，该反应大约在80℃开始发生，当温度超过100℃时这一反应加速。与聚醚型聚氨酯相比，聚酯型聚氨酯对热氧化裂解更加稳定。

② 光　聚氨酯涂层在光照下容易黄变的原因可以归咎于以下三个方面。首先，在紫外光的催化氧化作用下，芳香族聚氨酯分子中的氨酯键容易重排生成醌亚胺发色基团，致使树脂颜色变黄。其次，聚醚二元醇中的醚键也容易吸收紫外光而发生黄变，故以其为原料而合成的聚氨酯树脂的耐黄变性能较差。最后，在制革浆料中往往需加入各种助剂，如增塑剂、交联剂、增稠剂、蜡剂、脱板剂、手感剂、填料、色粉（浆）等，以改善成革的性能。这些助剂中可能含有—C=N—、—C=C—、—Ar、—NH$_2$、—O—、酚羟基、—CHO等光敏基团而影响成革的颜色。

合成革用的聚氨酯，多是MDI基的芳香族聚氨酯（价格便宜），在紫外光的照射下，产生自由基，自由基攻击氨基甲酸酯中 N 原子 α 位碳原子上的氢原子及芳香环、醚基和酯基上的氢原子而发生氧化反应。其中，芳香类聚氨酯的分子结构中苯环邻近存在氮原子，形成大 π 键共轭体系，在紫外光的促进下，发生光氧化反应，生成含有 ![环己二烯] 或 ![对苯醌] 结构单位的醌式结构（二醌亚胺）。由于醌亚胺、羰基等发色或助色基团的生成，减小了分子链的振动速度，从而使被其吸收的光的波长增加，当所吸收光的波长范围落在光谱上可见光区的蓝紫光部分时，蓝紫光被吸收，其补色光黄色光被反射出来，引起了黄变现象的发生。因此，聚氨酯的耐黄变性主要决定于异氰酸酯的种类，无论是水基还是溶剂基芳香族聚氨酯，其耐黄变性均较差。聚氨酯黄变主要反应式如下所示：

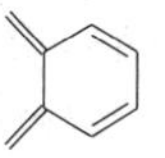

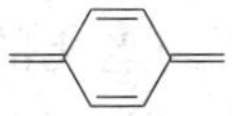

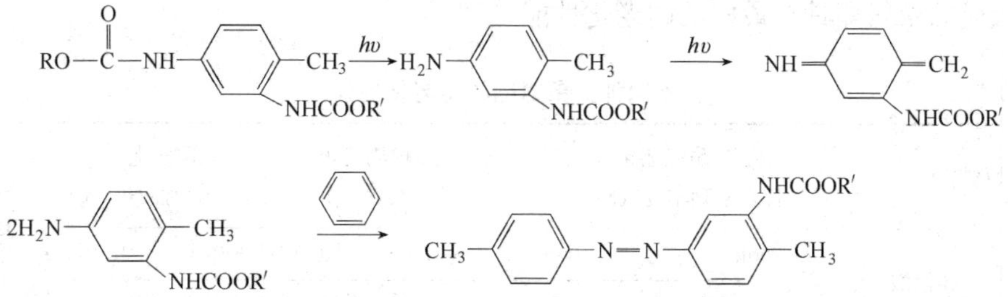

③湿度　水分子渗透进聚氨酯大分子网络中后，可与其中的极性基团形成氢键，削弱相邻分子间的相互作用，从而降低树脂涂层的力学性能。这一过程是可逆的，当水分子被排除后，涂层的力学性能可以恢复。然而，当聚氨酯大分子发生水解降解后，其力学性能会显著且永久性降低。聚酯型聚氨酯发生水解降解后，反应生成的酸滞留于材料中，这会进一步催化水解反应的发生，因此聚酯型聚氨酯的耐水解性不如聚醚型聚氨酯。除了酸外，碱或微生物污染都可以加速聚氨酯水解降解的进行。

(2) 改善合成革老化的方法

为了改善聚氨酯合成革的老化性能，目前常采用的方法有外添加抗老化助剂法和分子设计法。

①外添加抗老化助剂法　抗老化助剂有热稳定剂、光稳定剂、水解稳定剂及其他添加剂，其添加量一般在 2% 以下，并且效果显著。

a. 热稳定剂：这类助剂包括酚类和胺类热稳定剂。受阻酚、苯酚的多官能衍生物和含酚的磺酸衍生物等是常采用的酚类热稳定剂。受阻酚类热稳定剂常见的名称有 264、1010、330、2246、3114，工业上常用的是 264，效果较好的是 2246 和 3114。苯酚的多官能衍生物可用 N,N-二烷基酰肼基团的衍生物。此外，2246 与对苯二酚或邻苯二酚并用具有显著的协同效应。胺类热稳定剂中应用最广泛的是对苯二胺衍生物，如热稳定剂 H、DNP、4010NA 等。此外，硫化二苯胺和芳基萘胺二聚体也可用于提高聚氨酯的热稳定性。

b. 光稳定剂：常用的有二苯甲酮类和苯并三唑类光稳定剂，其中效果显著的有 UV-9、UV-531、UV-24、UV-P、UV-327 等。若紫外光吸收剂与热稳定剂配合恰当，则可获得较好的协同防老化效果，典型的例子有 UV-P 与 2246、UV-531 与 264。三嗪衍生物类化合物既是热稳定剂又是光稳定剂。

c. 水解稳定剂：为了改善聚氨酯的水解稳定性，常常外添加聚碳化二亚胺水解稳定剂。聚碳化二亚胺具有空间受阻型芳香族结构，可与端羧基反应生成不稳定的中间体，而后重排为稳定且中性的 N-酰基脲，从而提高聚氨酯的耐水解性能。

②分子设计法　实践证明，通过外添加抗老化助剂的方法来提高聚氨酯合成革的耐老化性能是行之有效的，但当外添加的助剂逐渐消耗尽后，该产品便失去了防老化的功能。如水解稳定剂聚碳化二亚胺能使聚氨酯的耐水解能力增加4倍，但它会逐渐耗尽，此后便不再有防水解作用。因此，解决聚氨酯合成革易老化问题的最根本性办法是通过分子设计使聚氨酯分子自身具有防老化的功能。例如，采用脂肪族或脂环族异氰酸酯合成聚氨酯可显著提升产品的耐黄变性能；减少酯基的数量可以提高聚氨酯的耐水解性能。不同种类聚氨酯的耐老化性能见表10-4。可以看出，脂肪族或脂环族异氰酸酯与聚碳酸酯二醇合成的聚氨酯具有最好的耐老化性能。

表 10-4　不同种类聚氨酯的耐老化性能

原料		耐光老化（日光耐晒牢度试验 83℃）				耐热老化（220℃）		耐水老化（70℃，RH95%）		霉菌老化 JIS—Z—2911
多元醇	异氰酸酯	200h		400h		300h	400h	6 周	10 周	
		变色	强度保持	变色	强度保持	强度保持	强度保持	强度保持	强度保持	
PBA	AR	×	×	—	—	○	○	△	×	×
PHA	AR	×	×	—	—	○	○	○	×	×
PTG	AR	×	×	—	—	○	×	○	○	○
PBA+PTG	AR	×	×	—	—	△	×	○	×	△
PCL	AR	×	△	—	—	○	×	○	○	○
PC	AR	×	△	—	×	○	×	○	○	○
PPG	AR	×	×	—	—	○	×	○	○	△
PEs	AR	×	×	—	—	○	×	○	○	○
PTMG	AR	×	×	—	—	△	×	○	○	○
PBA	AL	○	△	○	○	○	○	△	×	×
PHA	AL	○	△	○	○	○	○	△	×	×
PTG	AL	○	○	○	○	—	—	○	○	○
PBA+PTG	AL	○	○	○	△	△	×	○	×	○
PCL	AL	○	○	○	○	○	△	○	○	○
PC	AL	○	○	○	○	○	○	○	○	○

注：○—保持率80%以上；△—保持率50%～80%；×—保持率50%以下；——无法测定；AR—芳香族；AL—脂肪族及脂环族；PBA—聚丁二醇乙二酸酯二醇；PHA—聚己二醇乙二酸酯二醇；PTG—聚亚丁基酯二醇；PCL—聚己内酯二醇；PC—聚碳酸酯二醇；PPG—聚丙二醇醚，PEs—聚酯二醇；PTMG—聚四甲撑乙二醇醚。

涂层的耐黄变性可通过测定涂层的变黄指数（YI）来确定。一般来说，涂层经100h氙灯照射后，变黄指数小于30，表明耐黄变性较好。表10-5是水性芳族聚氨酯和溶剂型芳族聚氨酯浆料涂饰后的合成革经过 100h 的紫外照射后黄变指数，黄变指数都高于 30，说明产品耐黄变性能较差。

表 10-5   芳族 PU 人工加速老化黄变指数

聚氨酯种类	光照前				光照后				ΔYI
	三刺激值				三刺激值				
	X_0	Y_0	Z_0	YI_0	X	Y	Z	YI	
水性 PU	79.9	84.3	88.1	10.6	72.5	76.8	65.5	36.5	25.9
溶剂型 PU	79.4	83.8	86.5	11.8	71.6	75.6	63.8	36.3	24.5

涂层的耐黄变性主要决定于聚氨酯的耐黄变性，也与二元醇的种类有关，这在第三章中已做过详细讨论。

传统的耐黄变合成革均是在配方中添加抗氧剂或 UV 吸收剂来提高其耐黄变性能。常用的抗氧剂有抗氧剂 264、双酚 A、抗氧剂 CA、抗氧剂 3114、亚磷酸三苯酯、硫代二丙酸二月桂酯、硫代二丙酸二（十八）酯等；用于聚氨酯的国产抗氧剂很少，主要有抗氧剂 1010、β-3,5-二叔丁基-4-羟基苯基丙酸、亚磷酸三苯酯、抗氧剂 3114 等。

外添加抗氧剂或 UV 吸收剂无法从根本上解决涂层的耐黄变性能，抗氧剂一旦失效后，涂层就失去耐黄变性。用脂肪族聚氨酯生产的合成革具有良好的耐黄变性能，但成本较高。

10.5.8 荧光合成革

随着人民生活水平的不断提高，广大消费者越来越追求商品的新颖与美观，把荧光材料用于合成革，赋予其制品新的花色品种，给人以新鲜艳丽之感，在太阳光照射下，显得更鲜艳明亮、光彩夺目。在现有的合成革花色品种中，荧光合成革是一种新型产品，具有独特的风格和特点。荧光合成革除了具有美观的特点外，还可将其应用于环卫工人、消防员、野外工作者等人员的制服上，醒目、易辨识，可减轻特殊工作环境中潜在的危险。荧光增白剂作为一种色彩调理剂，将其使用于合成革制品，可得到较好的亮白增艳的效果。

按照荧光剂与聚氨酯的作用方式，可把荧光合成革分为共混复配型和反应型两大类。

①共混复配型荧光合成革　主要是将荧光剂以物理方式分散在聚氨酯中，使聚氨酯对荧光成分进行包覆和吸附，从而得到稳定的荧光合成革。但一些荧光合成革在应用中荧光小分子往往容易脱落，与基材相溶性不好，且分布不均匀使含量不稳定，从而影响发光性能，共混过程中添加的助剂往往会对树脂原有的优良性能造成影响。例如，黎兵将荧光增白剂 KSN 以共混的形式加入水性聚氨酯，所得乳液及其胶膜都相对稳定且增白效果较好，可改善水性聚氨酯，特别是芳香族易黄变等问题，但由于荧光增白剂以物理共混的形式存在于乳液中，对乳液的稳定性有一定影响，而且极易向表面渗透和迁移，易被洗脱，制约成品聚氨酯作为服装、鞋靴、箱包等制品材料方面的发展。此外，荧光颜料对人体均具有一定的毒性和刺激性，对使用者暴露在外与皮革涂层接触的皮肤以及眼睛等器官将会产生一系列伤害。

②反应型荧光合成革　荧光剂作为聚氨酯的反应原料之一，参与到聚氨酯的合成反应中，最后成为聚氨酯分子链中的一部分，因其具有在使用过程中不析出、稳定性好、分散性好等优点，是目前荧光合成革改性研究的热点。Yan Ma 等将 4-溴-1,8-萘二甲酸酐与乙二胺反应制备了一种带有端氨基的扩链剂，并采用含有末端基为羟基的聚二甲基硅氧烷为软段合成出一种含硅氧烷的荧光聚氨酯，该聚氨酯在紫外光下可发射出明显的绿光，硅氧烷的引入使其具有良好的弹性和热稳定性。胡先海等利用荧光增白剂 VBL 取代部分扩链剂引入聚氨酯主链中，合成了一种荧光水性聚氨酯，荧光量子产率得到提升。Jing Zhou 等将一种荧光素衍生物引入至 HDI 合成一种新的二异氰酸酯，以此二异氰酸酯为原料合成了一种黄色具有荧光功能的水性聚氨酯，既减少了有机溶剂的使用，又解决了荧光颜料以物理共混的形式存在而带来的一系列问题。四川大学的范浩军、田赛琦等人选取一种含有荧光基团的端羟基化合物（RSW），将其在水性聚氨酯制备过程中部分替代扩链剂引入到聚氨酯结构单元中，制得一种荧光水性聚氨酯（FWPU）。结果表明，合成的 FWPU 较好地保持了荧光剂 RSW 的基本发光性能（图 10-22），荧光发射图谱的峰型与峰值都未发生改变；荧光基团的浓度从 10^{-7}mol/L 升至 10^{-5}mol/L 时，FWPU 的荧光强度明显上升，当浓度超过 10^{-5}mol/L 则会产生自猝灭现象从而使荧光强度有所下降；FWPU 的荧光强度随温度的升高呈下降趋势，但其对于猝灭剂的作用呈现出较好的荧光稳定性；此外，粒径测试、胶膜热力学分析及力学性能测试显示，荧光基团的引入未对聚氨酯原有的性能产生负面影响。这种荧光水性聚氨酯在功能型合成革领域极具应用前景。

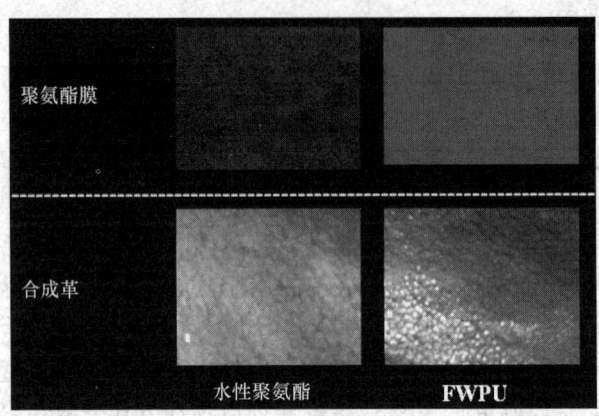

图 10-22　可见光及 365nm 紫外灯照射下的聚氨酯胶膜和合成革样

10.5.9　负离子合成革

正常大气中的分子大部分是相互结合在一起，每个分子从整体上来看是电中性。当外界某种因素作用于气体分子，则其外层电子摆脱原子核的束缚从轨道中跃出，此时气体分子呈正电性，变为正离子；所跃出的自由电子，自由程极短（约 1nm），它很快就附着在某些气体分子或原子上（特别容易附着在氧或水分子上），成为空气负离子。根据大地测量学和地理物理学国际联盟大气联合委员会采用的理论，空气负离子的分子式是

$O_2^-(H_2O)_n$ 或 $OH^-(H_2O)_n$ 或 $CO_4^-(H_2O)_n$。

空气负离子被称为空气中的"维生素""长寿素",可以有效抑菌和杀菌,促进皮肤上皮生长,加速伤口愈合和促进机体修复;通过吸附、聚集、沉降,可有效地去除空气中的污染物,很好地净化空气;也可降低血液中5-羟色氨的浓度,增强神经抑制过程,有镇静、催眠、降低血压的作用,可提高基础代谢,促进蛋白质代谢。长期生活在低负离子浓度的环境下,易出现乏力、恶心等症状,因此空气负离子目前已被当作评价环境和空气质量的一个重要指标。在空气污染越来越严重的今天,人们日益重视室内外空气质量。因此,开发出在使用过程中可持续释放空气负离子的合成革产品,并应用于服装、家居、汽车装饰等,符合当前合成革市场向高端化转型的潮流,成为了目前功能型合成革研究的重要方向。

(1) 负离子合成革的健康环保性

理想的负离子合成革的健康环保性如下:

①能够持续释放大量有益于人体健康的负离子,提高空气中负离子浓度。

②能够高效去除游离在室内空气中的甲醛、氨、苯等有害污染物质,净化空气,使新装修的居室能够尽快安全入住。

③具有抗菌抑菌功能,有效抑制细菌分裂滋生,使之失去增生与繁殖的条件。

④辐射与人体吸收波长相匹配的远红外线。负离子涂层剂集多项功能于一体,通过对空气的净化,改善空气质量,达到增强人体免疫力、预防多种疾病的辅助作用。

(2) 释放负离子的天然矿石

将能释放负离子的天然矿石或低辐照剂量的放射性矿石,经粉碎成超细微粉,一般要求50%微粒粒径在$1\mu m$以下,最大颗粒粒径不超过$5\mu m$,再将其引入合成革涂层即可制得具有负离子释放功能的合成革。这些天然矿石如下:

①硅藻土 硅藻土是由单细胞水生植物硅藻的遗骸沉积所形成。这种硅藻土的独特性能在于能吸收水中游离硅形成其骨骼,当其生命结束后沉积,在一定的地质条件下形成硅藻土矿床。硅藻土属非金属矿,主要化学成分为非晶体二氧化硅(或称无定形蛋白石),伴有少量蒙脱石、高岭石等黏土杂质和有机质。有研究结果显示,硅藻土对水分的吸收和释放能够产生瀑布效果,将水分子分解成正负离子。由于水分子被包裹,形成正负离子群,然后以水分子为载体,在空气中四处浮游,拥有杀菌能力。在空气中到处浮游的正负离子群遇到了过敏物质以及其他细菌、霉菌等有害物质,就能立即将其进行包围和隔离,然后,正负离子群中性能最活跃的氢氧根离子与这些有害物质进行剧烈的化学反应,最后将它们彻底分解成水分子等无害物。

②电气石 电气石具有与生俱来的永久性电极,能够持久带电(电能),与铀(放射能)、磁铁(磁能)并称世界三大能量矿石。如镁铁锂电气石的组成如下:$Na(Mg, Fe, Li, Al)_3 A_{16}[Si_6O_8][BO_3]_3(OH, F)_4$。

电气石具有类似于磁铁磁极的自然电极,被广泛地应用于环境保护、日常生活等许多领域。将电气石矿物超细粉碎加入合成革中,因为该粉体具有正、负电极,该合成革与人体接触后,能在皮肤表面产生无数微弱电流,刺激血液循环,调整自律神经,并形成空气中的负离子效应。

10.5.10 抗静电合成革

普通聚氨酯弹性体材料的体积电阻率较大（一般为 $10^{13}\sim10^{15}\Omega\cdot cm$），相对来说电绝缘性能好，在使用过程中易通过摩擦产生静电，而静电的积累容易在合成革生产过程中导致火灾，严重时会发生爆炸；与此同时，静电的存在还会影响合成革后续整理。在合成革的穿用过程中，虽然摩擦导致的放电引起的电击能量较小，但也会造成许多干扰，在一些特殊场合甚至会造成重大伤害。例如，当合成革涂层与人体皮肤所带电荷极性不同时，会造成服装相互纠缠现象，引起穿用者肢体不适感。与此同时，静电还会对人体生理平衡和人的情绪产生影响：短时间的静电干扰会对人的皮肤产生刺激导致皮肤瘙痒；长时间静电干扰会使人体的血糖浓度升高，血液中钙和维生素 C 含量下降，导致人们出现焦躁、头痛、胸闷、咳嗽等不良反应，甚至还会引发支气管哮喘和心律失常。由此可见，开发具有抗静电功能的合成革制品对于合成革安全生产及维护消费者健康水平、提升消费者穿着体验意义重大。

目前，可用于制造抗静电合成革的方法主要有以下几种：

①表层涂覆，即在合成革的表层涂覆各种抗静电剂。工业上常使用的抗静电剂多属于表面活性剂。在材料的表面，抗静电剂分子中的亲油基团一般易与聚合物结合，而亲水基团可在聚合物表面吸附水分子形成一层肉眼无法看到的水膜，此水膜层面向空气排列，为电荷向空气的传导提供条件。同时，吸附的水分子还有利于离子型抗静电剂的电离。除此之外，抗静电剂的平滑性会降低材料表面的摩擦因数，从而减少了静电积聚的可能性。然而，外涂覆的抗静电剂分子容易脱落、损失，其稳定性和作用持久性欠佳。

②在合成革涂层中内加抗静电剂，一般以季铵盐类和磷酸酯类的抗静电剂为主。这类抗静电剂的主要优点是与聚氨酯具有适宜的互溶性，并有较强的附着力，而且闪点高，毒性小，但此类抗静电剂的热稳定性与其他抗静电剂相比偏低。这种方法解决了表面涂覆法抗静电功能持久性欠佳的缺陷，目前在合成革工业中已被广泛使用。阳离子表面活性剂——季铵盐类是最常使用的一类抗静电剂。

③在合成革涂层中加入一些导电填料，以降低材料电阻，使产生的静电荷能够尽快地传导释放出去。目前广泛使用的导电填料有炭黑（CB）、石墨烯、铜粉等。导电炭黑是一种比较有效的填料型抗静电剂，其本身是天然的半导体，体积电阻率仅为 $0.1\sim10.2\Omega\cdot cm$，价格低廉且导电效果持久，但填充量比较大，对材料的物理力学性能影响比较大，外观也比较单一，只能为黑色。石墨烯比导电炭黑具有更低的渗流阈值和更稳定的导电性，用量低，高效。在导（静）电涂层中添加少量石墨烯，可提高涂层的导电性和抗静电性能[113]。石墨烯添加量过少时，不足以导电，当添加量为 0.4% 时，涂膜的导电性明显增强。利用铜粉等金属填充聚氨酯材料，也可提高其抗静电性能，因为金属本身是一种优良导体。一般金属填充材料的导电机理主要是跃迁机理，而且一般来说金属粒子的直径越大，其跃迁机理就越重要。此外，还可采用金属氧化物和无机盐填充聚氨酯合成革涂层，但存在导电效果不够理想且对材料的物理力学性能影响较大等缺点。

④使用本征导电高分子（如聚苯胺）改性聚氨酯合成革涂层。这种方法可以克服炭黑、铜粉等导电填料使聚氨酯涂层力学性能下降的缺陷，还具有较好的永久性抗静电性能，但需要解决导电高分子与聚氨酯的相容性问题。此外，本征导电高分子材料还存在

很多缺点，例如材料本身刚度大，成型困难，导电率分布范围较窄以及生产成本较高等，使其使用价值非常有限。但是将本征导电高分子与聚氨酯等高分子材料复合后，经过分散复合、层积复合等方式处理后得到的复合物，不仅具有导电功能，并且可根据需要在较大范围内调节材料的物理力学性能。

复习思考题

1. 试述合成革产品升级的主要方向。
2. 试述影响聚氨酯涂层透气、透湿性的因素。
3. 纳米合成革具有哪些特性？为什么具有这些特性？
4. 合成革为什么易滋生霉菌？如何提高合成革的抗菌、防霉性？
5. 简述阻燃合成革的制备方法。
6. 为什么合成革不耐老化？如何提高合成革涂层的耐老化性能？
7. 人造革的清洁生产技术包括哪几个方面？
8. 试述合成革清洁生产技术的主要方向。

参 考 文 献

[1] 丁双山,王凤然,王中明.人造革与合成革[M].北京:中国石化出版社,1998.
[2] 生态合成革和特种合成革成为高成长鞋材[EB/OL]. http://www.cnita.org.cn/fangzhipinxiehui/guoneixinwen/2008－11－10/1829.html.
[3] 百度百科:REACH 法规.网址:http://baike.baidu.com/view/1346822.htm
[4]《清洁生产标准合成革工业(征求意见稿)》编制说明.2007 年 9 月
[5] 贝茨－中国合成皮革网.生态合成革及其技术规范[J].合成皮革信息,2009,(8):63－65.
[6] 张哲.海岛超纤皮革的应用技术与发展[J].合成皮革信息,2009,(2):16－24.
[7] 潘莺,王善元.Gore-Tex 防水透湿层压织物的概述[J].中国纺织大学学报,1998,5:110－115.
[8] Yilgor and Iskender. Textiles coated with waterproof, moisture vapour permeable polymers[J]. US, Pat 5,389,430, February 14,1995.
[9] 王炜,华载文.聚氨酯防水透汽涂层织物的进展[J].印染,1998,10:47－50.
[10] 杨晓红.防水透湿织物发展趋势[J].四川纺织科技,2003,6:15－17.
[11] Anne Jonquieres, Robert Clément, Pierre Lochon. Permeability of block copolymers to vapors and liquids[J]. Prog. Polym. Sci. 2002,27:1803－1877.
[12] Yi Chen, Yan Liu, Haojun Fan, et al. The polyurethane membranes with temperature sensitivity for water vapor permeation. Journal of Membrane Science,2007,287:192－197.
[13] Hao mo Jeong, Byoung Kun Ahn, Seong Mo Cho, et al. Water Vapor Permeability of Shape Memory Polyurethane with Amorphous Reversible Phase[J]. Journal of Polymer Science: Part B: Polymer Physics,2000,83:3009.
[14] Spocks H R. Manufacture of moisture-permeable and waterprof laminated cloths[J]. Journal of Coated Fabrics,1991,7:31.
[15] 张旺笋,郑琪,顾振亚.防水透湿织物加工技术的进展[J].产业用纺织品,2000,18(117):4－8.
[16] 曾跃民,严灏景,胡金莲.防水透汽织物的发展[J].上海纺织科技,2001,29(1):28－30.

[17] 曾跃民.防水透汽织物的发展[J].纺织信息周刊,2004,39:32.
[18] 张建春.高新技术在纺织工业中的应用和发展前景[J].棉纺织技术,2002,30(1):13-16.
[19] 马防中,吴燕萍,华载文.自交联型防水透湿水性聚氨酯织物涂层剂的研制[J].印染助剂.2002,19(6):17-20.
[20] 宋肇棠.防水透湿织物的新发展[J].上海纺织科技,1988,5(1):7-9.
[21] 山西省化工研究所.聚氨酯弹性体手册[M].北京:化学工业出版社,2001:397-415.
[22] 谢富春,张玉清,朱长春.防水透汽聚氨酯薄膜及涂层的研究和应用[J].化学推进剂与高分子材料,2004,2(6):10.
[23] Gugliuzza A., Clarizia G., Golemme G., et al. New breathable and waterproof coatings for textiles: effect of an aliphatic polyurethane on the formation of PEEK-WC porous membranes[J]. European Polymer Journal,2002,38:235-242.
[24] Holme I. Porous Polymers & Fusible Films[J]. Journal of Coated Fabrics,1986,15(1):202-205.
[25] 穆艳霞,陈英.聚氨酯膜的结构与性能[J].北京服装学院学报,2000,20(2):10-13.
[26] Andrew M R. Mitraflex:Development of an Intelligent, Spyrosorbent Wound Dressing[J]. Journal of Biomaterials Application,1991,6(7):3-41.
[27] 黄机质,张建春.防水透湿织物的发展与展望[J].棉纺织技术,2003,2:20.
[28] Lomax G R. Coated Fabrics:Lightweight Breathable Fabrics[J]. Journal of Coated Fabrics,1985,15(10):115-127.
[29] 刘燕,石欢欢,范浩军,等.聚酯/聚醚型聚氨酯共混对薄膜透气性的影响[J].皮革科学与工程,2008,(4):11-15.
[30] 刘燕,周虎,范浩军.不同致孔剂对PU合成革涂层透湿性的影响[J].中国皮革,2008,(19):28-33.
[31] Yi Chen, Xiuli Zhang, Haojun Fan, et al. Nano-TIO_2 *In-Situ* Hybrid Polyurethane with Enhanced Permeability for PU Leather Manufacture. JALCA 2009.
[32] Zhou Hu, Chen Yi, Fan Haojun. The polyurethane/SiO_2 nano-hybrid membrane with temperature sensitivity for water vapor permeation:Journal of Membrane Science. 2008,(318):71-78.
[33] Zhou hu, Chen yi, Fan Haojun, et al. Water Vapor Permeability of Polyurethane/TiO_2 nanohybrid Membrane with Temperature Sensitivity. Journal of Applied Polymer Science. 2008,(109):3007-3002.
[34] C. P. Chwang, S. N. Lee, J. T. Yeh, et al. Water-Vapor-Permeable Polyurethane Resin[J]. Journal of Applied Polymer Science,2002,(86):2002-2010.
[35] 范浩军,陈玲,范新年,等.聚氨酯的热敏特性与皮革透气、透湿性的研究[J].皮革科学与工程,2005,15(1):7-12.
[36] 王春能,范浩军,石碧,等.温度感应聚氨酯及皮革/PU革的透气、透湿性的可控性研究[J].中国皮革,2006,35(13):26-31.
[37] H. J. Fan, L. Li, X. N. Fan, et al. The water vapor permeability of leather finished by thermally-responsive polyurethane,JSLTC 89,121,2005.
[38] 周虎,罗朝阳,范浩军.热敏聚氨酯膜及透气、透湿性研究[J].四川大学学报(工程版),2008,(1):86-91.
[39] LeggeN R.热塑性弹性体的三十年进展[J].橡胶译丛,1990,(6):78.
[40] 方治齐.聚乙二醇在织物涂层中的应用[J].印染助剂,1997,14(1):11-13.
[41] 张建春,黄机质.织物防水透湿原理与层压织物生产技术[M].北京:中国纺织出版社,2003,218-220.
[42] 许戈文.水性聚氨酯材料[M].北京:化学工业出版社,2006.

[43] 单志华. 制革工艺学[M]. 北京:科学出版社,1999.
[44] 李忠东,张生群. 热塑性聚氨酯膜防霉研究[J]. 化学建材,2003,(5):22-24.
[45] 吕嘉枥. 轻化工产品防霉技术[M]. 北京:化学工业出版社,2003:265-266.
[46] 牛建民,俞从正. 聚氨酯合成革防霉[J]. 中国皮革,2003,32(11):35-37.
[47] 陈意,范浩军,袁继新,等. 纳米 TiO_2 原位杂化聚氨酯及其抗菌防霉性能研究[J]. 皮革科学与工程,2008,(3):11-16.
[48] 范浩军,陈意,刘若望,等. 湿法生产纳米合成革贝斯的纳米浆料及其工艺;中国发明专利申请号:CN 200810162448.8.
[49] Jason A Grapski, Stuart L Cooper. Synthesis and characterization of non-leaching biocidal polyurethane[J]. Biomaterials, 2001,(22):2239-2246.
[50] 罗建斌,王鹏,谭鸿,等. 具有多重抗菌性能的聚氨酯的合成及表征[J]. 四川大学学报(工程科学版),2005,37(6):87-91.
[51] 赵立波. 纳米技术在聚氨酯改性中的应用[J]. 科技情报开发与经济,2001,11(2):34.
[52] Port O. Fantastic nano-voyage[J]. Business Week, 2001,(3733):71.
[53] Sun Y P, Jason E R. Organic and inorganic optical limiting materials[J]. International Reviews in Physical Chemistry, 1999,18(1):43-91.
[54] Zhou S X, Wu L M, Sun J. The change of the properties of acrylic-based polyurethane via addition of nano-silica[J]. Progress in Organic Coatings, 2002,45(1):33-43.
[55] 曹天志,李文化,杜奎义. 纳米材料在聚氨酯防水涂料的应用[J]. 上海建材,2003,(6):21-22.
[56] 沈良. 高分子有机/无机纳米复合材料的制备及其结构性能研究[D]. 上海:复旦大学高分子化学与物理系,2006.
[57] 张志华,吴广明,沈军. 革用 PU/SiO_2 纳米复合材料的制备与物性研究[J]. 材料科学与工程学报,2003,21(4):498-502.
[58] 邹润德,童莜莉,黄国波. 聚氨酯/无机纳米粒子复合材料的改性研究[J]. 中国胶粘剂,2003,13(1):4-6.
[59] Petrovic ZS, Javni I, Waddon A. Conference Proceeding of ANTEX'98[C]. 1998,26-30.
[60] Liu Ying, Tu Mingjing, Feng Xiaoting. Nano-filler modified polyurethane base material for synthetic leather and polyurethane synthetic leather[P]:CN,1354200.2002.
[61] Kuo Changcing, Chang Chunfu. Nanometer structured synthetic leather and its fabrication method[P]: US,412919.2004.
[62] 陈罘杲,刘侠. 纳米效应功能性合成革的基本原理[J]. 西部皮革,2003,(5):43-44.
[63] 陈意,范浩军,袁继新,等. 合成革用聚氨酯/纳米 TiO_2 原位杂化涂层的制备及其透气、透湿性能研究[J]. 中国皮革,2008,(8):16-21.
[64] 陈意,张秀丽,范浩军. 合成革用聚氨酯/纳米 SiO_2 原位杂化膜的制备及性能研究[J]. 中国皮革,2008,(17):24-29.
[65] 陈意,范浩军,李振云,等. 纳米技术和纳米材料在 PU 革制造中的应用研究. 西安:2007 全国皮革化学品学术研讨会,2007,(10):406-418.
[66] 赵海萍,卿宁. 纳米复合材料在天然革及合成革中的应用[J]. 中国皮革,2006,35(1):24-35.
[67] 葛世成. 塑料阻燃实用技术[M]. 北京:化学工业出版社,2004.
[68] 辛忠. 合成材料添加剂化学[M]. 北京:化学工业出版社,2005.
[69] 赵红振,齐署华,周文英,等. PVC 阻燃抑烟的研究进展[J]. 合成树脂及塑料,2007,24(1):77-80.
[70] 李斌. 聚氯乙烯(PVC)的抑烟与阻燃[M]. 黑龙江:东北林业大学出版社,2000.
[71] 林龙,张军. 软质聚氯乙烯用阻燃剂[J]. 聚氯乙烯,2005,(7):4-10.

[72] 苑会林,张立新.软质 PVC 阻燃抑烟的研究[J].聚氯乙烯,2005,(5):21-25.
[73] 赵哲,张鹏,夏祖西,等.阻燃聚氨酯软泡的研究进展[J].应用化工,2008,37(5):565-572.
[74] 欧育湘.国外无卤阻燃剂最新研究进展[J].精细与专用化工品,2000,(9):6-8.
[75] 孟现燕,唐建华,叶玲,等.聚氨酯泡沫塑料阻燃研究现状[J].化学工程与设备,2008,(5):63-66.
[76] 刘凉冰.聚氨酯的化学分解[J].弹性体,2003,13(1):53-57.
[77] S. I. Hong, T. Kurosaki, and M. okanara, Thermomechanical Processing and Roll Bonding of Tri-layered Cu-Ni-Zn/Cu-Cr/Cu-Ni-Zn Composite[J]. J. Polym,Sci,Al,1972,(10):3405.
[78] 沈效峰.脂肪族水性聚氨酯皮革涂饰剂耐黄变性能研究[J].皮革化工,1998,(15):23-25.
[79] 蒋培清,储才元,严灏景.聚氨酯合成革的老化与防老化[J].印染,1997,23(9):28-30.
[80] 中国塑料协会.环保先行是合成革发展的必由之路[J].合成皮革信息.2009,(6):14-16.
[81] 石欢欢,范浩军.水性聚氨酯在合成革后整理中的应用[J].中国皮革,2008,(21):46-50.
[82] 范浩军.水性合成革后整理技术将在丽水推广[J].合成皮革信息,2009,(3):26-27.
[83] 桂祖桐.邻苯二甲酸酯增塑剂对健康和环境影响的评估及其对消费量的影响[J].聚合物助剂,2006,(3):39-42.
[84] Krauskopf L G. Monomeric Plasticizer. In:Wickson EJ. Handbook of Polyvinyl Chloride Formulation. A[M]. New York:Wiley Interscience Publication John Wiley & Sons. 1993,216-219.
[85] Scott MP, Brazel CS, Benton MG, et al. Application of Ionic Liquids as Plasticizers for Poly(methyl methacrylate)[J]. Chem Commun,2002,(13):1370-1371.
[86] Scott MP, Benton MG, Rahman M, et al. Plasticizing Effects of Imidazolium Salts in PMMA:High Temperature Stable Flexible Engineering Materials. In:Rogers RD, Seddon KR, Editors. Ionic Liquids as Green Solvents:Progress and Prospects. American Chemical Society Symposiumseries[J]. Washington, DC:Am Chem Soc,2003,468-477.
[87] Scott MP,Rahman M,Brazel CS,et al. Application of Ionic Liquids as Low Volatility Plasticizers for PMMA[J]. Eur Polym J,2003,39(10):1947-1953.
[88] RahmanM,Benton MG,ScottMP,et al. Room Temperature Ionic Liquidsas Environmentally Benign Plasticizers and Reaction Media for Polymerization Reactions[J]. Proceed Green Chem Eng Confer,2003,(7):180-183.
[89] Shoff HW, Rahman M, Brazel CS, et al. Leaching and Migration Resistance of Phosphonium-based Ionic Liquids as PVC Plasticizers:a Comparative Study of Traditional Phthalate and Citrate Plasticizers with Ionic Liquids[J]. Polym Prepr,2004,45(1):295-296.
[90] Rahman M,Brazel CS. Effectiveness of Phosphonium,Ammonium,and Imidazolium-based Ionic Liquids as Plasticizers for Poly(vinyl chloride):Thermal and Ultraviolet Stability[J]. Polym Prepr,2004,45(1):301-302.
[91] Rahman M,Shoff HW,Brazel CS,et al. Ionic Liquids as Alternative Plasticizers for PVC:Flexibility and Stability in Thermal,Leaching and Ultraviolet Environments. In:Brazel CS, Rogers RD, Editors. Ionic Liquids in Polymer Systems:Solvents,Additives and Novel Applications[J]. American Chemical Society Symposium Series,Vol. 913. Washington,DC:Am Chem Soc,2005,103-118.
[92] Mustafizur Rahman,Christopher S. Brazel. Ionic Liquids:New Generation Stable Plasticizers for Poly(Vinyl Chloride)[J]. Polymer Degradation and Stability,2006,(91):3371-3382.
[93] Annon. 植物油基增塑剂[J]. 橡塑助剂信息,2005,(5):40.
[94] Hakkarainen M. New PVC Materials for Medical Applicationsthe Release Profile of PVC/polycaprolactone-polycarbonate Aged in Aqueous Environments[J]. Polym Deg Stability,2003,80(3):451-458.
[95] Oriol-Hemmerlin C, Pham QT. Poly 1, 3-butylene Adipate Reoplexw as High Molecular Weight

Plasticizer for PVC-based Cling Films-microstructure and Numberaverage Molecular Weight Studied by 1H and 13C NMR. [J]. Polymer,2000,41(12):4401-4407.

[96] Shah BL,Shertukde VV. Effect of Plasticizers on Mechanical, Electrical, Permanence, and Thermal Properties of Poly(vinyl chloride)[J]. Appl Polym Sci,2003,90(12).

[97] Audic JL,Reyx D,Brosse JC. Migration of Additives From Food Grade Poly(Vinyl Chloride)Films: Effect of Plasticization by Polymeric Modifiers Instead of Conventional Plasticizers[J]. Appl polym sci. 2003,89(5):1291-1299.

[98] Annon. 日本理研公司研发成功聚交酯增塑剂[J]. 上海化工,2003,(10):41.

[99] Annon. New Plasticizer Joins Bayer's Range[J]. Addit Polym,2003,(8):2.

[100] 石万聪,石志博,将平平,等. 增塑剂及其应用[M]. 北京:化学工业出版社,2002.

[101] Annon. 国外增塑剂产业发展综述报告[J]. 增塑剂,2005,(4):29-31.

[102] A. Marcilla,S. García and J. C. García-Quesada . Study of the Migration of PVC Plasticizers[J]. Journal of Analytical and Applied Pyrolysis,2004,71(2):457-463.

[103] Annon. BASF Ponders Restructure of US Plasticizers Operations[J]. Additives For Polymers,2003, (8):6-7.

[104] 蒋平平,卢云,费柳月,等. 环氧大豆油的生产技术及其在 PVC 中的应用[J]. 聚合物助剂,2006,(1): 28-32.

[105] 范浩军. 水性合成革后整理技术将在丽水推广[J]. 合成皮革信息,2008,(5):26-27.

[106] 罗石,刘琦,黄驰,等. EVA 乳液的应用及改性研究进展[J]. 皮革科学与工程,2006,16(6):51-54.

[107] Francis P. Petrocelli, Cajetan F. Cordeiro. Continuous process for the production of vinyl acetate-ethylene emulsion copolymers. Macromol. Symp. 2000,(155):39-51.

[108] Koizumi, Tatsuya, Futtsu-shi,et al. Process for producing aqueous emulsion[P]. EP 0 889 068 A2, (07.01.1999)

[109] 叶家灿,孔丽芬,林华玉,等. 高固含量鞋用水性聚氨酯胶粘剂的合成[J]. 中国胶粘剂,2007,16(9): 25-30.

[110] 杨富凤,罗朝阳,范浩军. 环境友好的合成革制造技术[J]. 合成皮革信息,2009,(7):16-23.

[111] Zhang P, He Y, Tian S, Fan H. J, et al. Flame retardancy, mechanical, and thermal properties of waterborne polyurethane conjugated with a novel phosphorous-nitrogen intumescent flame retardant [J]. Polymer Composites,2015,doi:10.1002/pc.23603.

[112] 马兴元,吴泽,张淑芳,等. 无溶剂聚氨酯合成革的成型机理与关键技术[J]. 中国皮革,2013,42(17): 11-16.

[113] CHENG Q, TANG J, MA J, et al. Graphene and carbon nanotube composite electrodes for super capacitors with ultra-high energy density[J]. Physical Chemistry Chemical Physics,2011,13(39): 17615-17624.